U0930370

中国国家标准汇编

2017年修订-52

中国标准出版社　编

中国标准出版社
北　京

图书在版编目(CIP)数据

中国国家标准汇编:2017 年修订.52/中国标准出版社编.—北京:中国标准出版社,2019.5
ISBN 978-7-5066-9327-1

Ⅰ.①中… Ⅱ.①中… Ⅲ.①国家标准-汇编-中国-2017 Ⅳ.①T-652.1

中国版本图书馆 CIP 数据核字(2019)第 126900 号

中国标准出版社出版发行
北京市朝阳区和平里西街甲 2 号(100029)
北京市西城区三里河北街 16 号(100045)

网址 www.spc.net.cn
总编室:(010)68533533 发行中心:(010)51780238
读者服务部:(010)68523946

中国标准出版社秦皇岛印刷厂印刷
各地新华书店经销

*

开本 880×1230 1/16 印张 35.25 字数 1 092 千字
2019 年 5 月第一版 2019 年 5 月第一次印刷

*

定价 220.00 元

出 版 说 明

《中国国家标准汇编》是一部大型综合性国家标准全集。自1983年起，每年按国家标准顺序号分册汇编出版，分为“制定”卷和“修订”卷两种形式。

“制定”卷收入上一年度我国发布的、新制定的国家标准，视篇幅分成若干分册，封面和书脊上注明“20××年制定”字样及分册号，分册号一直连续。各分册中的标准是按照标准编号顺序连续排列的，如有标准顺序号缺号的，除特殊情况注明外，暂为空号。

“修订”卷收入上一年度我国发布的、被修订的国家标准，视篇幅分成若干分册，但与“制定”卷分册号无关联，仅在封面和书脊上注明“20××年修订-1,-2,-3,……”字样。“修订”卷各分册中的标准，仍按标准编号顺序排列(但不连续)；如有遗漏的，均在当年最后一分册中补齐。需提请读者注意的是，个别非顺延前年度标准编号的新制定国家标准没有收入在“制定”卷中，而是收入在“修订”卷中。

读者购买每年出版的《中国国家标准汇编》“制定”卷和“修订”卷则可收齐由我社出版的上一年度制定和修订的全部国家标准。

2017年我国制修订国家标准共3 811项。本分册为《中国国家标准汇编》“2017年修订-52”，收入新制修订的国家标准22项。

中国标准出版社
2019年3月

目　　录

ICS 53.060
J 83

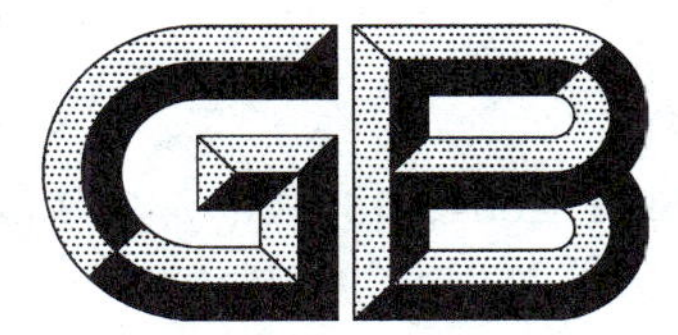

中华人民共和国国家标准

GB/T 26949.13—2017/ISO 22915-13:2012

工业车辆　稳定性验证　第13部分:带门架的越野型叉车

Industrial trucks—Verification of stability—Part 13:Rough-terrain trucks with mast

(ISO 22915-13:2012,IDT)

2017-05-12 发布　　　　2017-12-01 实施

中华人民共和国国家质量监督检验检疫总局
中国国家标准化管理委员会　发布

前 言

GB/T 26949《工业车辆 稳定性验证》已经或计划发布以下部分：

——第1部分：总则；

——第2部分：平衡重式叉车；

——第3部分：前移式和插腿式叉车；

——第4部分：托盘堆垛车、双层堆垛车和操作者位置起升高度不大于1 200 mm的拣选车；

——第5部分：侧面式叉车(单侧)；

——第7部分：两向和多向运行叉车；

——第8部分：在门架前倾和载荷起升条件下堆垛作业的附加稳定性试验；

——第9部分：搬运6 m及其以上长度货运集装箱的平衡重式叉车；

——第10部分：在由动力装置侧移载荷条件下堆垛作业的附加稳定性试验；

——第11部分：伸缩臂式叉车；

——第12部分：搬运6 m及其以上长度货运集装箱的伸缩臂式叉车；

——第13部分：带门架的越野叉车；

——第14部分：越野型伸缩臂式叉车；

——第15部分：带铰接转向的平衡重式叉车；

——第16部分：步行式车辆；

——第17部分：货物及人员载运车；

——第20部分：在载荷偏置条件下作业的附加稳定性试验；

——第21部分：操作者位置起升高度大于1 200 mm的拣选车；

——第22部分：操作者位置可或不可起升的三向堆垛式叉车；

——第23部分：工业和RTT卡车携带式叉车；

——第24部分：越野型回转伸缩臂式叉车。

本部分为GB/T 26949的第13部分。

本部分按照GB/T 1.1—2009给出的规则起草。

本部分使用翻译法等同采用ISO 22915-13:2012《工业车辆 稳定性验证 第13部分：带门架的越野型叉车》。

与本部分中规范性引用的国际文件有一致性对应关系的我国文件如下：

——GB/T 6104—2005 机动工业车辆 术语(ISO 5053:1987,IDT)；

——GB/T 26949.1—2012 工业车辆 稳定性验证 第1部分：总则(ISO 22915-1:2008,IDT)。

本部分纳入了ISO 22915-13:2012/Cor.1:2013的修改内容，这些修正内容涉及的条款已通过在其外侧页边空白位置的垂直双线(‖)进行了标示。

本部分由中国机械工业联合会提出。

本部分由全国工业车辆标准化技术委员会(SAC/TC 332)归口。

本部分负责起草单位：杭叉集团股份有限公司、北京起重运输机械设计研究院、国家起重运输机械质量监督检验中心。

本部分参加起草单位：安徽合力股份有限公司。

本部分主要起草人：张永根、王丹、倪景忠、周云凤、王墨洋。

工业车辆　稳定性验证 第13部分:带门架的越野型叉车

1　范围

GB/T 26949的本部分规定了验证带门架、装有货叉或载荷搬运属具的额定起重量不大于10 000 kg越野型平衡重式叉车稳定性的试验方法。

本部分不适用于搬运货运集装箱的车辆。

2　规范性引用文件

下列文件对于本文件的应用是必不可少的。凡是注日期的引用文件,仅注日期的版本适用于本文件。凡是不注日期的引用文件,其最新版本(包括所有的修改单)适用于本文件。

ISO 5053　机动工业车辆　术语(Powered industrial trucks—Terminology)

ISO 22915-1　工业车辆　稳定性验证　第1部分:总则(Industrial trucks—Verification of stability—Part 1:General)

3　术语和定义

ISO 5053和ISO 22915-1界定的术语和定义适用于本文件。

4　试验条件

4.1　总则

见ISO 22915-1。

4.2　车辆在倾斜平台上的位置

4.2.1　载重桥和驱动桥/转向桥

图1定义了车辆的载重桥和驱动桥/转向桥。

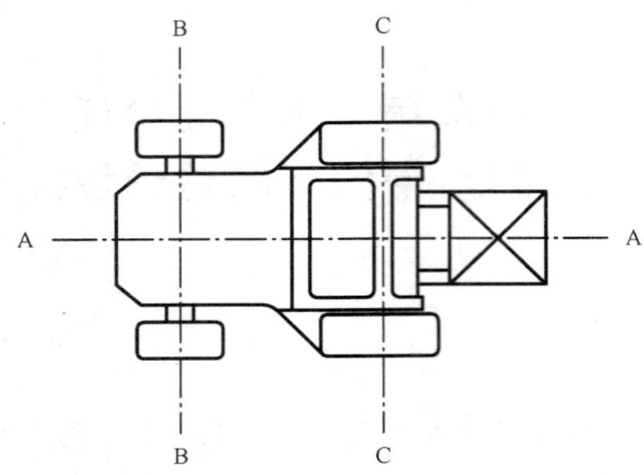

说明：

A-A ——车辆纵向中心平面；

B-B ——转向桥(在4轮驱动的车辆中也可以是驱动桥)；

C-C ——载重桥(在4轮转向的车辆中也可以是转向桥)。

图1 载重桥和驱动桥/转向桥

4.2.2 稳定器/车桥锁定装置

若安装有稳定器或车桥锁定装置，只应被用于试验1和试验3。

4.2.3 试验1和试验2

车辆应放置在倾斜平台上，其载重桥C-C应平行于倾斜平台的倾斜轴线X-Y，见表1。

4.2.4 试验3、试验4和试验5

车辆应以转向状态放置在倾斜平台上，使M-N线平行于倾斜平台的倾斜轴线X-Y，见表1。

如表1所示，最靠近倾斜轴线的转向轮应与倾斜轴线X-Y平行。M点的定义如下：

a) 对于具有铰接转向桥的车辆：M点是车辆纵向中心平面A-A与转向桥轴线的交点在倾斜平台上的投影(见表1)；

b) 对于具有铰接式车架的车辆：使两部分车架转到极限位置，M点是后车架纵向中心面J-J与后桥轴线的交点在倾斜平台上的投影(见表1)；

c) 对于具有车桥锁定装置的车辆：M点是倾斜平台与最靠近倾斜轴线X-Y的后轮接触面的中心点(见表1)。

如表1所示，N点定义为倾斜平台表面与最靠近倾斜轴线X-Y的载重轮(或装有的稳定支腿)之间接触面的中心点。

4.3 载荷基准点的位置

进行试验1时，当货叉从低位起升后，载荷基准点E的水平位置不应变动，如图2所示。

使门架垂直，将规定的试验载荷起升至距倾斜平台上方约500 mm处。货叉垂直段前表面垂直，由于货叉或货叉架与试验载荷的质心有固定关系，则可在货叉或货叉架上设立E点，如图2a)所示。E点应作为倾斜平台F点的参考基准。当门架起升时，在倾斜平台上可能会产生一个新的F_1点，如图2b)所示。在其设计值允许范围内调整门架倾角，可使新的F_1点重新回到初始位置F点，如图2c)所示。

图 2 载荷基准点的位置

4.4 起升高度

进行模拟运行试验(试验 2 和试验 4)时,货叉完全后倾,从货叉叉根处开始测量,货叉上表面应高于倾斜平台 500 mm。

进行试验 3 时,车辆应在最大起升高度,并在最大后倾,或后倾 10°,或载荷质心后移 600 mm 中选择一个最不利于稳定性的条件进行。

4.5 横向试验程序(仅适用于试验 3)

对于具有可选操作的稳定器和/或车桥锁定装置的车辆,应对稳定器及车桥锁定装置在其工作和非工作状态时都进行试验 3。

对于具有可选操作的稳定器或车架调平装置的车辆,进行试验 3 时,最大的横向倾斜修正量不应超过7%(4°)。横向倾斜修正应只从可选的稳定器或车架调平装置中获得。

横向倾斜修正只适用于试验3,不适用其他试验。

5 稳定性验证

5.1 一般要求

车辆的稳定性应根据表1进行验证。

5.2 区域性要求

试验1、试验3和试验4倾斜平台倾斜度应符合区域要求。

5.2.1 北美

——**试验1**

倾斜平台倾斜度为:6%。

——**试验3**

倾斜平台倾斜度为:10%。

——**试验4**

倾斜平台倾斜度为:40%。

5.2.2 其他区域

——**试验1**

倾斜平台倾斜度为:7%。

——**试验3**

倾斜平台倾斜度为:12%。

——**试验4**

倾斜平台倾斜度为:50%。

表 1　稳定性验证

试验要求		试验 1	试验 2	试验 3	试验 4	试验 5
试验方向	纵向	√	√			
	横向			√	√	√
载荷搬运装置的方向	载荷靠近倾斜轴线方向	√	√			
	载荷远离倾斜轴线方向			√	√	√
操作类型	运行		√		√	
	堆垛/拆垛	√		√		√
载荷情况	有	√	√	√		
	无				√	√
起升高度	最大	√		√		√
	运行		√		√	
稳定器及/或车桥锁定装置	有	√		√		
	无	√	√	√	√	√
横向倾斜修正				√		
门架位置	垂直	√(见 4.3)				
	最大后倾		√	√(见 4.4)	√	√
实际载荷下倾斜平台倾斜度		6%或 7%[a]	22%	10%或 12%[b]	40%或 50%[c]	10%
车辆在倾斜平台上的位置		 X-Y	 X-Y	 X-Y	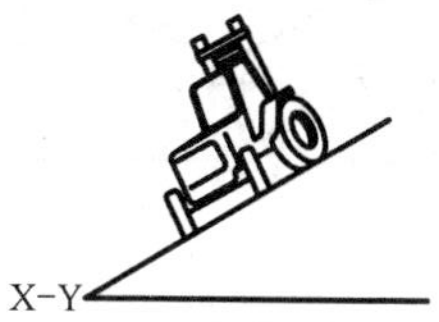 X-Y	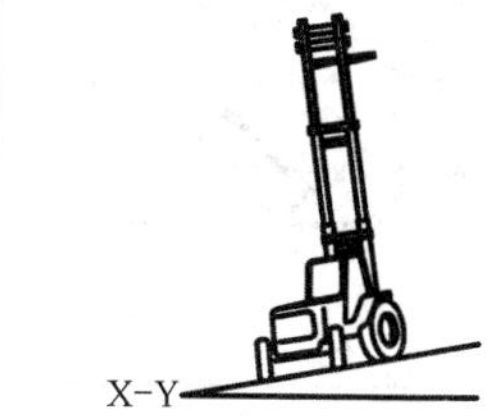 X-Y

表 1（续）

试验要求	试验 1	试验 2	试验 3	试验 4	试验 5
车辆在倾斜平台上的位置	根据 4.2.3		根据 4.2.4a)	根据 4.2.4a)	根据 4.2.4b)
	根据 4.2.3		根据 4.2.4a)		根据 4.2.4c)

[a] 北美:6%;其他区域:7%。

[b] 北美:10%;其他区域:12%。

[c] 北美:40%;其他区域:50%。

[d] 平行。

ICS 53.060
J 83

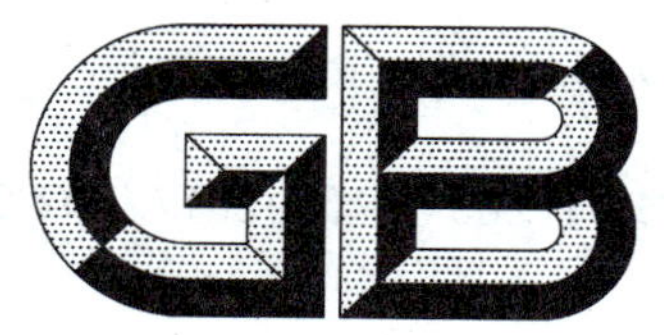

中华人民共和国国家标准

GB/T 26949.15—2017/ISO 22915-15:2013

工业车辆　稳定性验证
第15部分:带铰接转向的平衡重式叉车

Industrial trucks—Verification of stability—
Part 15:Counterbalanced trucks with articulated steering

(ISO 22915-15:2013,IDT)

2017-07-12 发布　　2018-02-01 实施

中华人民共和国国家质量监督检验检疫总局
中国国家标准化管理委员会　发布

9

前　　言

GB/T 26949《工业车辆　稳定性验证》已经或计划发布以下部分：

——第1部分：总则；

——第2部分：平衡重式叉车；

——第3部分：前移式和插腿式叉车；

——第4部分：托盘堆垛车、双层堆垛车和操作者位置起升高度不大于1 200 mm的拣选车；

——第5部分：侧面式叉车(单侧)；

——第7部分：两向和多向运行叉车；

——第8部分：在门架前倾和载荷起升条件下堆垛作业的附加稳定性试验；

——第9部分：搬运6 m及其以上长度货运集装箱的平衡重式叉车；

——第10部分：在由动力装置侧移载荷条件下堆垛作业的附加稳定性试验；

——第11部分：伸缩臂式叉车；

——第12部分：搬运6 m及其以上长度货运集装箱的伸缩臂式叉车；

——第13部分：带门架的越野叉车；

——第14部分：越野型伸缩臂式叉车；

——第15部分：带铰接转向的平衡重式叉车；

——第16部分：步行式车辆；

——第17部分：货物及人员载运车；

——第20部分：在载荷偏置条件下作业的附加稳定性试验；

——第21部分：操作者位置起升高度大于1 200 mm的拣选车；

——第22部分：操作者位置可起升的三向堆垛式叉车；

——第23部分：工业和RTT卡车携带式叉车；

——第24部分：越野型回转伸缩臂式叉车。

本部分为GB/T 26949的第15部分。

本部分按照GB/T 1.1—2009给出的规则起草。

本部分使用翻译法等同采用ISO 22915-15:2013《工业车辆　稳定性验证　第15部分：带铰接转向的平衡重式叉车》。

与本部分中规范性引用的国际文件有一致性对应关系的我国文件如下：

——GB/T 6104—2005　机动工业车辆　术语(ISO 5053:1987,IDT)；

——GB/T 26949.1—2012　工业车辆　稳定性验证　第1部分：总则(ISO 22915-1:2008,IDT)。

与ISO 22915-15:2013相比，编辑性修改如下：

——原文表1中“车辆在倾斜平台上的位置(试验2)”的配图有误，做了更正。

本部分由中国机械工业联合会提出。

本部分由全国工业车辆标准化技术委员会(SAC/TC 332)归口。

本部分负责起草单位：浙江诺力机械股份有限公司、北京起重运输机械设计研究院、国家起重运输机械质量监督检验中心。

本部分参加起草单位：安徽合力股份有限公司。

本部分主要起草人：方勇、王墨洋、杨馨蕾、唐海鸿、王丹。

工业车辆　稳定性验证
第15部分:带铰接转向的平衡重式叉车

1　范围

GB/T 26949的本部分规定了验证带门架、装有货叉或载荷搬运属具的带铰接转向的平衡重式叉车稳定性的试验方法。

本部分不适用于前移式(可伸缩门架或货叉)的车辆。

2　规范性引用文件

下列文件对于本文件的应用是必不可少的。凡是注日期的引用文件,仅注日期的版本适用于本文件。凡是不注日期的引用文件,其最新版本(包括所有的修改单)适用于本文件。

ISO 5053　机动工业车辆　术语(Powered industrial trucks—Terminology)

ISO 22915-1　工业车辆　稳定性验证　第1部分:总则(Industrial trucks—Verification of stability—Part 1:General)

3　术语和定义

ISO 5053和ISO 22915-1界定的术语和定义适用于本文件。

4　试验条件

4.1　总则

见ISO 22915-1。

4.2　车辆在倾斜平台上的位置

4.2.1　载重桥和转向桥

图1定义了车辆的载重桥和转向桥。

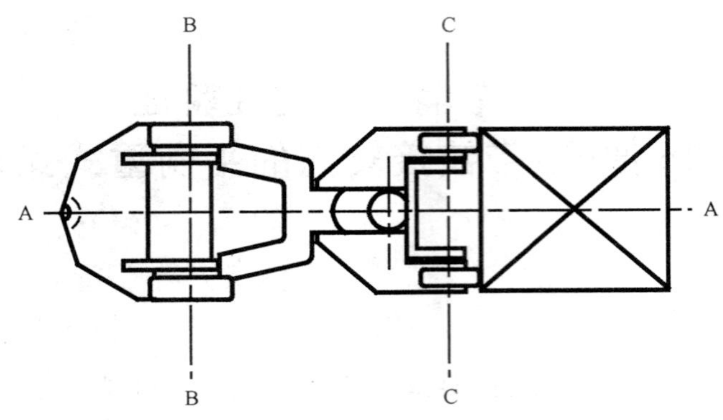

说明：

A-A ——车辆纵向中心平面；

B-B ——转向桥；

C-C ——载重桥。

图 1 载重桥和转向桥

4.2.2 试验 1

车辆应以转向全锁状态放置在倾斜平台上，其载重桥平行于倾斜平台的倾斜轴线 X-Y，见表 1。

4.2.3 试验 2

车辆应放置于倾斜平台上，其载重桥和转向桥平行于倾斜平台的倾斜轴线 X-Y，见表 1。

4.2.4 试验 3、试验 4 和试验 5

表 1 中车辆的横向稳定性试验应在其稳定性最差的一侧进行。

车辆应以转向状态放置在倾斜平台上，使 M-N 线平行于倾斜平台的倾斜轴线 X-Y，见表 1。

M 点定义为最靠近倾斜轴线 X-Y 的后轮在倾斜平台上接触面的中心点。

N 点定义为最靠近倾斜轴线 X-Y 的载重轮在倾斜平台上接触面的中心点。

4.3 载荷基准点位置

进行试验 1 时，当货叉从低位起升后，载荷基准点 E 的水平面投影位置不应变动，如图 2 所示。

使门架垂直，将规定的试验载荷起升至距倾斜平台上方约 300 mm 处。使货叉垂直段前表面垂直，在货叉或货叉架上与试验载荷的质心有固定关系处设立 E 点，如图 2 中 a）所示。E 点应作为倾斜平台 F 点的参考基准。当门架起升时，在倾斜平台上可能会产生一个新的 F_1 点，如图 2 中 b）所示。应可在其设计值允许范围内调整门架倾角使新的 F_1 点重新回到初始位置 F 点，如图 2 中 c）所示。

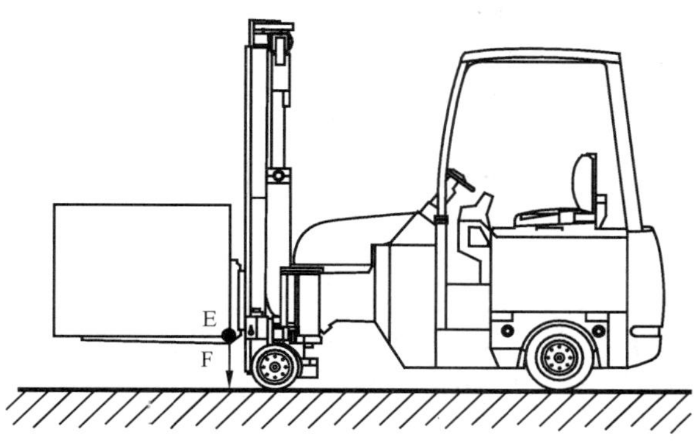

a)

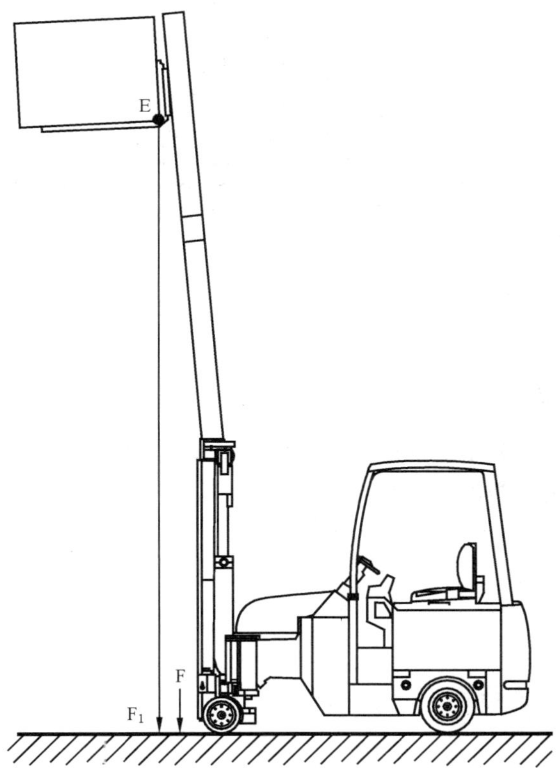

b)

图 2 载荷基准点的位置

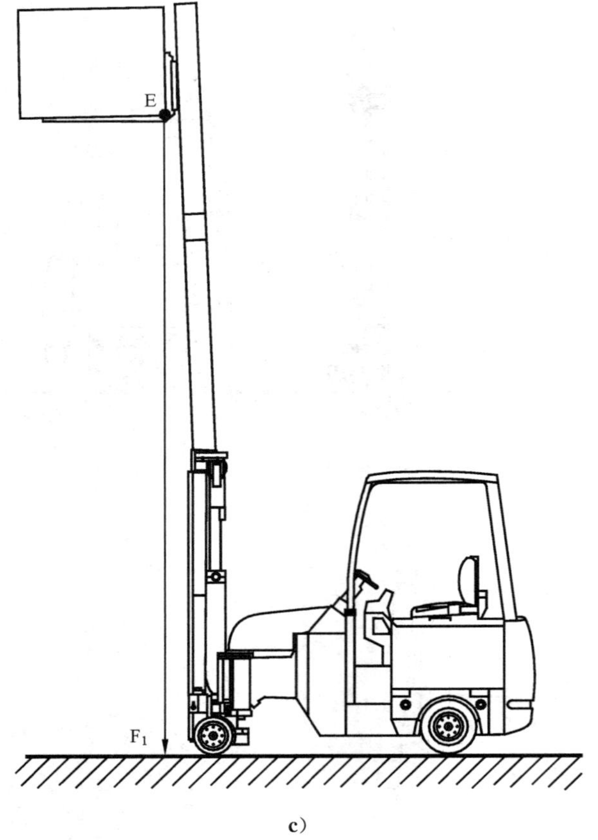

c)

图 2（续）

4.4 模拟运行试验的起升高度

进行模拟运行试验（试验 2 和试验 5）时，货叉完全后倾，从货叉叉根处开始测量，对于额定起重量不大于 10 t 的车辆，货叉上表面应高于倾斜平台 300 mm，对于额定起重量大于 10 t 的车辆，货叉上表面应高于倾斜平台 500 mm。

5 稳定性验证

车辆的稳定性应根据表 1 进行验证。

表 1　稳定性验证

试验要求		试验 1	试验 2	试验 3	试验 4	试验 5
试验方向	纵向	√	√			
	横向			√	√	√
载荷搬运装置的方向	载荷靠近倾斜轴线方向	√	√			
	载荷远离倾斜轴线方向					
操作类型	运行		√			√
	堆垛/拆垛	√		√	√	
载荷情况	有	√	√	√		
	无				√	√
起升高度	最大	√		√	√	
	运行		√			√
门架位置	垂直	√				
	最大后倾		√	√	√	√
实际起重量下的倾斜平台倾斜度	<5 000 kg	4%	18%	6%	8%	$(15+1.4v)\%$[a]
	≥5 000 kg	3.5%			6%	$(15+1.4v)\%$[b]

表 1（续）

试验要求	试验 1	试验 2	试验 3	试验 4	试验 5
车辆在倾斜平台上的位置	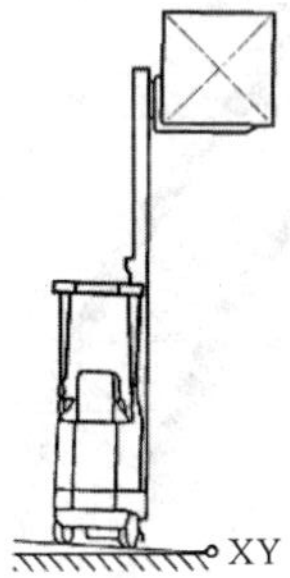 XY	 XY	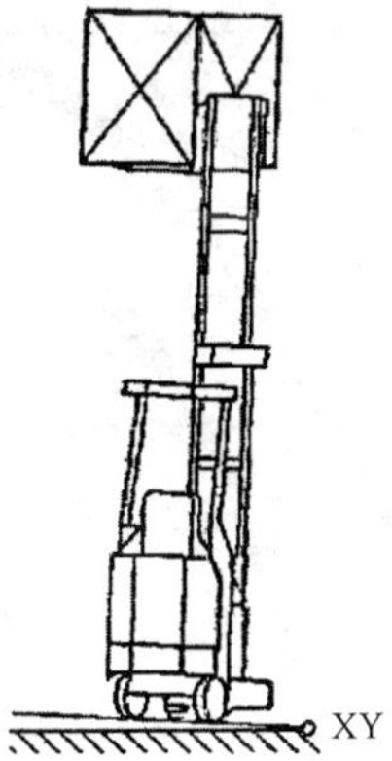 XY		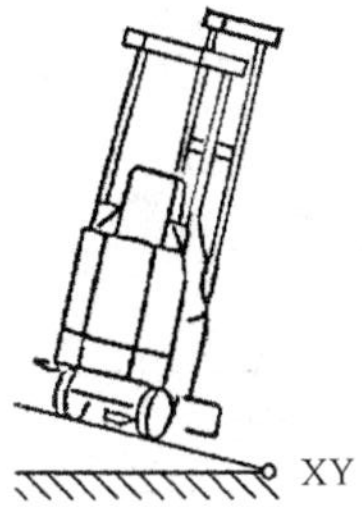 XY
	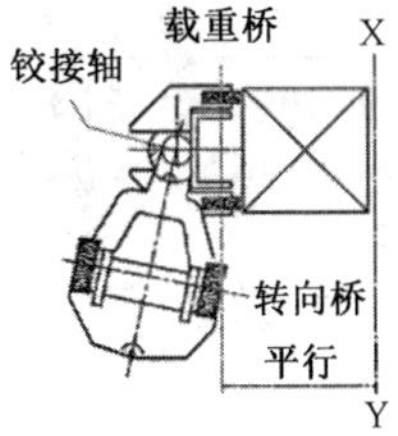 载重桥 铰接轴 转向桥 平行 X Y 根据 4.2.2	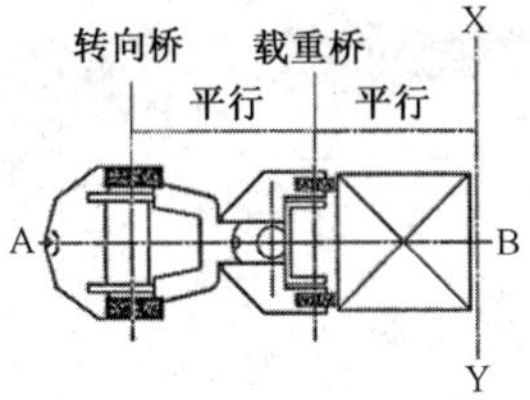 转向桥 载重桥 平行 平行 A B X Y 根据 4.2.3	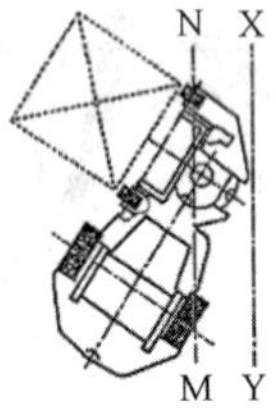 N X M Y 根据 4.2.4		

注：v 为(空载或装载实际载荷)车辆的最大运行速度,单位为 km/h。

[a] 最大值为 50%。

[b] 最大值为 40%。

ICS 17.040.20
J 04

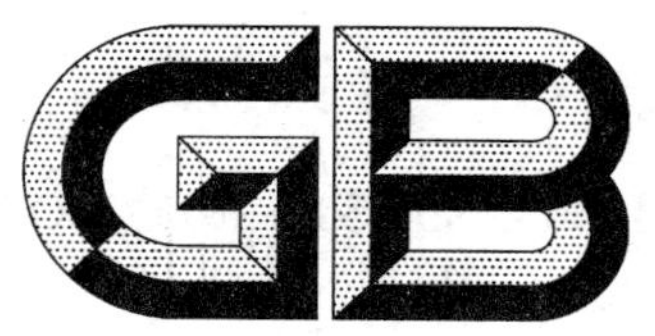

中华人民共和国国家标准化指导性技术文件

GB/Z 26958.30—2017/ISO/TS 16610-30:2009

产品几何技术规范(GPS) 滤波 第30部分:稳健轮廓滤波器 基本概念

Geometrical product specifications (GPS)—Filtration—
Part 30 :Robust profile filters—Basic concept

(ISO/TS 16610-30:2009,IDT)

2017-02-28 发布 2017-09-01 实施

中华人民共和国国家质量监督检验检疫总局
中国国家标准化管理委员会 发布

17

前　言

GB/Z 26958《产品几何技术规范(GPS)　滤波》已发布的有以下10个部分:

——第1部分:概述和基本概念;

——第20部分:线性轮廓滤波器　基本概念;

——第22部分:线性轮廓滤波器　样条滤波器;

——第29部分:线性轮廓滤波器　样条小波;

——第30部分:稳健轮廓滤波器　基本概念;

——第31部分:稳健轮廓滤波器　高斯回归滤波器;

——第32部分:稳健轮廓滤波器　样条滤波器;

——第40部分:形态学轮廓滤波器　基本概念;

——第41部分:形态学轮廓滤波器　圆盘和水平线段滤波器;

——第49部分:形态学轮廓滤波器　尺度空间技术。

本部分为GB/Z 26958的第30部分。

本部分按照GB/T 1.1—2009给出的规则起草。

本部分使用翻译法等同采用ISO/TS 16610-30:2009《产品几何技术规范(GPS)　滤波　第30部分:稳健轮廓滤波器　基本概念》。

GB/Z 26958对应ISO/TS 16610,目前ISO/TS 16610包括89个部分,已转化为国家标准指导性技术文件的有以上10个部分。

请注意本文件的某些内容可能涉及专利。本文件的发布机构不承担识别这些专利的责任。

本部分由全国产品几何技术规范标准化技术委员会(SAC/TC 240)提出并归口。

本部分起草单位:中机生产力促进中心、哈尔滨量具刃具集团有限责任公司、华中科技大学、北京时代之峰科技有限公司、中国计量学院。

本部分主要起草人:明翠新、郎岩梅、刘晓军、张彦春、赵军、陈景玉。

产品几何技术规范(GPS) 滤波 第30部分：稳健轮廓滤波器 基本概念

1 范围

GB/Z 26958 的本部分规定了稳健轮廓滤波器的基本概念。

2 规范性引用文件

下列文件对于本文件的应用是必不可少的。凡是注日期的引用文件，仅注日期的版本适用于本文件。凡是不注日期的引用文件，其最新版本(包括所有的修改单)适用于本文件。

GB/Z 26958.1—2011 产品几何技术规范(GPS) 滤波 第1部分：概述和基本概念 (ISO/TS 16610-1:2006,IDT)

GB/Z 26958.20—2011 产品几何技术规范(GPS) 滤波 第20部分：线性轮廓滤波器 基本概念(ISO/TS 16610—20:2006,IDT)

ISO/IEC 指南 99:2007 国际计量学词汇 基本和通用概念和术语[International vocabulary of metrology—Basic and general concepts and associated terms (VIM)]

3 术语和定义

ISO/IEC 指南 99、GB/Z 26958.1 和 GB/Z 26958.20 界定的以及下列术语和定义适用于本文件。

3.1

稳健性 robustness

输出数据对输入数据中特殊现象的不敏感性。

注：特殊现象如异常值、划伤、台阶等。

[GB/Z 26958.1，定义 3.9]。

3.2

轮廓不连续 profile discontinuity

轮廓特性发生突变的轮廓部分。

3.2.1

斜率不连续 slope discontinuity

轮廓斜率突变形成的**轮廓不连续**(3.2)。

见图 1。

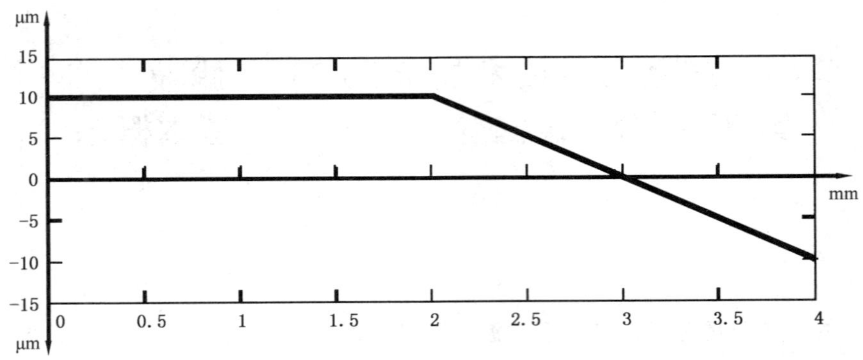

图 1　斜率不连续示例

3.2.2

台阶不连续　step discontinuity

轮廓高度突变形成的**轮廓不连续**(3.2)。

见图 2。

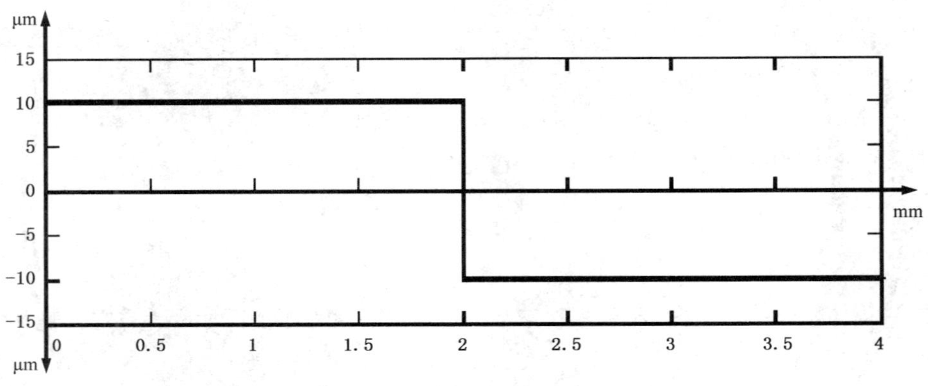

图 2　台阶不连续示例

3.2.3

尖峰不连续　spike discontinuity

轮廓中向上或向下窄突起部分形成的**轮廓不连续**(3.2)。

见图 3。

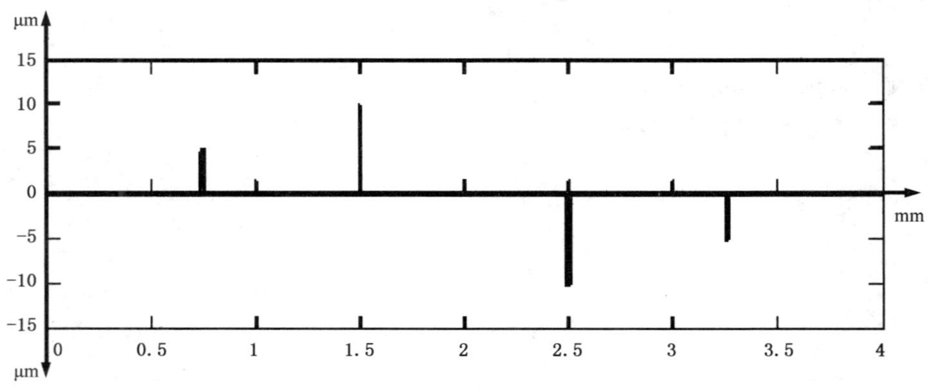

图 3　尖峰不连续示例

3.3

度量　metric

＜轮廓法＞满足以下三个条件的两轮廓间的特性：

正定性，即 $\delta(p_1(x), p_2(x)) \geqslant 0$，当且仅当 $p_1(x) = p_2(x)$ 时等号成立

交换性，即 $\delta(p_1(x), p_2(x)) = \delta(p_2(x), p_1(x))$

三角不等性，即 $\delta(p_1(x), p_2(x)) + \delta(p_2(x), p_3(x)) \geqslant \delta(p_1(x), p_3(x))$

式中：

$\delta(\cdots,\cdots)$ 是两个轮廓 p_1 和 p_2 的函数，其结果为一个实数。

3.3.1

范数　norm

＜轮廓法＞用来定义某一**度量**(3.3)的两个轮廓的函数。

3.3.2

L1-范数　L1-norm

连续绝对偏差范数　continuous absolute deviation norm

＜轮廓法＞由以下积分公式定义的**范数**(3.3.1)：

$$\delta(p_1(x), p_2(x)) = \int_x |p_1(x) - p_2(x)| \mathrm{d}x$$

3.3.3

l1-范数　l1-norm

离散绝对偏差范数　discrete absolute deviation norm

＜轮廓法＞由以下求和公式定义的**范数**(3.3.1)：

$$\delta(p_1(x), p_2(x)) = \sum_{i=1}^{n} |p_1(x_i) - p_2(x_i)|$$

3.3.4

L2-范数　L2-norm

连续最小二乘范数　continuous least squares norm

＜轮廓法＞由以下积分公式定义的**范数**(3.3.1)：

$$\delta(p_1(x), p_2(x)) = \sqrt{\int_x (p_1(x) - p_2(x))^2 \mathrm{d}x}$$

3.3.5

l2-范数　l2-norm

离散最小二乘范数　discrete least squares norm

＜轮廓法＞由以下求和公式定义的**范数**(3.3.1)：

$$\delta(p_1(x), p_2(x)) = \sqrt{\sum_{i=1}^{n} (p_1(x_i) - p_2(x_i))^2}$$

3.3.6

L∞-范数　L∞-norm

连续切比雪夫范数　continuous Chebychev norm

＜轮廓法＞由以下公式定义的**范数**(3.3.1)：

$$\delta(p_1(x), p_2(x)) = \max_{x} |p_1(x) - p_2(x)|$$

3.3.7

l∞-范数　l∞-norm

离散切比雪夫范数　discrete Chebychev norm

<轮廓法>由以下公式定义的**范数**(3.3.1)：

$$\delta(p_1(x), p_2(x)) = \max_{i=1,\cdots,n} |p_1(x_i) - p_2(x_i)|$$

3.4

统计估计　statistical estimator

基于由总体抽取的样本数据作出的估计。

3.4.1

稳健统计估计　robust statistical estimator

对输入数据中的特殊现象不敏感的**统计估计**(3.4)。

3.5

M-估计　M-estimator

根据数据点偏离基准线的带符号距离，使用**影响函数**(3.5.1)对数据加权的**稳健统计估计**(3.4.1)。

3.5.1

影响函数　influence function

不对称且尺寸不变的函数。

注1：如果数据中某点的值用任意值替换，该改变点对**M-估计**(3.5)结果的影响与影响函数成比例。

注2：要满足尺度不变，需要给影响函数确定一个尺度参数。轮廓相对于基准线离散性的估计值[如**中值绝对偏差**(3.5.2)]可用来确定尺度参数。

3.5.2

中值绝对偏差　median absolute deviation

MAD

表征系列观测值离散性的一个参数，它对于**尖峰不连续**(3.2.3)稳健，可通过计算每个观测值到所有观测值中值的绝对偏差的中值得到。

注1：对于高斯概率分布，标准偏差等于1.482 6×MAD。

注2：关于中值的更多信息，见参考文献[9]和参考文献[10]。

见图4。

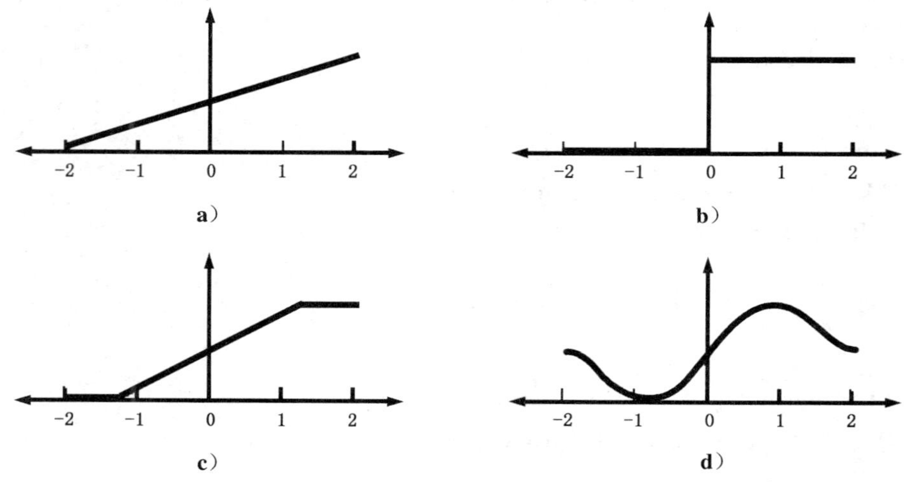

注：a)为平均值；b)为中值；c)为胡贝尔(Huber)函数；d)为双权函数。

图4　与M估计相关的影响函数示例

3.6

贝叶斯估计　**Bayesian estimator**

根据各数据点到基准线的带符号距离采用贝叶斯统计加权的**稳健统计估计**(3.4.1)。

4 稳健性

4.1 概述

稳健性不是一般意义的轮廓滤波器的绝对特性，而是一个相对特性。若输入数据中的特殊现象在一种轮廓滤波器的响应输出中引起的失真比其在另一种轮廓滤波器响应输出中引起的失真更小，则说明这种轮廓滤波器对于这种特殊现象比另一种轮廓滤波器更稳健。

为了使稳健性成为轮廓滤波器的绝对特性，需要定义一个轮廓滤波器稳健性的参考归类。本技术规范中采用的轮廓滤波器的参考归类是线性轮廓滤波器(GB/Z 26958.20)。根据定义，所有稳健轮廓滤波器在其应用中有非线性部分。有几项知名技术可以构建对于一种特殊现象的稳健滤波器(皆为非线性)，具体见4.2、4.3、4.3.1、4.3.2、4.4、4.4.1、4.4.2。

4.2 基于度量的方法

这里，用于滤波后轮廓贴合原轮廓的度量是一种更稳健的度量。

例如，对于尖峰不连续，基于L1-范数的度量比基于最小二乘范数(L2-范数)的度量更稳健，而基于L2-范数的度量比基于切比雪夫范数(L∞-范数)的度量更稳健。

注：与这些度量等效的粗糙度参数为 Ra(L1-范数)、Rq(L2-范数)、Rz(L∞-范数)。这些参数对于轮廓中变化的敏感性呈递增趋势。

4.3 基于统计法的方法

4.3.1 概述

在本部分，只有M估计和贝叶斯估计用作基于统计学方法来确定轮廓的稳健滤波器，当然可能还有其他方法存在。

4.3.2 M估计

轮廓上的每一点根据一个影响函数有不同的权重，此影响函数用轮廓滤波器的低通响应作为基准线。由此，远离低通响应的各点比接近低通响应的点有更小的相对权重。这种方法使滤波后的轮廓对尖峰不连续更加稳健。在关于稳健统计学的标准文献中，可以找到几种常用的影响函数来分配各点权重[胡贝尔(Huber)，比顿(Beaton)函数等]。

注：这种稳健性方法通常用迭代法实现，因为计算权重需要轮廓滤波器的响应。

4.3.3 贝叶斯(Bayesian)估计

建立一个统计模型，表达轮廓的典型成分和尖峰不连续成分。首先得到各种成分的分布，然后用贝叶斯法计算轮廓的每一点是尖峰不连续还是轮廓的典型点的概率，并据此给定每一点权重，最后用与M估计相似的方法，用这些点的权重得到滤波后轮廓。

4.4 预处理法

4.4.1 概述

预处理是在滤波前用其他方法去除或大幅减小轮廓中不希望成分的技术，这样消除或极大减小不希望成分对轮廓滤波器响应的影响。换言之,预处理后再进行滤波,就可以达到稳健滤波的效果。这种方法的优点是,一旦找到一种去除不需要成分的方法,就可以将其与任意轮廓滤波器组合使用。

4.4.2 尺度空间预处理

尺度空间技术(GB/Z 26958.49)可用来在滤波前去除轮廓不连续。通过对尺度空间的每个尺度设置硬阈值以上系数,来识别轮廓的不连续。通过将设置的硬阈值以上系数置零,可以去除轮廓的不连续,并重构轮廓。尺度空间预处理允许所有轮廓滤波器对轮廓不连续都是稳健的。

4.4.3 小波预处理

可以用小波(GB/Z 26958.29)在滤波前去除轮廓不连续。通过对尺度小波空间的每个层次设置硬阈值以上系数,来识别轮廓的不连续。通过将设置的硬阈值以上系数置零,可以去除轮廓的不连续,并重构轮廓。小波预处理允许所有轮廓滤波器对轮廓不连续都是稳健的。

附 录 A
（资料性附录）
说明性数据集——轮廓不连续的输入

A.1 概述

轮廓滤波器的一个重要特性是其对轮廓不连续的响应方式。此处讨论的轮廓不连续的三种基本类型为：斜率不连续、台阶不连续、尖峰不连续。

A.2 斜率不连续

斜率不连续数据集的定义如下：

当 $0<X<2$，$Z=10\ \mu\text{m}$

当 $2<X<4$，$Z=(3\ \text{mm}-X)/100$

当 X 为其他值，Z 无定义。

X 间距为 0.5 μm。

图 1 为此类数据集的一个示例。

图 A.1 说明了对斜率不连续数据集施加 ISO/TS 16610-21 规定的高斯滤波器，截止波长为 0.8 mm；图 A.2 为原始轮廓与滤波轮廓的差别。

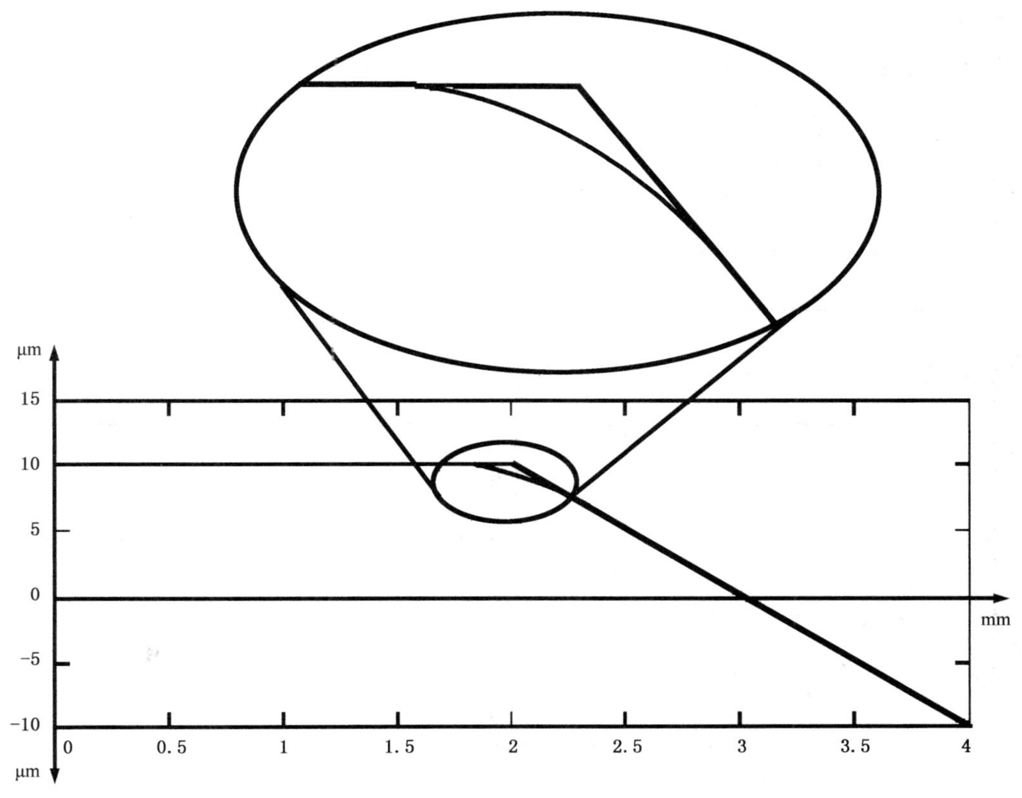

图 A.1 对斜率不连续数据集滤波示例

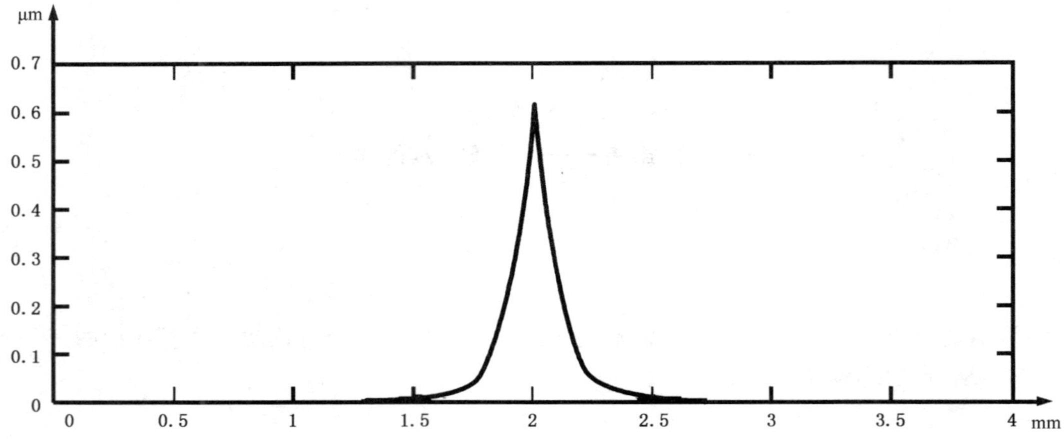

图 A.2 斜率不连续数据集的原始轮廓与滤波轮廓间差值的示例

A.3 台阶不连续

台阶不连续数据集的定义如下：

当 $0<X<2$，$Z=10\ \mu m$

当 $2<X<4$，$Z=-10\ \mu m$

当 X 为其他值，Z 无定义。

X 间距为 0.5 μm。

图 2 为此类数据集的一个示例。

图 A.3 说明了对台阶不连续数据集施加 ISO/TS 16610-21 规定的高斯滤波器，截止波长为 0.8 mm。

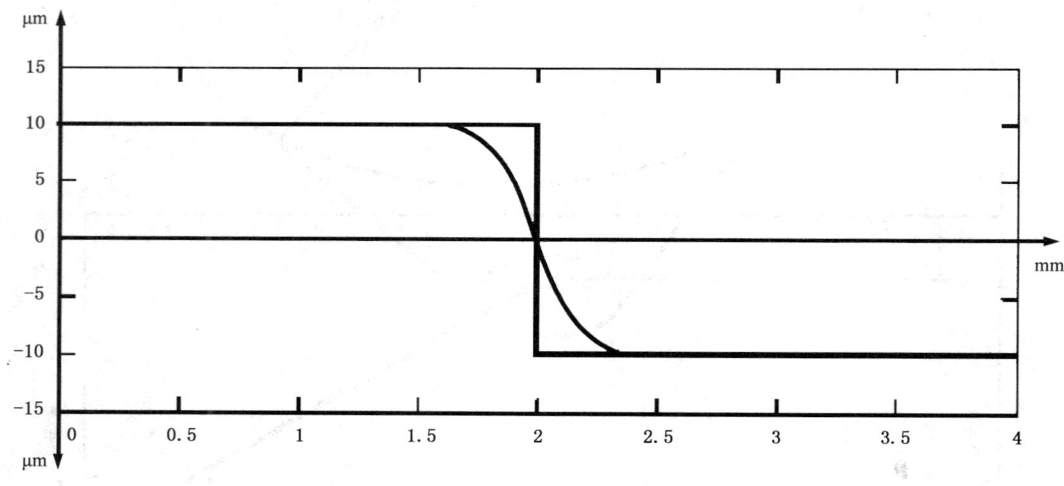

图 A.3 台阶不连续数据集滤波示例

A.4 尖峰不连续

尖峰不连续数据集的定义如下：

当 $0<X\leqslant 4, Z=0$ μm

当 $X=0.75, Z=5$ μm

当 $X=1.5, Z=10$ μm

当 $X=2.5, Z=-10$ μm

当 $X=3.25, Z=-5$ μm

当 X 为其他值，Z 无定义。

X 间距为 0.5 μm。

图 3 为此类数据集的一个示例。

图 A.4 说明了对尖峰不连续数据集施加 ISO/TS 16610-21 规定的高斯滤波器，截止波长为 0.8 mm。

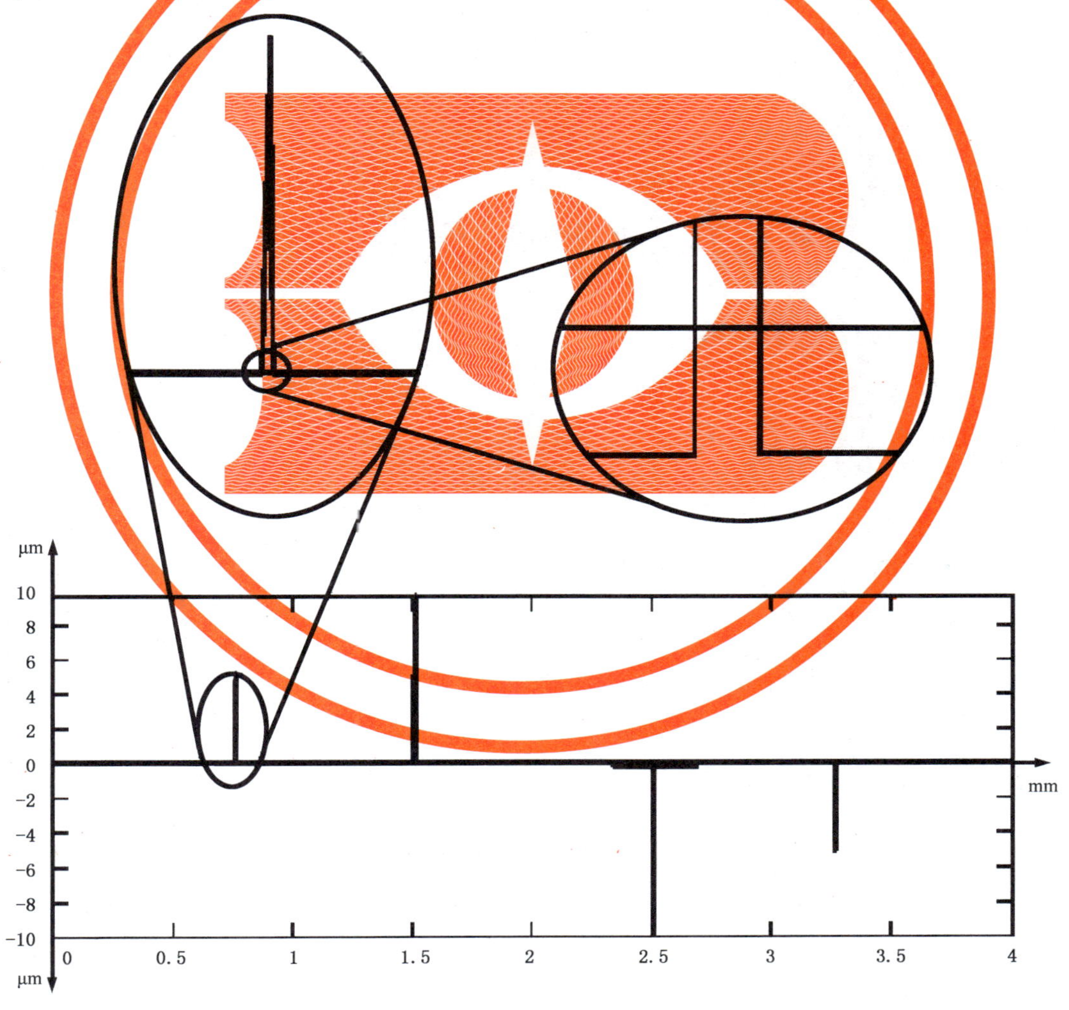

图 A.4 尖峰不连续数据集滤波示例

附　录　B
（资料性附录）
概念图

见图 B.1。

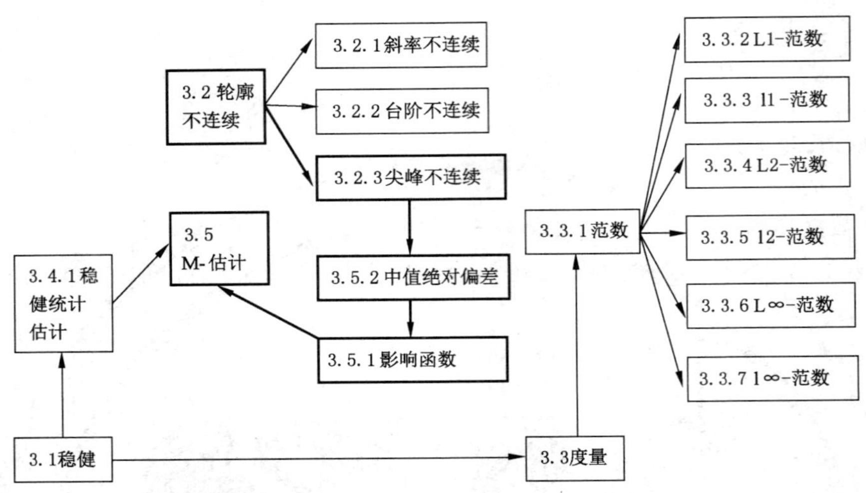

图 B.1　概念图

附 录 C
（资料性附录）
与滤波矩阵模型的关系

C.1 概述

关于滤波矩阵模型详见 GB/Z 26958.1。

C.2 在滤波矩阵模型中的位置

本部分是基本概念文件，它影响下表中“轮廓滤波器 稳健的”这一栏所列的所有滤波标准，见图 C.1。

	滤波 GB/Z 26958 系列					
通用	第 1 部分					
	轮廓滤波器			区域滤波器		
基础	第 11 部分[a]			第 12 部分[a]		
	线性的	稳健的	形态学的	线性的	稳健的	形态学的
基本概念	第 20 部分	第 30 部分	第 40 部分	第 60 部分	第 70 部分	第 80 部分
专用滤波器	第 21~25部分	第 31~35部分	第 41~45部分	第 61~65部分	第 71~75部分	第 81~85部分
如何滤波	第 26~28部分	第 36~38部分	第 46~48部分	第 66~68部分	第 76~78部分	第 86~88部分
多分辨率	第 29 部分	第 39 部分	第 49 部分	第 69 部分	第 79 部分	第 89 部分

[a] 现在包括在第 1 部分。

图 C.1 与滤波矩阵模型的关系

附 录 D
（资料性附录）
与 GPS 矩阵模型的关系

D.1 概述

GPS 矩阵的全部详见 GB/Z 20308—2006。

D.2 本部分信息及其应用

本部分描述了稳健高斯回归滤波器的特性，定义了表面轮廓长波和短波成分的稳健分离算法。

D.3 在 GPS 矩阵模式中的位置

本部分是 GPS 综合技术规范，影响所有标准链的环 3 和环 5，如图 D.1 所示。

GPS 基础标准	GPS 综合标准						
	GPS 通用标准						
	链环号	1	2	3	4	5	6
	尺寸						
	距离						
	半径						
	角度						
	与基准无关的线的形状						
	与基准有关的线的形状						
	与基准无关的面的形状						
	与基准有关的面的形状						
	方向						
	位置						
	圆跳动						
	全跳动						
	基准						
	粗糙度轮廓						
	波纹度轮廓						
	原始轮廓						
	表面缺陷						
	棱边						

图 D.1 在 GPS 矩阵模式中的位置

D.4 相关的标准

相关的标准为图 C.1 所示标准链所涉及的标准。

参 考 文 献

[1] GB/T 18777—2009 产品几何技术规范(GPS) 表面结构 轮廓法 相位修正滤波器的计量特性

[2] GB/Z 20308—2006 产品几何技术规范(GPS) 总体规划

[3] ISO/TS 16610-21 产品几何技术规范(GPS) 滤波 第21部分:线性轮廓滤波器 高斯滤波器

[4] GB/Z 26958.22—2011 产品几何技术规范(GPS)滤波 第22部分:线性轮廓滤波器 样条滤波器

[5] GB/Z 26958.29—2011 产品几何技术规范(GPS) 滤波 第29部分:线性轮廓滤波器 样条小波

[6] GB/Z 26958.31—2011 产品几何技术规范(GPS) 滤波 第31部分:稳健轮廓滤波器 高斯回归滤波器

[7] GB/Z 26958.32—2011 产品几何技术规范(GPS) 滤波 第32部分:稳健轮廓滤波器 样条滤波器

[8] GB/Z 26958.49—2011 产品几何技术规范(GPS) 滤波 第49部分:形态学轮廓滤波器 尺度空间技术

[9] LEROY, A. M.: Robust Regression and Outlier Detection. John Wiley & Sons, New York, 1987.

[10] HAMPEL, F. R., RONCHETTI, E. M., ROUSSEEUW, P. J., STAHEL, W. A.: Robust Statistics, John Wiley & Sons, New York, 1986.

ICS 03.120.20
A 00

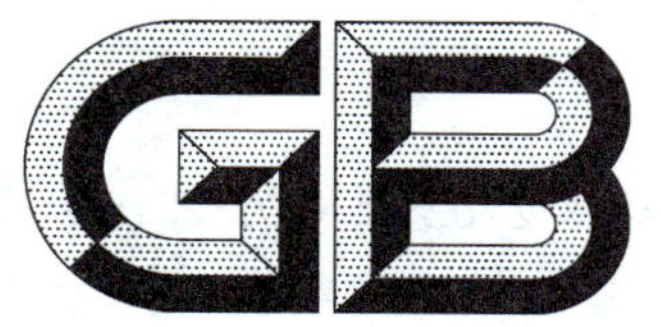

中华人民共和国国家标准

GB/T 27021.1—2017/ISO/IEC 17021-1:2015
代替 GB/T 27021—2007

合格评定　管理体系审核认证机构要求 第1部分:要求

Conformity assessment—Requirements for bodies providing audit and certification of management systems—Part 1:Requirements

(ISO/IEC 17021-1:2015,IDT)

2017-11-01 发布　　　　2018-05-01 实施

中华人民共和国国家质量监督检验检疫总局
中国国家标准化管理委员会　发布

33

前　　言

GB/T 27021《合格评定　管理体系审核认证机构要求》为系列国家标准，GB/T 27021 系列标准已经确定的部分包括：

——第 1 部分：要求；

——第 2 部分：环境管理体系审核与认证机构能力要求；

——第 3 部分：质量管理体系审核与认证机构能力要求；

——第 4 部分：大型活动可持续性管理体系审核与认证机构能力要求；

——第 5 部分：资产管理体系审核与认证机构能力要求；

——第 6 部分：业务连续性管理体系审核与认证机构能力要求；

——第 7 部分：道路交通安全管理体系审核与认证机构能力要求。

本部分为 GB/T 27021 的第 1 部分。

本部分按照 GB/T 1.1—2009 给出的规则起草。

本部分代替 GB/T 27021—2007《合格评定　管理体系审核认证机构的要求》，与 GB/T 27021—2007 相比，除编辑性修改外主要技术变化如下：

——修改了术语“公正性”定义内容(见 3.2，2007 年版的 3.2)；

——修改了术语“管理体系咨询”定义内容(见 3.3，2007 年版的 3.3)；

——增加了“认证审核”“客户”“审核员”“能力”“管理体系认证审核时间”等术语(见 3.4～3.17)；

——增加了 4.8“基于风险的方法”(见 4.8)；

——修改了 5.2“公正性的管理”(见 5.2，2007 年版的 5.2)；

——修改了第 6 章“结构要求”(见第 6 章，2007 年版的第 6 章)；

——删除了“维护公正性的委员会”(见 2007 年版的 6.2)；

——修改了第 7 章“资源要求”(见第 7 章，2007 年版的第 7 章)；

——增加了其他考虑(见 7.1.4)；

——修改了第 8 章“信息要求”(见第 8 章，2007 年版的第 8 章)；

——删除了“获证客户目录”(见 2007 年版的 8.3)；

——修改了第 9 章“过程要求”(见第 9 章，2007 年版的第 9 章)；

——增加了规范性附录 A 提供对承担各类认证职能所要求的知识和技能(见附录 A)；

——增加了资料性附录 B 提供对人员能力评价可能采用的方法(见附录 B)；

——增加了资料性附录 C 提供能力确定和保持过程的示例(见附录 C)；

——增加了资料性附录 D 提供期望的个人行为的示例(见附录 D)；

——增加了资料性附录 E 提供审核和认证过程的示例(见附录 E)。

本部分使用翻译法等同采用 ISO/IEC 17021-1:2015《合格评定　管理体系审核认证机构要求　第 1 部分：要求》(英文版)。

与本部分中规范性引用的国际文件有一致性对应关系的我国文件如下：

——GB/T 19000—2016　质量管理体系　基础和术语(ISO 9000:2015，IDT)

——GB/T 27000—2006　合格评定　词汇和通用原则(ISO/IEC 17000:2004，IDT)

为了便于使用，本部分对 ISO/IEC 17021-1:2015 做了下列编辑性修改：

——用“获证客户”替代 4.1.2b)中“管理体系获得认证的组织”(the organizations whose management systems are certified)；

——用“获证客户”替代5.2.3注2中“管理体系获得认证的组织”(organizations whose management systems are certified)。

本部分由全国认证认可标准化技术委员会(SAC/TC 261)提出并归口。

本部分起草单位:中国合格评定国家认可中心、国家认证认可监督管理委员会、中国认证认可协会、中国质量认证中心、方圆标志认证集团有限公司、广州赛宝认证中心服务有限公司、北京赛西认证有限责任公司、中国船级社质量认证公司、上海质量体系审核中心、华夏认证中心有限公司。

本部分主要起草人:费杨、任青钱、郝静、林峰、汪修慈、穆瑾、王瑜、黄俊梅、谭平、刘险锋、张瑜、王雪峰。

本部分所代替标准的历次版本发布情况为:

——GB/T 27021—2007。

引　言

管理体系认证(如对组织的环境管理体系、质量管理体系或信息安全管理体系的认证)是一种保证方法,用以确保组织已实施了与其方针及相关管理体系标准的要求一致的、用以管理其活动、产品和服务相关方面的体系。

本部分规定了对管理体系审核和认证机构的要求。它对从事质量、环境及其他管理体系审核与认证的机构提出了通用要求。本部分将这类机构称为认证机构。贯彻这些要求旨在确保认证机构以有能力、一致和公正的方式实施管理体系认证,以促进国际和国内承认这些机构并接受它们的认证。本部分为促进对管理体系认证的承认提供了基础,这种承认有利于国际贸易。

管理体系认证是独立地证明组织的管理体系:

a) 符合规定要求;

b) 能够自始至终实现其声明的方针和目标;

c) 得到有效实施。

因此,诸如管理体系认证的合格评定活动为组织、组织的顾客及利益相关方提供了价值。

第 4 章阐述了可信的认证所依据的原则。这些原则有助于用户理解认证的本质属性,并为第 5 章～第 10 章做了必要的铺垫。这些原则构成了本部分要求的基础,但其本身并不是可供评审的要求。第 10 章为认证机构通过建立管理体系来保障和证实其始终满足本部分要求提供了两种可供选择的途径。

认证活动是构成从申请评审到认证终止的整个认证过程的活动。附录 E 展现了许多认证活动能够相互作用的方式。

认证活动包括对组织的管理体系的审核。认证机构通常以认证文件或证书的形式证明组织的管理体系符合特定的管理体系标准或其他规范性要求。

本部分适用于各种类型管理体系的审核与认证。为实现利益相关方的期望,可能需要对其中一些要求,特别是那些关于审核员能力的要求补充附加准则。

在本部分中:

——“应”表示要求;

——“宜”表示建议;

——“可以”表示允许;

——“能够”表示一种可能性或能力。

ISO/IEC 导则第 2 部分中对这些助动词做了更详细的说明。

合格评定　管理体系审核认证机构要求
第1部分：要求

1　范围

GB/T 27021的本部分包含了所有类型管理体系审核与认证机构的能力、一致性和公正性的原则与要求。

按照本部分运作的认证机构不必提供所有类型的管理体系认证。

管理体系认证，是一种第三方合格评定活动（见ISO/IEC 17000:2004的5.5），因此实施这种活动的机构是第三方合格评定机构。

注1：管理体系的示例：质量管理体系、环境管理体系和信息安全管理体系。

注2：本部分中，管理体系认证称为“认证”，实施认证的第三方合格评定机构称为“认证机构”。

注3：认证机构可以是非政府的或政府的，具有或不具有法定权力。

注4：本部分可作为认可、同行评审或其他审核过程的准则文件。

2　规范性引用文件

下列文件对于本文件的应用是必不可少的。凡是注日期的引用文件，仅注日期的版本适用于本文件。凡是不注日期的引用文件，其最新版本（包括所有的修改单）适用于本文件。

ISO 9000　质量管理体系　基础和术语（Quality management systems—Fundamentals and vocabulary）

ISO/IEC 17000　合格评定　词汇和通用原则（Conformity assessment—Vocabulary and general principles）

3　术语和定义

ISO 9000和ISO/IEC 17000界定的以及下列术语和定义适用于本文件。

3.1

获证客户　certified client

管理体系已获认证的组织。

3.2

公正性　impartiality

客观性的存在。

注1：客观性意味着利益冲突不存在或已解决，不会对认证机构的后续活动产生不利影响。

注2：其他可用于表示公正性的要素的术语有：独立、无利益冲突、没有成见、没有偏见、中立、公平、思想开明、不偏不倚、不受他人影响、平衡。

3.3

管理体系咨询　management system consultancy

参与建立、实施或保持管理体系。

示例1：筹划或编制手册或程序。

示例2：对管理体系的建立和实施提供具体的建议、指导或解决方案。

注 1：如果与管理体系和审核有关的培训课程仅限于提供通用信息，那么组织培训并作为培训者参与培训不被视为咨询，即培训者不宜针对特定的客户提出解决方案。

注 2：为过程或体系的改进提供通用信息，而不是针对特定客户的解决方案，不被视为咨询。此类通用信息可以包括：

——解释认证准则的含义和意图；

——识别改进机会；

——解释相关的理论、方法学、技巧或工具；

——分享关于相关良好实践的非保密信息；

——所审核的管理体系未覆盖的其他管理方面。

3.4

认证审核　certification audit

由独立于客户和依赖认证的各方的审核组织实施的、对客户的管理体系进行以认证为目的的审核。

注 1：在下面的定义中，第三方认证审核简称为“审核”。

注 2：认证审核包括初次审核、监督审核和再认证审核，还可以包括特殊审核。

注 3：认证审核通常由依据管理体系标准要求提供符合性认证的认证机构的审核组实施。

注 4：两个或两个以上审核组织合作审核同一个客户，称作联合审核。

注 5：一个客户同时按照两个或两个以上管理体系标准的要求接受审核，称作结合审核。

注 6：一个客户已将两个或两个以上管理体系标准要求的应用整合在一个单一的管理体系中，并按照一个以上标准接受审核，称作一体化审核。

3.5

客户　client

其管理体系为认证目的接受审核的组织。

3.6

审核员　auditor

实施审核的人。

3.7

能力　competence

能够应用知识和技能实现预期结果的本领。

3.8

向导　guide

客户指派的协助审核组的人。

3.9

观察员　observer

与审核组同行，但不实施审核的人。

3.10

技术领域　technical area

以与特定类型管理体系及其预期结果有关的过程的共性为特征的领域。

注：参见 7.1.2 注。

3.11

不符合　nonconformity

未满足要求。

3.12

严重不符合　major nonconformity

影响管理体系实现预期结果的能力的**不符合**(3.11)。

注：严重不符合可能是下列情况：

——对过程控制是否有效或者产品或服务能否满足规定要求存在严重的怀疑；

——多项轻微不符合都与同一要求或问题有关，可能表明存在系统性失效，从而构成一项严重不符合。

3.13

轻微不符合　minor nonconformity

不影响管理体系实现预期结果的能力的**不符合**(3.11)。

3.14

技术专家　technical expert

向审核组提供特定知识或专业意见的人。

注：特定知识或专业意见与所审核的组织、过程或活动有关。

3.15

认证方案　certification scheme

应用相同的规定要求、特定规则与程序的，与管理体系有关的合格评定制度。

3.16

审核时间　audit time

策划并完成一次完整有效的客户组织管理体系审核所需要的时间。

3.17

管理体系认证审核时间　duration of management system certification audits

审核时间(3.16)的一部分，包括从首次会议到末次会议之间实施审核活动的所有时间。

注：审核活动通常包括：

——举行首次会议；

——审核实施中的文件评审；

——审核中的沟通；

——向导和观察员的作用和责任；

——信息的收集和验证；

——形成审核发现；

——准备审核结论；

——举行末次会议。

4　原则

4.1　总则

4.1.1　本章所述原则是本部分中后续的特定绩效要求和说明性要求的基础。本部分未就所有可能发生的情况给出特定要求。在出现未预料到的情况时，宜应用这些原则作为决策的指南。这些原则不是要求。

4.1.2　认证的总体目标是使所有相关方相信管理体系满足规定要求。认证的价值取决于第三方通过公正、有能力的评定所建立的公信力的程度。认证的利益相关方包括(但不限于)：

a)　认证机构的客户；

b)　获证客户的顾客；

c)　政府部门；

d)　非政府组织；

e)　消费者和其他公众。

4.1.3　建立信任的原则包括：

——公正性；

——能力；
——责任；
——公开性；
——保密性；
——对投诉的回应；
——基于风险的方法。

注：本部分在第4章给出了认证的原则，ISO 19011:2011第4章给出了与审核有关的原则。

4.2 公正性

4.2.1 公正，并被认为公正，是认证机构提供可建立信任的认证的必要条件。重要的是所有内部和外部人员都意识到公正性的必要性。

4.2.2 客户支付的认证费用是认证机构的收入来源，也是对公正性的潜在威胁，这一点得到公认。

4.2.3 认证机构根据其所获得的符合(或不符合)的客观证据做出决定，且不受其他利益或其他各方的影响，对于获得和保持信任是必不可少的。

4.2.4 对公正性的威胁可能包括，但不限于：

a) 自身利益：此类威胁源于个人或机构依其自身利益行事。在认证中，财务方面的自身利益是一种对公正性的威胁；
b) 自我评审：此类威胁源于个人或机构评审自己所做的工作。认证机构对由其进行管理体系咨询的客户实施管理体系审核属于此类威胁；
c) 熟识(或信任)：此类威胁源于个人或机构对另外一人过于熟悉或信赖，而不去寻找审核证据；
d) 胁迫：此类威胁源于个人或机构察觉受到公然或暗中的强迫，如威胁用他人取而代之或向主管告发。

4.3 能力

4.3.1 认证活动涉及的所有职能的认证机构人员的能力是认证提供信任的必要条件。

4.3.2 能力也需要由认证机构的管理体系来支撑。

4.3.3 认证机构管理的一个关键问题是具有一个得到实施的过程，来为参与审核和其他认证活动的人员建立能力准则，并按照准则实施评价。

4.4 责任

4.4.1 始终一致地达到实施管理体系标准的预期结果和符合认证要求的责任，在于获证客户而不是认证机构。

4.4.2 认证机构有责任对足够的客观证据进行评价，并在此基础上做出认证决定。根据审核结论，如果符合性的证据充分，认证机构做出授予认证的决定；如果符合性的证据不充分，则不授予认证。

注：任何审核都是基于对组织管理体系的抽样，因此并不保证管理体系100%符合要求。

4.5 公开性

4.5.1 为获得对认证的诚信性与可信性的信任，认证机构需要提供获取有关审核过程、认证过程和所有组织认证状态(即认证的授予、保持，认证范围的扩大或缩小，认证的更新、暂停、恢复或者撤销)的适当、及时信息的公开渠道，或公布这些信息。公开性是获得或公布适当信息的一项原则。

4.5.2 为获得或保持对认证的信任，认证机构宜向特定利益相关方提供获取特定审核(如为回应投诉而做的审核)结论的非保密信息的适当渠道，或公布这些信息。

4.6 保密性

为了享有获取充分评价管理体系符合性所需信息的特权，认证机构不透露任何保密信息是至关重要的。

4.7 对投诉的回应

依赖认证的各方期望投诉得到调查。认证机构应当使依赖认证的各方相信，在投诉经查明有效时，认证机构将对这些投诉进行适当的处理，并为解决这些投诉做出适当的努力。当投诉表明出现错误、疏忽或不合理行为时，对投诉做出有效回应是保护认证机构及其客户和其他认证使用方的重要手段。对投诉进行适当处理将维护对认证活动的信任。

注：为了向认证的所有用户证明认证的诚信性与可信性，需要在公开性和保密性(包括对投诉的回应)等原则之间取得适当的平衡。

4.8 基于风险的方法

认证机构需要考虑与提供有能力的、一致的和公正的认证相关的风险。风险可能与下列方面有关(包括但不限于)：

——审核目的；
——审核过程中的抽样；
——真正的和被感知到的公正性；
——法律法规问题和责任问题；
——所审核的客户组织及其运行环境；
——审核对客户及其活动的影响；
——审核组的健康和安全；
——利益相关方的认知；
——获证客户做出的误导性声明；
——标志的使用。

5 通用要求

5.1 法律与合同事宜

5.1.1 法律责任

认证机构应为一个法律实体，或一个法律实体内有明确界定的一部分，以便认证机构能够对其所有认证活动承担法律责任。政府的认证机构因其政府地位而被视为法律实体。

5.1.2 认证协议

认证机构与每个客户之间应有在法律上具有强制实施力并符合本部分相关要求的提供认证服务的协议。此外，如果认证机构有多个办公场所或客户有多个场所，则应确保授予认证的认证机构与客户之间具有覆盖认证范围内所有场所的在法律上具有强制实施力的协议。

注：一项协议可以由多个相互引用或以其他方式相互联系的协议来实现。

5.1.3 认证决定的责任

认证机构应对与认证有关的决定(包括授予、拒绝、保持认证，扩大或缩小认证范围，更新、暂停、在暂停后恢复、撤销认证)负责,并应保持做出上述决定的权力。

5.2 公正性的管理

5.2.1 合格评定活动应以公正的方式实施。认证机构应对其合格评定活动的公正性负责,不应允许商业、财务或其他压力损害公正性。

5.2.2 认证机构最高管理层应对管理体系认证活动的公正性做出承诺。认证机构应具有政策,表明其理解公正性在实施管理体系认证活动中的重要性,对利益冲突加以管理,并确保其管理体系认证活动的客观性。

5.2.3 认证机构应有过程以持续地识别、分析、评估、处置、监视与认证活动引起的利益冲突相关的风险,并将其形成文件,包括认证机构的各种关系引起的冲突。当存在对公正性的威胁时,认证机构应将其如何消除或最大限度减小此类威胁形成文件,并予以证实,并将任何残留风险形成文件。所作的证实应包括所有已识别的潜在威胁,无论其产生于认证机构内部还是其他个人、机构或组织的活动。当某种关系对认证机构的公正性构成不可接受的威胁时(如认证机构的全资子公司向其申请认证),认证机构不应提供认证。

最高管理层应审查任何残留风险并决定其是否处于可接受的水平。

风险评估过程应包括识别适宜的利益相关方,并就影响公正性(包括公开性和公众认知)的事宜向其征询意见。向适宜的利益相关方征询意见应以均衡的、任一方不处于支配地位的方式进行。

注 1:认证机构公正性的威胁可能源自其所有权、法人治理结构、管理层、人员、共享资源、财务、合同、培训、营销以及给介绍新客户的人销售佣金或其他好处等。

注 2:利益相关方可能包括:认证机构的人员和客户,获证客户的顾客,行业协会代表,政府监管机构或其他政府部门的代表,或非政府组织(包括消费者组织)的代表。

注 3:满足本条征询意见要求的一种方式是使用一个由这些利益相关方组成的委员会。

5.2.4 认证机构不应对另一认证机构的质量管理体系进行认证。

5.2.5 认证机构及同一法律实体的任何其他部分以及处于认证机构的组织控制[见 9.5.1.2b)]之下的任何实体不应提供或推荐管理体系咨询,也不应为管理体系咨询提供报价。本条款同样适用于政府中被识别为认证机构的那一部分。

注:本条不排除认证机构与其客户之间交流信息的可能性(例如解释发现或澄清要求)。

5.2.6 认证机构及同一法律实体的任何其他部分向认证机构的获证客户提供内部审核是对公正性的严重威胁。因此,认证机构及同一法律实体的任何其他部分以及处于认证机构的组织控制[见 9.5.1.2b)]之下的任何实体不应向获证客户提供内部审核。一种公认的减轻这种威胁的方式是,如果认证机构对某个管理体系提供了内部审核,则不应在内部审核结束后至少两年内对该管理体系进行认证。

注:参见 5.2.3 注 1。

5.2.7 如果客户接受了与认证机构有关系的机构的管理体系咨询,这是对公正性的严重威胁。一种公认的减轻这种威胁的方式是,认证机构在咨询结束后至少两年内不应对该管理体系进行认证。

注:参见 5.2.3 注 1。

5.2.8 认证机构不应将审核外包给管理体系咨询机构,因为这一做法将对认证机构的公正性构成不可接受的威胁(见 7.5)。本条款不适用于 7.3 所述的作为签约审核员的个人。

5.2.9 认证机构活动的营销或报价不应与管理体系咨询机构的活动有联系。如果任何咨询机构的链接或声明宣称或暗示选择某认证机构将使认证更为简单、容易、迅速或廉价,则该认证机构应采取措施纠正这种不当表述。认证机构不应宣称或暗示选择某咨询机构将使认证更为简单、容易、迅速或廉价。

5.2.10 为确保没有利益冲突,参与了对客户管理体系咨询的人员(包括管理人员)不应被认证机构用于针对该客户的审核或其他认证活动。一种公认的减轻该威胁的方式是在咨询结束后至少两年内不应使用该人员。

5.2.11 认证机构应采取措施,以应对其他人员、机构或组织的行为对其公正性产生的威胁。

5.2.12 认证机构所有可以影响认证活动的人员(内部或外部的)或委员会应公正行事,且不应允许商业、财务或其他方面的压力损害公正性。

5.2.13 认证机构应要求内部和外部的人员告知他们所了解的任何可以使其或认证机构陷入利益冲突的情况。认证机构应记录并利用这些信息识别他们或其所在单位的活动对公正性产生的威胁,且应在他们能够证明没有利益冲突之后再使用这些内部或外部人员。

5.3 责任和财力

5.3.1 认证机构应能证明已对认证活动引发的风险进行了评估,并对各个活动领域和运作地域的业务引发的责任作了充分的安排(如保险或储备金)。

5.3.2 认证机构应评估其财务状况和收入来源,并证明其公正性始终没有受到商业、财务和其他方面压力的损害。

6 结构要求

6.1 组织结构和最高管理层

6.1.1 认证机构应将其组织结构、管理层和其他认证人员及各委员会的职责、责任和权力形成文件。当认证机构是一个法律实体内有明确界定的一部分时,该文件应说明认证机构与该法律实体间的权力关系以及与同一法律实体内其他部分的关系。

6.1.2 认证机构的结构和管理方式应维护认证活动的公正性。

6.1.3 认证机构应确定对下列各项具有全部权力和责任的最高管理层(委员会、小组或个人):

a) 与认证机构运作有关的政策的制定以及过程和程序的建立;
b) 政策、过程和程序实施的监督;
c) 确保公正性;
d) 认证机构财务的监督;
e) 管理体系认证服务和认证方案的开发;
f) 审核与认证的实施和对投诉的回应;
g) 认证决定;
h) 在需要时,授权委员会或个人代表最高管理层开展规定的活动;
i) 合同安排;
j) 为认证活动提供充分的资源。

6.1.4 认证机构应有关于任何参与认证活动的委员会的任命、权限和运行的正式规则。

6.2 运行控制

6.2.1 认证机构应有过程对其分支办公室、合伙人、代理、特许经营者等交付的认证活动进行有效控制,不论其法律地位、关系或地理位置如何。认证机构应考虑这些活动给认证机构的能力、一致性和公正性带来的风险。

6.2.2 认证机构应考虑与所从事活动相适宜的控制水平和方法,包括其过程、运作的技术领域、人员的能力、管理控制线、汇报以及远程访问操作系统(包括记录)。

7 资源要求

7.1 人员能力

7.1.1 总体考虑

认证机构应有过程来确保其人员对其运作涉及的管理体系类型(例如质量管理体系、环境管理体系、信息安全管理体系)和地域有适宜的相关知识与技能。

7.1.2 能力准则的确定

认证机构应有过程,以确定参与管理和实施审核及其他认证活动的人员的能力准则。应根据每类管理体系标准的要求,针对每个技术领域和认证过程中的每项职能确定能力准则。该过程的输出应是形成文件的所要求知识和技能的准则,这些知识和技能是有效地实施审核与认证任务以实现预期结果所必需的。附录A明确了认证机构应为特定职能确定的知识和技能。如果已经为特定的标准或认证方案建立了附加的特定能力准则(例如ISO/IEC TS 17021-2、ISO/IEC TS 17021-3或ISO/TS 22003),这些附加的特定能力准则应得到应用。

注:取决于不同的管理体系标准,术语"技术领域"的应用方式可以有所不同。对于任何管理体系,该术语都与管理体系标准范围内的产品、过程和服务有关。技术领域可由特定认证方案(例如ISO/TS 22003)定义;或者可以由认证机构定义。该术语用于涵盖不同管理体系领域传统使用的一些其他术语,例如"范围""类别""行业"等。

7.1.3 评价过程

认证机构应有形成文件的过程,以应用所确定的能力准则,对所有参与管理和实施审核及其他认证活动的人员进行初始能力评价,并持续监视其能力和绩效。认证机构应证实其评价方法是有效的。这些过程的输出应是识别出有能力的人员,即被证实具有审核与认证过程不同职能所需的能力水平的人员。在认证机构内,人员为其活动绩效承担责任前,能力应得到证实。

注1:附录B介绍了一些可用于能力评价的评价方法。

注2:附录C提供了一个能力确定和保持流程的示例。

7.1.4 其他考虑

认证机构应有获取必要的专业知识与技能的途径,以在其运作涉及的所有技术领域、管理体系类型和地域等方面获得与认证活动直接相关的建议。这些建议可由外部人员或认证机构人员提供。

7.2 参与认证活动的人员

7.2.1 认证机构应有足够的、有能力的人员以对其各种类型与范围的审核方案以及其他认证工作进行管理和支持。

7.2.2 认证机构应聘用或有途径获得足够数量的审核员(包括审核组长)和技术专家,以覆盖其所有活动并满足审核工作量的需要。

7.2.3 认证机构应使所有相关人员清楚自己的任务、责任和权力。

7.2.4 认证机构应有过程来选择、培训、正式任用审核员,选择并培养认证活动使用的技术专家。审核员的初始能力评价应包括在审核中应用所需知识与技能的本领的证实。在审核中应用所需知识与技能的本领应由有能力的评价者在对审核员审核的见证中确定。

注:在上述的选择和培训过程中可以考虑所期望的个人行为。所期望的个人行为是影响一个人实施特定职能的能力的特性。对个人行为的了解能使认证机构能够发挥人员的强项并尽可能减小其弱点的影响。附录D介绍了所期望的个人行为,它们对参与认证活动的人员是重要的。

7.2.5 认证机构应有实现和证实有效审核的过程。该过程应确保所使用的审核员和审核组长具备通用的审核知识与技能以及特定技术领域审核所需的知识与技能。

7.2.6 认证机构应确保审核员(需要时,包括技术专家)充分了解其审核过程、认证要求和其他相关要求。认证机构应使审核员和技术专家有途径获取指导审核和提供认证活动所有相关信息的现行有效的文件化程序。

7.2.7 认证机构应识别培训需求,并向审核员、技术专家和其他参与认证活动的人员提供或使其有机会参加特定的培训,以确保他们胜任所从事的工作。

7.2.8 做出授予、拒绝、保持、更新、暂停、恢复或撤销认证或者扩大或缩小认证范围等决定的小组或个人应理解适用的标准和认证要求，并经证实有能力评价审核过程的结果，包括审核组的相关推荐意见。

7.2.9 认证机构应确保所有参与审核和其他认证活动的人员均有令人满意的绩效。认证机构应有形成文件的过程，以根据这些人员的使月频率及其活动的风险水平来监视他们的能力和绩效。认证机构尤其应根据人员的绩效来复核并记录他们的能力，以识别培训需求。

7.2.10 认证机构应在监视每个审核员时考虑该审核员被认为有能力的每个管理体系类型。形成文件的审核员监视过程应把现场评价、审核报告复核及客户或市场反馈相结合。认证机构应在文件要求中详细说明该程序。在设计监视方式时，应使正常认证过程所受干扰最小(尤其是从客户角度来看)。

7.2.11 认证机构应定期对每位审核员的绩效进行现场评价。现场评价的频率应取决于根据所有可获得的监视信息确定的现场见证需求。

7.3 外部审核员和外部技术专家的使用

认证机构应要求外部审核员和外部技术专家通过书面协议承诺其遵守认证机构适用的政策并按照认证机构的规定实施相关过程。该协议应含有关于保密及公正性的条款，并要求外部审核员和外部技术专家向认证机构说明现在或以前与可能派其审核的组织的关系。

注：使用个人或另一组织的单个雇员作为外部审核员或技术专家不构成外包。

7.4 人员记录

认证机构应保持人员(包括认证活动实施人员、管理人员和行政人员)的最新记录，包括相关的资格、培训、经历、隶属关系、专业状况和能力的记录。

7.5 外包

7.5.1 认证机构应说明可以进行外包(即向另一个组织分包，由其代表认证机构提供部分认证服务)的条件。认证机构应与每个承担外包服务的机构就相关安排(包括保密和利益冲突)签订在法律上具有强制实施力的协议。

7.5.2 授予、拒绝、保持认证，扩大或缩小认证范围，更新、暂停、恢复或者撤销认证的决定不应外包。

7.5.3 认证机构应：

a) 对外包给另一机构的所有活动负责；

b) 确保外包服务承担机构及其使用的人员符合认证机构的要求和本部分的适用要求，包括能力、公正性和保密；

c) 确保外包服务承担机构及其使用的人员与拟审核的组织没有可能损害公正性的关系(无论是直接的还是通过任何其他雇主发生的关系)。

7.5.4 认证机构应有过程，以对认证活动的所有外包服务承担机构进行批准和监视，且应确保其参与认证活动的所有人员的能力记录得到保持。

注1：对于7.5.1～7.5.4，当认证机构聘用个人或其他组织的雇员来补充资源或专业能力时，如果认证机构与个人签约，以使其在认证机构的管理体系下运作(见7.3)，不构成外包。

注2：对于7.5.1～7.5.4，“外包”与“分包”视为同义词。

8 信息要求

8.1 公开信息

8.1.1 认证机构应在其运营的所有地域中保持(通过出版物、电子介质或其他方式)并主动公布下列方面的信息：

a) 审核过程；

b) 授予、拒绝、保持、更新、暂停、恢复或撤销认证或者扩大或缩小认证范围的过程；

c) 其运作涉及的管理体系类型和认证方案；

d) 认证机构的名称和认证标志或徽标的使用；

e) 对索要信息的请求、投诉和申诉的处理过程；

f) 公正性政策。

8.1.2 认证机构应在有请求时提供下列方面的信息：

a) 其运作涉及的地域；

b) 特定认证的状态；

c) 特定获证客户的名称、相关的规范性文件、认证范围和地理位置(国家和城市)。

注 1：在特殊情况下，可以根据客户的请求(如出于安全原因)对某些信息的公开程度做出限制。

注 2：认证机构也可以通过任何方式主动公开 8.1.2 中的信息，例如在其网站上。

8.1.3 认证机构向客户或市场提供的信息(包括广告)应准确且不使人产生误解。

8.2 认证文件

8.2.1 认证机构应以其选择的任何方式向获证客户提供认证文件。

8.2.2 认证文件应标明：

a) 每个获证客户的名称和地理位置(或多场所认证范围内总部和所有场所的地理位置)；

b) 授予认证、扩大或缩小认证范围、更新认证的生效日期，生效日期不应早于相关认证决定的日期；

注：当证书失效一段时间时，认证机构在满足下列条件时，可以在证书上保留原始的认证日期：

——清晰标示了当前认证周期的开始时间和截止时间；

——把上一认证周期截止时间连同再认证审核的时间一起标示。

c) 认证有效期或与认证周期一致的应进行再认证的日期；

d) 唯一的识别代码；

e) 审核获证客户时所用的管理体系标准和(或)其他规范性文件，包括发布状态的标示(例如修订时间或编号)；

f) 与活动、产品和服务类型等相关的认证范围，适用时，包括每个场所相应的认证范围，且没有误导或歧义；

g) 认证机构的名称、地址和认证标志；可以使用其他标识(如认可标识、客户的徽标)，但不能产生误导或含混不清；

h) 认证用标准和(或)其他规范性文件所要求的任何其他信息；

i) 在颁发经过修改的认证文件时，区分新文件与任何已作废文件的方法。

8.3 认证资格的引用和标志的使用

8.3.1 认证机构对其授权获证客户使用的任何管理体系认证标志应有管理规则。这些规则应确保可以从标志追溯到认证机构。标志或所附文字不应使人对认证对象和授予认证的认证机构产生歧义。标志不应用于产品或产品包装之上，或以任何其他可解释为表示产品符合性的方式使用。

注：ISO/IEC 17030 对使用第三方标志提供了补充信息。

8.3.2 认证机构不应允许其标志被获证客户用于实验室检测、校准或检验的报告或证书。

8.3.3 认证机构应对在产品包装上或附带信息中声明获证客户的管理体系通过认证有管理规则。产品包装的判别标准是其可从产品上移除且不会导致产品分解、碎裂或损坏。附带信息的判别标准是其可分开获得或易于分离。型号标签或铭牌被视为产品的一部分。声明决不应暗示产品、过程或服务以这种方式得到了认证。声明应包含对下列的引用：

——获证客户的标识(例如品牌或名称)；

——管理体系的类型(例如质量、环境)和适用标准；

——颁发证书的认证机构。

8.3.4 认证机构应通过在法律上具有强制实施力的安排，要求获证客户：

a) 在传播媒介(如互联网、宣传册或广告)或其他文件中引用认证状态时，应符合认证机构的要求；

b) 不做出或不允许有关于其认证资格的误导性说明；

c) 不以或不允许以误导性方式使用认证文件或其任何部分；

d) 在其认证被撤销时，按照认证机构的指令立即停止使用所有引用认证资格的广告材料(见 9.6.5)；

e) 在认证范围被缩小时，修改所有的广告材料；

f) 不允许在引用其管理体系认证资格时，暗示认证机构对产品(包括服务)或过程进行了认证；

g) 不得暗示认证适用于认证范围以外的活动和场所；

h) 在使用认证资格时，不得使认证机构和(或)认证制度声誉受损，失去公众信任。

8.3.5 认证机构应正确地控制其所有权，并采取措施处理认证状态的错误引用或认证文件、标志或审核报告的误导性使用。

注：此类措施可以包括要求纠正或采取纠正措施、暂停认证、撤销认证、公告违规行为以及必要的法律措施。

8.4 保密

8.4.1 认证机构应通过在法律上具有强制实施力的协议，对在其各个层次(包括代表其活动的委员会、外部机构或个人)从事认证活动时获得或产生的所有信息的管理负责。

8.4.2 认证机构应将其拟对公众公开的信息提前告知客户。所有其他信息均应视为保密信息，客户自己公开的信息除外。

8.4.3 除本部分有要求外，关于特定获证客户或个人的信息，未经其书面同意，不应向第三方披露。

8.4.4 当法律要求认证机构或者合同安排(例如与认可机构签订的)授权认证机构提供保密信息时，除法律禁止外，认证机构应将拟提供的信息提前通知有关客户或个人。

8.4.5 从其他来源(如投诉人、监管机构)获得的关于客户的信息应根据认证机构的政策按保密信息处理。

8.4.6 认证机构的人员，包括代表认证机构工作的任何委员会成员、合同方、外部机构人员或个人，除法律有要求外，应对从事认证机构的活动时获得或产生的所有信息予以保密。

8.4.7 认证机构应有确保保密信息得到安全处理的过程以及适用的设备和设施。

8.5 认证机构与其客户间的信息交换

8.5.1 认证过程和要求的信息

认证机构应向客户提供并为其更新以下信息：

a) 对认证活动整个过程的详细说明，包括申请、初次审核、监督审核和授予、拒绝、保持认证、扩大或缩小认证范围、更新、暂停或恢复或者撤销认证的过程；

b) 认证依据的规范性要求；

c) 申请、初次认证和保持认证资格所需费用的信息；

d) 认证机构对客户的要求：

1) 遵守认证要求；

2) 为实施审核做出所有必要的安排，包括在初次认证、监督、再认证和解决投诉时，为检查文件和接触所有过程与区域、记录及人员提供条件；

3) 适用时，为接纳到场的观察员（如认可评审员或实习审核员）提供条件；

e) 对获证客户根据 8.3 的要求在各类沟通中引用认证资格时的权利和责任（包括要求）予以说明的文件；

f) 投诉和申诉处理过程的信息。

8.5.2 认证机构的变更通知

认证机构应以适当方式将其认证要求的任何变更通知获证客户。认证机构应验证每个获证客户符合新的要求。

8.5.3 获证客户的变更通知

认证机构应做出在法律上具有强制实施力的安排，以确保获证客户即时将可能影响管理体系持续满足认证标准要求的能力的事宜通知认证机构，包括（但不限于）与下列方面有关的变更：

a) 法律地位、经营状况、组织状态或所有权；

b) 组织和管理层（如关键的管理、决策或技术人员）；

c) 联系地址和场所；

d) 获证管理体系覆盖的运作范围；

e) 管理体系和过程的重大变更。

认证机构应采取适当的行动。

9 过程要求

9.1 认证前的活动

9.1.1 申请

认证机构应要求申请组织的授权代表提供必要的信息，以便认证机构确定：

a) 申请认证的范围；

b) 特定认证方案所要求的申请组织的相关详细情况，包括其名称、场所的地址、过程和运作的重要方面、人力资源和技术资源、职能、关系以及任何相关的法律义务；

c) 识别申请组织采用的所有影响符合性的外包过程；

d) 申请组织寻求认证的标准或其他要求；

e) 是否接受过与拟认证的管理体系有关的咨询，如果接受过，由谁提供咨询。

9.1.2 申请评审

9.1.2.1 认证机构应对认证申请及补充信息进行评审，以确保：

a) 关于申请组织及其管理体系的信息足以建立审核方案（见 9.1.3）；

b) 解决了认证机构与申请组织之间任何已知的理解差异；

c) 认证机构有能力并能够实施认证活动；

d) 考虑了申请的认证范围、申请组织的运作场所、完成审核需要的时间和任何其他影响认证活动的因素（语言、安全条件、对公正性的威胁等）。

9.1.2.2 在申请评审后，认证机构应接受或拒绝认证申请。当认证机构基于申请评审的结果拒绝认证申请时，应记录拒绝申请的原因并使客户清楚拒绝的原因。

9.1.2.3 根据上述评审，认证机构应确定审核组及进行认证决定需要具备的能力。

9.1.3 审核方案

9.1.3.1 应对整个认证周期制定审核方案，以清晰地识别所需的审核活动，这些审核活动用以证实客户的管理体系符合认证所依据标准或其他规范性文件的要求。认证周期的审核方案应覆盖全部的管理体系要求。

9.1.3.2 初次认证审核方案应包括两阶段初次审核、认证决定之后的第一年与第二年的监督审核和第三年在认证到期前进行的再认证审核。第一个三年的认证周期从初次认证决定算起。以后的周期从再认证决定(见 9.6.3.2.3)算起。审核方案的确定和任何后续调整应考虑客户的规模，其管理体系、产品和过程的范围与复杂程度，以及经过证实的管理体系有效性水平和以前审核的结果。

注 1：附录 E 提供了一个典型的审核与认证过程的流程图。

注 2：下面列举了建立或修改审核方案时可能需要考虑的其他事项，在确定审核范围和编制审核计划时可能也需要考虑这些事项：

——认证机构收到的对客户的投诉；

——结合、一体化或联合审核；

——认证要求的变化；

——法律要求的变化；

——认可要求的变化；

——组织的绩效数据[例如缺陷水平、关键绩效指标(KPI)数据等]；

——利益相关方的关注。

注 3：如果特定的行业认证方案有规定，认证周期可以不为 3 年。

9.1.3.3 监督审核应至少每个日历年(应进行再认证的年份除外)进行一次。初次认证后的第一次监督审核应在认证决定日期起 12 个月内进行。

注：为了考虑诸如季节或有限时段的管理体系认证(例如临时施工场所)等因素，可能有必要调整监督审核的频次。

9.1.3.4 如果认证机构考虑客户已获的认证或由另一认证机构实施的审核，则应获取并保留充足的证据，例如报告和对不符合采取的纠正措施的文件。所获取的文件应为满足本部分要求提供支持。认证机构应根据获取的信息证明对审核方案的任何调整的合理性，并予以记录，并对以前不符合的纠正措施的实施进行跟踪。

9.1.3.5 如果客户采用轮班作业，应在建立审核方案和编制审核计划时考虑在轮班工作中发生的活动。

9.1.4 确定审核时间

9.1.4.1 认证机构应有形成文件的确定审核时间的程序。认证机构应针对每个客户确定策划和完成对其管理体系的完整有效审核所需的时间。

9.1.4.2 在确定审核时间时，认证机构应考虑(但不限于)以下方面：

a) 相关管理体系标准的要求；

b) 客户及其管理体系的复杂程度；

c) 技术和法规环境；

d) 管理体系范围内活动的分包情况；

e) 以前审核的结果；

f) 场所的数量和规模、地理位置以及对多场所的考虑；

g) 与组织的产品、过程或活动相关联的风险；

h) 是否是结合审核、联合审核或一体化审核。

注 1：往返于审核场所之间所花费的时间不计入管理体系认证审核时间。

注 2：认证机构在制定文件化过程时，可以使用 ISO/IEC TS 17023 建立的指南来确定管理体系认证审核时间。

在已为特定的认证方案确定了特定的准则时，例如 ISO/TS 22003 或 ISO/IEC 27006，这些特定准则应得到采用。

9.1.4.3 认证机构应记录管理体系审核的时间及其合理性。

9.1.4.4 未被指派为审核员的审核组成员(即技术专家、翻译人员、观察员和实习审核员)所花费的时间不应计入上面所确定的审核时间。

注:使用翻译人员可能需要额外增加审核时间。

9.1.5 多场所的抽样

当客户管理体系包含在多个地点进行的相同活动时,如果认证机构在审核中使用多场所抽样,则应制定抽样方案以确保对该管理体系的正确审核。认证机构应针对每个客户将抽样计划的合理性形成文件。一些特定的认证方案不允许抽样,如果特定认证方案已经建立了具体准则(例如 ISO/TS 22003),应采用这些准则。

注:当多场所不是覆盖相同的活动时,抽样是不适宜的。

9.1.6 多管理体系标准

认证机构在提供依据多个管理体系标准进行认证时,审核策划应确保充分的现场审核,以提供对认证的信任。

9.2 策划审核

9.2.1 确定审核目的、范围和准则

9.2.1.1 审核目的应由认证机构确定。审核范围和准则,包括任何更改,应由认证机构在与客户商讨后确定。

9.2.1.2 审核目的应说明审核要完成什么,并应包括下列内容:

a) 确定客户管理体系或其部分与审核准则的符合性;

b) 确定管理体系确保客户满足适用的法律、法规及合同要求的能力;

注:管理体系认证审核不是合规性审核。

c) 确定管理体系在确保客户可以合理预期实现其规定目标方面的有效性;

d) 适用时,识别管理体系的潜在改进区域。

9.2.1.3 审核范围应说明审核的内容和界限,例如拟审核的场所、组织单元、活动及过程。当初次认证或再认证过程包含一次以上审核(例如覆盖不同场所的审核)时,单次审核的范围可能并不覆盖整个认证范围,但整个审核所覆盖的范围应与认证文件中的范围一致。

9.2.1.4 审核准则应被用作确定符合性的依据,并应包括:

——所确定的管理体系规范性文件的要求;

——所确定的由客户制定的管理体系的过程和文件。

9.2.2 选择和指派审核组

9.2.2.1 总则

9.2.2.1.1 认证机构应有根据实现审核目的所需的能力以及公正性要求来选择和任命审核组(包括审核组长以及必要的技术专家)的过程。如果仅有一名审核员,该审核员应有能力履行适用于该审核的审核组长职责。审核组应整体上具备认证机构按照 9.1.2.3 确定的审核能力。

9.2.2.1.2 决定审核组的规模和组成时,应考虑下列因素:

a) 审核目的、范围、准则和预计的审核时间;

b) 是否是结合、联合或一体化审核;

c) 实现审核目的所需的审核组整体能力(见表 A.1);

d) 认证要求(包括任何适用的法律、法规或合同要求);

e) 语言和文化。

注:结合审核或一体化审核的审核组长宜至少对一个标准有深入的知识,并了解该审核所使用的其他标准。

9.2.2.1.3 审核组长和审核员所需的知识和技能可以通过技术专家和翻译人员补充。技术专家和翻译人员应在审核员的指导下工作。使用翻译人员时,翻译人员的选择要避免他们对审核产生不正当影响。

注:技术专家的选择准则根据每次审核的审核组和审核范围的需要为基础确定。

9.2.2.1.4 实习审核员可以参与审核,此时要指派一名审核员作为评价人员。评价人员应有能力接管实习审核员的任务,并对实习审核员的活动和审核发现最终负责。

9.2.2.1.5 审核组长在与审核组商议后,应向每个审核组成员分配对特定过程、职能、场所、区域或活动实施审核的职责。所进行的分配应考虑到所需的能力、有效并高效地使用审核组以及审核员、实习审核员和技术专家的不同作用和职责。在审核进程中,为确保实现审核目的,可以改变工作分配。

9.2.2.2 观察员、技术专家和向导

9.2.2.2.1 观察员

认证机构与客户应在实施审核前就审核活动中观察员的到场及理由达成一致。审核组应确保观察员不对审核过程或审核结果造成不当影响或干预。

注:观察员可以是客户组织的成员、咨询人员、实施见证的认可机构人员、监管人员或其他有合理理由的人员。

9.2.2.2.2 技术专家

认证机构应在实施审核前与客户就技术专家在审核活动中的作用达成一致。技术专家不应担任审核组中的审核员。技术专家应由审核员陪同。

注:技术专家可以就审核准备、策划或审核向审核组提出建议。

9.2.2.2.3 向导

每个审核员应由一名向导陪同,除非审核组长与客户另行达成一致。为审核组配备向导是为了方便审核。审核组应确保向导不影响或不干预审核过程或审核结果。

注 1:向导的职责可以包括:

a) 为面谈建立联系或安排时间;

b) 安排对现场或组织的特定部分的访问;

c) 确保审核组成员知道并遵守关于现场安全和安保程序的规则;

d) 代表客户观察审核;

e) 应审核员请求提供澄清或信息。

注 2:适宜时,受审核方也可以担任向导。

9.2.3 审核计划

9.2.3.1 总则

认证机构应确保为审核方案中确定的每次审核编制审核计划,以便为有关各方就审核活动的日程安排和实施达成一致提供依据。

注:不期望认证机构在建立审核方案时,为每次审核都编制审核计划。

9.2.3.2 编制审核计划

审核计划应与审核目的和范围相适应。审核计划至少应包括或引用:

a) 审核目的;
b) 审核准则;
c) 审核范围,包括识别拟审核的组织和职能单元或过程;
d) 拟实施现场审核活动(适用时,包括对临时场所的访问和远程审核活动)的日期和场所;
e) 预计的现场审核活动持续时间;
f) 审核组成员及与审核组同行的人员(例如观察员或翻译)的角色和职责。

注:审核计划的信息可以包含在一个以上的文件中。

9.2.3.3 审核组任务的沟通

认证机构应明确说明审核组的任务。认证机构应要求审核组:

a) 检查和验证客户与管理体系标准相关的结构、方针、过程、程序、记录及相关文件;
b) 确定上述方面满足与拟认证范围相关的所有要求;
c) 确定客户组织有效地建立、实施并保持了管理体系过程和程序,以便为建立对客户管理体系的信任提供基础;
d) 告知客户其方针、目标及指标的任何不一致,以使其采取措施。

9.2.3.4 审核计划的沟通

认证机构应提前与客户就审核计划进行沟通,并商定审核日期。

9.2.3.5 审核组成员信息的通报

认证机构应向客户提供审核组每位成员的姓名,并在客户请求时使其能够了解每位成员的背景情况。认证机构应留出足够的时间,以使客户能够对某一审核组成员的任命表示反对,并在反对有效时使认证机构能够重组审核组。

9.3 初次认证

9.3.1 初次认证审核

9.3.1.1 总则

管理体系的初次认证审核应分两个阶段实施:第一阶段和第二阶段。

9.3.1.2 第一阶段

9.3.1.2.1 策划应确保第一阶段的目的能够实现,应告知第一阶段需实施的任何现场活动。

注:第一阶段不要求正式的审核计划(见9.2.3)。

9.3.1.2.2 第一阶段的目的为:

a) 审查客户的文件化的管理体系信息;
b) 评价客户现场的具体情况,并与客户的人员进行讨论,以确定第二阶段的准备情况;
c) 审查客户理解和实施标准要求的情况,特别是对管理体系的关键绩效或重要的因素、过程、目标和运作的识别情况;
d) 收集关于客户的管理体系范围的必要信息,包括:
——客户的场所;
——使用的过程和设备;
——所建立的控制的水平(特别是客户为多场所时);
——适用的法律法规要求;

e) 审查第二阶段所需资源的配置情况,并与客户商定第二阶段的细节;

f) 结合管理体系标准或其他规范性文件充分了解客户的管理体系和现场运作,以便为策划第二阶段提供关注点;

g) 评价客户是否策划和实施了内部审核与管理评审,以及管理体系的实施程度能否证明客户已为第二阶段做好准备。

注:如果至少第一阶段的部分活动在客户场所实施,这能有助于达到上述目的。

9.3.1.2.3 认证机构应将第一阶段目的是否达到及第二阶段是否准备就绪的书面结论告知客户,包括识别任何引起关注的、在第二阶段可能被判定为不符合的问题。

注:第一阶段的输出不必满足审核报告的所有要求(见 9.4.8)。

9.3.1.2.4 认证机构在确定第一阶段和第二阶段的间隔时间时,应考虑客户解决第一阶段识别的任何需关注问题所需的时间。认证机构也可能需要调整第二阶段的安排。如果发生任何将影响管理体系的重要变更,认证机构应考虑是否有必要重复整个或部分第一阶段。认证机构应告知客户第一阶段的结果有可能导致推迟或取消第二阶段。

9.3.1.3 第二阶段

第二阶段的目的是评价客户管理体系的实施情况,包括有效性。第二阶段应在客户的现场进行,并至少覆盖以下方面:

a) 与适用的管理体系标准或其他规范性文件的所有要求的符合情况及证据;

b) 依据关键绩效目标和指标(与适用的管理体系标准或其他规范性文件的期望一致),对绩效进行的监视、测量、报告和评审;

c) 客户管理体系的能力以及在符合适用法律法规要求和合同要求方面的绩效;

d) 客户过程的运作控制;

e) 内部审核和管理评审;

f) 针对客户方针的管理职责。

9.3.1.4 初次认证的审核结论

审核组应对在第一阶段和第二阶段中收集的所有信息和证据进行分析,以评审审核发现并就审核结论达成一致。

9.4 实施审核

9.4.1 总则

认证机构应有实施现场审核的过程。该过程应包括审核开始时的首次会议和审核结束时的末次会议。

当审核的任何部分以电子手段实施时,或拟审核的场所为虚拟场所时,认证机构应确保由具备适宜能力的人员实施此类活动。在此类审核活动中获取的证据应足以让审核员对相关要求的符合性做出有根据的决定。

注:"现场"审核可以包括对包含管理体系审核相关信息的电子化场所的远程访问。也可以考虑使用电子手段实施审核。

9.4.2 召开首次会议

应与客户的管理层(适用时,还包括拟审核职能或过程的负责人员)召开正式的首次会议。首次会议通常由审核组长主持,会议目的是简要解释将如何进行审核活动。详略程度可与客户对审核过程的熟悉程度相一致,并应考虑下列方面:

a) 介绍参会人员，包括简要介绍其角色；
b) 确认认证范围；
c) 确认审核计划(包括审核的类型、范围、目的和准则)及其任何变化，以及与客户的其他相关安排，例如末次会议的日期和时间，审核期间审核组与客户管理层的会议的日期和时间；
d) 确认审核组与客户之间的正式沟通渠道；
e) 确认审核组可获得所需的资源和设施；
f) 确认与保密有关的事宜；
g) 确认适用于审核组的相关的工作安全、应急和安保程序；
h) 确认可得到向导和观察员及其角色和身份；
i) 报告的方法，包括审核发现的任何分级；
j) 说明可能提前终止审核的条件；
k) 确认审核组长和审核组代表认证机构对审核负责，并应控制审核计划(包括审核活动和审核路径)的执行；
l) 适用时，确认以往评审或审核的发现的状态；
m) 基于抽样实施审核的方法和程序；
n) 确认审核中使用的语言；
o) 确认在审核中将告知客户审核进程及任何关注点；
p) 让客户提问的机会。

9.4.3 审核中的沟通

9.4.3.1 在审核中，审核组应定期评估审核的进程，并沟通信息。审核组长应在需要时在审核组成员之间重新分配工作，并定期将审核进程及任何关注告知客户。

9.4.3.2 当可获得的审核证据显示审核目的无法实现，或显示存在紧急和重大的风险(例如安全风险)时，审核组长应向客户(如果可能还应向认证机构)报告这一情况，以确定适当的行动。该行动可以包括重新确认或修改审核计划，改变审核目的或审核范围，或者终止审核。审核组长应向认证机构报告所采取行动的结果。

9.4.3.3 如果在现场审核活动的进行中发现需要改变审核范围，审核组长应与客户审查该需要，并报告认证机构。

9.4.4 获取和验证信息

9.4.4.1 在审核中应通过适当的抽样来获取与审核目的、范围和准则相关的信息(包括与职能、活动和过程之间的接口有关的信息)，并对这些信息进行验证，使之成为审核证据。

9.4.4.2 信息获取方法应包括(但不限于)：
a) 面谈；
b) 对过程和活动进行观察；
c) 审查文件和记录。

9.4.5 确定和记录审核发现

9.4.5.1 应确定审核发现(概述符合性并详细描述不符合)，并予以分级和报告，以能够为认证决定或保持认证提供充分的信息。

9.4.5.2 可以识别和记录改进机会，除非某一管理体系认证方案的要求禁止这样做。但是属于不符合的审核发现不应作为改进机会予以记录。

9.4.5.3 关于不符合的审核发现应对照具体要求予以记录，包含对不符合的清晰陈述(详细标识不符合所基于的客观证据)。应与客户讨论不符合,以确保证据准确且不符合得到理解。但是,审核员应避免提示不符合的原因或解决方法。

9.4.5.4 审核组长应尝试解决审核组与客户之间关于审核证据或审核发现的任何分歧意见,未解决的分歧点应予以记录。

9.4.6 准备审核结论

在末次会议前,由审核组长负责,审核组应:

a) 对照审核目的和审核准则,审查审核发现和审核中获得的任何其他适用的信息,并对不符合分级;
b) 考虑审核过程中固有的不确定性,就审核结论达成一致;
c) 就任何必要的跟踪活动达成一致;
d) 确认审核方案的适宜性,或识别任何为将来的审核所需要的修改(例如认证范围、审核时间或日期、监督频次、审核组能力)。

9.4.7 召开末次会议

9.4.7.1 应与客户的管理层(适用时,还包括所审核的职能或过程的负责人员)召开正式的末次会议,并记录参加人员。末次会议通常由审核组长主持,会议目的是提出审核结论,包括关于认证的推荐性意见。不符合应以使其被理解的方式提出,并应就回应的时间表达成一致。

注:"被理解"不一定意味着客户已经接受了不符合。

9.4.7.2 末次会议还应包括下列内容,其详略程度应与客户对审核过程的熟悉程度一致:

a) 向客户说明所获取的审核证据基于对信息的抽样,因而会有一定的不确定性;
b) 进行报告的方法和时间表,包括审核发现的任何分级;
c) 认证机构处理不符合(包括与客户认证状态有关的任何结果)的过程;
d) 客户为审核中发现的任何不符合的纠正和纠正措施提出计划的时间表;
e) 认证机构在审核后的活动;
f) 说明投诉和申诉处理过程。

9.4.7.3 客户应有机会提出问题。审核组与客户之间关于审核发现或结论的任何分歧意见应得到讨论并尽可能获得解决。任何未解决的分歧意见应予以记录并提交认证机构。

9.4.8 审核报告

9.4.8.1 认证机构应为每次审核向客户提供书面报告。审核组可以识别改进机会,但不应提出具体解决办法的建议。认证机构应享有对审核报告的所有权。

9.4.8.2 审核组长应确保审核报告的编制,并应对审核报告的内容负责。审核报告应提供对审核的准确、简明和清晰的记录,以便为认证决定提供充分的信息,并应包括或引用下列内容:

a) 注明认证机构;
b) 客户的名称和地址及客户的代表;
c) 审核的类型(例如初次、监督、再认证或特殊审核);
d) 审核准则;
e) 审核目的;
f) 审核范围,特别是标识出所审核的组织或职能单元或过程,以及审核时间;
g) 任何偏离审核计划的情况及其理由;
h) 任何影响审核方案的重要事项;
i) 注明审核组长、审核组成员及任何与审核组同行的人员;

j) 审核活动(现场或非现场,永久或临时场所)的实施日期和地点;

k) 与审核类型的要求一致的审核发现(见9.4.5)、对审核证据的引用以及审核结论;

l) 如有时,在上次审核后发生的影响客户管理体系的重要变更;

m) 已识别出的任何未解决的问题;

n) 适用时,是否为结合、联合或一体化审核;

o) 说明审核基于对可获得信息的抽样过程的免责声明;

p) 审核组的推荐意见;

q) 适用时,接受审核的客户对认证文件和标志的使用进行着有效的控制;

r) 适用时,对以前不符合采取的纠正措施有效性的验证情况。

9.4.8.3 审核报告还应包含:

a) 关于管理体系符合性与有效性的声明以及对下列方面相关证据的总结:
——管理体系满足适用要求和实现预期结果的能力;
——内部审核和管理评审的过程;

b) 对认证范围适宜性的结论;

c) 确认是否达到审核目的。

9.4.9 不符合的原因分析

对于审核中发现的不符合,认证机构应要求客户在规定期限内分析原因,并说明为消除不符合已采取或拟采取的具体纠正和纠正措施。

9.4.10 纠正和纠正措施的有效性

认证机构应审查客户提交的纠正、所确定的原因和纠正措施,以确定其是否可被接受。认证机构应验证所采取的任何纠正和纠正措施的有效性。所取得的为不符合的解决提供支持的证据应予以记录。应将审查和验证的结果告知客户。如果为了验证纠正和纠正措施的有效性,将需要补充一次全面的或有限的审核,或者需要文件化的证据(需要在未来的审核中确认),则认证机构应告知客户。

注:可以通过审查客户提供的文件化信息,或在必要时实施现场验证来验证纠正和纠正措施的有效性。验证活动通常由审核组成员完成。

9.5 认证决定

9.5.1 总则

9.5.1.1 认证机构应确保做出授予或拒绝认证、扩大或缩小认证范围、暂停或恢复认证、撤销认证或更新认证的决定的人员或委员会不是实施审核的人员。被指定进行认证决定的人员应具有适宜能力。

9.5.1.2 认证机构指定的认证决定人员[不包括委员会(见6.1.4)成员]应为认证机构的雇员,或者是一个处于认证机构组织控制下的实体的雇员;或者与认证机构或上述实体具有在法律上有强制实施力的安排。认证机构的组织控制应为下列情况之一:

a) 认证机构拥有另一实体的全部或多数所有权;

b) 认证机构在另一实体的董事会中占多数;

c) 在一个通过所有权或董事会控制联结而成的法律实体网络中(认证机构处于其中),认证机构对另一实体有形成文件的权力。

注:对于政府认证机构,同一政府内部的其他部分可视为通过所有权与该认证机构相联系。

9.5.1.3 处于认证机构组织控制下的实体的雇员或与该实体有合同的人员,应同认证机构雇员或与认证机构有合同的人员一样满足本部分要求。

9.5.1.4 认证机构应记录每项认证决定,包括从审核组或其他来源获得的任何补充信息或澄清。

9.5.2 作出决定前的行动

认证机构在做出授予或拒绝认证、扩大或缩小认证范围、更新、暂停或恢复或者撤销认证的决定前，应有过程对下列方面进行有效的审查：

a) 审核组提供的信息足以确定认证要求的满足情况和认证范围；

b) 对于所有严重不符合，认证机构已审查、接受和验证了纠正和纠正措施；

c) 对于所有轻微不符合，认证机构已审查和接受了客户对纠正和纠正措施的计划。

9.5.3 授予初次认证所需的信息

9.5.3.1 为使认证机构做出认证决定，审核组至少应向认证机构提供以下信息：

a) 审核报告；

b) 对不符合的意见，适用时，还包括对客户采取的纠正和纠正措施的意见；

c) 对提供给认证机构用于申请评审（见9.1.2）的信息的确认；

d) 对是否达到审核目的的确认；

e) 对是否授予认证的推荐性意见及附带的任何条件或评论。

9.5.3.2 如果认证机构不能在第二阶段结束后6个月内验证对严重不符合实施的纠正和纠正措施，则应在推荐认证前再实施一次第二阶段。

9.5.3.3 当认证从一个认证机构转换到另一个认证机构时，接受认证机构应有过程获取充分的信息以做出认证决定。

注：特定认证方案可能有认证转换的具体规则。

9.5.4 授予再认证所需的信息

认证机构应根据再认证审核的结果，以及认证周期内的体系评价结果和认证使用方的投诉，做出是否更新认证的决定。

9.6 保持认证

9.6.1 总则

认证机构应在证实获证客户持续满足管理体系标准要求后保持对其的认证。认证机构满足下列前提条件时，可以根据审核组长的肯定性结论保持对客户的认证，而无需再进行独立复核和决定：

a) 对于任何严重不符合或其他可能导致暂停或撤销认证的情况，认证机构有制度要求审核组长向认证机构报告需由具备适宜能力（见7.2.8）且未实施该审核的人员进行复核，以确定能否保持认证；

b) 由具备能力的认证机构人员对认证机构的监督活动进行监视，包括对审核员的报告活动进行监视，以确认认证活动在有效地运作。

9.6.2 监督活动

9.6.2.1 总则

9.6.2.1.1 认证机构应对其监督活动进行设计，以便定期对管理体系范围内有代表性的区域和职能进行监视，并应考虑获证客户及其管理体系的变更情况。

9.6.2.1.2 监督活动应包括对获证客户管理体系满足认证标准规定要求情况的现场审核。监督活动还可以包括：

a) 认证机构就认证的有关方面询问获证客户；

b） 审查获证客户对其运作的说明（如宣传材料、网页）；

c） 要求获证客户提供文件化信息（纸质或电子介质）；

d） 其他监视获证客户绩效的方法。

9.6.2.2 监督审核

监督审核是现场审核，但不一定是对整个体系的审核，并应与其他监督活动一起策划，以使认证机构能对获证客户管理体系在认证周期内持续满足要求保持信任。相关管理体系标准的每次监督审核应包括对以下方面的审查：

a） 内部审核和管理评审；

b） 对上次审核中确定的不符合采取的措施；

c） 投诉的处理；

d） 管理体系在实现获证客户目标和各管理体系的预期结果方面的有效性；

e） 为持续改进而策划的活动的进展；

f） 持续的运作控制；

g） 任何变更；

h） 标志的使用和（或）任何其他对认证资格的引用。

9.6.3 再认证

9.6.3.1 再认证审核的策划

9.6.3.1.1 再认证审核的目的是确认管理体系作为一个整体的持续符合性与有效性，以及与认证范围的持续相关性和适宜性。认证机构应策划并实施再认证审核，以评价获证客户是否持续满足相关管理体系标准或其他规范性文件的所有要求。上述策划和实施应及时进行，以便认证能在到期前及时更新。

9.6.3.1.2 再认证活动应考虑管理体系在最近一个认证周期内的绩效，包括调阅以前的监督审核报告。

9.6.3.1.3 当管理体系、组织或管理体系的运作环境（如法律的变更）有重大变更时，再认证审核活动可能需要有第一阶段。

注：此类变更可能在认证周期中的任何时间发生，认证机构可能需要实施特殊审核（见9.6.4），该特殊审核可能需要或不需要两阶段审核。

9.6.3.2 再认证审核

9.6.3.2.1 再认证审核应包括针对下列方面的现场审核：

a） 结合内部和外部变更来看的整个管理体系的有效性，以及认证范围的持续相关性和适宜性；

b） 经证实的对保持管理体系有效性并改进管理体系，以提高整体绩效的承诺；

c） 管理体系在实现获证客户目标和管理体系预期结果方面的有效性。

9.6.3.2.2 对于严重不符合，认证机构应规定实施纠正与纠正措施的时限。这些措施应在认证到期前得到实施和验证。

9.6.3.2.3 如果在当前认证的终止日期前成功完成了再认证活动，新认证的终止日期可以基于当前认证的终止日期。新证书上的颁证日期应不早于再认证决定日期。

9.6.3.2.4 如果在认证终止日期前，认证机构未能完成再认证审核或不能验证对严重不符合实施的纠正和纠正措施（见9.5.2），则不应推荐再认证，也不应延长认证的效力。认证机构应告知客户并解释后果。

9.6.3.2.5 在认证到期后，如果认证机构能够在6个月内完成未尽的再认证活动，则可以恢复认证，否则应至少进行一次第二阶段才能恢复认证。证书的生效日期应不早于再认证决定日期，终止日期应基于上一个认证周期。

9.6.4 特殊审核

9.6.4.1 扩大认证范围

对于已授予的认证，认证机构应对扩大认证范围的申请进行评审，并确定任何必要的审核活动，以做出是否可予扩大的决定。这类审核活动可以和监督审核同时进行。

9.6.4.2 提前较短时间通知的审核

认证机构为调查投诉、对变更做出回应或对被暂停的客户进行追踪，可能需要在提前较短时间通知获证客户后或不通知获证客户就对其进行审核。此时：

a) 认证机构应说明并使获证客户提前了解(如在 8.5.1 所述的文件中)将在何种条件下进行此类审核；

b) 由于客户缺乏对审核组成员的任命表示反对的机会，认证机构应在指派审核组时给予更多的关注。

9.6.5 暂停、撤销或缩小认证范围

9.6.5.1 认证机构应有暂停、撤销或缩小认证范围的政策和形成文件的程序，并规定认证机构的后续措施。

9.6.5.2 发生以下情况(但不限于)时，认证机构应暂停获证客户的认证资格：

——客户的获证管理体系持续地或严重地不满足认证要求，包括对管理体系有效性的要求；

——获证客户不允许按要求的频次实施监督或再认证审核；

——获证客户主动请求暂停。

9.6.5.3 在暂停期间，客户的管理体系认证暂时无效。

9.6.5.4 如果造成暂停的问题已解决，认证机构应恢复被暂停的认证。如果客户未能在认证机构规定的时限内解决造成暂停的问题，认证机构应撤销或缩小其认证范围。

注：多数情况下，暂停将不超过 6 个月。

9.6.5.5 如果客户在认证范围的某些部分持续地或严重地不满足认证要求，认证机构应缩小其认证范围，以排除不满足要求的部分。认证范围的缩小应与认证标准的要求一致。

9.7 申诉

9.7.1 认证机构应有受理和评价申诉并对之做出决定的形成文件的过程。

9.7.2 认证机构应对申诉处理过程各个层次的所有决定负责。认证机构应确保参与申诉处理过程的人员没有实施申诉涉及的审核，也没有做出申诉涉及的认证决定。

9.7.3 申诉的提出、调查和决定不应造成针对申诉人的任何歧视行为。

9.7.4 申诉处理过程应至少包括以下要素和方法：

a) 受理、确认和调查申诉的过程，以及参考以前类似申诉的结果，决定采取何种措施以回应申诉的过程；

b) 跟踪和记录申诉，包括为解决申诉而采取的措施；

c) 确保采取任何适当的纠正和纠正措施。

9.7.5 收到申诉的认证机构应负责收集和验证所有必要的信息，以确定申诉的有效性。

9.7.6 认证机构应确认收到了申诉，并应向申诉人提供申诉处理的进展报告和结果。

9.7.7 对申诉的决定应由与申诉事项无关的人员做出，或经其审查和批准，并应告知申诉人。

9.7.8 认证机构应在申诉处理过程结束时正式通知申诉人。

9.8 投诉

9.8.1 认证机构应对投诉处理过程各层级的决定负责。

9.8.2 投诉的提交、调查和决定不应造成针对投诉人的任何歧视行为。

9.8.3 认证机构在收到投诉时，应确认投诉是否与其负责的认证活动有关，并在经确认有关时予以处理。如果投诉与获证客户有关，认证机构在调查投诉时应考虑获证管理体系的有效性。

9.8.4 对于针对获证客户的有效投诉，认证机构还应在适当的时间将投诉告知该客户。

9.8.5 认证机构应有受理和评价投诉并对之做出决定的形成文件的过程。该过程涉及投诉人和投诉事项的方面应满足保密要求。

9.8.6 投诉处理过程应至少包括以下要素和方法：

a) 受理、确认和调查投诉的过程，以及决定采取何种措施以回应投诉的过程；

b) 跟踪和记录投诉，包括为回应投诉而采取的措施；

c) 确保采取任何适当的纠正和纠正措施。

注：ISO 10002 为投诉的处理提供了指南。

9.8.7 收到投诉的认证机构应负责收集与核实对投诉进行确认所需的一切信息。

9.8.8 在可能时，认证机构应确认收到了投诉，并应向投诉人提供投诉处理的进展报告和结果。

9.8.9 对投诉的决定应由与投诉事项无关的人员做出，或经其审查和批准，并应告知投诉人。

9.8.10 在可能时，认证机构应在投诉处理过程结束时正式通知投诉人。

9.8.11 认证机构应与获证客户及投诉人共同决定是否应将投诉事项公开，并在决定公开时，共同确定公开的程度。

9.9 客户的记录

9.9.1 认证机构应对所有客户（包括所有提交申请的组织、接受审核的组织和获得认证或被暂停或撤销认证的组织）保持审核及其他认证活动的记录。

9.9.2 获证客户记录应包括以下内容：

a) 申请资料及初次认证、监督和再认证的审核报告；

b) 认证协议；

c) 适用时，多场所抽样方法的理由；

注：抽样方法包括为审核特定管理体系和（或）在多场所审核中选取场所而做的抽样。

d) 确定审核时间的理由（见 9.1.4）；

e) 纠正与纠正措施的验证；

f) 投诉和申诉及任何后续纠正或纠正措施的记录；

g) 适用时，委员会的审议和决定；

h) 认证决定的文件；

i) 认证文件，包括与产品（包括服务）、过程相关的认证范围，适用时，包括每个场所相应的认证范围；

j) 建立认证的可信度所需的相关记录，如审核员和技术专家能力的证据；

k) 审核方案。

9.9.3 认证机构应保证申请组织和客户记录的安全，以确保满足保密要求。运送、传输或传递记录的方式应确保保密。

9.9.4 认证机构应有关于记录保存的形成文件的政策和程序。获证客户及以往获证客户的记录保存期应为当前认证周期加上一个完整的认证周期。

注：某些情况下，记录需按法律规定保存更长的时间。

10 认证机构的管理体系要求

10.1 可选方式

认证机构应建立、实施和保持一个文件化的、能够支撑并证实其始终满足本部分要求的管理体系。认证机构除了满足 ISO/IEC 17021 本部分第 5 章至第 9 章的要求外，还应按照下列要求之一建立管理体系：

a) 通用的管理体系要求(见 10.2)；

b) 与 ISO 9001 一致的管理体系要求(见 10.3)。

10.2 方式 A:通用的管理体系要求

10.2.1 总则

认证机构应建立、实施和保持一个能够支撑并证实其始终满足 ISO/IEC 17021 本部分要求的管理体系并形成文件。

认证机构最高管理层应为认证机构的活动制定政策和目标，并形成文件。最高管理层应提供证据，以证实其对按 ISO/IEC 17021 本部分要求建立和实施管理体系的承诺。最高管理层应确保认证机构的政策在组织的各个层次上得到理解、实施和保持。

认证机构最高管理层应分派下列职责和权力：

a) 确保管理体系所需的过程和程序得到建立、实施和保持；

b) 向最高管理层报告管理体系的绩效及任何改进需求。

10.2.2 管理体系手册

认证机构应在管理体系手册或其关联文件中反映 ISO/IEC 17021 本部分的所有适用要求。认证机构应确保所有相关人员可以获取手册和相关的关联文件。

10.2.3 文件控制

认证机构应建立程序以控制与 ISO/IEC 17021 本部分实施有关的文件(内部和外部的)。该程序应规定下列方面所需的控制：

a) 文件发布前，对其充分性与适宜性进行批准；

b) 对文件进行复审，必要时予以更新，并再次批准；

c) 确保文件的更改和现行修订状态得到识别；

d) 确保在使用场所可以获得适用文件的相关版本；

e) 确保文件保持清晰并易于识别；

f) 确保外来文件得到识别，并控制其分发；

g) 防止作废文件的非预期使用，并在因故保留作废文件时，对其做出适当的标识。

注：文件可以使用任何形式或类型的介质。

10.2.4 记录控制

认证机构应建立程序，以对识别、贮存、保护、检索和处置与 ISO/IEC 17021 本部分实施有关的记录以及记录保存期限规定所需的控制。

认证机构应建立程序以明确与其合同、法律责任相一致的记录保存期限。对这些记录的查阅应与保密安排相一致。

注：获证客户记录的要求见 9.9。

10.2.5 管理评审

10.2.5.1 总则

认证机构最高管理层应建立按策划的时间间隔对管理体系进行评审的程序，以确保管理体系(包括与 ISO/IEC 17021 本部分实施有关的明示的政策和目标)的持续适宜性、充分性和有效性。管理评审应至少每年进行一次。

10.2.5.2 评审输入

管理评审的输入应包括与下列方面有关的信息：

a) 内部审核和外部评审的结果；

b) 客户和利益相关方的反馈；

c) 维护公正性；

d) 纠正措施的状况；

e) 风险应对措施的状况；

f) 以往管理评审的后续措施；

g) 目标的实现情况；

h) 可能影响管理体系的变更；

i) 申诉和投诉。

10.2.5.3 评审输出

管理评审的输出应包括与下列方面有关的决定和措施：

a) 管理体系及其过程的有效性的改进；

b) 与 ISO/IEC 17021 本部分实施有关的认证服务的改进；

c) 资源需求；

d) 组织的方针、政策和目标的修订。

10.2.6 内部审核

10.2.6.1 认证机构应建立内部审核程序，以证明认证机构满足 ISO/IEC 17021 本部分要求，并有效地实施和保持了管理体系。

注：ISO 19011 为实施内部审核提供了指南。

10.2.6.2 认证机构应对内部审核方案进行策划，并在策划中考虑拟审核过程和区域的重要程度以及以往审核的结果。

10.2.6.3 内部审核应至少每 12 个月进行一次。如果认证机构能够证明管理体系按照 ISO/IEC 17021 本部分持续地有效运行并保持稳定，则可以减少内部审核的频次。

10.2.6.4 认证机构应确保：

a) 内部审核的实施人员具备能力，熟悉认证、审核和 ISO/IEC 17021 本部分的要求；

b) 审核员不审核自己的工作；

c) 将审核结果告知受审核区域的负责人员；

d) 根据内部审核结果及时采取适当的措施；

e) 识别任何改进的机会。

10.2.7 纠正措施

认证机构应建立识别和管理其运作中的不符合的程序。必要时，认证机构还应采取措施消除不符合的原因，以防止其再次发生。纠正措施应与所遇到问题的影响程度相适应。该程序应明确对下列方面的要求：

a) 识别不符合(例如通过有效投诉和内部审核)；
b) 确定不符合的原因；
c) 纠正不符合；
d) 评价确保不符合不再发生的措施的需求；
e) 及时确定和实施所需的措施；
f) 记录所采取措施的结果；
g) 评审纠正措施的有效性。

10.3 方式B：与ISO 9001一致的管理体系要求

10.3.1 总则

认证机构应按照ISO 9001的要求，建立和保持一个能够支撑并证实其始终满足ISO/IEC 17021本部分要求的管理体系。该管理体系还应满足10.3.2～10.3.4的补充要求。

10.3.2 范围

为应用ISO 9001的要求，认证机构管理体系的范围应包括认证服务的设计和开发要求。

10.3.3 以顾客为关注焦点

为应用ISO 9001的要求，认证机构在建立管理体系时应考虑认证的可信性，而且不仅应关注客户需求，还应关注依赖其审核与认证服务的所有各方(如4.1.2所述)的需求。

10.3.4 管理评审

为应用ISO 9001的要求，认证机构应将认证活动使用方相关申诉和投诉以及公正性审查的信息作为管理评审的输入。

附 录 A
（规范性附录）
所要求的知识和技能

A.1 概述

表 A.1 明确了认证机构应为特定的认证职能确定的知识和技能。“√”指认证机构应确定相应的知识和技能的准则和深度。表 A.1 中规定的知识和技能在下文中有更详细的解释，表中用扩号注明了相应解释文本的编号。

表 A.1 知识和技能表

知识和技能	认证职能		
	实施申请评审以确定所需的审核组能力、选择审核组成员并确定审核时间	复核审核报告并做出认证决定	审核及领导审核组
业务管理实践的知识			√（见 A.2.1）
审核原则、实践和技巧的知识		√（见 A.3.1）	√（见 A.2.2）
特定管理体系标准和（或）规范性文件的知识	√（见 A.4.1）	√（见 A.3.2）	√（见 A.2.3）
认证机构过程的知识	√（见 A.4.2）	√（见 A.3.3）	√（见 A.2.4）
客户的业务领域的知识	√（见 A.4.3）	√（见 A.3.4）	√（见 A.2.5）
客户的产品、过程和组织的知识	√（见 A.4.4）		√（见 A.2.6）
与客户组织中的各个层级相适应的语言技能			√（见 A.2.7）
作记录和撰写报告的技能			√（见 A.2.8）
表达技能			√（见 A.2.9）
面谈技能			√（见 A.2.10）
审核管理技能			√（见 A.2.11）
注：风险和复杂程度是在决定这些职能中任何一项职能所需的专业能力的水平时考虑的其他因素。			

A.2 管理体系审核员能力要求

A.2.1 业务管理实践的知识

通用的组织类型、规模、治理、结构与工作场所实务、信息与数据系统、文件系统以及信息技术的知识。

A.2.2 审核原则、实践和技巧的知识

本部分规定的通用的管理体系审核原则、实务和技巧的知识，需足以实施认证审核及评价内部审核过程。

A.2.3 特定管理体系标准和(或)规范性文件的知识

认证所依据的管理体系标准或其他规范性文件的知识,需足以确定体系是否得到有效实施并符合要求。

A.2.4 认证机构过程的知识

认证机构过程的知识,需足以按照认证机构的程序和过程开展工作。

A.2.5 客户业务领域的知识

客户业务领域的通用术语、实践和过程的知识,需足以在管理体系标准或其他规范性文件的背景下理解该领域的期望。

注:业务领域可理解为经济活动(例如航空航天、化工、金融服务)。

A.2.6 客户产品、过程和组织的知识

与客户的产品或过程的类型相关的知识,需足以理解该组织如何运行,如何应用管理体系标准或其他相关规范性文件的要求。

A.2.7 与客户组织中的各个层级相适应的语言技能

能够用适宜的术语、措辞和话语与组织任何层次的人员有效地进行沟通。

A.2.8 作记录和撰写报告的技能

能够以足够的速度、准确度和理解力阅读和书写,以记录、做笔记以及有效地沟通审核发现和结论。

A.2.9 表达技能

能以容易理解的方式表述审核发现和结论。审核组长还要能够在公开场合(例如末次会议)表述与听众相适宜的审核发现、结论和推荐意见。

A.2.10 面谈技能

能够通过提开放式、经过良好构思的问题并倾听、理解和评价对方的回答来进行面谈,以获取信息。

A.2.11 审核管理技能

能够实施和管理审核,以在约定的时间框架内获取审核证据。审核组长还要能够主持会议以有效地交流信息,并能够分配任务或在必要时重新分配。

A.3 复核审核报告并做出认证决定的人员的能力要求

这类人员的职能可由一人或多人完成。

A.3.1 审核原则、实践和技巧的知识

本部分规定的通用的管理体系审核原则、实务和技巧的知识,需足以理解认证审核报告。

A.3.2 特定管理体系标准和(或)规范性文件的知识

认证所依据的管理体系标准或其他规范性文件的知识,需足以根据认证审核报告作出决定。

A.3.3 认证机构过程的知识

认证机构过程的知识,需足以根据提交复核的信息确定是否达到了认证机构的期望。

A.3.4 客户业务领域的知识

客户业务领域的通用术语、实践和过程的知识,需足以在管理体系标准或其他规范性文件的背景下理解审核报告。

A.4 实施申请评审以确定所需的审核组能力、选择审核组成员并确定审核时间的人员的能力要求

这类人员的职能可由一人或多人完成。

A.4.1 特定管理体系标准和(或)规范性文件的知识

知道认证依据的是什么管理体系标准或其他规范性文件。

A.4.2 认证机构过程的知识

认证机构过程的知识,需足以指派有能力的审核组成员以及准确地确定审核时间。

A.4.3 客户业务领域的知识

客户业务领域的通用术语、实践和过程的知识,需足以指派有能力的审核组成员以及准确地确定审核时间。

A.4.4 客户产品、过程和组织的知识

与客户的产品或过程的类型相关的知识,需足以指派有能力的审核组成员以及准确地确定审核时间。

附 录 B
（资料性附录）
可能的评价方法

B.1 概述

本资料性附录提供评价方法的示例，为认证机构提供帮助。

人员的评价方法可以分为五大类：记录审查、意见反馈、面谈、观察和考试。每一类评价方法可以进一步细分。下面简要说明了每类评价方法及其对于知识和技能评价的用处和局限性。不太可能只用其中任何一种方法就能确认能力。

B.2～B.6 所述的方法可以提供知识和技能的有用信息；这些方法如被设计成与 7.1.2 和 7.1.3 所述的能力确定过程输出的特定能力准则结合使用，会更有效。

附录 C 提供了一个能力确定和保持过程的示例。

B.2 记录审查

有些记录可以显示知识，例如显示工作经历、审核经历、教育和培训的简历或履历。

有些记录可以显示技能，例如审核报告或工作经历、审核经历、教育和培训的记录。

单凭上述记录不太可能构成能力的充分证据。

其他记录是证实能力的直接证据，例如对审核员实施审核的绩效评价报告。

B.3 意见反馈

来自以前雇主的直接反馈可以显示知识和技能，但重要的是要注意有时雇主会特意排除负面信息。

个人推荐函可以显示知识和技能。应聘者不大可能提供含有负面信息的个人推荐函。

同行的意见反馈可以显示知识和技能。这种反馈可能受到同行之间关系的影响。

客户的意见反馈可以显示知识和技能。对于审核员来说，这种反馈可能受到审核结果的影响。

单凭意见反馈并不是令人满意的能力证据。

B.4 面谈

面谈可有助于询问出知识、技能方面的信息。

人员招聘时的面谈可有助于从简历和过去的工作经历详细了解知识和技能的信息。

在绩效考评中进行面谈，可以提供知识和技能的具体信息。

在审核后的评审中与审核组面谈，可以提供关于审核员知识和技能的有用信息。它可以使评审者有机会了解审核员为什么作出某项决定、选择某一审核路径等。这一技巧可在见证审核后使用，也可在之后评价书面审核报告时使用。这一技巧可能对确定与特定技术领域有关的能力尤其有用。

能力证实的直接证据可以通过依据规定的能力准则进行结构化的、并得到适当记录的面谈而获得。

可以使用面谈来评估语言、沟通和人际技能。

B.5 观察

对人员实施任务的情况进行观察能够为能力(经证实的应用知识和技能来实现预期结果)提供直接证据。这种评价方法对所有职能、行政和管理人员以及审核员和认证决定人员都有用。对审核员实施的一次审核进行见证的局限性在于这次特定审核所具有的难易程度。

定期对一个人进行见证,有助于确认持续的能力。

B.6 考试

笔试可为知识以及技能(后者取决于方法)提供良好的文件化证据。

口试可为知识提供良好的证据(取决于考官的能力),可提供关于技能的有限的结果。

实际操作考试可以提供关于知识和技能的平衡的结果(取决于考试过程和考官的能力)。实际操作考试的方法例如情景演练、案例分析、压力模拟和岗位实操考核等。

附　录　C
（资料性附录）
能力确定和保持过程的示例

图 C.1 的流程图显示了一种通过识别要完成的具体任务、识别实现预期结果所需的具体知识和技能来确定人员能力的方式。过程中使用了附录 B 描述的评价方法。

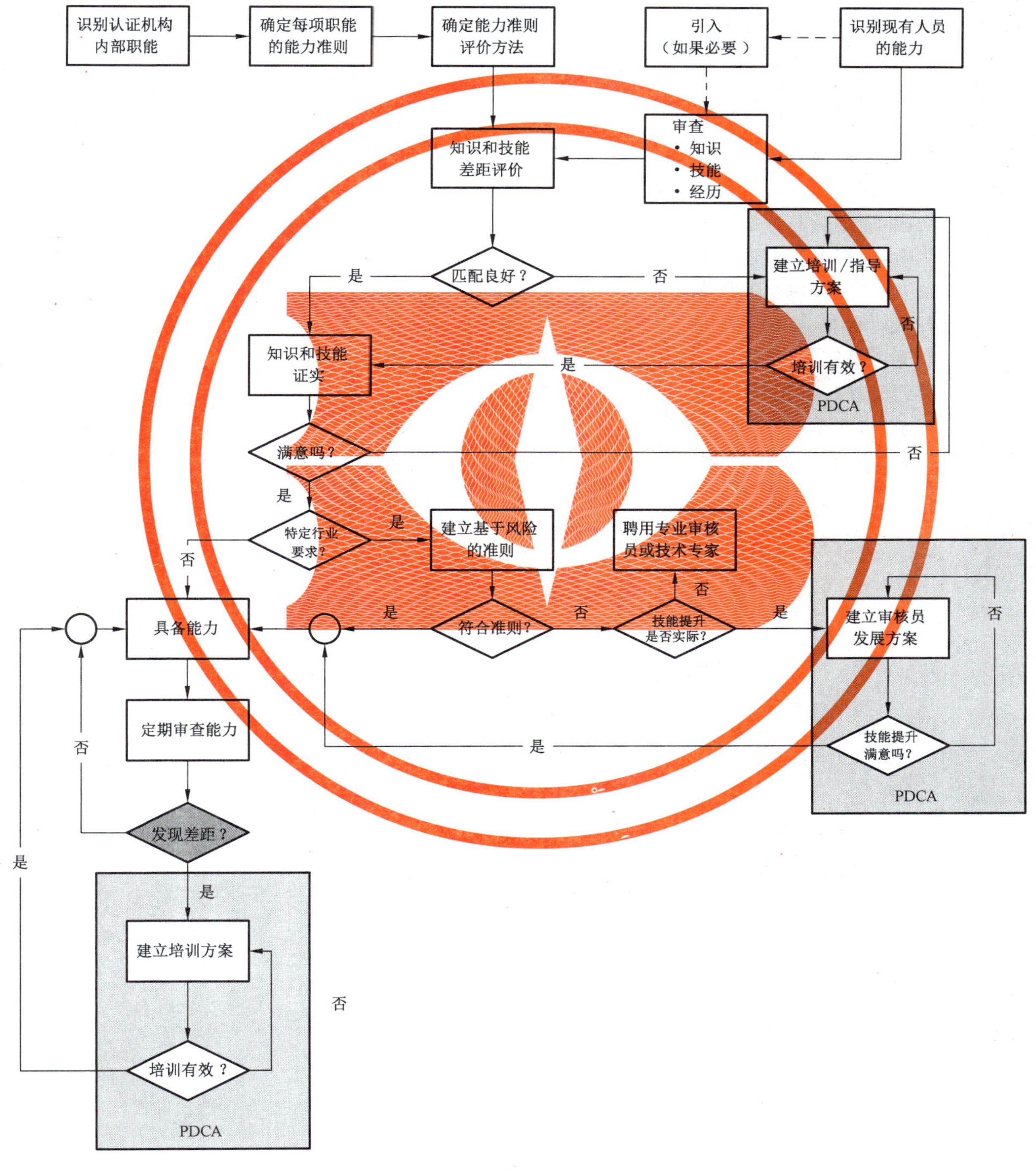

图 C.1　能力确定和保持过程示例

附 录 D
（资料性附录）
期望的个人行为

以下给出了对各类管理体系的认证活动参与人员重要的个人行为的示例：

a） 有道德，即公正、诚实、真诚、正直和谨慎；

b） 思想开明，即愿意考虑不同的意见或观点；

c） 有交际技巧，即得体地与人交往；

d） 合作，即与他人有效合作；

e） 观察敏锐，即积极地注意到周围的实际环境和活动；

f） 有感知力，即本能地意识到并能够理解遇到的情况；

g） 有适应能力，即易于根据不同的情况进行调整；

h） 坚韧，即坚持并专注于实现目的；

i） 明断，即根据逻辑推理和分析及时得出结论；

j） 独立自主，即独立地行事和履行职能；

k） 有职业水准，即在工作场所表现出礼貌、尽责和基本上专业的行为举止；

l） 有道德勇气，即愿意负责地、有道德地行事，即便这样做可能并不总是受到欢迎，或者有时可能遭到反对或引起对抗；

m） 有条理，即有效地管理时间、区分优先次序、策划，以及高效。

行为的确定是有条件的，弱点可能仅在特定情境下才显现出来。认证机构宜对识别出的任何对认证活动有不利影响的弱点采取适宜的行动。

附 录 E
（资料性附录）
审核和认证过程

图E.1代表了一个典型的流程。可以实施其他审核活动，例如文件审查和特殊审核。审核周期与认证周期之间的不同参见9.2和9.3。

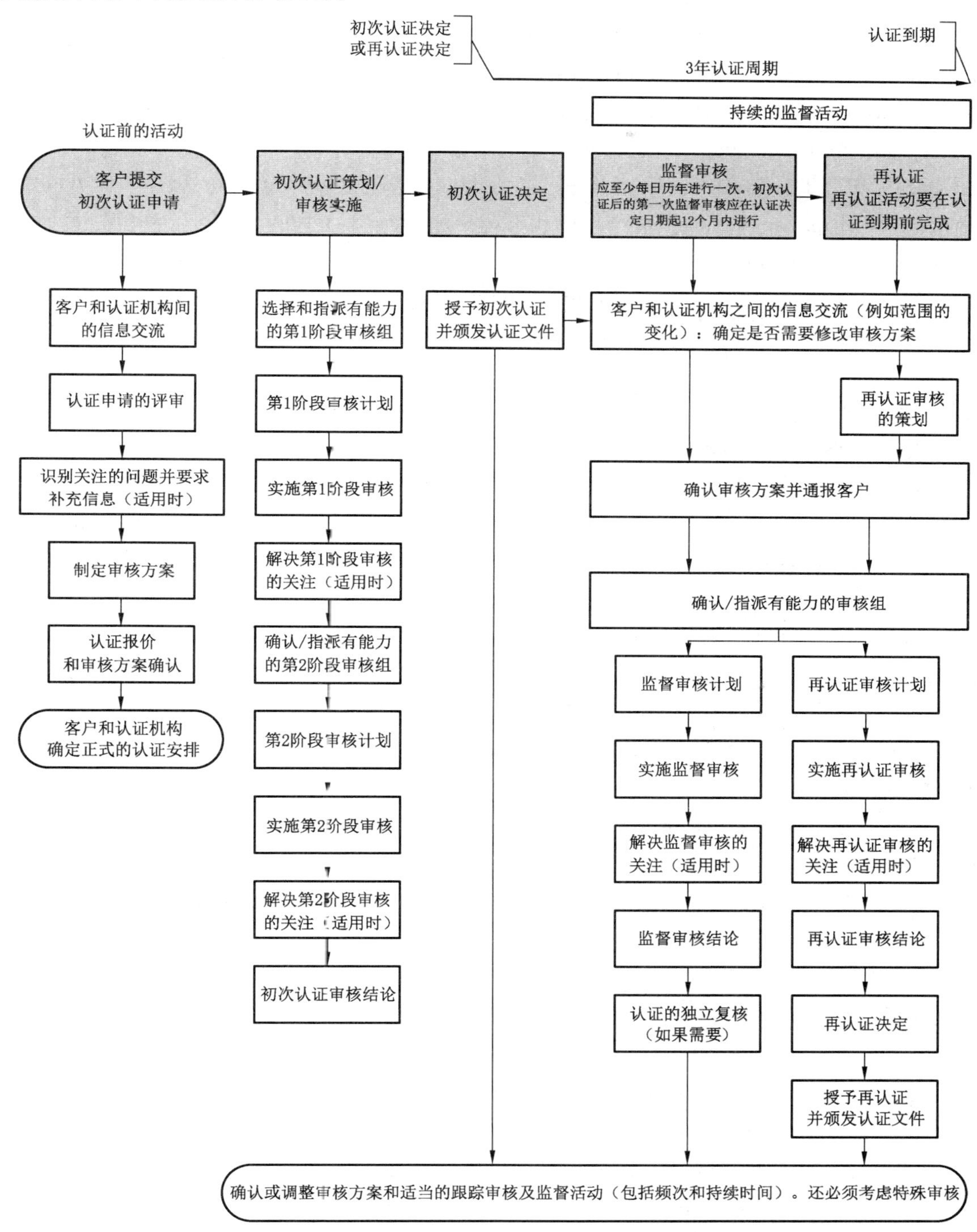

图 E.1 审核和认证过程的典型流程

参 考 文 献

[1] GB/T 19011—2013 管理体系审核指南(ISO 19011:2011,IDT)

[2] ISO 9001 Quality management systems—Requirements

[3] ISO 10002 Quality management—Customer satisfaction—Guidelines for complaints handling in organizations

[4] ISO 14001 Environmental management systems—Requirements with guidance for use

[5] ISO/IEC TS 17021-2 Conformity assessment—Requirements for bodies providing audit and certification of management systems—Part 2:Competence requirements for auditing and certification of environmental management systems

[6] ISO/IEC TS 17021-3 Conformity assessment—Requirements for bodies providing audit and certification of management systems—Part 3:Competence requirements for auditing and certification of quality management systems

[7] ISO/IEC TS 17021-4 Conformity assessment—Requirements for bodies providing audit and certification of management systems—Part 4:Competence requirements for auditing and certification of event sustainability management systems

[8] ISO/IEC TS 17021-5 Conformity assessment—Requirements for bodies providing audit and certification of management systems—Part 5:Competence requirements for auditing and certification of asset management systems

[9] ISO/IEC TS 17021-6 Requirements for bodies providing audit and certification of management systems—Part 6:Competence requirements for auditing and certification of business continuity management systems

[10] ISO/IEC TS 17021-7 Conformity assessment—Requirements for bodies providing audit and certification of management systems—Part 7:Competence requirements for auditing and certification of road traffic safety management systems

[11] ISO/IEC TS 17023 Conformity assessment—Guidelines for determining the duration of management system certification audits

[12] ISO/IEC 17030 Conformity assessment—General requirements for third-party marks of conformity

[13] ISO 20121 Event sustainability management systems—Requirements with guidance for use

[14] ISO/TS 22003 Food safety management systems—Requirements for bodies providing audit and certification of food safety management systems

[15] ISO 22301 Societal security—Business continuity management systems—Requirements

[16] ISO/IEC 27006 Information technology—Security techniques—Requirements for bodies providing audit and certification of information security management systems

[17] ISO 31000 Risk management—Principles and guidelines

[18] ISO 31010 Risk management—Risk assessment techniques

[19] ISO 39001 Road traffic safety(RTS)management systems—Requirements with guidance for use

[20] ISO 50003 Energy management systems—Requirements for bodies providing audit and certification of energy management systems

[21] ISO 55001 Asset management—Management systems—Requirements

ICS 03.120.20
A 00

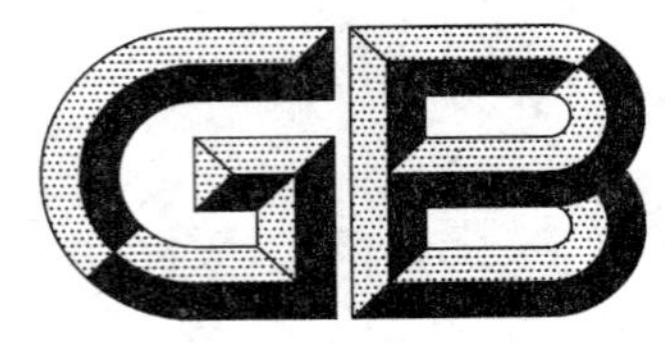

中华人民共和国国家标准

GB/T 27021.2—2017/ISO/IEC TS 17021-2:2012

合格评定　管理体系审核认证机构要求
第2部分:环境管理体系审核认证能力要求

Conformity assessment—Requirements for bodies providing audit and certification of management systems—Part 2:Competence requirements for auditing and certification of environmental management systems

(ISO/IEC TS 17021-2:2012,IDT)

2017-12-29 发布　　2018-07-01 实施

中华人民共和国国家质量监督检验检疫总局
中国国家标准化管理委员会　发布

前　言

GB/T 27021《合格评定　管理体系审核认证机构要求》分为以下7个部分：

——第1部分：要求；

——第2部分：环境管理体系审核认证能力要求；

——第3部分：质量管理体系审核认证的能力要求；

——第4部分：活动持续性管理体系审核认证能力要求；

——第5部分：资产管理体系审核认证能力要求；

——第6部分：业务连续性管理体系审核认证能力要求；

——第7部分：道路交通安全管理体系审核认证能力要求。

本部分为GB/T 27021的第2部分。

本部分按照GB/T 1.1—2009给出的规则起草。

本部分使用翻译法等同采用ISO/IEC TS 17021-2:2012《合格评定　管理体系审核认证机构要求　第2部分：环境管理体系审核认证能力要求》。

本部分由全国认证认可标准化技术委员会(SAC/TC 261)提出并归口。

本部分起草单位：中国合格评定国家认可中心、中国质量认证中心、中国国家认证认可监督管理委员会、中环联合(北京)认证中心有限公司、中国认证认可协会、中国信息安全认证中心。

本部分主要起草人：李燕、杨晓涛、王瑜、费扬、王孝霞、顾江源、张小丹、尤其、孙兵。

引　言

本部分是对 ISO/IEC 17021:2011 附录 A 中对认证人员能力要求的明确和补充。

ISO/IEC 17021:2011 第 4 章中的指导性原则，是本部分制定的基础。

认证机构对相关方(客户和环境管理体系获证组织的顾客)负有相应的责任，即确保被证实具备相应能力的审核员，才能实施环境管理体系(EMS)审核。

所有环境管理体系审核员都应具备 ISO/IEC 17021 中所描述的通用的知识和技能，以及本部分所描述的特定的环境管理体系知识。

认证机构需要识别每一个环境管理体系审核范围所需的特定的审核组的能力。环境管理体系审核组成员的选择取决于环境管理体系技术领域、客户组织、环境因素以及组织的现场情况等诸多因素。

本部分包括其他认证人员的能力要求。

合格评定　管理体系审核认证机构要求
第2部分:环境管理体系审核认证能力要求

1　范围

GB/T 27021的本部分规定了参与实施环境管理体系(EMS)审核及认证过程的人员的能力要求,是对ISO/IEC 17021:2011中现有要求的补充。

2　规范性引用文件

下列文件对于本文件的应用是必不可少的。凡是注日期的引用文件,仅注日期的版本适用于本文件。凡是不注日期的引用文件,其最新版本(包括所有的修改单)适用于本文件。

ISO 14050　环境管理　词汇(Environmental management—Vocabulary)

ISO/IEC 17021　合格评定　管理体系审核认证机构要求(Conformity assessment—Requirements for bodies providing audit and certification of management systems)

3　术语和定义

ISO 14050和ISO/IEC 17021界定的以及下列术语和定义适用于本文件。

3.1

环境管理体系技术领域　EMS technical area

具有相似的活动、产品或服务及相应的环境因素为特征的领域。

4　通用能力要求

认证机构应确定每个相关EMS技术领域以及认证活动中每个认证职能的能力要求。认证机构应考虑与其确定的EMS技术领域有关的所有要求,详见第5章、第6章、第7章。

表A.1和表A.2概括了特定认证职能中人员的能力要求。

5　EMS审核员的能力要求

所有实施EMS审核的人员应具备一定的能力水平,包括ISO/IEC 17021中描述的通用能力以及本部分5.1~5.10中描述的EMS知识。

注1:在确定任何一个职能应具备的知识水平时,还需要考虑风险和复杂程度。

注2:审核组中的每一个审核员不必具有相同的能力,审核组的整体能力应充分满足实现审核目标的需求。

5.1　环境术语

具有某一EMS技术领域使用的与环境相关的术语、定义和概念等知识。

5.2　环境计量

具有适用于EMS技术领域和适用法规要求的,量化环境输出的知识。

示例：

直接的、规范化的、总量的、指示性的以及加权的测量；建立模型和物料平衡。

5.3 环境因素及环境技术领域适用的环境监测技术

具有与环境因素和EMS技术领域相适宜的环境监测技术以及分析方法的知识(包括校准和仪器维护)。

示例：连续采样、周期采样和人工采样；异常状态下的观察。

5.4 识别和评价环境因素、环境影响及其环境重要性的技术

具有识别环境因素、评价环境影响并确定环境重要性的知识。

5.5 设计中的环境因素

具有包括在产品生命周期中组织可控制或可施加影响的环境因素评价在内的设计过程的知识。这包括与选择和使用输入相关的因素(例如：产品生产过程中对原材料和循环材料、组件、能源、水以及其他资源的使用)，也包括输出相关因素(废弃物和排放物)，以及来自产品的配送、使用和最终处置中的因素。

注：ISO/TR 14062提供了更多的有关生态化设计的信息。

5.6 环境绩效评价

具有环境绩效评价方面的知识，包括环境绩效参数，足以判定组织的环境绩效是否达到了其管理者设定的目标和指标。

注：ISO 14031提供了更多关于环境绩效评价的信息。

5.7 法律法规及其他要求

具有用于判断组织是否已经识别所有适用的法律法规和其他要求，并评价了其与法律法规和其他要求符合性的相关知识。

注1：法律的、法规的、规章的和标准的要求及政府发布的通知文件中的适用要求等即为法律法规要求。

注2：其他要求可能包括国家、国际以及行业特定的自愿性协议所要求的环境报告。

5.8 应急准备和响应

5.8.1 具有在某一EMS技术领域足以判断组织是否已经识别了潜在的突发事件并针对相关事件(以下为例)策划响应措施的知识：

a) 大气、水体和土壤的污染物性排放和(或)泄漏；

b) 事故排放对环境和生态系统所造成的特定影响。

5.8.2 具有足以评价组织在演练其应急响应措施，以及紧急情况发生后采取的应急措施的有效性方面的知识(适用时)。

5.9 运行控制

具有运用与组织重要环境因素相适宜的运行控制的相关知识，包括利用合同方来实现目标和指标，并确保与组织的环境方针和对污染预防和持续改进的承诺相一致。

5.10 与场所相关的要素

具有与场所相关的要素的知识。这些要素可能影响到组织的环境因素对周围区域、生态系统及社

区的潜在影响。场所相关要素包括地理、气候、水文地质、地形地貌、土壤以及其他相关的物理条件。

6 特定因素的EMS审核能力要求

审核组的组成(需要时配备技术专家)应能够整体满足实施审核的能力要求。认证机构应确定与其运作所涉及EMS技术领域相适应的每个环境因素相关的特定能力准则,并详见6.1~6.7。

注:当确定一个审核组应具备的知识水平时,还需要考虑风险和复杂程度。

6.1 向大气的排放

向大气的排放是由诸如下列活动所产生的:物理的、化学的或生物的过程;产生或使用能量的过程;需要使用化石燃料的车辆提供服务的过程。这些排放可能包括气体和颗粒物,并通过物理、化学或自然的方法加以控制,以将其减少至可接受的水平而避免污染。

6.1.1 气体和颗粒物

具有各种类型的向大气排放(点源排放、面源排放和无组织排放)的气体、烟尘或颗粒物的相关知识[例如:挥发性有机物(VOCs)、恶臭、酸性气体、碱性气体以及温室气体]。

6.1.2 运行控制

具有用于控制大气排放的技术知识,例如:过滤技术、除尘技术、催化氧化技术等。

6.1.3 监测与测量

具有废气排放监测技术的相关知识,例如:污染源的监测、空气质量的监测及物料衡算。

6.2 向土地的排放

向土地排放固体或液体的情况,可能来自于物理的、化学的或生物的过程;产品的生产或处置过程;提供服务的过程;或者来自于自然灾害或意外情况。这些排放通常通过物理的(如淤泥收集器、压力水管)、自然的(如堆肥)或化学的(一级、二级或三级)以及生物的(植物的、厌氧的)等方法予以控制。

6.2.1 液体或固体的排放

具有向土地排放的知识,包括但不限于:重金属、多环芳烃(PAH)、石油产品、卤代烃、杀虫剂、除草剂以及动物废弃物。

6.2.2 运行控制

具有用于控制向土地排放的技术知识,例如初级的或二级的隔离装置(围堰)和扩散(土地吸收率)。

6.2.3 监测和测量

具有与向土地排放的水及土壤的监测、测量和分析技术的知识。

6.3 向水体的排放

向水体的排放,包括工业废水、生活污水和扩散型的径流(如农药或杀虫剂因降雨而产生的转移)等的排放。这些污水可能会排入污水处理设施,也可能在处理前或处理后就直接排入了地表水和地下水。

6.3.1 地表水和地下水

具有有关地表水和地下水流动和特性的知识,包括水容量、悬浮的和溶解的固体、沉淀物、废水黏稠度和密度、挥发、酸化和富营养化的知识。

6.3.2 运行控制

具有EMS技术领域典型废水知识(如有机的、无机的)以及废水处理技术方面的知识(如好氧以及厌氧处理技术)。

具有控制向地表水排放(如天气原因)的技术以及地表水和地下水治理技术的知识。

6.3.3 监测与测量

具有测量参数知识以及监视废液处理过程和(或)其他排放的技术知识,例如:参数包括生化需氧量(BOD)或化学需氧量(COD)、采样和分析、过程监视设备和检验。

6.4 原材料、能源和自然资源的使用

6.4.1 上游管理——自然资源的使用

具有资源消耗方面的知识,包括可再生和不可再生材料的获取、水资源短缺、森林消失以及土壤退化。

具有可再生和不可再生能源的知识,将其转化为可用能的技术及环境影响的知识(包括气候变化、生物多样性),以及其应用限制因素等方面的知识。

6.4.2 下游管理

具有与源削减、消耗、减量化、资源回收以及处理实践和过程相关的工艺和技术知识。

具有组织活动对环境,包括生物多样性的影响方面的知识。

6.4.3 运行控制

具有针对不同EMS技术领域用于控制、监视和测量材料利用率的技术知识。

6.4.4 监测和测量

具有与EMS技术领域相关的能源控制和监视技术知识,包括运行和工艺技术及低碳技术方面的知识。

6.5 能量释放

6.5.1 能量释放源

具有释放热、光、电磁辐射和电离辐射、噪音和振动等源的知识及其潜在的环境影响的知识。

6.5.2 运行控制

具有能量释放的测量、管理和控制方法的知识,包括过程管理及能量释放的削减和消除。

6.6 废物

具有组织活动可能产生废料的相关知识。废物处理的相关知识,包括在考虑最终的处置方案前,通过对过程的更改而实现避免、减少废物的产生,再利用或循环利用废物。

6.6.1 废物源

针对某一EMS技术领域,具有相关活动产生废物的知识,包括废物的特性及其潜在的环境影响的

知识。

6.6.2 运行控制

具有适用于EMS技术领域的有关消除、源削减和废物最小化的方法学知识，包括废物的再利用、循环利用、处理及处置实践和过程的知识。

具有有关固体和液体废物的运输和处置方法的知识，包括处理、焚烧以及在批准的垃圾填埋场进行填埋的知识。

6.7 物理属性

具有有关建筑物、构筑物以及设备的物理属性(尺寸、形状和颜色)与当地环境之间相互作用关系的知识。

7 其他人员的能力要求

认证机构应确定7.1和7.2中不同认证职能人员的能力要求。这些职能可能由一个或多个人员承担。

7.1 实施申请评审以确定审核组能力需求、选择审核组成员并确定审核时间人员的能力要求

7.1.1 环境术语

具有环境专有词汇和定义的相关知识。

7.1.2 识别和评价环境因素、环境影响及其环境重要性的技术

具有识别环境因素、评价环境影响的知识。

7.1.3 场所相关的因素

组建一个有能力的审核组，应具有与受审核方场所相关因素的知识，包括可能受组织活动影响的周边的敏感环境(例如湿地、植物群、动物群以及人类社区)。

7.2 复核审核报告和做出认证决定的人员能力要求

7.2.1 环境术语

具有相关EMS技术领域的环境专有词汇和定义的相关知识。

7.2.2 识别和评价环境因素、环境影响及其环境重要性的技术

具有识别环境因素、评价环境影响及确定其重要性过程的相关知识。

7.2.3 环境绩效评价

具有环境绩效评价的相关知识。

注：ISO 14031提供了更多的有关环境绩效评价的信息。

7.2.4 法律法规和其他要求

具有适用法律法规和其他要求的相关知识。

附 录 A
（资料性附录）
EMS 审核和认证应具备的知识

表 A.1 和表 A.2 给出了 EMS 审核和认证需具备知识的概要，因为这些要求只是识别了特定认证职能需具备的知识面，因此这些内容只是资料性的。

每一认证职能的能力要求已经在本文件的正文中进行了阐述，表 A.1 和表 A.2 给出特定要求的参考。

表 A.1 EMS 审核和认证应具备的能力

知识	认证职能		
	实施申请评审以确定审核组能力需求，选择审核组成员，并确定审核时间	复核审核报告并做出认证决定	审核
环境术语	√(7.1.1)	√(7.2.1)	√(5.1)
环境计量	不适用	不适用	√(5.2)
环境因素及环境技术领域适用的环境监视和测量技术	不适用	不适用	√(5.3)
识别和评价环境因素、环境影响及其环境重要性的技术	√(7.1.2)	√(7.2.2)	√(5.4)
设计中的环境因素	不适用	不适用	√(5.5)
环境绩效评价	不适用	√(7.2.3)	√(5.6)
法律法规和其他要求	不适用	√(7.2.4)	√(5.7)
应急准备和响应	不适用	不适用	√(5.8)
运行控制	不适用	不适用	√(5.9)
与场所相关的因素	√(7.1.3)	不适用	√(5.10)

表 A.2 特定因素知识

知识	认证职能		
	实施申请评审以确定审核组能力需求，选择审核组成员，并确定审核时间	复核审核报告并做出认证决定	审核
因素			
向大气的排放(6.1)			
气体和颗粒物	不适用	不适用	√(6.1.1)
运行控制	不适用	不适用	√(6.1.2)
监视和测量	不适用	不适用	√(6.1.3)

表 A.2（续）

知识	认证职能		
	实施申请评审以确定审核组能力需求，选择审核组成员，并确定审核时间	复核审核报告并做出认证决定	审核
向土地的排放(6.2)			
固体或液体的排放	不适用	不适用	√(6.2.1)
运行控制	不适用	不适用	√(6.2.2)
监视和测量	不适用	不适用	√(6.2.3)
向水体的排放(6.3)			
地表水和地下水	不适用	不适用	√(6.3.1)
运行控制	不适用	不适用	√(6.3.2)
监视和测量	不适用	不适用	√(6.3.3)
原材料、能源和自然资源的使用(6.4)			
上游管理——自然资源的使用(例如，化石燃料、水生植物、动物、土地)	不适用	不适用	√(6.4.1)
下游管理(源削减、最小化、再使用、循环再利用以及处理实践和过程)	不适用	不适用	√(6.4.2)
运行控制	不适用	不适用	√(6.4.3)
监视和测量	不适用	不适用	√(6.4.4)
能量释放(热、光、电离辐射、振动、噪音)(6.5)			
能量释放源	不适用	不适用	√(6.5.1)
运行控制	不适用	不适用	√(6.5.2)
废弃物(6.6)			
废物源	不适用	不适用	√(6.6.1)
运行控制	不适用	不适用	√(6.6.2)
物理属性(6.7)			
物理属性	不适用	不适用	√(6.7)
注：上述环境因素反映了 ISO 14001:2004 中附录 A 所列的内容。			

参考文献

[1] ISO 9000 质量管理体系 基础和术语
[2] ISO 14001:2004 环境管理体系 要求和使用指南
[3] ISO 14004 环境管理体系 原则、体系和支持技术通用指南
[4] ISO 14005 环境管理体系 分阶段实施环境管理体系,包括环境绩效评价的应用指南
[5] ISO 14006 环境管理体系 生态化设计指南
[6] ISO 14031 环境管理 环境绩效评价 指南
[7] ISO 14040 环境管理 生命周期评价 原则和框架
[8] ISO/TR 14062 环境管理 将环境因素引入产品的设计和开发
[9] ISO 14064-2 温室气体 第2部分:项目排放物的量化、监测和报告的规范
[10] ISO 14065 温室气体 对GHG审定和核查机构认可或其他形式承认的要求
[11] ISO 14066 温室气体 温室气体审定组和核查组的能力要求
[12] ISO 19011 管理体系审核指南
[13] ISO 31000 风险管理 原则和指南
[14] ISO/IEC 17000 合格评定 术语和通用原则

ICS 03.120.20
A 00

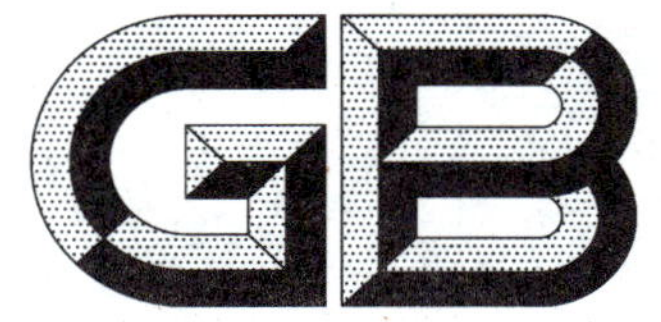

中华人民共和国国家标准

GB/T 27022—2017/ISO/IEC TS 17022:2012

合格评定　管理体系第三方审核报告内容要求和建议

Conformity assessment—Requirements and recommendations for content of a third-party audit report on management systems

(ISO/IEC TS 17022:2012,IDT)

2017-09-29 发布　　　　2018-04-01 实施

中华人民共和国国家质量监督检验检疫总局
中国国家标准化管理委员会　发布

前　言

本标准按照 GB/T 1.1—2009 给出的规则起草。

本标准使用翻译法等同采用 ISO/IEC TS 17022:2012《合格评定　管理体系第三方审核报告内容要求和建议》(英文版)。

与本标准中规范性引用的国际文件有一致性对应关系的我国文件如下:

——GB/T 27000—2006　合格评定　词汇和通用原则(ISO/IEC 17000:2004,IDT)

本标准由全国认证认可标准化技术委员会(SAC/TC 261)提出并归口。

本标准起草单位:中国计量大学、浙江省标准化研究院、杭州市标准化研究院、浙江省质量技术审查评价中心、中国认证认可协会、中国标准化研究院、上海质量管理科学研究院、青岛海尔质量检测有限集团、北京创源信诚管理体系认证有限公司、中国合格评定国家认可中心、上海烟草(集团)公司、中国建筑材料检验认证中心。

本标准主要起草人:宋明顺、刘璇、许燕君、卢彤彬、方兴华、王金德、黄乐富、郗天培、李镜、李华强、喻民军、梁晓文、谢小龙、石新勇、黄林兵、郑培。

引 言

本标准包括第三方管理体系认证审核报告内容的要求和建议，以满足各利益相关方（审核委托方、认证机构、认可机构和其他潜在的使用者）的要求和期望。

本标准的制定为了达到第三方管理体系认证审核报告内容中的信息和内容一致性的基本要求，以增加审核组工作和认证过程的可信度。

尽管审核委托方和认证机构是审核报告的主要使用者，但是审核报告的内容也被要求满足其他利益相关方的需求。以下举例的是审核报告中信息的可能的使用者或利益相关方：

——认可机构；

——监管机构；

——方案所有者。

审核报告提供的信息主要是满足各个利益相关方的需求。在这点上，利益相关方可能需要知道以下信息：

a） 管理体系是否符合规定的要求；

b） 任何不合格和关注的方面；

c） 任何改进的机会；

d） 任何优势和薄弱环节；

e） 今后审核策划的信息；

f） 需要后续跟踪验证的方面；

g） 认证决定所要求的其他信息。

本标准中，用到以下助动词形式：

——“应”（shall）用于要求；

——“宜”（should）表示建议；

——“可”（may）表示允许；

——“能”（can）表示可能性或者能力。

更多的详细表述可以参见 ISO/IEC 导则第 2 部分。

合格评定　管理体系第三方审核报告内容要求和建议

1　范围

本标准根据 ISO/IEC 17021 相关要求，给出了第三方管理体系认证审核报告的要求和建议。

2　规范性引用文件

下列文件对于本文件的应用是必不可少的。凡是注日期的引用文件，仅注日期的版本适用于本文件。凡是不注日期的引用文件，其最新版本（包括所有的修改单）适用于本文件。

ISO/IEC 17000　合格评定　词汇和通用原则（Conformity assessment—Vocabulary and general principles）

ISO/IEC 17021:2011　合格评定　管理体系审核认证机构要求（Conformity assessment—Requirements for bodies providing audit and certification of management systems）

3　术语和定义

ISO/IEC 17000 和 ISO/IEC 17021 界定的以及下列术语和定义适用于本文件。

3.1

不合格　nonconformity

未满足要求。

[ISO 9000:2005，定义 3.6.2]

4　审核报告

4.1　ISO/IEC 17021 的要求

ISO/IEC 17021:2011 中 9.1.10.2 指出，审核组长应确保审核报告的编制，并应对审核报告的内容负责。审核报告应提供准确、简明和清晰的审核记录，以便为认证决定提供充分的信息，并应包括或引用下列内容：

a)　注明认证机构；

b)　受审核方的名称和地址及其管理者代表；

c)　审核类型（如初次、监督或再认证审核）（见 4.2.2）；

d)　审核准则（见 4.2.3）；

e)　审核目的；

f)　审核范围，特别是标识出所审核的组织或职能单元或过程，以及审核时间（见 4.2.4）；

g)　注明审核组长、审核组成员及任何与审核组同行的人员（见 4.2.5）；

h)　（现场或非现场）审核活动的实施日期和地点（见 4.2.6）；

i)　与审核类型的要求一致的审核发现、审核证据和审核结论（见 4.2.7）；

j) 已识别的任何未解决的问题(见 4.2.8)。

4.2 补充要求和建议

4.2.1 总则

4.2.2～4.2.9 中的要求和建议是对 ISO/IEC 17021(见 4.1)中要求的补充,除此之外,审核报告还可包括更多的信息。

4.2.2 审核类型

4.2.2.1 审核报告应标明审核类型,如,初次(一阶段和二阶段)、监督或再认证审核,特殊审核(见 ISO/IEC 17021:2011,9.5)。

4.2.2.2 适当时,审核报告中宜明确是联合审核、结合审核还是一体化的审核(见 ISO/IEC 17021:2011,3.4 中注 1～注 6)。

4.2.3 审核准则

审核报告应标明审核组织管理体系时所依据的管理体系规范性文件(如 ISO 9001)。适当时,可说明审核中用到的其他文件。

4.2.4 审核范围

4.2.4.1 审核报告应表述审核范围和区域,如实际审核的地点、组织单元、活动和过程。

4.2.4.2 审核报告应表述所有那些在审核中没有覆盖或被删减的区域和活动。

4.2.4.3 审核报告宜指出审核时间与审核计划的所有差异。

4.2.5 审核组的确定

审核报告应注明审核组长、审核组成员及任何与审核组同行的人员(例如向导员、观察员、翻译人员)。

4.2.6 审核日期和地点(现场或非现场)

4.2.6.1 审核报告应标明审核的日期、地点和在每个地点审核活动的类型。审核报告应区分固定的审核现场和临时的审核现场。

4.2.6.2 审核报告宜注明任何不利的状况(例如停电、火灾、洪水),特别是对审核活动有影响的现场状况。

4.2.7 审核发现、审核证据和审核结论

4.2.7.1 审核报告应指明审核目的是否达到(更多的信息见 ISO/IEC 17021:2011,9.1.2.2.2)。

4.2.7.2 当审核目的、审核范围或审核准则(例如审核地点、组织单元、活动和过程)发生变更时,审核报告应记录这些变更。

4.2.7.3 自上一次审核以来任何对受审核方管理体系产生影响的重要变更,审核报告应予以记录。

4.2.7.4 审核报告应包括审核发现和审核证据,审核发现应简述符合性,详细描述不符合以及为其提供支持的审核证据,以便为认证决定或保持认证提供充分的信息。(见 ISO/IEC 17021:2011,9.1.9.6.1)。

4.2.7.5 审核报告应包含或描述不合格和所关注的方面。

4.2.7.6 为了给受审核方一个基于事实的合理说明,审核报告中任何不合格的描述都应有其审核发现的清晰详细记录。

4.2.7.7 审核报告中不合格的描述应包括有利于确定纠正和纠正措施的必要的参考意见。应引用不合格的客观证据(包括文件的和非文件的,例如文档、图样、试验报告、缺少能力方面的证据)。不合格描述应包括以下内容:

a) 未满足的要求;

b) 不合格的陈述;

c) 不合格的客观证据;

d) 与相关文件(例如规范、法规、说明书、图样)的偏差。

4.2.7.8 审核报告应包括受审核方管理体系有效性的说明,可包括:

a) 在认证范围内的组织活动,以及其认证范围的适宜性;

b) 分析、理解和识别利益相关方与适用的规范性文件相关的需求和期望;

c) 管理体系的目标满足利益相关方要求及适用的法律法规要求;

d) 确定和管理与获得预期结果有关的过程;

e) 资源的可获得性,这些资源对支持这些过程的运行和监测是必须的;

f) 监视和控制已规定的过程特性;

g) 不合格的预防和体系的改进过程以实现:

——纠正发生的任何不合格;

——分析不合格产生的原因及采取纠正措施避免其再次发生;

——解决投诉;

h) 有效的内部审核及管理评审过程;

i) 管理体系有效性的监视、测量和持续改进。

4.2.7.9 审核报告宜给出管理体系成熟度的说明,宜指出管理体系在组织中是否完全建立以及高级管理层和最高管理者的支持程度。

4.2.7.10 审核报告宜有关于风险(如果有)的描述,这些风险可能会对下列方面产生影响:

a) 管理体系要求的符合性;

b) 法律法规要求的符合性;

c) 组织管理体系的绩效。

注1:当表述已确定的风险时,适当时,以下陈述也非常重要:

——指出没有被管理的重大风险;

——指出被错误表述的风险。

注2:识别风险并不意味着要根据 ISO 31000 对风险进行评估。

4.2.7.11 审核报告宜指出审核限制的区域、人员或信息情况。

4.2.7.12 审核报告应指出被审核组织是否有效地控制认证文件和标志的使用情况(更多的信息参见 ISO/IEC 17021:2011,8.4.4)。

4.2.8 未解决问题

若有,审核报告应说明对纠正和纠正措施是如何跟踪的。

4.2.9 免责声明

审核报告宜包括一项免责声明,指出审核是基于可获得信息的抽样过程。免责声明还宜指出,在做出通过认证或更新认证的决定之前,审核推荐意见还将接受独立评审。

参 考 文 献

[1] GB/T 19000—2008 质量管理体系 基础和术语

[2] ISO 9001 Quality management systems—Requirements

[3] ISO 19011 Guidelines for auditing management systems

[4] ISO 27006 Information technology—Security technique—Requirements for bodies providing audit and certification of information security management systems

[5] ISO 28003 Security management systems for the supply chain—Requirements for bodies providing audit and certification of supply chain security management systems

[6] ISO 31000 Risk management—Principles and guidelines

ICS 03.120.20
A 00

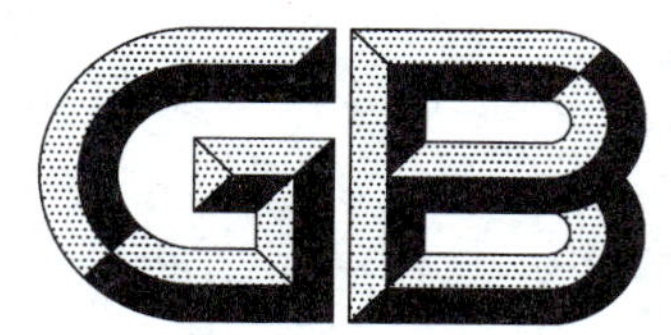

中华人民共和国国家标准

GB/T 27067—2017/ISO/IEC 17067:2013
代替 GB/T 27067—2006

合格评定 产品认证基础和产品认证方案指南

Conformity assessment—Fundamentals of product certification and guidelines for product certification schemes

(ISO/IEC 17067:2013,IDT)

2017-12-29 发布 2018-07-01 实施

中华人民共和国国家质量监督检验检疫总局
中国国家标准化管理委员会 发布

前　言

本标准按照GB/T 1.1—2009给出的规则起草。

本标准替代GB/T 27067—2006，与GB/T 27067—2006相比，主要技术内容变化如下：

——对GB/T 27065—2015的引用取代了对GB/T 27065—2004的引用（见第2章）；

——增加了术语“方案所有者”（见3.3）；

——删除了“产品认证的基本原则”（见2006年版第5章）；

——“合格评定功能和活动”代替“产品认证制度的要素”（见5.2表1）；

——对认证方案的类型和批次认证方案作了明确规定（见5.3）；

——增加了新的章节“产品认证方案的制定和实施”（见第6章）。

本标准使用翻译法等同采用ISO/IEC 17067：2013《合格评定　产品认证基础和产品认证方案指南》。

本标准由全国认证认可标准化技术委员会（SAC/TC 261）提出并归口。

本标准起草单位：方圆标志认证集团有限公司、国家认证认可监督管理委员会、中国合格评定国家认可中心、中国认证认可协会、中国质量认证中心、上海质量体系审核中心、西门子（深圳）磁共振有限公司、中国信息安全认证中心、通标标准技术服务有限公司、中国船级社质量认证公司、华夏认证中心有限公司、中国建筑标准设计研究院、浙江正泰电器股份有限公司、北京中化联合认证有限公司、泰尔认证中心、北京埃尔维质量认证中心、苏州电器科学研究院、广州赛宝认证中心。

本标准主要起草人：李铁男、邓秋玮、蒋洁、许士玉、贺婧、陈云华、史新波、王淑媛、卢文婷、孟先军、布宁、冯晖、徐晓鹏、刘建毅、郭伟、陈文忠、谢华、陈勇、邓美飞、陈雪梅、胡雄锋。

本标准所代替标准的历次版本发布情况为：

——GB/T 27067—2006。

引　言

本标准阐述了产品认证基础，并为产品认证方案提供指南。本标准中引用的术语“产品”也可以理解为“服务”或“过程”。

通常产品在设计、生产、销售、使用和最终处置时，有可能引起购买方、用户和社会的关注。这种关注与安全性、对健康或环境的影响、耐久性、兼容性、适用性等有关的预期用途或明示的条件相关。

通常，这些关注会用规范性文件如标准来表述所要求的产品属性。

产品供方有义务明示产品符合规范性文件的要求。

某些情况下，仅需要供方自己评价和声明其产品的符合性。另一些情况下，用户或监管机构可能会要求由有能力且公正的第三方评价产品的符合性。

公正的第三方所做出的产品符合规定要求的评价和证明称为产品认证。

本标准概述了如何设计和管理产品认证方案。明确了用于产品认证的常用评价技术，如产品检测、检查和审核。

本标准可供产品认证相关方使用，尤其是产品认证方案所有者或潜在的产品认证方案所有者。产品认证方案所有者可以是：

a）产品认证机构；

b）政府和监管部门；

c）采购机构；

d）非政府组织；

e）行业和零售协会；

f）消费者组织。

GB/T 27065 规定了对产品认证机构的要求。本标准仅作为指南，并不包含要求，两者兼容协调。

其他更多信息可参考 ISO/IEC 导则，第 2 部分。

合格评定 产品认证基础和产品认证方案指南

1 范围

本标准阐述了产品认证的基础，并为理解、制定、实施以及完善产品、过程和服务的认证方案提供指南。

本标准供产品认证所有相关方特别是认证方案所有者使用。

注1：本标准中，除了单独明示“过程”或“服务”，术语“产品”亦可理解为“过程”和“服务”。GB/T 27065给出了产品、过程和服务的定义。

注2：产品、过程和服务认证是产品认证机构实施的第三方合格评定活动(见GB/T 27000)。GB/T 27065规定了对产品认证机构的要求。

2 规范性引用文件

下列文件对于本文件的应用是必不可少的。凡是注日期的引用文件，仅注日期的版本适用于本文件。凡是不注日期的引用文件，其最新版本(包括所有的修改单)适用于本文件。

GB/T 27000—2006 合格评定 词汇和通用原则(ISO/IEC 17000:2004,IDT)

GB/T 27065—2015 合格评定 产品、过程和服务认证机构要求(ISO/IEC 17065:2012,IDT)

3 术语和定义

GB/T 27000、GB/T 27065中界定的以及下列术语和定义适用于本文件。

3.1

认证制度 certification system

实施认证的规则、程序和对实施认证的管理。

[改编自GB/T 27000—2006，定义2.7]

3.2

认证方案 certification scheme

针对特定的产品，适用相同要求、规则和程序的认证制度(3.1)。

注：认证方案规定了实施产品、过程和服务认证的规则、程序和管理要求。

[改编自GB/T 27065—2015，定义3.9]

3.3

方案所有者 scheme owner

负责制定和维护特定认证方案(3.2)的个人或组织。

注：认证方案所有者可以是认证机构自身、政府部门、行业协会、认证机构联合体或其他组织。

[改编自GB/T 27065—2015，定义3.11]

4 产品认证

4.1 产品认证概念

4.1.1 产品认证是对产品满足规定要求的评价和公正的第三方证明。产品认证由产品认证机构实施，机构应满足 GB/T 27065 的要求。产品的规定要求一般包含在标准或其他规范性文件中。

4.1.2 产品认证是一种合格评定活动，它为消费者、监管机构、行业和其他相关方提供产品符合规定要求的信心。这些规定要求包括产品的性能、安全、互换性和可持续性等。

4.1.3 产品认证能在国家、区域和国际层面促进产品贸易、市场准入、公平竞争和消费者认可。

4.2 产品认证目标

4.2.1 产品认证的基本目标包括：

a) 通过提供产品符合规定要求的信心，以满足消费者、用户以及所有相关方的需求；

b) 使供方向市场提供经公正第三方确认的其产品满足规定要求的证明。

4.2.2 产品认证有助于：

——为利益相关方提供满足要求的信心；

——提供充分的价值以利于供方有效地进行产品的市场营销。

5 产品认证方案

5.1 基本要素

5.1.1 产品认证方案应执行 GB/T 27000—2006 附录 A 所提出的功能。这些功能包括：

——选取，包括策划和准备活动，其目的是收集或生成后续的确定功能所需的全部信息和输入；

——确定，可以包括检测、测量、检查、设计评估、服务和过程评价以及审核等合格评定活动，以提供与产品要求有关的信息，作为复核和证明功能的输入；

——复核，即针对满足规定要求的情况，对选取和确定活动及其结果的适宜性、充分性和有效性进行的验证（见 GB/T 27000—2006，5.1）；

——认证决定；

——证明，即根据复核后作出的决定出具符合性证明，以证实规定要求已得到满足（见 GB/T 27000—2006，5.2）；

——监督（需要时），即合格评定活动的系统性重复，是保持符合性证明有效性的基础（见 GB/T 27000—2006，6.1）。

注 1： 关于功能的更多信息参见 GB/T 27000。

注 2： 在 GB/T 27065 中“选取”和“确定”两个功能合并，称为“评价”。

注 3： 在 GB/T 27065 中“证明”功能被关联到“认证文件”的这一分条款中（见 GB/T 27065—2015，7.7）。

5.1.2 在实施产品认证前，需有相应的认证方案（见 3.2）。

5.2 产品认证方案的功能和活动

5.2.1 产品认证方案需明确 5.1.1 所列的每一项适用功能的具体活动。表 1 展示了如何通过运用这些功能来建立一个产品认证方案，并概括了这些活动应用在更广泛的产品认证领域中的一些组合类型。5.3 对表 1 中的产品认证方案的类型做了详述。

5.2.2 第 6 章描述了对既定情境确定适用活动的过程，以及做出决定所要考虑的影响因素。

表 1　产品认证方案的建立

产品认证方案中的合格评定功能和活动[a]		产品认证方案类型[b]							
		1a	1b	2	3	4	5	6	N[c,d]
Ⅰ	**选取** 适用时,包括策划和准备活动、具体要求(如规范性文件)和抽样	X	X	X	X	X	X	X	X
Ⅱ	**确定特性**,适用时通过: a)　检测 b)　检查 c)　设计评估 d)　服务或过程的评价 e)　其他确定活动,如验证	X	X	X	X	X	X	X	X
Ⅲ	**复核** 检查确定阶段获取的符合性证据,以确定是否已符合规定要求	X	X	X	X	X	X	X	X
Ⅳ	**认证决定** 批准、保持、扩大、缩小、暂停和撤销认证	X	X	X	X	X	X	X	X
Ⅴ	**证明、许可**								
	a)　颁发符合性证书或其他符合性证明	X	X	X	X	X	X	X	X
	b)　授权使用证书或其他符合性证明	X	X	X	X	X	X	X	
	c)　为一个批次产品颁发符合性证书		X						
	d)　基于监督(Ⅵ)或批次认证授权使用符合性标志(许可)使用		X	X	X	X	X	X	
Ⅵ	**监督**,适用时(见 5.3.4～5.3.8)通过:								
	a)　来自公开市场的样品的检测或检查			X		X	X		
	b)　来自工厂的样品的检测或检查				X	X	X		
	c)　对生产、服务提供或过程作业的评价				X	X	X	X	
	d)　结合随机检测或检查的管理体系审核						X	X	

[a] 适用时,这些活动可以与申请人管理体系(参见 ISO/IEC 导则 53 中的示例)的初次审核和监督审核或生产过程的初始评价相结合。实施这些评价的次序可以不同,但应在方案中规定。

[b] ISO/IEC 导则 28 中给出了一种常用的且被证明有效的产品认证方案模式,对应于方案类型 5 的产品认证方案。

[c] 产品认证方案至少包括Ⅰ、Ⅱ、Ⅲ、Ⅳ和Ⅴa)的活动。

[d] 增加的符号“N”表示其他基于不同活动的认证方案的可能的未确定数量。

5.3　产品认证方案类型

5.3.1　总则

5.3.2～5.3.8 给出的示例不能代表所有可能的产品认证方案类型。它们可以与很多不同类型的要求一起使用,而且可以使用更广泛的符合性说明(见 GB/T 27000—2006,5.2,注 1)。所有类型的产品认证方案包括选取、确定、复核、决定和证明。考虑产品和规定要求，宜选取表1中列出的一种或多种确定活动。依据不同的监督活动（适用时）将表1中的方案分为不同类型。类型1a和1b中，由于证明仅仅针对被确定的产品本身，所以没有监督要求。对其他类型来说，5.3.4～5.3.8概括了可以采用的不同监督活动的使用方法和适用情形。

5.3.2 方案类型1a

该方案将选取一个或多个样品实施确定活动，并针对所选取的产品类型出具符合性证书或其他符合性声明（比如信函），证书或声明要详细描述产品特性。认证机构的符合性证明不覆盖后续生产的产品。

制造商可以参考获证的产品样品进行后续的生产活动。

认证机构可允许制造商使用认证证书或其他符合性声明（比如信件）作为声明其后续产品符合规定要求的依据。

5.3.3 方案类型1b

这种方案是按照规定的选取和确定要求，针对批次产品实施的认证。检测比例可以是对该批次中的所有产品进行检测（100%检测），适用时也可以根据其他情况来确定，例如，批次中产品的一致性、取样计划的应用情况等。如果确定、复核和决定的结果是符合要求的，且在方案中已予规定，这一批次中的所有产品都可以认为是通过认证的，可以使用方案中规定的符合性标志。

5.3.4 方案类型2

这种方案的监督环节要求周期性地在市场选取样品用于确定活动，以核实初次获证后生产的产品符合规定要求。

虽然本方案可以确定销售渠道对符合性的影响，但可能需要大量的资源。而且，在发现严重不符合时，由于产品已经投放市场，所能采取的有效纠正措施是有限的。

5.3.5 方案类型3

这种方案的监督环节要求周期性地从生产线选取样品用于确定活动，以核实初次获证后所生产的产品符合规定要求。这种监督包括对生产过程的周期性评价。

这种方案未考虑销售渠道对符合性的影响。当发现严重不符合时，仍有机会在产品批量投放市场前，解决这些不符合。

5.3.6 方案类型4

这种方案的监督环节可以周期性地从生产线或市场选取样品，或两者皆有，用于确定活动，以核实初次获证后生产的产品符合规定要求。这种监督包括对生产过程的周期性评价。

这种方案既考虑了销售渠道对符合性的影响，又提供了产品投放市场前识别和解决严重不符合的机制。对于那些符合性不受销售过程影响的产品，可能会产生大量重复性工作。

5.3.7 方案类型5

这种方案的监督环节可以周期性地从生产线或市场选取样品，或两者皆有，用于确定活动，以核实初次获证后生产的产品符合规定要求。这种监督包括对生产过程的周期性评价或管理体系审核，或两者皆有。四种监督活动的实施程度，可以根据方案中确定的具体情况调整。如果监督包括管理体系审核，则管理体系初始审核是必需的。

5.3.8 方案类型 6

这种方案主要适用于服务和过程的认证。

服务通常是无形的，但确定活动并不仅仅局限于无形要素的评价（比如组织程序有效性、管理滞后和响应能力等）。在某些情况下，可以通过对服务中有形要素涉及的过程、资源及管理的评价，作为表明符合性的支持证据。例如，针对公共交通的质量而进行的对车辆清洁检查。

对于过程认证，情况非常类似。例如，适用时，焊接过程的确定活动可以包括对焊接样品焊缝的检测和检查。

对服务和过程认证，这种方案的监督环节宜包括对管理体系的周期性审核，以及对服务与过程的周期性评价。

6 产品认证方案的制定和实施

6.1 概述

本章为制定和实施产品认证方案提供指南。适用于拟建立方案的个人、组织或者利益相关方（例如制造商、服务提供方、认证机构、消费者或者政府监管部门）。

6.2 产品认证方案和产品认证制度的关系

产品认证方案使用确定的规则、程序和管理规定，这些规则、程序和管理规定可以仅由某一方案单独使用，也可以在某个适用于多个方案的产品认证制度中明确。产品认证方案是必需的，只有当一项以上的方案使用相同的规则、程序和管理时，才需要制定产品认证制度。

图 1 给出了产品认证方案和产品认证制度之间的关系。

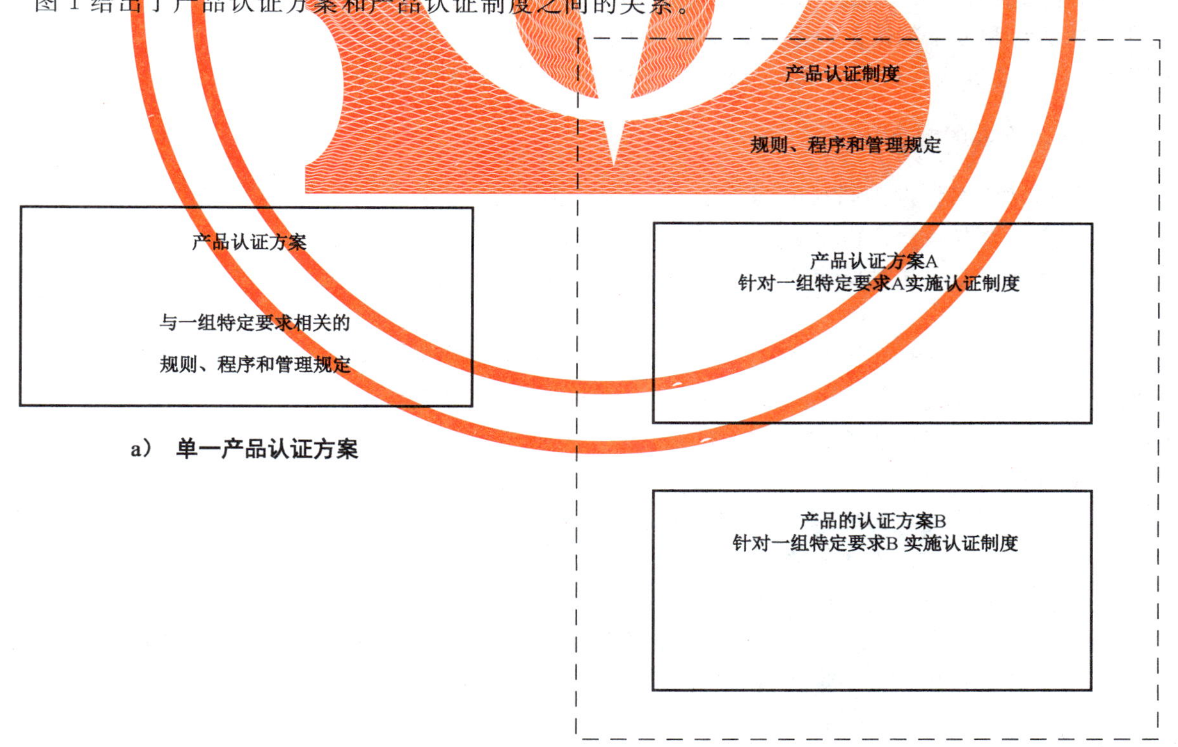

图 1 产品认证方案和产品认证制度的关系

6.3 方案所有者

6.3.1 方案所有者的主要类型：

a) 认证机构，其制定的产品认证方案仅供自己客户使用；

b) 非认证机构，例如监管部门或贸易组织，其制定的产品认证方案由一个或多个认证机构参与实施。

注：认证机构联合体(可能来自不同国家)能够共同建立一项认证方案。在这种情况下，这些认证机构有必要作为方案的共同所有者建立管理架构，以保证所有参与的认证机构能够有效地实施该方案。

6.3.2 如果一个方案所有者实施多个方案，该方案所有者可将共同的程序和管理手段整合到一个产品认证制度中。在这种情况下，方案所有者将成为制度所有者，将负责管理整个制度以及其中实施的各相关方案。

6.3.3 方案所有者应为法人实体。

注：政府性质的方案所有者因其具有政府职能，亦可视为法人实体。

6.3.4 方案所有者应对方案的目的、内容和完整性负完全责任。

6.3.5 方案所有者应不断修改、维护完善方案，并在需要时提供指导。

6.3.6 方案所有者应建立方案实施和管理的架构。

6.3.7 方案所有者应将方案的内容形成文件。

6.3.8 方案所有者应确保制定方案的人员具备相应的技术和合格评定能力。

6.3.9 方案所有者应采取对方案各相关方提供信息的保密措施。

6.3.10 方案所有者应评价和管理其活动中引发的风险和责任。

注：评价风险并不意味着依据 ISO 31000 进行风险评估。

6.3.11 方案所有者应做好充分的安排(如保险或储备金)以承担由其活动引发的赔付责任。这些安排宜与所采取活动和方案的范围以及方案实施的地域等相适应。

6.3.12 方案所有者应保持财务状况稳定，并且具备实施认证方案所需的资源。

6.4 产品认证方案的制定

6.4.1 产品认证方案根据不同目的而制定。目的可包括满足监管部门的健康、安全或环境要求，也可包括协助客户和消费者辨识市场上的产品并做出购买决定。

6.4.2 不论何种目的，方案所有者应理解在现有基础上制定、实施和完善认证方案的考虑、影响和结果。

6.4.3 制定方案时，方案所有者宜对方案的目的、方案需求的设想以及方案的可接受性有清晰的认识。方案所有者应识别利益相关方，并寻求其在方案制定过程中的参与和意见。

6.4.4 在制定方案的具体内容前(见 6.5)，利益相关方应就方案的基本原则达成一致。这些原则包括：

——所有权的确定；

——管理和决策机制的确定，包括利益相关方是否可以直接参与；

——基础业务和筹资模式的确定；

——提供方案监控和周期性评审的大纲。

6.4.5 方案制定后，方案所有者应确保该方案的信息公开和透明，并能够被公众理解和接受；确保有利益相关方参与对方案开展定期复核，包括对方案满足其目的的确认。

6.5 方案的内容

6.5.1 概述

产品认证方案应规定以下要素：

a) 认证方案的范围,包括覆盖产品的类别;

b) 由引用标准或其他规范性文件所规定的产品的评价要求;必要时,为消除歧义,宜由有能力的人做出解释,并向所有利益相关方公开;

注:有关做出规定要求的进一步指南参见 ISO/IEC 17007。

c) 活动的选取(见表 1)与方案的目的和范围相适应;认证方案至少要包括Ⅰ,Ⅱ,Ⅲ,Ⅳ和Ⅴa)的功能和活动;

d) 客户要满足的实施管理体系或过程控制活动等其他要求,能有效保证正在生产的获证产品持续符合规定要求;

e) 对认证机构以及认证过程中涉及的其他合格评定机构的要求,不宜与合格评定机构适用标准的要求相冲突;

f) 无论参与方案的合格评定机构(比如检测机构、检查机构、产品认证机构、制造商管理体系审核机构等)是否被认可、参与同行评审或获得其他形式的资质,如果方案要求合格评定机构要被认可,应有适当的说明引用,如认可机构是互认协议的成员等;

g) 合格评定机构和在认证过程中涉及的其他组织使用的方法和过程,能够保证合格评定过程的完整性和一致性;

h) 认证申请者提供给认证机构的资料;

i) 明确规定适用产品的符合性声明(如认证证书)的内容;

j) 客户使用符合性声明或认证标志的条件;

k) 应符合 ISO/IEC 17030 中认证标志的使用范围、所有权、标志的使用和控制的要求;

l) 对方案实施所应具备的资源的要求,包括公正性和人员能力(内部和外部),评价的资源以及分包方的使用;

m) 如何对确定(评价)和监督阶段的结果进行报告,以及认证机构和方案所有者如何使用结果报告;

n) 如何处理和解决不符合认证要求(包括产品要求)的问题;

o) 监督程序(当方案中涉及监督时);

p) 合格评定机构和客户使用认证方案的准则;

q) 认证机构或方案所有者发布已获得认证产品名录的内容、条件和职责;

r) 需要签订的合同及合同内容。如方案所有者和认证机构之间,方案所有者和客户之间,以及认证机构和客户之间,应以合同形式确定各方的权利、责任和义务;

注:ISO/IEC 导则 28:2004,附件 B 给出了认证机构与客户间的合同模板。

s) 批准、保持、延续、扩大、缩小、暂停和撤销认证证书的基本条件:包括在暂停、撤销或终止认证证书时做出停止广告宣传、交回认证文件以及采取其他措施的要求;

t) 客户投诉记录的核实方式(如方案中有核实要求);

u) 客户在宣传材料中引用方案的方式;

v) 方案所有者和认证机构记录保存期限。

6.5.2 取样

需要时,方案中应规定认证产品的取样量,选择和监督阶段的取样基数,并规定取样的时间和人员。

注:见 ISO 10576-1、ISO 2859-10、ISO 3951-1 和 ISO 22514-1。

6.5.3 合格评定结果的接受

若客户在申请认证前,已经获得如检测、检查或审核等合格评定结果,此合格评定结果可能不是来自于认证机构签约控制的资源,则方案应明确认证过程中是否可以承认或在何种条件下可以接受该合格评定结果。

6.5.4 合格评定活动的外包

若方案允许如检测、检查或审核等合格评定活动外包时，方案中宜规定这些机构符合相关国家标准的适用要求。检测机构应符合 ISO/IEC 17025 的适用要求，检查机构应符合 ISO/IEC 17020 的适用要求，管理体系审核机构应符合 ISO/IEC 17021 适用要求。方案应说明方案制定者或产品认证客户对事先商定的外包协议的接受程度。

6.5.5 向方案所有者的投诉和申诉

方案所有者应规定投诉和申诉的流程以及负责人员。

对认证机构的决定的申诉和对认证机构的投诉应首先通知认证机构。

认证机构没有或者无法解决的申诉和投诉可以由方案所有者解决。

6.5.6 许可和标志的管理

当方案规定认证证书、认证标志或其他符合性声明时，应通过许可或其他形式的可执行协议来管理其使用。授权可能包含关于认证证书、认证标志或其他符合性声明的使用规定和当认证证书失效时应满足的要求。许可可以在下列双方或多方间建立：

——方案所有者；

——认证机构；

——认证机构的客户。

6.5.7 监督

方案中如果包含监督环节，应规定监督所包含的有关活动（见表 1 中的功能Ⅵ）安排。确定适当的监督活动时，方案所有者应考虑产品特点、不合格产品进入市场的可能性和后果及监督活动的频次。

6.5.8 不合格产品

方案应明确产品不再符合认证要求时的措施，如召回产品或者向市场提供有关信息。

注：同见 ISO 导则 27。

6.5.9 向方案所有者报告

当要求向方案所有者报告时，应明确报告的内容和频次。报告可以出于以下目的，如改进方案以及客户对一致性程度的控制和监测等。

6.5.10 方案实施的分包

如果方案所有者将部分或全部方案的实施分包给他方，应签署具有法律约束力的合同明确双方义务和责任。政府性质的方案所有者可依据法律法规的规定分包方案的实施。

6.5.11 市场营销

方案应明确与市场营销相关的政策和程序，包括认证机构和客户能引用方案的范围。

6.5.12 认证的欺诈性使用

应明确根据认证方案形成的认证证明被欺诈性使用时，可采取的相应措施和相关方职责。

6.6 方案的保持和改进

6.6.1 方案实施的评审

方案所有者应建立程序，对方案的实施进行周期性评审，以确保方案的有效性和识别需改进之处，并要考虑利益相关方的反馈意见。评审应确保方案要求能够以一致的方式实施。

6.6.2 规定要求的变更

方案所有者应跟踪方案中使用的标准和其他规范性文件的制定情况。当这些文件发生变更时，方案所有者应通过相关程序对方案做必要的修订(如规定过渡期)，并要求认证机构、客户以及必要相关方予以变更。

6.6.3 方案的其他变更

方案所有者应规定方案中规则、程序和管理规定发生其他变更时的管理程序。

6.7 方案的文件化

为了方案的实施、保持和改进，方案所有者应建立、控制并持续完善适宜的文件。这些文件宜明确方案的规则和实施程序，尤其是方案管理者的职责。

参 考 文 献

[1] ISO Guide 27 Guidelines for corrective action to be taken by a certification body in the event of misuse of its mark of conformity

[2] ISO/IEC Guide 28 Conformity assessment—Guidance on a third-party certification system for products

[3] ISO/IEC Guide 53 Conformity assessment—Guidance on the use of an organizations quality management system in product certification

[4] ISO/IEC Guide 68 Arrangements for the recogonition and acceptance of conformity assessment results

[5] ISO 2859-10 Sampling procedures for inspection by attributes—Part 10: Introduction to the ISO 2859 series of standards for sampling for inspection by attributes

[6] ISO 3951-1 Sampling procedures for inspection by variables—Part 1: Specification for single sampling plans indexed by acceptance quality limit (AQL) for lot-by-lot inspection for a single quality characteristic and a single AQL

[7] ISO 10576-1 Statistical methods—Guidelines for the evaluation of conformity with specified requirements—Part 1: General principles

[8] ISO/IEC 17000 Conformity assessment—Vocabulary and general principles

[9] ISO/IEC 17007 Conformity assessment—Guidance for drafting normative documents suitable for use for conformity assessment

[10] ISO/IEC 17020 Conformityassessment—Requirements for the operation of various types of bodies performing inspection

[11] ISO/IEC 17021 Conformity assessment—Requirements for bodies providing audit and certification of management systems

[12] ISO/IEC 17025 General requirements for the competence of testing and calibration laboratories

[13] ISO/IEC 17030 Conformity assessment—General requirements for third-party marks of conformity

[14] ISO 22514-1 Statistical methods in process management—Capability and performance—Part 1: General principles and concepts

[15] ISO 31000 Risk management—Principles and guidelines

ICS 03.120.20
A 00

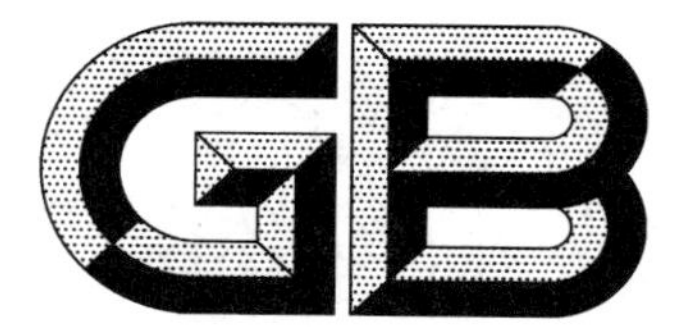

中华人民共和国国家标准

GB/T 27204—2017/ISO/IEC TS 17023:2013

合格评定　确定管理体系认证审核时间指南

Conformity assessment—Guidelines for determining the duration of management system certification audits

(ISO/IEC TS 17023:2013,IDT)

2017-11-01 发布　　2018-05-01 实施

中华人民共和国国家质量监督检验检疫总局
中国国家标准化管理委员会　发布

前　言

本标准按照 GB/T 1.1—2009 给出的规则起草。

本标准使用翻译法等同采用 ISO/IEC TS 17023:2013《合格评定　确定管理体系认证审核时间指南》(英文版)。

与本标准中规范性引用的国际文件有一致性对应关系的我国文件如下：

——GB/T 27000—2006 合格评定　词汇和通用原则(ISO/IEC 17000:2004,IDT)。

本标准由全国认证认可标准化技术委员会(SAC/TC 261)提出并归口。

本标准起草单位:中国合格评定国家认可中心、国家认证认可监督管理委员会、杭州市标准化研究院、中国认证认可协会、中国质量认证中心、方圆标志认证集团有限公司、上海质量体系审核中心、中国船级社质量认证公司、华夏认证中心有限公司、北京中大华远认证中心、北京新世纪检验认证股份有限公司、中国信息安全认证中心、北京联合智业认证有限公司、北京军友诚信质量认证有限公司、北京中经科环质量认证有限公司、北京三星九千认证中心、西门子(中国)有限公司。

本标准主要起草人:夏清、任青钺、刘健、谭平、彭新、张惠才、乔梁、付强、操圣祥、吴康宁、王天羿、刘钢、许燕君、常晓民、任卫、陈健、王岳虹、李静、程瑜琦、张珺。

引　　言

本标准旨在为ISO/IEC 17021:2011中与管理体系认证审核时间相关条款的应用提供指南。本标准为认证机构在确定管理体系认证审核时间方面达到基本一致提供了框架。在确定其他类型审核的审核时间时,也可参考本标准。

随着管理体系标准及认证方案的增加,为确保充分考虑影响管理体系认证审核时间的各项因素,业界对指导性文件的需求与日俱增。

本标准使认证机构的客户及其他相关方(如:方案所有者、监管机构、认可机构等)得以理解不同的因素是如何影响管理体系认证审核时间的确定。

本标准并不对特定认证方案规定计算管理体系认证审核时间的表格、公式或其他方法,本标准仅识别出制定这类表格或公式时将考虑的因素。

本标准中,使用以下动词:

——“宜”表示建议;

——“可以”表示允许;

——“可、可能、能”表示可能性或能力。

本标准只提供指南,故不使用表示要求的“应”。

合格评定　确定管理体系认证审核时间指南

1　范围

本标准为提供管理体系认证和审核的机构及制定和维护认证方案的机构提供确定管理体系认证审核时间指南。

注1：本标准还考虑了其他相关方(如：监管机构、认可机构)在确定管理体系审核时间时的需求。

注2：若某特定认证方案(如：食品安全管理体系的GB/T 22003)已确立了针对管理体系认证审核时间的附加特定要求，或方案所有者或监管机构已确立了其他要求，可应用这些要求。

2　规范性引用文件

下列文件对于本文件的应用是必不可少的。凡是注日期的引用文件，仅注日期的版本适用于本文件。凡是不注日期的引用文件，其最新版本(包括所有的修改单)适用于本文件。

ISO/IEC 17000　合格评定　词汇和通用原则(Conformity assessment — Vocabulary and general principles)

ISO/IEC 17021:2011　合格评定　管理体系审核认证机构的要求(Conformity assessment—Requirements for bodies providing audit and certification of management systems)

3　术语和定义

ISO/IEC 17000和ISO/IEC 17021:2011界定的以及下列术语和定义适用于本文件。

3.1

方案所有者　scheme owner

负责制定和维护特定认证方案(3.2)的个人或组织。

注：认证方案所有者可以是认证机构自身、政府部门、行业协会、认证机构团体或其他组织。

[改写ISO/IEC 17065:2012，定义3.11]

3.2

认证方案　certification scheme

针对特定的管理体系，适用相同的要求、规则和程序的合格评定制度。

[改写ISO/IEC 17000:2004，定义2.8]

3.3

客户组织　client organization

运行管理体系的实体或一个实体内有明确界定的一部分。

3.4

常设场所　permanent site

客户组织(3.3)持续进行工作或提供服务的场所(有形或虚拟)。

3.5

临时场所　temporary site

客户组织(3.3)为在有限的时期内进行特定工作或提供服务而设立的场所(有形或虚拟)，且该场所不准备作为常设场所(3.4)。

3.6

审核时间　audit time

为客户组织(3.3)策划并完成一次完整且有效的管理体系审核所需要的时间。

3.7

管理体系认证审核时间　duration of management system certification audits

审核时间(3.6)的一部分,包括从首次会议到末次会议之间实施审核活动的所有时间。

注:审核活动通常包括:

——举行首次会议;

——审核实施阶段的文件评审;

——审核中的沟通;

——向导和观察员的作用和责任;

——信息的收集和验证;

——形成审核发现;

——准备审核结论;

——举行末次会议。

4　确定管理体系认证审核时间的因素

4.1　总则

以下内容是基于ISO/IEC 17021:2011相关条款要求制定的。在确定管理体系认证审核时间的过程中,宜考虑4.2～4.12所列因素。这些因素可用来确定特定审核的管理体系认证审核时间,宜根据审核的类型及范围确定需考虑的具体因素。

注:确定的管理体系认证审核时间不包括往返于场所之间花费的时间。

4.2　相关管理体系标准和其他要求

管理体系认证审核时间可根据相关管理体系标准、认证方案要求及审核类型(如:初次认证审核、监督审核、再认证审核、特殊审核、跟踪审核和转换审核)来确定。

注1:若审核分为两个阶段进行,那么管理体系认证审核时间为两个阶段审核时间之和。

注2:对于实施其他类型的审核(如:特殊审核、转换审核),通常根据每次审核的特定目的确定审核时间。

4.3　客户组织的规模和地点

4.3.1　管理体系认证审核时间的确定可能与以下因素有关:

——客户组织的实际规模(大型或小型);

——客户组织中涉及审核范围内相关活动的人员数量,适用时包括兼职人员、季节性合同人员和临时人员;

——后勤的复杂程度(如:多校区大学和多个钻井平台);

——需审核的场所数量。

4.3.2　管理体系认证审核时间还可以受以下因素的影响:

——集中控制的程度;

——过程和产品的共性;

——相互关联的过程;

——季节和气候条件。

4.4 客户的组织和管理体系的复杂程度

管理体系认证审核时间的确定可能与以下因素有关：

——管理体系文件和记录的可获取性(如：远程或现场取得)；

——管理体系的结构，包括控制、报告和内部沟通的层级；

——客户组织中各层级需要面谈的人员数量及范围；

——需要对临时场所进行访问的活动；

——客户组织活动之间相互作用的复杂程度；

——对客户组织已有的了解(如：该组织的其他管理体系通过了本认证机构的认证)；

——重复性的活动(有共性的过程或独特的过程)；

——客户组织的变化(如：迁址、涉及管理的变化、并购)；

——轮班的控制及轮班的方式；

——客户组织的职业健康安全和安保条件。

4.5 技术和法规环境

管理体系认证审核时间的确定可能与以下因素有关：

——适用法规的复杂程度及数量(如：食品、制药、航空、核能等工业)；

——客户组织所用技术的复杂程度；

——设计过程的复杂程度；

——自动化程度。

4.6 管理体系范围内的活动

管理体系认证审核时间的确定可能与以下因素有关：

——管理体系标准的适用要求，包括对合理删减要求的考虑；

——与认证范围有关的产品、服务、活动、过程和场所及其复杂程度；

——客户组织的外包活动(如：外包活动的范围、控制程度、重要性及复杂性)。

4.7 管理体系的成熟度和有效性

管理体系认证审核时间的确定可能与以下因素有关：

——本认证机构以往审核的结果及有效性；

——本认证机构以外的其他机构以往所进行的外部审核的结果及有效性；

——客户组织内部审核和管理评审过程的有效性；

——客户组织内部对于管理体系的理解和承诺程度；

——已获认证的管理体系；

——可靠的公共信息(如：媒体报道、顾客反馈、监管信息或处罚等)；

——该管理体系已运行的时间；

——客户组织实现其管理体系目标的能力。

4.8 客户组织的产品、过程或活动连带的风险

管理体系认证审核时间的确定可能与以下因素有关：

——存在危险的过程、材料或工作环境(如：辐射消毒、制革过程中使用的化学品等)；

——不符合及其影响带来的风险(如：医疗卫生服务、食品生产、空中交通管控等)；

——过程和运作的脆弱程度。

4.9 文化

管理体系认证审核时间的确定可能与以下因素有关：

——不同的文化和社会行为(如：地方习俗、雇佣惯例等)；

——解释和翻译的需求；

——客户组织内部沟通的难易程度；

——客户组织的透明度和公开性。

4.10 整合管理体系

整合管理体系认证审核时间的确定可能与以下因素有关：

——整合程度；

——整合管理体系中包括的管理体系数量；

——与单一管理体系相比整合管理体系的复杂程度；

——有能力审核多个管理体系的审核员的资源情况。

4.11 审核组的组成

以下因素可能影响管理体系认证审核时间：

——对翻译人员的需求；

——对技术专家的需求。

注：根据 ISO/IEC 17021:2011，审核员以外的审核组成员花费的时间不计入审核时间。

4.12 其他因素

当两个或两个以上认证机构合作对某一客户组织进行审核时，宜考虑联合审核组使用不同方法或程序对管理体系认证审核时间带来的影响。

使用远程审核技术，即审核员不亲临审核现场的，不宜减少管理体系认证审核时间。

5 计算管理体系认证审核时间的方法

5.1 总则

若有已发布的或公认的方法，计算管理体系认证审核时间时宜考虑这些方法。若没有已发布的或公认的方法，方案所有者(3.1)宜负责制定并维护适用的管理体系认证审核时间的计算方法。

注：公正地应用所制定的方法非常重要。

5.2 方法的制定

5.2.1 总则

方法制定是一个过程，其结果宜是一个框架(如：公式、表格、图表等)使认证机构能够确定管理体系认证审核时间。

5.2.2 相关的管理体系标准或其他要求

方案所有者宜识别与认证范围有关的相关管理体系标准或其他要求。

5.2.3 关键因素

方案所有者宜从第 4 章所列因素中选择对特定行业或认证方案至关重要的因素，并将其作为确定管理体系认证审核时间的出发点。在制定方法时，方案所有者宜对关键因素进行适当组合。关键因素的重要程度可能各不相同，宜确定各种因素的重要程度并建立框架。

注：风险评估能用于确定关键因素的重要程度。

5.2.4 其他因素

方案所有者宜识别可能导致或限制某些具体客户组织管理体系认证审核时间调整的其他因素。

5.2.5 方法有效性的确认

方案所有者宜使用适宜的技术(如:市场测试)来确认方法的有效性。方案所有者宜定期评审方法和框架的有效性。

5.3 方法的实施

认证机构宜使用方案所有者所制定的框架建立过程，以根据客户组织的具体情况确定管理体系认证审核时间。

认证机构宜识别 5.2.4 所描述可能导致某具体客户组织管理体系认证审核时间调整的其他因素，并确定这些因素的重要程度。

认证机构宜在制定审核计划时确定管理体系认证审核时间，并通知客户组织。根据客户组织反馈的信息，必要时可以对管理体系认证审核时间进行调整。

认证机构宜定期评审其过程的有效性。

参 考 文 献

[1] GB/T 19011 管理体系审核指南

[2] GB/T 22003 合格评定 食品安全管理体系 审核与认证机构要求

[3] GB/T 22080 信息技术 安全技术 信息安全管理体系 要求

[4] ISO/IEC 17065:2012 Conformity assessment—Requirements for bodies certifying products,processes and services

[5] ISO 28003 Security management systems for the supply chain — Requirements for bodies providing audit and certification of supply chain security management systems

[6] ISO 31000 Risk management — Principles and guidelines

[7] IAF MD1 IAF mandatory document for the certification of multiple sites based on sampling

[8] IAF MD5 IAF mandatory document for duration of QMS and EMS audits

[9] IAF MD11 IAF mandatory documents for the application of ISO/IEC 17021 for audits of integrated management systems

ICS 03.120.20
A 00

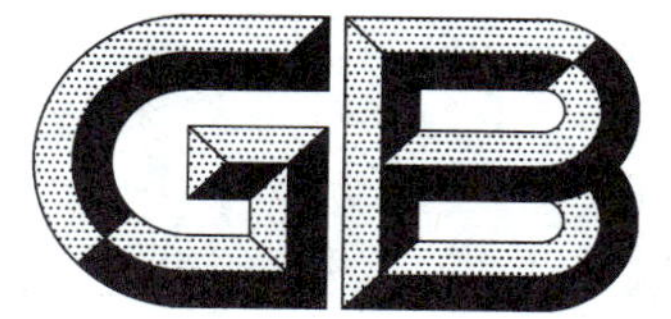

中华人民共和国国家标准

GB/T 27417—2017

合格评定　化学分析方法确认和验证指南

Comformity assessment—Guidance on validation and verification of chemical analytical methods

2017-09-07 发布　　2018-04-01 实施

中华人民共和国国家质量监督检验检疫总局
中国国家标准化管理委员会　发布

前 言

本标准按照GB/T 1.1—2009给出的规则起草。

本标准由全国认证认可标准化技术委员会实验室认可分技术委员会(SAC/TC 261/SC 1)提出并归口。

本标准起草单位:中国合格评定国家认可中心、浙江出入境检验检疫局、上海市计量测试技术研究院。

本标准起草人:张明霞、杨耀武、霍江莲、王亚宁、鲍晓霞、潘涵舜、牟德海、陈胜、褚庆华、戴骐、郭文萍。

引　言

随着科学技术的进步和国际贸易的发展，国内外对实验室化学分析方法和检测数据的质量也提出了更高的要求。目前，国外已经发布了一些关于化学分析方法的确认规范，但我国尚未发布关于化学分析实验室方法确认和验证的标准或指南性文件，在实验室的实际检测工作中，经常遇到现行的检测标准无法与快速发展的检测手段相适应的情况。为了提供更准确、高效率的检测服务，实验室往往需要采用自己制定或改进的检测方法，特别是在化学分析领域，越来越多的实验室使用标准以外的检测方法，但如何确保这些检测方法的适宜性和可靠性，一直有争议。此外，实验室根据客户的不同需求，需要选用新的标准方法，实验室如何证明具有新标准检测方法的技术能力，确保检测结果的准确性和可靠性，也没有统一的做法。

本标准是实验室对化学分析方法进行方法确认和方法验证的指南性文件，旨在提高实验室化学分析方法和检测数据的质量，确保化学分析实验室所提供数据的有效性、公正性和可靠性。

合格评定　化学分析方法确认和验证指南

1　范围

本标准给出了实验室对化学分析方法进行方法确认和方法验证一般性原则。

本标准适用于实验室对非标准方法、实验室制定的方法，超出其预定范围使用的标准方法、扩充和修改过的标准方法的方法确认，以及实验室对新引入标准方法正式使用前的方法验证。

2　规范性引用文件

下列文件对于本文件的应用是必不可少的。凡是注日期的引用文件，仅注日期的版本适用于本文件。凡是不注日期的引用文件，其最新版本(包括所有的修改单)适用于本文件。

ISO/IEC 指南 99:2007　国际计量学词汇—基本和通用概念及相关术语[International vocabulary of metrology—Basic and general concepts and associated terms (VIM)]

3　术语和定义

ISO/IEC 指南 99:2007 界定的以及下列术语和定义适用于本文件。为了便于使用，以下重复列出了 ISO/IEC 指南 99:2007 中的某些术语和定义。

注：本标准主要适用对象为实验室，按照 ISO/IEC 17025 确定的原则，当对同一术语有不同的定义时，优先使用 ISO/IEC 指南 99:2007 的定义。

3.1

方法确认　method validation

实验室通过试验，提供客观有效证据证明特定检测方法满足预期的用途。

注 1：方法确认宜建立方法的性能特性和使用的限制条件，并识别影响方法性能的因素及影响程度，确定方法所适用的基质，以及方法的正确度和精密度。

注 2：改自 ISO/IEC 指南 99:2007，定义 2.45。

3.2

方法验证　method verification

实验室通过核查，提供客观有效证据证明满足检测方法规定的要求。

注：改自 ISO/IEC 指南 99:2007，定义 2.44。

3.3

实验室内方法确认　in-house method validation

在一个实验室内，在合理的时间间隔内，用一种方法在预定条件下对相同或不同样品进行的分析试验，以证明特定检测方法满足预期的用途。

3.4

实验室间方法确认　interlaboratory method validation

在两个或多个实验室之间实施的方法确认。实验室依照预定条件用相同方法对相同样品的测定，以证明特定检测方法满足预期的用途。

3.5

定性方法 qualitative method

根据物质的化学、生物或物理性质对其进行鉴定的分析方法。

3.6

定量方法 quantitative method

测定被分析物的质量或质量分数的分析方法,可用适当单位的数值表示。

3.7

确证方法 confirmatory method

能提供目标物全部或部分信息,依据这些信息可以明确定性,在必要时可在关注的浓度水平上进行定量的方法。

[EN 2002/657/EC,定义 1.10]

3.8

筛选方法 screening method

具有高效处理大量样品的能力,用于检测一种物质或一组物质在所关注的浓度水平上是否存在的方法。

注:这些方法用于筛选大量样品可能的阳性结果,并用来避免假阴性结果。此类方法所获得的检测结果通常为定性结果或半定量结果。

3.9

容许限 permitted limit;PL

对某一定量特性规定和要求的物质限值。

注:如:最大残留限、最高允许浓度或其他最大容许量等。

3.10

关注浓度水平 level of interest

对判断样品中物质或分析物是否符合法规规定和要求的有决定性意义的浓度(如:容许限浓度)。

3.11

选择性 selectivity

测量系统按规定的测量程序使用并提供一个或多个被测量的测得的量值时,每个被测量的值与其他被测量或所研究的现象、物体或物质中的其他量无关的特性。

[ISO/IEC 指南 99:2007,定义 4.13]

3.12

线性范围 linearity of calibration

对于分析方法而言,用线性计算模型来定义仪器响应与浓度的关系,该计算模型的应用范围。

3.13

检出限 limit of detection;LOD

由给定测量程序获得的测得的量值,其对物质中不存在某种成分的误判概率为 β,对物质中存在某种成分的误判概率为 α。

注 1:国际理论化学和应用化学联合会(IUPAC)推荐 α 和 β 的默认值为 0.05。

注 2:检出限往往分为两种:方法检出限和仪器检出限。

[ISO/IEC 指南 99:2007,定义 4.18]。

3.14

定量限 limit of quantification;LOQ

样品中被测组分能被定量测定的最低浓度或最低量,此时的分析结果应能确保一定的正确度和精密度。

3.15

精密度　precision

在规定条件下，对同一或类似被测对象重复测量所得示值或测得的量值间的一致程度。

[ISO/IEC 指南 99:2007，定义 2.15]

3.16

灵敏度　sensitivity

测量系统的示值变化除以相应被测量的量值变化所得的商。

注 1：测量系统的灵敏度可能取决于被测量的量值。

注 2：所考虑的被测量的量值变化宜大于测量系统的分辨力。

[ISO/IEC 指南 99:2007，定义 4.12]

3.17

测量区间　measuring interval

在规定条件下，由具有一定的仪器的测量不确定度的测量仪器或测量系统能够测量出的一组同类量的量值。

注 1：测量区间的下限不宜与“检出限”相混淆。

注 2：在某些领域，该术语也称“测量范围”，考虑到化学分析实验室的使用惯例，在本标准中采用“测量范围”。同时，后面的描述也改为“测量范围”。

[ISO/IEC 指南 99:2007，定义 4.7]

3.18

重复性测量条件　repeatability condition of measurement

相同测量程序、相同操作者、相同测量系统、相同操作条件和相同地点，并在短时间内对同一或相类似的被测对象重复测量的一组测量条件。

[ISO/IEC 指南 99:2007，定义 2.20]

3.19

重复性　repeatability

在一组重复性测量条件下获得的测量精密度。

[ISO/IEC 指南 99:2007，定义 2.21]

3.20

再现性测量条件　reproducibility condition of measurement

不同地点、不同操作者、不同测量系统，对同一或相类似被测对象重复测量的一组测量条件。

[ISO/IEC 指南 99:2007，定义 2.24]

3.21

再现性　reproducibility

在再现性测量条件下获得的测量精密度。

[ISO/IEC 指南 99:2007，定义 2.25]

3.22

自由度　degrees of freedom

和的项数减去和中诸项数的约束数。

[GB/T 3358.1—2009，定义 2.54]

3.23

正确度　trueness

无穷多次重复测量所得测得的量值的平均值与一个参考量值间的一致程度。

[ISO/IEC 指南 99:2007，定义 2.14]

3.24

偏倚　bias

系统测量误差的估计值。

［ISO/IEC 指南 99:2007，定义 2.18］

3.25

准确度　accuracy

被测量的测得的量值与其真值间的一致程度。

注 1：概念"测量准确度"不是一个量，也不给出量的数值。当测量给出较小的测量误差时，该测量更准确。

注 2：术语"测量准确度"不宜用于表示"测量正确度"，"测量精密度"不宜用于表示"测量准确度"，尽管测量准确度与这两个概念有关。

注 3：测量准确度有时被理解为赋予被测量的测得的量值之间的一致程度。

［ISO/IEC 指南 99:2007，定义 2.13］

3.26

稳健度　ruggedness

实验条件变化对分析方法的影响程度。

注：这些条件在方法中规定，或根据规定稍加改动，包括样品种类、基质、保存条件、环境或样品制备条件等。所有在实践中可能影响分析结果的实验条件（例如：试剂稳定性、样品组成、pH、温度等）的任何变化都应当指明。

4　方法确认要求

4.1　总则

实验室应对非标准方法、实验室制定的方法、超出其预定范围使用的标准方法、扩充和修改过的标准方法的确认制定程序。对于确认过的方法，实验室应制定作业指导书。

4.2　确认方法的特性参数

实验室可在综合考虑成本、风险和技术可行性基础上，并根据预期的用途来进行方法确认。实验室进行方法确认的内容应完整，包括但不限于以下方法特性：

a）方法的选择性；

b）方法适用范围；

c）检出限和/或定量限；

d）测量范围和/或线性范围；

e）精密度（重复性和/或再现性）；

f）稳健度；

g）正确度；

h）准确度；

注：测量结果的准确度由正确度和精密度两个指标进行表征。

i）灵敏度；

j）结果的测量不确定度。

4.3　确认方法特性参数的选择

4.3.1　方法确认的典型特性参数

方法确认首先应明确检测对象特定的需求，包括样品的特性、数量等，并应满足客户的特殊需要，同时应根据方法的预期用途，选择需要确认的方法特性参数。典型的需要确认的方法特性参数见表 1。

表 1 典型方法确认参数的选择

待评估性能参数	确证方法		筛选方法	
	定量方法	定性方法	定量方法	定性方法
检出限[a]	√	√	√	—
定量限	√	—	√	—
灵敏度	√	√	—	—
选择性	√	√	√	√
线性范围	√	—	√	—
测量范围	√	—	√	—
基质效应[b]	√	√	√	—
精密度(重复性和再现性)	√	—	√	—
正确度	√	—	—	—
稳健度	√	√	√	√
测量不确定度(MU)	√	—	—	—

注:√:表示正常情况下需要确认的性能参数;

—:表示正常情况下不需要确认的性能参数。

[a] 被测物的浓度接近于“零”时需要确认此性能参数。

[b] 化学分析中,基质指的是样品中被分析物以外的组分。基质经常对分析物的分析过程有显著的干扰,并影响分析结果的准确性。例如,溶液的离子强度会对分析物活度系数有影响,这些影响和干扰被称为基质效应。

4.3.2 实验室内方法确认

通常情况下,需要确认的技术参数包括方法的选择性、检出限、定量限、线性范围、正确度、精密度和稳健度等。

4.3.3 实验室间方法确认

通常情况下,对于定性方法,至少应确认方法的检出限和选择性;对于定量方法,至少应确认方法的适用对象、线性范围、定量限和精密度。

注:参与实验室间方法确认的实验室,相关的或类似的检测项目建议通过 GB/T 27025 认可或具有其他等同资质,并具有确认活动所需要的人员、设备和设施等资源。

5 方法特性参数的确认

5.1 选择性

一般情况下,分析方法在没有重大干扰的情况下应具有一定的选择性。对于化学分析方法,在有干扰的情况下,如:基质成分、代谢物、降解产物、内源性物质等,保证检测结果的准确性至关重要。实验室可联合使用但不限于下述两种方法检查干扰:

a) 分析一定数量的代表性空白样品,检查在目标分析物出现的区域是否有干扰(信号、峰等);

b) 在代表性空白样品中添加一定浓度的有可能干扰分析物定性和/或定量的物质。

5.2 测量范围

方法的测量范围通常应满足以下条件：

a) 方法的测量范围应覆盖方法的最低浓度水平(定量限)和关注浓度水平；

b) 至少需要确认方法测量范围的最低浓度水平(定量限)、关注浓度水平和最高浓度水平的正确度和精密度，必要时可增加确认浓度水平；

c) 若方法的测量范围呈线性，还需满足5.3条款的要求。

5.3 线性范围

线性范围通常可参照相关国家标准或国际标准，尽量满足如下要求：

a) 采用校准曲线法定量，并至少具有6个校准点(包括空白)，浓度范围尽可能覆盖一个或多个数量级，每个校准点至少以随机顺序重复测量2次，最好是3次或更多；对于筛选方法，线性回归方程的相关系数不低于0.98；对于准确定量的方法，线性回归方程的相关系数不低于0.99。

b) 校准用的标准点应尽可能均匀地分布在关注的浓度范围内并能覆盖该范围。在理想的情况下，不同浓度的校准溶液应独立配制，低浓度的校准点不宜通过稀释校准曲线中高浓度的校准点进行配制。

c) 浓度范围一般应覆盖关注浓度的50%～150%，如需做空白时，则应覆盖关注浓度的0%～150%。

d) 应充分考虑可能的基质效应影响，排除其对校准曲线的干扰。实验室应提供文献或实验数据，说明目标分析物在溶剂中、样品中和基质成分中的稳定性，并在方法中予以明确。通常各种分析物在保存条件下的稳定性都已有很好的研究，监测保存条件应作为常规实验室确认系统的一部分。对于缺少稳定性数据的目标分析物，应提供能分析其稳定性的测定方法和确认结果。

5.4 检出限和定量限

5.4.1 需要评估检出限(LOD)和定量限(LOQ)的情况

通常情况下，只有当目标分析物的含量在接近于“零”的时候才需要确定方法的检出限(LOD)或定量限(LOQ)。当分析物浓度远大于LOQ时，没有必要评估方法的LOD和LOQ。但是对于那些浓度接近于LOD与LOQ的痕量和超痕量检测，并且报告为“未检出”时，或需要利用检出限或定量限进行风险评估或法规决策时，实验室应确定LOD和LOQ。不同的基质可能需要分别评估LOD和LOQ。

5.4.2 检出限

5.4.2.1 仪器检出限(IDL)和方法检出限(MDL)

对于多数现代的分析方法来说，检出限(LOD)可分为两个部分，仪器检出限(Instrumental Detection Limit，IDL)和方法检出限(Method Detection Limit，MDL)。

a) 仪器检出限(IDL)：为用仪器可靠地将目标分析物信号从背景(噪音)中识别出来时分析物的最低浓度或量，该值表示为仪器检出限(IDL)。随着仪器灵敏度的增加，仪器噪音也会降低，相应IDL也降低。

b) 方法检出限(MDL)：为用特定方法可靠地将分析物测定信号从特定基质背景中识别或区分出来时分析物的最低浓度或量。即MDL就是用该方法测定出大于相关不确定度的最低值。确定MDL时，应考虑到所有基质的干扰。

注： 方法的检出限(LOD)不宜与仪器最低响应值相混淆。使用信噪比可用来考察仪器性能但不适用于评估方法的检出限(LOD)。

5.4.2.2 确定检出限的方法

确定检出限的方法很多,除下面所列方法外,其他方法也可以使用。

a) 目视评价法评估 LOD

目视评价法是通过在样品空白中添加已知浓度的分析物,然后确定能够可靠检测出分析物最低浓度值的方法。即在样品空白中加入一系列不同浓度的分析物,随机对每一个浓度点进行约 7 次的独立测试,通过绘制阳性(或阴性)结果百分比与浓度相对应的反应曲线确定阈值浓度。该方法也可用于定性方法中检出限的确定。

b) 空白标准偏差法评估 LOD

即通过分析大量的样品空白或加入最低可接受浓度的样品空白来确定 LOD。独立测试的次数应不少于 10 次($n\geqslant10$),计算出检测结果的标准偏差(s),计算方法参见表 2。

表 2 定量检测中 LOD 的表示方法

试验方法	LOD 的表示方法
1) 样品空白独立测试 10 次[a]	样品空白平均值+3 s(只适用于标准偏差值非零时)
2) 加入最低可接受浓度的样品空白独立测试 10 次[a]	0+3 s
3) 加入最低可接受浓度的样品空白独立测试 10 次	样品空白值+4.65 s(此模型来自假设检验)

注 1:"最低可接受浓度"为在所得不确定度可接受的情况下所加入的最低浓度。

注 2:假设实际检测中样品和空白应分别测定,且通过样品浓度扣减空白信号对应的浓度进行空白校正。

[a] 仅当空白中干扰物质的信号值高于样品空白值的 3 s 的概率远小于 1%时适用。

样品空白值的平均值和标准偏差均受样品基质影响,因此最低检出限也因受样品基质种类的影响而不同。如果利用此条件进行符合性判定时,需要定期用实际检测数据更新精密度数值。

c) 校准方程的适用范围评估 LOD

如果在 LOD 或接近 LOD 的样品数据无法获得时,可利用校准方程的参数评估仪器的 LOD。如果用空白平均值加上空白的 3 倍标准偏差,仪器对于空白的响应即为校准方程的截距 a,仪器响应的标准偏差即为校准的标准误差($S_{y/x}$)。故可利用方程 $y_{LOD}=a+3S_{y/x}=a+bx_{LOD}$,则 $x_{LOD}=3S_{y/x}/b$。此方程可广泛应用于分析化学。然而由于此方法为外推法,所以当浓度接近于预期的 LOD 时,结果就不如由实验得到的结果可靠,因此建议分析浓度接近于 LOD 的样品,应确证在适当的概率下被分析物能够被检测出来。

d) 信噪比法评估 LOD

对于定量方法来说,由于仪器分析过程都会有背景噪音,常用的方法就是利用已知低浓度的分析物样品与空白样品的测量信号进行比较,确定能够可靠检出的最小的浓度。典型的可接受的信噪比是 2∶1 或 3∶1。

对于定性方法来说,低于临界浓度时选择性是不可靠的。该临界值会随着试验条件中的试剂、加标量、基质等不同而变化。确定定性方法的 LOD 时,可以通过往空白样品中添加几个不同浓度水平的标液,在每个水平分别随机检测 10 次,记录检出结果(阳性或阴性),绘制样品检出的阳性率(%)或阴性率(%)对添加浓度的曲线,临界浓度即为检测结果不可靠时的拐点。定性分析中临界值的确定可参考表 3 进行。如表 3 示例中,当样品中待测物浓度低于 100 μg/g 时,阳性检测结果已经不具备 100%的可靠性。

表 3 定性分析-确定临界值

待测物浓度值 μg/g	重复次数 次	阳性/阴性检出次数 次
200	10	10/0
100	10	10/0
75	10	5/5
50	10	1/9
25	10	0/10

5.4.3 定量限

5.4.3.1 与检出限(LOD)相类似,定量限(LOQ)也可以分成两个部分,仪器定量限(Instrumental Quantification Limit,IQL)和方法定量限(Method Quantification Limit,MQL)。

a) 仪器定量限(IQL)可定义为仪器能够可靠检出并定量被分析物的最低量。

b) 方法定量限(MQL)可定义为在特定基质中在一定可信度内,用某一方法可靠地检出并定量被分析物的最低量。

5.4.3.2 LOQ 的确定主要是从其可信性考虑,如:测试是否是基于法规要求、目标测量不确定度和可接受准则等。通常建议将空白值加上 10 倍的重复性标准偏差作为 LOQ,也可以 3 倍的 LOD 或高于方法确认中使用最低加标量的 50% 作为 LOQ。如为增加数据的可信性,LOQ 也可用 10 倍的 LOD 来表示。另外在某些特定测试领域中,实验室也可根据行业规则使用其他参数。特定的基质和方法,其 LOQ 可能在不同实验室之间或在同一个实验室内由于使用不同设备、技术和试剂而有差异。

5.5 正确度

5.5.1 测量结果的正确度用于表述无穷多次重复性测定结果的平均值与参考值之间的接近程度,正确度差意味着存在系统误差,通常用偏倚表示。而测量结果的偏倚则通过回收试验进行评估。

5.5.2 回收率的测定。

回收试验用于评估偏倚,可通过计算回收率来进行评价。在高偏倚测试中,测定值与参考值会有重大的偏离。在测定加收率时应考虑以下因素:

a) 考虑到不同检测批次之间的变化,如果可能的话,可采用覆盖整个浓度测试范围的不同试样评估偏倚。当一个方法不能如预期那样在整个测试范围偏倚一致时,如非线性校准曲线,则需要对不同浓度水平的样品进行测定(至少对高或低含量测试)。否则,实验室应证明在整个测试范围之内具有相同的正确度。

b) 最理想的偏倚评估是利用样品的基质匹配且浓度相近的有证标准物质(CRMs)进行测试。如果合适的 CRMs 无法获得时,需要寻找可替代的物质来评定偏倚。比如采用分析参考物质(RM)来评估回收率(假定基质与待测样品的基质匹配,目标物具有足够的代表性),即:将已知浓度的分析物加到样品中,按照预定的分析方法进行检测,测得的实际浓度减去原先未添加分析物时样品的测定浓度,并除以所添加浓度的百分率。另外,经过协同实验室确定了特征性的物质也可以用于评估偏倚。如果合适 CRMs 或 RMs 都无法获得,则偏倚只能通过在基质空白中加入一系列浓度的目标物所得回收率来评估。在这种情况下,回收率(R)可通过如式(1)计算:

$$R=(C_1-C_2)/C_3 \quad \cdots\cdots(1)$$

式中：

C_1——加标之后测定的浓度；

C_2——加标之前测定的浓度；

C_3——加入目标物后的理论浓度。

c) 对于一些测试，如农残分析，实验室可在已确认的空白样品中加入标样。如果无法获得空白样品，也可向含有痕量分析物的样品中加入标样。在这种情况下，偏倚可通过加标样品前后之差进行计算。但同时需要注意，加标样品中待测物的所得率会高于实际样品中待测物的所得率。例如，在饮用水中加入氟离子计算的回收率较为可靠，而在土壤中加入有机氯杀虫剂所计算的回收率则不能很好的反映真实样品的回收率，主要因为被添加与原样品本身就存在的分析物质的萃取效率存在差异。如果可能的话，加标回收数据需要提供多个平均值进行证明。实验室应尽可能参加包括天然存在样品、含有残留物质或受污染的样品的能力验证。

d) 某些情况下，实验室只能依赖于加标评估其偏倚。在这种情况下，100%的回收率并不一定意味着好的正确度，但差的回收率则一定意味着有偏倚。可利用已知偏倚的国际或国家认可的参考方法来评定另一种方法的偏倚，或者利用两种方法按照相关测试程序对多种基质或浓度的典型样品进行测定，并用 t-检验（t-test）对分析方法间的偏倚显著性进行评估。

e) 方法回收率的偏差范围可参考附录 A 进行评价。

5.6 精密度

5.6.1 重复性

5.6.1.1 对于在重复性条件下进行的适当的测量数据，可用标准偏差（s）、方差（s^2）和概率分布函数等表示。如果分析方法中涉及到仪器分析，则除了方法重复性外还需确定仪器重复性。重复性体现了测量结果短期变化，同样也适用于评定在单一批次分析中重复测定可能存在的差异。然而，重复性可能会低估在长期正常条件下测量结果的分散性。

5.6.1.2 重复性的测定通常应在自由度至少为 6 的情况下测定。对一个样品测定 7 次；或对 2 个样品，每个样品测定 4 次；或对 3 个样品，每个样品测定 3 次。仪器重复性可通过对校准曲线中标准溶液、加标溶液进样测定 7 次，然后计算平均值、标准偏差。进样应按随机顺序进行以降低偏差。

5.6.1.3 方法重复性可通过准备不同浓度的样品或浓度与做方法回收率研究相近的样品（样品的准备可采用实际样品，也可采用添加了所需分析物的空白溶液或实际样品），然后在较短的时间间隔内由同一个分析员进行分析测定，并计算平均值、标准偏差和相对标准偏差。得到的标准偏差 s 除以平均值后的百分率即得到测试结果变异系数（CV 值），不同含量测试结果的实验室内变异系数 CV 值可参考附录 B 进行评价。

5.6.2 再现性

5.6.2.1 再现性可表示为标准偏差（s）、方差（s^2）和概率分布系数，例如在利用两种以上校准标准溶液在一段时间、测定一定数量的试样。这些条件包括在不同时间内测定，在与日常使用方法中条件差别尽可能小的情况下测定（如不同分析员利用不同设备的测试）。对于受控状态的单个实验室通常使用实验室内再现性或期间精密度等术语来表示其再现性精密度。

5.6.2.2 再现性标准偏差可通过一系列多个样品获得，或多个系列测定结果的合成标准偏差进行计算。测试的自由度可通过系列量和每系列中样品数量进行计算。

5.6.2.3 重复性自由度和再现性自由度的确定可参考附录 C 进行评价。

5.6.2.4 如果测试方法是用于对一系列样品类型进行测定，如不同分析物浓度或样品基质，则精密度的评估需要选择每个类型代表性的样品进行测定。比如：由于一个方法的精密度通常会随着分析物浓度的降低而变得较差。

5.7 稳健度

稳健度可通过由实验室引入预先设计好的微小的合理变化因素,并分析其影响而得出。分析稳健度时,应关注以下内容:

a) 需选择样品预处理、净化、分析过程等可能影响检测结果的因素进行预实验。这些因素可以包括分析者、试剂来源和保存时间、溶剂、标准和样品提取物、加热速率、温度、pH 值,以及许多其他可能出现的因素。不同实验室间这些因素可能有一个数量级的变化。因此应对这些因素做适当修改以符合实验室的具体情况。

b) 确定可能影响结果的因素,对各个因素稍作改变。宜采用正交试验设计进行稳健度试验。

c) 一旦发现对测定结果有显著影响的因素,应进一步实验,以确定这个因子的允许极限。对结果有显著影响的因素应在标准方法中明确地注明。

5.8 测量不确定度

5.8.1 对化学分析结果的不确定度产生影响的因素有很多,如质量、体积、样品因素和非样品因素等,其中样品因素包含取制样和分析样品的均匀性,而非样品因素包含外部数据(通常包括常数和由其他实验得出并导入的量值,如:分子量、基准试剂纯度、标准物质的标准值以及标准溶液的浓度等)和测试过程(包括关键的测试步骤和原理,如样品的前处理、试剂或溶剂的加入、测试所依据的化学反应等)。样品因素和非样品因素存在于所有化学分析中,重量法分析中必然涉及质量因素,而容量分析中必然涉及体积因素。只需能够明确地给出被测量与对其测量不确定度有贡献的分量之间的关系,而这些分量怎样分组以及这些分量如何进一步分解为下一级分量并不影响不确定度的评估。

5.8.2 测量不确定度的评估应包括以下几点:

a) 化学分析方法的简要描述,包括用于计算结果的公式等;

b) 用于评估测量不确定度的数学模型;

c) 对测量不确定度有贡献的分量(如:可用鱼骨图分析法进行分析);

d) 对所选方法的每个测量不确定度分量进行分布计算评估;

e) 用于整合标准不确定度的公式;

f) 扩展不确定的计算;

g) 结果报告的示例。

注:对化学分析方法的测量不确定度可参考 EUROCHEM/CITAC 指南 CG4、ISO/IEC 指南 98-3 和 GB/Z 22553。

6 方法验证要求

6.1 总则

6.1.1 在化学分析实验室引入标准方法时,实验室应根据 6.2 和 6.3 所述,验证操作该方法是否满足标准的要求,即证实该方法能在该实验室现有的设施设备、人员、环境等条件下获得令人满意的结果,必要时可参加能力验证或进行实验室间比对。

6.1.2 如果只是对标准方法稍加修改,如使用不同制造商的同类设备或试剂等,必要时也应进行验证,以证明能够获得满意的结果,并将其修改内容制订成作业指导文件。

6.2 定量分析

方法验证过程中关键的参数应取决于方法的特性和可能测到的样品基质的检测范围,至少应测定正确度和精密度(参见条款 5.5 和 5.6)。对于痕量化学分析实验室,实验室还应确保获得适当的 LOD

和 LOQ。通常情况下定量分析方法验证的参数选择可参考表 4。

表 4 典型方法验证参数的选择

待评估性能参数	方法验证	
	定量方法	定性方法
检出限[a]	√	—
定量限	√	—
灵敏度	√	√
选择性	√	√
线性范围	√	—
测量区间	√	—
基质效应	√	√
精密度(重复性和再现性)	√	√
正确度	√	—
稳健度	—	—
测量不确定度(MU)	(1)	—

注:√:表示正常情况下需要验证的性能参数;

—:表示正常情况下不需要验证的性能参数;

(1):表示如果一个公认测试方法中对不确定度的主要影响因素贡献值和对结果的表达方式有要求,则实验室应该满足于 ISO/IEC 17025 或同类标准的要求。

[a] 被测物的浓度接近于"零"时需要。

6.3 定性分析

定性分析的精密度通常表示为假阳性或假阴性率,其可以用不同的浓度水平来确定。实验室进行方法验证可分析一组阴性或阳性加强样品。如对每个不同的样品基质,两个重复样品在三个含量水平上加以分析。建议的含量水平为空白(无分析物)、低浓度(接近方法的最低适用浓度)和高浓度(接近方法的最高适用浓度),可用标准加入法得到适当的浓度,即:按照同一个方法实施检测时,将测试样品分成两个或更多部分。一部分进行常规分析,其他部分在分析前加入已知量的标准分析物。加入的标准分析物的量应是样品中分析物估计含量的 2 倍~5 倍,也可以是按照方法定量限、容许限等推算的标准分析物的量。标准添加法可用于衡量方法回收率,其可能受测定样品中分析物的含量和基质等因素影响,也可用于评估在定量限、容许限等水平上的正确度。假阳性或假阴性率应与方法确认的数据相当,才能证明实验室有能力使用该方法。通常情况下定性分析方法验证的参数选择可参考表 4。

附 录 A
（资料性附录）
方法回收率偏差范围

方法回收率偏差范围见表A.1。

表A.1 方法回收率偏差范围

浓度水平范围 mg/kg	回收率范围 %
＞100	95～105
1～100	90～110
0.1～1	80～110
＜0.1	60～120

本表引自GB/T 27404—2008的附录F.1。

注：如使用有证标准物质证明了方法在某一浓度水平的正确度，并不代表该方法在整个线性范围内各个浓度水平下均有相似的正确度。

附 录 B
（资料性附录）
实验室内变异系数

实验室内变异系数见表 B.1。

表 B.1 实验室内变异系数

被测组分含量	实验室内变异系数/%
0.1 μg/kg	43
1 μg/kg	30
10 μg/kg	21
100 μg/kg	15
1 mg/kg	11
10 mg/kg	7.5
100 mg/kg	5.3
1 000 mg/kg	3.8
1%	2.7
10%	2.0
100%	1.3

本表引自 GB/T 27404—2008 附录 F.3。

附　录　C
（资料性附录）
重复性和再现性自由度对照表

重复性和再现性自由度对照表见表 C.1。

表 C.1　重复性和再现性自由度对照表

每系列测试中样品数 n	系列量 m	重复性自由度	再现性自由度
7	1	6	不适用
4	2	6	7
3	3	6	8
2	6	6	11
n	m	$(n-1)\times m$	$n\times m-1$

参 考 文 献

[1] GB/T 3358.1—2009 统计学词汇及符号 第1部分:一般统计术语与用于概率的术语

[2] GB/T 6379—2004 测量方法与结果的准确度(正确度与精密度)

[3] GB/T 27025—2008 检测和校准实验室能力的通用要求

[4] GB/T 27404—2008 实验室质量控制规范 食品理化检测

[5] EURCHEM Guide "The Fitness for Purpose of Analytical Methods-A Laboratory Guide to Method Validation and Related Topics"

[6] NATA Technical Note 17, Guidelines for the validation and verification of quantitative and qualitative test methods, October 2013

[7] Terminology in Analytical Measurement—Introduction to VIM 3, First Edition 2011, published by EUROCHEM

[8] IUPAC "Compendium of Analytical Nomenclature"(definitive rules 1997)3rd

[9] EN 2002/657/EC Implementing Council Directive 96/23/EC Concerning the Performance of Analytical Methods and the Interpretation of Results 2002

[10] AOAC "Guidelines for Single Laboratory Validation of Chemical Methods for Dietary Supplements and Botanicals"

ICS 17.020
A 50

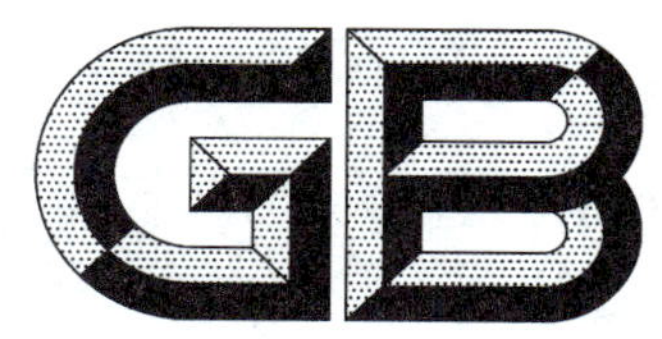

中华人民共和国国家标准

GB/T 27418—2017

测量不确定度评定和表示

Guide to the evaluation and expression of uncertainty in measurement

(ISO/IEC Guide 98-3:2008, Uncertainty of measurement—
Part 3:Guide to the expression of uncertainty in measurement, MOD)

2017-12-29 发布　　　　2018-07-01 实施

中华人民共和国国家质量监督检验检疫总局
中国国家标准化管理委员会　发布

前　言

本标准按照 GB/T 1.1—2009 给出的规则起草。

本标准使用重新起草法修改采用 ISO/IEC 指南 98-3:2008《测量不确定度　第 3 部分:测量不确定度表示指南》。

本标准与 ISO/IEC 指南 98-3:2008 相比没有技术性差异,但在结构上有部分调整,附录 H 中列出了本标准与 ISO/IEC 指南 98-3:2008 的章条编号对照一览表。

本标准还做了下列编辑性修改:

——标准名称改为"测量不确定度评定和表示";

——删除了国际标准中部分关于 2008 版文件变化的脚注;

——删除了国际标准中引用的法文内容;

——将国际标准第 4 章的第 1 段"关于评定不确定度分量的实用指南可参见附录 F"调整为该章的最后 1 段;

——对国际标准中部分示例中的数值做了修约;

——本标准用"包含区间"和"包含概率"替代国际标准中的"置信区间"和"置信水平";

——修改了国际标准"B.2.1.1 被测量"的内容,增加了术语"被测量"在 VIM 第 3 版和 VIM 第 2 版中的差异的说明;

——附录 B 增加了 B.1.4.9,说明术语"测量结果"在 VIM 第 3 版和 VIM 第 2 版中的差异;

——附录 G 的表格增加了栏目名称;

——删除了参考文献中的脚注,原脚注中的内容调整到对应的条目下以注的方式给出;

——参考文献中增加了 2 个国内相关文献。

本标准由全国认证认可标准化技术委员会(SAC/TC 261)提出并归口。

本标准起草单位:中国合格评定国家认可中心、中国计量科学研究院、天津出入境检验检疫局、北京理工大学、中国船舶重工集团公司第七一五研究所、北京长城计量测试技术研究所、中国测试技术研究院。

本标准主要起草人:张明霞、林志国、吉黎明、施昌彦、王阳、安平、王春艳、贾小川、陈凌峰、陆渭林、崔岩梅、任冬梅、刘浩峰。

引　言

0.1　当报告物理量的测量结果时，应对测量结果的质量给出定量的说明，以便使用者能评价其可靠程度。如果没有这样的说明，测量结果之间不能进行比较，测量结果也不能与标准或规范中给出的参考值进行比较。所以需要一个便于实现、容易理解和公认的方法来表征测量结果的质量，本标准给出的就是一个这样的方法，即评定和表示其测量不确定度。

0.2　虽然误差和误差分析早就成为测量科学或计量学的一部分，但作为定量特征的不确定度概念还是一个比较新的概念。现在大家都认识到，当对已知的或可疑的误差分量都作了评定，并进行了适当的修正后，这样的测量结果仍然还存在着不确定度。

0.3　正如国际单位制(SI)已在全世界的所有科学和技术测量中普遍使用一样，全世界对测量不确定度的评定和表示方法取得共识，给出易于理解和有恰当释义的规则，将会对科学、工程技术、商贸和工业中大量的测量结果具有极为重要的意义。在市场全球化的时代，推广和应用统一的不确定度的评定和表示方法势在必行，以便使不同国家进行的测量可以容易地相互比较。

0.4　评定和表示测量结果不确定度的理想方法应该具有：

——普遍适用性：方法应该适用于所有类型的测量和测量中用到的各种输入量。

用于表示不确定度的实际的量应该是：

——内部协调的：它应该直接由对它有贡献的分量导出，且与这些分量如何分组以及这些分量如何分解成子分量均无关。

——可传递的：如果第二个测量中使用了第一个测量的结果，则应该可以用第一个结果的不确定度作为评定第二个测量结果的不确定度的一个分量。

此外，在许多工业、商业以及健康和安全领域中，常常有必要提供测量结果的一个区间，可期望该区间包含了被测量之值合理分布的大部分。评定和表示测量不确定度的理想方法应能方便地给出这样一个区间，特别是在符合实际需要的包含概率或置信水平下的区间。

0.5　本标准提出的方法是以建议书 INC-1(1980)[2]给出的纲要为基础的，该建议书是根据 CIPM 的要求，由 BIPM 组建的不确定度声明工作组起草的。该方法的合理性在附录 C 中进行了讨论，它满足了上述全部要求。现在使用的大多数其他方法则并非如此。建议书 INC-1(1980)是由 CIPM 批准，并在其建议书 1(CI-1981)[3]和建议书 1(CI-1986)[4]中再次确认；附录 A 中的 A.2 和 A.3 分别是 CIPM 建议书的 CI-1981 和 CI-1986。由于建议书 INC-1(1980)是这些文件的基础，所以在本引言的 0.7 中全文给出了它的内容。INC-1(1980)建议书权威的法文本参见 ISO/IEC 指南 98-3:2008 的 A.1。

0.6　本标准的第 8 章概括介绍了评定和表示测量不确定度的程序，并在附录 F 中详细介绍了一些范例。此外，本标准还有其他一些附录，如附录 B 是“真”值、误差和不确定度及其他概念；附录 D 是评定不确定度分量的具体建议；附录 E 是自由度和置信水平(包含概率)；附录 G 为本标准用的基本数学符号；以及参考文献目录。

0.7　建议书 INC-1(1980)《实验不确定度的表示》

1)　测量结果的不确定度通常包含若干个分量，根据其数值的评估方法不同分为两类：

A 类：用统计方法评定的分量；

B 类：用其他方法评定的分量。

A 类和 B 类不确定度与以前所用的“随机效应引入的不确定度”和“系统效应引入的不确定度”之间并不总是存在简单的对应关系。“系统不确定度”这个术语容易引起误解，应该避免使用。

任何有关不确定度的详细报告应该有一个完整的分量明细表，对每个分量应该说明其数值的获得方法。

2) A类分量用估计方差 s_i^2（或估计标准差 s_i）及自由度 ν_i 表征。适当时，应该给出协方差。

3) B类分量应该用 u_j^2 表征。可以认为 u_j^2 是假设存在的相应方差的近似。可以像方差那样处理 u_j^2，并像标准差那样去处理 u_j。适当时，也应该以同样方法给出协方差。

4) 合成不确定度应该采用常用的方差合成方法得到的数值表征。合成不确定度及其分量应该用“标准差”的形式表示。

5) 对于特殊应用，有必要用合成不确定度乘以一个因子获得总不确定度，并且应声明被乘因子。

测量不确定度评定和表示

1 范围

1.1 本标准规定了测量不确定度评定和表示的通用规则，适用于从生产车间到基础研究等很多领域的各种准确度水平的测量，包括：

a) 生产过程中利用测量活动进行的质量控制和质量保证；
b) 法律和法规中涉及的测量结果的符合性判定；
c) 科学和工程领域的基础研究、应用研究和开发工作中的测量活动；
d) 为溯源到国家测量标准，对测量标准和仪器进行的校准；
e) 研制、保存国际和国家物理测量标准，包括标准物质，以及开展比对。

1.2 本标准主要涉及已有明确定义并可用唯一值表征的物理量的测量结果的不确定度表示方法。如果某个现象仅呈现为一系列值的分布或取决于一个或若干个参数，例如时间，则被测量就是包含其分布情况或相互关系的一组量值。

1.3 本标准也适用于实验、测量方法、复杂部件和系统的设计和理论分析中相关不确定度的评定与表示。因为测量结果及其不确定度可能只是概念上的，可能完全基于假设的数据，所以在本标准中按广义来理解术语"测量结果"。

1.4 本标准仅提供了测量不确定度评定和表示的通用规则，而不是详尽的技术规范文件。此外，本标准不讨论某个特定的测量结果的不确定度在其评定后如何用于不同的目的，例如：判断一个结果与另一些类似结果间是否相容；确定制造工艺中的容差极限；决定是否能安全地保证某个工作过程等。所以，可能有必要以此标准为基础制定一些专用标准，以解决特定测量领域的一些特殊问题或不确定度定量表示的各种用途。

注：在有些情况下可能会认为测量不确定度概念不完全适用，例如当确定某种测试方法的精密度时（例如，参考文献[5]）。

2 规范性引用文件

下列文件对于本文件的应用是必不可少的，凡是注日期的引用文件，仅注日期的版本适用于本文件。凡是不注日期的引用文件，其最新版本（包括所有的修改单）适用于本文件。

GB/T 3358.1—2009 统计学词汇及符号 第1部分：一般统计术语与用于概率的术语（ISO 3534-1:2006[7]，IDT）

ISO/IEC 指南 99:2007 国际计量学词汇 基础和通用概念及相关术语（International vocabulary of metrology—Basic and general concepts and associated terms）（VIM）[6]

3 术语和定义

ISO/IEC 指南 99:2007（VIM）界定的计量学术语和定义，GB/T 3358.1 界定的统计学术语和定义，以及下列术语和定义适用于本文件。

3.1

测量不确定度 measurement uncertainty；uncertainty of measurement

不确定度 uncertainty

利用可获得的信息，表征赋予被测量量值分散性的非负参数。

注 1：测量不确定度包括由系统效应引起的分量，如与修正量和测量标准所赋量值有关的分量及定义的不确定度。有时对估计的系统效应未作修正，而是当作不确定度分量处理。

注 2：此参数可以是诸如称为标准测量不确定度的标准差(或其特定倍数)，或是说明了包含概率的区间半宽度。

注 3：测量不确定度一般由若干分量组成。其中一些分量可根据一系列测量值的统计分布，按测量不确定度的 A 类评定进行评定，并可用标准差表征。而另一些分量则可根据经验或其他信息所获得的概率密度函数，按测量不确定度的 B 类评定进行评定，也用标准差表征。

注 4：通常，对于一组给定的信息，测量不确定度是相应于所赋予被测量的值的，该值的改变将导致相应的不确定度的改变。

3.2

标准不确定度　standard uncertainty

以标准差表示的测量不确定度。

3.3

[标准不确定度的]A 类评定　type A evaluation(of standard uncertainty)

对在规定测量条件下测得的量值用统计分析的方法进行的测量不确定度分量的评定。

3.4

[标准不确定度的]B 类评定　type B evaluation(of standard uncertainty)

用不同于测量不确定度 A 类评定的方法对测量不确定度分量进行的评定。

示例：

评定基于以下信息：

——权威机构发布的量值；

——有证参考物质的量值；

——校准证书；

——仪器的漂移；

——经检定的测量仪器的准确度等级；

——根据人员经验推断的极限值等。

3.5

合成标准不确定度　combined standard uncertainty

由在一个测量模型中各输入量的标准测量不确定度获得的输出量的标准测量不确定度。

注：如果测量模型中的输入量相关，当计算合成标准不确定度时应考虑协方差。

3.6

扩展不确定度　expanded uncertainty

合成标准测量不确定度与一个大于 1 的数字因子的乘积。

注 1：该因子取决于测量模型中输出量的概率分布类型及所选取的包含概率。

注 2：本定义中术语“因子”是指包含因子。

注 3：扩展测量不确定度在 INC-1(1980)建议书的第 5 段中被称为“总不确定度”。

3.7

包含因子　coverage factor

为获得扩展不确定度，对合成标准不确定度所乘的大于 1 的数。

注：包含因子通常用符号 k 表示。

4　标准不确定度的评定

4.1　测量模型

4.1.1　很多情况下，被测量 Y 不能直接测得，而是由 N 个其他量 $X_1, X_2, \cdots, X_N$ 通过函数关系 f 来确定：

$$Y=f(X_1,X_2,\cdots,X_N) \qquad \cdots\cdots(1)$$

注 1：为简洁，对物理量(被测量)和代表该量的可能观察到的随机变量(见 4.2.1)，在本标准中使用同一个符号。当声明 X_i 具有特定的概率分布时，这个符号的含义就是后者；并假设该物理量本身可以用一个唯一值来表征(见 1.2)。

注 2：在一列观测值中，第 k 个 X_i 的观测值用 $X_{i,k}$ 表示；因此，如果电阻器的电阻符号为 R，则电阻的第 k 次观测值表示为 R_k。

注 3：X_i 的估计值(严格说来是它的期望的估计值)用 x_i 表示。

示例：

如果一个随温度变化的电阻器两端的电压为 V，在温度为 t_0 时的电阻为 R_0，电阻器的温度系数为 α，在温度 t 时电阻器的损耗功率 P(被测量)取决于 V,R_0,α 和 t：

$$P=f(V,R_0,\alpha,t)=V^2/\{R_0[1+\alpha(t-t_0)]\}$$

注：测量损耗功率 P 的其他方法可能有不同的数学模型。

4.1.2 输出量 Y 的输入量 $X_1,X_2,\cdots,X_N$ 本身可看作被测量，其本身也可能取决于其他量，包括修正系统影响的修正值和修正因子，从而导致一个复杂的函数关系式，以至函数 f 不能明确地表示出来。甚至，f 可以用实验方法确定(见 5.1.4)或者只用数值方程给出。在本标准中函数 f 是按此广义来理解的，尤其当函数包含了对测量结果不确定度有显著影响的所有量，包括全部修正值和修正因子在内时更是如此。

因此，如果数据表明 f 没有将测量过程模型化至测量所要求的准确度，则应在 f 中增加输入量以弥补不足。这就可能需要引入一个输入量来反映对影响被测量的现象认识不足。在 4.1.1 的例子中，需要考虑将电阻器上已知的非均匀温度分布、电阻的非线性温度系数，或电阻与大气压力的关系作为附加的输入量。

注：尽管如此，式(1)可以简单为 $Y=X_1-X_2$。例如，将对同一量 X 进行两次测量的比较时，模型的表达式就如此简单。

4.1.3 一组输入量 $X_1,X_2,\cdots,X_N$ 可以分类为：

——其值和不确定度是在当前的测量过程中直接测定的量。这些值和不确定度可从单次观测、重复观测或经验判断获得，并可能包含测量仪器读数的修正值，以及对环境温度、大气压力和湿度等影响量的修正值。

——其值和不确定度是由外部来源获得引入测量过程的量，例如与已校准的测量标准，有证标准物质，从手册中查到的参考数据相关的量。

4.1.4 被测量 Y 的估计值用 y 表示，是用 N 个输入量 $X_1,X_2,\cdots,X_N$ 的估计值 $x_1,x_2,\cdots,x_N$ 代入式(1)得到。因此输出量的估计值 y，即测量结果，由式(2)给出：

$$y=f(x_1,x_2,\cdots,x_N) \qquad \cdots\cdots(2)$$

注：在某些情况下，估计值 y 可由下式得到：

$$y=\overline{Y}=\frac{1}{n}\sum_{k=1}^{n}Y_k=\frac{1}{n}\sum_{k=1}^{n}f(X_{1,k},X_{2,k},\cdots,X_{N,k})$$

也就是说，y 是取 Y 的 n 次独立观测值 Y_k 的算术平均值(见 4.2.1)，其每个观测值 Y_k 的不确定度相同，且每个 Y_k 都是根据同时获得的 N 个输入量 X_i 的一组完整观测值求得的。当 f 是输入量 $X_1,X_2,\cdots,X_N$ 的非线性函数时，用此式求平均值比用 $y=f(\overline{X_1},\overline{X_2},\cdots,\overline{X_N})$ 更具优越性：其中 $\overline{X_i}=\frac{1}{n}\sum_{k=1}^{n}X_{i,k}$，$\overline{X_i}$ 是独立观测值 $X_{i,k}$ 的算术平均值，但如果 f 是 X_i 的线性函数时，则两种方法是一样的(见 F.2 和 F.4)。

4.1.5 输出量的估计值或测量结果 y 的标准差估计值称为合成标准不确定度，用 $u_c(y)$ 表示，它决定于每个输入量的估计值 x_i 的标准差估计值，称为标准不确定度，用 $u_c(x_i)$ 表示。

4.1.6 每个输入量的估计值 x_i 及其相关的标准不确定度 $u_c(x_i)$ 是由输入量 X_i 的可能值的分布获得的。这个概率分布可能是根据 X_i 的一系列观测值 $x_{i,k}$ 得到的频率分布，或者也可能是一种先验分布。

标准不确定度分量的 A 类评定根据的是频率分布，而 B 类评定根据的是先验分布。无论上述哪一种情况，分布都只是代表人们对它的认识程度的模型。

4.2 标准不确定度的 A 类评定

4.2.1 在大多数情况下，随机变量 q 的期望值 μ_q 的最佳估计值是 n 次独立观测值的算术平均值或均值 $\bar{q}$，其中 n 个独立观测值 q_k 是在相同测量条件下得到的：

$$\bar{q}=\frac{1}{n}\sum_{k=1}^{n}q_k \qquad \cdots\cdots(3)$$

因此，当从 n 次独立重复观测值 $x_{i,k}$ 估计输入量 X_i 时，由式(3)得到的样本平均值 $\overline{X}_i$ 被用作式(2)中的输入量的估计值 x_i，也就是说 $x_i=\overline{X}_i$，以便求得测量结果 y。没有进行重复观测获得的输入量的估计值应由其他方法获得，如 4.1.3 中第二类评定方法中所给的那样。

4.2.2 由于影响量的随机变化或随机效应，每次独立观测值 q_k 亦不同。观测值的实验方差即 q 的概率分布的方差 σ^2 的估计值为：

$$s^2(q_k)=\frac{1}{n-1}\sum_{j=1}^{n}(q_j-\bar{q})^2 \qquad \cdots\cdots(4)$$

这个方差的估计值及其正平方根 $s(q_k)$ 表征了被观测值 q_k 的变异性，或更确切地说，表征了它们在平均值 $\bar{q}$ 附近的分散性。$s(q_k)$ 称为实验标准差。

4.2.3 平均值方差 $\sigma^2(\bar{q})=\sigma^2/n$ 的最佳估计值由式(5)确定：

$$s^2(\bar{q})=\frac{s^2(q_k)}{n} \qquad \cdots\cdots(5)$$

平均值的实验标准差 $s(\bar{q})$ 等于平均值的实验方差 $s^2(q)$ 的正平方根，$s(q)$ 和 $s^2(q)$ 均表征了 $\bar{q}$ 与 q 的期望值 μ_q 的接近程度，两者都可用作 $\bar{q}$ 的不确定度的度量。

因此，对于由 n 次独立重复观测值 $X_{i,k}$ 确定输入量 X_i 时其估计值 $x_i=\overline{X}_i$ 的标准不确定度 $u(x_i)$ 为 $u(x_i)=s(\overline{X}_i)$，其中 $s^2(\overline{X}_i)$ 根据式(5)计算得到。为方便起见，$u^2(x_i)=s^2(\overline{X}_i)$ 及 $u(x_i)=s(\overline{X}_i)$ 有时分别被称为 A 类方差和 A 类标准不确定度。

注 1：观测次数 n 应该充分多，以使 $\bar{q}$ 成为随机变量 q 的期望值 μ_q 的可靠估计值，并使 $s^2(\bar{q})$ 成为算术平均值 $\bar{q}$ 的方差 $\sigma^2(\bar{q})=\sigma^2/n$(见 4.3.2，注)的可靠估计值。在设定包含区间(见 6.2.2)时应考虑 $s^2(\bar{q})$ 和 $\sigma^2(\bar{q})$ 之间的区别。在这种情况下，如果 q 的概率分布是正态分布(见 4.3.4)，则这一区别可通过 t 分布来考虑(见 E.3.2)。

注 2：虽然方差 $s^2(\bar{q})$ 是更为基本的量，在实际工作中用标准差 $s(\bar{q})$ 更为方便，因为它具有与 q 相同的量纲并且比方差更易于理解的值。

4.2.4 为了在统计控制下更好地表征测量过程，可以使用合成或合并方差估计值 s_p^2(或合并实验标准差 s_p)。在这种情况下，如果被测量 q 的值是依据 n 次独立观测值确定的，那么用 s_p^2/n 作为算术平均值 $\bar{q}$ 的实验方差的估计值，将优于使用 $s^2(q_k)/n$，标准不确定度 $u=s_p/\sqrt{n}$(见 F.3.6 的注)。

4.2.5 通常输入量 X_i 的估计值 x_i 由实验数据用最小二乘法拟合一条曲线得到，表征曲线拟合参数和曲线上任何预期点的估计方差以及标准不确定度可以用已知的统计程序评定(见 F.3 和参考文献[8])。

4.2.6 在简单情况下，$u(x_i)$(见 E.3)的自由度 ν_i 等于 $n-1$，此时，$x_i=\overline{X}_i$ 和 $u(x_i)=s(\overline{X}_i)$ 由 n 次独立观测值按 4.2.1 和 4.2.3 方法计算得到，当以文件形式说明不确定度分量的 A 类评定时，通常应该给出其自由度。

4.2.7 如果一个输入量在多次观测中存在相关的随机效应，例如与时间相关，则用 4.2.1 和 4.2.3 的方法计算的平均值和平均值的实验标准差可能是这些统计量的不恰当估计。在这种情况下，应该采用专门为相关的一系列随机变化测量的数据处理设计的统计方法来分析观测值。

注：这些专门的方法被用于处理频率标准的测量。但在对其他量的测量中，当测量从短期测量过渡到长期测量时，

仍假设为不相关的随机变化可能就不合理了,这种测量也需要用专门的方法来处理(见参考文献[9],例如对阿仑方差的详细讨论)。

4.2.8　4.2.1 到 4.2.7 对标准不确定度的 A 类评定并没有详尽论述;还有许多情况,有些甚至是很复杂的情况,可以用统计方法处理。校准设计方案的应用是一个很好的例子,通常用最小二乘法评定未知值的实物量具(如量块和标准砝码)与已知值的参考标准比较结果的短期和长期随机变化引入的不确定度。在这种相对简单的测量情形下,不确定度分量通常通过数据的统计分析来评定,这些数据是在一套测量程序中将与其有关的量设计许多不同值来获得,这就是所谓的方差分析(见 F.5)。

注:在溯源链较低端的校准,通常假设参考标准的值是准确已知的,因为是经过国家或原级标准实验室校准过的,校准结果的不确定度可以是从表征测量的合并实验标准差评定得到的单一 A 类标准不确定度。

4.3　标准不确定度的 B 类评定

4.3.1　当输入量 X_i 的估计值 x_i 不由重复观测得到时,估计方差 $u^2(x_i)$ 或标准不确定度 $u(x_i)$ 可根据 X_i 可能变化的全部有关信息的判断来评定,信息来源可能包括:

——以前的测量数据;

——对有关材料和仪器特性的经验或了解;

——生产厂提供的技术说明书;

——校准证书或其他证书提供的数据;

——手册给出的参考数据的不确定度。

为方便起见,用这种方法估计的 $u^2(x_i)$ 和 $u(x_i)$ 有时分别称为 B 类方差和 B 类标准不确定度。

注:当 x_i 由一个先验分布得到时,其方差恰当的写法是 $u^2(X_i)$,但为简单起见,本标准中都写成 $u^2(x_i)$ 和 $u(x_i)$。

4.3.2　在 B 类标准不确定度的评定中,合理使用所得到的信息需要经验以及知识,这是一种可以在实践中掌握的技能。应该认识到,标准不确定度的 B 类评定可以与 A 类评定一样可靠,特别是当 A 类评定基于的统计独立观测次数较少时。

注:如果 4.2.3 的注 1 中 q 的概率分布为正态分布,那么 $s(\bar{q})$ 的标准差与 $\sigma(\bar{q})$ 之比 $\sigma[s(\bar{q})]/\sigma(\bar{q})$ 近似为 $[2(n-1)]^{-1/2}$。因此,取 $\sigma[s(\bar{q})]$ 为 $s(\bar{q})$ 的不确定度,当观测次数 $n=10$ 时,$s(\bar{q})$ 的相对不确定度为 24%,当 $n=50$ 时则为 10%(其他值在附录 C 的表 C.1 中给出)。

4.3.3　如果估计值 x_i 取自制造厂的技术说明书、校准证书、手册或其他来源,并且明确给出了其不确定度是标准差的若干倍,则标准不确定度 $u(x_i)$ 可取为给定值除以该倍数所得之商,而估计方差 $u^2(x_i)$ 是商的平方。

示例:

校准证书声明标称值为 1 kg 的标准砝码的质量 $m_S=1\ 000.000\ 32$ g,并说明该值的不确定度按 3 倍标准差计为 0.24 mg。则该标准砝码的标准不确定度 $u(m_S)=(0.24\ \text{mg})/3=0.08$ mg。相应的相对标准不确定度 $u(m_S)/m_S$ 为 80×10^{-9}(见 5.1.6)。其估计方差 $u^2(m_S)=(0.08\ \text{mg})^2=6.4\times10^{-9}\ \text{g}^2$。

注:在很多情况下,能获得给定不确定度分量的信息很少甚至没有。一般来说这一点并不重要,因为根据本标准来表示不确定度时,当计算测量结果的合成标准不确定度时所有的标准不确定度是用同样的方法处理的(见第 5 章)。

4.3.4　x_i 的不确定度不一定像 4.3.3 那样由标准差的倍数给出。可以将不确定度定义为具有 90%、95% 或 99% 包含概率的一个区间(见 6.2.2)。除另有说明外,可以假定不确定度是用正态分布来计算的,而 x_i 的标准不确定度可以通过将该不确定度除以对应正态分布的包含因子来得到。对应上述三个包含概率的因子分别为 1.645,1.960,2.576(见附录 E 的表 E.1)。

注:如果已经根据本标准推荐的方法给出不确定度,就不需要再作正态分布的假设,本标准在报告不确定度时强调的是要给出所用的包含因子(见 7.2.3)。

示例:

标称值为 10 Ω 的标准电阻器的校准证书中给出的校准结果为:阻值 R_S 在 23 ℃时为 10.000 74 Ω±0.13 mΩ,并说明

"给定的 0.13 mΩ 不确定度所对应的区间具有 99%的包含概率"。则电阻器的标准不确定度 $u(R_S)=(0.13\ \mathrm{m\Omega})/2.58=0.05\ \mathrm{m\Omega}$，相对标准不确定度 $u(R_S)/R_S=5\times10^{-6}$（见 5.1.6）。估计方差为 $u^2(R_S)=(0.05\ \mathrm{m\Omega})^2=2.5\times10^{-9}\ \Omega^2$。

4.3.5 考虑下面的情况，根据得到的信息，输入量 X_i 的值有 50%的机会落在 a_- 到 a_+ 的区间内（换言之，X_i 的值落在这个区间的概率为 0.5 或 50%）。如果假设 X_i 的可能值近似为正态分布，那么 X_i 的最佳估计值 x_i 可取为该区间的中点。进而，设该区间的半宽度为 $a=(a_+-a_-)/2$ 表示，则可以取 $u(x_i)=1.48a$，因为对一个数学期望为 μ，标准差为 σ 的正态分布，区间 $\mu\pm\sigma/1.48$ 约包含分布的 50%。

示例：

一个机械师在测定零件的尺寸时，估计其长度以 0.5 的概率落在 10.07 mm 到 10.15 mm 之间，并报告长度 $l=(10.11\pm0.04)\mathrm{mm}$，这说明 ±0.04 mm 对应 50%包含概率的区间。因此 $a=0.04$ mm，假设 l 的可能值服从正态分布，长度 l 的标准不确定度 $u(l)=1.48\times0.04\ \mathrm{mm}\approx0.06\ \mathrm{mm}$，方差的估计值 $u^2(l)=(1.48\times0.04\ \mathrm{mm})^2=3.5\times10^{-3}\mathrm{mm}^2$。

4.3.6 考虑与 4.3.5 类似的情况，根据获得的信息声明：X_i 的值约以 2/3 的可能性落在 a_- 到 a_+ 的区间内（换言之，X_i 的值落在这个区间的概率为 0.67）。则可合理地取 $u(x_i)=a$，因为对一个数学期望为 μ，标准差为 σ 的正态分布，区间 $\mu\pm\sigma$ 约包含分布的 68.3%。

注：若用对应于概率 $p=2/3$ 的实际正态偏离 0.967 42，即写成 $u(x_i)=a/0.967\ 42=1.033a$，则给出的 $u(x_i)$ 值比上述所取的值要合理得多。

4.3.7 在另一些情况下，可能估计 X_i 的极限（上限和下限），尤其当声明"为实用起见，X_i 落在 a_- 到 a_+ 区间内的概率等于 1，而 X_i 落在这个区间外的概率为零"。如果对 X_i 的可能值落在该区间内的情况缺乏更多的认识，只能假设 X_i 是按等概率落在该区间的任何地方[可能值服从均匀分布或矩形分布——见 4.4.5 和图 2a]。则 X_i 的数学期望或期望值 x_i 是该区间的中点，$x_i=(a_-+a_+)/2$，其方差为：

$$u^2(x_i)=(a_+-a_-)^2/12 \qquad \cdots\cdots(6)$$

如果用 $2a$ 表示上限与下限之差 a_+-a_-，则式(6)变为：

$$u^2(x_i)=a^2/3 \qquad \cdots\cdots(7)$$

注：当用这种方法得到的不确定度分量对测量结果的不确定度贡献较大时，为谨慎起见，需要获得其他数据来作进一步评定。

示例 1：

手册给出了纯铜在 20 ℃时的线膨胀系数 $\alpha_{20}(\mathrm{Cu})$ 为 $16.52\times10^{-6}\ ℃^{-1}$，且该值的误差不超过 $0.40\times10^{-6}\ ℃^{-1}$。基于该有限的信息，假设 $\alpha_{20}(\mathrm{Cu})$ 以等概率落在 $16.12\times10^{-6}\ ℃^{-1}$ 到 $16.92\times10^{-6}\ ℃^{-1}$ 区间，并且不太可能落在该范围之外是合理的。区间半宽度为 $a=0.40\times10^{-6}\ ℃^{-1}$，由式(7)，$\alpha_{20}(\mathrm{Cu})$ 的对称矩形分布的方差 $u^2(\alpha_{20})=(0.40\times10^{-6}\ ℃^{-1})^2/3=53.3\times10^{-15}\ ℃^{-2}$，标准不确定度 $u(\alpha_{20})=(0.40\times10^{-6}\ ℃^{-1})/\sqrt{3}=0.23\times10^{-6}\ ℃^{-1}$。

示例 2：

一台数字电压表的制造厂说明书写明："仪器校准后的 2 年内，1 V 量程电压准确度是：读数×(14×10^{-6})＋量程×(2×10^{-6})"。假定仪器校准后使用了 20 个月，在 1 V 量程测量电压 V，V 的一组独立重复观测值的算术平均值 $\overline{V}=0.928\ 571\ \mathrm{V}$，其 A 类标准不确定度为 $u(\overline{V})=12\ \mu\mathrm{V}$。B 类标准不确定度可依据制造厂说明书，假定该引用的准确度数据对 $\overline{V}$ 的修正值 $\Delta\overline{V}$ 是对称边界，$\Delta\overline{V}$ 的期望为零，并等概率地落在边界内的任意地方。$\Delta\overline{V}$ 可能值的对称矩形分布的半宽度 a 为：$a=(14\times10^{-6})\times(0.928\ 571\ \mathrm{V})+(2\times10^{-6})\times(1\ \mathrm{V})=15\ \mu\mathrm{V}$，并由式(7)得到 $u^2(\Delta\overline{V})=\left(\frac{a}{\sqrt{3}}\right)^2=75\ \mu\mathrm{V}^2$，$u(\Delta\overline{V})=8.7\ \mu\mathrm{V}$。为简单起见，被测量 V 的估计值使用同样的符号 V 来表示，$V=\overline{V}+\Delta\overline{V}=0.928\ 571\ \mathrm{V}$。此估计值的合成标准不确定度由 $\overline{V}$ 的 A 类标准不确定度 12 μV 与 $\Delta\overline{V}$ 的 B 类标准不确定度 8.7 μV 合成得到。标准不确定度通用的合成方法可参见第 5 章，此例子在 5.1.5 中讨论。

4.3.8 在 4.3.7 中，输入量 X_i 的上限 a_+ 和下限 a_- 相对于其最佳估计值 x_i 不一定是对称的；更准确地说：如果下限 $a_-=x_i-b_-$，而上限 $a_+=x_i+b_+$，其中 $b_-\neq b_+$。在这种情况下 x_i（假设 x_i 为 X_i 的期望值）不在 a_- 到 a_+ 区间的中心，X_i 的概率分布在区间内不会是均匀的。但是，可能没有足够的信息来选择合适的分布；不同的模型会导致不同的方差表达式。在缺乏信息时，最简单的近似式为：

$$u^2(x_i)=\frac{(b_++b_-)^2}{12}=\frac{(a_+-a_-)^2}{12} \qquad (8)$$

这就是全宽度为 b_++b_- 的矩形分布的方差(在 D.2.4.4 和 E.5.3 中也讨论了不对称分布)。

示例:

如果在 4.3.7 的示例 1 中,手册中给出的线膨胀系数值为 $\alpha_{20}(\mathrm{Cu})=16.52\times10^{-6}℃^{-1}$,并声明"最小可能值是$16.40\times10^{-6}℃^{-1}$,最大可能值是 $16.92\times10^{-6}℃^{-1}$",则 $b_-=0.12\times10^{-6}℃^{-1}$,$b_+=0.40\times10^{-6}℃^{-1}$,并由式(8)得 $u(\alpha_{20})=0.15\times10^{-6}℃^{-1}$。

注 1:在许多实际测量中,界限是不对称的。此时可适当对估计值 x_i 加一个修正值$(b_+-b_-)/2$,则 X_i 新的估计值 x'_i 就落在界限的中心位置 $x'_i=(a_-+a_+)/2$。这样就可归到 4.3.7 的情况了,其新值 $b'_+=b'_-=(b_++b_-)/2=(a_+-a_-)/2=a$。

注 2:根据最大熵原理,在不对称情况下的概率密度函数可以表示为:

$$p(X_i)=A\exp[-\lambda(X_i-x_i)]$$

式中:

$A=[b_-\exp(\lambda b_-)+b_+\exp(-\lambda b_+)]^{-1}$

$\lambda=\{\exp[\lambda(b_-+b_+)]-1\}/\{b_-\exp[\lambda(b_-+b_+)]+b_+\}$。

其方差为 $u^2(x_i)=b_+b_--(b_+-b_-)/\lambda$;在 $b_+>b_-$ 时,$\lambda>0$,在 $b_+<b_-$ 时 $\lambda<0$。

4.3.9　在 4.3.7 中,因为对 X_i 的可能值落在估计界限 a_- 到 a_+ 内的情况缺乏具体的了解,所以只能假设 X_i 在界限内等概率地取任意值,而在界限外取值的概率为零。在概率分布中这种阶跃式不连续函数通常是不符合实际的。很多情况下,更现实的是靠近界限的值比靠近中点的值要少。因此用斜边相等的对称梯形分布(一个等腰梯形)来代替对称矩形分布更为合理,梯形分布的底部宽 $a_+-a_-=2a$,顶部宽为 $2a\beta$,其中 $0\leqslant\beta\leqslant1$。当 $\beta\to1$ 时,此梯形分布接近于 4.3.7 的矩形分布,而当 $\beta=0$ 时就成为三角分布[见 4.4.6 和图 2b)]。假设 X_i 服从梯形分布,X_i 的期望值 $x_i=(a_++a_-)/2$,其方差为:

$$u^2(x_i)=a^2(1+\beta^2)/6 \qquad (9a)$$

当 $\beta=0$ 时,变为三角分布,其方差为:

$$u^2(x_i)=a^2/6 \qquad (9b)$$

注 1:对一个期望为 μ,标准差为 σ 的正态分布来说,区间 $\mu\pm3\sigma$ 大约包含了分布的 99.73%。因而,如果上、下限 a_+ 和 a_- 是按 99.73%而不是按 100%的界限定义的,并且 X_i 可被认为近似正态分布而不是如在 4.3.7 中那样对 X_i 在界限内的情况完全不了解,此时 $u^2(x_i)=a^2/9$。可对比下,半宽度为 a 的对称矩形分布的方差为 $a^2/3$[式(7)],半宽度为 a 的对称三角分布的方差为 $a^2/6$[式(9b)]。这三种分布的方差的数量级很接近,但从判断它们所需的信息量来说,区别是很大的。

注 2:梯形分布等于两个矩形分布的卷积[10],一个矩形分布的半宽度 a_1 等于梯形分布的平均半宽度,$a_1=a(1+\beta)/2$,另一个矩形分布的半宽度 a_2 等于梯形分布的一个三角部分的平均宽度,$a_2=a(1-\beta)/2$。该梯形分布的方差 $u^2=a_1^2/3+a_2^2/3$。该卷积分布可以被看成一个宽度为 $2a_1$ 的矩形分布,而该分布自身又具有宽度为 $2a_2$ 的矩形分布的不确定度,卷积分布就是这样模拟了一个并不准确知道输入量边界的分布。但即使 a_2 大到 a_1 的 30%,u 超过 $a_1/\sqrt{3}$ 的可能性仍不到 5%。

4.3.10　避免"重复计算"不确定度分量非常重要。如果产生自某种特殊效应的不确定度分量是用 B 类评定方法获得的,仅当该效应对观测值的变异性没有贡献时,它才应该在计算测量结果的合成标准不确定度时作为独立的不确定度分量。如果该效应对观测值的变异性有贡献,则其导致的不确定度已经包含在观测值的统计分析里了。

4.3.11　在 4.3.3 到 4.3.9 中对 B 类标准不确定度评定的讨论仅仅是指导性的。如在 3.4.1 和 3.4.2 中所强调的,不确定度的评定应该尽最大可能以定量的数据为根据。

4.4　评定标准不确定度的图解说明

4.4.1　图 1 表示了由一个输入量 X_i 可能测得值的未知分布,或用重复观测的方法采样获得的 X_i 的概率分布得到 X_i 的估计值及其不确定度。

4.4.2 在图 1a)中假设输入量 X_i 是温度 t，其未知分布假设为正态分布，期望值 $\mu_t=100$ ℃，标准差 $\sigma=1.5$ ℃，其概率密度函数为：

$$p(t)=\frac{1}{\sigma\sqrt{2\pi}}\exp\left[-\frac{1}{2}\left(\frac{t-\mu_t}{\sigma}\right)^2\right]$$

注：概率密度函数 $p(z)$ 的定义要求 $\int p(z)\mathrm{d}z=1$ 成立。

4.4.3 图 1b)显示从温度 t 的 $n=20$ 次重复观测值 t_k 得到的直方图，假设从图 1a)的分布中随机采样 t 值。为获得直方图，将 20 个观测值或采样值按 1 ℃间隔分组（当然，对数据进行统计分析并不需要绘制直方图），观测值见表 1。

表 1 温度 t 按 1 ℃间隔分组的 20 次重复观测值

间隔 $t_1 \leqslant t \leqslant t_2$		温度 t/℃
t_1/℃	t_2/℃	
94.5	95.5	—
95.5	96.5	—
96.5	97.5	96.90
97.5	98.5	98.18，98.25
98.5	99.5	98.61，99.03，99.49
99.5	100.5	99.56，99.74，99.89，100.07，100.33，100.42
100.5	101.5	100.68，100.95，101.11，101.20
101.5	102.5	101.57，101.84，102.36
102.5	103.5	102.72
103.5	104.5	—
104.5	105.5	—

$n=20$ 次观测值的算术平均值 $\bar{t}$ 可根据式(3)计算得到，$\bar{t}=100.145$ ℃ ≈ 100.14 ℃，根据数据得到的 $\bar{t}$ 是 t 的期望值 μ_t 的最佳估计值。实验标准差 $s(t_k)$ 由式(4)计算得到，$s(t_k)=1.489$ ℃ ≈ 1.49 ℃，平均值的实验标准差 $s(\bar{t})$ 由式(5)计算得到，它就是平均值 $\bar{t}$ 的标准不确定度 $u(\bar{t})$，$u(\bar{t})=s(\bar{t})=s(t_k)/\sqrt{20}=0.333$ ℃ ≈ 0.33 ℃（为了作进一步计算，可能要保留全部数字）。

注：表 1 所列数据仅用来说明问题，不要理解为是实际情况。

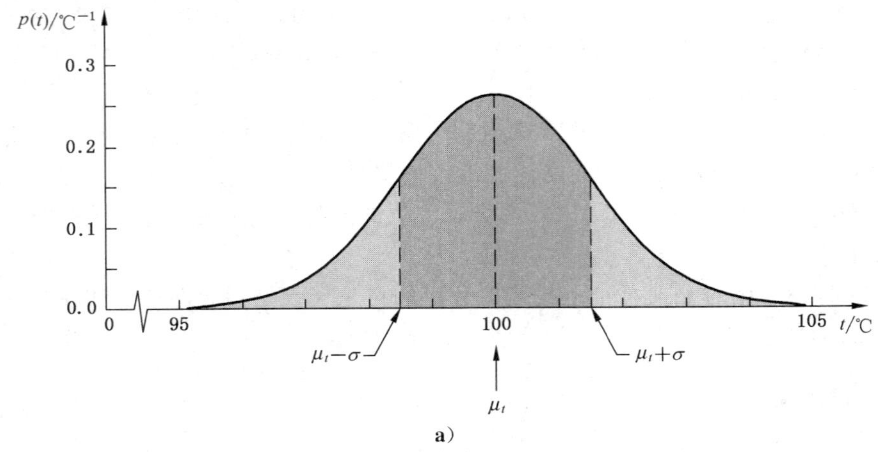

a)

图 1 由重复观测评定输入量的标准不确定度示意图

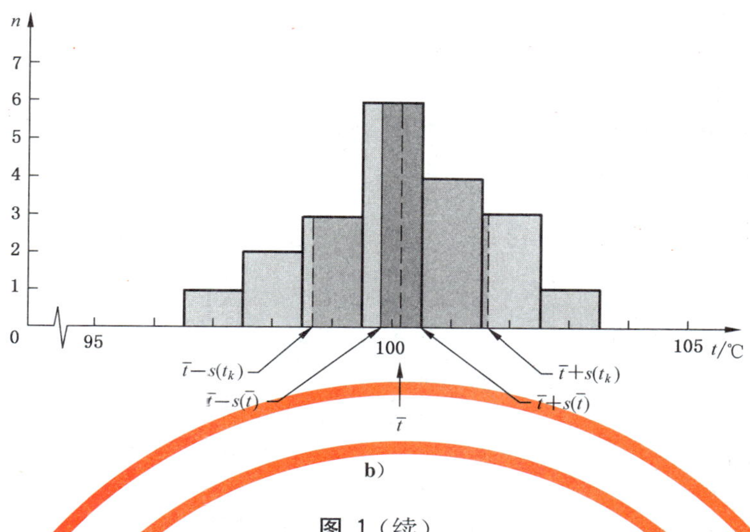

b)

图 1（续）

4.4.4 图 2 所示为由输入量 X_i 的可能值的先验分布或基于全部可获得信息得到的 X_i 的概率分布获得的 X_i 的估计值以及评定的该估计值的不确定度。对这两种情况，输入量仍假设为温度 t。

4.4.5 在图 2a)中，如果对于输入量 t 几乎没有可利用的信息，唯一可假设的是 t 可用一个对称矩形的先验概率分布来描述，其下限 $a_-=96$ ℃，上限 $a_+=104$ ℃，因而半宽度 $a=(a_+-a_-)/2=4$ ℃（见 4.3.7）。则 t 的概率密度函数为：

$$p(t)=1/(2a), 当\ a_-\leqslant t\leqslant a_+ 时；$$

$$p(t)=0, 当\ t\ 取其他值时。$$

正如在 4.3.7 指出的，t 的最佳估计值是它的期望值 $\mu_t=(a_++a_-)/2=100$ ℃。这个估计值的标准不确定度为 $u(\mu_t)=a/\sqrt{3}\approx2.3$ ℃，这是由式(7)得出的。

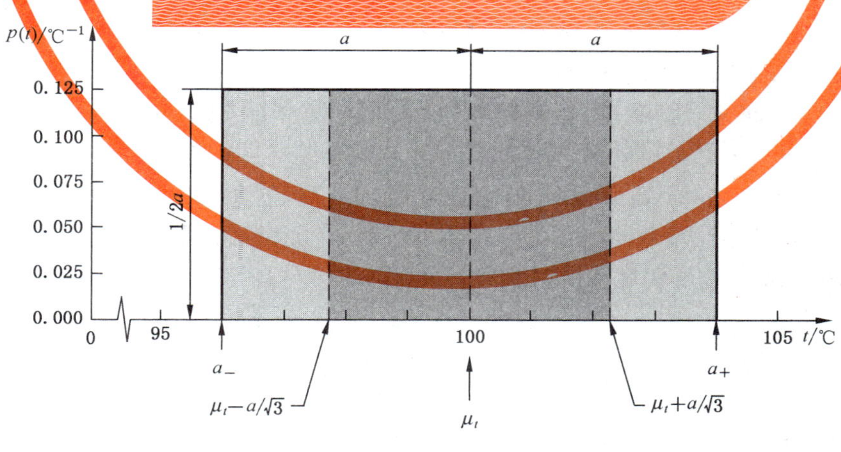

a)

图 2 由先验分布评定输入量的标准不确定度示意图

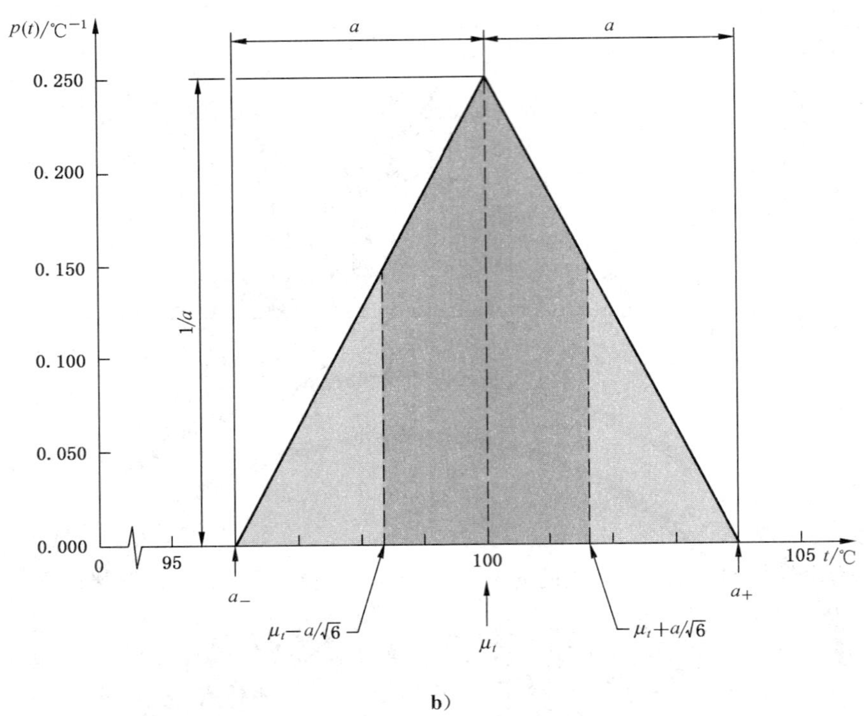

b)

图 2（续）

4.4.6 在图 2b)中，如果关于输入量 t 还有些可利用信息，并且 t 可用对称三角形先验概率分布描述，其下限仍为 $a_-=96$ ℃，上限为 $a_+=104$ ℃，其半宽度如同 4.4.5 中一样为 $a=(a_+-a_-)/2=4$ ℃(见 4.3.9)。则 t 的概率密度函数为：

$$p(t)=(t-a_-)/a^2,\text{当 } a_-\leqslant t\leqslant(a_++a_-)/2 \text{ 时；}$$

$$p(t)=(a_+-t)/a^2,\text{当}(a_++a_-)/2\leqslant t\leqslant a_+\text{时；}$$

$$p(t)=0,\text{当 } t \text{ 取其他值时。}$$

如在 4.3.9 中所指出的，t 的期望值 $\mu_t=(a_++a_-)/2=100$ ℃，这是根据 B.3.1 得出的。估计值的标准不确定度 $u(\mu_t)=a/\sqrt{6}\approx1.6$ ℃，这是根据 B.3.2 得出的[见式 9b)]。

上述 $u(\mu_t)=1.6$ ℃，可与 4.4.5 中宽度同样为 8 ℃的矩形分布 $u=(\mu_t)=2.3$ ℃相比较；图 1a)的正态分布的 $\sigma=1.5$ ℃，由 -2.58σ 到 $+2.58\sigma$ 的宽度近似为 8 ℃，包含了分布的 99%；其不确定度 $u(\bar{t})=0.33$ ℃，该值是在 4.4.3 中假设从同一正态分布随机选取 20 次观测值得到的。

关于评定不确定度分量的实用指南可参见附录 F。

5 合成标准不确定度的计算

5.1 不相关的输入量

本节讨论的是所有输入量均为相互独立(B.3.7)的情况。当两个或两个以上输入量相关时，即互不独立或相关的情况在 5.2 中讨论。

5.1.1 当 y 是被测量 Y 的估计值因而也就是测量结果时，y 的标准不确定度由输入量的估计值 $x_1,x_2,\cdots,x_N$(见 4.1)的标准不确定度的适当合成得到。估计值 y 的合成标准不确定度用 $u_c(y)$ 表示。

注：与 4.3.1 的注中的理由相同，在所有情况下都用符号 $u_c(y)$ 和 $u_c^2(y)$。

5.1.2 合成标准不确定度 $u_c(y)$ 是合成方差 $u_c^2(y)$ 的正平方根，由式(10)给出：

$$u_c^2(y)=\sum_{i=1}^{N}\left[\frac{\partial f}{\partial x_i}\right]^2 u^2(x_i) \qquad \cdots\cdots(10)$$

其中 f 是式(1)给出的函数。每个 $u(x_i)$ 是按 4.2(A 类评定)或 4.3(B 类评定)所评定的标准不确定度。合成标准不确定度 $u_c(y)$ 是一个估计标准差，表征可合理赋予被测量 Y 的值的分散性。式(10)及其相关输入量的对应式(13)都是基于 $Y=f(X_1,X_2,\cdots,X_N)$ 的泰勒级数的一阶近似，在本标准中把它称为不确定度传播律(见 C.3.1 和 C.3.2)。

注：当 f 为明显非线性时，在 $u_c^2(y)$ 的表达式(10)中应包括泰勒级数展开中的高阶项。当每个 X_i 都是正态分布时，加到式(10)中去的下一高阶的主要项为：

$$\sum_{i=1}^{N}\sum_{j=1}^{N}\left[\frac{1}{2}\left(\frac{\partial^2 f}{\partial x_i \partial x_j}\right)^2+\frac{\partial f}{\partial x_i}\frac{\partial^3 f}{\partial x_i \partial x_j^2}\right]u^2(x_i)u^2(x_j)$$

在 F.1 中给出了需要考虑较高阶项的示例。

5.1.3 偏导数 $\partial f/\partial x_i$ 是在 $X_i=x_i$ 时 $\partial f/\partial X_i$ 的值(见下面注 1)，常把这些导数称为灵敏系数，它描述输出量的估计值 y 如何随输入量的估计值 $x_1,x_2,\cdots,x_N$ 的值的变化而变化。尤其，输入量的估计值 x_i 的微小变化 Δx_i 引起的 y 的变化可用 $(\Delta y)_i=(\partial y/\partial x_i)(\Delta x_i)$ 表示。如果这个变化是由估计值 x_i 的标准不确定度所引起的，则 y 的相应变化为 $(\partial f/\partial x_i)u(x_i)$。因此合成方差 $u_c^2(y)$ 可以看作各项之和，每一项代表了由每一个输入量的估计值 x_i 相关联的估计方差产生的输出量的估计值 y 的估计方差。由此，建议把式(10)写成：

$$u_c^2(y)=\sum_{i=1}^{N}[c_i u(x_i)]^2 \equiv \sum_{i=1}^{N}u_i^2(y) \qquad \cdots\cdots(11a)$$

式中：

$$c_i \equiv \partial f/\partial x_i,\quad u_i(y)\equiv |c_i|u(x_i) \qquad \cdots\cdots(11b)$$

注 1：严格说来，偏导数 $\partial f/\partial x_i$ 应是 $\partial f/\partial X_i$ 在 X_i 的期望值上的值，然而在实际工作中，偏导数是按下式估计的：

$$\frac{\partial f}{\partial x_i}=\left.\frac{\partial f}{\partial X_i}\right|_{x_1,x_2,\cdots x_N}$$

注 2：合成标准不确定度 $u_c(y)$ 可以用下式代替式(11a)中的 $c_i u(x_i)$，进行数值运算得到：

$$Z_i=\frac{1}{2}\{f[x_1,\cdots,x_i+u(x_i),\cdots,x_N]-f[x_1,\cdots,x_i-u(x_i),\cdots,x_N]\}$$

即 $u_i(y)$ 是用计算由于 x_i 变化 $\pm u(x_i)$ 而引起的 y 变化来评定的。于是可取 $u_i(y)$ 为 $|Z_i|$ 的值，而相应的灵敏系数 c_i 为 $Z_i/u(x_i)$。

注 3：式中符号"≡"表示"恒等于"。

示例：

用 4.1.1 的例子，为简单起见对量和它的估计值采用同样的符号，

$c_1 \equiv \partial P/\partial V=2V/\{R_0[1+\alpha(t-t_0)]\}=2P/V$

$c_2 \equiv \partial P/\partial R_0=-V^2/\{R_0^2[1+\alpha(t-t_0)]\}=-P/R_0$

$c_3 \equiv \partial P/\partial \alpha=-V^2(t-t_0)/\{R_0[1+\alpha(t-t_0)]^2\}=-P(t-t_0)/[1+\alpha(t-t_0)]$

$c_4=\partial P/\partial t=-V^2\alpha/\{R_0[1+\alpha(t-t_0)]^2\}=-P\alpha/[1+\alpha(t-t_0)]$

以及：

$$\begin{aligned}u^2(P)&=\left[\frac{\partial P}{\partial V}\right]^2u^2(V)+\left[\frac{\partial P}{\partial R_0}\right]^2u^2(R_0)+\left[\frac{\partial P}{\partial \alpha}\right]^2u^2(\alpha)+\left[\frac{\partial P}{\partial t}\right]^2u^2(t)\\&=[c_1u(V)]^2+[c_2u(R_0)]^2+[c_3u(\alpha)]^2+[c_4u(t)]^2\\&=u_1^2(P)+u_2^2(P)+u_3^2(P)+u_4^2(P)\end{aligned}$$

5.1.4 灵敏系数 $\partial f/\partial x_i$ 有时不是通过函数 f 计算得到，而是用实验确定：采用变化一个特定的 X_i，而将其余输入量保持不变时，测量出由此引起的 Y 的变化。这种情况下，对函数 f(或当仅有几个灵敏系数是如此确定时，对函数 f 的一部分)的了解就相应地缩小到基于测得的灵敏系数进行的经验性的一阶泰勒级数展开式。

5.1.5 如果被测量 Y 的式(1)在输入量 X_i 的名义值 $X_{i,0}$ 处作一阶展开时(通常这是一种恰当的近似),$Y=Y_0+c_1\delta_1+c_2\delta_2+\cdots+c_N\delta_N$,其中 $Y_0=f(X_{1,0},X_{2,0},\cdots,X_{N,0})$,$c_i$ 是导数$\partial f/\partial X_i$ 在 $X_i=X_{i,0}$ 处的值,$\delta_i=X_i-X_{i,0}$。为了分析不确定度,通常将输入量 X_i 变换到 δ_i,以使被测量近似为其变量的线性函数(见 C.3.1)。

示例:

4.3.7 的例 2 中,被侧量 V 的估计值是 $V=\overline{V}+\Delta V$,其中 $\overline{V}=0.928\ 571$ V,$u(\overline{V})=12$ μV,附加修正值 $\Delta\overline{V}=0$,$u(\Delta\overline{V})=8.7$ μV。由于$\partial V/\partial\overline{V}=1$,$\partial V/\partial(\Delta V)=1$,则 $\overline{V}$ 的合成方差为

$$u_c^2(V)=u^2(\overline{V})+u^2(\Delta\overline{V})=(12\ \mu\text{V})^2+(8.7\ \mu\text{V})^2=219\times10^{-12}\ \text{V}^2$$

所以合成标准不确定度为 $u_c(V)=15$ μV,其相应的相对合成标准不确定度 $u_c(V)/V$ 为 16×10^{-6}(见 5.1.6)。这就是被测量为其依据的量的线性函数,且系数 $c_i=+1$ 情况的例子。如果 $Y=c_1X_1+c_2X_2+\cdots+c_NX_N$,并且常数 $c_i=+1$ 或 -1,则由式(10)得出 $u_c^2(y)=\sum_{i=1}^{N}u^2(x_i)$。

5.1.6 如果 $Y=cX_1^{p1}X_2^{p2}\cdots X_N^{pN}$,指数 p_i 是已知正数或负数并且其不确定度可忽略,则合成方差式(10)可以表示为:

$$[u_c(y)/y]^2=\sum_{i=1}^{N}[p_iu(x_i)/x_i]^2 \qquad\cdots\cdots(12)$$

这与式(11a)具有同样的形式,只不过其合成方差 $u_c^2(y)$ 用相对合成方差$[u_c(y)/y]^2$表示,与每一个输入量的估计值相关的方差估计值 $u^2(x_i)$ 表示为相对方差的估计值$[u(x_i)/x_i]^2$。[相对合成标准不确定度为 $u_c(y)/|y|$,各个输入量的估计值的相对标准不确定度为 $u(x_i)/|x_i|$,其中$|y|\neq0$,$|x_i|\neq0$。]

注 1:当 Y 具有这种形式时,可设 $X_i=X_{i,0}(1+\delta_i)$,方便地将 Y 变换成变量的线性函数(见 5.1.5),然后得到以下近似关系式的结果,$(Y-Y_0)/Y_0=\sum_{i=1}^{N}p_i\delta_i$。另一方面,对数变换 $Z=\ln Y$ 和 $W_i=\ln X_i$ 可以使新的变量完全线性化为 $Z=\ln c+\sum_{i=1}^{N}p_iW_i$。

注 2:如果每个 p_i 只是+1 或−1,式(12)就变成$[u_c(y)/y]^2=\sum_{i=1}^{N}[u(x_i)/x_i]^2$,表明了在特殊情况下,估计值 y 的相对合成方差等于输入量的估计值 x_i 的相对方差估计值之和。

5.2 相关的输入量

5.2.1 式(10)及其导出式,如式(11a)和式(12),仅适用于输入量 X_i 间独立或不相关的情况(随机变量,不是假设为不变的物理量——见 4.1.1,注 1)。如果某些 X_i 是明显相关时就应考虑其相关性。

5.2.2 当输入量相关时,测量结果的合成方差 $u_c^2(y)$ 的表达式为:

$$u_c^2(y)=\sum_{i=1}^{N}\sum_{j=1}^{N}\frac{\partial f}{\partial x_i}\frac{\partial f}{\partial x_j}u(x_i,x_j)=\sum_{i=1}^{N}\left[\frac{\partial f}{\partial x_i}\right]^2u^2(x_i)+2\sum_{i=1}^{N-1}\sum_{j=i+1}^{N}\frac{\partial f}{\partial x_i}\frac{\partial f}{\partial x_j}u(x_i,x_j) \qquad\cdots\cdots(13)$$

其中 x_i 和 x_j 是 X_i 和 X_j 的估计值,且 $u(x_i,x_j)=u(x_j,x_i)$ 是 x_i 和 x_j 的协方差的估计值。x_i 和 x_j 之间的相关程度用估计的相关系数表征(B.3.6):

$$r(x_i,x_j)=\frac{u(x_i,x_j)}{u(x_i)u(x_j)} \qquad\cdots\cdots(14)$$

其中 $r(x_i,x_j)=r(x_j,x_i)$,且 $-1\leqslant r(x_i,x_j)\leqslant+1$,如果估计值 x_i 和 x_j 是相互独立的,则 $r(x_i,x_j)=0$,即一个值的变化不会意味着另一个值有预期的变化(更多信息见 B.3.6,B.3.7)。

相关系数这个术语比协方差易于解释,式(13)中的协方差项可以写成:

$$2\sum_{i=1}^{N-1}\sum_{j=i+1}^{N}\frac{\partial f}{\partial x_i}\frac{\partial f}{\partial x_j}u(x_i)u(x_j)r(x_i,x_j) \qquad\cdots\cdots(15)$$

再用式(11b)代入后,使式(13)变成:

$$u_c^2(y)=\sum_{i=1}^{N}c_i^2u^2(x_i)+2\sum_{i=1}^{N-1}\sum_{j=i+1}^{N}c_ic_ju(x_i)u(x_j)r(x_i,x_j) \quad \cdots\cdots(16)$$

注 1:非常特殊情况下,所有的输入量的估计值都相关,且相关系数 $r(x_i,x_j)=+1$,此时式(16)可简化为:

$$u_c^2(y)=\left[\sum_{i=1}^{N}c_iu(x_i)\right]^2=\left[\sum_{i=1}^{N}\frac{\partial f}{\partial x_i}u(x_i)\right]^2$$

此时合成标准不确定度 $u_c(y)$ 是由每个输入量的估计值 x_i 的标准不确定度产生的输出量的估计值 y 的变化之线性和(见 5.1.3)。[不应该将这种线性和与误差传播律相混淆,虽然形式相同,但标准不确定度不是误差(见 C.3.2)。]

示例:

有 10 个电阻器,每个电阻器的标称值为 $R_i=1\ \text{k}\Omega$,用 1 kΩ 的标准电阻器 R_S 校准,比对的不确定度可忽略,标准电阻器的不确定度由校准证书给出为 $u(R_S)=100\ \text{m}\Omega$。将这些电阻器用电阻可忽略的导线串连起来,得到标称值为 10 kΩ 的参考电阻 R_{ref}。因此 $R_{\text{ref}}=f(R_i)=\sum_{i=1}^{10}R_i$。由于对每对电阻器来说 $r(x_i,x_j)=r(R_i,R_j)=1$(见 D.1.2.3 中例 2),本注中的公式是适用的。由于每个电阻器 $\partial f/\partial x_i=\partial R_{\text{ref}}/\partial R_i=1$, $u(x_i)=u(R_i)=u(R_S)$(见 D.1.2.3 例 2),由公式得到 R_{ref} 的合成标准不确定度 $u_c(R_{\text{ref}})=\sum_{i=1}^{10}u(R_S)=(10\times100)\ \text{m}\Omega=1\ \Omega$。由式(10)获得的结果 $u_c(R_{\text{ref}})=\left[\sum_{i=1}^{10}u^2(R_S)\right]^{1/2}=0.32\ \Omega$ 是不正确的。因为没有考虑 10 个电阻的被校值是相关的。

注 2:估计方差 $u^2(x_i)$ 和估计协方差 $u(x_i,x_j)$ 可以考虑为一个元素为 u_{ij} 的协方差矩阵的元素。矩阵的对角线元素 u_{ii} 是方差 $u^2(x_i)$,而非对角线的元素 $u_{ij}(i\neq j)$ 是协方差 $u(x_i,x_j)=u(x_j,x_i)$。如果两个输入量的估计值是不相关的,则其相关的协方差及协方差阵中相应的元素 u_{ij} 和 u_{ji} 为 0。如果输入量的估计值均不相关,则非对角线的元素均为 0,协方差矩阵就是对角矩阵(见 B.3.5)。

注 3:为进行数值运算,式(16)可写成:

$$u_c^2(y)=\sum_{i=1}^{N}\sum_{j=1}^{N}Z_iZ_jr(x_i,x_j)$$

其中 Z_i 在 5.1.3 的注 2 中已说明。

注 4:如果在 5.1.6 中考虑的特殊形式的 X_i 是相关的,则应在式(12)的右边增加以下项:

$$2\sum_{i=1}^{N-1}\sum_{j=i+1}^{N}[p_iu(x_i)/x_i][p_ju(x_j)/x_j]r(x_i,x_j)$$

5.2.3 考虑到算术平均值 $\bar{q}$ 和 $\bar{r}$ 分别为两个随机变量 q 和 r 的期望值 μ_q 和 μ_r 的估计值,并在同一测量条件下对 q 和 r 进行 n 次独立同时重复观测所得值计算得到(见 B.2.15),$\bar{q}$ 和 $\bar{r}$ 的协方差用式(17)估计(见 B.3.4):

$$s(\bar{q},\bar{r})=\frac{1}{n(n-1)}\sum_{k=1}^{n}(q_k-\bar{q})(r_k-\bar{r}) \quad \cdots\cdots(17)$$

其中 q_k 和 r_k 是量 q 和 r 的单次观测值,$\bar{q}$ 和 $\bar{r}$ 是由观测值根据式(3)计算得到的。如果实际上观测值是不相关的,则计算得到的协方差可预期接近零。

由此可见,两个相关输入量 X_i 和 X_j 是由独立重复同时观测的数据对平均值 $\overline{X}_i$ 和 $\overline{X}_j$ 评定的,而 X_i 和 X_j 的估计协方差 $u(x_i,x_j)=s(\overline{X}_i,\overline{X}_j)$,其中 $s(\overline{X}_i,\overline{X}_j)$ 是根据式(17)计算得到的。应用式(17)是协方差的 A 类评定。$\overline{X}_i$ 和 $\overline{X}_j$ 的相关系数估计值由式(14)得到:

$$r(x_i,x_j)=r(\overline{X}_i,\overline{X}_j)=s(\overline{X}_i,\overline{X}_j)/[s(\overline{X}_i)s(\overline{X}_j)]$$

注:在 F.2 和 F.3 中介绍了有必要按式(17)计算协方差的例子。

5.2.4 如果测量两个输入量时采用了同一台测量仪器、实物测量标准或参考数据,并且它们具有较大的标准不确定度,则两个输入量间就可能有显著的相关性。例如用某一温度计来确定输入量 X_i 的估计值的温度修正值,并用同一温度计来确定输入量 X_j 的估计值的温度修正值,这两个输入量就可能显著相关。然而，如果在这个例子中的 X_i 和 X_j 重新定义为不相关的量，而把确定温度计校准曲线的量作为附加的输入量，该附加输入量具有独立的标准不确定度，则此时 X_i 和 X_j 的相关性就去除了(更多信息见 D.1.2.3 和 D.1.2.4)。

5.2.5 如果输入量之间存在显著相关性时，则不能忽略。如果改变相关输入量的方法可行的话，应该采用实验方法评定相关方差，或者使用可获得的有关量的相关变异性信息(协方差的 B 类评定)进行评定。当估计由常有的影响量如环境温度、大气压力和湿度引起的输入量间的相关程度时，就特别需要经验和常识(见 4.3.1 和 4.3.2)。幸而在很多情况下，这些影响量之间的相关性很小，足以假设被影响的输入量是不相关的。然而，如果不能假设为不相关，则如 5.2.4 所指出的那样，把常有的影响量作为独立输入量引入，被影响的输入量本身之间的相关性就可避免了。

6 扩展不确定度的确定

6.1 扩展不确定度的由来

6.1.1 根据本标准所依据的测量不确定度声明工作组的建议书 INC-1(1980)(见本标准的引言)及 CIPM 批准并再次确认的建议书 1(CI-1981)和建议书 1(CI-1986)(见 A.2 和 A.3)，提倡用合成标准不确定度 $u_c(y)$ 作为定量表示测量结果的不确定度的参数。实际上，在其第二次建议中，CIPM 已经要求所有参加 CIPM 及其咨询委员会举办的国际比对及其他工作的参加者在给出结果时使用合成标准不确定度 $u_c(y)$。

6.1.2 尽管 $u_c(y)$ 可以广泛用于表示测量结果的不确定度，但在某些商业、工业和法规的应用中以及涉及健康和安全时，常常有必要提供不确定度度量，也就是给出测量结果值的区间，并期望该区间包含了能合理赋予被测量值分布的大部分。工作组承认了此需求的存在，并反映在建议书 INC-1(1980)的第 5 条中，在 CIPM 的建议书 1(CI-1986)中也有反映。

6.2 扩展不确定度

6.2.1 为满足提供一个如 6.1.2 所指的区间的要求而对不确定度的另一种度量称为扩展不确定度，并用 U 表示。扩展不确定度 U 由合成标准不确定度 $u_c(y)$ 乘以包含因子 k 得到：

$$U = ku_c(y) \tag{18}$$

由此，测量结果可方便地表示成 $Y=y\pm U$，意思是被测量 Y 的最佳估计值为 y，由 $y-U$ 到 $y+U$ 是一个区间，可期望该区间包含了能合理赋予的 Y 值的分布的大部分。这样一个区间也可表示成 $y-U\leqslant Y\leqslant y+U$。

6.2.2 置信区间和置信水平这两个术语在统计学中具有专门的定义，本标准中对应这两个术语，使用“包含区间”和“包含概率”。其仅适用于满足某些条件的由 U 定义的区间，这些条件包括对 $u_c(y)$ 有贡献的所有不确定度分量都是由 A 类评定获得的。确切地说，U 可被理解为确定了测量结果的一个区间，该区间以较大的概率 p 包含了测量结果及其合成标准不确定度表征的概率分布的大部分，p 为区间的“包含概率”或“置信水平”。

6.2.3 可行时，应评估和声明由 U 确定的区间相关的包含概率 p。应该认识到，用常数乘 $u_c(y)$ 并不提供新的信息，而是以不同的形式表示前面已获取的信息。然而，也应该认识到：在大多数情况下包含概率 p(尤其在 p 的值接近 1 时)是相当不确定的，不仅是因为对用 y 和 $u_c(y)$ 表征的概率分布的了解有限(尤其在边缘部分)，而且因为 $u_c(y)$ 本身的不确定性(见 6.3.2，6.3.3 和附录 E，尤其 E.6.6)。

注：当不确定度用 $u_c(y)$ 和 U 表示时，建议分别按 7.2.2 和 7.2.4 声明测量结果。

6.3 包含因子的选择

6.3.1 包含因子 k 的值是根据 $y-U$ 到 $y+U$ 区间所要求的包含概率而选择的。一般 k 在 2～3 范围内，但在某些应用领域 k 可能超出这个范围。应根据测量结果的使用的需要选取合适的 k 值，这可能需要对测量结果的使用具有丰富的经验和渊博的知识。

注：有时发现，系统影响的已知修正量 b 并未被用于修正报告的测量结果，而是通过放大结果的"不确定度"来将这种影响考虑在内，应该尽可能避免这样做。只有在非常特殊的情况下，虽然存在已知的明显的系统影响，仍不对测量结果进行修正(见 D.2.4.5 特殊情况及如何处理)。测量结果不确定度的评定不应该与对某些参数规定的安全极限相混淆。

6.3.2 理想情况下，能够选择包含因子 k 的特定值，k 值提供的区间 $Y=y\pm U=y\pm ku_c(y)$ 对应于特定的包含概率 p(例如 95%或 99%)；同样，对于给定 k 值，也能明确地声明该区间有关的包含概率。然而在实践中不易做到，因为它需要对由测量结果 y 及其合成不确定度 $u_c(y)$ 表征的概率分布有全面的了解。虽然这些参数是非常重要的，但为建立具有准确已知的包含概率的区间，仅仅依据这些参数还不充分。

6.3.3 建议书 INC-1(1980)中并没有规定如何建立 k 和 p 的关系。这个问题在附录 E 中论述，在 E.4 中给出的建议是采用近似的方法，并在 E.6.4 中作了扼要总结。在 E.6.6 中讨论了一种较简便的方法，适用于当 y 和 $u_c(y)$ 所表征的概率分布近似为正态分布，且 $u_c(y)$ 的有效自由度较大时的测量情况。实际经常发生这种情况，可设 $k=2$，所形成的区间具有的包含概率约为 95%，设 $k=3$ 所形成的区间具有的包含概率约为 99%。

注：在 E.4 中给出了估计 $u_c(y)$ 的有效自由度的方法。附录 E 中的表 E.2 可用于帮助判断这种方法是否适用于特定的测量(见 E.6.6)。

7 不确定度的报告与表示

7.1 通用指南

7.1.1 通常，当人们要将测量等级升级时，就需要关于如何获得测量结果及其不确定度的更详细的信息。然而，无论在哪个等级上，包括市场中的贸易和监管活动、工业中的工程工作、处于溯源链中较低端的校准实验室、工业研究和开发、学术研究、工业部门的最高标准和校准中心及国家计量院和 BIPM，对重新评定测量所需的信息都应该让需要它的人获得。主要的差别在于：在溯源链的较低端，大部分必需的信息是以发布的校准和测试系统的报告、校准规范、校准证书、使用手册、国际标准、国家标准和地方法规等形式给出的。

7.1.2 当测量的细节，包括如何评定测量结果的不确定度，是通过引用发布的文件来提供时，如常见的用证书方式报告校准结果时，要求这些文件是最近的，使文件与实际使用的测量程序相一致。

7.1.3 工业和商业活动中每天都在进行大量的测量，但并没有明确地报告不确定度。然而，很多测量所用的器具是需要定期经过周期校准或依法检定的。如果知道仪器是符合其规范或符合现行标准文件的要求，其示值的不确定度可以由其规范或标准文件推断。

7.1.4 虽然实际中，可以根据测量结果的预期用途确定随测量结果提供哪些必要的信息，但对报告测量结果的基本的原则是不变的：当报告测量结果及其不确定度时，宁可提供过多信息而不要太少。如应该包括：

a) 清楚地描述由实验观测值和输入数据计算测量结果及其不确定度的方法；

b) 将所有的不确定度分量列出，并将各分量如何评定的方法形成文件；

c) 详细描述数据分析的方法，使其每个重要步骤易于遵照执行，必要时报告中结果的计算能独立重复；

d) 给出在分析中所用的所有修正值和常数以及来源。

检查上述清单是否完备的方法就是自问，"我是否以足够清晰的方式提供了充分的信息，确保将来如果得到新的信息或数据，可以更新我的结果吗？"

7.2 专用指南

7.2.1 当用合成标准不确定度 $u_c(y)$ 报告测量结果的不确定度时，应当：

a) 给出被测量 Y 的定义的充分描述；

b) 给出被测量 Y 的估计值 y 及其合成标准不确定度 $u_c(y)$；y 和 $u_c(y)$ 都应当给出单位；

c) 适当时，给出相对标准不确定度 $u_c(y)/|y|$，$|y|\neq 0$；

d) 给出在7.2.7中所述的信息或包含此信息的公开文件。

如果认为对测量结果的用户有用，例如，有助于以后计算包含因子，或有助于对测量的理解，还可以指出：

——估计的有效自由度 ν_{eff}（见E.4）；

——A类和B类合成标准不确定度 $u_{cA}(y)$ 和 $u_{cB}(y)$ 及其估计的有效自由度 $\nu_{eff\,A}$ 和 $\nu_{eff\,B}$（见E.4.1的注3）。

7.2.2 当不确定度用 $u_c(y)$ 度量时，为避免误解，说明测量结果时最好用下列四种方法之一（假设被报告的量值是标称值为100 g的标准砝码，如果 u_c 在报告结果的文件中已有定义，则为简单起见下面括号中的文字可以忽略）：

1) "m_S=100.021 47 g，（其合成标准不确定度）u_c=0.35 mg"；

2) "m_S=100.021 47(35)g，其中括号中的数是（合成标准不确定度）u_c 的数值，u_c 与测量结果的末位对齐"；

3) "m_S=100.021 47(0.000 35)g，括号中的数是（合成标准不确定度）u_c 的数值，以所给出结果的单位表示"；

4) "m_S=(100.021 47±0.000 35)g，其中在"±"号后的数是（合成标准不确定度）u_c 的数值，不是一个包含区间"。

注：应避免使用±号的形式，因它已被传统地用于表示高包含概率的区间，因此可能会与扩展不确定度相混淆（见7.2.4）。此外，虽然在方法4)中加了防止误解的说明，但写成 $Y=y\pm u_c(y)$ 仍然可能会被误解。尤其如果偶尔将防止误解的说明遗漏了，就可能误解为 $k=1$ 的扩展不确定度，区间 $y-u_c(y)\leqslant Y\leqslant y+u_c(y)$ 具有确定的包含概率 p，也就是说与正态分布有关（见E.1.3）。如同在6.3.2和附录E中所指，用这种方式解释 $u_c(y)$ 通常是很难判别的。

7.2.3 当用扩展不确定度 $U=ku_c(y)$ 报告测量结果的不确定度时，应当做到：

a) 给出被测量 Y 的定义的充分描述；

b) 说明测量结果为 $Y=y\pm U$，并给出 y 和 U 的单位；

c) 适当时，给出相对扩展不确定度 $U/|y|$，$|y|\neq 0$；

d) 给出获得 U 时所用的 k 值[或为用户方便，同时给出 k 和 $u_c(y)$]；

e) 给出与区间 $y\pm U$ 有关的近似的包含概率，并说明如何确定的；

f) 给出在7.2.7中概述的信息或包含了上述内容的公开文件。

7.2.4 当不确定度用 U 度量时，为尽可能清晰，按如下示例说明测量结果的数值：

"m_S=(100.021 47±0.000 79)g，其中在"±"号后的数为扩展不确定度 $U=ku_c$ 的数值，U 是由 u_c=0.35 mg和 $k=2.26$ 确定的，k 是基于 t 分布，自由度 $\nu=9$ 得到的。确定区间估计具有约95%的包含概率"。

7.2.5 如果一次测量同时确定一个以上的被测量，也就是它提供两个或两个以上的输出量的估计值 y_i（见F.2，F.3，F.4），则除了给出 y_i 和 $u_c(y_i)$ 外，还要给出协方差矩阵的元素 $u(y_i, y_j)$ 或相关系数矩阵的元素 $r(y_i, y_j)$（最好两个都给出）。

7.2.6 估计值 y 的数值及其标准不确定度 $u_c(y)$ 或扩展不确定度 U 不应该给出过多位数的数字。通常 $u_c(y)$ 和 U [以及输入量的估计值 x_i 的标准不确定度 $u(x_i)$]最多为两位有效数字，虽然在某些情况下，为了在随后计算中避免舍入误差而保留多余的位数。

在报告最终结果时，有时可能要将不确定度末位后面的数进位而不是舍去。例如，$u_c(y)$=10.47 mΩ，可以进位到 11 mΩ。但一般的修约规则也可以用，如 $u(x_i)$=28.05 kHz，修约后为 28 kHz。输入量和输出量的估计值应舍入到与其不确定度位数一致。例如，如果 y=10.057 62 Ω，其 $u_c(y)$=27 mΩ，则 y 应该进位到 10.058 Ω。如果相关系数的绝对值接近 1 时，则相关系数应给出三位有效数字。

7.2.7 当在报告中详细描述测量结果及其不确定度如何获得时，应当根据 7.1.4 的建议做到：

a) 给出每个输入量的估计值 x_i 及其标准不确定度 $u(x_i)$，并说明它们是如何获得的；

b) 对所有相关的输入量给出估计的协方差或估计的相关系数（最好两者都给），并说明获得的方法；

c) 对每个输入量的估计值的标准不确定度给出自由度，并说明如何获得的；

d) 给出函数关系 $Y=f(X_1,X_2,\cdots,X_N)$。如果认为有用，给出其偏导数或灵敏系数$\partial f/\partial x_i$。

但是，用实验方法确定的这种系数应当给出全部。

注：由于函数关系 f 可能非常复杂或者可能不存在显式而仅仅是一个计算程序，所以不是总能给出 f 及其导数的。函数 f 可能是一般描述或通过引用适当的参考文件给出，在这种情况下重要的是要搞清楚如何估计被测量 Y 的估计值 y 及如何得到其合成标准不确定度 $u_c(y)$。

8 不确定度评定与表示的程序概要

本标准中所述的评定和表示测量结果的不确定度的步骤归纳总结如下：

1) 将与被测量 Y 有关的输入量 X_i 与被测量 Y 间的关系用数学表达式表示出来：$Y=f(X_1,X_2,\cdots,X_N)$，函数 f 应当包含每一个对测量结果的不确定度有显著影响的分量，包括所有的修正值和修正因子(见 4.1.1 和 4.1.2)；

2) 既可基于一系列观测值的统计分析，也可用其他方法(见 4.1.3)确定输入量 X_i 的估计值 x_i；

3) 评定每个输入量的估计值 x_i 的标准不确定度 $u(x_i)$。对由一系列观测值的统计分析获得的输入量的估计值，标准不确定度按 4.2 所述的方法评定(标准不确定度的 A 类评定)。对由其他方法得到的输入量的估计值，其不确定度 $u(x_i)$按 4.3 所述的方法评定(标准不确定度的 B 类评定)；

4) 对任何相关的输入量，要评定他们的协方差(见 5.2)；

5) 计算测量结果，即用步骤 2)所得到的输入量 X_i 的估计值 x_i(见 4.1.4)，通过函数关系式计算得到被测量 Y 的估计值 y；

6) 按第 5 章所述，由输入量的估计值的标准不确定度和协方差来确定测量结果 y 的合成标准不确定度 $u_c(y)$。如果测量过程同时确定一个以上输出量，要计算它们的协方差(见 7.2.5，F.2，F.3 和 F.4)；

7) 如果有必要给出扩展不确定度 U，以便提供一个区间 $y-U$ 到 $y+U$，可期望该区间包含了能合理赋予被测量 Y 的值的分布的大部分，则将合成标准不确定度 $u_c(y)$乘以包含因子 k 得到 $U=ku_c(y)$，k 的值一般在 2～3 范围内。根据区间要求的包含概率选择 k(见 6.2，6.3 和附录 E，该附录讨论了 k 值的选择方法，由此产生一个具有接近规定的包含概率的区间)；

8) 按 7.2.1 和 7.2.3 报告测量结果 y 及其合成标准不确定度 $u_c(y)$或扩展不确定 U；并且采用 7.2.2 和 7.2.4 中推荐的形式之一，并按第 7 章概述的方法说明如何获得 y，$u_c(y)$和 U。

附 录 A
（资料性附录）
工作组和国际计量委员会（CIPM）的建议

A.1 建议书 INC-1（1980）

测量不确定度声明工作组（参见前言）是 BIPM 应 CIPM 的要求，在 1980 年 10 月成立的。工作组起草了一份详细的报告供 CIPM 参考，即建议书 INC-1（1980）[2]。该建议书的内容见本标准引言 0.7。

A.2 建议书-1（CI-1981）

CIPM 在 1981 年 10 月召开的第 70 次大会上审议了测量不确定度声明工作组提交的报告，采纳了以下建议：

建议书-1（CI-1981）

实验不确定度的表示

CIPM 考虑到：

——需要在计量学领域寻找一种公认的方式表述测量不确定度；

——许多组织已经在这一领域付出了多年的努力；

——1980 年从 BIPM 测量不确定度工作组的讨论，在找出公认的解决办法方面取得了可喜的进展。

认识到：

——工作组的提议可以作为不确定度表示最终协议的基础。

建议：

——广泛散发工作组的建议书；

——今后 BIPM 努力在其主办的国际比对中应用该原则；

——鼓励其他对此有兴趣的组织检验这些建议并将意见报告 BIPM；

——在 2 年至 3 年后，BIPM 将报告这些建议的应用情况。

A.3 建议书-1（CI-1986）

CIPM 在 1986 年 10 月举行的第 75 次会议上进一步考虑了不确定度表示这一议题，通过如下建议：

建议书-1（CI-1986）

在 CIPM 主持下测量不确定度表示方面开展的工作

CIPM 考虑到：

——不确定度工作组通过的建议书 INC-1（1980）和由 CIPM 通过的建议书-1（CI-1981）。

——咨询委员会的某些成员可能寻求对该建议书进行解释，其目的是为了完成他们职权范围内的工作，尤其是为了进行国际比对。

认识到：

建议书 INC-1（1980）的第 5 条关系到特殊应用，尤其具有商业上的应用价值，现在正由国际标准化组织（ISO）的一个工作组进行考虑，该工作组是由 ISO、OIML 和 IEC 与 CIPM 共同组织的。

要求：

参加由 CIPM 及其咨询委员会主办的国际比对或其他工作的成员国在给出结果时应该用 INC-1（1980）建议书的第 4 条，并应给出用标准差表示的 A 类和 B 类不确定度的合成不确定度。

附 录 B
（资料性附录）
“真”值、误差和不确定度及其他概念

本附录中B.1的主要内容来自GUM:2008的第3章“基本概念”;B.2的主要内容来自GUM:2008的附录D“‘真值’、误差、和不确定度”。

B.1 基本概念

B.1.1 测量

B.1.1.1 测量的目的是确定被测量的值,即待测的特定量的值,所以测量一开始就与恰当地规定被测量、测量方法和测量程序有关。

注:在本标准中不用术语“真值”;“被测量的值”(或量值)与“被测量的真值”(量的真值)被视为是等同的。

B.1.1.2 通常,量的测得值只是被测量值的近似或估计,因此只有当此估计值附有不确定度声明时,它才是完整的测量结果。

B.1.1.3 实际上,被测量的定义或规定的详细程度是随所要求的测量准确度而定的。针对所要求的准确度,被测量的定义应该足够完整,以便对与测量有关的所有实际目的而言,其值是唯一的。本标准中所用的“被测量的值”表示的就是这个意思。

示例:

若一根名义值为1 m长的钢棒需测至微米准确度,对该长度的定义应该包括确定长度时的温度和压力。例如,被测量应说明为:钢棒在25.00 ℃和101 325 Pa时的长度(加上任何其他认为有必要的参数,如支撑钢棒的方式等)。然而,如果被测长度仅需测至毫米准确度,则对被测量的定义无需规定温度或压力或任何其他参数的值。

注:若被测量的定义不完整引入的测量不确定度分量足够大,在评定测量结果的不确定度时应包含此分量。

B.1.1.4 在很多情况下,测量结果是在重复性测量条件下得到的一系列观测值的基础上确定的。

B.1.1.5 重复观测中的变化是由于影响测量结果的影响量不能完全保持恒定而引起的。

B.1.1.6 将一组重复观测值变换成测量结果的测量数学模型是极为关键的,因为除观测值外,一般测量模型还包括各种不能确切知道的影响量。知识的缺乏也会是测量结果的不确定度的来源,如同重复观测的变化和数学模型本身带来的不确定度。

B.1.1.7 本标准仅把被测量作为标量(单一量)处理。当在同一个测量下同时测定一组相关的被测量时,要用矢量被测量和协方差矩阵代替标量被测量及其方差。本标准仅在举例中考虑了这种情况(见F.2,F.3,F.4)。

B.1.2 误差、影响量和修正

B.1.2.1 通常,测量的不完善使测量结果存在误差。传统上认为误差有两类分量,即随机误差分量和系统误差分量。

注:误差是一个理想的概念,误差不可能准确获知。

B.1.2.2 随机误差一般是由影响量的不可预测性或其在时间或空间上的随机变化所引起。这种变化量的影响以下称为随机影响,它引起被测量在重复观测中的变异性。测量结果的随机误差不能补偿,但通常可以通过增加观测次数来减小;其期望或期望值为零。

注1:一系列观测值的算术平均值或均值的实验标准差(见4.2.3)不是平均值的随机误差,虽然有些关于不确定度的出版物中是这样认为的。平均值的实验标准差是由随机影响引起的平均值的不确定度的度量,而由于这些影响引起的平均值的误差的准确值是不可能知道的。

注 2：术语“误差”和“不确定度”不是同义词，代表完全不同的概念，不应该混淆或误用。

B.1.2.3 系统误差与随机误差一样也是不可能被消除的，但通常也可以被减小。如果一个系统误差来源于测量结果的某个影响量中已识别的影响（以下称为系统影响），若这种影响可以定量给出，且其对测量所需的准确度而言比较大，则可用修正值或修正因子予以补偿。可以假设，修正后由系统影响引起的误差的期望或期望值为零。

注：用于补偿系统影响而加到测量结果上的修正值的不确定度不是系统误差，系统误差通常称为偏移。而修正值的不确定度是由于对修正值的认识不足引起的测量结果的不确定度的度量。对系统影响的不完全补偿所引起的误差是不可能准确获知的。

B.1.2.4 可以假定测量结果已经修正了所有已识别的重要的系统影响，并且已做了一切努力来识别这些影响。

示例：

用电压表测量高阻电阻器电位差（被测量）时，对电压表的阻抗进行修正可以减小电压表负载效应对测量结果的系统影响。然而电压表和电阻器的阻抗是用其他方法测量得到的，其测量本身也存在不确定度，而修正值又是使用该阻抗值估计的，因此电压表和电阻器阻抗的测量结果的不确定度成为电位差测量结果的不确定度分量。

注 1：测量仪器和系统经常要使用测量标准和标准物质进行调整或校准，以便消除系统影响。然而，与这些测量标准和标准物质相关的不确定度应予以考虑。

注 2：对已知的显著系统影响不进行修正的情况在 6.3.1 的注和附录 D.2.4.5 中讨论。

B.1.3 不确定度

B.1.3.1 测量结果的不确定度反映了对被测量的值缺乏精确的认识。对已识别的系统影响进行修正后的测量结果仍然只是被测量的估计值，因为还存在由随机影响引起的不确定度和由于对系统影响修正不完全而引入的不确定度。

注：测量结果（修正后）即使具有很大的不确定度，仍可能非常接近被测量的值（即误差可忽略）。因此，一个测量结果的不确定度不应与其剩余的未知误差相混淆。

B.1.3.2 实际上，测量中有许多不确定度的来源，包括：

a) 被测量的定义不完整；
b) 被测量定义的复现不完善；
c) 取样的代表性不足——即所测量的样本可能不能代表定义的被测量；
d) 对测量受环境条件的影响认识不足或对环境条件的测量不完善；
e) 模拟指示仪器的人员读数偏移；
f) 仪器分辨力或识别阈值的限制；
g) 测量标准和标准物质的量值不准确；
h) 从外部得到并在数据简约算法中使用的常数和其他参数的值不准确；
i) 测量方法和程序中的近似和假设；
j) 在看似相同条件下，被测量重复观测中的变异性。

这些来源不一定是相互独立的，a)到 i)中有些来源可能对来源 j)有贡献。当然，未识别的系统影响不可能在测量结果的不确定度评定中考虑到，但其对误差有贡献。

B.1.3.3 不确定度声明工作组起草的建议书 INC-1(1980)按不确定度的评定方法将不确定度分为两类：A 类和 B 类（见 0.7，3.3，3.4），这种分类适用于“不确定度”，但“A 类”和“B 类”在用词上不能替代“随机”和“系统”。某个已知的系统影响的修正值的不确定度在某些情况下可能由 A 类评定方法得到；而在另一些情况下，可能由 B 类评定获得一个表征随机影响的不确定度。

注：在有些出版物中，将不确定度分量分为“随机”和“系统”分量，并分别将它们与由随机影响和已知系统影响引起的误差联系在一起。在常规应用中，这种不确定度分量的归类可能会不明确。例如，当前一个测量结果用作后

一测量的输入数据时，前一个测量的“随机”不确定度分量就变成后一个测量的“系统”不确定度分量。按不确定度分量的评定方法分类而不按分量自身性质分类避免了这一含混。同时，并不妨碍将已按两种不同方法评定的各分量归纳成组以便使用。

B.1.3.4 A类和B类的分类目的只是指出评定不确定度分量的两种不同方法，并且只是为了讨论的方便。这种分类不是指这两类分量本身性质上有差别。两类评定都基于概率分布，并且由两类评定得到的不确定度分量都是用方差或标准差定量表示。

B.1.3.5 表征用A类评定得到的不确定度分量的估计方差 u^2 是由一系列重复观测值计算得到的，它就是熟知的统计方差估计值 s^2（见4.2）。标准差的估计值 u 是 u^2 的正平方根，因此 $u=s$，为方便起见，有时称为“A类标准不确定度”。由B类评定得到的不确定度分量，其方差估计值 u^2 是根据已有的信息评定的（见4.3），其标准差的估计值 u 有时称为“B类标准不确定度”。

因此，A类标准不确定度是由一组观测得到的频率分布导出的概率密度函数得到。而B类标准不确定度是由一个假定的概率密度函数得到，此函数基于对一个事件发生的信任程度[通常称为主观概率]。这两种方法都采用了公认的对概率的解释。

注：不确定度分量的B类评定通常基于一组相对可靠的信息（见4.3.1）。

B.1.3.6 当测量结果是由若干个其他量值得到时，测量结果的标准不确定度称为合成标准不确定度，用 u_c 表示。它是测量结果的标准差的估计值，并等于由所有方差和协方差分量求得的合成方差的正平方根，用本标准中称为不确定度传播律的方法进行评定（见第5章）。

B.1.3.7 为满足工业和商业应用，以及健康和安全领域的要求，将合成标准不确定度 u_c 乘以包含因子 k 得到扩展不确定度 U。其目的是提供测量结果的一个区间，可期望被测量值分布的大部分包含在该区间内。因子 k 的选取要根据区间所需的包含概率或置信水平而定，一般在2～3范围内（见第6章）。

注：应声明包含因子 k，以便能够重新得到被测量的标准不确定度，因为对于其他依赖于该量的测量，计算测量结果的合成标准不确定度时会用到。

B.1.4 实际的考虑

B.1.4.1 如果改变测量结果所依赖的各个量，就可以用统计方法评定其不确定度。然而由于时间和资源有限，实际做到的可能性很小。测量结果的不确定度通常用测量的数学模型和不确定度传播律来评定。本标准中，假设测量能被数学模型化，其模型化程度与测量所需的准确度要求相应。

B.1.4.2 由于数学模型可能不完善，所有相关量应该尽可能充分地按实际情况变化，以便不确定度评定能够基于尽可能多的观测数据之上。可行时，为可靠地评定不确定度，应该根据长期的定量数据建立测量的经验模型，并使用核查标准和控制图指明测量过程是否处于统计控制。当观测数据，包括对同一被测量多次独立的测量结果，证明模型不完善时，应该修改数学模型。良好设计的实验方案也非常有助于对不确定度进行可靠地评定，并且其本身是测量技巧的重要部分。

B.1.4.3 为判断测量系统是否正常运行，通常要把实验观测到的输出量的变异性，也就是实验标准差与表征该测量结果的各项不确定度分量合成得到的预期的标准差作比较。这种情况下，只需考虑对输出值的实验观测变异性有贡献的分量（不论由A类还是B类评定得到）。

注：把对变异性有贡献和没有贡献的分量分成两组并适当标记将有助于进行分析。

B.1.4.4 有些情况下，测量结果的不确定度评定中可不必包括为补偿系统影响而使用的修正值的不确定度。尽管已经评估了其不确定度，如果它对测量结果的合成标准不确定度没有显著贡献，在评定不确定度时可以忽略不计。如果修正值本身与合成标准不确定度相比不显著时，修正值也可忽略不计。

B.1.4.5 在实际工作中，尤其在法制计量领域中，经常发生这样的情况：对被检样品的测量是通过与一个测量标准比较而进行的，相对于测量所需的准确度来说，测量标准及比较程序（方法）引入的不确定度可以忽略。例如，用一组已校准的标准砝码去校准商用秤的准确度，在这种情况下，测量可被视为是要确定被校仪器的误差,因为不确定度的分量非常小而可以忽略(见 D.2.4.2)。

B.1.4.6 由测量结果提供的被测量的估计值有时可依据所用的测量标准的值来表示,而不是按国际单位制的有关单位来表示。这种情况下,测量结果的不确定度比用国际单位制有关单位表示结果时明显地小(实际上被测量已经被重新定义为测量值与标准值之比)。

示例:

一台高质量的齐纳电压标准通过与约瑟夫森效应电压基准进行比对校准,该基准是基于 CIPM 向国际推荐采用的约瑟夫森常数的约定值。当按约定值报告时,齐纳电压标准的已校准电压 V_s 的相对合成标准不确定度 $u_c(V_s)/V_s$(见5.1)为 2×10^{-8}。但当 V_s 按电压 V 的国际单位制单位报告时,$u_c(V_s)/V_s$ 为 4×10^{-7},因为其中包括了约瑟夫森常数转换为国际单位制的值的不确定度。

B.1.4.7 记录或分析数据时的失误会给测量结果引入明显的未知误差。较大的失误通常可以通过对数据的适当审查来识别,但小的失误容易被掩盖,甚至被当作随机变化。不确定度的评定不考虑这种失误。

B.1.4.8 虽然本标准提供了评估不确定度的框架,但不能替代周密的思考、理智的诚实和专业的技巧。不确定度的评定既不是例行的任务,也不是纯粹的数学,它取决于对测量和被测量的本质的充分理解和认识。所以测量结果的不确定度评定的质量和实用性主要取决于对赋值有贡献的影响量认识的程度、细致的分析和齐全性。

B.1.4.9 本标准中使用的术语"测量结果"是基于 VIM 第 2 版的定义"由测量所得到的赋予被测量的值",测量结果主要是指测得的量值,虽然 VIM 第 2 版也说明在完整表述测量结果时应包含测量不确定度,但并没有规定测量不确定度是测量结果的一部分。在 VIM 第 3 版中,"测量结果"的定义为"与其他有用的相关信息一起赋予被测量的一组量值",测量结果通常用单一测得的量值和对应的测量不确定度表示,强调了测量不确定度通常应作为测量结果的一部分,与测量结果同时给出。本标准没有根据 VIM 第 3 版的变化修改使用术语"测量结果"的内容,建议在使用本标准时注意。

B.2 "真"值、误差和测量不确定度

术语"真值"在传统的关于不确定度的出版物中一直在使用,但在本标准中不采用,其理由在本附录中阐述。

术语"被测量","误差"和"不确定度"经常被误解,因此本附录讨论了它们的基本概念。

本附录中展示了两张图(图 B.1、图 B.2),用图示法说明为什么在本标准中采用的不确定度概念是以测量结果以及评定的不确定度为基础的,而不是基于不可知量"真"值和误差。

B.2.1 被测量

B.2.1.1 被测量在 VIM 第 3 版中定义为"拟测量的量",在 VIM 第 2 版和 IEC 60050-300:2001 中定义为"受到测量的特定量"。对被测量的说明要求了解量的类型,以及含有该量的现象、物体或物质状态的描述,包括任何有关成分及所涉及的化学实体。原则上说,没有无穷多信息时,被测量不可能被完整地描述。因此,被测量定义的不完整引入了测量结果的不确定度,该不确定度分量相对于测量所要求的准确度,可能很大也可能不大。

B.2.1.2 通常,对被测量的定义要规定其一定的物理状态和条件。

示例:

声音在由摩尔分数为 $N_2=0.780\ 8$,$O_2=0.209\ 5$,$Ar=0.009\ 35$,$CO_2=0.000\ 35$成分组成的干燥空气中,温度 $T=273.15$ K 和压力 $p=101\ 325$ Pa 时的速度。

B.2.2 复现量

理想情况下，测量所复现的量应完全与定义的被测量一致。然而在通常情况下，定义的量是不可能复现的，测量是在被测量的近似量上进行的。

B.2.3 “真”值和已修正的值

B.2.3.1 即使复现量实际上完全满足被测量的定义，为了得到预期的测量结果，应修正复现量的测量结果与被测量之间的差异。对其他所有已别识的显著的系统影响也应进行修正。虽然最终的已修正结果有时被视为被测量的“真”值的最佳估计，但是实际上该结果只是被测量的量值的最佳估计。

B.2.3.2 举一个例子，假设被测量是某给定板材在规定温度时的厚度。将样品放至接近规定的温度，用千分尺测量其特定位置的厚度，在相同的测量位置、温度及千分尺所施加的压力下，测出的厚度就是复现量。

B.2.3.3 先要确定测量时的温度和所施加的压力，考虑千分尺的校准曲线、温度偏差及样品在千分尺夹持力下的微小变形的影响，对复现量进行修正。

B.2.3.4 已修正的测量结果可以称为“真”值的最佳估计值，这种意义上的“真”就可以认为是完全满足被测量定义的量值。但是千分尺在板材的不同部位测量时复现量就会不同，就会有不同的“真”值。然而，真值应与被测量的定义一致，因为后者不规定在板材的特定位置上测量厚度。因此在这种情况下，由于被测量的定义不完整，“真”值就有一个不确定度，可以通过在板材的不同位置上的测量来评定其不确定度。从某种意义上说，每个被测量都具有一个“本征”不确定度。原则上说这种不确定度是可以用某种方法估计的。这就是被测量可被测定的最小的不确定度。达到这样的不确定度的每个测量可以认为是被测量的最佳可能的测量。为了获得更小的不确定度，就要求对被测量作更加完整的定义。

注 1：在本例中，被测量的说明还留有许多说明其他因素的余地。如大气压力、湿度、板材在重力场中的姿态、支撑方式等也可能对厚度有影响。

注 2：虽然应当对被测量给出足够详细的定义，使由于定义不完整而引入的不确定度与要求的测量准确度相比可以忽略，但应认识到，这一点经常是不现实的。例如，由于假设某些影响可以忽略而没有规定其参数，实际上这种假设是不合理的；也可能隐含着某些不可能完全满足的条件及其实现的不完善有时很难被考虑到，由此导致定义可能是不完整的。举例：以 B.2.1.2 的例子而言，声音的速度意味着无穷多个幅度非常小的平面波，测量不满足这些条件的程度、衍射和非线性影响均需要考虑在内。

注 3：对被测量的规定不充分会导致不同实验室的测量从表面看来是同样的量，其测量结果之间却不一致。

B.2.3.5 本标准中避免使用术语“被测量的真值”或“量的真值”（常缩写为“真值”），因为“真”字被视为多余的。“被测量”意味着“受测量的特定量”，因此“被测量的值”意思是“受测量的特定量的值”。由于“特定量”通常理解为有限的或规定的量，在“被测量的真值”（或“量的真值”）中的形容词“真”是不必要的——被测量（或量）的“真”值就是被测量（或量）的值。此外，正如前面讨论所指出的，“真值”这一词仅是一个理想的概念。

B.2.4 误差

一个已修正的测量结果不是被测量的值——也就是说因为复现量的测量不完善而存在着误差。观测值的随机变化（随机影响）、系统影响的修正值确定的不充分和对某个物理现象的认识不充分（也是系统影响）都会使测量不完善。无论是复现量的值还是被测量的值都不可能准确知道，所能知道的只是它们的估计值。在前面的例子中测得的板材的厚度可能存在误差，也就是说可能与被测量的值（板材的厚度）存在差异，因为以下因素均可能对测量结果的未知误差有贡献：

a) 当千分尺重复用于测量同一复现量时，千分尺示值的微小差异；

b) 千分尺校准的不完善；

c) 温度和所施加压力测量的不完善；

d) 对温度、大气压力和湿度对样品或千分尺的影响的认识不充分。

B.2.5 不确定度

B.2.5.1 尽管导致测量误差的贡献量的准确值未知或不可知，但与引起误差的随机影响和系统影响有关的不确定度是可以评定的。但是即使评定的不确定度很小，仍然不能保证测量结果的误差很小。可能由于认识不到而忽略某个系统影响，因此测量结果的不确定度并不一定能表明测量结果接近被测量值的程度，它只不过是现有可利用的知识下与最佳值接近程度的一种估计。

B.2.5.2 测量不确定度表明了一个事实，对给定的被测量和给定的该被测量的测量结果，存在的不是一个值，而是分散在测量结果附近的无穷多个值，这些值是与所有的观测值和数据以及人们对物理世界的认识相一致的，并按不同的置信度赋予被测量的。

B.2.5.3 幸运的是在许多实际测量情况中，本附录讨论的许多情况无需考虑，例如当被测量被很好地定义时；当标准或仪器是用可溯源到国家标准的公认的参考标准校准时；以及当校准修正值的不确定度与仪器示值的随机影响或有限的观测次数引入的不确定度相比不显著时(见 C.4.3)。然而，对影响量及它们的影响认识不足常会对测量结果的不确定度有显著的贡献。

B.2.6 图解说明

B.2.6.1 图 B.1 描述了本标准中的一些概念。它说明了为什么本标准把重点放在不确定度而不是误差上。测量结果的确切的误差通常是未知的和不可知的。人们能做的是估计输入量的值，包括对已认识的系统影响的修正值及其标准不确定度(估计标准差)，既可以从重复观测的样本由未知的概率分布来估计，也可以根据可获得的信息假设的主观或先验的概率分布来估计，然后由各输入量的估计值计算出测量结果，并由这些估计值的标准不确定度计算出测量结果的合成标准不确定度。只有在确信这些工作做得很合理，没有忽略显著的系统影响时，才能认为测量结果是被测量的值的可靠估计，并且其合成标准不确定度是其可能误差的可靠度量。

注 1：在图 B.1a)中为了说明问题，观测值用直方图表示[见 4.4.3 和图 1b)]。

注 2：误差的修正值等于负的误差估计值。在图 B.1 和图 B.2 中说明误差修正值的箭头与说明误差的箭头的长度相同，但方向相反，反之亦然。图中文字清楚指出特定的箭头是指修正值还是误差。

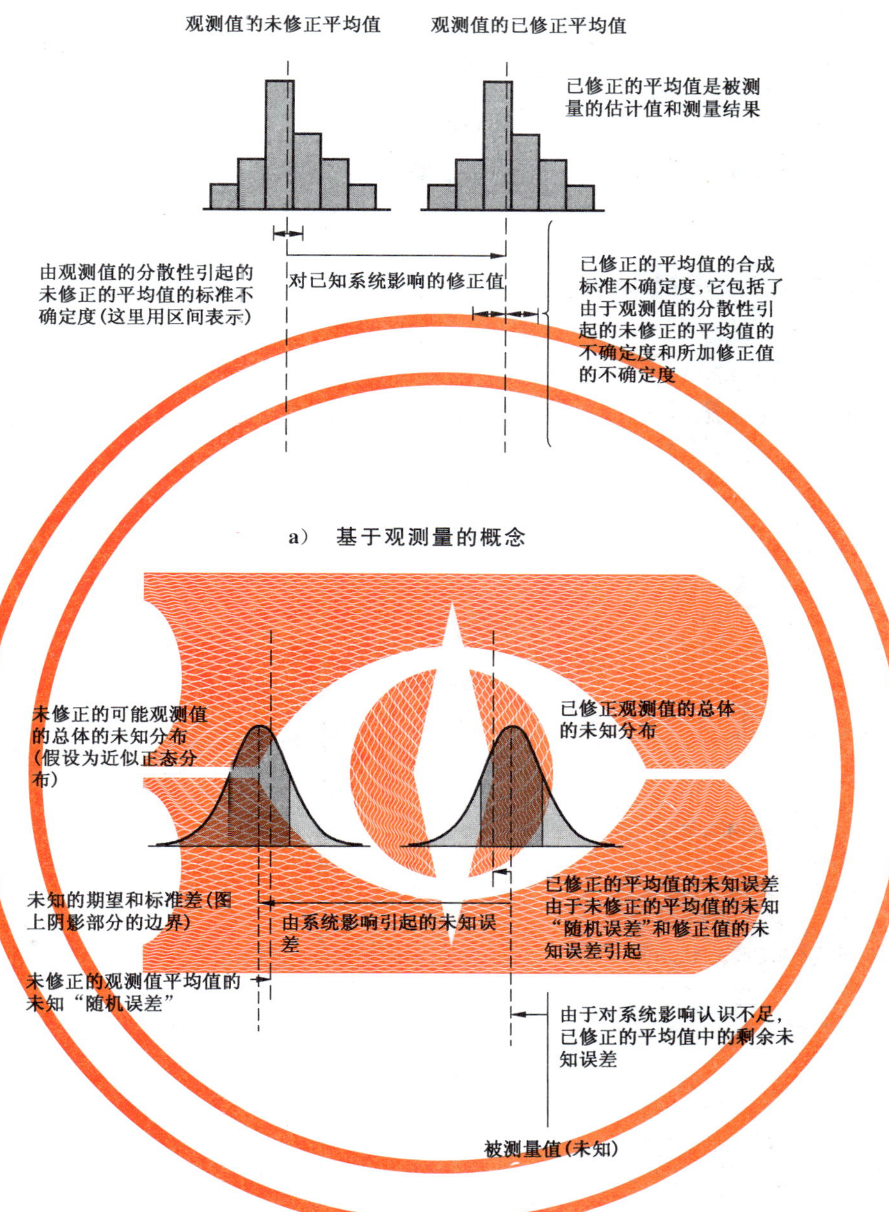

a) 基于观测量的概念

b) 基于未知量的理想概念

图 B.1 值、误差和不确定度的图解说明

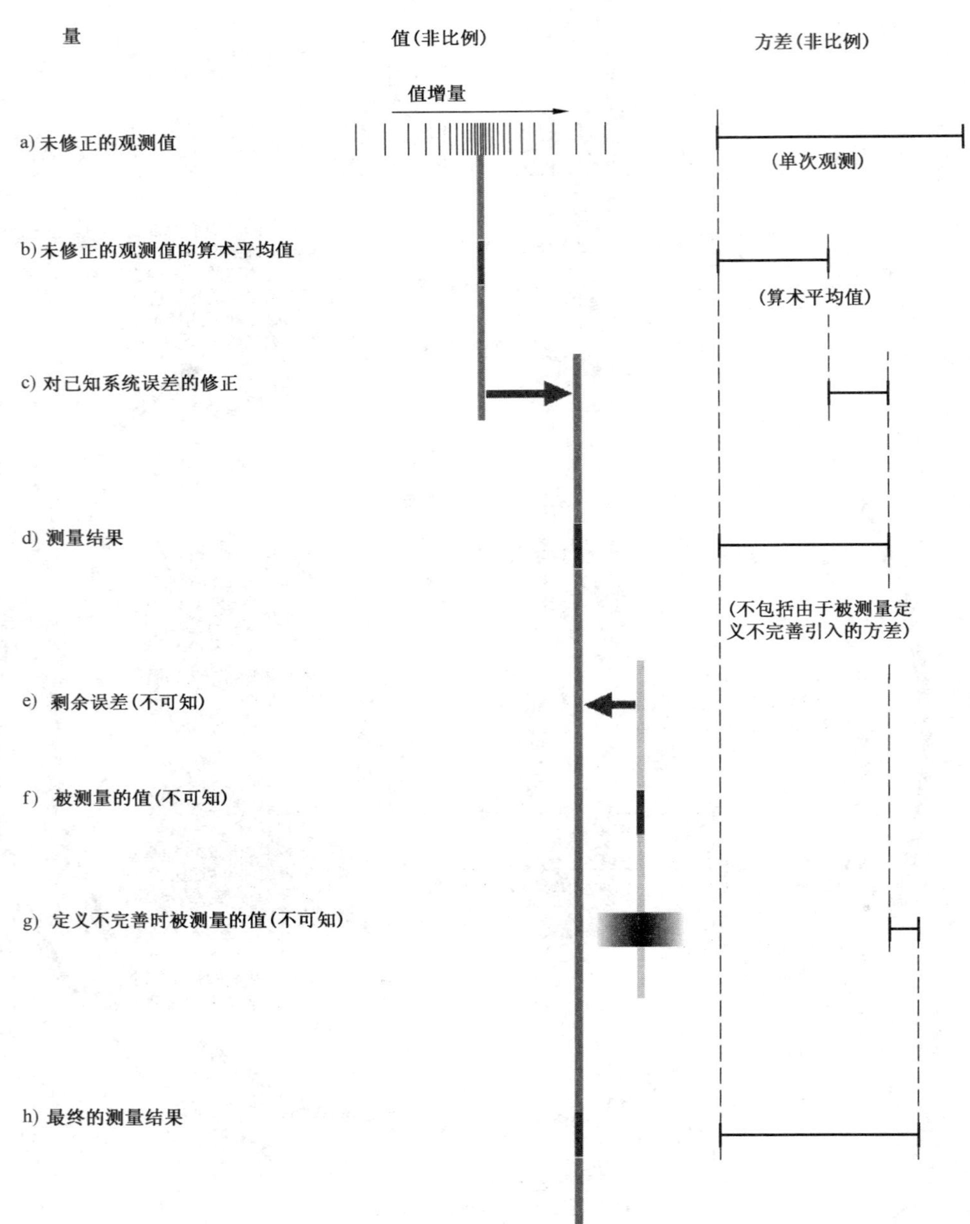

图 B.2 值、误差和不确定度的图解说明

B.2.6.2 图 B.2 使用不同的方式描述了图 B.1 说明的那些概念。该图还描述了一种概念:如果被测量的定义不完整就可能有许多被测量的值[图 B.2 中的 g)]。当用方差度量由定义不完整引起的不确定度时,同样用对被测量用同一方法、仪器等进行多次测量来评定(见 B.2.3.4)。

注:在以"方差"为标题的一栏中,方差可理解为 5.1.3 中式(11a)定义的方差 $u_i^2(y)$,因此如图所示它们是线性相加的。

B.3 统计学术语和概念的解释

B.3.1 期望 expectation

概率密度函数为 $p(z)$的随机变量 z 的期望 $g(z)$，则：

$$E[g(z)]=\int g(z)p(z)\mathrm{d}z$$

从概率密度函数 $p(z)$的定义可知，$\int p(z)\mathrm{d}z=1$。

用 μ_z表示随机变量 z 的期望，它也称为 z 的期望值或平均值，则：

$$\mu_z=E(z)=\int zp(z)\mathrm{d}z$$

z 的算术平均值或均值是：

$$\overline{z}=\frac{1}{n}\sum_{i=1}^{n}z_i$$

B.3.2 方差 variance

随机变量的方差是其期望值的二次偏差的期望。因此，概率密度函数为 $p(z)$的随机变量 z 的方差为：

$$\sigma^2(z)=\int(z-\mu_z)^2p(z)\mathrm{d}z$$

其中，μ_z表示随机变量 z 的期望。方差 $\sigma^2(z)$可以用下式评估：

$$s^2(z_i)=\frac{1}{n-1}\sum_{j=1}^{n}(z_j-\overline{z})^2$$

其中，$\overline{z}=\frac{1}{n}\sum_{i=1}^{n}z_i$ ，z_i是 z 的第 n 次独立观测值。

注 1：$s^2(z_i)$的表达式中的因子 $n-1$ 来自 z_i与 $\overline{z}$ 的关联，并反映集合 $\{z_i-\overline{z}\}$ 只有 $n-1$ 个独立项目的事实。

注 2：如果随机变量 z 的期望 μ_z已知，则方差用下式评估：

$$s^2(z_i)=\frac{1}{n}\sum_{i=1}^{n}(z_i-\mu_z)^2$$

算术平均值或均值的方差，而不是单一观测值的方差，是测量结果的不确定度恰当的表征，应仔细区分是变量的方差还是其均值的方差。z 的 n 个独立观测值 z_i的算术平均值的方差为 $\sigma^2(\overline{z})=\sigma^2(z_i)/n$，实验标准差为：

$$s^2(\overline{z})=\frac{s^2(z_i)}{n}=\frac{1}{n(n-1)}\sum_{i=1}^{n}(z_i-\overline{z})^2$$

B.3.3 标准差 standard deviation

标准差是方差的正平方根。一个 A 类标准不确定度是由统计方法评估的方差的平方根获得的，而通常，确定一个 B 类不确定度更方便，首先用非统计方法评估一个等效的标准差，然后通过对这个标准差求开方获得等效的方差。

B.3.4 协方差 covariance

两个随机变量的协方差是对它们之间相互依赖程度的估量。随机变量 y 和 z 的协方差定义为：

$$\mathrm{cov}(y,z)=\mathrm{cov}(z,y)=E\{[y-E(y)][z-E(z)]\}$$

导出：

$$\begin{aligned}\operatorname{cov}(y,z)&=\operatorname{cov}(z,y)\\&=\iint(y-\mu_y)(z-\mu_z)p(y,z)\mathrm{d}y\mathrm{d}z\\&=\iint yzp(y,z)\mathrm{d}y\mathrm{d}z-\mu_y\mu_z\end{aligned}$$

其中 $p(y,z)$是变量 y 和 z 的联合概率密度函数。协方差 $\operatorname{cov}(y,z)$[也可用 $\upsilon(y,z)$表示]可由 y 和 z 的 n 对独立的并对应的 y_i和 z_i的观测值，通过 $s(y_i,z_i)$计算：

$$s(y_i,z_i)=\frac{1}{n-1}\sum_{n-1}^{1}(y_i-\overline{y})(z_j-\overline{z})$$

其中，$\overline{y}=\frac{1}{n}\sum_{i=1}^{n}y_i,\overline{z}=\frac{1}{n}\sum_{i=1}^{n}z_i$

注：均值 $\overline{y}$ 和 $\overline{z}$ 的协方差可以由 $s(\overline{y},\overline{z})=s(y_i,z_i)/n$ 计算。

B.3.5 协方差矩阵 covariance matrix

对一个多变量的概率分布，这些变量的方差和协方差为元素的矩阵 V 称为协方差矩阵。对角元素 $\upsilon(z,z)\equiv\sigma^2(z)$或 $s(z_i,z_i)\equiv s^2(z_i)$为方差，非对角元素 $\upsilon(y,z)$或 $s(y_i,z_i)$为协方差。

B.3.6 相关系数 correlation coefficient

相关系数是衡量两个变量的相互依赖关系的量，它等于这两个变量的协方差与它们的方差的乘积的正平方根之比。因此，由

$$\rho(y,z)=\rho(z,y)=\frac{\upsilon(y,z)}{\sqrt{\upsilon(y,y)\upsilon(z,z)}}=\frac{\upsilon(y,z)}{\sigma(y)\sigma(z)}$$

计算出：

$$r(y_i,z_i)=r(z_i,y_i)=\frac{s(y_i,z_i)}{\sqrt{s(y_i,y_i)s(z_i,z_i)}}=\frac{s(y_i,z_i)}{s(y_i)s(z_i)}$$

相关系数是一个数值为 $-1\leqslant\rho\leqslant+1$ 或 $-1\leqslant r(y_i,z_i)\leqslant+1$ 的纯数。

B.3.7 独立 independence

如果两个随机变量的联合概率分布是它们个体概率分布的乘积，则这两个随机变量在统计学上是独立的。

注：如果两个随机变量是独立的，则其协方差和相关系数为零，但反之则不一定。

B.3.8 t 分布（学生分布） the t-distribution；student's distribution

t 分布或学生分布是连续随机变量 t 的概率分布，其概率密度函数为

$$p(t,\nu)=\frac{1}{\pi\nu}\frac{\Gamma\left(\frac{\nu+1}{2}\right)}{\Gamma\left(\frac{\nu}{2}\right)}\left(1+\frac{t^2}{\nu}\right)^{-(\nu+1)/2},-\infty<t<+\infty$$

其中，Γ 是伽马函数，$\nu>0$。t 分布的期望为零，其方差为 $\nu/(\nu-2)$，其中 $\nu>2$。当 $\nu\to\infty$，t 分布趋向于 $\mu=0$ 和 $\sigma=1$ 的正态分布。

如果随机变量 z 是期望为 μ_z的正态分布，则变量$(\overline{z}-\mu_z)/s(\overline{z})$的概率分布是 t 分布，其中 $\overline{z}$ 是 z 的 n 个独立观测值 z_i的算术平均值，$s(z_i)$是这 n 个观测值的经验标准差，$s(\overline{z})=s(z_i)/\sqrt{n}$是均值 $\overline{z}$ 的自由度为 $\nu=n-1$ 的经验标准差。

附　录　C
（资料性附录）
建议书 INC-1（1980）的目的和基础

本附录对标准所依据的由不确定度声明工作组起草的建议书 INC-1（1980）的目的和统计基础做了简略的介绍，更多信息见参考文献[1,2,11,12]。

C.1　“保险”“随机”和“系统”

C.1.1　本标准提出了评定和表示测量不确定度的一种广泛应用的方法。它提供了一个现实的而不是“保险”的不确定度值，依据的概念就是由随机影响引起的不确定度分量与对系统影响修正不完善引入的不确定度分量之间没有内在的差别。所以这种方法与老方法相比在以下两个方面有共同点。

C.1.2　第一个观念是报告的不确定度应该是“保险”的和“保守”的，意思是绝不能因为评定过小而出错。事实上，因为测量结果的不确定度的评定有问题，通常是过于慎重而偏大。

C.1.3　第二个观念是引起不确定度的影响量通常认为不是“随机的”就是“系统的”两种不同的性质；每种性质的不确定度各自按自己的方法合成并分别报告（或当需要单个数时，按某种规定的方法进行合成）。事实上，合成不确定度的方法通常是按满足保险的要求来设计的。

C.2　现实的不确定度评定的理由

C.2.1　当报告被测量的值时，应给出该值的最佳估计及该估计值的不确定度最佳评定，如果不确定度出错，通常不可能确定按什么方向出错才“保险”。低估不确定度可能引起过分信赖报告值，有时带来尴尬或甚至引起严重后果。对过于谨慎地放大不确定度也可能产生不希望有的影响，可能导致测量设备的用户去购买比他们所需的仪器更贵的仪器，或者可能引起将价格很高的产品不必要地报废了或者拒绝校准实验室的服务。

C.2.2　我们不否定测量结果的使用者使用自己的倍乘因子去乘不确定度以便获得扩展不确定度，该扩展不确定度定义了一个具有规定包含概率的区间，以满足使用者自己的需要。也不否定在某种情况下，提供测量结果的单位能常规地用乘一个因子得到类似的扩展不确定度以满足测量结果的特殊用户的需要。然而，这类因子（通常要说明）需要应用到由现实的方法评定的不确定度才行，只有在不确定度用现实的方法确定后，由扩展不确定度定义的区间才具有所需的包含概率，并且可以容易地反过来进行计算。

C.2.3　从事测量的人员通常应在其分析中纳入其他人的测量结果，这些测量结果都有自己的不确定度。在评定他们自己的测量结果的不确定度时，需要由其他地方得来的每个测量结果的不确定度的最佳值，而不是“保险”值。此外，应有一种符合逻辑且简单的方法，用这种方法可以将这些输入的不确定度与他们自己观测的不确定度合成，给出自己结果的不确定度。建议书 INC-1（1980）提供了这样的一种方法。

C.3　用同一方法处理所有不确定度分量的理由

本节讨论的重点是一个简单的例子，由这个例子说明在对测量结果的不确定度的评定中，本标准如何用完全相同的方法来处理由随机影响引起入的不确定度分量和由系统影响引入的不确定度分量，因此是对本标准采用的和C.1.1引证的观点进行的举例说明，即所有的不确定度分量本质相同，处理方法一样。讨论的起点是简化的标准差传递的数学表达式的推导，在本标准中称为不确定度传播律。

C.3.1 设输出量 $z=f(w_1,w_1,\cdots w_N)$ 取决于 N 个输入量 $w_1,w_2,\cdots,w_N$，其中每个 w_i 用一个适当的概率分布描述，w_i 的期望 $E(w_i)\equiv\mu_i$，当 z 相对于 μ_z 的小偏差在1阶泰勒级数中用 w_i 相对于 μ_i 的小偏差表示时，f 的表达式为：

$$z-\mu_z=\sum_{i=1}^{N}\frac{\partial f}{\partial w_i}(w_i-\mu_i) \qquad \text{(C.1)}$$

其中所有的高次项假设都可忽略，且 $\mu_z=f(\mu_1,\mu_2,\cdots\mu_N)$。偏差 $z-\mu_z$ 的平方为

$$(z-\mu_z)^2=\left(\sum_{i=1}^{N}\frac{\partial f}{\partial w_i}(w_i-\mu_i)\right)^2 \qquad \text{(C.2a)}$$

可以写成：

$$(z-\mu_z)^2=\sum_{i=1}^{N}\left(\frac{\partial f}{\partial w_i}\right)^2(w_i-\mu_i)^2+2\sum_{i=1}^{N-1}\sum_{j=i+1}^{N}\frac{\partial f}{\partial w_i}\frac{\partial f}{\partial w_j}(w_i-\mu_i)(w_j-\mu_j) \qquad \text{(C.2b)}$$

偏差的平方 $(z-\mu_z)^2$ 的期望是 z 的方差，即 $E[(z-\mu_z)^2]=\sigma_z^2$，因此由式(C.2b)得：

$$\sigma_z^2=\sum_{i=1}^{N}\left(\frac{\partial f}{\partial w_i}\right)^2\sigma_i^2+2\sum_{i=1}^{N-1}\sum_{j=i+1}^{N}\frac{\partial f}{\partial w_i}\frac{\partial f}{\partial w_j}\sigma_i\sigma_j\rho_{ij} \qquad \text{(C.3)}$$

其中 $\sigma_i^2=E[(w_i-\mu_i)^2]$ 是 w_i 的方差，$\rho_{ij}=\upsilon(w_i,w_j)/(\sigma_j^2\sigma_j^2)^{1/2}$ 是 w_i 和 w_j 的相关系数，其中 $\upsilon(w_i,w_j)=E[(w_i-\mu_i)(w_j-\mu_j)]$ 是 w_i 和 w_j 的协方差。

注1：σ_z^2 和 σ_i^2 分别是 z 和 w_i 的概率分布的2阶中心矩。概率分布可以用其期望、方差和高阶中心矩完整地表征。

注2：5.2.2中的式(13)[以及式(15)]用于计算合成标准不确定度，除了式(13)是用方差、标准差和相关系数的估计值表示外，它和式(C.3)是相同的。

C.3.2 在传统术语中，式(C.3)通常称为“通用的误差传播律”，其更适用于用 $\Delta z=\sum_{i=1}^{N}(\partial f/\partial w_i)\Delta w_i$ 表示方式，其中 Δz 是 w_i[见式(C.8)]的小变化 Δw_i 引起的 z 的变化。实际上按本标准进行时，将式(C.3)称为“不确定度传播律”是合理的，因为它指出了如何从输入量 w_i 的不确定度合成给出输出量 z 的不确定度，输入量 w_i 的不确定度取为等于 w_i 的概率分布的标准差，输出量 z 的不确定度取为等于 z 的概率分布的标准差。

C.3.3 式(C.3)也用于标准差倍数的传递，将每个标准差 σ_i 用其倍数 $k\sigma_i$ 代替，且对每个 σ_i 使用相同的 k 值，输出量 z 的标准差用 $k\sigma_z$ 代替，然而它不适用于包含区间的传递。如果每个 σ_i 用一个量 δ_i 代替，δ_i 定义了一个具有给定包含概率 p 的区间，z 的结果量 σ_z 不一定是具有同样包含概率 p 的区间，除非所有的 w_i 都是正态分布的。在式(C.3)中没有关于 w_i 的概率分布为正态性的假设。更为特殊的情况，如果在5.1.2的式(10)中的每个标准不确定度 $u(x_i)$ 都是从独立重复观测值评定，并对某个 p 值(如 $p=95\%$)根据自由度查到相应的 t 因子，用 t 因子乘标准不确定度，由此得到的估计值 y 的不确定度不是相应的 p 值的区间(见E.3和E.4)。

注：历史上，使用正态分布假设，从重复观测值导出的不确定度分量，与简单从上限值和下限值导出的不确定度分量是有区别的，其理由之一就是使用式(C.3)传递包含区间时要求具有正态性。

C.3.4 就以下例子而言，z 仅与输入量 w 有关，$z=f(w)$，其中 w 是由 n 个 w_k 值的平均值估计的；n 个值是由对随机变量 q 的 n 次独立重复观测值 q_k 得到的，与 q_k 的关系为：

$$w_k=\alpha+\beta q_k \qquad \text{(C.4)}$$

其中，α 是恒定的“系统”偏差或对每个观测值的共同偏移；β 是共同的比例因子。尽管在观测过程中偏移和比例因子是固定的，还是假设用一个先验概率分布来表征，α 和 β 是这些概率分布的期望的最佳估计。

w 的最佳估计值是算术平均值或平均值 $\overline{w}$，由下式得到：

$$\overline{w}=\frac{1}{n}\sum_{k=1}^{n}w_k=\frac{1}{n}\sum_{k=1}^{n}(\alpha+\beta q_k) \qquad \cdots\cdots(C.5)$$

于是用 $f(\overline{w})=f(\alpha,\beta,q_1,q_2,\cdots,q_n)$ 来估计 z 量，并且其方差 $\sigma^2(z)$ 的估计值 $u^2(z)$ 由式(C.3)得到。如果为简单起见，假设 $z=w$，使 z 的最佳估计为 $z=f(\overline{w})=\overline{w}$，则估计值 $u^2(z)$ 可以迅速求得。由式(C.5)注意到：

$$\frac{\partial f}{\partial \alpha}=1$$

$$\frac{\partial f}{\partial \beta}=\frac{1}{n}\sum_{k=1}^{n}q_k=\overline{q}$$

且

$$\frac{\partial f}{\partial q_k}=\frac{\beta}{n}$$

将 α 和 β 的估计方差分别用 $u^2(\alpha)$ 和 $u^2(\beta)$ 表示，假设每个观测值是不相关的，由式(C.3)求得：

$$u^2(z)=u^2(\alpha)+\overline{q}^2u^2(\beta)+\beta^2\frac{s^2(q_k)}{n} \qquad \cdots\cdots(C.6)$$

其中 $s^2(q_k)$ 是依据 4.2.2 中式(4)计算得到的观测值 q_k 实验方差；$s^2(q_k)/n=s^2(\overline{q})$ 是平均值 $\overline{q}$ 的实验方差[4.2.3 中式(5)]。

C.3.5 在传统术语中，式(C.6)右边第 3 项称为对估计方差 $u^2(z)$ 的“随机”贡献，因为它通常随着观测次数 n 的增加而减小，而前面两项称为是“系统”贡献，因为它们与 n 无关。

更重要的是，在用一些传统的对测量不确定度处理方法中，式(C.6)是有问题的，因为没有区分哪些是由系统影响引起的不确定度，哪些是由随机影响引起的不确定度。尤其是，切不可将由先验概率分布得到的方差与基于频率的分布得到的方差合成，因为概率的概念被认为只适用于在实质相同条件下能重复大量次数的事件，一个事件的概率 $p(0\leqslant p\leqslant 1)$ 表示该事件发生的相对频率。

与以频率为基础的概率观点不同，一种同等有效的观点认为：概率是一个事件发生的可信程度的度量[13,14]。例如，假设某一个人有可能赢得一小笔钱 D，并且他是一个理性的打赌者。如果对以下两种打赌的选择无偏袒之意，则对事件 A 的发生的可信程度为 $p=0.5$：

1) 如果事件 A 发生则赢得数额为 D 的金钱，如果不发生则什么也没有；

2) 如果事件 A 不发生则赢得数额为 D 的金钱，如果发生则什么也没有。

本标准依据的建议书 INC-1(1980)就隐含地采用了这种概率的观点，因本标准认为用式(C.6)计算测量结果的合成标准不确定度是合适的方法。

C.3.6 本标准采用基于可信程度的概率理论，以标准差(标准不确定度)和不确定度传播律[式(C.3)]作为评定和表示测量不确定度的基础，有三个方面的优点：

a) 不确定度传播律可方便地将一个测量结果的合成标准不确定度纳入使用该结果的另一个结果的合成标准不确定度之中；

b) 合成标准不确定度可以作为计算不确定度区间的基础，在实际应用中很方便与该区间所要求的包含概率对应；

c) 评估不确定度时不必分为“随机”分量或“系统”分量(或以任何其他方式分类)，因为所有的不确定度分量都以同样的方法处理。

其中 c)的好处更多，因为这种分类往往是引起混淆的根源；不确定度分量既不是“随机”的也不是“系统”的，它的特性是由相应量的使用而定。或更正规地说，是由该量在描述测量的数学模型中呈现的意义来定的。因此当相应量用于不同方面时，“随机”分量可能会成为“系统”分量，反之亦然。

C.3.7 根据上面 c)给出的理由，建议书 INC-1(1980)没有将不确定度分量分为“随机”和“系统”两类，实际上，在计算测量结果的合成标准不确定度时，没有必要对不确定度分量进行分类，因此不需要任何分类方案。然而，由于方便的标记有时可有助于观点的交流和讨论，建议书 INC-1(1980)给出了按两种不同的不确定度分量评定方法来划分的分类方案，即不确定度“A 类”和“B 类”(见 0.7)。

将不确定度分量评定的方法进行分类避免了与分量本身分类有关的主要问题，即分量的分类取决于相应量的如何使用。然而，按评估方法进行分类而不按分量进行分类并不妨碍为测量的特定目的将用两种方法评定得到的每个分量归入专门的组，例如对复杂测量系统的输出值，比较其实验观测值的变异性和理论预测值的变异性。

C.4 用标准差作为不确定度的度量

C.4.1 式(C.3)要求：不管输入量的估计值的不确定度是如何得到的，它应评定为标准不确定度，也就是估计标准差。如果评定为某种“保险”的值，就不能用于式(C.3)中。尤其是，如果“最大误差限”(公认的最佳估计值的最大可能偏差)被用于式(C.3)中，将导致不确定度具有一种难以确定的含义，无法用于后续计算其他量的不确定度(见 C.3.3)。

C.4.2 当输入量的标准不确定度不能用大量重复观测结果的分析来评定时，应根据已有知识采用一种概率分布，然而这种分布可能与实际有一定差异，但它不是无效或不现实的，它是现有知识的体现。

C.4.3 基于重复观测的评定不一定就比其他方法好，就 $s(\overline{q})$而言，它是正态分布随机变量 q 的 n 次独立观测值 q_k 的均值的实验标准差[见 4.2.3 中式(5)]。$s(\overline{q})$是一个统计量，它是 $\sigma(\overline{q})$的估计值，$\sigma(\overline{q})$是 $\overline{q}$ 的概率分布的标准差，即是无穷多次重复测量得到的 $\overline{q}$ 值的分布的标准差。$s(\overline{q})$的方差 $\sigma^2[s(\overline{q})]$近似为：

$$\sigma^2[s(\overline{q})] \approx \sigma^2(\overline{q})/(2\nu) \qquad \cdots\cdots(\text{C.7})$$

其中 $\nu=n-1$ 是 $s(\overline{q})$的自由度(见 E.3.3)。因此，$s(\overline{q})$的相对标准差 $\sigma[s(\overline{q})]/\sigma(\overline{q})$可以用作 $s(\overline{q})$的相对标准不确定度的度量，它近似为$[2(n-1)]^{-1/2}$，这是 $\overline{q}$ 的“不确定度的不确定度”，完全由于有限次取样这个纯统计学的原因引起，可能相当大。在 $n=10$ 次观测时为 24%。有关的值在表 C.1 中给出，该表的数值表明，在实际的 n 次测量时，统计的估计标准差的标准差不可忽略，所以可得出结论是标准不确定度的 A 类评定不一定比 B 类评定更可靠，而且在许多实际测量情况下，观测次数是有限的，由 B 类评定得到的分量可能比由 A 类评定得到的分量更可信。

C.4.4 有种争议认为，与特定的测量方法的应用相关联的不确定度是表征随机变量的统计参数，存在一种“真正的系统影响”的例子，其不确定度应用不同的方法来处理。具有未知的固定偏移就是一个例子，它在用某种方法测量时每次测量的偏移都是一样的，它是由于方法的原理本身可能存在不完善或某个基本假设的不完善引起的。如果知道可能存在这种偏移，并且确信偏移值还相当大，则可以用一种概率分布来描述，根据有关它可能存在并且较大等信息直接建立概率分布。因此，将概率认为是对事件将要发生的可信程度的度量，那这样一个系统影响的贡献也包含在测量结果的合成标准不确定度之中，它是用先验概率分布的标准不确定度评定的，并用与其他输入量的标准不确定度相同的方法处理。

示例：

一个特定的测量程序的技术规范要求输入量由特定的级数展开式计算得到，展开式的高次项是不能准确知道的。由于不能处理这些项引起的系统影响，导致一个未知的固定偏移，这个偏移是不能通过重复测量程序的取样得到的。因此，如果严格按照以频率为基础的概率解释，与这个影响有关的不确定度不能评定，不能包括在最终测量结果的不确定度之中。然而，用可信程度来解释概率时就允许将表征这种影响的不确定度由一个先验分布来评定(由可获得的与不准确知道的项的有关知识导出)，并且与任何其他不确定度一样，包括在测量结果的合成标准不确定度的计算中。

表 C.1 $\sigma[s(\overline{q})]/\sigma(\overline{q})$，对正态分布的随机变量 q 进行 n 次独立观测的平均值 $\overline{q}$ 的实验标准差的标准差，相对于平均值的标准差之比值[a,b]

观测次数 n	$\sigma[s(\overline{q})]/\sigma(\overline{q})$ %
2	76
3	52
4	42
5	36
10	24
20	16
30	13
50	10

[a] 这些值是由 $\sigma[s(\overline{q})]/\sigma(\overline{q})$ 的准确表示式计算得到的，不是由近似式 $[2(n-1)]^{-1/2}$ 得到的。

[b] 表达式 $\sigma[s(\overline{q})]/\sigma(\overline{q})$ 中，分母 $\sigma(\overline{q})$ 是期望 $E[S/\sqrt{n}]$，分子 $\sigma[s(\overline{q})]$ 是方差 $V[S/\sqrt{n}]$ 的平方根，其中 S 是随机变量，等于服从平均值为 μ、方差为 σ^2 的正态分布的 n 个随机变量 $X_1,\cdots,X_n$ 的标准差：

$$S=\sqrt{\frac{1}{n-1}\sum_{i=1}^{n}(X_i-\overline{X})^2},\overline{X}=\frac{1}{n}\sum_{i=1}^{n}X_i$$

S 的期望和方差：$$E(S)=\sqrt{\frac{2}{n-1}}\frac{\Gamma(n/2)}{\Gamma[(n-1)/2]}\sigma,V[S]=\sigma^2-E[S]^2$$

其中，$\Gamma(x)$ 是伽马函数，当 n 为有限值时 $E[S]<\sigma$。

C.5 对不确定度两种观点的比较

C.5.1 本标准的重点是测量结果及其评定的不确定度，而不是不可知量的“真”值和误差（见附录 B）。从使用的观点看，测量结果就是赋予被测量的值，测量结果的不确定度是能合理地赋予被测量的值的分散性的度量。本标准实际上要将经常混淆的不确定度与不可知量——“真”值和误差，区分开来。

C.5.2 从“真”值和误差的角度来解释不确定度传播律式（C.3）的推导可以了解这种关系。在这种情况下 μ_i 被看作未知量，为输入量 w_i 的唯一真值，每个 w_i 与“真值”的关系假设为 $w_i=\mu_i+\varepsilon_i$，其中 ε_i 是 w_i 的误差。每个 ε_i 的概率分布的期望假设为零，$E(\varepsilon_i)=0$，其方差为 $E(\varepsilon_i^2)=\sigma_i^2$。式（C.1）变为：

$$\varepsilon_z=\sum_{i=1}^{N}\frac{\partial f}{\partial w_i}\varepsilon_i \qquad \cdots\cdots(\text{C.8})$$

其中，$\varepsilon_z=z-\mu_z$ 是 z 的误差；μ_z 是 z 的“真”值。假设取 ε_z 的平方的期望，就得到与式（C.3）形式一样的公式，但其中 $\sigma_z^2=E(\varepsilon_z^2)$ 是 ε_z 的方差；$\rho_{ij}=\upsilon(\varepsilon_i,\varepsilon_j)/(\sigma_i^2\sigma_j^2)^{1/2}$ 是 ε_i 和 ε_j 的相关系数，其中 $\upsilon(\varepsilon_i,\varepsilon_j)=E(\varepsilon_i\varepsilon_j)$ 是 ε_i 和 ε_j 的协方差。因此方差和协方差与输入量的误差有关，而不是与输入量本身相关联。

注：假定概率被视为事件将要发生的可信程度的度量，意味着系统误差可以用与随机误差相同的方法处理，且 ε_i 可以代表任意一种误差。

C.5.3 实际上，观点的差异并不会导致测量结果和其不确定度在数值上的不同。

首先，在两种情况下，输入量 w_i 的可获得的最佳估计值用于获得由函数 f 得到的 z 的最佳估计值；如果最佳估计值被认为是赋予被测量的最可能的值或是它们的“真”值的最佳估计，那么在计算中没有什么差别。

其次，因为 $\varepsilon_i = w_i - \mu_j$，并且 μ_i 是唯一的和确定的值，其没有不确定度，ε_i 和 w_i 的方差和标准差是相同的。这就意味着在两种情况下，用作标准差 σ_i 的估计值以便得到测量结果的合成标准不确定度的标准不确定度是相同的，并得到同样的不确定度数值。再者，如果标准不确定度被视为输入量的概率分布的分散性的度量或者视为该量的误差的概率分布的分散性的度量，在计算上没有什么差别。

注： 如果没有做 C.5.2 的注的假设，就不能应用本节的讨论，除非所有的输入量的估计值及这些估计值的不确定度是由重复观测值的统计分析得到，也就是从 A 类评定得到。

C.5.4 尽管基于"真"值和误差的方法产生的数字结果与本标准的方法的结果一样(C.5.2 中注的假设情况下)，本标准的不确定度的概念消除了误差和不确定度的混淆(见 B.2)。事实上，本标准中的使用方法的重点是放在量的观测值(或估计值)和该量值的变异性，完全不必提起误差。

附　录　D
（资料性附录）
评定不确定度分量的实用指南

本附录给出了评定测量不确定度分量的其他建议，主要从实际使用考虑，它是对第 4 章中已经给出的建议的补充。

D.1　由重复观测值评定的不确定度分量：标准不确定度的 A 类评定

D.1.1　随机性和重复观测值

D.1.1.1　由重复观测值确定的不确定度与其他评定方法相比通常更为客观，并具有统计学的严格性等特点。若理解为对观测值仅能运用统计公式进行评定，以及认为这种评定方法无需运用判断都是不正确的。

D.1.1.2　首先，要问："测量过程中重复观测值完全独立重复到什么程度?"。如果所有的观测值来自同一样品，且取样是测量过程的一部分，因为被测量是一种材料的特性（而不是该材料给定样品的特性），那么观测值不具有独立的重复性；应把不同样本间可能存在的差异引起的方差分量与在单个样本上重复观测的观测方差相加。

如果调零是测量过程中的一个步骤，那么每次重复测量都需要调零，即使在重复观测期间漂移可以忽略，因为调零过程存在潜在的统计上可以确定的不确定度分量。

同样，如果读取一个气压表上的数值，原则上应该对每一次重复测量读一次数（最好把它扰动一下再让它回到平衡状态），因为即使大气压恒定，还可能存在着示值或读数的变化。

D.1.1.3　第二，要问：所有假定为随机性的影响量是否确实是随机的，它们分布的均值和方差是否恒定，或在重复观测的周期内影响量的值是否有漂移？如果有足够多的观测次数，分别计算观测周期的前半周期和后半周期测量结果的算术平均值及它们的实验标准差，将两个平均值进行对比，以判别它们之间的差别在统计学上是否显著，由此判断是否存在随时间变化的影响。

D.1.1.4　如果实验室"公共服务"的值（如电源的电压和频率，水的压力和温度，氮气的压力等）是影响量，通常情况下它们的变化存在着不可忽略的非随机成分。

D.1.1.5　如果由于"噪声"的影响，示值的最低位数字在观测期间不断变化，有时很难让人选出该数字的值。最好采用某种方法在任意瞬间将示值锁定，然后记录下来。

D.1.2　相关性

本节中大部分讨论内容也适用于标准不确定度的 B 类评定。

D.1.2.1　两个输入量 X_i 和 X_j 估计值的协方差在以下情况下可以取为零或者忽略不计：

a)　X_i 和 X_j 不相关（随机变量，不是假设为不变的物理量——见 4.1.1 注 1）。例如，它们是在不同的独立实验中在不同的时间重复测量的，或者因为它们代表了独立进行的不同评定的结果量；

b)　X_i 或 X_j 中任一个量可以作为常数处理；

c)　没有足够的信息评定 X_i 和 X_j 估计值的协方差。

注 1：另一方面，在某些情况下，如 5.2.2 注 1 的参考电阻的例子，输入量很明显是完全相关的，其估计值的标准不确定度是线性合成的。

注 2：不同的实验也可能不是独立的，例如，在各个实验中使用同一仪器测量的情况（见 D.1.2.3）。

D.1.2.2　两个重复并且同时观测的输入量是否相关可以用 5.2.3 中的式(17)来判断。例如，如果一个没有进行温度补偿或温度补偿欠佳的振荡器的频率为一个输入量，环境温度也是一个输入量。如果它们是同时被观测的，振荡器的频率和环境温度的协方差计算结果可能显露出显著的相关性。

D.1.2.3 实际上，输入量间通常是相关的，因为在估计它们的值时使用了相同的测量标准、测量仪器、参考数据或甚至具有显著不确定度的测量方法。为不失一般性，假设两个输入量 X_1 和 X_2 的估计值用 x_1 和 x_2 来表示，它们取决于一组不相关变量 $Q_1, Q_2, \cdots, Q_L$。由此 $X_1=F(Q_1, Q_2, \cdots, Q_L)$，$X_2=G(Q_1, Q_2, \cdots, Q_L)$，尽管其中某些变量仅在一个函数中出现，在另一个函数中不出现，如果 $u^2(q_l)$ 是 Q_l 的估计值 q_l 的估计方差，则 x_1 的估计方差可由 5.1.2 的式(10)得到：

$$u^2(x_1)=\sum_{l=1}^{L}\left(\frac{\partial F}{\partial q_l}\right)^2 u^2(q_l) \qquad \text{(D.1)}$$

$u^2(x_2)$ 有类似的表达式。x_1 和 x_2 的估计协方差为：

$$u(x_1, x_2)=\sum_{l=1}^{L}\frac{\partial F}{\partial q_l}\frac{\partial G}{\partial q_l}u^2(q_l) \qquad \text{(D.2)}$$

因为对一个给定的 l，只有 $\partial F/\partial q_l \neq 0$ 和 $\partial G/\partial q_l \neq 0$ 的那些项对总和有贡献，如果 F 和 G 中不含有共同的变量，则协方差为零。

两个估计值 x_1 和 x_2 的相关系数 $r(x_1, x_2)$ 由 $u(x_1, x_2)$［式(D.2)］和 5.2.2 中式(14)确定，其中，$u(x_1)$ 由式(D.1)计算，$u(x_2)$ 由类似的表达式计算得到［见 F.2.3 中的式(F.9)］。两个输入估计量的估计协方差也可能既有统计分量［见 5.2.3 中的式(17)］，也有本节讨论的因素引起的分量。

示例 1：

在同一测量中，标准电阻 R_S 既用于确定电流 I 又用于确定温度 t。电流是用一个数字电压表测量标准电阻两端的电位差来确定的；温度是用一个电阻电桥和标准电阻，测量出已校的电阻性温度传感器的电阻 $R_t(t)$ 而确定，在 15 ℃≤t≤30 ℃范围内，温度传感器的温度-电阻的关系为 $t=aR_t^2(t)-t_0$，其中 a 和 t_0 是已知的常数。因此，电流是根据关系式 $I=V_S/R_S$ 确定的，温度是根据关系式 $t=\alpha\beta^2(t)R_S^2-t_0$ 确定的，其中 $\beta(t)$ 是电桥测得的比值 $R_t(t)/R_S$。

因为只有 R_S 在 I 和 t 两个关系式中是公共的，I 和 t 的协方差由式(D.2)得到：

$$u(I,t)=\frac{\partial I}{\partial R_S}\frac{\partial t}{\partial R_S}u^2(R_S)=\left(-\frac{V_S}{R_S^2}\right)[2a\beta^2(t)R_S]u^2(R_S)=\frac{2I(t+t_0)}{R_S^2}u^2(R_S)$$

为简单起见，在这个例子中，对输入量和它的估计值用相同的字母表示。

为了获取协方差的数值，需要将测得的 I 和 t 的数值，以及标准电阻的校准证书中给出的 R_S 和 $u(R_S)$ 的值代入此表达式中，$u(I,t)$ 的单位为 A·℃，相对方差$[u(R_S)/R_S]^2$ 的量纲为 1(后者也就是所谓的无量纲量)。

进一步设 P 是与输入量 I 和 t 有关的量，$P=C_0I^2/(T_0+t)$，其中 C_0 和 T_0 是已知的常数且不确定度可忽略$[u^2(C_0)\approx 0, u^2(T_0)\approx 0]$。根据 5.2.2 中式(13)，由 I 和 t 的方差及其协方差计算得到 P 的方差：

$$\frac{u^2(P)}{P^2}=4\frac{u^2(I)}{I^2}-4\frac{u(I,t)}{I(T_0+t)}+\frac{u^2(t)}{(T_0+t)^2}$$

方差 $u^2(I)$ 和 $u^2(t)$ 是对 $I=V_S/R_S$ 和 $t=\alpha\beta^2(t)R_S^2-t_0$ 应用 5.1.2 中式(10)得到的，结果为：

$$u^2(I)/I^2=u^2(V_S)/V_S^2+u^2(R_S)/R_S^2$$

$$u^2(t)=4(t+t_0)^2u^2(\beta)/\beta^2+4(t+t_0)^2u^2(R_S)/R_S^2$$

为简单起见，假定常数 t_0 和 a 的不确定度可以忽略。因为 $u^2(V_S)$ 和 $u^2(\beta)$ 可以通过对电压表和电阻电桥分别重复读数而确定，这些表达式可以很容易进行估算。当然，在确定 $u^2(V_S)$ 和 $u^2(\beta)$ 时，也要考虑仪器本身固有的不确定度和所采用测量程序的不确定度。

示例 2：

在 5.2.2 注 1 的例子中，设每个电阻的校准值用 $R_i=\alpha_iR_S$ 表示，由重复观测得到的比值 α_i 的标准不确定度为 $u(\alpha_i)$。进一步，对每个电阻器设 $\alpha_i\approx 1$，并设 $u(\alpha_i)$ 对每个校准值实际上相同，即 $u(\alpha_i)\approx u(\alpha)$。则由式(D.1)和式(D.2)得到 $u^2(R_i)=R_S^2u^2(\alpha)+u^2(R_S)$ 及 $u(R_i,R_j)=u^2(R_S)$。这意味着由 5.2.2 中的式(14)得到任意两个电阻($i\neq j$)的相关系数为：

$$r(R_i,R_j)\equiv r_{ij}=\left\{1+\left[\frac{u(\alpha)}{u(R_S)/R_S}\right]^2\right\}^{-1}$$

由于 $u(R_S)/R_S=10^{-4}$，如果 $u(\alpha)=100\times 10^{-6}$，$r_{ij}\approx 0.5$；如果 $u(\alpha)=10\times 10^{-6}$，$r_{ij}\approx 0.990$；如果 $u(\alpha)=1\times 10^{-6}$，$r_{ij}\approx 1.000$。因此当 $u(\alpha)\rightarrow 0$ 时，$r_{ij}\rightarrow 1$，且 $u(R_i)\rightarrow u(R_S)$。

注：一般来说，在与校准值比较时，如在本例中，已校准项的估计值是相关的，相关程度取决于比对的不确定度与参考标准的不确定度之比。正如经常发生的实际情况，与参考标准的不确定度相比，比对的不确定度可以忽略不计时，相关系数等于+1，并且每个被校准项的不确定度与其标准的不确定度相同。

D.1.2.4　如果被测量 Y 所取决的一组输入量 $X_1, X_2, \cdots, X_N$[见 4.1 中式(1)]中把原来对两个或多个 X_i 为共有的量作为附加的独立输入量 Q_l 包括在内了，就不再需要引入协方差 $u(x_i, x_j)$(为了完全建立 Q_l 与被影响量 X_i 之间的关系，可能有必要进行附加的测量)。然而，在有些情况下，保留协方差比增加输入量的数目更为方便。对同时重复观测值的观测协方差可以应用同样的处理过程[见 5.2.3 中式(17)]，但是恰当的附加输入量的识别通常是特定的和非物理的。

示例：

在 D.1.2.3 的例 1 中，将 I 和 t 用 R_S 表示，从而导出 P 的表达式为：

$$P=\frac{C_0 V_S^2}{R_S^2[T_0+\alpha\beta^2(t)R_S^2-t_0]}$$

将输入量 I 和 t 用 V_S、R_S 和 β 代替，就避免了 I 和 t 之间的相关性。因为这些量是不相关的，P 的方差可以根据 5.1.2中式(10)得到。

D.2　由其他方法评定的不确定度分量：标准不确定度的 B 类评定

D.2.1　B 类评定的需求

如果一个测量实验室有充分的时间和资源，可以对不确定度每一个可想到的原因进行详尽的统计研究，例如，采用各种不同的仪器设备、不同的测量方法、测量方法的不同应用，以及测量理论模型的不同近似方式进行研究。与所有这些原因有关的不确定度就可以用一系列观测值的统计分析来评定，每一个原因可以用统计评定的标准差来表征。换言之，所有的不确定度分量都可由 A 类评定得到，但由于这种研究在实际中是一种不经济的方法，许多不确定度分量还是需要通过其他方法来评定。

D.2.2　数学方法确定分布

D.2.2.1　数字显示仪器的分辨力

数字仪器的不确定度来源之一是其显示装置的分辨力，例如，即使重复的示值都相同，贡献给重复性的测量不确定度仍然不为零，因为仪器的输入信号在一个已知的区间内变动，却给出同样的示值。如果显示装置的分辨力为 δ_x，产生某一示值 X 的激励的值以等概率落在 $X-\delta_x/2$ 到 $X+\delta_x/2$ 区间内，该激励用宽度为 δ_x 的矩形概率分布来描述，方差为 $u^2=(\delta_x)^2/12$(参见 4.3.7 和 4.4.5)，意味着对任一示值，其标准不确定度为 $u=0.29\delta_x$。

因此，对于一台称重仪器，其显示装置的最小有效显示数字为 1 g，由分辨力引入的方差为 $u^2=(1\ \mathrm{g})^2/12=(1/12)\mathrm{g}^2$，标准不确定度为 $u=(1/\sqrt{12})\mathrm{g}=0.29\ \mathrm{g}$。

D.2.2.2　迟滞现象

某些类型的迟滞现象会引起类似的不确定度。迟滞是指测量仪器的指示值在连续上升或下降时可能与输入量之间存在一个固定和已知的差值。谨慎的操作者会记录下连续读数的方向，并采取适当的修正。但是迟滞现象的方向并不是总能被观测到：可能在仪器内在平衡点附近存在着振荡，使显示值取决于最终接近点的方向。如果由于这个原因引起的可能读数的范围为 δ_x，则方差仍为 $u^2=(\delta_x)^2/12$，由于迟滞引入的标准不确定度为 $u=0.29\delta_x$。

D.2.2.3　有限精密度的计算

计算机对数据自动截断引起的数字舍入或截尾也是不确定度的一个来源。例如，一台字长为 16 位的计算机,如果在计算过程中,一个具有这样字长的数字被另一个仅在第16位上有差别的数相减,只留下一位有效数字。这样的情况在“病态”算法的评估中会发生,并且是很难预测的。这类不确定度可以用实验确定,采用增加最重要输入量的微小增量,直到使输出量发生变化来计算(通常存在着一种与输出量大小成正比的输入量)。用这种方法获得的输出量的最小变化可以作为不确定度的度量,如果这个值是 δ_x,那么方差为 $u^2=(\delta_x)^2/12$,$u=0.29\delta_x$。

注:可以用有限字长的计算机计算的结果与较大字长的计算机重复的同一计算结果相比较来验证不确定度的评定。

D.2.3 引入的输入值

D.2.3.1 一个输入量的引入值,不是从给定的测量过程中估计的,而是作为一种独立评定的结果以其他方式获得的值。通常这种引入值附有其不确定度的某种说明。例如,其不确定度可以是标准差、标准差的倍数或是具有所声明包含概率的一个区间的半宽度。也可以给出上限和下限,或者可能没有提供关于不确定度的信息。在后一种情况下,使用此值的人要用他们自己关于不确定度可能大小的知识,如:量的性质、来源的可靠性、这类量在实际中的不确定度等。

注:为方便起见,对引入的输入量的不确定度的讨论,放在本节中有关标准不确定度的B类评定中。这类量的不确定度可以由A类评定获得的分量组成,也可以由A类和B类两种评定获得的分量组成。由于计算合成标准不确定度并不需要区分两种不同方法评定的分量,故也不必知道一个引入量的不确定度的组成。

D.2.3.2 有些校准实验室采用上、下限来表示“不确定度”,此上下限定义了具有“最小”包含概率的一个区间,例如“至少”为95%。这可以视为所谓“保险”的不确定度的一个例子(见C.1.2),如果缺乏如何计算所需的知识,就不能转换得出标准不确定度。如果给了足够的信息,则可以根据本标准的规则进行重新计算;否则,不确定度应用可适用的方法进行独立评定。

D.2.3.3 有些不确定度用最大范围给出,量的所有值被认为都落在此范围内。通常在实际中假设在此范围内的所有值是等概率的(一种矩形概率分布),但如果有理由期望接近边界的值比中心附近的值的可能性小时,不能假设成矩形分布。半宽度为 a 的矩形分布的方差是 $a^2/3$。包含概率为99.73%、区间半宽度为 a 的正态分布的方差为 $a^2/9$。可以谨慎地采用两者的折中,如假设成三角分布,其方差为 $a^2/6$(参见4.3.9和4.4.6)。

D.2.4 测得的输入值

D.2.4.1 单次观测值,已校准的仪器

如果一个输入量的估计值是用一台特定的仪器单次观测得到的,并且这台仪器是由有很小的不确定度的标准校准过的,则估计值的不确定度主要是重复性。该仪器重复性测量的方差可以由以前的测量得到,以前测量的读数值不必与这次读数值是同一值,但应该足够接近,并可假设此方差可用于所研究的输入值。如果没有这样的信息可利用,则应根据测量装置或仪器的性质及其他类似结构仪器的已知方差做出估计。

D.2.4.2 单次观测值,已验证的仪器

并非所有的测量仪器都附有校准证书或校准曲线。然而,大多数仪器都按规定的标准建造,并由制造商或一个独立的机构验证,证明其符合该标准。通常该标准包含了计量要求,常以该仪器需要满足的“最大允许误差”的形式出现。用一个参考仪器进行比较的方法来确定该仪器是否符合要求,参考仪器的最大允许不确定度通常在标准中规定。于是此不确定度是被验证仪器的不确定度的一个分量。

如果被验证仪器的误差特性曲线不知道,就需要假设误差在允许范围内具有任意值,即具有矩形概率分布。然而,某些类型仪器的误差特性曲线在部分测量范围内是正的,而在另一部分是负的。有时这样的信息可以从标准和文献的研究中推断。

D.2.4.3 受控的量

测量经常在受控的标准条件下进行，在一组测量过程内假设条件恒定不变。例如，把样品放在一个搅拌过的油槽中进行测量，该油槽的温度是用一个恒温器控制的。在每次测量样品时可以测出油槽的温度，但是如果油槽的温度是循环的，那么样品的瞬时温度可能不是油槽温度计所指示的温度。根据热传导理论可以计算样品的温度波动及其方差，这超出了本标准的范围，但计算应从油槽已知或假设的温度循环开始。用精密度较好的热电偶和一个温度记录器可以观测这种循环，但如果做不到这一点，也可以从控制特性推测出它的近似情况。

D.2.4.4 可能值的不对称分布

有时，量的所有可能值会落在单个极限值的一边。例如，当用压强计测量液柱的固定铅直高度 h（被测量）时，高度测量装置的轴可能偏离垂直方向一个小夹角 β。由这个装置确定的距离 l 总是大于 h，不可能比 h 小。这是因为 h 等于投影 $l\cos\beta$，即 $l=h/\cos\beta$；而 $\cos\beta$ 的值总是小于 1 的，不可能比 1 大。这种所谓的“余弦误差”也可能以同样的方式发生，使被测量 h' 的投影 $h'\cos\beta$ 等于观测到的距离 l，即 $l=h'\cos\beta$，观测到的距离总是小于被测量的。

如果引入一个新的变量 $\delta=1-\cos\beta$，如同实际上常有的情况，假设 $\beta\approx 1$ 或 $\delta\ll 1$，存在两种不同的情况：

$$h=\bar{l}(1-\delta) \qquad \text{(D.3a)}$$

$$h'=\bar{l}(1+\delta) \qquad \text{(D.3b)}$$

这里 $\bar{l}$ 是 l 的最佳估计值，它是 l 的 n 次独立重复观测值 l_k 的算术平均值，具有估计方差 $u^2(\bar{l})$[见 4.2 中式(3)和式(5)]。因此，由式(D.3a)和(D.3b)，为获得 h 和 h' 的估计值，就需要知道修正因子 δ 的估计值；而要获得 h 或 h' 估计值的合成标准不确定度，就需要知道 δ 的估计方差 $u^2(\delta)$。更准确地说，将 5.1.2 中的式(10)应用于(D.3a)和(D.3b)得到 $u_c^2(h)$ 和 $u_c^2(h')$（符号分别为－和＋）。

$$u_c^2=(1\mp\delta)^2u^2(\bar{l})+\bar{l}^2u^2(\delta) \qquad \text{(D.4a)}$$

$$\approx u^2(\bar{l})+\bar{l}^2u^2(\delta) \qquad \text{(D.4b)}$$

为得到 δ 的期望值的估计值和 δ 的方差，假设在压强计中用于测量液柱高度的装置的轴固定在立体角内，倾斜角 β 值的分布是正态分布，其期望值为 0，方差为 σ^2。尽管 β 可正可负，但是对所有的 β 值，其 $\delta=1-\cos\beta$ 是正的。如果不强制要求装置的轴对准，则轴的方向可在一个固定的角度内变化，由此也可能使方位角失准，此时 β 始终是正角。

在有约束或一维的情况下，概率元素 $p(\beta)\mathrm{d}\beta$ 正比于 $\{\exp[-\beta^2/(2\sigma^2)]\}\mathrm{d}\beta$；在不约束或二维的情况下，概率元素正比于 $\{\exp[-\beta^2/(2\sigma^2)]\}\sin\beta\mathrm{d}\beta$ 分布。在两种情况下，都要用概率密度函数 $p(\delta)$ 的表达式去确定式(D.3)和式(D.4)用到的 δ 的期望值和方差。根据这些概率元素可以迅速得到它们，因为可以假设角 β 是很小的，因此 $\delta=1-\cos\beta$ 及 $\sin\beta$ 可以按 β 展开到最低阶，由此得到：$\delta=\beta^2/2$，$\sin\beta\approx\beta=\sqrt{2\delta}$，$\mathrm{d}\beta=\mathrm{d}\delta/\sqrt{2\delta}$。则概率密度函数为：

一维时： $$p(\delta)=\frac{1}{\sigma\sqrt{\pi\delta}}\exp(-\delta/\sigma^2) \qquad \text{(D.5a)}$$

二维时： $$p(\delta)=\frac{1}{\sigma^2}\exp(-\delta/\sigma^2) \qquad \text{(D.5b)}$$

其中，

$$\int_0^\infty p(\delta)\mathrm{d}\delta=1$$

两种情况下修正值 δ 的最可能值为零，根据式(D.5a)和式(D.5b)得到：一维情况下 δ 的期望和方差分别为 $E(\delta)=\sigma^2/2$ 和 $\mathrm{var}(\delta)=\sigma^4/2$；二维情况下 δ 的期望和方差分别为 $E(\delta)=\sigma^2$ 和 $\mathrm{var}(\delta)=\sigma^4$。式(D.3a)、式(D.3b)和式(D.4b)变为：

$$h=\bar{l}[1-(d/2)u^2(\beta)] \qquad \cdots\cdots(\text{D.6a})$$

$$h=\bar{l}[1+(d/2)u^2(\beta)] \qquad \cdots\cdots(\text{D.6b})$$

$$u_c^2(h)=u_c^2(h')=u^2(\bar{l})+(d/2)l^{-2}u^4(\beta) \qquad \cdots\cdots(\text{D.6c})$$

其中，d 是维数($d=1$ 或 2)，$u(\beta)$是角度 β 的标准不确定度，取为假设正态分布的标准差 σ 的最佳估计值，并根据关于测量过程的所有可利用的信息来评定(B 类评定)。这就是与输入量的不确定度有关的被测量估计值的一个例子。

虽然式(D.6a)到式(D.6c)是特定于正态分布，但这种分析也适用于 β 的其他分布。例如，假设 β 为对称矩形分布，在一维情况下其上下限为 $+\beta_0$ 和 $-\beta_0$，在二维情况下其上下限为 $+\beta_0$ 和 0；在一维情况下其期望和方差为 $E(\delta)=\beta_0^2/6$，$\mathrm{var}(\delta)=\beta_0^4/45$；在二维情况下其期望和方差为 $E(\delta)=\beta_0^2/4$，$\mathrm{var}(\delta)=\beta_0^4/48$。

注：这是函数 $Y=f(X_1,X_2,\cdots X_N)$ 按一阶泰勒级数展开的情况来得到 $u_c^2(y)$。因为 f 是非线性的，$\cos\beta\neq\cos\bar{\beta}$(见 5.1.2 的注和 F.2.4)，因此 5.1.2 中的式(10)不再适合。尽管分析可以完全以 β 来进行，但是引入变量 δ 可使问题简化。

另一个例子，反映了量的可能值全部落在单个极限值的一边的情形，是用滴定法测定溶液中成分的浓度，其终点由信号的触发来指示。所加试剂的量总是多于触发信号所需的量，从来不会少。超出极限点的超额滴定是数据分析中必需的变量。这种(和类似)情况下的程序是假设对超额量有一个适当的概率分布，并用它来确定超额量的期望值及方差。

示例：

假设超额量 z 为矩形分布，其下限为 0，上限为 C_0，则超额量的期望值是 $C_0/2$，方差为 $C_0^2/12$。如果超额量的概率密度函数取作 $0\leqslant z<\infty$ 的正态分布，即 $p(z)=(\sigma\sqrt{\pi/2})^{-1}\exp[-z^2/(2\sigma^2)]$，期望为 $\sigma\sqrt{\pi/2}$ 方差为 $\sigma^2(1-2/\pi)$。

D.2.4.5 未修正校准曲线引起的不确定度

6.3.1 的注中讨论了这样一种情况，对于已知的显著系统影响的修正值 b 没有被加到测量结果中去，而是考虑到这种情况后加大了结果的“不确定度”。一个例子是用 $U+b$ 取代扩展不确定度 U，其中 U 是假设 $b=0$ 时得到的扩展不确定度。有时在下述情况下应用这种方法：被测量 Y 是在参数 t 的一个范围内定义的，如温度传感器的校准曲线的情况；U 和 b 也取决于 t；要在 t 的可能值范围内对被测量的所有估计值 $y(t)$ 给出“不确定度”单一值。在这些情况下，测量结果通常报告为：$Y(t)=y(t)\pm[U_{\max}+b_{\max}]$，其中下标“max”表示在所用的 t 值范围内最大的 U 值和最大的已知修正值 b。

虽然本标准对已知的显著系统影响推荐将测量结果进行修正，但这不是总能行得通的，因为在计算和应用每个修正值，以及对每个 $y(t)$ 值计算和使用各自不确定度时，需要付出难以承受的代价。

解决该问题的一个比较简单的符合本标准原则的方法如下：

由下式计算修正值的平均值 $\bar{b}$：

$$\bar{b}=\frac{1}{t_2-t_1}\int_{t_1}^{t_2}b(t)\,\mathrm{d}t \qquad \cdots\cdots(\text{D.7a})$$

其中，t_1 和 t_2 是参数 t 的取值范围。取 $Y(t)$ 的最佳估计为 $y'(t)=y(t)+\bar{b}$，其中 $y(t)$ 是 $Y(t)$ 的最佳未修正估计值。在此取值范围内，平均修正值 $\bar{b}$ 的方差为：

$$u^2(\bar{b})=\frac{1}{t_2-t_1}\int_{t_1}^{t_2}[b(t)-\bar{b}]^2\,\mathrm{d}t \qquad \cdots\cdots(\text{D.7b})$$

上式没有考虑实际确定修正值 $b(t)$ 时的不确定度。由实际确定修正值 $b(t)$ 引起的平均方差为：

$$\overline{u^2[b(t)]}=\frac{1}{t_2-t_1}\int_{t_1}^{t_2}u^2[b(t)]\,\mathrm{d}t \qquad \cdots\cdots(\text{D.7c})$$

其中，$u^2[y(t)]$是修正值$b(t)$的方差。同样，由修正值$b(t)$外的其他所有不确定度来源引起的$y(t)$的平均方差为：

$$\overline{u^2[y(t)]}=\frac{1}{t_2-t_1}\int_{t1}^{t2}u^2[y(t)]\mathrm{d}t \qquad \text{(D.7d)}$$

其中，$u^2[y(t)]$是由$b(t)$外的其他所有不确定度来源引起的$y(t)$的方差。于是，对被测量$Y(t)$的所有估计值$y'(t)=y(t)+\bar{b}$的单个标准不确定度为下式的正平方根：

$$u_c^2[y']=\overline{u^2[y(t)]}+\overline{u^2[b(t)]}+u^2(\bar{b}) \qquad \text{(D.7e)}$$

扩展不确定度U可以用$u_c(y')$乘以一个适当选择的包含因子k得到，即$U=ku_c(y')$，得到$Y(t)=y'(t)\pm U=y(t)+\bar{b}\pm U$。然而，对所有的$t$值使用同一个平均修正值而不是对每个$t$值进行修正时，应清楚地说明$U$代表什么。

D.2.5 测量方法的不确定度

D.2.5.1 与测量方法有关的不确定度分量或许是最难评定的，尤其是当测量方法对结果的变异性影响小于其他已知的因素时。但是，可能还存在一些其他方法，其中有些还是未知的或不切实际的，它们对明显等效的结果会给出有系统性差异的结果。这就意味着与测量方法有关的不确定度一种先验概率分布，而不是可以容易地取样并进行统计处理的分布。因此，即使方法的不确定度占主要地位，评价其标准不确定度所能获得的信息仅仅是人们现有的知识(见 C.4.4)。

注：用不同的方法测定同一被测量，既可在同一实验室也可在不同的实验室进行，或在不同实验室内用相同的方法测量，通常可以对某个特定方法对不确定度的贡献提供有价值的信息。总之，实验室之间交换独立测量的测量标准或标准物质，是评价不确定度结果的可靠性并识别以前未认识到的系统影响的很有效的方法。

D.2.6 样品的不确定度

D.2.6.1 许多测量是将被测样品与有类似特性的已知标准进行比较，例如量块、砝码、电阻器、某些类型的温度计和高纯度材料等。在大多数情况下，测量方法对样品的选择、样品的处理或各种环境影响量的影响不是特别敏感或有负面影响，因为通常这些影响因素对被测样品和标准的影响(通常可以预测)是相同的。

D.2.6.2 一些实际测量中，取样和样品处理对测量的影响很大。在对天然物质的化学分析中就常常如此。不像人工制造的材料具有可被证明的已超过测量所需的均匀性水平，天然材料通常是很不均匀的。这种不均匀性导致两个附加的不确定度分量。第一个评定是要确定所选的样品代表被分析母体材料的充分程度，第二个评定是要确定次要组分(未分析分量)影响测量的程度和测量方法处理这些次要组分的充分程度。

D.2.6.3 在有些情况下，仔细设计实验后就有可能用统计方法来评定样品的不确定度(见 F.5 和 F.5.3.2)。然而，通常当环境影响量对样品的影响较大时，需要评定不确定度的人员具有必要的经验、技能和知识，并能利用所有现有的信息。

附 录 E
（资料性附录）
自由度和置信水平（包含概率）

E.1 引言

E.1.1 本附录将讨论由被测量 Y 的估计值 y 与该估计值的合成标准不确定度 $u_c(y)$ 得到的扩展不确定度的问题，扩展不确定度 $U_p=k_p u_c(y)$，它定义了一个区间 $y-U_p \leqslant Y \leqslant y+U_p$，该区间具有一个很高的已规定的包含概率或置信水平 p。这就涉及如何确定包含因子 k_p，由 k_p 确定了测量结果 y 的一个区间，可期望它以规定的分数 p 包含了合理赋予被测量 Y 的值的分布的大部分（见第 6 章）。

E.1.2 在大多数实际测量情况下，具有规定包含概率的区间计算——实际上是在这种情况下对大多的单个不确定度分量进行评定——仅仅是最佳的近似值。即使对用正态分布所描述的量进行多达 30 次重复观测，其平均值的实验标准差本身具有的不确定度约为 13%（见附录 C 中的表 C.1）。

在大多数情况下，试图去区别诸如后面示例中的区间是没有意义的，例如：一个包含概率为 95%的区间（被测量 Y 的值 20 次测量有 1 次落在区间外）和一个 94%或 96%的区间（分别为 17 次中有 1 次或 25 次中有 1 次落在区间外）。要得到包含概率为 99%（100 次中有 1 次）和更高包含概率的合理区间是很难的，即使假设系统影响未被忽略，因为对输入量的概率分布的最极端部分或“尾巴”部分通常几乎没有信息。

E.1.3 为了得到对应于规定包含概率 p 的区间的包含因子 k_p 值，需要对测量结果及其合成标准不确定度所表征的概率分布有详细的了解。例如：用正态分布描述的一个量 z，其期望值为 μ_z、标准差为 σ，则由 k_p 值得到一个区间 $\mu_z \pm k_p\sigma$，它包含了分布的分数 p，因此具有包含概率或置信水平为 p，此时的值可以迅速计算得到。表 E.1 给出了一些例子。

表 E.1 假设正态分布时具有包含概率 p 的区间的包含因子 k_p 值

包含概率 p/%	包含因子 k_p
68.27	1
90	1.645
95	1.960
95.45	2
99	2.576
99.73	3

注：对比一下，如果 z 是用一个期望值为 μ_z、标准差 $\sigma=a/\sqrt{3}$ 的矩形概率分布描述，a 为分布的半宽度，包含概率 p 为 57.74%时 $k_p=1$；包含概率 p 为 $p=95\%$时 $k_p=1.65$；包含概率 p 为 99%时 $k_p=1.71$；包含概率 p 为 100%时 $k_p \geqslant \sqrt{3} \approx 1.73$。从有限范围和无“尾巴”这个意义上来说，矩形分布比正态分布“窄”。

E.1.4 如果与被测量 Y 有关的输入量 $X_1, X_2, \cdots, X_N$ 的概率分布是已知的[它们的期望、方差和如果不是正态分布时的高阶矩（见 C.2.13 和 C.2.22），以及如果 Y 是输入量的线性函数：$Y=c_1X_1+c_2X_2+\cdots c_NX_N$，则 Y 值的概率分布可以由各个概率分布的卷积得到[10]。于是相应于规定的包含概率 p 的区间的 k_p 值可以根据卷积结果的分布计算得到。

E.1.5 如果 Y 和它的输入量之间的函数关系是非线性的，用一阶泰勒级数展开近似是不够的（见 5.1.2

和 5.1.5)，则 Y 的概率分布不能由各输入量的分布的卷积得到。在这种情况下，需要用其他分析方法或数学方法。

E.1.6 在实践中，因为通常表征输入量概率分布的参数是估计值，要准确知道一个给定区间的包含概率是不现实的，并且因为对概率分布进行卷积的复杂性，当需要计算具有规定包含概率的区间时，很少进行概率分布的卷积运算。通常是利用中心极限定理进行近似。

E.2 中心极限定理

E.2.1 如果 $Y=c_1X_1+c_2X_2+\cdots+c_NX_N=\sum_{i=1}^{N}c_iX_i$ 以及所有的 X_i 都是用正态分布表征的，那么 Y 的卷积分布结果也是正态分布的。然而，即使 X_i 值的分布不是正态的，根据"中心极限定理"，Y 的分布通常可以用正态分布近似。这个定理还说明：如果 X_i 值是独立的，且 $\sigma^2(y)$ 值比任何非正态分布的 X_i 的单个分量 $c_i^2\sigma^2(X_i)$ 都大得多，Y 的分布将是"近似正态"，其期望值 $E(Y)=\sum_{i=1}^{N}c_iE(X_i)$，方差 $\sigma^2(Y)=\sum_{i=1}^{N}c_i^2\sigma^2(X_i)$，其中 $E(X_i)$ 是 X_i 的期望，$\sigma^2(X_i)$ 是 X_i 的方差。

E.2.2 中心极限定理是重要的，因为它表明了输入量的概率分布的方差在确定 Y 的卷积分布的形状时比分布的高阶矩起到了更重要的作用。此外，它意味着当对 $\sigma^2(Y)$ 有贡献的输入量的数量增加时，卷积分布收敛于正态分布。$c_i^2\sigma^2(X_i)$ 相互越接近(相当于在实践中每个输入量的估计值 x_i 对被测量 Y 的估计值 y 的不确定度的贡献是可比拟的)，收敛就越快；X_i 的分布越接近正态，则对 Y 来说成为正态分布所需的 X_i 的个数就越少。

示例：

矩形分布(见 4.3.7 和 4.4.5)是一个非正态分布的极端例子，但即使只有三个这样等宽度的矩形分布，其卷积也接近正态分布。如果每个矩形分布的半宽度是 a，则每个的方差是 $a^2/3$，卷积分布的方差 $\sigma^2=a^2$。卷积分布的 95% 和 99% 包含概率的区间分别为 1.937σ 和 2.379σ，而对标准差同为 σ 的正态分布的相应区间，分别为 1.960σ 和 2.576σ(见表 E.1)[10]。

注 1：对包含概率 p 大于 91.7% 的每个区间，正态分布的 k_p 值大于任意多个任意大小的矩形分布的卷积结果分布的相应值。

注 2：根据中心极限定理，具有期望 μ_q 和标准差 σ 的随机变量 q 的 n 次观测值 q_k 的算术平均值的概率分布，不管 q 的概率分布是什么，当 $n\to\infty$ 时，趋近于期望值为 μ_q 和标准差为 $\sigma/\sqrt{n}$ 的正态分布。

E.2.3 中心极限定理实践结果是：当确定它的条件能近似满足时，特别是如果合成标准不确定度 $u_c(y)$ 主要不是仅由少数观测值的 A 类评定得到的一个标准不确定度分量构成，也主要不是由假设为矩形分布的 B 类评定得到的一个标准不确定度分量构成时，使用合理的一阶近似，计算扩展不确定度 $U_p=k_pu_c(y)$，它提供了一个包含概率为 p 的区间，k_p 值可由正态分布得到。最常用的值在表 E.1 中给出。

E.3 *t* 分布和自由度

E.3.1 为了得到比 E.2.3 中所说的简单地由正态分布得到 k_p 值更好的近似，应认识到计算一个具有规定的包含概率的区间需要的不是变量 $[Y-E(Y)]/\sigma(Y)$ 的分布，而是变量 $(y-Y)/u_c(y)$ 的分布。这是因为在实践中经常得到的是 y，即从 $y=\sum_{i=1}^{N}c_ix_i$ 得到的 Y 的估计值，其中 x_i 是 X_i 的估计值；并且 y 的合成方差 $u_c^2(y)$ 由 $u_c^2(y)=\sum_{i=1}^{N}c_i^2u^2(x_i)$ 评估，其中 $u(x_i)$ 是估计值 x_i 的标准不确定度(估计标准差)。

注：严格来说，在表达式 $(y-Y)/u_c(y)$ 中，Y 应该为 $E(Y)$。为简单起见，本标准中仅在少数几个地方做这种区分。总之，对物理量、代表该量的随机变量和该变量的期望都用同一符号表示(见 4.1.1 的注)。

E.3.2 如果 z 是一个正态分布的随机变量，期望为 μ_z，标准差为 σ，$\overline{z}$ 是 z 的 n 次独立观测值 z_k 的算术平均值，$\overline{z}$ 的实验标准差为 $s(\overline{z})$[见 4.2 中的式(3)和式(5)]，则变量 $t=(\overline{z}-\mu_z)/s(\overline{z})$ 的分布称自由度为 $\nu=n-1$ 的 t 分布或学生分布。

因此，如果被测量 Y 简单地为单个正态分布的量 X，$Y=X$；如果 X 是由 X 的 n 次独立重复观测值 X_k 的算术平均值 $\overline{X}$ 估计的，其实验标准差为 $s(\overline{X})$，则 Y 的最佳估计值是 $y=\overline{X}$，估计值的实验标准差是 $u_c(y)=s(\overline{X})$。则：

$$t=(\overline{z}-\mu_z)/s(\overline{z})=(\overline{X}-X)/s(\overline{X})=(y-Y)/u_c(y)$$

是按照 t 分布而分布的。

$$P_r[-t_p(\nu)\leqslant t\leqslant t_p(\nu)]=p \qquad\text{(E.1a)}$$

或者

$$P_r[-t_p(\nu)\leqslant (y-Y)/u_c(y)\leqslant t_p(\nu)]=p \qquad\text{(E.1b)}$$

也可以写成

$$P_r[y-t_p(\nu)u_c(y)\leqslant Y\leqslant y+t_p(\nu)u_c(y)]=p \qquad\text{(E.1c)}$$

在这些表达式中，$P_r[\ ]$的意思是“概率”，t 因子 $t_p(\nu)$ 是给定自由度参数 ν 时的 t 值(见 E.3.3)——由 $-t_p(\nu)$ 到 $+t_p(\nu)$ 的区间包含了 t 分布的分数 p，因此扩展不确定度：

$$U_p=k_p u_c(y)=t_p(\nu)u_c(y) \qquad\text{(E.1d)}$$

确定了一个区间：$y-U_p$ 到 $y+U_p$，可方便地写为 $Y=y\pm U_p$，该区间可以预期包含了合理的表征 Y 值分布的分数 p，其中 p 是该区间的包含概率或置信水平。

E.3.3 用 n 次独立观测值的算术平均值来估计单个量时，自由度 ν 为 $n-1$，如 E.3.2 中所述。如果 n 次独立观测值用于确定最小二乘法拟合的直线的斜率和截距两个量，则它们各自的标准不确定度的自由度都为 $\nu=n-2$。对由 n 个数据点拟合 m 个参数值的最小二乘法，其每个参数的标准不确定度的自由度是 $\nu=n-m$(对自由度的进一步讨论见参考文献[15])。

E.3.4 根据不同的 ν 值和不同的 p 值选择的 $t_p(\nu)$ 值在表 E.2 中给出。当 $\nu\to\infty$ 时，t 分布趋于正态分布，$t_p(\nu)\approx(1+2/\nu)^{1/2}k_p$，在这个表达式中，$k_p$ 是对一个正态分布变量获得具有包含概率为 p 的区间所需的包含因子。因此对一个给定的 p 在表 E.2 中的 $t_p(\infty)$ 等于表 E.1 中同样 p 时的 k_p 值。

注：通常 t 分布以分位数列表给出 $t_{1-\alpha}$ 的值，其中，$1-\alpha$ 表示累积概率，定义如下：

$$1-\alpha=\int_{-\infty}^{t_{1-\alpha}}f(t,\nu)\mathrm{d}t$$

其中，f 是 t 分布的概率密度函数。因此 t_p 和 $t_{1-\alpha}(\nu)$ 由 $p=1-2\alpha$ 相联系的。例如，$t_{0.975}$ 相应于 $1-\alpha=0.975(\alpha=0.025)$ 时的 $t_{1-\alpha}(\nu)$ 值，等于 $p=0.95$ 时的 $t_p(\nu)$ 值。

E.4 有效自由度

E.4.1 一般情况下，如果 $u_c^2(y)$ 是两个或更多个估计方差分量的合成：$u_i^2(y)=c_i^2u^2(x_i)$(见 5.1.3)，即使每个 x_i 是正态分布输入量 X_i 的估计值，变量 $(y-Y)/u_c(y)$ 的分布也不是 t 分布。然而这个变量的分布可以用 t 分布近似，其有效自由度 ν_{eff} 由韦尔奇-萨特思韦特(Welch-Satterthwaite)公式得到[16][17][18]：

$$\frac{u_c^4(y)}{\nu_{\mathrm{eff}}}=\sum_{i=1}^{N}\frac{u_i^4(y)}{\nu_i} \qquad\text{(E.2a)}$$

或者

$$\nu_{\mathrm{eff}}=\frac{u_c^4(y)}{\sum\limits_{i=1}^{N}\frac{u_i^4(y)}{\nu_i}} \qquad\text{(E.2b)}$$

且

$$\nu_{\text{eff}} \leqslant \sum_{i=1}^{N} \nu_i \qquad \cdots\cdots\cdots\cdots(\text{E.2c})$$

其中，$u_c^2(y)=\sum_{i=1}^{N} u_i^2(y)$（见 5.1.3）。扩展不确定度 $U_p=k_p u_c(y)=t_p(\nu_{\text{eff}})u_c(y)$，由此提供了一个包含概率近似为 p 的区间 $Y=y\pm U_p$。

注 1：如果由式(E.2b)得到的 ν_{eff} 值不是一个整数，实际情况常常如此，可用内插法或将 ν_{eff} 舍位到最接近的一个较小的整数，由表 E.2 查到相应的 t_p 值。

注 2：如果一个输入量的估计值 x_i 本身是由两个或更多个其他估计值得到的，则在式(E.2b)的分母中与 $u_i^4(y)=[c_i^2u^2(x_i)]^2$ 一起使用的 v_i 的值是由相当于式(E.2b)的表达式计算得到的有效自由度。

注 3：根据测量结果的潜在用户的需要，除 ν_{eff} 外，分别处理由 A 类和 B 类评定得到的标准不确定度时可按式(E.2b)计算和报告 ν_{effA} 和 ν_{effB} 值。如果要单独表明 A 类和 B 类评定得到的标准不确定度对 $u_c^2(y)$ 的贡献，可分别用 $u_{cA}^2(y)$ 和 $u_{cB}^2(y)$，这些量的关系为：

$$u_c^2(y)=u_{cA}^2(y)+u_{cB}^2(y)$$

$$\frac{u_c^4(y)}{\nu_{\text{eff}}}=\frac{u_{cA}^4(y)}{\nu_{\text{effA}}}+\frac{u_{cB}^4(y)}{\nu_{\text{effB}}}$$

示例：

设 $Y=f(X_1,X_2,X_3)=bX_1X_2X_3$，及正态分布输入量 X_1,X_2,X_3 的估计值 x_1,x_2,x_3 分别为 $n_1=10,n_2=5,n_3=15$ 次独立重复观测值的算术平均值，其相对标准不确定度 $u(x_1)/x_1=0.25\%$，$u(x_2)/x_2=0.57\%$，$u(x_3)/x_3=0.82\%$。在这种情况下，$c_i=\partial f/\partial X_i=Y/X_i$（在 x_1,x_2,x_3 处评估，见 5.1.3 注 1），$[u_c(y)/y]^2=\sum_{i=1}^{3}[u(x_i)/x_i]^2=(1.03\%)^2$（见 5.1.6 注 2），且式(E.2b)可转换为：

$$\nu_{\text{eff}}=\frac{[u_c(y)/y]^4}{\sum_{i=1}^{3}\frac{[u(x_i)/x_i]^4}{\nu_i}}$$

因此

$$\nu_{\text{eff}}=\frac{1.03^4}{\frac{0.25^4}{10-1}+\frac{0.57^4}{5-1}+\frac{0.82^4}{15-1}}=19.0$$

对 $p=95\%$ 和 $\nu=19$ 的 t_p 值，查表 E.2 表得 $t_{95}(19)=2.09$；因此该包含概率的相对扩展不确定度为 $U_{95}=2.09\times(1.03\%)=2.2\%$，于是 $Y=y\pm U_{95}=y(1\pm 0.022)$（$y$ 由 $y=bx_1x_2x_3$ 确定），或写成 $0.978y\leqslant Y\leqslant 1.022y$，及该区间的包含概率约为 95%。

E.4.2 实际中，$u_c(y)$ 取决于输入量的估计值的标准不确定度 $u(x_i)$，包括正态分布和非正态分布的输入量，$u(x_i)$ 是由基于频率的分布和先验分布得到的（也就是既可由 A 类评定也可由 B 类评定得到）。对于估计值 y 和与 y 有关的输入量的估计值 x_i 都要加类似的说明。然而，函数 $t=(y-Y)/u_c(y)$ 的概率分布可用 t 分布近似，如果它是在期望值附近按泰勒级数展开。大体上，在最低阶近似中用韦尔奇—萨特思韦特公式得到的就是式(E.2a)或式(E.2b)。

当用式(E.2b)计算 ν_{eff} 时，提出了如何确定 B 类评定得到的标准不确定度的自由度的问题。根据自由度的定义认识到，t 分布中出现的 ν 是方差 $s^2(\bar{z})$ 的不确定度的度量，C.4.3 中的式(C.7)可用于定义自由度 ν_i。

$$\nu_i \approx \frac{1}{2}\frac{u^2(x_i)}{2\sigma^2[u(x_i)]}\approx\frac{1}{2}\left[\frac{\Delta u(x_i)}{u(x_i)}\right]^{-2} \qquad \cdots\cdots\cdots\cdots(\text{E.3})$$

式(E.3)方括号中的量是 $u(x_i)$ 的相对不确定度；对 B 类评定的标准不确定度，它是一个主观量，其值是根据综合可得到的信息进行科学判断来得到的。

示例：

如果对输入量的估计值 x_i 及其标准不确定度 $u(x_i)$ 评定的知识导致判断的 $u(x_i)$ 的值有 25% 的可靠性，这就意味着相对不确定度取为 $\Delta u(x_i)/u(x_i)=0.25$，因此由式(E.3)得 $\nu_i=(0.25)^{-2}/2=8$。如果判断 $u(x_i)$ 的值大约有 50% 的可靠性，则 $\nu_i=2$（见附录C中的表C.1）。

E.4.3 在4.3和4.4中关于由先验概率分布评定B类标准不确定度的讨论中，其实假设了由这样评定得到的 $u(x_i)$ 值是准确知道的。例如，在4.3.7和4.4.5中，由假设半宽度 $a=(a_+-a_-)/2$ 的矩形分布得到 $u(x_i)$ 时，$u(x_i)=a/\sqrt{3}$ 被看作为一个没有不确定度的常数，因为 a_+ 和 a_- 及这样得到的 a 是被看作没有不确定度的（但是见4.3.9，注2）。这意味着由式（E.3）看作 $\nu_i\to\infty$ 或 $1/\nu_i\to 0$，但它在评定公式（E.2b）中不会引起麻烦。进一步说，假设 $\nu_i\to\infty$ 不一定是不现实的，通常实际上选择 a_- 和 a_+ 时使被测量值落在 a_- 到 a_+ 区间外的概率是极小的。

E.5 其他考虑

E.5.1 在测量不确定度的文章中找到一种表达式，它常被用于获得具有95%包含概率的区间，该式为：

$$U'_{95}=[t_{95}^2(\nu'_{\text{eff}})s^2+3u^2]^{1/2} \qquad \cdots\cdots(E.4)$$

这里 $t_{95}(\nu'_{\text{eff}})$ 取自 t 分布在自由度为 ν'_{eff} 和 $p=95\%$ 时的值；ν'_{eff} 是由韦尔奇-萨特思韦特公式[式（E.2b）]计算得到的有效自由度，仅考虑在本次测量中由重复观测值统计评定得到的那些标准不确定度分量 s_i；$s^2=\sum c_i^2s_i^2$；$c_i=\partial f\ /\partial\theta x_i$；并且 $u^2=\sum u_j^2(y)=\sum c_j^2(a_j^2/3)$ 考虑了不确定度的所有其他分量，其中 $+a_j$ 和 $-a_j$ 假设为 X_j 相对于最佳估计值 x_j 的准确已知的上限和下限（即 $x_j-a_j\leqslant X_j\leqslant x_j+a_j$）。

注：本次测量外进行重复观测得到的分量也如同 u^2 中包括的其他分量一样处理。因此为了对式（E.4）和下一节中式（E.5）进行有意义的比较，假设如果存在这种分量则是可以忽略的。

E.5.2 如果提供了包含概率为95%的区间的扩展不确定度是根据式E.3和E.4推荐的方法评定的，可用下式代替式（E.4）：

$$U_{95}=t_{95}(\nu_{\text{eff}})(s^2+u^2)^{1/2} \qquad \cdots\cdots(E.5)$$

其中，ν_{eff} 是根据式（E.2b）计算得到的，并且该计算包括了所有的不确定度分量。

在大多数情况下，由式（E.5）得到的 U_{95} 值比由式（E.4）得到的 U'_{95} 值大，如果假设在用式（E.5）评定时，所有的B类方差是由先验矩形分布得到的，该矩形分布的半宽度与用于式（E.4）计算 u^2 的上下限 a_j 一样。这就可以理解，尽管在大多数的情况下 $t_{95}(\nu'_{\text{eff}})$ 稍大于 $t_{95}(\nu_{\text{eff}})$，这两个因子都接近于2。在式（E.5）中 u^2 是乘以 $t_p^2(\nu_{\text{eff}})\approx 4$，而在式（E.4）中是乘以3。虽然 $u^2<<s^2$ 时，两式产生相等的值和 U'_{95}，如果 $u^2>>s^2$ 则 U'_{95} 会比 U_{95} 小13%。因此，一般情况下式（E.4）产生的不确定度提供的区间具有的包含概率比由式（E.5）计算的扩展不确定度提供的区间的包含概率小。

注1：在极限情况下 $u^2/s^2\to\infty$ 且 $\nu_{\text{eff}}\to\infty$，$U'_{95}\to 1.732u$，而 $U_{95}\to 1.960u$。在这种情况下，U'_{95} 提供了一个具有包含概率为91.7%的区间，而 U_{95} 提供了一个具有包含概率为95%的区间。当由上限和下限的估计值获得的分量是主要的，且数量多，并且数值大小与 $u_j^2(y)=c_j^2a_j^2/3$ 相当，这种情况实际上是近似的。

注2：对于正态分布，包含因子 $k=\sqrt{3}\approx 1.732$ 提供了包含概率 $p=91.763\%$ 的区间，这个 p 值与任何其他值相比在一定意义上说是可靠的，也就是对于输入量稍偏离正态的最佳独立。

E.5.3 个别情况，输入量 X_i 是非对称分布的（见4.3.8）。虽然这在评定 X_i 的估计值 $u(x_i)$ 的标准不确定度 $u_c(y)$ 时没有什么区别，在评定 $u_c(y)$ 中也没有什么区别，但它可能会影响 U 的计算。

通常是给出一个对称区间 $Y=y\pm U$，除非区间内正负方向的偏差不同。如果 X_i 的不对称，仅导致由测量结果 y 及其合成标准不确定度 $u_c(y)$ 表征的概率分布出现小的不对称，则因采用对称区间而导致的一侧的概率损失可以由另一侧增加的概率来补偿。另一种方法是给出一个概率对称的区间（因此 U 不对称）：使 Y 落在低于下限 $y-U_-$ 的概率等于 Y 落在高于上限 $y+U_+$ 的概率。但为了引用这样的极限，与简单估计 y 和 $u_c(y)$ 相比需要更多的信息[因此需要每一个输入量 X_i 的简单估计 x_i 和 $u(x_i)$ 外更多的信息]。

E.5.4 这里以 $u_c(y)$、ν_{eff} 和 t 分布的因子 $t_p(\nu_{\text{eff}})$ 评定的扩展不确定 U_p 仅是一种近似，它有局限性。只有在 Y 的分布为正态分布，估计值 y 及其合成标准不确定度 $u_c(y)$ 都是独立的，且假设 $u_c^2(y)$ 的分布是 χ^2 分布时，$(y-Y)/u_c(y)$ 的分布才为 t 分布。式（E.2b）引出的 ν_{eff} 仅涉及了后一个问题，为 $u_c^2(y)$ 提供

了一个近似的 χ^2 分布；另一部分的问题是，要解决由 Y 分布为非正态分布引起的问题，还应考虑除方差外的更高阶矩。

E.6 总结和结论

E.6.1 包含因子 k_p 提供了一个具有接近于规定值的包含概率 p 的区间，如果对每个输入量的概率分布有广泛的了解，并由这些量的分布合成得到输出量的分布，就可能找到 k_p 的值。这里仅有输入量的估计值 x_i 及其标准不确定度 $u(x_i)$ 是不够的。

E.6.2 由于合成概率分布需要大量的计算，所以很难由可获得的信息的范围和可靠性来证实，故采用输出量的近似分布也是可以接受的。根据中心极限定理，通常假设 $(y-Y)/u_c(y)$ 的概率分布为 t 分布，取 $k_p=t_p(\nu_{\text{eff}})$，$\nu_{\text{eff}}$ 由式(E.2b)的韦尔奇-萨特思韦特公式得到，根据 $u_c(y)$ 的有效自由度 ν_{eff} 得到 t 因子。

E.6.3 为了从式(E.2b)得到 ν_{eff}，要求得到每个标准不确定度分量的自由度 ν_i。对于一个由 A 类评定得到的分量，ν_i 是根据相应输入量独立重复观测值的次数和由这些观测值确定的独立量的数目获得的(见 E.3.3)。对于一个由 B 类评定得到的分量，ν_i 是由该分量值判断出的可靠性得到的[见 E.4.2 和式(E.3)]。

E.6.4 计算扩展不确定度优选的方法总结如下，扩展不确定度 $U_p=k_pu_c(y)$ 用于提供一个包含概率约为 p 的区间 $Y=y\pm U_p$：

1) 按第 4 章和第 5 章所述得到 y 和 $u_c(y)$。

2) 根据式(E.2b)的韦尔奇-萨特思韦特公式计算 ν_{eff}(为方便参考，这里重复给出)：

$$\nu_{\text{eff}}=\frac{u_c^4(y)}{\sum_{i=1}^{N}\frac{u_i^4(y)}{\nu_i}} \qquad \text{(E.2b)}$$

如果 $u(x_i)$ 是由 A 类评定得到的，按 E.3.3 提出的要点确定 ν_i。如果 $u(x_i)$ 是由 B 类评定得到并作为准确已知的来处理，实际情况通常如此，$\nu_i\to\infty$；否则，由式(E.3)估计 ν_i。

3) 根据所要求的包含概率 p，从表 E.2 查得 t 分布的因子 $t_p(\nu_{\text{eff}})$。如果 ν_{eff} 不是整数，可将 ν_{eff} 内插或修约到靠近的较小的整数。

4) 取 $k_p=t_p(\nu_{\text{eff}})$，并计算 $U_p=k_pu_c(y)$。

E.6.5 还有一些在实际中很少见的情况，中心极限定理要求的条件不能得到很好地满足，使用 E.6.4 的方法可能会导致不可接受的结果。例如，如果 $u_c(y)$ 中由矩形分布评定的不确定度分量占优势，其界限假设为准确已知，如果 $t_p(\nu_{\text{eff}})>\sqrt{3}$ 由 U_p 定义的区间上限和下限为 $y+U_p$ 和 $y-U_p$，可能落在输出量 Y 的概率分布的界限之外。这种情况应单独处理，但通常可用近似的解析处理(例如，作正态分布与一个矩形分布的卷积[10])。

E.6.6 对于在广阔的领域中进行的许多实际测量，通常具备以下条件：

——被测值 Y 的估计值 y 是由适当个输入量 X_i 的估计值 x_i 得到的，X_i 可用概率分布很好地描述，例如正态分布和矩形分布；

——这些估计值的标准不确定度 $u(x_i)$，可以由 A 类或 B 类评定，对测量结果 y 的合成标准不确定度 $u_c(y)$ 贡献了大小相当的量；

——不确定度传播率的线性近似是适当的(见 5.1.2 和 C.3.1)；

——$u_c(y)$ 的不确定度很小，因为它的有效自由度 ν_{eff} 具有足够大的值，如大于 10。

在这些情况下，因为符合中心极限定理，由测量结果及其合成标准不确定度表征的概率分布可以假设为正态分布；因为 ν_{eff} 足够大，$u_c(y)$ 可以作为正态分布的标准差的可靠估计值。于是，根据本附录中的讨论，包括强调不确定度评定过程的近似性和区分包含概率相差 1% 或 2% 的区间的不实际性，可以做下列工作：

——取 $k=2$ 并假设 $U=2u_c(y)$ 确定一个包含概率为近似 95%的区间；

或，在更严格的应用时，

——取 $k=3$ 并假设 $U=3u_c(y)$ 确定一个包含概率为近似 99%的区间。

虽然这种方法应该适用于很多实际测量，它对任意特定测量的适用性将取决于 $k=2$ 时与 $t_{95}(\nu_{eff})$ 的接近程度或 $k=3$ 时与 $t_{99}(\nu_{eff})$ 的接近程度；也就是说，由 $U=2u_c(y)$ 或 $U=3u_c(y)$ 确定的区间的包含概率分别接近 95%或 99%的程度。虽然对 $\nu_{eff}=11$，$k=2$ 和 $k=3$ 会低估 $t_{95}(11)$ 和 $t_{99}(11)$ 约 10%和 4%(见表 E.2)，这在某些情况下是不能接受的。进而，对所有的稍大于 13 的 ν_{eff} 值，$k=3$ 产生了一个包含概率大于 99%的区间(见表 E.2，该表也表明了对 $\nu_{eff}\to\infty$，由 $k=2$ 和 $k=3$ 产生的区间的包含概率分别为 95.45%和 99.73%)。因此，实际上，ν_{eff} 的大小和对扩展不确定度的要求将决定该方法是否可用。

表 E.2　t 分布的 $t_p(\nu)$ 值表

(自由度为 ν，从 $-t_p(\nu)$ 到 $+t_p(\nu)$ 的区间包含了分布的分数 p)

自由度 ν	p/%					
	68.27[a)]	90	95	95.45[a)]	99	99.73[a)]
1	1.84	6.31	12.71	13.97	63.66	235.80
2	1.32	2.92	4.30	4.53	9.92	19.21
3	1.20	2.35	3.18	3.31	5.84	9.22
4	1.14	2.13	2.78	2.87	4.60	6.62
5	1.11	2.02	2.57	2.65	4.03	5.51
6	1.09	1.94	2.45	2.52	3.71	4.90
7	1.08	1.89	2.36	2.43	3.50	4.53
8	1.07	1.86	2.31	2.37	3.36	4.28
9	1.06	1.83	2.26	2.32	3.25	4.09
10	1.05	1.81	2.23	2.28	3.17	3.96
11	1.05	1.80	2.20	2.25	3.11	3.85
12	1.04	1.78	2.18	2.23	3.05	3.76
13	1.04	1.77	2.16	2.21	3.01	3.69
14	1.04	1.76	2.14	2.20	2.98	3.64
15	1.03	1.75	2.13	2.18	2.95	3.59
16	1.03	1.75	2.12	2.17	2.92	3.54
17	1.03	1.74	2.11	2.16	2.90	3.51
18	1.03	1.73	2.10	2.15	2.88	3.48
19	1.03	1.73	2.09	2.14	2.86	3.45
20	1.03	1.72	2.09	2.13	2.85	3.42
25	1.02	1.71	2.06	2.11	2.79	3.33
30	1.02	1.70	2.04	2.09	2.75	3.27
35	1.01	1.70	2.03	2.07	2.72	3.23

表 E.2（续）

自由度 ν	p/%					
	68.27[a]	90	95	95.45[a]	99	99.73[a]
40	1.01	1.68	2.02	2.06	2.70	3.20
45	1.01	1.68	2.01	2.06	2.69	3.18
50	1.01	1.68	2.01	2.05	2.68	3.16
100	1.005	1.66	1.984	2.025	2.626	3.077
∞	1.000	1.645	1.960	2.000	2.576	3.000

[a] 对某量 z 可用数学期望为 μ_z、标准差 σ 的正态分布描述；区间为 $\mu_z \pm k\sigma$，当 $k=1$、2 和 3 时，该区间包含分布的分数 p=68.27%、95.45%和 99.73%。

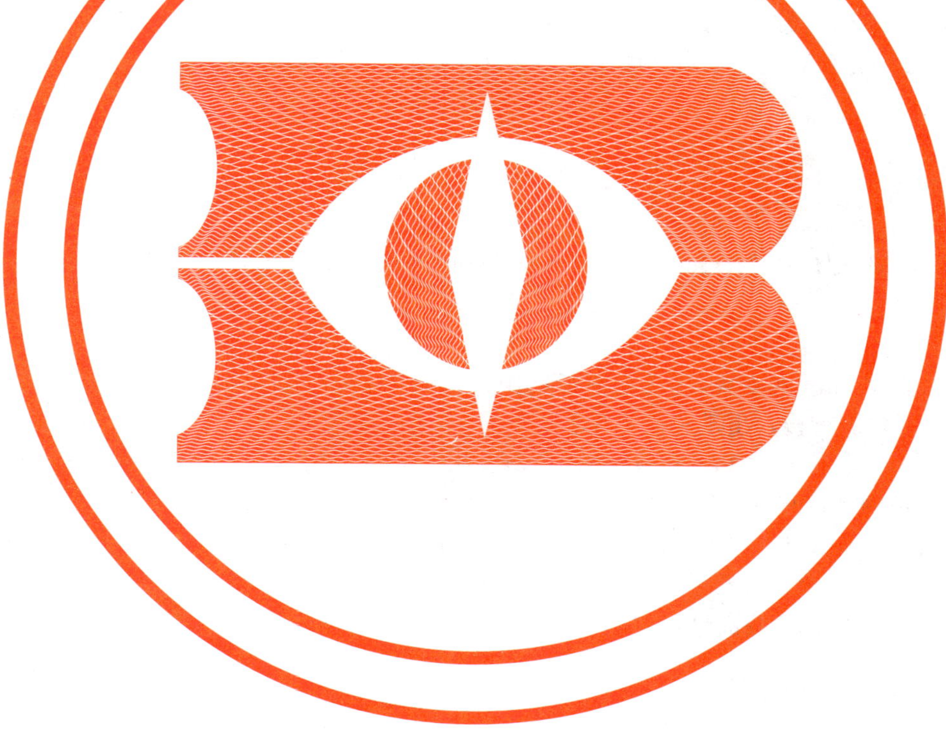

附　录　F
（资料性附录）
示　　例

本附录给出了 F.1 至 F.6 共 6 个示例，其目的是对本标准中关于评定与表示测量不确定度的基本原理给出详细的说明。本附录以及本标准的正文和其他附录中的示例都是用于指导用户将这些原理应用到他们的工作中。

由于举例的目的是为了说明问题，所以做了必要的简化。此外，例子和数据都是用来说明本标准的原理的，因此不应当理解为是实际测量的描述。为了避免舍入误差，这里给出的中间过程计算用的数据比通常保留了更多的位数，这样，所述的若干量的计算结果可能与本文中给出的这些量的数值结果稍有不同。

本标准的前面部分指出，将不确定度分量的评定方法分为 A 类评定和 B 类评定，仅仅是因为方便，对测量结果的合成标准不确定度或扩展不确定度的确定，就不需要分类了，因为所有不确定度分量不论是按哪种方法评定的，处理方法是一样的（参见 B.1.3.4 ，5.1.2 和 C.3.7）。因此，在举例中不专门去识别特定的不确定度分量的评定方法属于哪一类。然而，从讨论中就会很清楚该分量由 A 类评定还是 B 类评定得到。

F.1　量块的校准

这个例子说明，即使一个看起来很简单的测量，也包含了不确定度评定的细节。

F.1.1　测量问题

一个标称值 50 mm 的量块，其长度是通过比较它和已知标准（具备相同的标称长度）的长度得到的。两个量块比较的直接输出是它们的长度差：

$$d = l(1+\alpha\theta) - l_s(1+\alpha_S\theta_S) \qquad \text{(F.1)}$$

其中，l 为被测量，即被校量块在 20 ℃时的长度；

l_s为校准证书上给出的 20 ℃条件下标准量块的长度；

α 和 α_S分别为被校准量块和标准量块的热膨胀系数；

θ 和 θ_S分别为被校准量块和标准量块温度相对于 20 ℃参考温度的偏差。

F.1.2　数学模型

由（F.1）可知，被测量由下式给出：

$$l = \frac{l_S(1+\alpha_S\theta_S)+d}{(1+\alpha\theta)} = l_S + d + l_S(\alpha_S\theta_S - \alpha\theta) + \cdots \qquad \text{(F.2)}$$

如果把被校准量块和标准量块的温差表示为 $\delta\theta=\theta-\theta_S$，热膨胀系数差表示为 $\delta\alpha=\alpha-\alpha_S$，式（F.2）变为

$$l = f(l_S, d, \alpha_S, \theta, \delta\alpha, \delta\theta) = l_S + d - l_S(\delta\alpha \cdot \theta + \alpha_S \cdot \delta\theta) \qquad \text{(F.3)}$$

差值 $\delta\theta$ 和 $\delta\alpha$，估计值为 0，但它们的不确定度不为零；假设 $\delta\alpha$，α_S，$\delta\theta$ 和 θ 不相关（如果被测量用变量 θ，θ_S，α 和 α_S表示，就需要考虑 θ 与 θ_S间及 α 与 α_S间的相关性）。

由式（F.3）可知，被测量 l 的估计值可以简单地表达为 $l_S+\overline{d}$，其中 l_S是校准证书上给出的 20 ℃条件下的标准量块长度，$\overline{d}$ 是 d 的估计值，是 $n=5$ 次独立重复观测的算术平均值。由 5.1.2 的式（10）和式（F.3）可以得到 l 的合成标准不确定度 $u_c(l)$，下面将进行讨论。

注：在该例和其他例子中，为简单起见，一个量与量的估计值用同样的符号。

F.1.3 有贡献的方差

此处及后文中，对本例讨论的有关方法，总结在表 F.1 中。

既然假设 $\delta\alpha=0$，$\delta\theta=0$，将 5.1.2 的式(10)用到式(F.3)上，可以得到：

$$u_c^2(l)=c_S^2u^2(l_S)+c_d^2u^2(d)+c_{\alpha_S}^2u^2(\alpha_S)+c_\theta^2u^2(\theta)+c_{\delta\alpha}^2u^2(\delta\alpha)+c_{\delta\theta}^2u^2(\delta\theta) \quad \cdots\cdots(\text{F.4})$$

其中，

$c_S=\partial f/\partial l_S=1-(\delta\alpha\cdot\theta+\alpha_S\cdot\delta\theta)=1$

$c_d=\partial f/\partial d=1$

$c_{\alpha_S}=\partial f/\partial\alpha_S=-l_S\delta\theta=0$

$c_\theta=\partial f/\partial\theta=-l_S\delta\alpha=0$

$c_{\delta\alpha}=\partial f/\partial\delta\alpha=-l_S\theta$

$c_{\delta\theta}=\partial f/\partial\delta\theta=-l_S\alpha_S$

因此

$$u_c^2(l)=u^2(l_S)+u^2(d)+l_S^2\theta^2u^2(\delta\alpha)+l_S^2\alpha_S^2u^2(\delta\theta) \quad \cdots\cdots\cdots\cdots\cdots\cdots\cdots(\text{F.5})$$

F.1.3.1 标准量块校准引入的不确定度 $u(l_S)$

校准证书给出了标准量块的扩展不确定度 $U=0.075\ \mu\text{m}$，包含因子 $k=3$。那么标准不确定度为：

$$u(l_S)=(0.075\ \mu\text{m})/3=25\ \text{nm}$$

F.1.3.2 测得的长度差引入的不确定度 $u(d)$

用对两个标准量块的长度差进行 25 次独立重复观测的变异性来确定表征 l 和 l_S比较时的合并实验标准差，得到其值为 13 nm。在本次比较时取 5 次重复观测，则 5 次读数的算术平均值的标准不确定度为(见 4.2.4)：

$$u(\overline{d})=s(\overline{d})=(13\ \text{nm})/\sqrt{5}=5.8\ \text{nm}$$

根据比较 l 和 l_S所用的比较仪的校准证书，由于"随机误差"引起的不确定度为$\pm 0.01\ \mu\text{m}$，其包含概率为 95%，并由 6 次重复测量得到；这样，对于自由度 $\nu=6-1=5$，使用 t 因子 $t_{95}(5)=2.57$(参见附录 E，表 E.2)，得到标准不确定度为：

$$u(d_1)=(0.01\ \mu\text{m})/2.57=3.9\ \text{nm}$$

校准证书上给出的由于"系统误差"引起的比较仪的不确定度按 3 倍标准差计为 0.02 μm，由此引入的标准不确定度为：

$$u(d_2)=(0.02\ \mu\text{m})/3=6.7\ \text{nm}$$

由估计方差的和得到总的贡献：

$$u^2(d)=u^2(\overline{d})+u^2(d_1)+u^2(d_2)=93\ \text{nm}^2,$$

$$\text{或 } u(d)=9.7\ \text{nm}$$

F.1.3.3 热膨胀系数引入的不确定度 $u(\alpha_S)$

标准量块的热膨胀系数为 $\alpha_S=11.5\times10^{-6}\ ℃^{-1}$，其不确定性呈矩形分布，区间为$\pm 2\times10^{-6}\ ℃^{-1}$，则标准不确定度为[见 4.3.7 中式(7)]：

$$u(\alpha_S)=(2\times10^{-6}\ ℃^{-1})/\sqrt{3}=1.2\times10^{-6}\ ℃^{-1}$$

由 F.1.3 可知 $c_{\alpha_S}=\partial f/\partial\alpha_S=-l_S\delta\theta=0$，说明该量对 l 的不确定度不引入一阶贡献，然而它具有二阶贡献，关于这方面的问题在 F.1.7 中讨论。

F.1.3.4 量块温度的偏差引入的不确定度

报告给出的测试台温度为(19.9±0.5)℃;单次观测时的温度没有记录,说明温度的最大偏差为Δ=0.5 ℃,也就是说,在热作用系统下温度的近似周期性变化的幅度为0.5 ℃,这个数值不是平均温度的不确定度,平均温度的偏差值为:

$\bar{\theta}=19.9\ ℃-20\ ℃=-0.1\ ℃$

由于测试台的平均温度的不确定性引起的$\bar{\theta}$的标准不确定度为:

$u(\bar{\theta})=0.2\ ℃$

当温度随时间周期变化,将产生温度的U形(反正弦)分布,引入的标准不确定度为:

$u(\Delta)=(0.5\ ℃)/\sqrt{2}=0.35\ ℃$

温度偏差θ可取为等于$\bar{\theta}$,则θ的标准不确定度为:

$u^2(\theta)=u^2(\bar{\theta})+u^2(\Delta)=0.165\ ℃^2$

得到,$u(\theta)=0.41\ ℃$

由F.1.3可知$c_\theta=\partial f/\partial\theta=-l_S\delta\alpha=0$,这一不确定度也对$l$的不确定度不引入一阶贡献,然而它具有二阶贡献,见F.1.7。

表 F.1 标准不确定度分量汇总表

标准不确定度分量 $u(x_i)$	不确定度来源	标准不确定度值 $u(x_i)$	$c_i\equiv\partial f/\partial x$	$u_i(l)\equiv\|c_i\|u(x_i)$ (nm)	自由度
$u(l_S)$	标准量块的校准	25 nm	1	25	18
$u(d)$	测得的量块间的差值	9.7 nm	1	9.7	25.6
$u(\bar{d})$	重复观测	5.8 nm			24
$u(d_1)$	比较仪的随机影响	3.9 nm			5
$u(d_2)$	比较仪的系统影响	6.7 nm			8
$u(\alpha_S)$	标准量块的热膨胀系数	$1.2\times10^{-6}\ ℃^{-1}$	0	0	
$u(\theta)$	测试台的温度	0.41 ℃	0	0	
$u(\bar{\theta})$	测试台的平均温度	0.2 ℃			
$u(\Delta)$	室温的周期变化	0.35 ℃			
$u(\delta\alpha)$	量块膨胀系数的差异	$0.58\times10^{-6}\ ℃^{-1}$	$-l_S\theta$	2.9	50
$u(\delta\theta)$	量块的温度差异	0.029 ℃	$-l_S\alpha_S$	16.6	2
$u_c^2(l)=\sum u_i^2(l)=1\ 002\ \text{nm}^2$ $u_c(l)=32\ \text{nm}$ $\nu_{eff}(l)=16$					

F.1.3.5 膨胀系数差异引入的不确定度 $u(\delta\alpha)$

$\delta\alpha$的变异性估计限为$\pm1\times10^{-6}\ ℃^{-1}$,$\delta\alpha$的任意值以等概率落在此范围内,其标准不确定度为

$$u(\delta\alpha)=(1\times10^{-6}\ ℃^{-1})/\sqrt{3}=0.58\times10^{-6}\ ℃^{-1}$$

F.1.3.6 量块的温度差引入的不确定度 $u(\delta\theta)$

标准量块和被校准量块被认为是在同一温度下,但实际上存在着温度差,温度差以等概率落在估计

区间-0.05 ℃到0.05 ℃内，则标准不确定度为：

$$u(\delta\theta)=(0.05\ ℃)/\sqrt{3}=0.029\ ℃$$

F.1.4 合成标准不确定度

由式(F.5)可以计算合成标准不确定度$u_c(l)$，代入所有分项可以得到：

$$u_c^2(l)=(25\ \text{nm})^2+(9.7\ \text{nm})^2+(0.05\ \text{m})^2(-0.1\ ℃)^2(0.58\times10^{-6}\ ℃^{-1})^2+(0.05\ \text{m})^2(11.5\times10^{-6}\ ℃^{-1})^2(0.029\ ℃)^2 \quad\cdots\cdots(\text{F.6a})$$

$$=(25\ \text{nm})^2+(9.7\ \text{nm})^2+(2.9\ \text{nm})^2+(16.6\ \text{nm})^2=1\ 002\ \text{nm}^2 \quad\cdots\cdots(\text{F.6b})$$

或

$$u_c(l)=32\ \text{nm} \quad\cdots\cdots(\text{F.6c})$$

很明显，不确定度的主要分量是标准量块的不确定度$u(l_S)=25$ nm。

F.1.5 最终结果

校准证书给出了标准量块20 ℃时的长度为$l_S=50.000\ 623$ mm。被测量块和标准量块的长度差的5次重复观测结果的算术平均值$\overline{d}$为215 nm。这样，由F.1.2有$l=l_S+\overline{d}$，则被测量块的长度在20 ℃时为50.000 838 mm。根据7.2.2，测量的最终结果可以表示为：$l=50.000\ 838$ mm，合成标准不确定度$u_c=32$ nm。相应的相对合成标准不确定度为$u_c/l=6.4\times10^{-7}$。

F.1.6 扩展不确定度

假设需要得到扩展不确定度$U_{99}=k_{99}u_c(l)$，它提供一个包含概率近似为99%的区间。使用的步骤总结在E.6.4中，自由度见表F.1，过程如下：

1) 标准量块校准引入的不确定度，$u(l_S)$ [F.1.3.1]。校准证书说明，计算扩展不确定度所引用的合成标准不确定度的有效自由度为$\nu_{eff}(l_S)=18$。

2) 测得的长度差引入的不确定度，$u(d)$ [F.1.3.2]。尽管$\overline{d}$由5次重复测量得到，因为$u(\overline{d})$是根据25次观测的合并实验标准差得到的，所以，$u(d)$的自由度为$\nu(\overline{d})=25-1=24$(见F.3.6，注)。比较仪由于随机影响引起的不确定度$u(d_1)$的自由度$\nu(d_1)=6-1=5$，因为d_1是由6次重复测量得到。比较仪由系统影响引入的不确定度±0.02 μm可以假设为可靠到25%，因此由E.4.2的(E.3)得到自由度为$\nu(d_2)=8$(参见E.4.2的示例)。$u(d)$的有效自由度$\nu_{eff}(d)$，可由E.4.1的式(E.2b)得到：

$$\nu_{eff}(d)=\frac{[u^2(\overline{d})+u^2(d_1)+u^2(d_2)]^2}{\dfrac{u^4(\overline{d})}{\nu(\overline{d})}+\dfrac{u^4(d_1)}{\nu(d_1)}+\dfrac{u^4(d_2)}{\nu(d_2)}}=\frac{(9.7\ \text{nm})^4}{\dfrac{(5.8\ \text{nm})^4}{24}+\dfrac{(3.9\ \text{nm})^4}{5}+\dfrac{(6.7\ \text{nm})^4}{8}}=25.6$$

3) 膨胀系数差值引入的不确定度，$u(\delta\alpha)$ [F.1.3.5]。$\delta\alpha$的变异性的估计限为$\pm1\times10^{-6}$℃$^{-1}$，它要求可靠到10%。由E.4.2中的式(E.3)可以得到$\nu(\delta\alpha)=50$。

4) 量块温度差引入的不确定度，$u(\delta\theta)$ [F.1.3.6]。温度差异$\delta\theta$的估计区间为-0.05 ℃到$+0.05$ ℃，相信可靠到50%，由E.4.2中的式(E.3)可以得到$\nu(\delta\theta)=2$。

由E.4.1中的式(E.2b)的步骤计算$\nu_{eff}(l)$的方法与上面2)中计算$\nu_{eff}(d)$的方法完全一样。因此，由(F.6b)和(F.6c)及由1)到4)给出的自由度值可得到：

$$\nu_{eff}(l)=\frac{(32\ \text{nm})^4}{\dfrac{(25\ \text{nm})^4}{18}+\dfrac{(9.7\ \text{nm})^4}{25.6}+\dfrac{(2.9\ \text{nm})^4}{50}+\dfrac{(16.6\ \text{nm})^4}{2}}=16.7$$

为了得到所需的扩展不确定度，该值截到相近的最小整数，即 $\nu_{\text{eff}}(l)=16$，根据附录 E 中的表 E.2 可知，$t_{99}(16)=2.92$，因此 $U_{99}=t_{99}(16)u_c(l)=2.92\times(32\ \text{nm})=93\ \text{nm}$。根据 7.2.4，最后的测量结果可以表述为：

$$l=(50.000\ 838\pm0.000\ 093)\text{mm}$$

其中"±"号后的数字为扩展不确定度 $U=ku_c$，U 由合成标准不确定度 $u_c=32$ nm 和包含因子 $k=2.92$（基于 t 分布，自由度 $\nu=16$）来确定。该扩展不确定度规定了一个包含概率为 99%的估计区间。相应的相对扩展不确定度为 $U/l=1.9\times10^{-6}$。

F.1.7 二阶项

5.1.2 的注指出，用于得到合成标准不确定度 $u_c(l)$ 的式(10)，如果函数 $Y=f(X_1,X_2\cdots X_N)$ 的非线性足够明显，使得泰勒展开式中的高次项不能被忽略时，式(10)应扩项。本例正是这种情况，所以在此前所进行的 $u_c(l)$ 的评定是不完全的，将 5.1.2 的注中提供的公式应用到式(F.3)，实际上产生了两项明显的、不能忽略的二次项（源自该注的表达式中的平方项），这两项被加进了式(F.5)：

$$l_S^2u^2(\delta\alpha)u^2(\theta)+l_S^2u^2(\alpha_S)u^2(\delta\theta)$$

但是这些项中只有第一项对 $u_c(l)$ 贡献较大：

$l_Su(\delta\alpha)u(\theta)=(0.05\ \text{m})(0.58\times10^{-6}\ ℃^{-1})(0.41\ ℃)=11.7\ \text{nm}$

$l_Su(\alpha_S)u(\delta\theta)=(0.05\ \text{m})(1.2\times10^{-6}\ ℃^{-1})(0.029\ ℃)=1.7\ \text{nm}$

这个二阶项使 $u_c(l)$ 从 32 nm 增到 34 nm。

F.2 同时测量电阻和电抗

本例说明在同一测量中同时确定多个被测量或多个输出量时的处理方法及它们的估计值的相关性处理。此处只考虑观测值的随机变化；实际上，对系统影响进行修正的修正值的不确定度也对测量结果的不确定度有贡献，对数据用两种不同的方法进行分析，得到基本相同的数值。

F.2.1 测量问题

电路元件的电阻 R 和电抗 X 的测量方法：测量其两端的正弦波交流电位差的幅度 V，测量通过它的交流电流的幅度 I，以及交流电位差相对于交流电流的相移角 ϕ。这样，三个输入量为 V、I、ϕ，三个输出量 R、X 和 Z——被测量为三个阻抗成分。因为 $Z^2=R^2+X^2$，因此实际上只有两个独立的输出量。

F.2.2 数学模型和数据

根据欧姆定律，输入量和被测量的关系为：

$$R=\frac{V}{I}\cos\phi;X=\frac{V}{I}\sin\phi;Z=\frac{V}{I} \quad\cdots\cdots\cdots\cdots(\text{F.7})$$

对输入量 V、I 和 ϕ 的 5 组同时独立的观测值是在类似条件下得到的，数据由表 F.2 给出。根据4.2 中式(3)和式(5)进行算术平均值和实验标准差的计算，结果也在表中给出。取平均值作为输入量的期望的最佳估计，且把实验标准差作为这些平均值的标准不确定度。

由于平均值 $\overline{V}$、$\overline{I}$ 和 $\overline{\phi}$ 同时观测得到，它们是相关的，而且其相关性应考虑进被测量 R、X 和 Z 的标准不确定度评定中。所需的相关系数由 5.2.2 的式(14)得到，$s(\overline{V},\overline{I})$，$s(\overline{V},\overline{\phi})$ 和 $s(\overline{I},\overline{\phi})$ 的值由 5.2.3 的

式(17)计算而来。结果见表F.2,表中$r(x_i,x_j)=r(x_j,x_i)$且$r(x_i,x_i)=1$。

表 F.2　由五组同时观测值得到的输入量 V、I 和 ϕ 的值

组数 k	输入量		
	V/V	I/mA	ϕ/rad
1	5.007	19.663	1.045 6
2	4.994	19.639	1.043 8
3	5.005	19.640	1.046 8
4	4.990	19.685	1.042 8
5	4.999	19.678	1.043 3
算术平均值	$\overline{V}=4.999\ 0$	$\overline{I}=19.661\ 0$	$\overline{\phi}=1.044\ 46$
均值的实验标准差	$s(\overline{V})=0.003\ 2$	$s(\overline{I})=0.009\ 5$	$s(\overline{\phi})=0.000\ 75$
相关系数			
$r(\overline{V},\overline{I})=-0.36$			
$r(\overline{V},\overline{\phi})=0.86$			
$r(\overline{I},\overline{\phi})=-0.65$			

F.2.3　结果:方法1

方法1由表F.3汇总。

3个被测量R、X和Z的值用表F.2给出的V、I和ϕ的平均值$\overline{V}$、$\overline{I}$和$\overline{\phi}$代入式(F.7)得到,R、X和Z的标准不确定度由5.2.2的式(16)得到,正如以上指出的,输入量$\overline{V}$、$\overline{I}$和$\overline{\phi}$是相关的。作为一个例子,考虑$Z=\overline{V}/\overline{I}$。用$x_1$表示$\overline{V}$,用$x_2$表示$\overline{I}$,用$Z=\overline{V}/\overline{I}$表示$f$,由5.2.2中的式(16)可以得到$Z$的合成标准不确定度:

$$u_c^2(Z)=\left(\frac{1}{\overline{I}}\right)^2u^2(\overline{V})+\left(\frac{\overline{V}}{\overline{I}}\right)^2u^2(\overline{I})+2\left(\frac{1}{\overline{I}}\right)\left(-\frac{\overline{V}}{\overline{I}^2}\right)u(\overline{V})u(\overline{I})r(\overline{V},\overline{I})\qquad\text{(F.8a)}$$

$$=Z^2\left[\frac{u(\overline{V})}{\overline{V}}\right]^2+Z^2\left[\frac{u(\overline{I})}{\overline{I}}\right]^2-2Z^2\left[\frac{u(\overline{V})}{\overline{V}}\right]\left[\frac{u(\overline{I})}{\overline{I}}\right]r(\overline{V},\overline{I})\qquad\text{(F.8b)}$$

$$\text{或}\ u_{c,r}^2(\overline{Z})=u_r^2(\overline{V})+u_r^2(\overline{I})-2u_r(\overline{V})u_r(\overline{I})r(\overline{V},\overline{I})\qquad\text{(F.8c)}$$

其中,$u(\overline{V})=s(\overline{V})$,$u(\overline{I})=s(\overline{I})$,最后一个表达式中的$r$表明$u$是相对不确定度。把表F.2中的相关数据代入式(F.8a),可以得到$u_c(Z)=0.236\ \Omega$。

因为三个被测量或输出量取决于同样的输入量,所以它们也是相关的。描述这种相关性的协方差矩阵的元素可写成:

$$u(y_l,y_m)=\sum_{i=1}^{N}\sum_{j=1}^{N}\frac{\partial y_l}{\partial x_i}\frac{\partial y_m}{\partial x_j}u(x_i)u(x_j)r(x_i,x_i)\qquad\text{(F.9)}$$

其中,$y_l=f_l(x_1,x_2,\cdots x_N)$,$y_m=f_m(x_1,x_2,\cdots x_N)$。式(F.9)是D.1.2.3中式(D.2)中$q_l$相关时的通用式。输出量的估计相关系数由$r(y_l,y_m)=u(y_l,y_m)/u(y_l)u(y_m)$给出,说明见5.2.2的式

(14)。可以证明,协方差矩阵的对角线元素 $u(y_l,y_l)\equiv u^2(y_l)$ 是输出量 y_l 的估计方差(参见 5.2.2 的注 2),当 $m=l$ 时,式(F.9)等同于 5.2.2 的式(16)。

为将式(F.9)用于本例,作以下的标识:

$y_1=R,x_1=\overline{V},u(x_i)=s(x_i)$

$y_2=X,x_2=\overline{I},N=3$

$y_3=Z,x_3=\overline{\phi}$

R、X 和 Z 的计算结果,以及它们的估计方差、相关系数由表 F.3 给出。

表 F.3　输出量 R、X 和 Z 的计算值:方法 1

被测量序号 l	被测量估计值 y_l 与输入量的估计值 x_i 的关系	测量结果 y_l 的估计值	测量结果的合成标准不确定度 $u_c(y_l)$
1	$y_1=R=(\overline{V}/\overline{I})\cos\overline{\phi}$	$y_1=R=127.732\ \Omega$	$u_c(R)=0.071\ \Omega$, $u_c(R)/R=0.06\times10^{-2}$
2	$y_2=X=(\overline{V}/\overline{I})\sin\overline{\phi}$	$y_2=X=219.847\ \Omega$	$u_c(X)=0.295\ \Omega$, $u_c(X)/X=0.13\times10^{-2}$
3	$y_3=Z=\overline{V}/\overline{I}$	$y_3=Z=254.260\ \Omega$	$u_c(Z)=0.236\ \Omega$, $u_c(Z)/Z=0.09\times10^{-2}$
相关系数 $r(y_l,y_m)$			
$r(y_1,y_2)=r(R,X)=-0.588$			
$r(y_1,y_3)=r(R,Z)=-0.485$			
$r(y_2,y_3)=r(X,Z)=-0.993$			

F.2.4　结果:方法 2

方法 2 由表 F.4 汇总。

因为已经获得了 3 个输入量 V、I 和 ϕ 的 5 组观测值的数据,可以根据每组输入数据计算出 R、X 和 Z 的值,取 5 个值的算术平均值为 R、X 和 Z 的最佳估计值。于是,每个平均值的实验标准差(即其合成标准不确定度)可用常用的方法[4.2.3 的式(5)]由 5 个单值计算得到;3 个平均值的估计协方差可用 5.2.3 中式(17)由每个平均值获得的 5 个单值计算得到。除了对二阶影响要用 $\overline{V}/\overline{I}$ 代替 $\overline{VI}$,$\overline{\cos\phi}$ 代替 $\cos\overline{\phi}$ 以外,两种方法提供的输出值、标准不确定度,以及估计的协方差都没有区别。

为了说明这一方法,表 F.4 给出了由每组观测值计算得到的 R、X 和 Z 值。算术平均值、标准不确定度、估计的相关系数都直接由这些值计算得到。该方法得到的数学结果和表 F.3 给出的结果没有什么差别。

表 F.4 输出量 R、X 和 Z 的计算值：方法 2

设置值 k	单次测量值		
	$R=(V/I)\cos\phi$ Ω	$X=(V/I)\sin\phi$ Ω	$Z=V/I$ Ω
1	127.67	220.32	254.64
2	127.89	219.79	254.29
3	127.51	220.64	254.84
4	127.71	218.97	253.49
5	127.88	219.51	254.04
算术平均值	$y_1=\overline{R}=127.732$	$y_2=\overline{X}=219.847$	$y_3=\overline{Z}=254.260$
平均值的实验标准差	$s(\overline{R})=0.071$	$s(\overline{X})=0.295$	$s(\overline{Z})=0.236$
	相关系数 $r(y_l,y_m)$		
	$r(y_1,y_2)=r(\overline{R},\overline{X})=-0.588$		
	$r(y_1,y_3)=r(\overline{R},\overline{Z})=-0.485$		
	$r(y_2,y_3)=r(\overline{X},\overline{Z})=0.993$		

在 4.1.4 的注中，方法 2 是由 $\overline{Y}=(\sum_{k=1}^{n}Y_k)/n$ 获得估计值 y，而方法 1 是由 $y=f(\overline{X}_1,\overline{X}_2,\cdots\overline{X}_N)$ 获得估计值 y。就像注中指出的那样，一般情况下，如果 f 是输入量(假设执行方法 1 时已经考虑了实验观测值的相关系数)的线性函数，两种方法将给出同样的结果。如果 f 不是一个线性函数，那么方法 1 的结果将和方法 2 的结果有所不同，不同程度取决于非线性程度、X_i 的估计方差和协方差，可参考表达式：

$$y=f(\overline{X}_1,\overline{X}_2,\cdots\overline{X}_N)+\frac{1}{2}\sum_{i=1}^{N}\sum_{j=1}^{N}\frac{\partial^2 f}{\partial \overline{X}_i\partial \overline{X}_j}u(\overline{X}_i,\overline{X}_j)+\cdots \qquad \text{(F.10)}$$

其中，公式右边第二项是以项 $\overline{X}_i$ 对 f 的泰勒级数展开中的二阶项(也见于 5.1.2，注)。在目前的情况下，方法 2 更好，因为它避免了 $y=f(\overline{X}_1,\overline{X}_2,\cdots\overline{X}_N)$ 的近似，更好地反映了测量过程——数据实际上是以组为单位采集的。

另一方面，如果表 F.2 中的数据代表了电位差 V 的 $n_1=5$ 次观测，电流 I 的 $n_2=5$ 次观测和相位 ϕ 的 $n_3=5$ 次观测，但如果 $n_1\neq n_2\neq n_3$(事实上，这是很差的测量程序，因为通过一个固定阻抗的电位差和电流是直接相关的)，则方法 2 就会不合适。

如果表 F.2 的数据以这种方式重新解释，方法 2 就不合适了，如果量 V、I 和 ϕ 之间不相关，或没有明显的相关性，则相关系数应设为 0。此时，式(F.9)就简化为 D.1.2.3 的式(D.2)，即：

$$u(y_l,y_m)=\sum_{i=1}^{N}\frac{\partial y_l}{\partial x_i}\frac{\partial y_m}{\partial x_i}u^2(x_i) \qquad \text{(F.11)}$$

将表 F.2 的数据带入，引起表 F.3 中的变化示于表 F.5。

表 F.5 假设表 F.2 中相关系数为 0 时表 F.3 的变化

测量结果的合成标准不确定度 $u_c(y_l)$
$u_c(R)=0.195\ \Omega, u_c(R)/R=0.15\times10^{-2}$
$u_c(X)=0.201\ \Omega, u_c(X)/X=0.09\times10^{-2}$
$u_c(Z)=0.204\ \Omega, u_c(Z)/Z=0.08\times10^{-2}$
相关系数 $r(y_l, y_m)$
$r(y_1,y_2)=r(R,X)=0.056$ $r(y_1,y_3)=r(R,Z)=0.527$ $r(y_2,y_3)=r(X,Z)=0.878$

F.3 温度计的校准

该例说明了使用最小二乘法获取线性校准曲线，以及如何用拟合的参数：截距、斜率和它们的估计方差与协方差，由曲线获得修正值及其标准不确定度。

F.3.1 测量问题

温度计是用与已知的参考温度相比较的方法校准的。温度计的温度读数为 t_k，进行了 11 次读数，每个读数的不确定度可忽略，相应的已知参考温度为 $t_{R,k}$，其温度范围为 21 ℃到 27 ℃，由此获得读数的修正量为 $b_k=t_{R,k}-t_k$，测得的修正量 b_k 和测得的温度 t_k 是输入量。线性校准曲线为

$$b(t)=y_1+y_2(t-t_0) \quad\text{(F.12)}$$

是用最小二乘法对测得的修正值和温度拟合成直线。其中，参数 y_1 和 y_2，分别代表了校准曲线的截距和斜率，是两个待测定的被测量或输出量。温度 t_0 是所选择的准确的参考温度；用最小二乘法拟合而确定的不是一个独立的参数。一旦找到了 y_1 和 y_2 以及它们的估计方差和协方差，式(F.12)用于预测温度计任意一个温度值 t 的修正值和修正值的标准不确定度。

F.3.2 最小二乘法拟合

根据最小二乘法和 F.3.1 的假设条件，输出量 y_1 和 y_2 以及它们的估计方差、协方差在下式之和为最小时得到。

$$S=\sum_{k=1}^{n}[b_k-y_1-y_2(t_k-t_0)]^2$$

这就导出了 y_1 和 y_2 的以下各式，它们的实验方差 $s^2(y_1)$ 和 $s^2(y_2)$，它们的估计的相关系数 $r(y_1, y_2)=s(y_1, y_2)/s(y_1)s(y_2)$，其中 $s(y_1, y_2)$ 是估计的协方差。

$$y_1=\frac{(\sum b_k)(\sum\theta_k^2)-(\sum b_k\theta_k)(\sum\theta_k)}{D} \quad\text{(F.13a)}$$

$$y_2=\frac{n\sum b_k\theta_k-(\sum b_k)(\sum\theta_k)}{D} \quad\text{(F.13b)}$$

$$s^2(y_1)=\frac{s^2\sum\theta_k^2}{D} \quad\text{(F.13c)}$$

$$s^2(y_2)=n\frac{s^2}{D} \quad\text{(F.13d)}$$

$$r(y_1,y_2)=-\frac{\sum\theta_k}{\sqrt{n\sum\theta_k^2}} \qquad \cdots\cdots(\text{F.13e})$$

$$s^2=\frac{\sum[b_k-b(t_k)]^2}{n-2} \qquad \cdots\cdots(\text{F.13f})$$

$$D=n\sum\theta_k^2-(\sum\theta_k)^2=n\sum(\theta_k-\bar{\theta})^2=n\sum(t_k-\bar{t})^2 \qquad \cdots\cdots(\text{F.13g})$$

其中,所有的求和都是从 $k=1$ 到 n,$\theta_k=t_k-t_0$,$\bar{\theta}=(\sum\theta_k)/n$,并且$\bar{t}=(\sum t_k)/n$;$[b_k-b(t_k)]$是在 t_k温度时测得或观测到的修正值 b_k 与拟合曲线 $b(t)=y_1+y_2(t-t_0)$上在 t_k时预示的修正值 $b(t_k)$之间的差值;方差 s^2是总的拟合的不确定度的度量,其中因子 $n-2$ 反映了这样一个事实,即由 n 次观测确定两个参数 y_1和 y_2,s^2的自由度为 $\nu=n-2$(见 E.3.3)。

F.3.3 结果的计算

被拟合的数据在表 F.6 的第二列和第三列给出,取 $t_0=20$ ℃作为参考温度,应用(F.13a)到(F.13g)可以得到:

$y_1=-0.171\ 2$ ℃,$s(y_1)=0.002\ 9$ ℃

$y_2=0.002\ 18$,$s(y_2)=0.000\ 67$

$r(y_1,\ y_2)=-0.930$,$s=0.003\ 5$ ℃

斜率 y_2比其标准不确定度大了 3 倍还多,说明需要一个校准曲线,而不是用一个固定的平均修正值。

表 F.6 用最小二乘法得到温度计线性校准曲线时所用的数据

读数序号 k	温度计的读数 t_k ℃	观测的修正值 $b_k=t_{\text{R},k}-t_k$ ℃	预计的修正值 $b(t_k)$ ℃	观测值与预计的修正值之差 $b_k-b(t_k)$ ℃
1	21.521	−0.171	−0.167 9	−0.003 1
2	22.012	−0.169	−0.166 8	−0.002 2
3	22.512	−0.166	−0.165 7	−0.000 3
4	23.003	−0.159	−0.164 6	+0.005 6
5	23.507	−0.164	−0.163 5	−0.000 5
6	23.999	−0.165	−0.162 5	−0.002 5
7	24.513	−0.156	−0.161 4	+0.005 4
8	25.002	−0.157	−0.160 3	+0.003 3
9	25.503	−0.159	−0.159 2	+0.000 2
10	26.010	−0.161	−0.158 1	−0.002 9
11	26.511	−0.160	−0.157 0	−0.003 0

那么,校准曲线表示为:

$$b(t)=-0.171\ 2(29)\ ℃+0.002\ 18(67)\times(t-20\ ℃) \qquad \cdots\cdots(\text{F.14})$$

其中,括号内的数字是标准不确定度数值。与所说明的截距和斜率的结果的最后位数字相对齐(见 7.2.2),这一公式给出了修正量 $b(t)$在任意温度点 t 上的预计值,特别是 $t=t_k$时的值 $b(t_k)$,表的第 4 列给出了这些值。最后一列给出了测得值与预计值之间的差值 $b_k-b(t_k)$。这些差值的分析可用于检查线性模型的有效性;有正规的检验方法(见参考文献[8]),但在本例中不作考虑。

F.3.4 预计值的不确定度

修正值的预计值的合成标准不确定度的表达式可由不确定度传播律,将5.2.2中式(16)应用到式(F.12)。注意:$b(t)=f(y_1,y_2)$,且 $u(y_1)=s(y_1)$,$u(y_2)=s(y_2)$,得到:

$$u_c^2[b(t)]=u^2(y_1)+(t-t_0)^2u^2(y_2)+2(t-t_0)u(y_1)u(y_2)r(y_1,y_2) \quad \cdots\cdots(\text{F.15})$$

估计方差 $u_c^2[b(t)]$在 $t_{\min}=t_0-u(y_1)r(y_1,y_2)/u(y_2)$时为最小,此时 $t_{\min}=24.008\ 5$ ℃。作为使用式(F.15)的一个例子,要求在 $t=30$ ℃时的温度计修正值及其不确定度,这个温度是在温度计实际校准温度的范围外。将 $t=30$ ℃代入式(F.14)有 $b(30\ ℃)=-0.149\ 4$ ℃,而式(F.15)变为

$$u_c^2[b(30\ ℃)]=(0.002\ 9\ ℃)^2+(10\ ℃)^2\times(0.000\ 67)^2+2\times(10\ ℃)\times(0.002\ 9\ ℃)\times(0.000\ 67)\times(-0.930)$$
$$=17.1\times10^{-6}℃^2$$

或 $u_c[b(30\ ℃)]=0.004\ 1$ ℃

这样,30 ℃时的修正值为$-0.149\ 4$ ℃,其合成标准不确定度 $u_c=0.004\ 1$ ℃,自由度 $\nu=n-2=9$。

F.3.5 消除截距和斜率间的相关性

相关系数 $r(y_1, y_2)$的式(F.13e)表明:如果 t_0选得恰到好处,那么 $\sum_{k=1}^{n}\theta_k=\sum_{k=1}^{n}(t_k-t_0)=0$,则 $r(y_1, y_2)=0$,即 y_1和 y_2不相关,从而可以简化预期修正值的标准不确定度的计算。由于当 $t_0=\bar{t}=(\sum_{k=1}^{n}t_k)/n$,且 $\bar{t}=24.008\ 5$ ℃时,$\sum_{k=1}^{n}\theta_k=0$,由此,使用 $t_0=\bar{t}=24.008\ 5$ ℃进行最小二乘拟合,将使 y_1和 y_2不相关(温度 $\bar{t}$ 也是使 $u^2[b(t)]$拥有最小值的温度点,见 F.3.4)。然而,不必重复拟合,因为:

$$b(t)=y'_1+y_2(t-\bar{t}) \quad \cdots\cdots(\text{F.16a})$$

$$u_c^2[b(t)]=u^2(y'_1)+(t-\bar{t})^2u^2(y_2) \quad \cdots\cdots(\text{F.16b})$$

$$r(y'_1,y_2)=0 \quad \cdots\cdots(\text{F.16c})$$

其中:

$y'_1=y_1+y_2(\bar{t}-t_0)$

$\bar{t}=t_0-s(y_1)r(y_1,y_2)/s(y_2)$

$s^2(y'_1)=s^2(y_1)[1-r^2(y_1,y_2)]$

式(F.16b)中,做了 $u(y'_1=s(y'_1)$,$u(y_2)=s(y_2)$的替代[参见式(F.15)]。

将这些关系式应用到 F.3.3的结果中,可以得到:

$$b(t)=-0.162\ 5(11)+0.002\ 18(67)\times(t-24.008\ 5\ ℃) \quad \cdots\cdots(\text{F.17a})$$

$$u_c^2[b(t)]=(0.001\ 1)^2+(t-24.008\ 5℃)^2\times(0.000\ 67)^2 \quad \cdots\cdots(\text{F.17b})$$

这些表达式给出的结果与式(F.14)和式(F.15)的结果相同,并且可以用 $b(30\ ℃)$和 $u_c[b(30\ ℃)]$的计算来核验。将 $t=30$ ℃代入式(F.17a)和式(F.17b)得到:

$b(30\ ℃)=-0.149\ 4$ ℃

$u_c[b(30\ ℃)]=0.004\ 1$ ℃

与 F.3.4结论一致。两个预期修正值 $b(t_1)$和 $b(t_2)$间的估计协方差可由 F.2.3的式(F.9)得到。

F.3.6 其他考虑

最小二乘法可用于数据点的高阶曲线拟合,也可用于具有不确定度的独立数据点。该方面的标准文本可参见参考文献[8]。以下例子说明了被测量的修正值 b_k假设为不能准确知道时的两种情况。

1) 设每个 t_k的不确定度可忽略,设 n 个 $t_{R,k}$中的每个值都是由 m 次重复观测读数得到,并设读数

的合并估计方差是根据几个月获得的大量数据得到，合并估计方差为 s_P^2。则每个 $t_{R,k}$ 的估计方差为 $s_P^2/m=u_0^2$，每个观测值的修正值 $b_k=t_{R,k}-t_k$ 具有相同的标准不确定度 u_0。在这种情况下（假设没有理由认为线性模型是不正确的），在式(F.13c)和式(F.13d)中用 u_0^2 代替 s^2。

注：样本合并方差 s_P^2 基于对于同一随机变量的 N 次独立观测，由下式得到：

$$s_P^2=\frac{\sum_{i=1}^{N}\nu_i s_i^2}{\sum_{i=1}^{N}\nu_i}$$

其中，S_i^2 是 n_i 中第 i 个独立重复观测序列的实验方差[4.2.2中式(4)]，自由度 $\nu_i=n_i-1$。s_P^2 的自由度是 $v=\sum_{i=1}^{N}\nu_i$。用合并估计方差 s_P^2 表征的 m 次独立观测值的算术平均值的实验方差 s_P^2/m（实验标准差 $S_P/\sqrt{m}$），具有的自由度也为 ν。

2) 假设每个 t_k 的不确定度可忽略，对 n 个 $t_{R,k}$ 的每个值加修正值 ε_k，且每个修正具有相同的标准不确定度 u_a。则每个 $b_k=t_{R,k}-t_k$ 的标准不确定度也是 u_a，并且用 $s^2(y_1)+u_a^2$ 代替了 $s^2(y_1)$，用 $s^2(y_1')+u_a^2$ 代替 $s^2(y_1')$。

F.4 活度的测量

本例与 F.2 中同时测量电阻和电抗的例子相似，其数据可以用两种不同的方法进行分析，但每种方法本质上会得出同样的数值结果。第一种方法再次说明需要考虑观察到的各输入量间的相关性。

F.4.1 测量问题

水样品中未知的氡(^{222}Rn)活度浓度可以用液体闪烁计数方法，通过与一个具有已知活度浓度的含氡水标准样品对比来确定。未知活度浓度通过测量三种计数源得到，这些计数源由大约 5 g 水和 12 g 有机乳胶闪烁体组成，装在 3 个 22 mL 小玻璃瓶中。

源(a)：质量为 m_S 的活度浓度已知的标准溶液；

源(b)：不含放射物质的纯水样品，用于获得本底计数率；

源(c)：质量为 m_x 活度浓度未知的试样构成的样品。

按照标准溶液—净水—样品溶液的顺序，对 3 种计数源进行 6 次循环测量；在所有 6 次循环中，对每种源的每次经过死时间修正的计数时间间隔 T_0 为 60 min。虽然在整个计数区间(65 h)内不能假定本底计数率是不变的，但可以假设每次净水测量所得的计数次数可以作为同一循环中测量标准和样品时本底计数率的代表值。测量数据见表 F.7，其中：

t_S、t_B、t_x 分别是对标准溶液、纯水和样品溶液进行测量时，由参考时间 $t=0$ 到经死时间修正的计数间隔时间 $T_0=60$ min 的中点的时间；虽然为了完整性给出了 t_B，但在分析中不需要它。

C_S、C_B、C_x 分别是标准溶液、纯水和样品溶液在经过死时间修正的计数时间间隔 $T_0=60$ min 内记录的计数。

观测到的计数可以表示为：

$$C_S=C_B+\varepsilon A_S T_0 m_S e^{-\lambda t_S} \qquad \text{(F.18a)}$$

$$C_x=C_B+\varepsilon A_x T_0 m_x e^{-\lambda t_x} \qquad \text{(F.18b)}$$

式中：

ε ——对某个给定源成分的 ^{222}Rn 液体闪烁检测效率，假设其与活度等级无关；

A_S ——在参考时间 $t=0$ 时标准的活度浓度；

A_x ——被测量，定义为参考时间 $t=0$ 时样品的未知活度浓度；

m_S ——标准溶液的质量；

m_x ——被测样品的质量；

λ ——^{222}Rn 的衰变常数：$\lambda=(\ln 2)/T_{1/2}=1.25\,894\times10^{-4}\,\text{min}^{-1}$ ($T_{1/2}=5\,505.8$ min)。

表 F.7　确定未知样品活度浓度的计数数据

循环	标准		净水		样品	
k	t_S min	C_S 计数	t_B min	C_B 计数	t_x min	C_x 计数
1	243.74	15 380	305.56	4 054	367.37	41 432
2	984.53	14 978	1 046.10	3 922	1 107.66	38 706
3	1 723.87	14 394	1 785.43	4 200	1 846.99	35 860
4	2 463.17	13 254	2 524.73	3 830	2 586.28	32 238
5	3 217.56	12 516	3 279.12	3 956	3 340.68	29 640
6	3 956.83	11 058	4 018.38	3 980	4 079.94	26 356

式(F.18a)和式(F.18b)表明，因为标准溶液和被测样品的活度指数衰变，从一个循环到另一个循环本底计数有轻微变化，所以表 F.7 中给出的 6 个 C_S 和 6 个 C_x 值都不能直接取平均，而是应考虑衰变修正和本底修正的计数(或者由计数次数除以 $T_0=60$ min 定义的计数率)。这意味着综合式(F.18a)和式(F.18b)，可得出下列以已知量表示的未知浓度表达式：

$$A_x=f(A_S,m_S,m_x,C_S,C_x,C_B,t_S,t_x,\lambda)$$

$$=A_S\frac{m_S}{m_x}\frac{(C_x-C_B)e^{\lambda t_x}}{(C_S-C_B)e^{\lambda t_S}}$$

$$=A_S\frac{m_S}{m_x}\frac{C_x-C_B}{C_S-C_B}e^{\lambda(t_x-t_S)} \qquad \cdots\cdots(\text{F.19})$$

其中，$(C_x-C_B)e^{\lambda t_x}$ 和 $(C_S-C_B)e^{\lambda t_S}$ 分别是被测样品和标准溶液在参考时间 $t=0$ 和在时间间隔 $T_0=60$ min 时的本底修正计数，也可简写为：

$$A_x=f(A_S,m_S,m_x,R_S,R_x)=A_S\frac{m_S}{m_x}\frac{R_x}{R_S} \qquad \cdots\cdots(\text{F.20})$$

式中，本底修正和衰变修正的计数率 R_x 和 R_S 分别为：

$$R_x=[(C_x-C_B)/T_0]e^{\lambda t_x} \qquad \cdots\cdots(\text{F.21a})$$

$$R_S=[(C_S-C_B)/T_0]e^{\lambda t_S} \qquad \cdots\cdots(\text{F.21b})$$

F.4.2　数据分析

表 F.8 汇总了本底修正和衰减修正计数率 R_x 和 R_S 的值，这些值是用表 F.7 中的数据和前面给出的 $\lambda=1.258\ 94\times10^{-4}\ \text{min}^{-1}$，根据式(F.21a)和式(F.21b)计算得到的。应该注意到，比值 $R=R_x/R_S$ 可以很简单地由下式来计算：

$$[(C_x-C_B)/(C_S-C_B)]e^{\lambda(t_x-t_S)}$$

算术平均值 $\overline{R_S}$、$\overline{R_x}$ 和 $\overline{R}$，以及它们的实验标准差 $s(\overline{R_S})$、$s(\overline{R_x})$ 和 $s(\overline{R})$，用通常方法[4.2中式(3)和式(5)]计算。相关系数 $r(\overline{R_x},\overline{R_S})$ 由5.2.3中式(17)和5.2.2中式(14)计算。

因为 R_x 和 R_S 值的变化相对较小，平均值之比 $\overline{R_x}/\overline{R_S}$ 及其标准不确定度 $u(\overline{R_x}/\overline{R_S})$ 分别非常接近于表 F.8 最后一列给出的平均比值 $\overline{R}$ 及其实验标准差 $s(\overline{R})$[见 F.2.4和其中式(F.10)]。然而，在计算标准不确定度 $u(\overline{R_x}/\overline{R_S})$ 时，由相关系数，$r(\overline{R_x},\overline{R_S})$ 表示的 R_x 和 R_S 之间的相互关系要用5.2.2中式(16)考虑进去。[该式对 $\overline{R_x}/\overline{R_S}$ 的相对估计方差求出式(F.22b)的最后三项]

应该注意到，R_x 和 R_S 各自的实验标准差 $\sqrt{6}\,s(\overline{R_x})$ 和 $\sqrt{6}\,s(\overline{R_S})$ 显示，这些量的变化性比计数过程的

泊松统计所暗示的变化性大 2 到 3 倍；后者已包含于观测的计数变化中，不需单独考虑。

表 F.8 衰减修正和本底修正的计数率计算

循环 k	R_x min^{-1}	R_S min^{-1}	t_x-t_S min	$R=R_x/R_S$
1	652.46	194.65	123.63	3.352 0
2	666.48	208.58	123.13	3.195 3
3	665.80	211.08	123.12	3.154 3
4	655.68	214.17	123.11	3.061 5
5	651.87	213.92	123.12	3.047 3
6	623.31	194.13	123.11	3.210 7
	$\overline{R_x}=652.60$ $s(\overline{R_x})=6.42$ $s(\overline{R_x})/\overline{R_x}=0.98\times10^{-2}$	$\overline{R_S}=206.09$ $s(\overline{R_S})=3.79$ $s(\overline{R_S})/\overline{R_S}=1.84\times10^{-2}$		$\overline{R}=3.170$ $s(\overline{R})=0.046$ $s(\overline{R})/\overline{R}=1.44\times10^{-2}$
	$\overline{R_x}/\overline{R_S}=3.167$ $u(\overline{R_x}/\overline{R_S})=0.045$ $u(\overline{R_x}/\overline{R_S})/(\overline{R_x}/\overline{R_S})=1.42\times10^{-2}$			
相关系数：$r(\overline{R_x},\overline{R_S})=0.646$				

F.4.3 最终结果的计算

为了由式(F.20)获得未知的活度浓度 A_x 及其合成标准不确定度 $u_c(A_x)$，需要 A_S，m_x 和 m_S 及其标准不确定度。这些量为：

$A_S=0.136\ 8\ \mathrm{Bq/g}$

$u(A_S)=0.001\ 8\ \mathrm{Bq/g}$；$u(A_S)/A_S=1.32\times10^{-2}$

$m_S=5.019\ 2\ \mathrm{g}$

$u(m_S)=0.005\ 0\ \mathrm{g}$；$u(m_S)/m_S=0.10\times10^{-2}$

$m_x=5.057\ 1\ \mathrm{g}$

$u(m_x)=0.001\ 0\ \mathrm{g}$；$u(m_x)/m_x=0.02\times10^{-2}$

其他可能的不确定度来源经评定认为可忽略：

——衰变时间的标准不确定度 $u(t_{S,k})$ 和 $u(t_{x,k})$；

——^{222}Rn 的衰变常数的标准不确定度 $u(\lambda)=1\times10^{-7}\ \mathrm{min}^{-1}$（显著量是衰变因子 $\exp[\lambda(t_x-t_S)]$，它由循环数 $k=4$ 和 6 时的1.015 63变化到循环数 $k=1$ 时的1.015 70。这些值的标准不确定度是 $u=1.2\times10^{-5}$）；

——与闪烁计数器的检测效率对所用源（标准、净水和样品）的可能的依赖性有关的不确定度；

——计数器死时间修正的不确定度和对计数效率对活度等级的依赖性的修正的不确定度。

F.4.3.1 结果：方法 1

如前所述，A_x 和 $u_c(A_x)$ 可以通过两种不同方法由式(F.20)求得。在第一种方法中，用算术平均 $\overline{R_x}$ 和 $\overline{R_S}$ 计算 A_x，即：

$$A_x=A_S\frac{m_S}{m_x}\frac{\overline{R_x}}{\overline{R_S}}=0.430\ 0\ \mathrm{Bq/g} \qquad \text{(F.22a)}$$

将5.2.2中式(16)代入上式,得出合成方差 $u_c^2(A_x)$:

$$\frac{u_c^2(A_x)}{A_x^2}=\frac{u^2(A_S)}{A_S^2}+\frac{u^2(m_S)}{m_S^2}+\frac{u^2(m_x)}{m_x^2}+\frac{u^2(\overline{R_x})}{\overline{R_x}^2}+\frac{u^2(\overline{R_S})}{\overline{R_S}^2}-2r(\overline{R_x},\overline{R_S})\frac{u(\overline{R_x})u(\overline{R_S})}{\overline{R_x}\,\overline{R_S}} \quad\cdots\cdots\cdots\cdots(\text{F.22b})$$

式中,如 F.4.2中所指出,最后三项给出$\overline{R_x}/\overline{R_S}$的估计相对方差 $u^2(\overline{R_x}/\overline{R_S})/(\overline{R_x}/\overline{R_S})^2$。与 F.2.4中的讨论一致,表 F.8 中的结果表明,$\overline{R}$ 并不严格等于$\overline{R_x}/\overline{R_S}$;而且$\overline{R_x}/\overline{R_S}$的标准不确定度 $u(\overline{R_x}/\overline{R_S})$并不严格等于 $\overline{R}$ 的标准不确定度 $s(\overline{R})$。

将有关量值代入式(F.22a)和式(F.22b),得:

$$\frac{u_c(A_x)}{A_x}=1.93\times10^{-2}$$

$$u_c(A_x)=0.008\ 3\ \text{Bq/g}$$

于是,测量结果可以表述为:

$A_x=0.430\ 0\ \text{Bq/g}$,其合成标准不确定度为 $u_c=0.008\ 3\ \text{Bq/g}$。

F.4.3.2 结果:方法 2

在第二种方法中,避免了$\overline{R_x}$和$\overline{R_S}$之间的相关,用算术平均 $\overline{R}$ 计算 A_x。于是:

$$A_x=A_S\frac{m_S}{m_x}\overline{R}=0.430\ 4\ \text{Bq/g} \quad\cdots\cdots\cdots\cdots(\text{F.23a})$$

$u_c^2(A_x)$简单地表示为:

$$\frac{u_c^2(A_x)}{A_x^2}=\frac{u^2(A_S)}{A_S^2}+\frac{u^2(m_S)}{m_S^2}+\frac{u^2(m_x)}{m_x^2}+\frac{u^2(\overline{R})}{\overline{R}^2} \quad\cdots\cdots\cdots\cdots(\text{F.23b})$$

由此可得:

$$\frac{u_c(A_x)}{A_x}=1.95\times10^{-2}$$

$$u_c(A_x)=0.008\ 4\ \text{Bq/g}$$

于是,测量结果可以表述为

$A_x=0.430\ 4\ \text{Bq/g}$,合成标准不确定度为 $u_c=0.008\ 4\ \text{Bq/g}$。

u_c的有效自由度可以按 F.1.6所述的方法用韦尔奇一萨特思韦特公式来评定。

如 F.2 中一样,这两个结果中最好选第二个,因为它避免了用两个量的平均值之比代替两个量之比的平均值而带来的近似性,而且它更好地反映了所采用的测量程序(事实上数据是在分立的循环中采集的)。

尽管如此,由这两种方法所得的 A_x值之间的差异,与任意一个的标准不确定度相比都明显地小,而且两个标准不确定度的差异是完全可以忽略的。如此的一致性表明,当适当地计入了观测的相关性时,两种方法是等效的。

F.5 方差分析

本例提供了方差分析(Analysis of Variance,简称 ANOVA)方法的简要介绍。这些统计技术用来识别和量化测量中的各项随机影响,以便在对测量结果进行不确定度分析时适当地将这些影响考虑进去。虽然方差分析方法适用于广泛的测量领域,例如用于参考标准,如齐纳电压标准和质量标准等的校准,以及标准物质的定值,但方差分析方法本身并不能识别可能存在的系统影响。

在方差分析这个通用名称下包括许多不同的模型。由于其重要性,本例中讨论的具体的模型是平衡蜂窝设计。本模型的数值说明涉及齐纳电压标准的校准,其分析应该与各种实际测量情况相关。

方差分析方法在通过实验室间测试进行标准物质(RMs)定值时具有特殊的重要性,ISO 指南 35[19] 对此有详尽描述(这种标准物质定值的简要描述见 F.5.3.2)。由于 ISO 指南 35 中包含的大部分材料事实上具有广泛的适用性,该标准可以用来查询关于方差分析的补充细节,包括非平衡蜂窝设计。类似地也可查询参考文献[15]和[20]。

F.5.1 测量问题

考虑一台标称值为 10 V,每两周一次以稳压参考源为基准对其进行校准的齐纳电压标准,在校准期间,每 J 天对该标准的电位差 V_S进行 K 次独立的重复观测。如果以 V_{jk}表示在第 j 天($j=1,2,\cdots,J$)对 V_S的第 k 次($k=1,2,\cdots,K$)观测结果,则此标准的电位差的最佳估计值为这 JK 次观测结果的算术平均值 $\overline{V}$[见4.2.1中式(3)]:

$$V_S=\frac{1}{JK}\sum_{j=1}^{J}\sum_{k=1}^{K}V_{jk}=\overline{V} \qquad \text{(F.24a)}$$

该平均值的实验标准差 $s(\overline{V})$是 $\overline{V}$ 的不确定度的度量,$\overline{V}$ 是电压标准的电位差的估计值,可由下式求得[见4.2.3中式(5)]:

$$s^2(\overline{V})=\frac{1}{JK(JK-1)}\sum_{j=1}^{J}\sum_{k=1}^{K}(V_{jk}-\overline{V}) \qquad \text{(F.24b)}$$

注:在本例中,始终假设为补偿系统影响对观测值所做的所有修正的不确定度可以忽略,或者其不确定度可以在分析过程的最后予以考虑。对校准齐纳电压标准所用的稳压参考源的证书值(假设有个给定的不确定度)与工作值之间的差异的修正就是属于后一类,可以在分析过程的最后将其本身加到观测值的平均值上。因此,由这些观测值用统计方法得到的该标准的电位差估计值不一定是最终测量结果,估计值的实验标准差也不一定是最终结果的合成标准不确定度。

只有当不同日的观测值的变化量与同一日内观测值的变化量相同时,由式(F.24b)所求得的平均值的实验标准差 $s(\overline{V})$才能恰当地评价 $\overline{V}$ 的不确定度。如果有证据表明日间变化量显著大于所预期的日内变化量,该表达式的应用可能会导致对 $\overline{V}$ 的不确定度的大幅度低估。于是引出两个问题:怎样确定日间的变化量(以日间方差分量表征)与日内的变化量(以日内方差分量表征)相比是否显著?如果是,应该怎样评定平均值的不确定度?

F.5.2 数值例子

F.5.2.1 表 F.9 给出了能够解决上述问题的数据,其中:

$J=10$ 是进行电位差观测的天数;

$K=5$ 是每天进行电位差观测的次数;

$$\overline{V}_j=\frac{1}{K}\sum_{k=1}^{k}V_{jk} \qquad \text{(F.25a)}$$

是第 j 天进行的 $K=5$ 次电位差观测值的算术平均值(有 $J=10$ 个这样的日平均值);

$$\overline{V}=\frac{1}{J}\sum_{j=1}^{J}\overline{V}_j=\frac{1}{JK}\sum_{j=1}^{J}\sum_{k=1}^{K}V_{jk} \qquad \text{(F.25b)}$$

是 $J=10$ 个日平均值的算术平均值,因此也是 $JK=50$ 个观测值的总平均值;

$$s^2(V_{jk})=\frac{1}{K-1}\sum_{k=1}^{K}(V_{jk}-\overline{V}_j)^2 \qquad \text{(F.25c)}$$

是第 j 天进行的 $K=5$ 次观测值的实验方差(有 $J=10$ 个这样的方差估计);

$$s^2(\overline{V}_j)=\frac{1}{J-1}\sum_{j=1}^{J}(\overline{V}_j-\overline{V})^2 \qquad \text{(F.25d)}$$

是 $J=10$ 个日平均值的实验方差(只有一个这样的方差估计)。

F.5.2.2 观测值的日内变异性和日间变异性的一致性可以通过比较两个独立的日内方差分量(即同一

日进行的观测的方差)σ_W^2 的估计值来进行研究。

σ_W^2 的第一个估计值以 s_a^2 表示，由观测到的每天平均 $\overline{V}_j$ 的变化求得。由于 $\overline{V}_j$ 是 K 个观测值的平均值，在假设日间方差分量为零的情况下，其估计方差 $s^2(\overline{V}_j)$ 为 σ_W^2/K。于是由式(F.25d)得：

$$s_a^2 = Ks^2(\overline{V}_j) = \frac{K}{J-1}\sum_{j=1}^{J}(\overline{V}_j - \overline{V})^2 \qquad \text{(F.26a)}$$

这是 σ_W^2 的一个估计值，它具有的自由度为 $v_a = J-1=9$。

σ_W^2 的第二个估计值以 s_b^2 表示，是由 $J=10$ 个 $s^2(V_{jk})$ 值利用 F.3.6注中的公式求得的合并方差估计，这 10 个数值由式(F.25c)计算。因为这些数值中每一个的自由度为 $v_i = K-1$，导出的 s_b^2 表达式就是它们的平均。于是：

$$s_b^2 = \overline{s^2(V_{jk})} = \frac{1}{J}\sum_{j=1}^{J}s^2(V_{jk}) = \frac{1}{J(K-1)}\sum_{j=1}^{J}\sum_{k=1}^{K}(V_{jk} - \overline{V}_j)^2 \qquad \text{(F.26b)}$$

这是 σ_W^2 的一个估计值，它具有的自由度为 $\nu_b = J(K-1)=40$。

由式(F.26a)和式(F.26b)给出的 σ_W^2 的估计值分别为 $s_a^2=(128\ \mu V)^2$ 和 $s_b^2=(85\ \mu V)^2$(见表 F.9)。由于估计值 s_a^2 是基于每天平均的变异性，而估计值 s_b^2 是基于每天观测值的变异性，它们的差异表明可能存在一种影响，其从一天到另一天是发生变化的，但当观测在任何一天内进行时，该影响是保持相对不变的。F 检验被用于检验这种可能性，也可对日间方差分量为零的假设进行检验。

F.5.2.3 F 分布是正态分布随机变量的方差 σ^2 的两个独立的估计 $s_a^2(\nu_a)$ 和 $s_b^2(\nu_b)$ 的比值 $F(\nu_a,\nu_b)=s_a^2(\nu_a)/s_b^2(\nu_b)$ 的概率分布[15]。参数 ν_a 和 ν_b 分别为两个估计的自由度，而且 $0 \leqslant F(\nu_a,\nu_b) < \infty$。对于不同 ν_a 和 ν_b 值以及各种 F 分布分位点，F 值被列成表。$F(\nu_a,\nu_b) > F_{0.95}$ 或 $F(\nu_a,\nu_b) > F_{0.975}$(临界值)的值通常理解为表明在统计意义上 $s_a^2(\nu_a)$ 大于 $s_b^2(\nu_b)$；而且，如果两个估计值的方差相同，得到像观测值一样大的 F 值的概率分别小于0.05或0.025。(也可以选择其他临界值，如 $F_{0.99}$)

表 F.9 $J=10$ 天的电压标准校准数据汇总，

每天的平均 $\overline{V}_j$ 和实验标准差 $s(V_{jk})$ 由 $K=5$ 次独立重复观测获得

量	第几天，j				
	1	2	3	4	5
$\overline{V}_j$/V	10.000 172	10.000 116	10.000 013	10.000 144	10.000 106
$s(V_{jk})$/μV	60	77	111	101	67
量	第几天，j				
	6	7	8	9	10
$\overline{V}_j$/V	10.000 031	10.000 060	10.000 125	10.000 163	10.000 041
$s(V_{jk})$/μV	93	80	73	88	86
$\overline{V}=10.000\ 097$ V，$s(\overline{V}_j)=57\ \mu V$ $s_a^2=Ks^2(\overline{V}_j)=5\times(57\ \mu V)^2=(128\ \mu V)^2$，$s_b^2=\overline{s^2(V_{jk})}=(85\ \mu V)^2$					

F.5.2.4 将 F 检验应用于本数值例子，得：

$$F(\nu_a,\nu_b)=\frac{s_a^2}{s_b^2}=\frac{Ks^2(\overline{V}_j)}{\overline{s^2(V_{jk})}}=\frac{5\times(57\ \mu V)^2}{(85\ \mu V)^2}=2.25 \qquad \text{(F.27)}$$

其分子的自由度为 $\nu_a=J-1=9$，分母的自由度为 $\nu_b=J(K-1)=40$。由于 $F_{0.95}(9,40)=2.12$ 和 $F_{0.975}(9,40)=2.45$，可以得出结论，在 5%的显著水平上存在统计上显著的日间效应，而在2.5%的显著水平上没有。

F.5.2.5 如果因为 s_a^2 和 s_b^2 之间的差异不被视为在统计上是显著的，而拒绝日间效应的存在（这是一个不谨慎的决定，因为它可能导致对不确定度的低估），$\overline{V}$ 的估计方差 $s^2(\overline{V})$ 应该由式(F.24b)计算。该种关系相当于将估计值 s_a^2 和 s_b^2 合并（即取 s_a^2 和 s_b^2 的加权平均，每一项的权分别为其自由度 ν_a 和 ν_b，见 F.3.6 中的注）来得到观测值的方差的最佳估计。用该估计值除以观测的次数 JK，得到观测的平均值的方差的最佳估计 $s^2(\overline{V})$。按该程序可得：

$$s^2(\overline{V})=\frac{(J-1)s_a^2+J(K-1)s_b^2}{JK(JK-1)}=\frac{9\times(128\ \mu\text{V})^2+40\times(85\ \mu\text{V})^2}{10\times5\times(10\times5-1)} \qquad \text{(F.28a)}$$

$$s^2(\overline{V})=(13\ \mu\text{V})^2，或\ s(\overline{V})=13\ \mu\text{V} \qquad \text{(F.28b)}$$

$s(\overline{V})$ 的自由度为 $JK-1=49$。

如果假设对系统影响的所有修正值都已经考虑，而且所有其他不确定度分量都很小，那么校准的结果可以表述为 $V_S=\overline{V}=10.000\ 097\ \text{V}$（见表 F.9），其合成标准不确定度为 $s(\overline{V})=u_c=13\ \mu\text{V}$，$u_c$ 的自由度为 49。

注 1：在实际中，很可能还有其他显著的不确定度分量，应将其与由观测值统计得到的不确定度分量合成（见 F.5.1，注）。

注 2：通过将式(F.24b)中的双重和，以 S 表示，写为：

$$S=\sum_{j=1}^{J}\sum_{k=1}^{K}[(V_{jk}-\overline{V}_j)+(\overline{V}_j-\overline{V})]^2=(J-1)s_a^2+J(K-1)s_b^2$$

可以看出，关于 $s^2(\overline{V})$ 的式(F.28a)与式(F.24b)是等效的。

F.5.2.6 如果接受日间效应的存在（这是一个谨慎的决定，因为它避免了对不确定度的可能低估），并假设它是随机的，那么根据式(F.25d)由 $J=10$ 个日平均值计算得到的方差 $s^2(\overline{V}_j)$ 估计的不是如 F.5.2.2 中假设的 σ_W^2/K，而是 $\sigma_W^2/K+\sigma_B^2$，其中 σ_B^2 是方差的日间随机分量。这意味着：

$$s^2(\overline{V}_j)=s_W^2/K+s_B^2 \qquad \text{(F.29)}$$

其中，s_W^2 是 σ_W^2 的估计，s_B^2 是 σ_B^2 的估计。由于从式(F.26b)计算得到的 $\overline{S^2(V_{jk})}$ 只取决于观测值的日内变化性，可认为 $s_W^2=\overline{s^2(V_{jk})}$。因此，F.5.2.4中用于 F 检验的比值 $\dfrac{Ks^2(\overline{V}_j)}{\overline{s^2(V_{jk})}}$ 变为：

$$F=\frac{Ks^2(\overline{V}_j)}{\overline{s^2(V_{jk})}}=\frac{s_W^2+Ks_B^2}{s_W^2}=\frac{5\times(57\ \mu\text{V})^2}{(85\ \mu\text{V})^2}=2.25 \qquad \text{(F.30)}$$

于是，可以得出：

$$s_B^2=\frac{Ks^2(\overline{V}_j)-\overline{s^2(V_{jk})}}{K} \qquad \text{(F.31a)}$$

$$s_B^2=(43\ \mu\text{V})^2，或\ s_B=43\ \mu\text{V}$$

$$s_W^2=\overline{s^2(V_{jk})}=(85\ \mu\text{V})^2，或\ s_W=85\ \mu\text{V} \qquad \text{(F.31b)}$$

因为 $s^2(\overline{V}_j)$ 恰当地反映了日内和日间随机方差分量[见式(F.29)]，$\overline{V}$ 的估计方差由 $s^2(\overline{V}_j)$ 得到，如式(F.25d)。因此

$$s^2(\overline{V})=s^2(\overline{V}_j)/J=(57\ \mu\text{V})^2/10，或\ s(\overline{V})=18\ \mu\text{V} \qquad \text{(F.32)}$$

$s(\overline{V})$ 的自由度为 $J-1=9$。

s_W^2（以及 s_w）的自由度为 $J(K-1)=40$[见式(F.26b)]。s_B^2（以及 s_B）的自由度为差值 $s_B^2=s^2(\overline{V}_j)-\overline{s^2(V_{jk})}/K$ 的有效自由度[式(F.31a)]，但对它的估计是个难题。

F.5.2.7 于是，电压标准的电位差的最佳估计值为 $V_S=\overline{V}=10.000\ 097\ \text{V}$，$s(\overline{V})=u_c=18\ \mu\text{V}$，如式(F.32)所示。这个 u_c 值及其自由度 9 将与在 F.5.2.5中 [式(F.28b)]得到的当拒绝存在日间效应时的 $u_c=13\ \mu\text{V}$ 及其自由度 49 进行比较。

如果可能，在实际测量中应该对明显的日间效应进行进一步的研究，以确定其产生的原因以及是否

存在使方差分析方法失效的系统影响。如在本例开始时所指出的,方差分析技术是为识别和估计由随机影响所引起的不确定度分量而设计的,它们不能提供关于由系统影响所引起的不确定度分量的信息。

F.5.3 方差分析在测量中的作用

F.5.3.1 这个电压标准的例子说明了一种通常叫做平衡一级蜂窝设计的方法。它是一级蜂窝设计,因为有一个观测值的"蜂窝"级别,这些观测有一个因子,即观测日期,在测量中发生变化。它是平衡的,因为每日进行相同次数的观测。本例中所给出的分析可以用来确定在特定的测量中是否存在"操作者影响""仪器影响""实验室影响""样品影响",甚至"方法影响"。因此,在本例中,可以想象将 J 个不同日所进行的观测用同一日由 J 个不同操作者所进行的观测来代替,于是,日间方差分量就变成与不同操作者有关的方差分量。

F.5.3.2 如 F.5 中所注,方差分析方法广泛应用于通过实验室间测试的标准物质定值中。这样的定值通常包括让一些独立的具有同等能力的实验室测量某种物质的样品以得到该物质要定值的特性。一般假设,实验室内和实验室间各个测量结果之间的差异,不论由什么原因产生,在本质上是统计的。每个实验室平均值被认为是对物质特性的无偏估计,而且通常把各实验室平均值的不加权平均值假设为该特性的最佳估计。

一次标准物质定值可能需要 I 个不同实验室参与,每个实验室对 J 个不同的该物质试样的所需特性进行测量,对试样的每次测量由 K 个独立的重复观测组成。因此,总的观测数是 $I \times J \times K$,总的样品数是 $I \times J$。这是一个平衡二级蜂窝设计的例子,与上述一级的电压标准例子相似。在这种情况下,有两个观测的"蜂窝"级别,这些观测有样品和实验室两个不同因子在测量中发生变化。这种设计是平衡的,因为每个样品在每个实验室中观测的次数(K)是相同的,而且每个实验室测量的样品数(J)也是相同的。与电压标准例子更进一步类似的是,在标准物质这个例子中,数据分析的目的是研究不同样品间和不同实验室间影响的可能存在,以及确定被定值的特性的最佳估计值的恰当的不确定度。与前一段一致,假设该估计值是 I 个实验室平均值的平均值,也是 $I \times J \times K$ 个观测值的平均值。

F.5.3.3 在3.4.2中指出了改变与测量结果有关的输入量,以使其不确定度基于观察数据进行统计评价的重要性。蜂窝设计和用方差分析方法对所得数据的分析可以成功地用于实际中所遇到的许多测量情况。

然而,如3.4.1中所示,由于时间和资源有限,改变所有的输入量是很难行得通的;在大多数实际测量情况下,最多也只能用方差分析方法评价几个不确定度分量。如4.3.1中所指出,许多分量需要利用输入量的可能的变化性的所有可得到的信息进行科学判断来评定。在许多情况下,一个不确定度分量,如由于样品间影响、实验室间影响、仪器间影响,或者操作者间影响而产生的不确定度分量,不能用对一系列观测值的统计分析来评定,而应根据可供利用的所有信息来评定。

F.6 基于参考标度的测量:硬度

硬度是以一种测量方法为参考才能被量化的物理概念,它没有独立于测量方法的单位。"硬度"这个量与常规的可测量的量不同,它不能被输入代数方程去定义其他的可测量的量(虽然有时它也被用于经验公式中说明硬度与某类材料的其他特性的关系),其大小由传统的测量——即对材料块或样块的压痕尺寸的测量来确定。这种测量是根据技术标准进行的,标准规定了"压头"、应用"压头"的设备的结构以及设备的操作方法等。这些技术标准不止一个,所以硬度的标准也不止一个。

报告的硬度是测得的压痕尺寸的函数(取决于标度)。在本节给出的例子中,它是5次重复的压痕深度的均值或算术平均值的线性函数,但对于有些其他标度,该函数是非线性的。

复现量值的标准装置作为国家标准保存,某一测量装置和国家标准装置的比对是通过传递标准块进行的。

F.6.1 测量问题

在本例中,材料样块的硬度是按“洛氏(Rockwell)C”标度,用经国家标准装置校准过的测量装置确定的。洛氏C硬度标度单位是0.002 mm,在该标度下,硬度定义为100(0.002 mm)减去以mm为单位的5次压痕深度的平均值。该量除以洛氏标度单位0.002 mm所得的值称为“HRC硬度指数”。本例中,该量简称为“硬度”,以符号$h_{\text{Rockwell C}}$表示,以洛氏长度单位表示的硬度数值称为“硬度指数”,以$H_{\text{Rockwell C}}$表示。

F.6.2 数学模型

测量硬度的设备(或称校准装置)在样块上所做压痕深度的平均值,应加上修正值,以确定用国家标准装置对同一样块所形成的压痕深度的平均值。因此

$$h_{\text{Rockwell C}}=f(\overline{d},\Delta_c,\Delta_b,\Delta_S)$$

$$=100\times(0.002\ \text{mm})-\overline{d}-\Delta_c-\Delta_b-\Delta_S \quad\cdots\cdots(\text{F.33a})$$

$$H_{\text{Rockwell C}}=h_{\text{Rockwell C}}/(0.002\ \text{mm}) \quad\cdots\cdots(\text{F.33b})$$

式中:

$\overline{d}$ ——用校准装置在样块上所做5次压痕的深度的平均值;

Δ_c ——通过传递标准块将校准装置和国家标准装置进行比较所得的修正值,它等于用国家标准装置对该标准块进行的$5m$次压痕的平均深度减去用校准装置对同一标准块进行的$5n$次压痕的平均深度;

Δ_b ——传递标准块上分别用两台设备来做压痕的两个部位间的硬度差(表示为平均压痕深度之差),假设为零;

Δ_S ——由于国家标准装置缺乏重复性和硬度量定义不完整而引起的误差。虽然Δ_S通常假定为零,但它具有标准不确定度$u(\Delta_S)$。

由于式(F.33a)的函数的偏导数$\partial f/\partial\overline{d}$、$\partial f/\partial\Delta_c$、$\partial f/\partial\Delta_b$和$\partial f/\partial\Delta_S$都等于$-1$,用校准装置测量样块所得硬度的合成标准不确定度$u_c(h)$可简单地表示为:

$$u_c^2(h)=u^2(\overline{d})+u^2(\Delta_c)+u^2(\Delta_b)+u^2(\Delta_S) \quad\cdots\cdots(\text{F.34})$$

其中,为简化标记,$h=h_{\text{Rockwell C}}$。

F.6.3 有贡献的方差

F.6.3.1 样块的平均压痕深度$\overline{d}$的不确定度,$u(\overline{d})$

重复观测的不确定度:因为新的压痕不可能做在前面的压痕的位置上,观测值不可能严格重复。由于每一个压痕肯定是做在不同位置上,结果的任何变化包括不同位置间硬度变化的影响。因此,用校准装置在样块上的5次压痕平均深度的标准不确定度$u(\overline{d})$取作$s_p(d_k)/\sqrt{5}$,其中$s_p(d_k)$是在已知具有很均匀硬度的样块上“重复”测量确定的压痕深度的合并实验标准差(见4.2.4)。

指示的不确定度:虽然由于校准装置的显示而对$\overline{d}$所做的修正为零,但是在$\overline{d}$中有一个由于显示分辨力(导致的深度指示不确定度而引起的不确定度,表示为$u^2(\delta)=\delta^2/12$(见D.2.2.1)。于是,$\overline{d}$的估计方差为:

$$u^2(\overline{d})=s^2(d_k)/5+\delta^2/12 \quad\cdots\cdots(\text{F.35})$$

F.6.3.2 对两台设备之差进行修正的不确定度,$u(\Delta_c)$

如F.6.2所示,Δ_c是对国家标准装置与校准装置之差的修正值,该修正值可以表示为$\Delta_c=z'_S-z'$,

其中 $z'_S=(\sum_{i=1}^{m}\overline{z}_{S,i})/m$ 是国家标准装置对传递标准块进行的 5 m 次压痕的平均深度；$z'=(\sum_{i=1}^{n}\overline{z}_i)/n$ 是校准装置对同一标准块进行的 5 n 次压痕的平均深度。因此，为了比较，假设每台装置由显示分辨力所引起的不确定度可以忽略，则 Δ_c 的估计方差为：

$$u^2(\Delta_c)=\frac{s_{av}^2(\overline{z_S})}{m}+\frac{s_{av}^2(\overline{z})}{n} \qquad \text{(F.36)}$$

式中：

$s_{av}^2(\overline{z}_S)=[\sum_{i=1}^{m}s^2(\overline{z}_{S,i})]/m$ 是用标准装置所进行的 m 列压痕 $z_{S,ik}$ 中每列的均值的实验方差的平均值；

$s_{av}^2(\overline{z})=[\sum_{i=1}^{n}s^2(\overline{z}_i)]/n$ 是用校准装置所进行的 n 列压痕 z_{ik} 中每列的均值的实验方差的平均值。

注：方差 $s_{av}^2(\overline{z}_S)$ 和 $s_{av}^2(\overline{z})$ 是合并方差估计值，见 F.5.2.2中式(F.26b)的讨论。

F.6.3.3 对传递标准块硬度变化进行修正的不确定度，$u(\Delta_b)$

OIML(国际法制计量组织)国际建议 R 12《洛氏 C 硬度标准块的检定和校准》(已废止，本例仅供参考)，要求对传递标准块的 5 次测量所得的最大和最小压痕深度的差别不应超过平均压痕深度的 x%，x 是硬度等级的函数。因此，设整个标准块上压痕深度的最大差为 xz'，z' 如 F.6.3.2中所定义，其 $n=5$。并设该最大差由关于平均值 $xz'/2$ 的三角概率分布所描述(以这样的假设，中心值附近的值比两端的值有更大的概率，见4.3.9)。那么，如果在4.3.9的式(9b)中 $a=xz'/2$，则由于用标准装置和校准装置分别测量的硬度的差而对平均压痕深度进行的修正的估计方差为：

$$u^2(\Delta_b)=(xz')^2/24 \qquad \text{(F.37)}$$

如 F.6.2中所指出，假设修正值 Δ_b 的最佳估计值本身为零。

F.6.3.4 国家标准装置和硬度定义的不确定度，$u(\Delta_S)$

国家标准装置的不确定度和由于硬度量的定义不完整引入的不确定度一起报告为估计标准差 $u(\Delta_S)$(一个长度量)。

F.6.4 合成标准不确定度，$u_c(h)$

将 F.6.3.1到 F.6.3.4中的各项不确定度代入式(F.34)，得到硬度测量的估计方差：

$$u_c^2(h)=\frac{s^2(d_k)}{5}+\frac{\delta^2}{12}+\frac{s_{av}^2(\overline{z_S})}{m}+\frac{s_{av}^2(\overline{z})}{n}+\frac{(xz')^2}{24}+u^2(\Delta_S) \qquad \text{(F.38)}$$

合成标准不确定度为 $u_c(h)$。

F.6.5 数值举例

本例的数据汇总于表 F.10 中。

表 F.10 基于洛氏 C 标度确定样块硬度的数据一览表

不确定度来源	值
校准装置在样块上所做 5 次压痕的平均深度 $\overline{d}$：0.072 mm	36.0洛氏标度单位
5 次压痕所显示的样块的硬度指数： $H_{\text{Rockwell C}}=h_{\text{Rockwell C}}/(0.002\ \text{mm})=[100\times(0.002\ \text{mm})-0.072\ \text{mm}]/(0.002\ \text{mm})$(见 F.6.1)	64.0 HRC
校准装置在硬度均匀的样块上所做压痕深度的合并实验标准差 $s_p(d_k)$	0.45洛氏标度单位

表 F.10（续）

不确定度来源	值
校准装置的显示分辨力 δ	0.1洛氏标度单位
国家标准装置在传递标准块上所做的 m 列压痕的均值的实验方差的平均值的平方根 $s_{av}(\overline{z}_S)$	0.10洛氏标度单位，$m=6$
校准装置在传递标准块上所做 n 列压痕的均值的实验方差的平均值的平方根 $s_{av}(\overline{z})$	0.11洛氏标度单位，$n=6$
在传递标准块上压痕深度的允许变化量 x	1.5×10^{-2}
国家标准装置和硬度定义的标准不确定度 $u(\Delta_S)$	0.5洛氏标度单位

这种标度是洛氏 C(Rockwell C)，记为 HRC。洛氏标度单位为0.002 mm，因此在表 F.10 以及下文中，可以理解为(举例说明)"36.0洛氏标度单位"是指36.0×(0.002 mm)＝0.072 mm，它只是一种表示数据与结果的简便方法。

如果把表 F.10 中给出的有关量值代入式(F.38)，可以得到下列两个表达式：

$$u_c^2(h)=\left[\frac{0.45^2}{5}+\frac{0.1^2}{12}+\frac{0.10^2}{6}+\frac{0.11^2}{6}+\frac{(0.015\times36.0)^2}{24}+0.5^2\right](\text{洛氏标度单位})^2$$

$$=0.307(\text{洛氏标度单位})^2$$

$u_c(h)=0.55$洛氏标度单位$=0.001\ 1$ mm

式中，为了计算不确定度，取 $z'=\overline{d}=36.0$洛氏标度单位是足够的。

因此，如果假设 $\Delta_c=0$，样块的硬度为 $h_{\text{Rockwell C}}=64.0$洛氏标度单位或0.128 mm，其合成标准不确定度为 $u_c(h)=0.55$洛氏标度单位或0.001 1 mm。

样块的硬度指数为 $h_{\text{Rockwell C}}/(0.002\ \text{mm})=(0.128\ 0\ \text{mm})/(0.002\ \text{mm})$，或

$H_{\text{Rockwell C}}=64.0$ HRC，其合成标准不确定度为 $u_c=0.55$ HRC。

除了由国家标准装置和硬度定义引起的不确定度分量 $u(\Delta_S)=0.5$ 洛氏标度单位外，不确定度的显著分量还有装置的重复性引起的不确定度分量 $s_p(d_k)/\sqrt{5}=0.20$ 洛氏标度单位和传递标准块的硬度变化引起的不确定度分量 $(xz')/24=0.11$ 洛氏标度单位。u_c的有效自由度可用韦尔奇-萨特思韦特公式按 F.1.6中所示的方法进行评定。

附 录 G
（规范性附录）
基本符号汇编

本附录给出了本标准中所用的基本符号及其含义的说明，见表 G.1。

表 G.1 基本符号一览表

符号	说 明
a	输入量 X_i 的可能值的矩形分布的半宽度：$a=(a_+-a_-)/2$
a_+	输入量 X_i 的上限
a_-	输入量 X_i 的下限
b_+	输入量 X_i 与其估计值 x_i 的偏差的上限：$b_+=a_+-x_i$
b_-	输入量 X_i 与其估计值 x_i 的偏差的下限：$b_-=x_i-a_-$
c_i	偏导数或灵敏系数：$c_i=\partial f/\partial x_i$
f	被测量 Y 和与其相关的输入量 X_i 之间的函数关系，以及输出量的估计值 y 和与其相关的输入量的估计值 x_i 之间的函数关系
$\partial f/\partial x_i$	被测量 Y 和与其相关的输入量 X_i 之间的函数对于输入量 X_i 的偏导数，对 X_i 用估计值 x_i 评定：$\partial f/\partial x_i=\partial f/\partial x_i\|_{x_1,x_2,\cdots,x_N}$
k	包含因子，用于由输出量 y 的合成标准不确定度 $u_c(y)$ 计算其扩展不确定度 $U=ku_c(y)$，其中 U 定义为一个高包含概率的区间，$Y=y\pm U$
k_p	用于由合成标准不确定度 $u_c(y)$ 计算输出量的估计值 y 的扩展不确定度 $U_p=k_pu_c(y)$ 的包含因子，其中 U_p 定义为一个具有高的规定包含概率为 p 的区间 $Y=y\pm U_p$
n	重复观测的次数
N	与被测量 Y 有关的输入量 X_i 的个数
p	包含概率或置信水平：$0\leqslant p\leqslant 1$
q	用概率分布描述的随机变量
$\overline{q}$	对随机变量 q 的 n 次独立重复观测的均值或算术平均值；q 的概率分布的期望或均值 μ_q 的估计值
q_k	随机变量 q 的第 k 次独立重复观测值
$r(x_i,x_j)$	与输入量 X_i 和 X_j 的估计值 x_i 与 x_j 有关的估计的相关系数，$r(x_i,x_j)=u(x_i,x_j)/[u(x_i)u(x_j)]$
$r(\overline{X}_i,\overline{Y}_j)$	由对 X_i 和 X_j 的 n 对独立重复观测值 $X_{i,k}$ 和 $X_{j,k}$ 确定的输入平均值 $\overline{X}_i$ 和 $\overline{X}_j$ 的估计的相关系数，$r(\overline{X}_i,\overline{Y}_j)=s(\overline{X}_i,\overline{X}_j)/[s(\overline{X}_i)s(\overline{X}_j)]$
$r(y_i,y_j)$	当在同一次测量中需要确定两个或两个以上被测量或输出量时，与输出量的估计值 y_i 和 y_j 有关的估计的相关系数
s_p^2	合成方差或合并方差的估计值
s_p	合并实验标准差，等于 s_p^2 的正平方根

表 G.1（续）

符号	说　明
$s^2(\overline{q})$	平均值 $\overline{q}$ 的实验方差；$\overline{q}$ 的方差 σ^2/n 的估计值；$s^2(\overline{q})=s^2(q_k)/n$；由 A 类评定得到的估计方差
$s(\overline{q})$	平均值 $\overline{q}$ 的实验标准差，等于 $s^2(\overline{q})$ 的正平方根；$s(\overline{q})$ 是 $\sigma(\overline{q})$ 的有偏估计值；由 A 类评定得到的标准不确定度
$s^2(q_k)$	q 的 n 次独立重复观测值 q_k 确定的实验方差；q 的概率分布的方差 σ^2 的估计值
$s(q_k)$	实验标准差，等于 $s^2(q_k)$ 的正平方根；q 的概率分布的标准差 σ 的有偏估计值
$s^2(\overline{X}_i)$	由对 X_i 的 n 次独立重复观测值 $X_{i,k}$ 确定的输入平均值 $\overline{X}_i$ 的实验方差；由 A 类评定得到的估计方差
$s(\overline{X}_i)$	输入平均值 $\overline{X}_i$ 的实验标准差，等于 $s^2(\overline{X}_i)$ 的正平方根；由 A 类评定得到的标准不确定度
$s(\overline{q},\overline{r})$	平均值 $\overline{q}$ 和 $\overline{r}$ 的协方差的估计值，是对 q 和 r 进行 n 对独立重复同时观测的 q_k 和 r_k 确定的两个随机变量 q 和 r 的期望 μ_q 和 μ_r 的估计值；由 A 类评定得到的估计协方差
$s(\overline{X}_i,\overline{X}_j)$	由 $\overline{X}_i$ 和 $\overline{X}_j$ 的 n 次独立重复同时观测对 $X_{i,k}$ 和 $X_{j,k}$ 确定的输入平均值 $\overline{X}_i$ 和 $\overline{X}_j$ 的协方差的估计值；由 A 类评定得到的估计协方差
$t_p(\nu)$	对应给定概率 p 和自由度 ν 时由 t 分布得到的 t 因子
$t_p(\nu_{eff})$	对应给定概率 p 和有效自由度 ν_{eff} 时由 t 分布得到的 t 因子；用于计算扩展不确定度 U_p
$u^2(x_i)$	输入量 X_i 的估计值 x_i 的估计方差。 **注：** 当 x_i 由 n 次独立重复观测的均值或算术平均值确定时，$u^2(x_i)=s^2(\overline{X}_i)$ 是由 A 类评定得到的估计方差。
$u(x_i)$	输入量 X_i 的估计值 x_i 的标准不确定度，等于 $u^2(x_i)$ 的正平方根。 **注：** 当 x_i 由 n 次独立重复观测的均值或算术平均值确定时，$u(x_i)=s(\overline{X}_i)$ 是由 A 类评定得到的标准不确定度
$u(x_i, x_j)$	输入量 X_i 和 X_j 的两个估计值 x_i 和 x_j 的估计协方差。 **注：** 当 x_i 和 x_j 是由 n 对独立重复同时观测值确定时，$u(x_i, x_j)=s(\overline{X}_i,\overline{X}_j)$ 是由 A 类评定得到的估计协方差
$u_c^2(y)$	输出量的估计值 y 的合成方差
$u_c(y)$	输出量的估计值 y 的合成标准不确定度，等于 $u_c^2(y)$ 的正平方根
$u_{cA}(y)$	由 A 类评定获得的标准不确定度和估计协方差确定的输出量的估计值 y 的合成标准不确定度
$u_{cB}(y)$	由 B 类评定获得的标准不确定度和估计协方差确定的输出量的估计值 y 的合成标准不确定度
$u_c(y_i)$	当在同一次测量中要确定两个或更多个被测量或输出量时，输出量的估计值 y_i 的合成标准不确定度
$u_i^2(y)$	由输入量的估计值 x_i 的估计方差 $u^2(x_i)$ 产生输出量的估计值 y 的合成方差 $u_c^2(y)$ 的分量，$u_i^2(y)\equiv[c_i u(x_i)]^2$
$u_i(y)$	由输入量的估计值 x_i 的标准不确定度产生输出量的估计值 y 的合成标准不确定度 $u_c(y)$ 的分量，$u_i(y)=\|c_i\|u(x_i)$

表 G.1（续）

符号	说　　明
$u(y_i, y_j)$	在同一次测量中确定的输出量的估计值 y_i 与 y_j 的估计协方差
$u(x_i)/\|x_i\|$	输入量的估计值 x_i 的相对标准不确定度
$u_c(y)/\|y\|$	输出量的估计值 y 的相对合成标准不确定度
$[u(x_i)/x_i]^2$	输入量的估计值 x_i 的估计相对方差
$[u_c(y)/y]^2$	输出量的估计值 y 的相对合成方差
$\dfrac{u(x_i, y_j)}{\|x_i y_j\|}$	输入量的估计值 x_i 和 x_j 的估计相对协方差
U	输出量的估计值 y 的扩展不确定度，它确定了具有高的包含概率的一个区间 $Y=y\pm U$，等于包含因子 k 乘以 y 的合成标准不确定度 $u_c(y)$，$U=ku_c(y)$
U_p	输出量的估计值 y 的扩展不确定度，它具有高的规定的包含概率 p 的区间 $Y=y\pm U_p$，等于包含因子 k_p 乘以 y 的合成标准不确定度 $u_c(y)$，$U_p=k_p u_c(y)$
x_i	输入量 X_i 的估计值。 **注：**当 x_i 从 n 次独立重复观测的算术平均值值或均值得到时，$x_i=\overline{X}_i$
X_i	与被测量 Y 有关的第 i 个输入量。 **注：**X_i 可能是物理量或随机变量（见4.1.1，注 1）
$\overline{X}_i$	输入量 X_i 的值的估计值；等于 X_i 的 n 次独立重复观测值 $X_{i,k}$ 的均值或算术平均值
$X_{i,k}$	X_i 的第 k 个独立重复观测值
y	被测量 Y 的估计值；测量结果；输出量的估计值
y_i	当在同一次测量中要确定两个或更多个被测量或输出量时，被测量 Y_i 的估计值
Y	被测量
$\dfrac{\Delta u(x_i)}{u(x_i)}$	输入量的估计值 x_i 的标准不确定度 $u(x_i)$ 的估计相对不确定度
μ_q	随机变量 q 的概率分布的期望或均值
ν	自由度
ν_i	输入量的估计值 x_i 的标准不确定度 $u(x_i)$ 的自由度或有效自由度
ν_{eff}	$u_c(y)$ 的有效自由度，在计算扩展不确定度 U_p 时用于获得 $t_p(\nu_{\text{eff}})$
ν_{effA}	仅由 A 类评定获得的标准不确定度确定的合成标准不确定度的有效自由度
$\nu_{\text{eff B}}$	仅由 B 类评定获得的标准不确定度确定的合成标准不确定度的有效自由度
σ^2	随机变量 q 的概率分布的方差，用 $s^2(q_k)$ 估计
σ	一个概率分布的标准差，等于 σ^2 的正平方根；$s(q_k)$ 是 σ 的有偏估计
$\sigma^2(\overline{q})$	$\overline{q}$ 的方差，等于 σ^2/n，用 $s^2(\overline{q})=s^2(q_k)/n$ 估计
$\sigma(\overline{q})$	$\overline{q}$ 的标准差，等于 $\sigma^2(\overline{q})$ 的正平方根；$s(\overline{q})$ 是 $\sigma(\overline{q})$ 的有偏估计
$\sigma^2[s(\overline{q})]$	$\overline{q}$ 的实验标准差 $s(\overline{q})$ 的方差
$\sigma[s(\overline{q})]$	$\overline{q}$ 的实验标准差 $s(\overline{q})$ 的标准差，等于 $\sigma^2[s(\overline{q})]$ 的正平方根

附 录 H
（资料性附录）
本标准与 ISO/IEC 指南 98-3:2008相比的结构变化情况

本标准与 ISO/IEC 指南 98-3:2008相比没有技术性差异，但在结构上有部分调整，具体章条编号对照情况见表 H.1。

表 H.1 本标准与 ISO/IEC 指南 98-3:2008的章条编号对照情况

本标准章条编号	对应的 ISO/IEC 指南章条编号
—	前言
引言	0
2	—
—	2.1
—	2.2.1
—	2.2.2
3.1	2.2.3
—	2.2.4
3.2	2.3.1
3.3	2.3.2
3.4	2.3.3
3.5	2.3.4
3.6	2.3.5
3.7	2.3.6
—	C.1
—	C.2
B.1.1	3.1
B.1.2	3.2
B.1.3	3.3
B.1.4	3.4
B.1.4.9	—
B.2	D
—	C.1
—	C.2
B.3	C.3
附录 C	附录 E
附录 D	附录 F
附录 E	附录 G
附录 F	附录 H
附录 G	附录 J
附录 H	—
—	词汇索引

参 考 文 献

[1] CIPM(1980),BIPM Proc.-Verb. Com. Int. Poids et Mesures 48,C1-C30(in French);BIPM(1980),Rapport BIPM-80/3, Report on the BIPM enquiry on error statements, Bur. Intl. Poids et Mesures(Sèvres,France)(in English)

[2] KAARLS,R.(1981),BIPM Proc.-Verb. Com. Int. Poids et Mesures 49, A1-A12 (in French);Giacomo,P.(1981),Metrologia 17,73 -74(in English)

注：本标准的引言(0.7)中的 INC-1(1980)建议书来自于 BIPM 的内部报告,其英文本是该建议书的最终版本,与 BIPM 网站上权威的法文文本一致。Metrologia 17 中的英文译本对 BIPM 内部报告和本标准 0.7 中的英文译本有轻微的修改。

[3] CIPM(1981),BIPM Proc.-Verb. Com. Int. Poids et Mesures 49,8-9,26(in French); Giacomo,P.(1982),Metrologia 18,43-44(in English)

[4] CIPM(1986),BIPM Proc.-Verb. Com. Int. Poids et Mesures 54,14,35(in French); Giacomo,P.(1987),Metrologia 24,49-50(in English)

[5] ISO 5725:1986 Precision of test methods—Determination of repeatability and reproducibility for a standard test method by inter-laboratory tests, International Organization for Standardization (Geneva,Switzerland)

注：该标准已被修订,新版本有一个新的标题:《测量方法和结果的准确度(真实性和精密度)》,并且包含 6 个部分:

第 1 部分:基本原则与定义

第 2 部分:确定标准测量方法的重复性与再现性基本方法

第 3 部分:标准测量方法精密度的中间度量

第 4 部分:确定标准测量方法正确度的基本方法

第 5 部分:确定标准测量方法精密度的可替代方法

第 6 部分:准确度值

[6] ISO/IEC GUIDE 99 International vocabulary of basic and general terms in metrology, second edition,1993(缩写为 VIM 或 VIM:1993)

注 1:VIM 第 3 版(VIM:2007)于 2007 年出版。

注 2:VIM 第 2 版以 ISO/TAG4、BIPM、IEC、IFCC、IUPAC、IUPAP、OIML 的名义发布,第 3 版增加了国际实验室认可合作组织(ILAC)。

注 3:VIM 第 1 版于 1984 年以 BIPM、IEC、ISO 和 OIML 的名义发布。

[7] ISO 3534-1:1993 Statistics—Vocabulary and symbols—Part 1: Probability and general statistical terms, International Organization for Standardization (Geneva, Switzerland)

注：ISO 3534-1:2006(GB/T 3358.1—2009,IDT) 替代 ISO 3534-1:1993。应注意一些术语和定义被修改了。更多信息参见该标准的最新版。

[8] FULLER,W.A.(1987),Measurement error models,John Wiley(New York,N.Y.)

[9] ALLAN,D.W.(1987),IEEE Trans. Instrum. Meas. IM-36,646-654

[10] DIETRICH,C.F.(1991),Uncertainty,calibration and probability,second edition, Adam-Hilger(Bristol)

[11] MÜLLER,J.W.(1979),Nucl. Instrum. Meth. 163, 241-251

[12] MÜLLER,J.W.(1984),in Precision measurement and fundamental constants II, Taylor, B. N.,and Phillips,W. D.,eds.,Natl. Bur. Stand.(U.S.)Spec. Publ. 617,US GPO(Washington,D.C.), 375-381

[13] JEFFREYS,H.(1983),Theory of probability,third edition,Oxford University Press (Ox-

ford)

[14] PRESS, S. J. (1989), Bayesian statistics: principles, models, and applications, John Wiley (New York, N.Y.)

[15] BOX, G.E.P., HUNTER, W.G., and HUNTER, J.S. (1978), Statistics for experimenters, John Wiley (New York, N.Y.)

[16] WELCH, B.L. (1936), J. R. Stat. Soc. Suppl. 3, 29-48; (1938), Biometrika 29, 350-362; (1947), ibid. 34, 28-35

[17] FAIRFIELD-SMITH, H. (1936), J. Counc. Sci. Indust. Res. (Australia) 9(3), 211

[18] SATTERTHWAITE, F.E. (1941), Psychometrika 6, 309-316; (1946) Biometrics Bull. 2 (6), 110-114

[19] ISO Guide 35:1989 Certification of reference materials—General and statistical principles, second edition, International Organization for Standardization (Geneva, Switzerland)

注：ISO 指南 35:2006 替代 ISO 指南 35:1989。更多信息参见该标准的最新版。

[20] BARKER, T.B. (1985), Quality by experimental design, Marcel Dekker (New York, N.Y.)

[21] JJF 1001—2011 通用计量术语及定义

[22] JJF 1059.1—2012 测量不确定度评定与表示

ICS 77.150.10
H 60

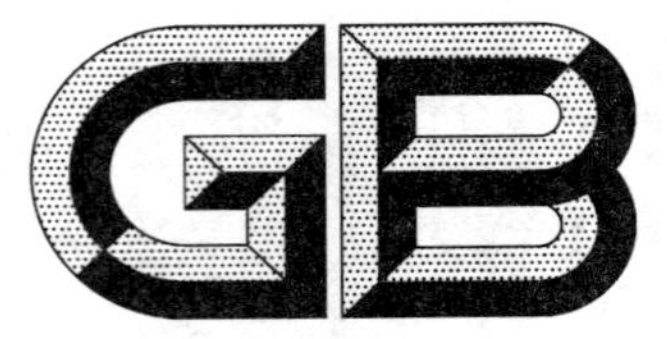

中华人民共和国国家标准

GB/T 27677—2017
代替 GB/T 27677—2011

铝中间合金

Aluminium hardeners

2017-05-31 发布　　2017-12-01 实施

中华人民共和国国家质量监督检验检疫总局
中国国家标准化管理委员会　发布

前　言

本标准按照 GB/T 1.1—2009 给出的规则起草。

本标准代替 GB/T 27677—2011《铝中间合金》。本标准与 GB/T 27677—2011 相比，除编辑性修改外主要技术变化如下：

——修改了适用范围(见第 1 章，2011 年版的第 1 章)；

——规范性引用文件中增加了 GB/T 1196、GB/T 3246.1、GB/T 3246.2、YS/T 275、YS/T 665，删除了 YS/T 774(所有部分)(见第 2 章，2011 年版的第 2 章)；

——增加了术语和定义(见第 3 章)；

——增加了牌号表示方法(见 4.1.1)；

——增加了组别及牌号(见 4.1.2)；

——增加了产品类别和件重(见 4.1.3)；

——删除了产品外形(见 2011 年版的 3.1.2)；

——修改了尺寸规格的要求(见 4.1.3，2011 年版的 3.1.2)；

——增加了标记及示例(见 4.1.4)；

——删除了 AlB1，AlCr2，AlRE2，AlRE4，AlRE6，AlSb2，AlSb4，AlSi24，AlTi3，AlTi5B1B，AlTi5B1C，AlTi5B0.2，AlTi5B0.2A，AlTi5B0.2B，AlTi5B0.6A，AlTi5B0.6，AlTi3C0.15A，AlTi3C0.15，AlTi3C0.3 共 19 个牌号(2011 年版的 3.1.1 表 1)；

——增加了 AlB10，AlBe3，AlBe5，AlBi3，AlBi5，AlBi10，AlCa5，AlCa10，AlCa20，AlCo5，AlCo10，AlCe10，AlCd5，AlCd10，AlCu20，AlCu5P4.5，AlCu10P4.5，AlEr5，AlEr10，AlFe45，AlFe60，AlLa10，AlLi5，AlLi10，AlMg20，AlMg25，AlMg50，AlMg60，AlMg68，AlMn15，AlMn30，AlMn40，AlMo5，AlMo10，AlNb10，AlNd30，AlP3，AlP4，AlP5，AlPb10，AlRE5，AlRE15，AlSb15，AlSc2，AlSi25，AlSi12P4.5，AlSi60，AlSn10，AlSn50，AlSr15，AlTe5，AlTi1.7B1.4，AlTi6B1.2，AlTi10B1，AlV4，AlW2.5，AlY5，AlY10，AlYb5，AlYb10，AlZn10，AlZn30，AlZr5A，AlZr10A，AlZr15A 共 65 个牌号(见 4.2.1)；

——修改了 AlB3，AlB4，AlCr3，AlCr5，AlCr10，AlCr20，AlCu40，AlCu50，AlCu60，AlFe5，AlFe10，AlMn10，AlSb10，AlSi12，AlSi20，AlSr5，AlSr20，AlSr10Ti1B0.2，AlTi5，AlTi6A，AlTi6，AlTi10，AlTi12，AlTi15，AlTi3B1，AlTi5B1，AlV10，AlZr5，AlZr6，AlZr10，AlZr15 共 31 个铝中间合金牌号的化学成分(见 4.2.1，2011 年版的 3.1.1 表 1)；

——增加了食品、卫生行业及电器、电子设备行业用铝合金材料使用的铝中间合金中有毒有害元素的要求(见表 3 脚注)；

——增加了铝中间合金的原材料要求(见表 3 脚注)；

——修改了断口组织的要求(见 4.3，2011 年版的 3.3)；

——增加了铝钛、铝钛硼和铝锆中间合金的显微组织要求(见 4.4)；

——修改了化学成分的试验方法(见 5.1，2011 年版的 4.1)；

——修改了断口组织的检验方法(见 5.2，2011 年版的 4.2)；

——增加了显微组织的检验方法(见 5.3)；

——修改了外观的检验方法(见 5.4，2011 年版的 4.3)；

——修改了出厂检验项目规定(见 6.3，2011 年版的 5.3)；

——修改了断口组织、显微组织、外观的取样规定(见 6.4，2011 年版的 5.4)；

——修改了检验结果的判定规则(见6.5,2011年版的5.5);

——修改了标志、包装和贮存规定(见第7章,2011年版的第6章);

——删除了附录A(2011年版的附录A);

——修改了铝中间合金颜色标志(见附录A,2011年版的附录B)。

本标准由中国有色金属工业协会提出。

本标准由全国有色金属标准化技术委员会(SAC/TC 243)归口。

本标准起草单位:河北四通新型金属材料股份有限公司、东北轻合金有限责任公司、山东南山铝业股份有限公司、山东兖矿轻合金有限公司、西南铝业(集团)有限责任公司、广东省工业分析检测中心、厦门厦顺铝箔有限公司,山东吕美熔体技术有限公司。

本标准主要起草人:王文红、赵卫涛、吴欣凤、王齐伟、刘记伟、冯彦波、陈邵龙、田小梅、黄同瑊、李伟、赫微、夏友龙、张天姣、刘相法、陈雷、刘飞、曹慧霞、腾志贵。

本标准所代替标准的历次版本发布情况为:

——GB/T 27677—2011。

铝 中 间 合 金

1 范围

本标准规定了铝中间合金的要求、试验方法、检验规则和标志、包装、运输、贮存及质量证明书与订货单(或合同)内容。

本标准适用于铸造铝合金和变形铝合金用的铝中间合金。

本标准不适用于铸造铝合金和变形铝合金用的铝-钛-硼、铝-钛-碳及铝-钛合金线材。

2 规范性引用文件

下列文件对于本文件的应用是必不可少的。凡是注日期的引用文件,仅注日期的版本适用于本文件。凡是不注日期的引用文件,其最新版本(包括所有的修改单)适用于本文件。

GB/T 1196 重熔用铝锭

GB/T 3199 铝及铝合金加工产品包装、标志、运输、贮存

GB/T 3246.1 变形铝及铝合金制品组织检验方法 第1部分:显微组织检验方法

GB/T 3246.2 变形铝及铝合金制品组织检验方法 第2部分:低倍组织检验方法

GB/T 7999 铝及铝合金光电直读发射光谱分析方法

GB/T 8170 数值修约规则与极限数值的表示和判定

GB/T 17432 变形铝及铝合金化学成分分析取样方法

GB/T 20975(所有部分) 铝及铝合金化学分析方法

YS/T 275 高纯铝锭

YS/T 665 重熔用精铝锭

3 术语和定义

下列术语和定义适用于本文件。

3.1

铝中间合金 aluminium hardeners

以铝为基体,与其他金属或非金属通过升温熔化制成的合金,用于铸造铝合金或变形铝合金化学成分、组织的调整与控制。主合金元素的质量分数可超过50%。

4 要求

4.1 产品分类

4.1.1 铝中间合金牌号表示方法

铝中间合金牌号由“Al”+主合金元素符号+主合金元素的名义质量分数构成。各主合金元素按其元素质量分数降序排列,主合金元素及主合金元素的名义质量分数相同,但杂质元素不同或杂质元素质量分数不同时,后缀英文字母标识不同的杂质控制要求。示例如下:

示例 1：主合金元素为一种的铝中间合金牌号

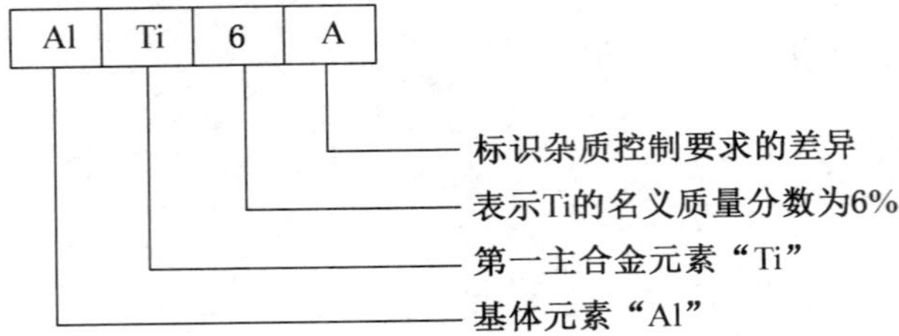

示例 2：主合金元素为两种的铝中间合金牌号

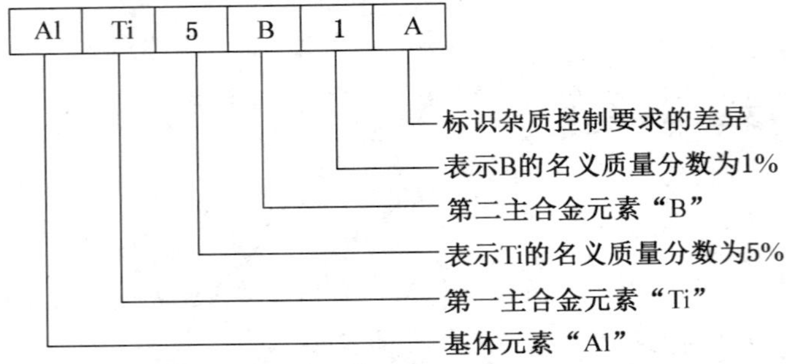

示例 3：主合金元素为三种及以上的铝中间合金牌号

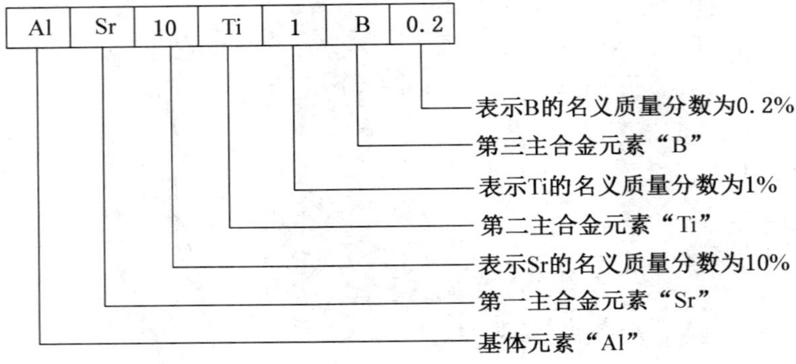

4.1.2 铝中间合金组别及牌号

铝中间合金按第一主合金元素划分为 39 个组别，如表 1 所示。

表 1 铝中间合金组别及牌号

组别	典型牌号
AlB	AlB3、AlB4、AlB5、AlB8、AlB10
AlBe	AlBe3、AlBe5
AlBi	AlBi3、AlBi5、AlBi10
AlCa	AlCa5、AlCa10、AlCa20
AlCe	AlCe10
AlCd	AlCd5、AlCd10
AlCo	AlCo5、AlCo10
AlCr	AlCr3、AlCr5、AlCr10、AlCr20
AlCu	AlCu20、AlCu40、AlCu50、AlCu60

表 1（续）

组别	典型牌号
AlCuP	AlCu5P4.5、AlCu10P4.5
AlEr	AlEr5、AlEr10
AlFe	AlFe5、AlFe10、AlFe20、AlFe45、AlFe60
AlLa	AlLa10
AlLi	AlLi5、AlLi10
AlMg	AlMg20、AlMg25、AlMg50、AlMg60、AlMg68
AlMn	AlMn10、AlMn15、AlMn20、AlMn25、AlMn30、AlMn40
AlMo	AlMo5、AlMo10
AlNb	AlNb10
AlNd	AlNd30
AlNi	AlNi10、AlNi20
AlP	AlP3、AlP4、AlP5
AlPb	AlPb10
AlRE	AlRE5、AlRE10、AlRE15
AlSb	AlSb5、AlSb10、AlSb15
AlSc	AlSc2
AlSi	AlSi12、AlSi20、AlSi25、AlSi30、AlSi50、AlSi60
AlSiP	AlSi12P4.5
AlSn	AlSn10、AlSn50
AlSr	AlSr3.5、AlSr5、AlSr10、AlSr15、AlSr20
AlSrTiB	AlSr10Ti1B0.2
AlTe	AlTe5
AlTi	AlTi4、AlTi5、AlTi6A、AlTi6、AlTi10A、AlTi10、AlTi12、AlTi15
AlTiB	AlTi3B1、AlTi5B1A、AlTi5B1、AlTi1.7B1.4、AlTi6B1.2、AlTi10B1
AlV	AlV2.5、AlV3、AlV4、AlV5、AlV10
AlW	AlW2.5
AlY	AlY5、AlY10
AlYb	AlYb5、AlYb10
AlZn	AlZn10、AlZn30
AlZr	AlZr3、AlZr4、AlZr5A、AlZr5、AlZr6、AlZr10A、AlZr10、AlZr15A、AlZr15

4.1.3 产品类别、尺寸规格及件重

铝中间合金的类别、尺寸规格及件重应符合表 2 的规定。需方需要其他尺寸规格或件重时，应供需双方协商确定，并在订货单（或合同）中注明。

表 2 铝中间合金外形、尺寸规格

类别		尺寸规格	件重
锭		供需双方协商确定，并在订货单(或合同)中注明	单块重量：0.5 kg～20 kg
线材	线卷	直径：ϕ8 mm～ϕ10 mm	单卷重量：180 kg～500 kg
	线杆	直径：ϕ8 mm～ϕ25 mm；线杆长度：50 mm～1 000 mm	单捆重量：0.5 kg～50 kg

4.1.4 标记及示例

铝中间合金标记按产品类别、本标准编号、铝中间合金牌号、原料铝锭的牌号(选用 Al99.70 牌号时不标识)、尺寸规格、件重的顺序表示。标记示例如下：

示例 1：

铝中间合金牌号为 AlB3、原料铝锭牌号为 Al99.70、厚度为 40 mm、宽度为 220 mm、长度为 420 mm、单块重量为 7 kg的铝中间合金锭，标记为：

锭 GB/T 27677-AlB3-40×220×420-7

示例 2：

铝中间合金牌号为 AlCa5、原料铝锭牌号为 Al99.70、线材直径为 ϕ9.5 mm、单卷重量为 200 kg 的铝中间合金线卷，标记为：

线卷 GB/T 27677-AlCa5-ϕ9.5-200

示例 3：

铝中间合金牌号为 AlCa10、原料铝锭牌号为 Al99.70、线材为直径 ϕ9.5 mm、单捆重量为 5 kg 的铝中间合金线杆，标记为：

线杆 GB/T 27677-AlCa10-ϕ9.5-5

示例 4：

铝中间合金牌号为 AlSc2、原料铝锭牌号为 Al99.90、厚度为 30 mm、宽度为 250 mm、长度为 250 mm、单块重量为 5 kg的铝中间合金锭，标记为：

锭 GB/T 27677-AlSc2(Al99.90)-30×250×250-5

4.2 化学成分

铝中间合金牌号的化学成分应符合表 3 的规定。

表 3 铝中间合金牌号及化学成分

序号	牌号	化学成分[a,b,c](质量分数)/%												
		Si	Fe	Cu	Mn	Cr	Ni	Ti	B	V		其他[d] 单个	其他[d] 合计	Al
1	AlB3	0.20	0.30	—	—	—	—	—	2.5～3.5	—	K:1.0 Na:0.50	0.03	0.10	余量
2	AlB4	0.20	0.30	—	—	—	—	—	3.5～4.5	—	K:1.0 Na:0.50	0.03	0.10	余量
3	AlB5	0.20	0.30	—	—	—	—	0.05	4.5～5.5	—	K:1.0 Na:0.50	0.03	0.10	余量
4	AlB8	0.25	0.30	—	—	—	—	0.05	7.5～9.0	—	K: 1.0 Na: 0.50	0.03	0.10	余量
5	AlB10	0.25	0.30	—	—	—	—	—	9.0～11.0	—	K: 1.0 Na: 0.50	0.03	0.10	余量
6	AlBe3	0.20	0.20	0.05	0.02	0.02	0.02	—	—	—	Be: 2.5～3.5	0.05	0.15	余量
7	AlBe5	0.20	0.40	0.05	0.02	0.02	0.02	0.02	—	—	Be: 4.5～6.0 Mg: 0.50 Zn: 0.10	0.05	0.15	余量
8	AlBi3	0.20	0.20	—	—	—	—	—	—	—	Bi: 2.7～3.3	0.03	—	余量
9	AlBi5	0.20	0.30	—	—	—	—	—	—	—	Bi: 4.5～5.5	0.05	0.15	余量
10	AlBi10	0.20	0.30	—	—	—	—	—	—	—	Bi: 9.0～11.0	0.05	0.20	余量
11	AlCa5	0.20	0.30	—	—	—	—	—	—	—	Ca: 4.5～5.5 Sr: 0.10 Mg: 0.10	0.05	0.15	余量

表 3（续）

序号	牌号	化学成分[a,b,c]（质量分数）/%												
		Si	Fe	Cu	Mn	Cr	Ni	Ti	B	V		其他[d]		Al
												单个	合计	
12	AlCa10	0.30	0.30	—	—	—	—	—	0.01	—	Ca：9.0～11.0 Zn：0.04 Pb：0.02 Sn：0.02 Sr：0.10 Mg：0.10	0.04	0.10	余量
13	AlCa20	0.20	0.30	—	—	—	—	—	—	0.05	Ca：19.0～21.0 Sr：0.10 Mg：0.20	0.03	0.10	余量
14	AlCe10	0.20	0.30	—	—	—	—	—	—	—	Ce：9.0～11.0	0.05	0.15	余量
15	AlCd5	0.20	0.30	—	—	—	—	—	—	—	Cd：4.5～5.5	0.05	0.15	余量
16	AlCd10	0.20	0.30	—	—	—	—	—	—	—	Cd：9.0～11.0	0.05	0.15	余量
17	AlCo5	0.20	0.30	—	—	—	—	—	—	—	Co：4.5～5.5	0.05	0.15	余量
18	AlCo10	0.30	0.30	—	—	—	—	—	—	—	Co：9.0～11.0	0.05	0.15	余量
19	AlCr3	0.20	0.30	—	—	2.5～3.5	—	—	—	—	—	0.05	0.15	余量
20	AlCr5	0.20	0.30	—	—	4.0～6.0	—	—	—	—	—	0.05	0.15	余量
21	AlCr10	0.30	0.30	—	—	9.0～11.0	—	—	0.01	—	Pb：0.02 Sn：0.02 Zn：0.04	0.04	0.10	余量
22	AlCr20	0.30	0.30	—	—	18.0～22.0	—	—	0.01	—	Pb：0.02 Sn：0.02 Zn：0.04	0.04	0.10	余量
23	AlCu20	0.20	0.25	18.0～22.0	—	—	—	—	—	—	—	0.05	0.15	余量

表 3（续）

序号	牌号	化学成分[a,b,c]（质量分数）/%												
		Si	Fe	Cu	Mn	Cr	Ni	Ti	B	V		其他[d]		Al
												单个	合计	
24	AlCu40	0.20	0.25	38～42	—	—	—	—	—	—	—	0.05	0.15	余量
25	AlCu50	0.10	0.15	48～52	—	—	—	—	—	—	—	0.05	0.15	余量
26	AlCu60	0.10	0.15	57～63	—	—	—	—	—	—	—	0.05	0.15	余量
27	AlCu5P4.5	0.50	0.8	4.5～5.5	—	—	—	—	—	—	P：4.0～5.0 Ca：0.05	0.05	0.15	余量
28	AlCu10P4.5	0.50	0.8	9.5～10.5	—	—	—	—	—	—	P：4.0～5.0 Ca：0.05	0.05	0.15	余量
29	AlEr5	0.20	0.30	—	—	—	—	—	—	—	Er：4.5～5.5	0.05	0.15	余量
30	AlEr10	0.20	0.30	—	—	—	—	—	—	—	Er：9.0～11.0	0.05	0.15	余量
31	AlFe5	0.20	4.0～6.0	—	0.05	—	—	—	—	—	Pb：0.02 Sn：0.02 Zn：0.04	0.04	0.10	余量
32	AlFe10	0.30	9.0～11.0	—	—	—	—	—	0.01	—	Pb：0.02 Sn：0.02 Zn：0.04	0.04	0.10	余量
33	AlFe20	0.20	18.0～22.0	0.10	0.30	—	—	—	—	—	Zn：0.10	0.05	0.15	余量
34	AlFe45	0.30	43～47	—	0.30	—	—	—	0.01	—	Pb：0.02 Sn：0.02 Zn：0.04 C：0.10	0.04	0.10	余量
35	AlFe60	0.45	56～64	—	0.40	—	—	—	—	—	—	0.05	0.15	余量
36	AlLa10	0.20	0.30	—	—	—	—	—	—	—	La：9.0～11.0	0.05	0.15	余量

表 3（续）

序号	牌号	化学成分[a,b,c]（质量分数）/%										其他[d]		
		Si	Fe	Cu	Mn	Cr	Ni	Ti	B	V		单个	合计	Al
37	AlLi5	0.20	0.30	—	—	—	—	—	—	—	Li：4.5～5.5	0.05	0.15	余量
38	AlLi10	0.20	0.30	—	—	—	—	—	—	—	Li：9.0～11.0	0.05	0.15	余量
39	AlMg20	0.30	0.30	—	—	—	—	—	—	—	Mg：18.0～22.0	0.03	0.10	余量
40	AlMg25	0.10	0.15	—	—	—	—	—	—	—	Mg：23.0～27.0	0.03	0.10	余量
41	AlMg50	0.10	0.15	—	—	—	—	—	—	—	Mg：48～52	0.03	0.10	余量
42	AlMg60	0.10	0.15	—	—	—	—	—	—	—	Mg：58～62	0.05	0.15	余量
43	AlMg68	0.10	0.15	—	0.10	—	—	—	—	—	Mg：65～71	0.05	0.15	余量
44	AlMn10	0.30	0.30	—	9.0～11.0	—	—	—	0.01	—	Pb：0.02 Sn：0.02 Zn：0.04	0.04	0.10	余量
45	AlMn15	0.20	0.25	—	14.0～16.0	—	—	—	—	—	—	0.03	0.15	余量
46	AlMn20	0.20	0.25	0.10	19.0～21.0	—	—	—	—	—	—	0.03	0.15	余量
47	AlMn25	0.20	0.25	—	24.0～26.0	—	—	—	—	—	—	0.03	0.15	余量
48	AlMn30	0.20	0.30	—	28.0～32	—	—	—	—	—	—	0.05	0.15	余量
49	AlMn40	0.20	0.40	—	37～43	—	—	—	—	—	—	0.05	0.15	余量
50	AlMo5	0.20	0.40	—	—	—	—	—	—	—	Mo：4.0～6.0	0.05	0.15	余量
51	AlMo10	0.20	0.50	—	—	—	—	—	—	—	Mo：9.0～11.0	0.05	0.15	余量
52	AlNb10	0.20	0.30	—	—	—	—	—	—	—	Nb：9.0～11.0	0.05	0.15	余量
53	AlNd30	0.20	0.30	—	—	—	—	—	—	—	Nd：27.0～33	0.05	0.15	余量
54	AlNi10	0.15	0.20	—	—	—	9.0～11.0	—	—	—	—	0.03	0.10	余量
55	AlNi20	0.15	0.20	—	—	—	18.0～22.0	—	—	—	—	0.03	0.10	余量

表 3（续）

序号	牌号	化学成分[a,b,c]（质量分数）/%												
		Si	Fe	Cu	Mn	Cr	Ni	Ti	B	V		其他[d] 单个	其他[d] 合计	Al
56	AlP3	0.20	0.20	—	—	—	—	—	—	—	P：2.5～3.5	0.05	0.15	余量
57	AlP4	0.20	0.30	—	—	—	—	—	—	—	P：3.5～4.5	0.05	0.15	余量
58	AlP5	0.20	0.50	—	—	—	—	—	—	—	P：4.5～5.5	0.05	0.15	余量
59	AlPb10	0.20	0.30	—	—	—	—	—	—	—	Pb：9.0～11.0	0.05	0.15	余量
60	AlRE5	0.20	0.30	—	—	—	—	—	—	—	RE：4.0～6.0	0.05	0.15	余量
61	AlRE10	0.20	0.30	—	—	—	—	—	—	—	RE：9.0～11.0	0.05	0.15	余量
62	AlRE15	0.30	0.40	—	—	—	—	—	—	—	RE：13.5～16.0	0.05	0.15	余量
63	AlSb5	0.30	0.30	—	—	—	—	—	—	—	Sb：4.5～6.0	0.05	0.15	余量
64	AlSb10	0.30	0.30	—	—	—	—	—	—	—	Sb：9.0～11.0	0.05	0.15	余量
65	AlSb15	0.30	0.30	—	—	—	—	—	—	—	Sb：13.5～16.0	0.05	0.15	余量
66	AlSc2	0.05	0.05	—	—	—	—	—	—	—	Sc：1.8～2.2	0.03	0.10	余量
67	AlSi12	11.0～13.0	0.35	0.10	—	—	—	—	—	—	—	0.05	0.15	余量
68	AlSi20	18.0～22.0	0.30	—	—	—	—	—	0.01	—	Pb：0.02 Sn：0.02 Zn：0.04 Ca：0.06	0.04	0.10	余量
69	AlSi25	23.0～27.0	0.30	—	—	—	—	—	—	—	Pb：0.02 Sn：0.02 Zn：0.04 Ca：0.06	0.05	0.15	余量
70	AlSi30	28.0～32	0.30	—	—	—	—	0.05	—	—	—	0.05	0.15	余量

表 3（续）

序号	牌号	化学成分[a,b,c]（质量分数）/%												
		Si	Fe	Cu	Mn	Cr	Ni	Ti	B	V		其他[d]		Al
												单个	合计	
71	AlSi50	47～53	0.40	—	—	—	—	0.10	—	—	Ca：0.10	0.05	0.15	余量
72	AlSi60	57～63	0.50	—	—	—	—	0.10	—	—	Ca：0.10	0.05	0.15	余量
73	AlSi12P4.5	11.0～13.0	1.0	0.8	—	—	—	—	—	—	P：4.0～5.0 Ca：0.10	0.05	0.15	余量
74	AlSn10	0.20	0.30	—	—	—	—	—	—	—	Sn：9.0～11.0	0.05	0.15	余量
75	AlSn50	0.20	0.30	—	—	—	—	—	—	—	Sn：47～53	0.05	0.15	余量
76	AlSr3.5	0.20	0.30	—	—	—	—	—	—	—	Sr：3.2～3.8 Ca：0.03 P：0.01	0.03	0.10	余量
77	AlSr5	0.20	0.30	—	—	—	—	—	—	—	Sr：4.5～5.5 Ba：0.05 Ca：0.05	0.04	0.10	余量
78	AlSr10	0.20	0.30	—	—	—	—	—	—	—	Sr：9.0～11.0 Mg：0.05 Ba：0.10 Ca：0.03 P：0.01	0.05	0.15	余量
79	AlSr15	0.20	0.30	—	—	—	—	—	—	—	Sr：14.0～16.0 P：0.01 Ba：0.10 Ca：0.05	0.05	0.15	余量
80	AlSr20	0.20	0.30	—	—	—	—	—	—	—	Sr：18.0～22.0 Ba：0.10	0.05	0.15	余量

表 3（续）

序号	牌号	化学成分[a,b,c]（质量分数）/%												
		Si	Fe	Cu	Mn	Cr	Ni	Ti	B	V		其他[d]		Al
												单个	合计	
81	AlSr10Ti1B0.2	0.20	0.30	—	—	—	—	0.9～1.2	0.15～0.25	—	Sr：9.0～11.0 Ca：0.02	0.05	0.15	余量
82	AlTe5	0.20	0.30	—	—	—	—	—	—	—	Te：4.0～6.0	0.05	0.15	余量
83	AlTi4	0.20	0.20	—	—	—	—	3.5～4.5	—	—	Zn：0.10	0.05	0.15	余量
84	AlTi5	0.20	0.20	—	—	—	—	4.5～5.5	—	0.25		0.05	0.15	余量
85	AlTi6A	0.20	0.20	—	—	—	—	5.5～6.5	0.004	0.05	—	0.03	0.10	余量
86	AlTi6	0.30	0.30	—	—	—	—	5.5～6.5	—	0.30	Zr：0.10 Mo：0.10	0.05	0.15	余量
87	AlTi10A	0.20	0.20	—	—	—	0.05	9.0～11.0	0.004	0.20	—	0.03	0.10	余量
88	AlTi10	0.30	0.30	0.20	0.45	0.10	0.20	9.0～11.0	—	0.50	Zr：0.20 Mo：0.20 Mg：0.50 Zn：0.20	0.05	0.15	余量
89	AlTi12	0.30	0.30	—	—	0.10	0.10	11.0～13.0	—	0.50	Sn：0.10 Zr：0.20 Mo：0.20	0.10	0.15	余量
90	AlTi15	0.30	0.35	—	—	0.15	0.15	14.0～16.0	—	0.7	Sn：0.15 Zr：0.20 Mo：0.30	0.10	0.15	余量
91	AlTi3B1	0.20	0.30	—	—	—	—	2.8～3.4	0.7～1.1	0.05	—	0.03	0.10	余量
92	AlTi5B1A	0.15	0.20	—	—	—	—	4.8～5.2	0.9～1.1	0.05	—	0.03	0.10	余量
93	AlTi5B1	0.20	0.30	—	—	—	—	4.5～5.5	0.8～1.2	0.20	—	0.03	0.10	余量

表 3（续）

序号	牌号	化学成分[a,b,c]（质量分数）/%												
		Si	Fe	Cu	Mn	Cr	Ni	Ti	B	V		其他[d]		Al
												单个	合计	
94	AlTi1.7B1.4	0.20	0.30	—	—	—	—	1.3～2.2	1.1～1.7	0.05	—	0.03	0.10	余量
95	AlTi6B1.2	0.20	0.30	—	—	—	—	5.5～6.5	1.0～1.4	0.20	—	0.03	0.10	余量
96	AlTi10B1	0.30	0.35	—	—	—	0.05	9.0～11.0	0.9～1.5	0.50	—	0.03	0.15	余量
97	AlV2.5	0.20	0.25	—	—	—	—	0.03	0.01	2.0～3.0	—	0.03	0.10	余量
98	AlV3	0.20	0.25	—	—	—	—	0.03	0.01	2.5～3.5	—	0.03	0.10	余量
99	AlV4	0.20	0.25	—	—	—	—	0.03	0.01	3.5～4.5	—	0.03	0.10	余量
100	AlV5	0.20	0.25	—	—	—	—	0.03	0.01	4.5～5.5	—	0.03	0.10	余量
101	AlV10	0.30	0.30	—	—	—	—	—	0.01	9.0～11.0	Pb：0.02 Sn：0.02 Zn：0.04	0.04	0.10	余量
102	AlW2.5	0.20	0.30	—	—	—	—	—	—	—	W：2.0～3.0	0.05	0.15	余量
103	AlY5	0.20	0.30	—	—	—	—	—	—	—	Y：4.5～5.5	0.05	0.15	余量
104	AlY10	0.20	0.30	—	—	—	—	—	—	—	Y：9.0～11.0	0.05	0.15	余量
105	AlYb5	0.20	0.30	—	—	—	—	—	—	—	Yb：4.5～5.5	0.05	0.15	余量
106	AlYb10	0.20	0.30	—	—	—	—	—	—	—	Yb：9.0～11.0	0.05	0.15	余量
107	AlZn10	0.20	0.30	—	—	—	—	—	—	—	Zn：9.0～11.0	0.05	0.15	余量
108	AlZn30	0.20	0.30	—	—	—	—	—	—	—	Zn：28.0～32	0.05	0.15	余量
109	AlZr3	0.20	0.25	—	—	—	—	0.05	—	—	Zr：2.7～3.3 Hf：0.20	0.03	0.10	余量

表 3（续）

序号	牌号	化学成分[a,b,c]（质量分数）/%												
		Si	Fe	Cu	Mn	Cr	Ni	Ti	B	V		其他[d]		Al
												单个	合计	
110	AlZr4	0.20	0.30	—	—	—	—	—	—	—	Zr：3.5～4.5 Pb：0.10 Zn：0.10 Hf：0.20	0.05	0.15	余量
111	AlZr5A	0.20	0.20	—	—	—	—	—	0.01	—	Zr：4.5～5.5 Ca：0.01 Na：0.005 Pb：0.01 Sn：0.01 Zn：0.04 Hf：0.20	0.04	0.10	余量
112	AlZr5	0.30	0.30	0.10	—	—	0.10	0.10	—	—	Zr：4.5～5.5 Sn：0.10 Nb：0.10 Hf：0.30	0.05	0.15	余量
113	AlZr6	0.20	0.25	—	—	—	—	0.05	—	—	Zr：5.5～6.5 Hf：0.20	0.03	0.10	余量
114	AlZr10A	0.30	0.30	—	—	—	—	—	—	—	Zr：9.0～11.0 Hf：0.25	0.04	0.10	余量
115	AlZr10	0.30	0.45	0.20	—	—	0.20	0.20	—	—	Zr：9.0～11.0 Sn：0.20 Nb：0.20 Hf：0.30	0.05	0.15	余量

表 3(续)

序号	牌号	化学成分[a,b,c](质量分数)/%												
		Si	Fe	Cu	Mn	Cr	Ni	Ti	B	V		其他[d]		Al
												单个	合计	
116	AlZr15A	0.30	0.30	—	—	—	—	—	—	—	Zr:13.5～16.0 Hf:0.35	0.05	0.15	余量
117	AlZr15	0.30	0.45	0.30	—	0.10	0.30	0.30	—	—	Zr:13.0～16.0 Sn:0.30 Nb:0.30 Hf:0.50	0.05	0.15	余量

[a] 表中的单个数值者为元素质量分数的最高限。

[b] 食品、卫生行业用铝合金材料使用的铝中间合金应控制 $w(Cd+Hg+Pb+Cr^{6+})\leqslant 0.01\%$、$w(As)\leqslant 0.01\%$;电器、电子设备行业用铝合金材料使用的铝中间合金应控制 $w(Pb)\leqslant 0.1\%$、$w(Hg)\leqslant 0.1\%$、$w(Cd)\leqslant 0.01\%$、$w(Cr^{6+})\leqslant 0.1\%$。

[c] 表中铝中间合金宜采用牌号为 Al99.7 重熔用铝锭作为原材料生产,重熔用铝锭的化学成分应符合 GB/T 1196 的规定;如需杂质含量更低的铝中间合金,宜采用相应纯度的铝锭作为原材料生产,其牌号和化学成分应符合 YS/T 275 及 YS/T 665 的规定。

[d] “其他”指表中未列出或未规定质量分数数值的元素。

4.3 断口组织

铝中间合金的断口组织应致密，不准许存在影响使用的未熔物、熔渣、偏析。

4.4 显微组织

4.4.1 铝钛中间合金

AlTi6A、AlTi6、AlTi10A、AlTi1C 的显微组织应符合表 4 规定，典型照片见图 1～图 3，对其他铝钛中间合金的显微组织有要求时，应供需双方协商，并在订货单(或合同)中注明。

表 4 Al-Ti 中间合金显微组织

牌号	显微组织要求		用途示例
	$TiAl_3$	夹杂物	
AlTi6A	任意 1 cm^2 的面积中，$TiAl_3$ 粒子呈块状或杆状，分布大致均匀，粒子的平均尺寸＜100 μm，单个粒子最大尺寸＜500 μm。允许有尺寸＜500 μm 的 $TiAl_3$ 粒子团聚，数量不超过 3 个	任意 1 cm^2 的面积中，氧化物的长度总和＜1 500 μm，不准许存在坩埚脱落物、耐火材料等非金属夹杂物	航空航天、军工、高铁等领域用的高性能铝合金材料
AlTi6	任意 1 cm^2 的面积中，$TiAl_3$ 粒子分布大致均匀，允许存在尺寸大于 2 000 μm 的粒子，数量不超过 3 个	—	普通用途的铝及铝合金材料
AlTi10A	任意 1 cm^2 的面积中，$TiAl_3$ 粒子呈块状或杆状，分布大致均匀，粒子的平均尺寸＜200 μm，单个粒子最大尺寸＜500 μm，允许有尺寸＜1 000 μm的 $TiAl_3$ 粒子团聚，数量不超过 5 个	任意 1 cm^2 的面积中，氧化物的长度总和＜2 000 μm，不准许存在坩埚脱落物、耐火材料等非金属夹杂物	航空航天、军工、高铁等领域用的高性能铝合金材料
AlTi10	任意 1 cm^2 的面积中，$TiAl_3$ 粒子分布大致均匀，允许存在尺寸大于 2 000 μm 的粒子，数量不超过 3 个	—	普通用途的铝及铝合金材料

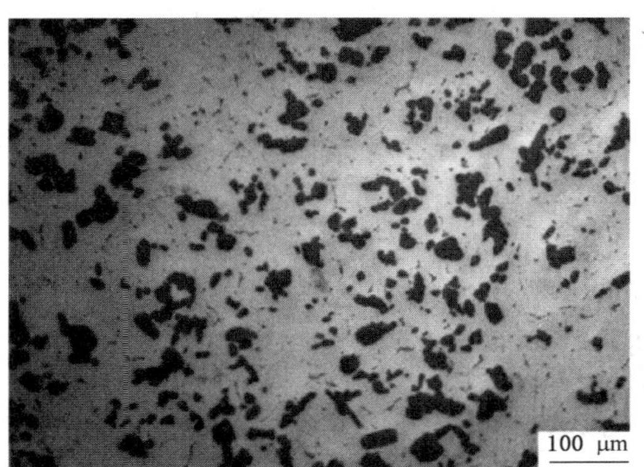

图 1 AlTi6A 合格的显微组织示例×100

($TiAl_3$ 粒子分布均匀)

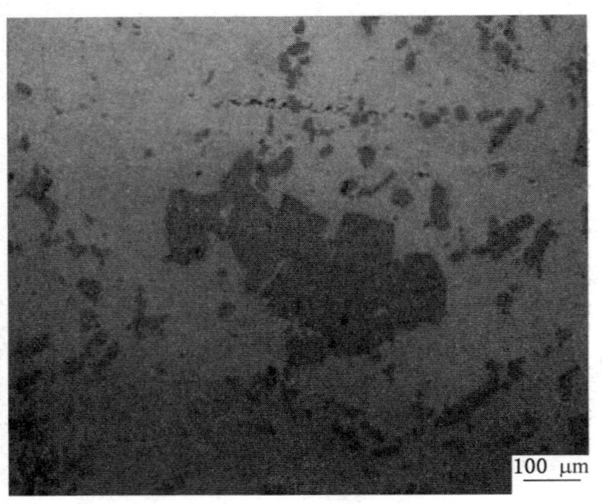

图 2　AlTi6A 合格的显微组织示例×100

（$TiAl_3$ 粒子团聚尺寸小于 500 μm）

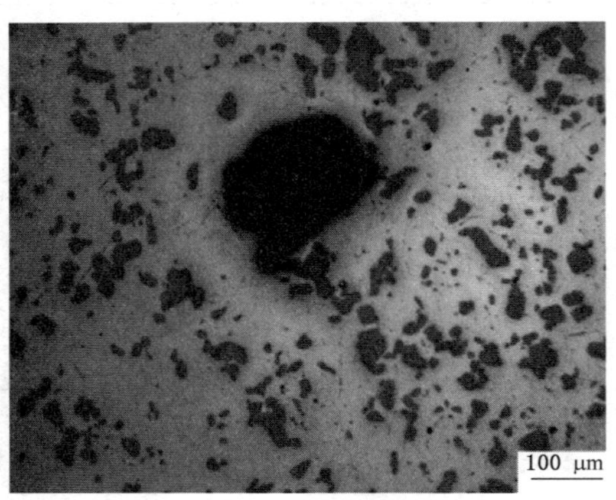

图 3　AlTi6A 不合格的显微组织示例 ×100

（夹杂物）

4.4.2　铝钛硼中间合金

AlTi5B1A、AlTi5B1 的显微组织应符合表 5 规定，典型照片见图 4～图 8，对其他铝钛硼中间金的显微组织有要求时，应供需双方协商，并在订货单（或合同）中注明。

表 5　Al-Ti-B 中间合金显微组织

牌号	显微组织要求			用途示例
	TiB_2	$TiAl_3$	夹杂物	
AlTi5B1A	任意 1 cm^2 的面积中，TiB_2 粒子最大尺寸＜2 μm，分布较为均匀，允许有尺寸小于 50 μm 的团聚，最多不超过 5 个，允许有小于 200 μm 的 TiB_2 团块，最多不超过 3 个	任意 1 cm^2 的面积中，$TiAl_3$ 粒子呈块状或杆状，分布大致均匀，粒子的平均尺寸＜50 μm，单个粒子最大尺寸＜200 μm	任意 1 cm^2 的面积中，氧化物的长度总和＜2 000 μm；不准许存在坩埚脱落物、耐火材料等非金属夹杂物	航空航天、军工、高铁等领域用的高性能铝合金材料

表 5（续）

牌号	显微组织要求			用途示例
	TiB_2	$TiAl_3$	夹杂物	
AlTi5B1	任意 1 cm^2 的面积中，TiB_2 粒子最大尺寸<5 μm，分布大致均匀	任意 1 cm^2 的面积中，$TiAl_3$ 粒子呈块状或杆状，分布大致均匀，粒子的平均尺寸<80 μm，单个粒子最大尺寸<500 μm	—	普通用途的铝及铝合金材料

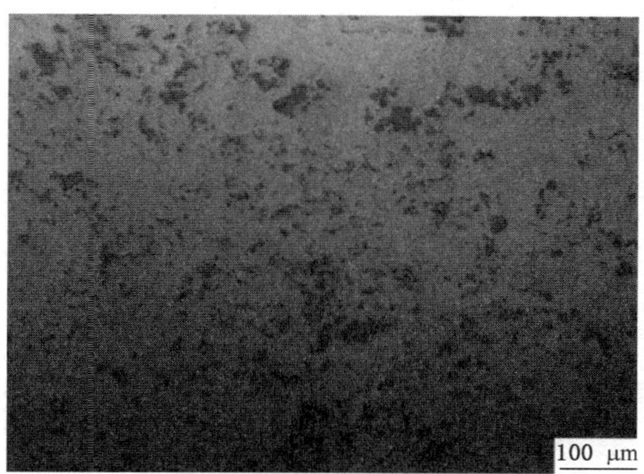

图 4　AlTi5B1A 合格的显微组织示例×100
（$TiAl_3$ 和 TiB_2 粒子分布较为均匀）

图 5　AlTi5B1A 合格的显微组织示例×100
（TiB_2 团块小于 200 μm）

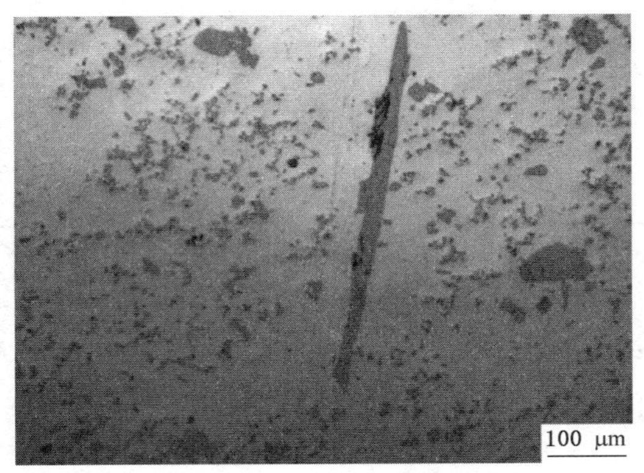

图 6　AlTi5B1A 不合格的显微组织示例×100
（$TiAl_3$ 粒子尺寸超标）

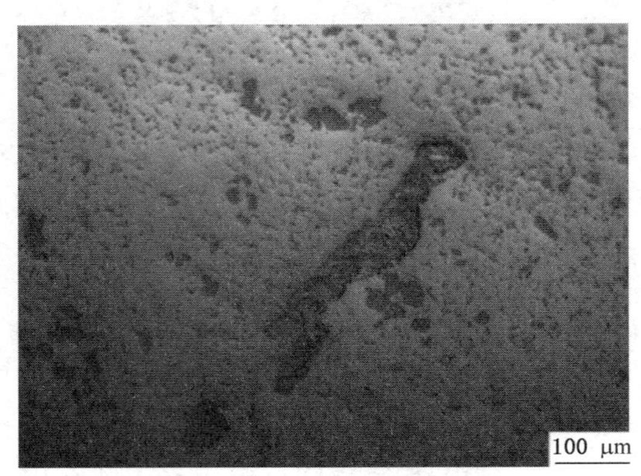

图 7　AlTi5B1A 不合格的显微组织示例×100
（TiB_2 团聚尺寸超标）

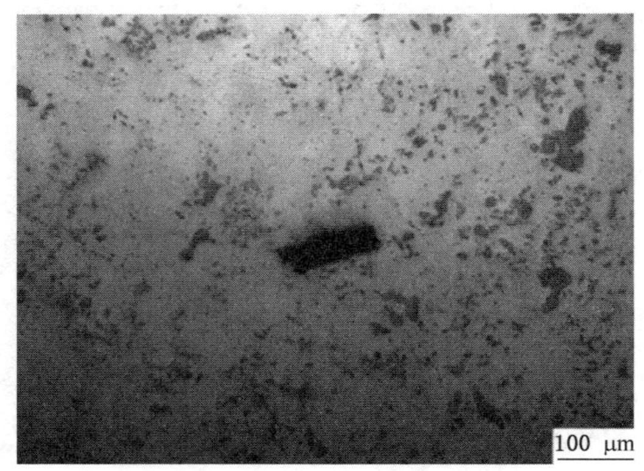

图 8　AlTi5B1A 不合格的显微组织示例×100
（夹杂物）

4.4.3　铝锆中间合金

AlZr5A、AlZr5、AlZr10A、AlZr10、AlZr15A、AlZr15 的显微组织应符合表 6 规定，典型照片见图 9～图 12，对其他铝锆中间合金的显微组织有要求时，应供需双方协商，并在订货单(或合同)中注明。

表 6　Al-Zr 中间合金显微组织

牌号	显微组织要求		用途示例
	$ZrAl_3$	夹杂物	
AlZr5A	任意 1 cm^2 的面积中，$ZrAl_3$ 粒子呈块状或杆状，分布大致均匀，粒子的平均尺寸＜50 μm，单个粒子最大尺寸＜200 μm，允许有尺寸＜500 μm 的 $ZrAl_3$ 粒子团聚，数量不超过 3 个	任意 1 cm^2 的面积中，氧化物的长度总和＜1 500 μm，不准许存在坩埚脱落物、耐火材料等非金属夹杂物	航空航天、军工、高铁等领域用的高性能铝合金材料
AlZr5	任意 1 cm^2 的面积中，$ZrAl_3$ 粒子分布大致均匀，单个粒子最大尺寸＜500 μm	—	普通用途的铝及铝合金材料
AlZr10A	任意 1 cm^2 的面积中，$ZrAl_3$ 粒子呈块状或杆状，分布大致均匀，粒子的平均尺寸＜100 μm，单个粒子最大尺寸＜500 μm，允许有尺寸＜1 000 μm 的 $ZrAl_3$ 粒子团聚，数量不超过 3 个	任意 1 cm^2 的面积中，氧化物的长度总和＜2 000 μm，不准许存在坩埚脱落物、耐火材料等非金属夹杂物	航空航天、军工、高铁等领域用的高性能铝合金材料
AlZr10	任意 1 cm^2 的面积中，$ZrAl_3$ 粒子分布大致均匀，单个粒子最大尺寸＜1 000 μm	—	普通用途的铝及铝合金材料
AlZr15A	任意 1 cm^2 的面积中，$ZrAl_3$ 粒子呈块状或杆状，分布大致均匀，粒子的平均尺寸＜150 μm，单个粒子最大尺寸＜500 μm，允许有尺寸＜1 000 μm 的 $ZrAl_3$ 粒子团聚，数量不超过 3 个	任意 1 cm^2 的面积中，氧化物的长度总和＜2 000 μm，不准许存在坩埚脱落物、耐火材料等非金属夹杂物	航空航天、军工、高铁等领域用的高性能铝合金材料
AlZr15	任意 1 cm^2 的面积中，$ZrAl_3$ 粒子分布大致均匀，单个粒子最大尺寸＜1 000 μm	—	普通用途的铝及铝合金材料

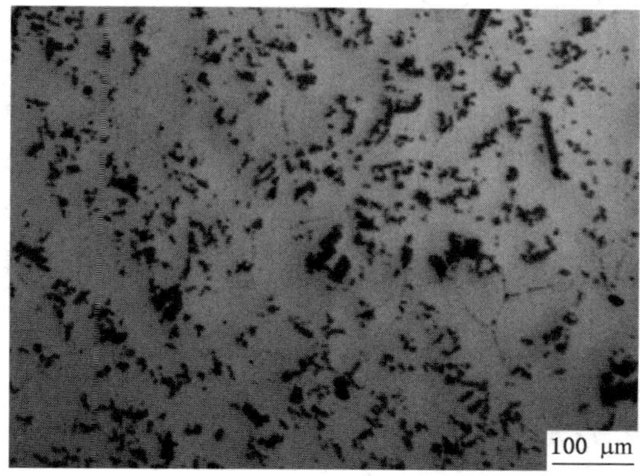

图 9　AlZr5A 合格的显微组织示例×100

（$ZrAl_3$ 粒子分布均匀）

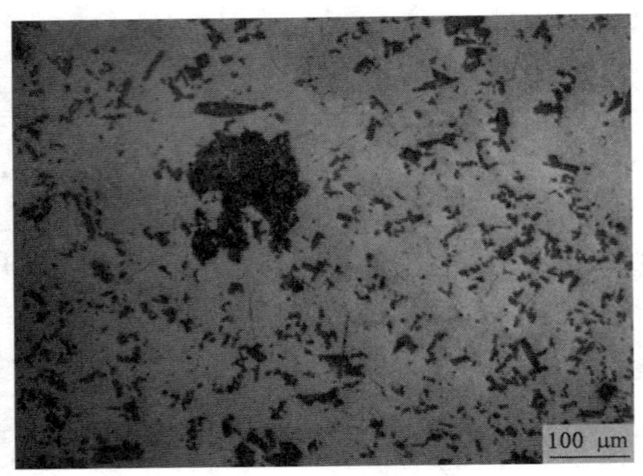

图 10　AlZr5A 合格的显微组织示例×100
（$ZrAl_3$ 粒子团聚小于 500 μm）

图 11　AlZr5A 不合格的显微组织示例×100
（$ZrAl_3$ 粒子团聚尺寸超标）

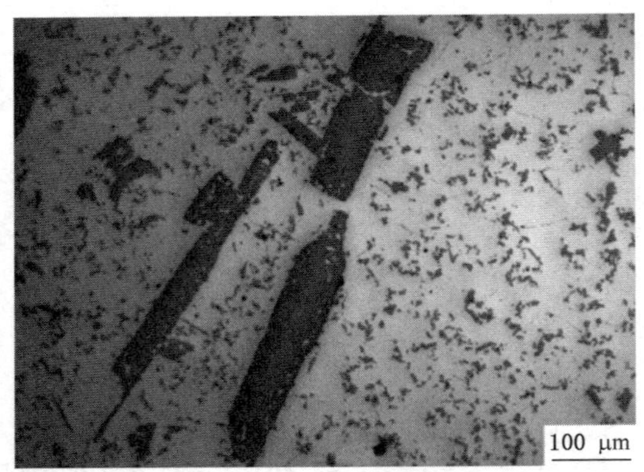

图 12　AlZr5A 不合格的显微组织示例×100
（$ZrAl_3$ 粒子尺寸超标）

4.5　外观

铝中间合金外观不准许存在夹渣、腐蚀、夹杂物、油污或任何异物等，允许有不影响使用的氧化膜、褶皱或收缩裂纹存在。

5 试验方法

5.1 化学成分

5.1.1 化学成分分析方法应符合 GB/T 20975(所有部分)或 GB/T 7999 的规定,仲裁分析应采用 GB/T 20975(所有部分)规定的方法。使用其他分析方法时,由供需双方协商确定后在订货单(或合同)中注明。

5.1.2 分析数值的判定采用修约比较法,数值修约规则按 GB/T 8170 的有关规定进行,修约数位应与表 3 规定的极限数位一致。

5.1.3 仅对表 3 中有数值规定的元素进行常规分析。当怀疑非常规分析元素的质量分数超出了本标准的限定值时,供方应对这些元素进行分析。

5.2 断口组织

断口组织检验按 GB/T 3246.2 的规定进行。

5.3 显微组织

显微组织检验按 GB/T 3246.1 的规定进行。

5.4 外观

在自然散射光下,目视检查外观。

6 检验规则

6.1 检查和验收

6.1.1 铝中间合金应由供方进行检验,保证铝中间合金质量符合本标准及订货单(或合同)的规定,并填写质量证明书。

6.1.2 需方应对收到的铝中间合金按本标准的规定进行检验。检验结果与本标准及订货单(或合同)的规定不符时,应以书面形式向供方提出,由供需双方协商解决。属于产品外观的异议,应在收到铝中间合金之日起 1 个月内提出,属于其他性能的异议,应在收到铝中间合金之日起 3 个月内提出。如需仲裁,可委托供需双方认可的单位进行,并在需方共同取样。

6.2 组批

铝中间合金应成批提交检验,每批应由同一熔次的铝中间合金组成。

6.3 检验项目

每批应进行化学成分、断口组织及外观的检验。牌号为 AlTi6A、AlTi6、AlTi10A、AlTi10、AlTi5B1A、AlTi5B1、AlZr5A、AlZr5、AlZr10A、AlZr10、AlZr15A、AlZr15 的铝中间合金,还应检验显微组织。用户对其他牌号的铝中间合金显微组织有要求时,应按批对其要求的铝中间合金进行显微组织检验。

6.4 取样

铝中间合金取样应符合表 7 规定。

表 7　铝中间合金产品取样

检验项目	取样规定	要求章条号	试验方法章条号
化学成分	按 GB/T 17432 取样方法执行	4.2	5.1
断口组织	每批任意取 1 个锭坯，可直接打断，或由底部锯至锭厚的 1/3 处，然后打断；线材可直接打断，也可锯至直径的 1/3 处，然后打断	4.3	5.2
显微组织	每批任意取 1 个锭坯，从中心部位最大截面处切取样片，在样片中心部位切取检测样品。线材应从任意一段取大于 10 mm 的棒状样品，沿纵截面从中心部分剖开	4.4	5.3
外观	逐锭、逐卷、逐捆检验	4.5	5.4

6.5　检验结果的判定

6.5.1　任一试样的化学成分不合格时，产品能区分熔次时，则判该试样代表的熔次不合格，其他熔次依次检验，合格者交货。不能区分熔次时，则判该批不合格。

6.5.2　任一试样的断口组织不合格时，应从该批产品中另取双倍数量的试样进行重复试验。重复试验结果全部合格，则判该批产品合格。若重复试验结果中仍有不合格，则判该批产品不合格。

6.5.3　任一试样的显微组织不合格时，应从该批产品中取双倍数量的试样进行重复试验。重复试验结果全部合格，则判该批产品合格。若重复试验结果中仍有不合格，则判该批产品不合格。

6.5.4　任一产品的外观不合格时，判该锭、该卷或该捆产品不合格。

7　标志、包装、运输和贮存

7.1　标志

7.1.1　产品标志

在检验合格的铝中间合金上应附有如下内容的印记(或标签)：

a)　牌号；

b)　熔次号；

c)　产品类别(锭、线卷或线杆)；

d)　颜色标识[合金颜色标识宜参考附录 A 确定，也可由供需双方协商确定，并在订货单(或合同)中注明]；

e)　供方质检部门的检印或质检员签名(或盖章)。

7.1.2　包装物标志

铝中间合金的包装箱标志应符合 GB/T 3199 的规定。

7.2　包装、运输、贮存

7.2.1　铝中间合金的包装由供需双方协商确定，并在订货单(或合同)中注明。

7.2.2　铝中间合金应按牌号堆放、贮存和运输，并注意防雨、防潮、防腐蚀，运输、贮存场所应清洁。

7.3 质量证明书

每批应附符合本标准要求的质量证明书，其上注明：

a) 供方名称、地址、电话、传真；

b) 产品名称；

c) 牌号；

d) 产品类别(锭、线卷或线杆)；

e) 批号；

f) 净重和件数；

g) 各项分析检验结果和供方质检部门的检印(或检验标识)；

h) 本标准编号；

i) 出厂日期(或包装日期)。

8 订货单(或合同)内容

订购本标准所列材料的订货单(或合同)内应包括下列内容：

a) 产品名称；

b) 牌号；

c) 产品类别(锭、线卷或线杆)；

d) 数量(重量)；

e) 需方的特殊要求：

——化学成分的特殊要求；

——显微组织的特殊要求；

——其他特殊要求；

f) 本标准编号。

附　录　A
（资料性附录）
铝中间合金颜色标志

铝中间合金颜色标识见表 A.1。

表 A.1　铝中间合金颜色标识

牌号	颜色标识	牌号	颜色标识
AlB3	红-黄	AlMg60	黑-浅蓝
AlB4	红-黄	AlMg68	黑-浅蓝
AlB5	红-黄	AlMn10	紫
AlB8	红-黄	AlMn15	紫
AlB10	红-黄	AlMn20	紫
AlBe3	黑-黄	AlMn25	紫
AlBe5	黑-黄	AlMn30	紫
AlBi3	黑-紫	AlMn40	紫
AlBi5	黑-紫	AlNi10	黑-灰
AlBi10	黑-紫	AlNi20	黑-灰
AlCa5	红-白	AlPb10	黑-绿
AlCa10	红-白	AlSc2	红-深蓝
AlCa20	红-白	AlSi12	黑-白
AlCr3	橙	AlSi20	黑-白
AlCr5	橙	AlSi25	黑-白
AlCr10	橙	AlSi30	黑-白
AlCr20	橙	AlSi50	黑-白
AlCu20	黄	AlSi60	黑-白
AlCu40	黄	AlSr3.5	浅蓝
AlCu50	黄	AlSr5	浅蓝
AlCu60	黄	AlSr10	浅蓝
AlFe5	黑	AlSr15	浅蓝
AlFe10	黑	AlSr20	浅蓝
AlFe20	黑	AlSr10Ti1B0.2	浅蓝-红-黄
AlFe45	黑	AlTi4	红
AlFe60	黑	AlTi5	红
AlMg20	黑-浅蓝	AlTi6A	红
AlMg25	黑-浅蓝	AlTi6	红
AlMg50	黑-浅蓝	AlTi10A	红

表 A.1（续）

牌号	颜色标识	牌号	颜色标识
AlTi10	红	AlV5	黑-橙
AlTi12	红	AlV10	黑-橙
AlTi15	红	AlZr3	深蓝
AlTi3B1	绿-棕	AlZr4	深蓝
AlTi5B1A	绿	AlZr5A	深蓝
AlTi5B1	绿	AlZr5	深蓝
AlTi1.7B1.4	绿-浅蓝	AlZr6	深蓝
AlTi10B1	绿-白	AlZr10A	深蓝
AlV2.5	黑-橙	AlZr10	深蓝
AlV3	黑-橙	AlZr15A	深蓝
AlV4	黑-橙	AlZr15	深蓝

ICS 77.140.60
H 44

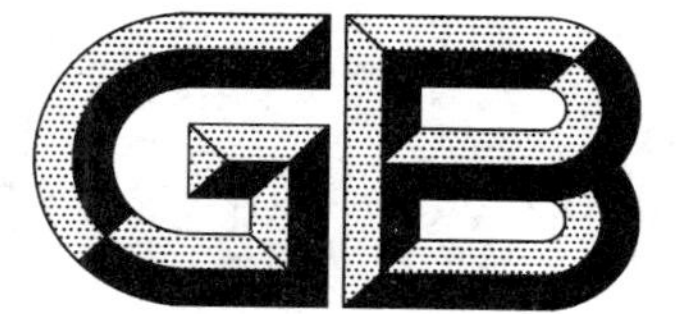

中华人民共和国国家标准

GB/T 27691—2017
代替 GB/T 27691—2011

钢帘线用盘条

Wire rod for steel cord

2017-05-31 发布　　2018-02-01 实施

中华人民共和国国家质量监督检验检疫总局
中国国家标准化管理委员会　发布

前　言

本标准按照 GB/T 1.1—2009 给出的规则起草。

本标准代替 GB/T 27691—2011《钢帘线用盘条》。

本标准与 GB/T 27691—2011 相比，主要技术变化如下：

——明确盘条公称直径为不大于 6.5 mm；

——增加 LX85B、LX90B 牌号及相关技术要求；

——修改 LX70A、LX80A 牌号化学成分 Mn 含量要求；

——明确网状渗碳体允许级别；

——中心偏析按 A、B 不同级别加严控制；

——修改最大纵向夹杂物宽度尺寸、最大横向夹杂物尺寸要求；

——对盘条表面氧化铁皮的规定改为协商条款。

本标准由中国钢铁工业协会提出。

本标准由全国钢标准化技术委员会(SAC/TC 183)归口。

本标准起草单位：鞍钢股份有限公司、中天钢铁集团有限公司、江苏永钢集团有限公司、青岛特殊钢铁有限公司、冶金工业信息标准研究院。

本标准主要起草人：翟利平、韩立涛、郭大勇、任翠英、王玲君、黄永生、刘澄、吴锦圆、胡海平、王淼、刘鹤。

本标准所代替标准的历次版本发布情况为：

——GB/T 27691—2011。

钢帘线用盘条

1 范围

本标准规定了钢帘线用盘条的牌号表示方法和符号、订货内容、尺寸、外形、重量及允许偏差、技术要求、试验方法、检验规则、包装、标志和质量证明书。

本标准适用于公称直径不大于6.5 mm钢帘线用盘条(以下简称"盘条")。

2 规范性引用文件

下列文件对于本文件的应用是必不可少的。凡是注日期的引用文件,仅注日期的版本适用于本文件。凡是不注日期的引用文件,其最新版本(包括所有的修改单)适用于本文件。

GB/T 222 钢的成品化学成分允许偏差

GB/T 223.5 钢铁 酸溶硅和全硅含量的测定 还原型硅钼酸盐分光光度法

GB/T 223.12 钢铁及合金化学分析方法 碳酸钠分离-二苯碳酰二肼光度法测定铬量

GB/T 223.19 钢铁及合金化学分析方法 新亚铜灵-三氯甲烷萃取光度法测定铜量

GB/T 223.23 钢铁及合金 镍含量的测定 丁二酮肟分光光度法

GB/T 223.31 钢铁及合金 砷含量的测定 蒸馏分离-钼蓝分光光度法

GB/T 223.37 钢铁及合金化学分析方法 蒸馏分离-靛酚蓝光度法测定氮量

GB/T 223.50 钢铁及合金化学分析方法 苯基荧光酮-溴化十六烷基三甲基胺直接光度法测定锡量

GB/T 223.62 钢铁及合金化学分析方法 乙酸丁酯萃取光度法测定磷量

GB/T 223.63 钢铁及合金化学分析方法 高碘酸钠(钾)光度法测定锰量

GB/T 223.69 钢铁及合金 碳含量的测定 管式炉内燃烧后气体容量法

GB/T 223.72 钢铁及合金 硫含量的测定 重量法

GB/T 223.81 钢铁及合金 总铝和总硼含量的测定 微波消解-电感耦合等离子体质谱法

GB/T 224 钢的脱碳层深度测定法

GB/T 228.1 金属材料 拉伸试验 第1部分:室温试验方法

GB/T 2101 型钢验收、包装、标志和质量证明书的一般规定

GB/T 2975 钢及钢产品 力学性能试验取样位置及试样制备

GB/T 4336 碳素钢和中低合金钢 多元素含量的测定 火花放电原子发射光谱法(常规法)

GB/T 6394 金属平均晶粒度测定方法

GB/T 8170 数值修约规则与极限数值的表示和判定

GB/T 10561 钢中非金属夹杂物含量的测定 标准评级图显微检验法

GB/T 13298 金属显微组织检验方法

GB/T 14981—2009 热轧盘条尺寸、外形、重量及允许偏差

GB/T 17505 钢及钢产品交货一般技术要求

GB/T 20066 钢和铁 化学成分测定用试样的取样和制样方法

GB/T 20123 钢铁 总碳硫含量的测定 高频感应炉燃烧后红外吸收法(常规方法)

GB/T 20124 钢铁 氮含量的测定 惰性气体熔融热导法(常规方法)

YB/T 169 高碳钢盘条索氏体含量金相检验方法
YB/T 4411 高碳钢盘条中心马氏体评定方法
YB/T 4412 高碳钢盘条网状渗碳体评定方法
YB/T 4413 高碳钢盘条中心偏析金相检验评定方法

3 牌号表示方法和符号

钢的牌号由代表“帘线”的汉语拼音首字母、碳含量标志和质量等级等3个部分按顺序组成。其中,LX:“帘线”的汉语拼音字头;70、80、85、90:碳含量下限;A、B:质量等级。

例如:LX70A。

4 订货内容

按本标准订货时,合同中应该包括下列内容:

a) 标准编号;
b) 产品名称;
c) 牌号;
d) 规格、外形精度级别;
e) 重量;
f) 包装方式及标识要求;
g) 特殊要求(晶粒度、表面氧化铁皮要求等)。

5 尺寸、外形、重量及允许偏差

5.1 盘条的尺寸、外形及允许偏差应符合GB/T 14981—2009中B级或C级精度的规定,未注明时按B级精度供货。

5.2 盘条的重量应符合GB/T 14981—2009的规定。

6 技术要求

6.1 牌号及化学成分

6.1.1 盘条用钢的牌号及化学成分(熔炼分析)应符合表1的规定。

6.1.2 需方要求分析盘条成品化学成分时,其与表1规定化学成分的允许偏差应符合GB/T 222的规定。

6.1.3 未经需方同意,钢中不应添加表1中未列入的化学元素。

6.1.4 经供需双方协商,并在合同中注明,可供应其他牌号和化学成分的盘条。

6.2 冶炼方法

钢由转炉或电炉冶炼、并应进行炉外精炼。

6.3 交货状态

盘条以热轧控冷状态交货。每盘应由一根盘条组成,盘条的头尾应有标识。

表 1

牌号	化学成分(质量分数)/%						
	C	Si	Mn	P	S	P+S	Al_t
LX70A	0.70～0.75	0.15～0.30	0.45～0.60	≤0.025	≤0.015	≤0.035	—
LX70B	0.70～0.75	0.15～0.30	0.45～0.60	≤0.020	≤0.010	≤0.025	≤0.005
LX80A	0.80～0.85	0.15～0.30	0.45～0.60	≤0.025	≤0.015	≤0.035	—
LX80B	0.80～0.85	0.15～0.30	0.45～0.60	≤0.020	≤0.010	≤0.025	≤0.005
LX85B	0.85～0.90	0.15～0.30	0.45～0.60	≤0.020	≤0.010	≤0.025	≤0.005
LX90B	0.90～0.95	0.15～0.30	0.25～0.45	≤0.020	≤0.010	≤0.025	≤0.005
牌号	化学成分(质量分数)/%						
	Cu	Cr	Ni	Cu+Cr+Ni	Sn	As	N
LX70A	≤0.10	≤0.10	≤0.10	≤0.25	—	—	—
LX70B	≤0.08	≤0.08	≤0.08	≤0.15	≤0.007	≤0.006	≤0.006
LX80A	≤0.10	≤0.10	≤0.10	≤0.25	—	—	—
LX80B	≤0.08	≤0.08	≤0.08	≤0.15	≤0.007	≤0.006	≤0.006
LX85B	≤0.08	≤0.08	≤0.08	≤0.15	≤0.007	≤0.006	≤0.006
LX90B	≤0.06	0.15～0.30	≤0.06	—	≤0.007	≤0.006	≤0.006

6.4 力学性能

盘条的力学性能应符合表 2 的规定。

表 2

牌　号	拉伸性能	
	抗拉强度 R_m/MPa	断面收缩率 Z/%
LX70A、LX70B	970～1 120	≥40
LX80A、LX80B[a]	1 070～1 220	≥38
LX85B	1 100～1 280	≥36
LX90B	1 150～1 350	≥30
注：表中抗拉强度和断面收缩率为自然时效 15 d 后数值。		
[a] 经供需双方协商，并在合同中注明，抗拉强度上限可适当提高。		

6.5 内在质量

6.5.1 显微组织

6.5.1.1　盘条的金相组织应主要为索氏体组织，索氏体含量应符合表 3 的规定。

表 3

牌　号	索氏体含量最小值/%
LX70A、LX70B	80
LX80A、LX80B、LX85B	85
LX90B	90

6.5.1.2　盘条的网状渗碳体应不大于 1 级，不应有马氏体等影响使用的有害组织。

6.5.2　中心偏析

A 级钢盘条中心偏析应不大于 3 级，B 级钢盘条中心偏析应不大于 2 级。经供需双方协商，也可供应其他级别。

6.5.3　非金属夹杂物

盘条的非金属夹杂物应符合表 4 和表 5 的规定。经供需双方协商，也可按其他要求供货。

表 4

牌号	非金属夹杂物类型	夹杂物级别
LX70A、LX80A	A、C 类	≤1.5 级
	B、D 类	≤1.0 级
LX70B、LX80B	A、C 类	≤1.0 级
	B、D 类	≤0.5 级
LX85B、LX90B	A、C 类	≤1.0 级
	B、D 类	≤0.5 级

表 5

牌号	允许夹杂物最大尺寸/μm	
	纵向宽度、横向尺寸	钛夹杂物宽度尺寸
LX70A、LX80A	≤35	≤10
LX70B、LX80B	≤25	≤5
LX85B　LX90B	≤15	≤5

6.5.4　脱碳层

盘条的总脱碳层(铁素体层＋过渡层)深度应符合表 6 的规定。

表 6

牌号	盘条一边总脱碳层(铁素体＋过渡层)深度/mm
LX70A、LX80A	不大于盘条公称直径的 1.2%
LX70B、LX80B	不大于盘条公称直径的 1.0%
LX85B　LX90B	不大于盘条公称直径的 1.0%

6.5.5 晶粒度

根据需方要求，经供需双方协商，可进行晶粒度检验，具体允许级别在订货时协商。

6.6 表面质量

6.6.1 盘条表面不应有裂纹、折叠、耳子等对使用有害的缺陷。

6.6.2 盘条表面允许存在深度(或高度)不大于 0.10 mm 的麻点、凹坑、划伤和氧化铁皮压入等轻微的局部缺欠。

6.6.3 根据需方要求，经供需双方协商，可对盘条表面氧化铁皮进行检验，具体要求及检验方法在合同中注明。

7 试验方法

每批盘条的检验项目、取样数量、取样方法及试验方法应符合表 7 的规定。

表 7

序号	检验项目	取样数量	取样方法	试验方法
1	化学分析	1 个/炉	GB/T 20066	GB/T 223(适用部分)、GB/T 4336、GB/T 20123、GB/T 20124
2	拉伸试验	2 个/批	GB/T 2975，不同根盘条	GB/T 228.1
3	索氏体	2 个/批	不同根盘条	YB/T 169
4	中心马氏体	2 个/批	GB/T 13298，不同根盘条	YB/T 4411
5	网状渗碳体	2 个/批	GB/T 13298，不同根盘条	YB/T 4412
6	中心偏析	2 个/批	GB/T 13298，不同根盘条	YB/T 4413
7	非金属夹杂物	2 个/批	不同根盘条	GB/T 10561
8	脱碳层	2 个/批	不同根盘条	GB/T 224
9	晶粒度	2 个/批	不同根盘条	GB/T 6394
10	表面氧化铁皮	1 个/批	—	供需双方协商
11	尺寸、外形	逐盘	—	千分尺、游标卡尺
12	表面质量	逐盘	—	目测

8 检验规则

8.1 检查与验收

盘条的检查与验收由供方技术监督部门进行。

8.2 组批规则

8.2.1 盘条的力学性能和内在质量按批进行检验及验收。

8.2.2 每批应由同一牌号、同一炉号、同一规格的盘条组成。

8.3 取样数量

盘条各项检验的取样数量应符合表7的规定。

8.4 复验与判定

盘条的复验与判定应符合GB/T 17505的规定。

9 数值修约

盘条各项检验结果的数值修约应符合GB/T 8170的规定。

10 包装、标志和质量证明书

10.1 盘条的包装方式及标识按合同要求。当需方未明确时，由供方确定。

10.2 质量证明书应符合GB/T 2101的规定。

ICS 27.070
K 82

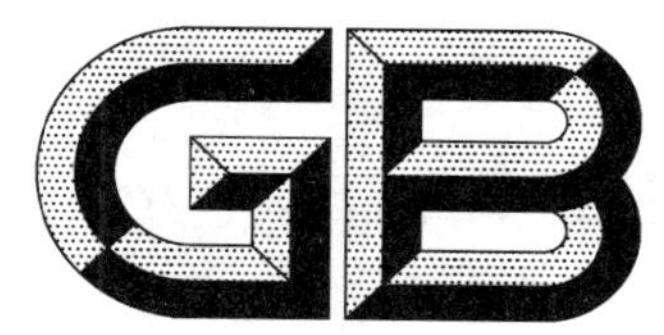

中华人民共和国国家标准

GB/T 27748.1—2017/IEC 62282-3-100:2012
代替 GB/T 27748.1—2011

固定式燃料电池发电系统 第1部分:安全

Stationary fuel cell power systems—Part 1:Safety

(IEC 62282-3-100:2012,Fuel cell technologies—
Part 3-100:Stationary fuel cell power systems—Safety,IDT)

2017-07-31 发布　　2018-02-01 实施

中华人民共和国国家质量监督检验检疫总局
中国国家标准化管理委员会　发布

前　言

GB/T 27748《固定式燃料电池发电系统》分以下4个部分：

——第1部分：安全；

——第2部分：性能试验方法；

——第3部分：安装；

——第4部分：小型燃料电池发电系统性能试验方法。

本部分为GB/T 27748的第1部分。

本部分按照GB/T 1.1—2009给出的规则起草。

本部分代替GB/T 27748.1—2011《固定式燃料电池发电系统　第1部分：安全》，与GB/T 27748.1—2011相比主要技术变化如下：

——总体上重新编排了安全要求部分；

——主要修改在于提出了对内部元件的电气安全要求；

——明确了大量的要求和试验方法，尤其是压力泄漏和强度试验；

——扩展了风力试验部分；

——增加了冷凝物排放和漏风试验。

本部分使用翻译法等同采用IEC 62282-3-100:2012《燃料电池技术　第3-100部分：固定式燃料电池发电系统　安全》。

与本部分中规范性引用的国际文件有一致性对应关系的我国文件见附录NA。

本部分由中国电器工业协会提出。

本部分由全国燃料电池及液流电池标准化技术委员会(SAC/TC 342)归口。

本部分起草单位：苏州UL美华认证有限公司、机械工业北京电工技术经济研究所、清华大学、新源动力股份有限公司、深圳市标准技术研究院、武汉众宇动力系统科技有限公司、中国科学院大连化学物理研究所、武汉理工大学、南京大学昆山创新研究院、苏州弗尔赛能源科技股份有限公司、航天新长征电动汽车技术有限公司。

本部分主要起草人：周斌、陈晨、张剑波、石伟玉、齐志刚、黄曼雪、李晓楠、侯明、李赏、衣宝廉、刘建国、王益群、詹志刚、李霞、顾荣鑫、靳殷实、徐加忠。

本部分所代替标准的历次版本发布情况为：

——GB/T 27748.1—2011。

引　　言

一个典型的固定式燃料电池发电系统如图1所示。

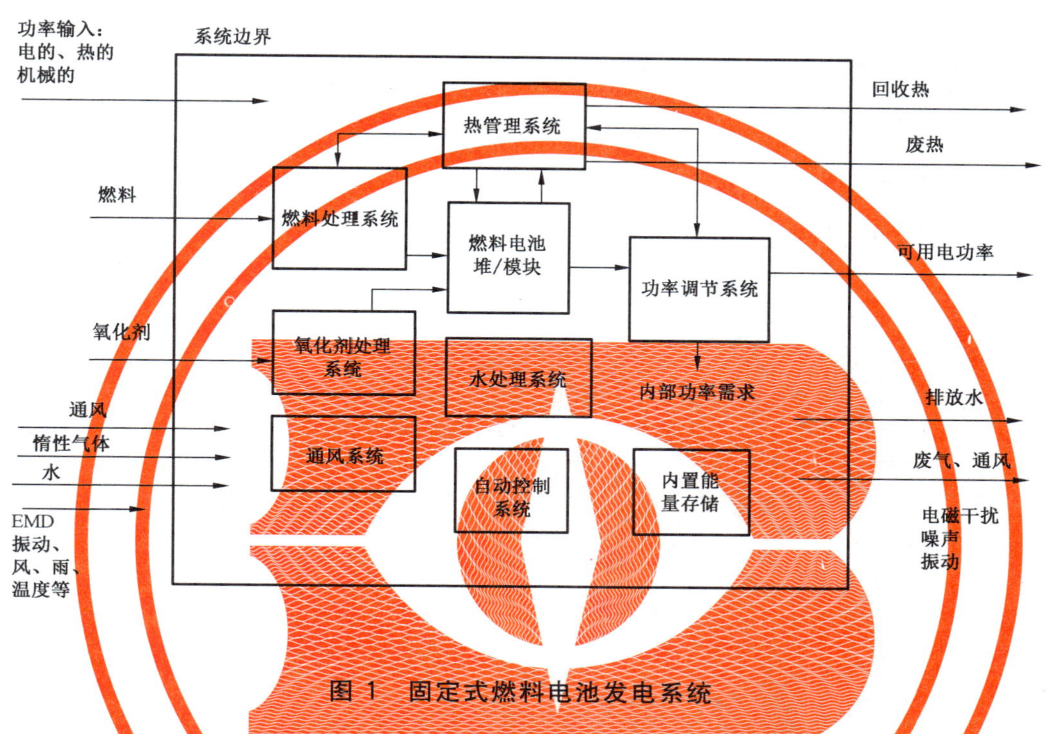

图1　固定式燃料电池发电系统

本标准所适用的发电系统由下列子系统有机组合而成，各子系统需要执行各自指定的功能：

——**燃料处理系统**：由化学和/或物理处理设备以及相应的热交换和控制器组成的系统，用于制备、加压(如有必要)燃料，供燃料电池发电系统使用；

——**氧化剂处理系统**：用于量测、调节、处理并可以加压燃料电池发电系统所需的氧化剂的系统；

——**热管理系统**：提供加热或冷却以及散热功能，以保持燃料电池发电系统工作在运行温度范围内，并可以进行余热回收，在启动时辅助加热动力传动机构的系统；

——**水处理系统**：对回收水或添加水提供所有必要净化处理，以供燃料电池发电系统内部使用的系统；

——**功率调节系统**：用于调整燃料电池堆所产生的电能以与制造商指定的用电需求相匹配的设备；

——**自动控制系统**：由传感器、执行器、阀门、开关和逻辑元件所组成，用于将燃料电池发电系统参数维持在制造商设定范围内，包括在无需人工干预即可转移至安全状态；

——**通风系统**：通过强制对流或自然对流，向燃料电池系统机柜内通入空气的系统；

——**燃料电池模块**：一个或多个将化学能转化为电能和热能的燃料电池堆组成的集合，被集成到燃料电池发电系统；

——**燃料电池堆**：由电池、双极板、冷却板、歧管以及支撑结构组成的部件组合，通过电化学反应，将富含氢的气体和空气转化为直流电、热和其他副产品；

——**内置能量存储装置**：系统内部所带的电能储存装置，旨在协助或补充燃料电池模块向内部或外部负载供电。

固定式燃料电池发电系统 第1部分:安全

1 范围

GB/T 27748 的本部分是产品的安全标准,适用于固定式燃料电池发电系统,该系统可以是组装的,自成体系的或由工厂提供完整集成系统的形式,均通过电化学反应来发电。

本部分适用于:

——直接或通过转换开关与主网连接,或与独立配电系统连接的系统;

——提供交流电或直流电的系统;

——具有或不具有回收可用热量能力的系统;

——使用以下各种燃料工作的系统:

a) 天然气或其他来源于可再生燃料(生物质)或化石燃料的富含甲烷的气体,比如垃圾填埋气、沼气和煤层气等;

b) 来源于石油精制的燃料,例如柴油、汽油、煤油以及液化石油气,如丙烷和丁烷;

c) 来源于可再生燃料(生物质)或化石燃料的醇类、酯类、醚类、醛类、酮类、费托法合成液体和其他富氢的有机化合物,例如甲醇、乙醇、二甲醚、生物柴油等;

d) 氢、含氢气的气体混合物,例如合成气、民用燃气等。

本部分不适用于:

——微型燃料电池发电系统;

——便携式燃料电池发电系统;

——驱动式燃料电池发电系统。

注:一些特殊的应用如作为海洋辅助电能,在海洋船只相关的标准中将可能给出追加要求。

本部分适用于应用在商业、工业和家庭等领域,安装在室内和室外等无危害(未划分等级)区域的固定式燃料电池发电系统。

本标准考虑了燃料电池发电系统在可预期的情况下和在制造商可预设条件下使用时,所有涉及燃料电池系统的重大危险、危险场景和事件,但不包括与环境兼容性(安装条件)有关的各种危险。

本标准规定的危险情况仅限于可能对人身造成的伤害,或仅对燃料电池发电系统之外造成的破坏。本标准不涉及对燃料电池内部损坏的保护,只要这种内部损坏不会对燃料电池外部产生危害。

本标准中的各项要求并非旨在限制创新,当考察本标准未曾涉及的燃料、材料、设计或构造时,这些替代方案需要被评估是否具备与本标准相当的安全、性能水平。

2 规范性引用文件

下列文件对于本文件的应用是必不可少的。凡是注日期的引用文件,仅注日期的版本适用于本文件。凡是不注日期的引用文件,其最新版本(包括所有的修改单)适用于本文件。

GB/T 4208—1993 外壳防护等级(IP 代码)(IEC 60529:1989,IDT)

IEC 60079-0 爆炸性气体环境 第0部分:设备通用要求(Explosive atmospheres—Part 0: Equipment—General requirements)

IEC 60079-2 爆炸性气体环境 第2部分:正压外壳型"p"的设备保护(Explosive atmospheres—

Part 2:Equipment protection by pressurized enclosure“p”)

IEC 60079-10 爆炸性气体环境 第10部分:区域分类(Explosive atmospheres—Part 10:Classification of areas)

IEC 60079-29-1 爆炸性气体环境 第29-1部分:气体探测器-可燃气体探测器性能要求(Explosive atmospheres—Part 29-1:Gas detectors—Performance requirements of detectors for flammable gases)

IEC 60079-30-1 爆炸性气体环境 第30-1部分:电阻跟踪加热 通用和测试要求(Explosive atmospheres—Part 30-1:Electrical resistance trace heating—General and testing requirements)

IEC 60204-1 机械安全 机械电气设备 第1部分:通用要求(Safety of machinery—Electrical equipment of machines—Part 1:General requirements)

IEC 60335-1:2010 家用和类似用途电器 安全 第1部分:通用要求(Household and similar electrical appliances—Safety—Part 1:General requirements)

IEC 60335-2-51 家用和类似用途电器 安全 第2-51部分:供热和供水装置固定循环泵的特殊要求(Household and similar electrical appliances—Safety—Part 2-51:Particular requirements for stationary circulation pumps for heating and service water installations)

IEC 60417 设备用图形符号(Graphical symbols for use on equipment)

IEC 60730-1 家用和类似用途电自动控制器 第1部分:通用要求(Automatic electrical controls for household and similar use—Part 1:General requirements)

IEC 60730-2-5 家用和类似用途电自动控制器 第2-5部分:燃烧器电自动控制系统的特殊要求(Automatic electrical controls for household and similar use—Part 2-5:Particular requirements for automatic electrical burner control systems)

IEC 60730-2-6 家用和类似用途电自动控制器 第2-6部分:压力敏感电自动控制器的特殊要求和机械要求(Automatic electrical controls for household and similar use—Part 2-6:Particular requirements for automatic electrical pressure sensing controls including mechanical requirements)

IEC 60730-2-9 家用和类似用途电自动控制器 第2-9部分:温度敏感控制器的特殊要求(Automatic electrical controls for household and similar use—Part 2-9:Particular requirements for temperature sensing controls)

IEC 60950-1 信息技术设备 安全 第1部分:通用要求(Information technology equipment—Safety—Part 1:General requirements)

IEC 61000-3-2 电磁兼容(EMC) 第3-2部分:限值-谐波电流发射限值(设备每相输入电流≤16 A)[Electromagnetic compatibility (EMC)—Part 3-2:Limits—Limits for harmonic currents emissions (equipment input current ≤16 A per phase)]

IEC 61000-3-3 电磁兼容(EMC) 第3-3部分:限值-对每相额定电流≤16 A且无条件接入的设备在公用低压供电系统中产生的电压变化、电压波动和闪烁的限制[Electromagnetic compatibility (EMC)—Part 3-3:Limits—Limitation of voltage changes, voltage fluctuations and flicker in public low-voltage supply systems for equipment with rated current ≤16 A per phase and not subject to conditional connection]

IEC 61000-3-4 电磁兼容(EMC) 第3-4部分:限值-对额定电流大于16 A的设备在低压供电系统中产生的谐波电流的限制[Electromagnetic compatibility (EMC)—Part 3-4:Limits—Limitation of emission of harmonic currents in low-voltage power supply systems for equipment with rated current greater than 16 A]

IEC 61000-3-5 电磁兼容(EMC) 第3-5部分:限值 对额定电流大于75 A的设备在低压供电系统中产生的电压波动和闪烁的限制[Electromagnetic compatibility (EMC)—Part 3-5:Limits—Limitation of voltage fluctuations and flicker in low-voltage power supply systems for equipment with rated current greater than 75 A]

IEC 61000-3-11 电磁兼容(EMC) 第 3-11 部分:限值 在公用低压供电系统中产生的电压变化、电压波动和闪烁的限制 额定电流≤75 A 且有条件接入的设备[Electromagnetic Compatibility (EMC)—Part 3-11:Limits—Limitation of voltage changes voltage fluctuations and flicker in public low-voltage supply systems—Equipment with rated current ≤75 A and subject to conditional connection]

IEC 61000-6-1 电磁兼容(EMC) 第 6-1 部分:通用标准 居住、商业和轻工业环境中的抗扰度[Electromagnetic compatibility (EMC)—Part 6-1:Generic standards—Immunity for residential, commercial and light-industrial environments]

IEC 61000-6-2 电磁兼容(EMC) 第 6-2 部分:通用标准 工业环境的抗扰度[Electromagnetic compatibility (EMC)—Part 6-2:Generic standards—Immunity for industrial environments]

IEC 61000-6-3 电磁兼容(EMC) 第 6-3 部分:通用标准 居住、商业和轻工业环境中的发射标准[Electromagnetic compatibility (EMC)—Part 6-3:Generic standards—Emission standard for residential, commercial and light-industrial environments]

IEC 61000-6-4 电磁兼容(EMC) 第 6-4 部分:通用标准 工业环境中的发射标准[Electromagnetic compatibility (EMC)—Part 6-4:Generic standards—Emission standard for industrial environments]

IEC 61508 电气/电子/可编程电子安全相关系统的功能安全(Functional safety of electrical/electronic/programmable electronic safety-related systems)

IEC 62040-1 不间断电源系统(UPS) 第 1 部分:不间断电源系统(UPS)通用和安全要求[Uninterruptible power systems (UPS)—Part 1:General and safety requirements for UPS]

IEC 62061 机械安全 安全相关电气、电子和可编程电子控制系统安全功能(Safety of machinery—Functional safety of safety-related electrical, electronic and programmable electronic control systems)

IEC/TS 62282-1 燃料电池技术 第 1 部分:术语(Fuel cell technologies—Part 1:Terminology)

IEC 62282-3—200 燃料电池技术 第 3-200 部分:固定式燃料电池发电系统 性能试验方法(Fuel cell technologies—Part 3—200:Stationary fuel cell power systems—Performance test methods)

ISO 3864-2 图形符号 安全色和安全标志 第 2 部分:产品安全标签的设计原则(Graphical symbols—Safety colours and safety signs—Part 2:Design principles for product safety labels)

ISO 4413 液压系统通用技术条件(Hydraulic fluid power—General rules relating to systems)

ISO 4414 气动系统 系统级其部件的通用技术条件和安全要求(Pneumatic fluid power—General rules and safety requirements for systems and their components)

ISO 5388 固定空气压缩机 安全规则和操作规程(Stationary air compressors—Safety rules and code of practice)

ISO 7000 设备用图形符号 第 1 部分:索引和简介(Graphical symbols for use on equipment—Index and synopsis)

ISO 10439 石油、化学和气体工业.离心压缩机 (Petroleum, chemical and gas service industries—Centrifugal compressors)

ISO 10440-1 石油、石化及天然气工业 旋转型容积式压缩机 第 1 部分:工艺压缩机(Petroleum, petrochemical and natural gas industries—Rotary-type positive—displacement compressors—Part 1:Process compressors)

ISO 10440-2 石油和天然气工业 旋转型容积式压缩机 第 2 部分:封装空气压缩机(无油)[Petroleum and natural gas industries—Rotary-type positive—displacement compressors—Part 2:Packaged air compressors (oil-free)]

ISO 10442 石油、化学和气体设备工业 快装式离心空气压缩机(Petroleum,chemical and gas service industries—Packaged,integrally geared centrifugal air compressors)

ISO 12499 工业通风机 通风机的机械安全装置 护罩(Industrial fans—Mechanical safety of fans—Guarding)

ISO 13631 石油及天然气工业 封装活塞式压缩机(Petroleum and natural gas industries—Packaged reciprocating gas compressors)

ISO 13707 石油及天然气工业 活塞式压缩机(Petroleum and natural gas industries—Reciprocating compressors)

ISO 13709 石油、石油化工和天然气工业用离心泵(Centrifugal pumps for petroleum, petrochemical and natural gas industries)

ISO 13849-1 机械安全 控制系统有关安全部件 第1部分:设计通则(Safety of machinery—Safety related parts of control systems—Part 1:General principles for design)

ISO 13850 机械安全 急停 设计原则(Safety of machinery—Emergency stop—Principles for design)

ISO 14847 旋转容积泵 技术要求(Rotary positive displacement pumps—Technical requirements)

ISO 15649 石油及天然气工业 管道(Petroleum and natural gas industries—Piping)

ISO 16111 可移动气体存储装置 可逆式金属氢化物储氢(Transportable gas storage devices—Hydrogen absorbed in reversible metal hydride)

ISO 23550 燃气燃烧器和燃烧器具用安全和控制装置 通用要求(Safety and control devices for gas burners and gas-burning appliances—General requirements)

ISO 23551-1 燃气燃烧器和燃烧器具用安全和控制装置 特殊要求 第1部分:自动阀控(Safety and control devices for gas burners and gas-burning appliances—Particular requirements—Part 1:Automatic valves)

ISO 23553-1 燃油燃烧器和燃油器具用安全和控制装置 特殊要求 第1部分:燃油器关闭装置(Safety and control devices for oil burners and oil-burning appliances—Particular requirements—Part 1:Shut-off devices for oil burners)

ISO 26142 氢气探测装置 固定式应用(Hydrogen detection apparatus—Stationary applications)

3 术语和定义

下列术语和定义适用于本文件。

3.1

可接近的 accessible

在正常操作条件下,符合如下因素之一的区域:

a) 在不使用工具的情况下可以接近;

b) 接近方式已经向终端用户明确且详细提供的;

c) 无论是否需要使用工具,终端用户均可以通过被引导的方式进入。

注1:除非另有界定,术语“接近”和“可接近的”仅涉及终端用户接近上述定义的区域。

注2:仅允许维修技术人员进入不可接近区域。允许进入不可接近区域的维修人员需要佩戴维护手册中记述的个人防护设备。

3.2

阳极废气催化反应器　anode exhaust catalytic reactor

用于氧化氢燃料电池发电系统中富氢尾气的催化反应器。

3.3

自动燃烧器控制系统　automatic burner control system

监测燃烧器运行状况的系统,该系统包括:可编程单元、火焰/氧化检测器,可能还包含一个点火源和/或点火设备。

3.4

燃烧器端口　burner port

燃烧器头部的开口,使燃气或者燃气-空气混合气从中排出进行燃烧。

3.5

可燃材料　combustible material

能够燃烧的材料。

注 1:该类材料即使经过阻燃、耐火处理或涂覆处理,也应视为可燃材料。

注 2:与加热装置、排气口连接器、排气出口、蒸汽和热水管道以及暖气管道相邻或者相接触时,若其成分或表面由木材、层压纸、植物纤维或者其他可被点燃和燃烧其他材料制造,被视为可燃材料。

3.6

设计压力　design pressure

任意或者所有操作模式下可能出现的最大压力,包括稳态和瞬态。

3.7

废气　effluent

从气体利用设备中排放出的燃烧产物和多余的空气。

3.8

电磁骚扰　electromagnetic disturbance

任何可能引起装置、设备(系统)性能降低或者对有生命(无生命)物质产生损害作用的各种电磁现象。

3.9

电磁干扰　electromagnetic interface

EMD

由电磁骚扰引起的设备、传输通道或系统性能下降的电磁现象。

3.10

电气设备　electrical equipment

设备

通用术语,包括材料、配件、应用设备、固定件、仪器等,或构成一个电气设施的一部分,或与其连接。

3.11

紧急关机　emergency shutdown

安全关机

基于过程参数,立即停止燃料电池发电系统和所有相关反应,避免设备的损坏和/或人员伤害的控制系统的行为。

3.12

燃料电池　fuel cell

将一种燃料和一种氧化剂的化学能转化为电能(直流电)、热和其他反应产物的电化学装置。

3.13

燃料电池发电系统　fuel cell power system

发电系统

使用一个燃料电池模块来产生电能和热的发电系统。

3.14

燃料舱　fuel compartment

内部置有(可释放)易燃气体/蒸气源的箱体。

3.15

排气出口　flue gas vent

将通入的气体从气体利用设备或者它们的通风口连接处输送至外部气体环境的通道。

3.16

热交换器　heat exchanger

容器,在该容器中热从一种介质传递至另一种介质中。

3.17

点火器　igniter

用电能点燃引燃火焰或主燃烧器内气体的装置。

3.18

点火装置　ignition device

安装或者接近燃烧器用于点燃燃烧器内气体的装置。

3.19

点火系统时序　ignition system timings

3.19.1

火焰形成时段　flame-establishing period

从启动燃料流装置到检测到燃烧器火焰两个信号之间的时间段。

注:这个可以适用于提供点火源或者主燃烧器火焰,或者二者均有。

3.19.2

点火运行时段　ignition activation period

从主气体阀门启动至在熄火时间前停止点火装置之间的时间段。

3.19.3

启动锁定时间　start-up lock-out time

在检测被监控的点火源或主燃烧器火焰失败的情况下,从启动气流至关闭气流动作之间的时间段。重新启动点火过程需要人工进行操作。

3.19.4

吹扫时间　purge time

用于吹散未燃烧气体或者燃烧剩余产物的时间。

3.19.4.1

预吹扫时间　pre-purge time

在燃烧器运行周期开始,启动点火前的吹扫时间。

3.19.4.2

后吹扫时间　post-purge time

燃烧器运行周期结束后的吹扫时间。

3.19.5

循环时间　recycle time

在被监控的点火源或被监控的主燃烧器火焰消失后，从关闭可燃气体源至重新启动点火源之间的时间段。

3.20

联锁　interlock

监测规定条件满足与否并保证相关控制设备执行安全动作的控制方式。

3.21

熄火时间　lock-out time

火焰熄灭

出现火焰熄灭信号至关闭燃料供应动作之间的时间段。

3.22

主燃烧器　main burner

将燃气或燃气与空气混合气输送至最终的燃烧区域实现燃烧，完成设备设计功能的设备或设备组。

3.23

歧管　manifold

向燃料电池或燃料电池堆输送流体或从燃料电池或燃料电池堆回收流体的通道。

3.24

许可　permissive

在一个逻辑序列在被允许进入下一个阶段前必须满足的逻辑序列内的条件。

3.25

引燃火焰　pilot

用于点燃主燃烧器可燃气体的小型火种。

3.25.1

值班火焰　continuous pilot

不管主燃烧器是否燃烧，在主燃烧器的整个服务期间一直燃烧不被熄灭的引燃火焰。

3.25.2

调节型引燃火焰　intermittent pilot

每次出现点火信号时自动被点燃、且在主燃烧器燃烧的整个时段保持燃烧的引燃火焰。

3.25.3

中断型引燃火焰　interrupted pilot

每次出现点火信号时自动被点燃的引燃火焰，在主燃烧器火焰形成后该引燃火焰的燃料供应被中断。

3.25.4

监控型引燃火焰　proved pilot

由主安全控制系统监控的引燃火焰。

3.26

吹扫　purge

将气体和/或液体，如燃料、氢气、空气或者水移除燃料电池发电系统的保护性操作。

3.27

重整器　reformer

由原燃料制得富氢气体混合物的反应器。

3.28

比重　specific gravity

在相同的测量条件下，给定体积的一种物质的重量或者质量与等同体积的其他用作标准物质（空气对各种气体、水对各种液体和固体）的重量或质量的比值。

3.29

状态　state

3.29.1

冷态　cold state

燃料电池发电系统处在环境温度下既没有能量输入也没有能量输出的状态。

3.29.2

运行状态　operational state

燃料电池发电系统有可观电力输出的状态。

3.29.3

钝态　passive state

燃料或氧化剂系统已经被蒸汽、空气或氮气或生产商所规定的气体吹扫后燃料电池发电系统的状态。

3.29.4

热待机状态　hot standby state

燃料电池发电系统有足够高的工作温度并处在零电力输出的运行模式下，但燃料电池发电系统能够快速切换到有可观电力输出的运行状态。

3.29.5

存储状态　storage state

燃料电池发电系统处于非运行状态，而且在制造商规定的条件下，可能需要输入热和/或电能和/或惰性气体，以避免组件性能衰减。

3.30

热平衡状态　thermal equilibrium conditions

每间隔 15 min 所读两个温度的变化不超过 3 K（5 ℉）或绝对工作温度的 1%（以二者中数值大者为准）的稳定温度状态。

3.31

排气道连接器　vent connector

排气系统中将燃气设备烟道出口连接至气体排放口或单壁金属管道的部分。

3.32

排出气体　vent gases

从燃气设备排出的燃烧产物与过剩空气，以及排气系统内的稀释空气。

3.33

排气终端　vent terminal (vent caps)

位于排气管末端，用于将烟气等燃烧产物导入外界大气的配件。

3.34

通风　ventilation

3.34.1

机械通风　mechanical ventilation

通过机械手段使空气运动，原有空气被新鲜空气取代。

3.34.2

自然通风　natural ventilation

由于风和/或温度梯度的影响使空气运动，原有空气被新鲜空气取代。

3.35

排气系统　venting system

将烟气出口和排气道连接器(如果使用)组装成一个从燃气设备烟道衬圈至外界大气的连续性、开放性的通道，用于将排出气体从设备内排出。

4　安全要求和保护性措施

4.1　总体安全策略

制造商应提供风险分析书面报告，以确保：

a)　识别燃料电池发电系统寿命期限内所有合理的可预见危险、危险状况和事件(可参考附录 A 进行识别)；

b)　结合危险发生的可能性和预期严重性对各种危险的风险进行评估；

c)　将评估风险的两个因素(可能性和严重性)消除或减少到不超过可接受的风险级别，通过

　1)　结构或方法的自身安全设计，或

　2)　采用被动控制(如安全隔板、排气阀、热阻断设备等)确保能量安全释放不危及周围环境，或采用安全相关控制功能；以及

　3)　对 1)和 2)不能够减少的风险，贴示标签、警告或提供专业训练，在危险区域工作的人员应掌握这些措施。

对于功能性安全，应按以下条例来确定和设计要求的严重性级别、性能级别或控制功能级别：

- 符合 IEC 60204-1 的应用，同时满足 IEC 62061(或 ISO 13849-1)；
- 符合 IEC 60035-1 的应用，同时满足 IEC 60730-1；
- 其他应用，满足 IEC 61508(所有部分)。

以下标准可以指导失效模式影响分析(FMEA)和故障树分析方法：

- IEC 60812；
- SAE J 1739；
- IEC 61025。

4.2　物理环境与运行条件

4.2.1　概述

设计和构建燃料电池发电系统及其保护性装置时应使其能够在 4.2.2～4.2.8 规定的物理环境和运行条件下达到预期的功能。

4.2.2　电能输入

燃料电池发电系统应被设计成能在 4.7 中给出的相关电气产品应用领域的标准中规定的或制造商规定的电能输入条件下正常运行。

4.2.3　物理环境

制造商应规定适于燃料电池发电系统的环境的物理条件，应考虑以下因素：

——室内或室外使用；
——燃料电池发电系统能够正常运行的海拔高度范围；
——燃料电池发电系统能够正常运行的空气温度、湿度范围；
——燃料电池发电系统可能被安置在地震区。

4.2.4 燃料输入

燃料电池发电系统应被设计成能在给定的燃料的成分极限和供给方式下(例如管道天然气)正常运行。在用户手册中，制造商应规定用于燃料电池发电系统的燃料成分极限和供应方式。

4.2.5 水的输入

制造商应规定用于燃料电池发电系统的水质与供应方式。

4.2.6 振动、冲击与撞击

通过选用合适的设备，安装在远离燃料电池发电系统的位置，或通过使用减震装置来避免振动、冲击和撞击(包括由机器本身及辅助设备所产生，以及由物理环境产生的振动、冲击和撞击)产生的不良影响。上述不良影响不包括地震冲击造成的影响，若制造商认为其产品适于在地震区使用，应单独说明(见 4.2.3)。

4.2.7 装卸、运输和贮存

燃料电池发电系统的设计应能够承受或采取适当的预防措施后能承受－25 ℃～＋55 ℃的运输和贮存温度，并能承受短时间不高于＋70 ℃的高温(24 h 内)。制造商也可规定替代的温度范围。

燃料电池发电系统及其部件应：

——能够被安全装卸和运输，在必要情况下应提供用起重机或类似设备进行装卸的适当方法；
——设计和包装时应使其能够安全贮存而不受损坏(例如具有足够的稳定性和特别加固等)。

必需时，制造商应说明燃料电池系统装卸、运输和贮存的专门方法。

4.2.8 系统的吹扫

燃料电池系统应提供吹扫措施，为了安全，应根据制造商的规定使燃料电池系统在关闭后或启动前处于钝态。吹扫系统可使用制造商规定的介质，包括但不限于用氮气、空气或无危险状态下的蒸气对燃料电池系统进行吹扫。

4.3 材料的选择

4.3.1 所有材料均应适用于所期望目的。

4.3.2 当已知制造燃料电池发电系统所使用的材料在某些条件下会发生危险时，制造商应采取各种防范措施，并向用户提供必要的信息，以最大程度地减小危及人身安全与健康的风险。

4.3.3 燃料电池发电系统中，不得使用石棉或含石棉物质。使用其他有害物质，如铅、镉、汞、六价铬、多溴联苯、多溴联苯醚和多氯联苯，应提出符合国家或区域的法规。

用于制造燃料电池发电系统内部或外部部件的金属和非金属材料，特别是那些直接或间接暴露在潮湿环境、含有工业废气或废液以及用于密封和相互连接的所有部件和材料，比如焊接材料等，应能适用于设备使用寿命内可预见的所有物理、化学和热学条件及所有试验条件，尤其是：

——上述部件在制造商规定的所有运行条件和整个使用寿命中，应能够保持与强度相关的机械稳定性(如疲劳特性、疲劳极限和热蠕变强度)；

——上述部件应对其所储存流体的物理和化学反应及其外部环境侵蚀具有足够的抵抗力；

——除可预见的更换，在燃料电池系统的设计使用寿命内，其运行安全所必须的化学和物理性能不应受到重大影响；

——尤其在选择材料和制造方法时，应充分考虑材料的抗腐蚀性能、耐磨性能、导电性能、冲击强度、抗老化性能、温度变化的影响、材料放置在一起时产生的其他影响(例如电蚀)、紫外线照射的影响、以及氢气对材料机械性能的衰减影响等。

注：氢气对某种材料机械性能的衰减影响方面的指导可参阅 ISO/TR 15916、ASME B31.12 和附录 B。

4.3.4 当可能出现腐蚀、磨损、侵蚀或其他化学反应腐蚀情况时，应采用如下防范措施：

——通过采取适当设计(例如增加厚度)或采用适当的保护措施(例如使用内衬物、镀层材料或表面涂层，以及充分考虑燃料电池系统合理可预见用途等)最大程度地降低上述影响；

——能够对受影响最严重的部件进行更换；

——根据 7.4.5 使用说明，应注意保障燃料电池发电系统持续性安全使用的检查标准和频率及必要的维修措施，如有可能，应指出哪些个部件易受影响及其更换的依据。

4.4 一般要求

4.4.1 在符合燃料电池发电系统用途的前提下，燃料电池发电系统的可接触部件不得具有可能造成人身伤害的尖利的边、角和粗糙表面。

4.4.2 在设计、制造的燃料电池发电系统或其部件上有供操作人员活动、站立的位置时，应防止操作人员在上述部件上滑倒、绊倒或跌落。

4.4.3 燃料电池发电系统及其组件、配件在设计制造时应充分考虑稳定性，以便在预定的运行条件下(必要时还要考虑天气条件)使用时不会发生翻倒、坠落或意外移动的风险。除此以外，燃料电池系统使用说明书中应规定固定上述部件的适当措施。

4.4.4 燃料电池发电系统的活动部件在设计、制造和布置时应避免出现危险，无法避免时，应使用防护罩或保护装置防止所有可能导致事故的接触。

4.4.5 燃料电池发电系统的各种部件及其连接件在正常使用过程中应能避免可能导致危害其安全性能的失稳、变形、断裂或磨损。

4.4.6 在设计、制造和/或装配燃料电池发电系统时，应避免由于运行或维护燃料电池发电系统的过程中释放的气体、液体、粉尘或蒸气造成的各种风险。

4.4.7 所有部件的安装或附属连接均应牢固，并配有刚性支撑。如需要时，可使用防震支架。

4.4.8 所有安全关闭系统的部件，若其失效可能导致发生如 4.1 风险分析中所识别出的危险，则该部件需要被认可、认证或根据其预期用途进行单独试验。

4.4.9 在设计、制造和/或装配燃料电池发电系统时，应避免由于运行或维护燃料电池发电系统的过程中释放的气体、液体、粉尘或蒸气造成的各种风险，或者在其建造上避免。

4.4.10 制造商应采取措施以消除任何因接触或靠近燃料电池发电系统高温设备外壳、操作杆、把手、旋钮外表面而导致的风险或伤害。

4.4.11 若燃料电池发电系统外壳、操作杆、旋钮、把手或类似部件外表面可以被未配备个人防护装备的用户接触，则制造商应根据表 1 对上述部件外表面的温度进行限制或安装防护罩或保护装置以避免可能因触及上述外表面而导致事故风险。

表 1 允许的表面温升值

部件	温升值/℃
外壳(正常使用中的操作杆除外)	60
在正常使用过程中仅短时间握住的操作杆、旋钮、把手和类似部件的外表面 —金属材质	35
—陶瓷材料	45
—铸膜材料(塑料)、橡胶或木质材料	60
注 1：最高表面温升是未配备个人防护装备的操作人员在操作过程中可接触的上述部件外表面温度高于环境温度的最大值。最高表面温升数值参照 IEC 60335-1:2010 中表 3 规定。 注 2：表中的温度值是基于环境温度，一般不超过 25 ℃，偶尔达到 35 ℃。指定的温升值是基于 25 ℃。	

在 5.12b)的测试条件下，与固定式燃料电池发电系统相邻的墙壁、地板及天花板的温度不得超过环境温度 50 ℃。

4.4.12 燃料电池发电系统的设计和制造，应将其经空气传播的噪声降低至使用要求或与相关国家和地区空气噪声传播规范与标准相符的等级。

4.4.13 燃料电池发电系统在正常稳态运行条件下排入大气的排放物中，CO 的体积浓度不得超过 0.03%(CO 体积/不含空气的排放物体积)，排气样本中的 CO 浓度应经数值校正到零过量空气的状态。

干燥、无空气的燃料产物中 CO 的浓度如下式所示：

$$CO=(CO)_{avg}\times(CO_2)_{max}/(CO_2)_{avg}$$

式中，

CO ——无空气燃烧产物中一氧化碳浓度的百分比；

$(CO_2)_{max}$ ——测试燃料的干燥、无空气燃烧产物中最大二氧化碳浓度的百分比；

$(CO)_{avg}$和$(CO_2)_{avg}$——测试中至少 3 次以上样本中测量的浓度的平均值，均以百分数表示。

或者

$$CO=(CO)_{avg}\times(21)/(21-(O_2)_{avg})$$

$(CO)_{avg}$和$(O_2)_{avg}$——测试中至少 3 次以上样本中测量的浓度的平均值，均以百分数表示。

4.4.14 当管道内含有爆炸性、可燃性或有毒流体时，在设计过程中应采取适当的预防措施并在取样点与出口处进行标识。

4.4.15 置于燃料电池发电系统内的部件和材料的最高温度不得超过其额定温度。

4.4.16 制造商应考虑燃料电池发电系统运行在物理环境中有污染物(例如粉尘、盐类、烟气和腐蚀性气体)时的适应性。

4.4.17 使用液体燃料的燃料电池发电系统外壳的设计应能安全容纳任何可能的危险性液体泄漏(见 4.5.2f)。其容纳量应能容纳可能泄漏液体最大体积的 110%。

4.4.18 制造商应采取措施确保防止冷凝物的聚集。也需要确保排放气体不会从冷凝排水管线排出。

4.5 压力设备与管道

4.5.1 压力设备

应按照国家和地方相关压力设备规范与标准的规定制造和标识压力容器，如反应器、热交换器、燃气管式加热器和锅炉、电热锅炉、冷却器、贮集器及类似容器和相关减压装置，如减压阀和类似装置。

对于国家压力设备标准范围之外的容器，如罐和类似容器，应按照 4.3 条的要求采用适当的材料制造并应满足 4.4 中的相关要求。上述容器及其相关接头与配件在设计和制造时，应具有足够的强度以保证正常工作，并防止意外泄露。

氢气在金属氢化物组件中的存储应符合 ISO 16111 的规定。

4.5.2 管道系统

管道及其相关接头与配件应符合 ISO 15649 标准中相条款的规定。

内部表压设计为 0 kPa 或在 0 kPa～105 kPa 之间的管道系统，若输送的液体为不可燃性、无毒液体且不对人体组织造成损害，且其设计温度范围为－29 ℃～186 ℃时，则不在 ISO 15649 标准规定的范围内。符合上述条件的管道系统应依据 4.3 的要求采用适当的材料制造并应满足 4.4 中的相关要求。上述管道及其相关接头与配件在设计和制造时，应具有足够的强度以保证正常工作，并防止意外泄漏。

刚性和柔性管道及其配件的设计和制造应考虑以下因素：

a) 制作材料应符合 4.3 中规定的要求。
b) 应彻底清理管道内表面以去除松散的颗粒并小心去除管道两端的障碍物和毛刺。
c) 若在燃料电池发电系统启动、停止和使用过程中，输送气态流体的管道内的流体冷凝或沉淀物积聚可能造成水击作用、真空失效、腐蚀或不可控化学反应等因素带来的损坏，制造商应提供在清理、检查和维护管道系统过程中从低位置区排放和清除沉淀物的方法。制造商还应设法确保燃气控制器内不出现沉积物或冷凝积聚物。应安装沉积物收集器或过滤器，或在产品技术说明书中提供足够说明。
d) 制造商应采取措施以防液体燃料控制器内出现沉淀物积聚现象。应安装沉淀物收集器或过滤器，或在产品技术说明书中提供足够说明。
e) 用非金属管道输送可燃性气体时，应防止发生可能的过热和机械损伤。应采取 4.1 中提供的风险分析方法，以防输送易燃性气体的部件温度超过其设计温度。
f) 液体燃料电池发电系统应包括收集、循环利用或安全处理释放液体燃料的措施。应采用液滴收集盘、防溢流挡板或双壁管道的设计预防不可控制的泄露。

4.5.3 烟气排气系统

燃料电池发电系统应配备排气系统以便将燃烧产物从燃气设备中传送到外界。制造商应提供满足要求的排气管道系统，或者在产品技术说明书提供充分的说明，使排气管道系统应满足以下要求：

a) 材料应满足 4.3 中规定的要求。尤其是排放系统应采用抗冷凝物腐蚀的材料制造。非金属材料应考虑其温度极限、强度和对冷凝物的耐腐蚀。
b) 燃料电池发电系统的排气系统部件应经久耐用。排气系统部件，包括燃料电池发电系统内的部件，不得发生可导致燃料电池发电系统不安全运行的断裂、分解或损坏。
c) 排气管道应具有适当的支撑并配备防雨盖或其他不限制或阻碍气体流从排气管道排出。
d) 应提供相应措施，如排水装置，以防水、冰和其他杂物在排气管内积聚或阻塞排气管道。
e) 燃料电池发电系统的排气系统应密封，不得有泄漏。
f) 排气管道末端应置于室外安全地区，远离用户区、点火源、进风口、楼宇通道和屋檐。
g) 废气出口的法兰盘尺寸应与商用标准直径的排气口连接器配套，或根据制造商的安装说明与管道配套。
h) 压力开关中与废气冷凝物接触的部件在正常运行温度下应具有抗废气冷凝物腐蚀的性能。
i) 根据 5.13 中的试验，当排气系统处于最大到 116 Pa 的静态压力或 134.5 Pa 的风速压力（风速从 9 km/h 到 54 km/h）下，燃料电池发电系统应能够进行启动且能够在适当一氧化碳（CO）水平内运行。
j) 当燃料电池发电系统配备排气系统时，排气系统输送的废气的温度不得超过制造排气系统所用材料的耐受温度。

k） 排气系统的长度应在第5章中进行测试的边界范围内。

4.5.4 气体输送部件

气体输送部件应符合下述条件：

——气体通道应具有气密性，在正常运输、安装和使用条件下气密性都不会受到影响。

4.6 防火防爆措施

4.6.1 配备机柜的燃料电池发电系统的防火防爆措施

a） 集成的燃料电池发电系统的组装应防止与燃料电池发电系统内可燃气体积聚相关的危险。

b） 稀释区是将正常内部释放物在排放前稀释到低于25%（LFL）临界值的区域。它的边界可通过流体力学分析、示踪气体探测或类似IEC 60079-10中给出的方法确定。稀释区内安装的所有装置均应符合4.6.1e）中规定要求。应依据IEC 60079-10对稀释范围内的体积进行分类。各种典型气体的临界值（LFL）见IEC 60079-20。

c） 机柜内有可燃气或水蒸气释放源的隔间定义为燃料室，燃料室应设计为：

——保持气体混合物低于25%（LFL），稀释区除外；并且

——限定稀释边界范围在燃料室内。

d） 维持正常内部释放物低于25%（LFL）的措施（稀释区除外）包括：

1） 正常内部释放物的受控氧化

此氧化作用可通过提供持续可靠的点火和可确保释放气体燃烧的氧化剂源或利用催化剂氧化装置来实现。

制造商应确保反应时的最大释放量，产生的压力和温度可限制在燃料室内，且部件可以耐受上述条件。

2） 正常内部释放物的空气稀释

此稀释过程可通过安装机械通风装置，用空气将正常释放物的浓度稀释至低于25%（LFL），稀释区除外。在任何情况下，通风装置的最小通风率应与5.4中规定的最大许可泄漏率试验相一致。

燃料室的通风装置应设计成相对于燃料电池发电系统内其他隔间及周围环境呈负压运行。燃料室的负压可以如通过引导或排气通风的手段获得。可通过测量通风气流的速度或压力，确保通风系统的正常运行。通风设备出现故障时设备应停止运行。确保通风的控制功能应符合4.1中给出的功能安全标准。或者，如果有办法在所有使用条件下控制可燃气体浓度低于25%LFL，则燃料室不必配备负压通风装置。稀释区域内或4.6.1g）中规定的情况除外。依靠通风防止可燃气体积聚的燃料室在吹扫时应保证可燃气体浓度低于25%LFL。

注1：满足实现上述要求的方法之一是在适当的时间段内使用至少四个空气交换装置以确保得到上述结果。

不符合4.6.1b）中规定的区域分级的设备，在启动前应进行吹扫作业。若设计证明隔间及相关管道内的气体不具有危险性，则可不进行吹扫作业。所有需要在吹扫作业前启动或实现吹扫作业必须启动的装置均应符合4.6.1e）中的规定。

e） 在4.6.1b）中规定的危险分级区域，除采取了4.6.1d）1）中规定的保护措施的装置外，制造商应通过以下措施确保消除点火源：

——所安装的电气设备符合IEC 60079-0中区域分级的规定和IEC 60079系列标准中其他相关部分的规定；

——若安装电阻丝加热器，应依据 IEC 62086-1 的要求；

——表面温度不得超过易燃气体或蒸气自燃温度的 80%（按℃计）。有关各种易燃性流体的自燃温度请参照 IEC 60079-20；

——内含可催化易燃性流体和空气反应的材料的设备应能够控制上述反应的传播，以防上述反应从该设备传播到周围易燃性气体；

——通过搭接、接地及选择适当的材料等方式消除静电。

f) 根据 IEC 60079-2 中的规定，安装有电气设备或机械设备的隔间相对于相邻的其他包含可燃气体或蒸气的隔间应保持正压，除非此类设备符合 4.6.1e）中的规定。

g) 燃料电池发电系统应配备被动式、主动式或其二者组合式装置以保持非正常的内部释放物低于 25%LFL（氢气 LFL），稀释区除外。

若容器和管道在设计时已经考虑到预防突发故障和灾难性故障的措施，则不必在故障分析中视此类故障为意外释放（见 4.5）。

“被动”方式包括但不限于采用管道喷口及类似的限流装置，或永久性安装的接头保护装置等机械限制装置将可燃气体或蒸气的排放速率限制在可预计的最大值内。

“主动”方式可包括可燃气体或蒸气流量测定和控制装置，或提供诸如可燃气体传感器等安全装置。此类方式应符合 4.9 的规定，且当通风装置排气口中任何一种可燃气体浓度超过 25%LFL 时，应停止燃料电池发电系统的运行。

h) 燃料电池发电系统在设计时应考虑安全排放和废气处理。尤其对于室内安装的，通风装置和废气处理装置应设计成连接至烟道或排气系统。

i) 通过选择不会产生电荷进而避免能够引燃可燃气体/空气混合物火花产生的材料对金属部件的适当桥连和接地来消除潜在的静态放电。流体在管道流动可能产生的电荷也应被考虑在内。

根据 4.1 规定的要求，设计控制功能，用于控制燃气浓度不超过 25%，如通过空气稀释和/或测量燃气浓度，当浓度超过规定的限值时关闭燃气阀门。

注 2：输送氢气的非金属管道可能会沿其外表面积聚静电电荷，该管道外表面的放电足以点燃周围环境中气体或蒸气的易燃混合物。IEC 60079-10 给出了消除 1 号区或 2 号区静电放电的方法。应采取消除静电电荷放电的措施。可通过选用具有足够导电性的管道材料或将气流速度限制在静电电荷难以积聚的数值以下实现。

注 3：当非金属管道壁内的金属导线或壁外的辫线与其相连的导体断开时，它们可能会增加静电电荷放电的机率。

4.6.2 燃烧器内的防火防爆措施

a) 燃料电池发电系统设计，应避免可燃性或爆炸性气体在燃烧器（点火器、主燃烧器、重整部分的辅助燃烧器、尾气燃烧器）内不安全阻塞。

b) 主燃烧器应配备引燃火焰或直接点火装置。

c) 直接点火装置应能够自动控制且不得导致燃烧器的损坏，直接点火装置应与主燃烧器端口正确定位。还应提供防止主燃烧器的直接点火装置被错装或倒装的方法。

d) 引燃火焰应被自动控制且直接点火装置能够点燃所有引燃燃料。引燃火焰应被设计安装在其要引燃的燃烧器的正确的位置。若引燃火焰为启动燃烧器的一个组成部分时，仅需要根据本标准对其结构和性能规格进行评估。

e) 自动化电气燃烧器控制系统应符合 4.9.2 中的要求，并且应同燃烧器匹配以确保安全启动、运行和关闭，包括锁定（如果需要）。火焰或者氧化的监测是该控制系统的基本功能。

f) 主燃烧器或引燃火焰或其两者应由火焰探测器或其他适当的手段监控。若主燃烧器由引燃火焰点燃，在向主燃烧器供气前，应检测引燃火焰处的火焰状态。配备断续型引燃火焰的系统应在主燃烧器火焰形成阶段后监控主燃烧器火焰。

g) 即使供给引燃火焰的燃料减少到引燃火焰刚好能够激活符合 IEC 60730-2-5 中的火焰监测时，受监控的引燃火焰也应能有效地点燃主燃烧器的燃料。

h) 若引燃火焰的热量输入不超过 0.25 kW，则不必规定火焰形成时间。

i) 若引燃火焰的热量输入超过 0.25 kW，或主燃烧器直接点火，则应由制造商确定启动锁定时间以符合延迟点火试验(5.10.2)，以免发生影响用户健康与安全或损坏燃料电池发电系统的危险(见 5.10.2)。

j) 每个引燃火焰或主燃烧器点火尝试均应从燃料阀门打开时开始到燃料阀门关闭时结束。其火花应至少持续到点火发生，或持续到火焰形成阶段结束。

k) 引燃火焰或主燃烧器直接点火装置最多可尝试 3 次，且每次使用后应进行燃烧器控制系统循环。制造商应基于安全分析，给出最高尝试的次数。

l) 若第三次尝试点火后仍然没有火焰，应导致至少一次锁定。

m) 若火焰无法形成，系统应至少引起点火、循环或锁定。

n) 引燃火焰或主燃烧器的火焰故障锁死时间不得超过 3 s。制造商基于安全分析可以给出的更长的锁定时间。

例外情况：如果伴有空气/燃料混合火焰在内的燃烧器空穴的温度，超出燃料自动点火的温度，用℃表示，基本安全控制装置不需要去激励所有的燃料安全阀。

o) 若出现重新点火情况，根据 5.10.2 规定的试验条件，直接点火装置在火焰信号消失后最长 1 s 的时间内应能够被重新通电。此种情况下，火焰从点火装置开始通电时的形成时间应与点火时间相同。火焰形成时间结束后仍无火焰则至少应停止。

p) 若出现循环使用的情况，根据 5.10.2 规定的试验条件，应在循环使用前中断可燃气体的供应并进行吹扫；点火过程应重新开始。此种情况下，火焰从点火装置开始被通电时的形成时间应与点火时间相同。最多可尝试循环 3 次，每次使用后应进行吹扫。若第三次尝试点火后仍然没有火焰，则至少应停止。

q) 应安装 IEC 60730-2-5 中规定的燃烧器电气自动控制系统，防止主燃烧器关闭后电机、电容或类似设备的反馈电流对燃料阀或点火设备再通电。

r) 出于安全考虑，若启动前或关闭后需要钝态环境，应提供在启动点火试验前或循环点火试验间隙自动吹扫出燃烧器所在舱室中可燃气体混合物的方法。吹扫过程至少应对燃烧室进行 4 次空气置换。通过安全相关的控制功能，监测吹扫气体的量。基于 4.1 的危险分析确定安全等级。

s) 出于安全考虑，若启动前或关闭后需要钝态环境，应提供在启动点火试验前或循环点火试验间隙自动吹扫出燃烧器所在舱室中可燃气体混合物的方法。

t) 应装自动燃烧器控制系统部件，确保这些装置的运行和主燃烧器点火在正常运行过程中不受下沉颗粒或冷凝物的影响。

u) 当新鲜空气在压力下与供应的燃料混合时，应提供有效的方式阻止空气流进入燃料管道或燃料流入空气源。应对燃料和空气源进行适度控制，在点火前检验空气流并在空气流出现前预防燃料进入每个重整器燃烧室内。若空气风扇出现故障，则关闭燃料供给装置。

v) 若使用燃料和空气控制的机械联动装置，在设计时应能可靠维持正确的燃料/空气比率并能预防意外断裂和松脱。

w) 关闭后，处理系统中的危险性气体应被安全管控、吹扫出或反应掉。

x) 制造商应为燃料电池发电系统配备足够的措施以防空气进入燃料或易燃性气体管道，或防止燃料或易燃性气体进入空气管道。

y) 根据 5.15.2.2 中的试验，出口被堵塞时燃料电池发电系统产生的不含空气的排放物样品中 CO 的浓度不得超过 300×10^{-6} 或者国家法规规定的限值。另外，根据 5.15.2.3 中的试验，当空气供应装置进口关闭时，燃料电池发电系统产生的排放物纯取样中 CO 的体积浓度不得超过 0.03%。

z) 如果直接接触气体/空气的燃烧室或者燃烧室的部件温度超过了自动点燃的温度(用℃表示)，温度监测将替代火焰监测。如果温度下降到低于自动点燃的温度，安全关闭阀门应被切断。此外，气体流仅当确保能够自动点燃以后才进行释放。控制功能应符合 IEC 60730-2-5 中规定的安全水平。

4.6.3 催化型燃料氧化装置(催化型燃烧室)内的防火防爆措施

a) 燃料电池发电系统内输送流体的部件，若其中有专门生产可燃性或爆炸性气体的空间，且用于可控的催化型燃料氧化反应(例如部分催化氧化、催化燃烧等)时，制造商应避免出现不安全的可燃性或爆炸性气体积聚。

b) 出于安全考虑，若启动前或关闭后需要处于钝态，应提供吹扫催化型燃料氧化装置部件的方法。吹扫装置所使用的介质应由制造商规定，例如氮气、空气或蒸气。吹扫程度应由吹扫介质的流量特征、装置的动态性能与几何结构确定。通过安全相关的控制功能，监测吹扫气体的量。基于 4.1 的危险分析确定安全等级。

c) 若空气与燃料混合，制造商应提供恰当的方法防止空气倒流进入燃料管道或燃料进入空气供应管路。

   1) 富含空气的系统

   应对燃料和空气供应进行适当控制，以便在化学反应开始前提供空气，并防止燃料在空气供应装置工作前进入反应器。

   2) 富含燃料的系统

   应对燃料和空气供应进行适当控制，以便在化学反应开始前提供燃料，并防止空气在燃料供应装置工作前进入反应器。

d) 若使用燃料和空气控制的机械联动装置，则机械连接件在设计时应能可靠维持正确的空燃比，防止出现意外断裂和松脱。

e) 反应初始时间应由系统控制装置的响应时间、安全条件下可允许的最大量可燃性或爆炸性混合气体的积聚时间来确定。混合气体的最大数量应基于燃料填充率、燃料-空气混合物的可燃性、装置的动态性能与几何结构确定。

f) 若催化反应在反应初始时间内没有形成，系统应自动停止燃料供给，或停止富含燃料装置的运行及所有反应物的供应。

g) 应直接或间接监控催化剂的温度。若催化剂的温度或温度变化率超过制造商规定的范围，反应应停止。随后，系统自动停止燃料供给，或停止富含燃料装置的运行及所有反应物的供应。反应故障熄火时间不得超过 3 s。制造商基于安全考虑，可以规定更长的熄火时间。

h) 如果由于反应初始化阶段反应启动失败，或反应停止，或反应速率减少或增加到不安全水平，燃料电池发电系统内部燃料和空气的混合物有潜在的累积，则制造商应确保积聚的最大可信数量的可燃性混合物在燃烧时产生的压力、温度能被暴露在该情况下的部件承受。

i) 反应停止后，设备内的危险气体应被安全管控或处理。

j) 当空气和燃料流进入关联的热管理系统部件时，制造商应为燃料电池发电系统配备足够的装置，防止因空气进入燃料管道或燃料进入空气管道而发生危害人身健康或安全的风险。

注：4.6.3 也适用于阳极排放气体催化反应器。

4.7 电气安全

电气系统的设计和结构，以及使用的电气和电子设备，包括电动机及其附件，应符合相应的电气产

品的标准,如:

- IEC 600335-1(如:家用/商用和轻工业);
- IEC 60204-1(如:大型工业);
- IEC 60950-1(如:电信);
- IEC 62010-1(如:不间断电源)

将在技术规范中给出选择合适的应用领域。

燃料电池设计者应考虑以下燃料电池方面的具体问题:

- 燃料电池堆的剩余电荷;
- 单个电池间的危险能量。

4.8 电磁兼容性(EMC)

燃料电池发电系统不得在其预期使用位置处,产生超过规定水平的电磁骚扰。除此以外,电气设备应对电磁骚扰具有足够的抵抗能力以便在其工作环境中正确运行。燃料电池发电系统应符合以下标准:IEC 61000-3-2、IEC 61000-3-3、IEC 61000-3-4、IEC 61000-3-5、IEC 61000-3-11、IEC 61000-6-1、IEC 61000-6-2、IEC 61000-6-3 和 IEC 61000-6-4。

4.9 控制系统与保护部件

4.9.1 一般要求

4.9.1.1 4.1 规定的风险分析应成为设置安全电路保护参数的依据。

4.9.1.2 燃料电池发电系统在设计时应满足以下要求:系统部件的单一故障不会升级为危险情况。防止故障升级的方法包括但不限于:

——燃料电池发电系统内的保护装置(例如联锁防护装置和脱扣装置);

——电路的保护性联锁功能;

——使用被证明可行的技术和部件;

——提供部分或完整的冗余装置或使保护性措施多样化;且

——提供功能性试验。

4.1 与应用相关的控制标准给出了避免或/和控制故障的评估方法。

4.9.2 控制系统

4.9.2.1 一般要求

应设计和制造燃料电池发电系统的自动化电气和电子控制装置,而且它们应是安全与可靠的。民用、商用和轻工业用燃料电池发电系统应符合 IEC 60730-1。

燃烧器自动电子控制系统应符合 IEC 60730-2-5。

催化型氧化反应器的自动电气控制系统应符合 IEC 60730-2-5 中相关要求规定。4.6.3 中给出了具体的要求。

人工控制装置应有明确标识,且其设计样式可防止意外调节与启动。

尤其要满足以下要求。

4.9.2.2 启动

仅当所有防护装置均已到位且起作用时,燃料电池发电系统的运行才能开始。

为保证正确的序列启动,应采用适当的联锁装置。

燃料电池设备停止后,在自动模式下,若设备满足安全条件,则其自动化功能可使设备重新启动。

通过人为驱动控制系统也应能够重新启动燃料电池发电系统，但应确保该重新启动操作不具有危险性。

在自动循环模式下正常程序所引起的燃料电池发电系统的重新启动不属于上述重新启动。

4.9.2.3 关机

根据第4.1规定的风险评估，燃料电池发电系统的功能性要求应提供以下关闭功能：

——紧急关机

紧急关机是指：当限流器运行，断流器启动或者探测到系统内部故障时，对于富含空气的运行，切断其主燃料流，或者对于富含燃料的运行，同时切断空气流和主燃料流。

——正常关机

正常关机是指：由于控制设备(如调温器)的控制回路启动进行关闭，对于富含空气的运行切断其主燃料流，对于富含燃料的运行同时切断空气流和主燃料流。系统返回至起始状态。

4.9.2.3.1 紧急关机

a) 概述

紧急关机应构成燃料电池发电系统的一部分，为了避免实际的或迫近的危险(该危险无法被控制装置更正)，它应具备下列功能：

——在不产生新的危险情况下阻止危险发生；

——在必要情况下，触发或允许触发某些防护措施；

——在所有模式下能超越其他所有的功能与操作；

——防止系统(通过复位键)重新启动；

——装配重新启动锁定装置，且只有在重新启动锁定装置被专门复位后，新的启动命令在正常运行条件下才能生效。

b) 紧急停止

若根据4.1中的风险分析要求，若需采用手动紧急关机装置(例如紧急停止装置)，则其应按ISO 13850的规定配备清楚可见、易于辨别并能迅速接触。

c) 控制系统发生故障时的控制功能

若控制系统逻辑发生故障或控制系统硬件发生故障或受到损坏，则：

——在停机命令发出后，燃料电池发电系统不得阻止停机；

——活动部件的自动或手动停止不得受到妨碍；

——保护装置应保持完整的效力；

——燃料电池发电系统不应发生意外重启。

当保护装置或互锁装置导致燃料电池发电系统发生紧急关机时，应将上述状态信号发送到控制系统的逻辑装置。关机功能的复位不得导致任何危险情况。危险情况下可安全运行的控制或监控系统可呈带电状态，以便提供系统信息。

4.9.2.3.2 正常关机

能够被安全控制或不会立即带来危险的非正常状态可通过正常关机加以改正。正常关机可去除电气设备的所有电源或为燃料电池发电系统执行装置保留电源供应。

4.9.2.4 许可制度

应根据4.1中的风险分析要求，建立和执行许可制度。

4.9.2.5 混合式装置

如果燃料电池发电系统设计为与其他设备共同运行，则燃料电池发电系统的关机功能，包括紧急停止，应当提供信号接口等方法，以便在后续操作可能导致危险时，协调上下游设备的关闭操作。

4.9.2.6 操作模式

a) 燃料电池发电系统的运行模式包括：

- 运行状态(可观的电能输出)，和
- 热待机状态(零净电功率输出)。

非运行模式包括：

- 冷态；
- 钝态；和
- 存储状态

b) 应有两种主要过渡形式："启动"和"关机"。

- "启动"应从接受外部信号开始，从非运行模式过渡到运行模式。
- "关机"是自动的从运行模式向非运行模式的过度。"关机"可由外部信号启动，或者由燃料电池发电系统控制器根据限制情况发送的内部信号启动。

c) 根据需要可提供次要的操作模式和过度形式，以便允许不同功率的输出率或对系统进行调节、维护或检查活动。

d) 模式的选择

若燃料电池发电系统的设计和制造允许其使用几种具有不同安全等级(例如允许进行调节、维护和检查等)的控制或操作模式，则应具有模式选择功能，且模式选择器的每个位置都是安全的。选择器的每个位置应对应单一的操作或控制模式且应配备重新启动锁定装置。在正常操作条件下，新的启动命令只有在重新启动锁定装置复位后才能生效。通过任何安全方法(例如定位操作手柄、键锁或软件命令)均可实现模式选择功能，模式选择应防止系统意外变为可能导致危险状况的其他模式。选择器在设计时应限制用户使用某些燃料电池发电系统操作模式(例如某种数控功能的访问代码等)。

e) 所选择的操作模式应优先于其他控制系统运行，但不应超越安全关机命令。

4.9.2.7 遥控系统

可遥控操作的燃料电池发电系统应具有一个贴有操作标识的就地操作开关或其他方法将燃料电池发电系统与遥控信号断开，以便于就地操作人员利用这些信号对系统进行检查或维护。遥控系统应：

a) 仅当遥控不会导致不安全状况时方能在燃料电池发电系统上使用；

b) 不得优先于就地设置的各种保护性安全控制措施。

4.9.3 保护性部件

4.9.3.1 概况

恰当的保护设备与组件由以下部件构成：

——足够的监控设备诸如指示器和/或报警器等，它们能够自动或手动操作，以保持燃料电池发电系统在允许限度内。

保护装置应：

——其设计和安装应可靠、适用，安装地点应满足维护和试验要求；

——保护功能应独立于其他可能具有的各种功能；

——为获得适当且可靠的保护，应遵照相应的设计原则。该设计原则尤其应包括安全失效保护模式、冗余设计、多样化设计和自我诊断功能等。

在设计阶段，应通过采用集成的测量、调节和控制装置(例如过流切断开关、温度限制器、压差开关、流量计、延时继电器、过速监控器和/或类似的监控装置)来防止设备出现危险性过载。

具有测量功能的保护装置的设计和安装应符合以下要求:能够处理可预见的操作需求和特殊条件下的使用。在必要时,应能够检查读数的精确度和装置的可维修性。此类装置应具有一个安全因子,以确保报警门槛离注册限值有足够余量,特别要考虑装置安装的使用条件和测量系统中可能出现的偏差。如果保护控制包含电子设备,则应按照 4.1 规定的要求进行控制设计。

4.9.3.2 部件类型

a) 根据 IEC 60730-2-6 的规定,应提供诸如压力开关等限压装置;

b) 根据 IEC 60730-2-9 的规定,温度监控装置应具有足够的安全响应时间,并与测量功能保持一致;

c) 为了减轻可能的气体泄漏,燃料电池发电系统可能推荐使用气体探测器作为保护设备。如果在燃料电池发电系统中使用气体探测器,则应符合 ISO 26142 或者 IEC 60079-29-1 的规定;

d) 气体传感器控制回路(传感单元、电气线路、燃料供应关闭)应按照 4.1 的要求进行失效保护和设计;

e) 在制造阶段已经设置好或调节好的所有燃料电池发电系统部件,若不需用户或安装人员对其进行操作,则应采取适当的保护措施。

f) 操作杆和其他控制和设定装置应做出明确标识并详细说明预防操作错误的方法。其设计应能阻止意外操作发生。

4.10 气动和液压驱动设备

应根据 ISO 4414 和 ISO 4413 对燃料电池发电系统的气动设备和液压驱动设备进行设计。

4.11 阀门

4.11.1 关闭阀

关闭阀应符合以下要求:

a) 所有可能发生流动受限或流体流动堵塞的设备和系统,均应配备关闭阀,以便在关闭、试验、维护、失常或紧急情况下使用;

b) 关闭阀应根据阀门的工作压力、温度和流体特征进行分级;

c) 安装在关闭阀上的调节器应具有耐热性,可以承受从附件环境和阀体传导来的热量;

d) 电子式、液压式或气动式操作的各种类型的关闭阀,应能在驱动能量消失时移动至失效保护位置。

4.11.2 燃料阀

燃料供应阀应符合以下要求:

a) 向燃料电池发电系统供应的所有燃料,至少应通过两道串联的自动阀门,每道阀门既具有安全截止阀的功能,又具有操作控制阀的功能。

b) 直接向燃烧设备(例如启动燃烧器或重整器启动燃烧器)供应的所有燃料至少应通过两道串联的自动阀门,每道阀门既具有操作阀的功能,又具有安全截止阀的功能。此类阀门可以包括在单一控制装置内,也可以不包括在单一控制装置内。

c) 电气操作的燃料供应阀应符合 ISO 23551-1 或 ISO 23553-1 规定的要求。

d) 当从燃料电池发电系统设备的排出气体中回收燃气时,在根据 4.1 风险分析证明安全的前提下,可不必使用关闭阀。

e) 根据 ISO 23550 中的规定，易燃气体手动关闭阀应适于其实际应用。

4.12 旋转设备

4.12.1 一般要求

旋转设备应符合以下要求：

a) 旋转设备的设计应满足正常运行条件下压力、温度和流体要求。

b) 应对流体进口与出口管道采取适当的保护措施，以防止因振动而受到损坏。

c) 轴密封件应该与所泵送的流体，以及预期在正常、非正常运行条件和正常及紧急关闭条件下的操作温度和压力相适应。

d) 轴密封件设计应能避免出现危险性流体泄漏。若轴密封件出现危险性流体泄漏，则制造商应提供必要的抑制危险性流体的措施或稀释方法以避免对人身健康和安全造成的危害。

e) 电机、轴承和密封件应适于预期工况。

4.12.2 压缩机

4.12.2.1 封装式压缩机应符合以下标准之一：ISO 5388、ISO 10439、ISO 10442、ISO 13707、ISO 10440-1、ISO 10440-2 或 ISO 13631。

4.12.2.2 除非 4.1 风险分析认为没有必要配备，以下装置应与压缩机或压缩机系统一并提供：

a) 泄压装置，用于将压缩气缸和不同压力段相关管道各时段的压力限制在范围内；

b) 该项要求仅限于当压力设备能够产生超过设计压力的情况；

c) 针对排放压力过高和吸入压力过低的自动关闭控制装置；

d) 若压缩机在停止运行后需要重新启动，收集、循环利用排出的燃气和/或安全排放的卸载装置；

e) 避免入口处出现过压的限压装置。

4.12.2.3 因容量小或排放压力过低而不属于 4.12.2.1 规定标准范围内的压缩机仅需符合 4.12.2.2 的规定即可。

应根据 ISO 12499(也可参见 4.4.4)的规定对封装式低排放压力压缩机(风扇和鼓风机)采取防护措施。

4.12.3 泵

4.12.3.1 用于工艺液体的封装式电力泵应符合 ISO 13709 或 ISO 14847 中的规定。

如适用，泵水用封装式电力泵应符合 IEC 60335-2-51 中的规定。

4.12.3.2 电力泵或电力泵系统应配备以下装置：

a) 将泵的入口压力和出口压力限制在管道设计压力以下的泄压装置。若电力泵的关闭压头小于管道的压力等级，则可不必配备安全阀。

b) 控制排放压力过高的自动关闭装置。

4.12.3.3 因容量小或排放压力过低而不属于 4.12.3.1 规定标准范围内的泵，应符合 4.12.3.2 和 4.7 的规定。

4.13 机柜

4.13.1 燃料电池发电系统机柜应具有足够的强度、刚性、耐用性、耐腐蚀性及其他物理性能，以在存储、运输、安装及最终使用地区的工作环境条件下，支撑和保护所有燃料电池发电系统部件和管道。

4.13.2 根据 IEC 60529 的规定，拟用于室内或室外不受气候影响条件下的燃料电池发电系统机柜的设计和试验应符合最小 IP20 的防护等级。

4.13.3　拟用于室外的燃料电池发电系统的设计和试验应符合 IP23 防护等级。

4.13.4　根据预期应用，通风口的设计应考虑到在正常运行情况下不会被尘埃、雪花或植物堵塞。

4.13.5　用于制造燃料电池发电系统机柜的所有部件，包括接头、排气口和柜门垫片，应能承受在整个燃料电池发电系统使用寿命中可预见的物理、化学和热状态。

4.13.6　在正常维修过程中需要拆下的检修窗、进出口盖或绝缘层，应设计成能够重复拆下和更换，且不发生损坏或削弱绝缘值。

4.13.7　若在正常维修过程中需要拆下的检修窗、进出口盖或绝缘层，如果相互替换使用可能导致不安全状况，则不得对此类配件进行互换使用。

4.13.8　禁止用户或未经培训的人员进入被保护设备的检修窗、进出口盖或门，应保持在规定位置，并且需要使用专用工具，如钥匙或类似机械方法开启。这些要求也包括安装在住宅的装置上的所有的检修窗、进出口或门。

4.13.9　燃料电池发电系统应有收集液体、经管道排放至外部、或重新导入到燃料电池发电系统的相关工艺的方法。

4.13.10　若人员能够完全进入机柜，则在产品说明书中应给出进入的程序。

4.14　隔热材料

燃料电池发电系统所使用的隔热系统应保证：

——在系统所处的大气环境和温度下，与被隔热的金属及隔热系统本身各部件化学兼容；

——保护隔热系统不受预计的热与机械损害(包括受到大气环境损害)；

——通过限制发热物体的表面温度，以防点燃其周围的可燃材料达到防火安全；

——未来对管道、配件等进行维修的可接触性。

安装在燃料电池发电系统部件上的隔热材料和其内部连接件或胶粘件应满足：

——用机械或粘合方式固定其位置时，防止预计载荷与维修作业造成错位或损坏；

——可承受正常运行过程中所有的空气速度、温度和各种流体。

为避免危害健康与安全的情况出现，若有必要，制造商应在维护手册中规定隔热系统的检验与安全要求。

4.15　公用设施

4.15.1　通用要求

燃料电池发电系统应被设计和制造成在失去电力供应的情况下不会导致：

a)　任何健康、安全或者环境危害；或者

b)　系统出现永久损坏。

4.15.2　水供应

a)　若燃料电池发电系统运行时需要水，应根据当地的法规连接到现场供水源、或自带水源，或在系统运行期间能证实可生产、提供足够数量的水；

b)　根据当地的法规，应防止过程水污染适合饮用的水源；

c)　应采取措施防止蒸汽回流进入燃料电池发电系统的水处理系统。采用适当的止回阀或同等装置可达到上述目的。

4.15.3　燃料气体供应

如果适用，应采取措施防止燃气和/或吹扫气体回流进入燃料源。

4.15.4 电气连接

4.15.4.1 检修插座

不受断开装置控制的检修插座的出口或照明线路，或许是燃料电池发电系统的一部分，应提供：

1） 电压不超过国内市电电压；

2） 插座接地；

3） 当用于对燃料电池发电系统检修时，插座的位置不会构成危害；和

4） 插座临近位置给出合适的标识，表明插座的电压和电流限值。

4.15.4.2 与主电路断开

4.15.4.2.1 熄火

为了保护维修人员安全，任何一个用来断开电源的电气断开装置都需要有一个物理机构，以防止在维修结束前由于意外导致的重新连接。

注：可以给出指导说明指出在维修设备部件时是否需要打开断开装置。

4.15.4.2.2 断开装置

应提供断开装置，以便有资质的人士在进行检修时将燃料电池从 AC 或 DC 供电设备上断开。隔离装置可以被放置在允许进入检修的区域，也可以放置在设备之外。断开装置应适用于预期的过电压类应用。如果断开装置包含在设备内，在可行的情况下它应尽量连接在电力进口。能够提供满足设备要求的功能开关可以允许用作断开装置。对于固定式燃料电池发电系统，断开装置应包含在设备内，除非设备安装说明中提出相应的断开设备应在设备之外。

4.15.4.2.3 残留能量的部件

当断开设备被关闭时，断开装置中靠近供电端的部分仍然带电，应当对其给出防护或者标识，以避免维修人员可能的意外触碰而导致事故。

4.15.4.2.4 断开操作

如果断开设备的操作方式是垂直而不是旋转或水平，操作方式中“UP”的位置应指代“ON”的位置。

4.15.4.2.5 三相设备

对于三相设备，断开装置应同时断开交流电源的所有线路导体，对于需要零线连接配电系统的设备，断开装置应为四极装置，并且应断开所有线路导体和中性导体。如果设备没有配备四极装置，安装说明中应明确说明需要提供该设备的外部设备。如果断开装置中止中性导体，则该断开装置应同时中止所有线路导体。

4.15.4.2.6 单相和直流(DC)设备

在设备内或者是设备的一部分的断开装置，应同时断开两极，除非：

a） 如果能够依靠直流电源中的接地导体或者交流电源中的接地零线识别，则允许使用单极断开装置断开非接地(线)导体；或者

b） 如果不能够依靠直流电源中的接地导体或者交流电源中的接地零线识别，并且设备没有配备两极的断开装置，则安装说明中应具体规定两极断开设备在设备之外提供。

4.15.4.3 安全关机-紧急停止

手动安全关机(如紧急停止),如果通过 4.1 中的风险分析认为需要,则按照 ISO 13850 中的规定,应有明确、易见和快速接近的控制装置,如按钮。如果燃料电池发电机配备一个整体的单个紧急停止装置,或者用于远程紧急停止装置的连接端子,则所述电路应防止在任何运行模式下的电能输出。如果是基于内置的可以断电的额外装置,则应在安装说明中给出该信息。如果插头可以执行相同的功能,则插头连接的燃料电池发动机不需要紧急开关设备。

4.16 安装与维护

4.16.1 安装

制造商应针对燃料电池发电系统的正确安装、调节、操作与维护给予说明。

燃料电池发电系统应在设计时最大程度地减小某些部件在装配或重新装配时因为误操作可能产生的危险,或者在这些部件和/或其外壳上给出危险信息。危险信息应粘贴在活动部件和/或其外壳上以说明活动部件的运行方向从而避免造成危险。同时还应在产品说明书中提供详细信息。

由于错误连接可导致危险,因此应在设计时尽可能减少不正确的连接方式,如果做不到这一点,则应在管道、电缆和/或连接块上给出连接信息。

4.16.2 维护

a) 系统的调节、润滑与维护点应位于可造成工作人员人身伤害或健康受损的区域以外。或在 7.4.5 中的产品维护手册中提供必要的避免危及人身安全或健康的维护说明。
b) 当燃料电池发电系统处于停止状态时,应能够对其进行调节、维护、修理、清理和维修作业。如果在燃料电池发电系统运行过程中需要进行调节、维护、修理、清理和维修作业,燃料电池发电系统在设计时应保证进行上述作业时不会发生人身伤害。
c) 需经常进行更换的自动化燃料电池发电系统部件应能够进行拆卸和更换而不会造成人身伤害。产品技术说明书应说明操作人员使用必要的技术工具(例如专用工具、测定仪表等)能够进行上述各种作业。
d) 当燃料电池发电系统出于保护人身健康的目的,提供安全指示或图示时,应采用能够抵御使用环境影响的永久性措施进行显示。

5 型式试验

5.1 一般要求

样品是具有代表性的产品,以检验是否符合本标准。

每个新设计都必须进行型式试验。已经经过认证过的、构成本系统的部件在其额定和列名要求范围内使用时不需要重新进行试验。

为了获得要求的操作条件,型式试验应在模拟所设计的燃料电池系统的使用环境下进行。尤其是,型式试验的试验环境应能使燃料电池发电系统工作在所设计应用场合的边界极限上(参见图 1)。建议型式试验应按照下述的顺序进行。在异常条件下进行的型式试验可能是破坏性试验。

试验的量测值应转换至以下的参考条件:

——温度(15 ℃);

——压力(101.325 kPa)。

5.1.1 试验的工作参数

5.1.1.1 除非本标准中另有关于具体试验条件的规定，否则型式试验应在制造商规定的以下工作规范范围内的最不利条件组合下进行：

a) 电源电压；
b) 电源频率；
c) 设备的物理位置和活动部件的位置；
d) 工作模式；
e) 操作人员接触区内的恒温器、调节装置或类似控制装置的调校，包括：
   1) 不使用工具进行的调整；或者
   2) 使用专门为操作人员提供的诸如钥匙或专用工具之类的方法进行的调整。

5.1.1.2 除非具体条款中另有说明，否则应按照下面列出的最大不确定度来进行测量：

a) 大气压(Pa)(0.5 kPa)；
b) 燃烧室和试验烟道压力 ±5%满量程或者(50 Pa)；
c) 气体压力(Pa)±2%满量程；
d) 水侧压力损失(Pa)±5%；
e) 耗水率(L/h,m^3/h)±2%；
f) 耗气率(m^3/h)±2%；
g) 空气消耗率(m^3/h)±2%；
h) 时间(h)
   ——点火定时 ±0.2 s；
   ——所有定时 ±0.1%；
i) 辅助电能/性能(kWh 或者 kW)±2%；
j) 温度(℃或者 K)
   ——环境温度 ±1 K；
   ——水温度 ±2 K；
   ——燃烧产物温度 ±5 K；
   ——燃气温度 ±1 K，在 $T<100$ ℃；
   ±1%读数，单位℃：在 $100\leqslant T<300$ ℃；
   ±5%读数，单位℃：在 $T\geqslant300$ ℃；
   ——表面温度 ±5 K；
k) 烟道损失计算中的 CO，CO_2 和 O_2读数的±6%；
l) 气体的热值(kWh/m^3)±1%；
m) 气体密度(kg/m^3)±1%；
n) 质量(kg)±1%；
o) 扭矩(Nm)±10%；
p) 力(N)±10%；
q) 电流(A)±1%；
r) 电压(V)±1%；
s) 电功率(W,kW)±2%。

要根据预期的最大数值来选择测量仪器的满量程。

在泄漏率测量中，所采用测量方法的误差不应超过每小时相应泄漏体积的 2%；测量的不确定度与独立测量的点数有关。对于需要多个独立测量组合的测量(例如效率测量)，各独立测量的不确定度较低则可限制总的不确定度。

5.1.1.3 正常工作电压由制造商提供的说明书中规定。

5.2 试验燃料

5.2.1 使用天然气的燃料电池发电系统，要用特定成分和供应压力的气体做下列指定的试验，所用气体的成分和供应压力是市场上能买到的天然气分别在最大和最小期望气压下的值。如果所使用的国家另有要求，以下试验还应采用限定的气体进行：

——燃烧器工作特性(5.9)；

——有效点火(5.10.2.2)；

——点火-电压变动(5.10.2.3)；

——回收/火花复位(5.10.2.6)；

——引燃火焰降低(5.10.2.7)；

——延迟点火(5.10.2.8)。

5.2.2 使用液化石油气的燃料电池发电系统，要用特定成分和供应压力的气体做下列指定的试验，所用气体的成分和供应压力是市场上能买到的液化石油气分别在最大和最小期望气压下的值。如果所使用的国家另有要求，以下试验还应采用限定的正丁烷气体进行：

——燃烧器工作特性(5.9)；

——有效点火(5.10.2.2)；

——点火-电压变动(5.10.2.3)；

——回收/火花复位(5.10.2.6)；

——引燃火焰焰降低(5.10.2.7)；

——延迟点火(5.10.2.8)。

5.2.3 使用其他各种类型燃料的燃料电池发电系统(见第1条)，其试验，应采用成分和供应参数有代表性的燃料进行。如果燃料有成分范围，则以下测试应限定在成分范围区间的极端值下进行：

——燃烧器工作特性(5.9)；

——有效点火(5.10.2.2)；

——点火-电压变动(5.10.2.3)；

——回收/火花复位(5.10.2.6)；

——引燃火焰降低(5.10.2.7)；

——延迟点火(5.10.2.8)。

5.3 基础试验安排

试验进行时，整个燃料电池发电系统，包括所有的空气过滤器，启动装置，通风或排气系统以及所有的现场提供的设备，均应根据制造商的说明进行安装和操作。

除非另有说明，否则燃料电池发电系统应该在以下条件下运行：

a) 在5.2规定的入口供给压力下；

b) 在制造商规定的额定电压和频率的±5%范围内，以及额定输出功率的±10%范围内；

c) 在额定条件下运行时，在额定燃料消耗量的±5%范围内；

d) 在不会影响试验结果的环境温度和压力条件下。

除非另有规定，否则应在燃料电池发电系统部件处于平衡温度时开始进行试验。

5.4 泄漏试验

5.4.1 通则

5.4 的步骤应进行两次，分别在 5.7 到 5.21 规定的所有非破坏性试验之前和之后进行。

5.4.2 气动泄漏试验

5.4.2.1 通则

燃料电池发电系统进行该项试验时泄漏量不得超过规定限值。当以代用气体或蒸气（如，少量标称气体、干净的干空气或者制造商定义的惰性气体）试验时，其组分应与预计的运行和关机时气体组分一致。

在进行该试验之前，应确定哪些进行该项试验的部件需要承受与燃料电池发电系统正常运转过程中相同的内部压力。此类部件将组成一个独立的试验段，然后应分别加压，必要情况下应采用适当方法将其与燃料电池发电系统的其他部分隔开。

应在试验段的入口处连接一个能够为气体介质提供所需试验压力的、合适的加压系统以及一个能够测量泄漏率的、精度为 2%的合适的流量测量装置。流量测量装置应位于加压系统和待加压试验段之间。应通过合适的方法对试验段出口进行密封。使所有功能部件处于开启位置，以在试验段的所有部件上均保持所要求的试验压力。

气体介质应逐渐进入试验段以便试验段在大约 1 min 内逐渐得到不低于表 2 中规定的压力值。该压力应保持至少 1 min，或者适当更长时间，应记录在此时间段内流量测量装置显示的任何泄漏量。

5.4.2.2 测试方法 1

若采用自然通风稀释燃料泄漏，则容许泄漏率可通过气体探测器确定，确保在 4.6 中未划分区域中燃料浓度不超过其燃烧下线（LFL）的 25%。

5.4.2.3 测试方法 2

若采用机械通风稀释燃料泄漏，则容许泄漏率可通过以下公式确定：

$$L = 0.01 \times (V/R)$$

式中：

L——每个部件或者所有部件的指标泄漏率，单位为立方米每小时（m^3/h）。

$$R = \sqrt{TGSG/FGSG}$$

式中：

$TGSG$——试验气体比重；

$FGSG$——燃料气体比重。

或者

$$R = \mu_{test}/\mu_{fuel}$$

式中：

μ_{test}——试验气体的绝对黏度；

μ_{fuel}——燃料气体的绝对黏度。

应报告导致产生低容许泄漏率的 R 值。

V——最低通风率，单位为立方米空气量每小时（m^3/h）。

当使用低于 100%易燃的燃料气体时要用到的校正系数。

$$L = 0.01 \times (V/R) \times (1/C)$$

式中：

C——易燃物的浓度(vol.%)。

表 2　泄漏试验要求[a,d,e]

<table>
<tr><th>危险</th><th>试验类型</th><th>系统设计条件</th><th>试验参数</th><th>通过/失败判据</th></tr>
<tr><td rowspan="4">易燃</td><td>液压[b]</td><td>所有压力</td><td>1.5 倍设计压力</td><td>无泄露,按照 5.4.3 的规定</td></tr>
<tr><td rowspan="3">气动[c]</td><td rowspan="3">所有压力</td><td rowspan="3">1.1 倍设计压力</td><td>无气泡,采用行业可接受的检漏液</td></tr>
<tr><td>5.4.2.2 测试方法 1</td></tr>
<tr><td>5.4.2.3 测试方法 2</td></tr>
<tr><td rowspan="6">有毒物质(如一氧化碳)</td><td rowspan="2">液压[b]</td><td>≥100 kPa</td><td>1.5 倍设计压力</td><td>无泄露,按照 5.4.3 的规定</td></tr>
<tr><td><100 kPa</td><td>1.0 倍设计压力</td><td>无泄露,按照 5.4.3 的规定</td></tr>
<tr><td rowspan="4">气动[c]</td><td rowspan="4">所有压力</td><td rowspan="4">1.1 倍设计压力</td><td>无气泡,采用行业可接受的检漏液</td></tr>
<tr><td>5.4.2.2 测试方法 1</td></tr>
<tr><td>5.4.2.3 测试方法 2</td></tr>
<tr><td>可接受泄漏,按照 5.20 的规定</td></tr>
<tr><td rowspan="6">热烧伤危险</td><td rowspan="2">气体(如空气和废气)</td><td>≥300 ℃</td><td>在燃料电池发电系统运行期间</td><td>系统管道相邻的环境温度和/或管道绝缘不能超过 300 ℃。
可同时按照 5.13 测试</td></tr>
<tr><td><300 ℃</td><td>无要求</td><td>无要求</td></tr>
<tr><td rowspan="4">液体(如冷却剂)</td><td rowspan="2">≥ 1.1 MPa 或者 ≥120 ℃</td><td>1.5 倍设计压力(静态流体)</td><td>无泄露,按照 5.4.3 的规定</td></tr>
<tr><td>1.1 倍设计压力(气动)</td><td>无气泡,采用行业可接受的检漏液</td></tr>
<tr><td rowspan="2"><1.1 MPa 和 <120 ℃</td><td>1.0 倍设计压力(静态流体)</td><td>无泄露,按照 5.4.3 的规定</td></tr>
<tr><td>1.0 倍设计压力(气动)</td><td>无气泡,采用行业可接受的检漏液</td></tr>
<tr><td colspan="5">[a] 在管道系统任何一点的测试压力应不超过任何非独立部件的最大许可测试压力,如容器、泵或阀门。所施加的压力应持续至少 10 min,之后可以降低至设计压力保持相同的时间,可以用于指导进行必要的泄露检查。
[b] 假设部件的兼容性和认证机构的一致,可以用气动测试代替。
[c] 假设部件的兼容性和认证机构的一致,可以用液压测试代替。
[d] 设计压力是在任何操作模式下可能出现的最高压力,包括稳态和瞬态。
[e] 如果一个系统是分部分进行测试的,则所有部分测试总的泄漏量不应超过本表的要求。</td></tr>
</table>

5.4.3　液压泄漏试验

进行该项测试的燃料电池发电系统的部分不应有外部泄漏。

所指定的试验流体应为液体。若制造商认为用指定的液体进行试验不可行,则可选择水作为试验液体。若可能会因冷冻造成损坏,或者水会对管线系统造成不利影响,则可采用另外的无毒液体。若该液体可燃,则其闪点至少应为 50 ℃,并应考虑试验环境。

液压测试的压力不应超过表2规定的值。

输送液体部件的外表面应可目测检查是否泄漏。如果某些部件不能被看到,则应采取措施将泄漏捕捉并追溯到一个可视点。若泄漏路径不能被追溯到,则制造商应给出其他泄漏检测方法。

测试前,应确定燃料电池发电系统在正常运行条件下,哪些液体输送部件承受相同的内部压力。此类部件应构成一个独立的试验段,然后分别加压,必要情况下应可以通过便捷的方法将其与燃料电池发电系统的其他部分隔开。

测试设备应充满液体介质,并连接一个合适的液压系统,包括能够保持所需试验压力的压力测量装置。在液体填充过程中,应注意排除试验段的空气。

应逐渐增加测试压力,以便达到统一的表压。在该压力下保持至少10 min,必要时可以延长时间以完成泄漏检查。同时还应检查系统的所有外表面是否有任何泄漏迹象。如果使用泄漏跟踪系统,则试验压力应保持至少3 h。

不准许任何的液体泄漏,任何可见的泄漏都是试验不通过的缘由。

5.5 强度试验

5.5.1 通则

任何压力等级不低于系统设计压力的被验证部件,应考虑服从本节中的可适用的条款。

5.5.2 气动强度试验

当采用与运行或停机中预期的气体组分相关的适当气体或者蒸气(例如:标准运行气体、洁净干燥的空气或者制造商指定的惰性气体)进行测试时,进行该项试验的燃料电池发电系统的部件应不出现破裂、断裂、变性或者其他可见的物理损坏。

测试前,应确定燃料电池发电系统在正常运行条件下,哪些液体输送部件承受相同的内部压力。此类部件应构成一个独立的试验区,分别加压,必要情况下应可以通过便捷的方法将其与燃料电池发电系统的其他部分隔开。

能够提供在要求的测试压力下,气体介质的一个合适的压力系统应与测试段的入口相连接。所有功能部件均应处于打开状态,以便于所需的测试压力能够施加在测试段的所有部件上。

气体介质应被逐渐加注到测试段,在大约1 min内达到不低于表3中规定的统一的表压。该压力至少保持1 min,或者更长时间,然后应报压力降低到设计压力,检测系统。

应依据表3确定是否通过。

表3 最大强度试验要求[a,d]

危险	试验类型	系统设计条件	试验参数	通过/失败标准
易燃或有毒	液压[b]	所有压力	1.5倍设计压力	无破裂、断裂、变性或者其他物理损坏
	气动[c]	≥13 kPa	1.3倍设计压力	无破裂、断裂、变性或者其他物理损坏
		>3.5 kPa但<13 kPa(电堆为>5.5 kPa但<13 kPa)	17 kPa	无破裂、断裂、变性或者其他物理损坏
		≤3.5 kPa(电堆为5.5 kPa)	5倍设计压力(电堆为3倍)	无破裂、断裂、变性或者其他物理损坏

表 3（续）

危险	试验类型	系统设计条件	试验参数	通过/失败标准
加压或加热气体（如空气或者窒息物）	液压[b]	≥100 kPa 或者≥300 ℃	1.3 倍设计压力	无破裂、断裂、变性或者其他物理损坏
		<100 kPa 和<300 ℃	无要求	无要求
	气动[c]	≥100 kPa 或者≥300 ℃	1.3 倍设计压力	无破裂、断裂、变性或者其他物理损坏
		<100 kPa 和<300 ℃	无要求	无要求
加压液体（如水、蒸汽、醇）	液压[b]	≥1.1 MPa 或者≥120 ℃	1.5 倍设计压力	无破裂、断裂、变性或者其他物理损坏
		<1.1 MPa 和<120 ℃	无要求	无要求
	气动[c]	≥1.1 MPa 或者≥120 ℃	1.3 倍设计压力	无破裂、断裂、变性或者其他物理损坏
		<1.1 MPa 和<120 ℃	无要求	无要求

[a] 在管道系统任何一点的测试压力应不超过任何非独立部件的最大许可测试压力，如容器、泵或阀门。所施加的压力应持续至少 10 min，之后可以降低至设计压力保持相同的时间，可以用于指导进行必要的泄露检查。

[b] 假设部件的兼容性和认证机构的一致，可以用气动测试代替。

[c] 假设部件的兼容性和认证机构的一致，可以用液压测试代替。

[d] 设计压力是在任何操作模式下可能出现的最高压力，包括稳态和瞬态。

5.5.3 液压强度试验

当用恰当的测试流体测试时，进行该项试验的燃料电池发电系统的部件应不出现破裂、断裂、变性或者其他可见的物理损坏。

进行测试的流体应为设计流体，如果制造商考虑使用设计流体进行测试不可行，则测试流体应为水。如果由于结冰或者水对管道系统有不利影响可能导致损坏，则可以使用其他合适的无毒的液体。如果液体是可燃的，则其闪点应低于 50 ℃，并且应考虑测试的环境。

测试前，应确定燃料电池发电系统在正常运行条件下，哪些液体输送部件承受相同的内部压力。此类部件应构成一个独立的试验区，分别加压，必要情况下应可以通过便捷的方法将其与燃料电池发电系统的其他部分隔开。

试验段应充满液体介质并连接到一个合适的液压系统，包括能够保持所需试验压力的一个压力测量装置。应小心排空试验段的空气。

应逐渐增加气体压力以达到不超过表 3 中规定的均匀的表压。在该压力下保持至少 1 min。

应依据表 3 确定是否通过。

5.6 正常运转型式试验

根据 IEC 62282-3-200 规定的步骤验证铭牌上的数值。

5.7 电气过载试验

燃料电池发电系统应能够承受电气过载。在制造商允许输出电流高于额定电流，且能工作一段时间的情况下，燃料电池发电系统应先在额定电流下达到热稳定，然后将输出电流增加到制造商允许的数值并在制造商规定时间内保持不变。

该系统不应有起火、震动、破裂、断裂、永久变形或者其他物理损坏的危险。

若制造商不准许较高的电流，则不应进行该试验。

5.8 关机参数

针对4.1所描述的安全与可靠性分析引起的任何重要异常情况，应提供燃料电池发电系统相关的自动停机方法。

每种异常情况均应使用模拟试验程序或者制造商提供的支持性证据来检验是否符合本子条款，无论采用哪种方式均应证实能出现所需要的功能。

5.9 燃烧器工作特性试验

5.9.1 通则

本子条款的步骤适用于配有燃烧器的燃料电池发电系统，如用于重整气的部分，并且应在燃烧器启动和紧接着稳态运行条件下，进行该试验：

a) 在试验压力下并使用5.2规定的试验气体。

b) 如果与5.9.1a)规定的压力不同，按制造商规定的最高和最低燃料供应压力进行设定。

c) 于额定输入电压的85%和110%下工作，如果在该范围内提供电压变化保护，系统应在规定限值进行试验。除此以外，应根据5.8对电压变化保护进行验证。

5.9.2 一般测试

在燃料抵达燃烧器的入口后，自动点火系统应立即启动燃烧器进行点火。燃烧器的气体燃料被“打开”或“关闭”时，提供的连续引燃火焰不得熄灭。该要求不适用于燃烧器的燃料“关闭”时的临时性或间歇式引燃火焰。

在该试验过程中，应对以下内容进行确认：

a) 该燃烧器内的燃料能够有效点燃且没有点火延迟、逆燃、异常噪声或者设备损坏的情况；

b) 该燃烧器熄灭时，无逆燃与异常噪音发生；

c) 该燃烧器的火焰不在燃烧室外部发生闪燃；

d) 该燃烧器不积碳；

e) 在燃烧器的主要空气进口处没有气体泄漏或者回流。

5.9.3 限制测试

该试验应在不改变燃烧器和点火喷嘴的调整值的情况下进行。燃料入口处的压力调整至铭牌上提供的最小和最大压力，从正常压力降低至铭牌上的最小压力。该测试在最小和最大通风口长度或者由于通风口长度导致的最小和最大背压下进行。在这些条件下，检查燃烧器是否安全工作，CO的排放量是否处于4.4.13要求的水平之下。如果在该条件下能够实现点火，则应在控制系统允许的最小热输入条件下重复该测试。

5.10 燃烧器和催化氧化反应器的自动控制

5.10.1 概述

本子条款的步骤中所有组件都要首先进行可控氧化反应，例如燃烧（重整器的启动燃烧器）、部分催化氧化和催化燃烧。

制造商可以选择在燃料电池发电系统组件而不是整个装置上进行燃烧试验(5.10.2.4～5.10.2.8)，但前提是该组件包括可能影响试验结果的所有部件(例如点火器和主燃烧器，如果适用，还有燃烧室专用的燃烧/排风扇)。

注：该条款也适用于阳极废气催化反应器。

5.10.2 燃烧器的自动点火控制

5.10.2.1 概述

燃料电池发电系统的燃烧器的自动点燃控制应根据以下试验进行测试。

5.10.2.2 有效点火

该项测试在最小和最大通风口长度或者由于通风口长度导致的最低和最大背压下进行。

在燃料抵达主燃烧器的入口后，点火器应立即点燃主燃烧器内的燃料。燃料电池发电系统保持在额定电压的情况下，点火器应被启动并能够观测点火。火焰不得在燃料电池发电系统外部发生闪燃，也不得损坏燃料电池发电系统。应进行3次点火尝试，且应在每次试验中，燃料抵达主燃烧器入口之后能立即点火。

5.10.2.3 点火-电压变化

5.10.2.3.1 概述

该项测试在最大通风长度或由于通风长度导致的最大背压条件下进行。

5.10.2.3.2 欠电压

燃料电池发电系统的电压应调整到铭牌电压的85%，或在燃料电池发电系统有电压波动保护的情况下，调整到保护设备的最低允许值，但是不能低于名牌电压的85%。此种条件下，点火器应在主火焰形成阶段点燃主燃烧器内的燃料。火焰不得在燃料电池发电系统外部发生闪燃，并且不得对燃料电池发电系统造成任何损坏。应进行足够次数点火尝试，并且每次均应在规定时间内点火。

5.10.2.3.3 过电压

燃料电池发电系统的电压应调整到铭牌电压的110%，或在燃料电池发电系统有电压波动保护的情况下，调整到保护设备的最低允许值，但是能不高于名牌电压的110%。此种条件下，点火器应在主火焰形成阶段点燃主燃烧器内的燃料。火焰不得在燃料电池发电系统外部发生闪燃，并且不得对燃料电池发电系统造成任何损坏。应进行足够次数点火尝试，并且每次均应在规定时间内点火。

5.10.2.4 火焰形成时间

当燃料电池发电系统根据5.3的规定进行工作时，应检查火焰形成时间。从主要燃料流启动到相应的点火装置工作或者燃烧器出现火苗确认之间的时间，如适用，不得超过4.6.2中火焰熄火时间失败中规定的合适的启动熄火时间。

5.10.2.5 火焰中断熄灭时间

燃料电池发电系统应该在其额定的燃料消耗率下工作，直至达到热平衡。火焰熄灭失败时间是从切断引燃火焰(如果安装)或主燃烧器燃料供应有意熄灭它们的时刻，到燃料供应恢复后它们被安全设备终止的时刻。安全装置应在4.6.2规定的火焰熄灭失败时间内切断所有燃料安全截止阀。在燃烧器燃烧的情况下，通过断开火焰检测器来模拟火焰熄灭，要测量该瞬间以及火焰监控装置有效切断燃料供应瞬态之间的时间。为达到本试验之目的，应使用制造商规定的最大火焰中断熄灭时间来进行控制。

5.10.2.6 再循环/再点火

利用自动燃烧控制再循环系统，将燃料电池发电系统调整到其额定燃料消耗率来检测循环时间。当再次点火时，应确认火焰熄灭后，点火器能够在火焰形成时间内有效地再次点燃燃料。

火焰不得在燃料电池发电系统外部发生闪燃，并且不得对燃料电池发电系统造成任何损坏。在燃烧器燃烧的情况下，通过断开火焰检测器来模拟火焰熄灭。

应对火焰熄灭到火焰探测器开始切断燃料流之间的时间、以及从燃料流停止到点火器重新通电之间的时间进行观测。为达到本试验之目的，应使用制造商规定的最大火焰中断熄灭时间和最小循环时间。

5.10.2.7 减小引燃火焰

该项测试在最小和最大通风口长度或者由于通风口长度导致的最低和最大背压下进行。

当提供引燃火焰时，其应能够在引燃燃料供应量减少到仅够保持安全截止阀打开或者刚刚超出火焰熄灭点时(两者中代表较高引燃燃料速率的数值)启动燃烧器内燃料的安全点燃。火焰不得在燃料电池发电系统外部发生闪燃，并且不得对燃料电池发电系统造成任何损坏。

为达到本试验之目的，应使用制造商规定的最大火焰中断熄灭时间来进行控制。

本实验应分别从冷启动和燃料电池发电系统达到平衡条件后被关闭后开始。

5.10.2.8 延迟点火

该项测试在最小和最大通风口长度或者由于通风口长度导致的最低和最大背压下进行。

对于通过电子点火器来点燃主燃烧器的燃料电池发电系统，燃料的延迟点燃不会造成火焰逆燃到燃料电池发电系统外以及对燃料电池发电系统和相连通风系统的任何损害。为达到本试验之目的，应使用制造商规定的自动燃烧室控制系统点燃阶段的最大点火时间进行控制。对于有些系统，在测试点火时段结束前关闭点火器时，该试验应使用制造商规定的最大点燃激活时间来进行控制。

在燃料电池发电系统处于室温的情况下，应在正常热输入速率条件下让燃料电池发电系统进行工作，同时点火装置暂时以变化的时间间隔停火，该时间间隔不超过制造商规定的点火阶段的最大点火时间或者起燃激活阶段的最大起燃时间(选二者之中较短者)。对于多次起燃系统，在点火阶段每次打火时均应在变化的时间间隔进行点火尝试，任何时候点火装置在整个工作过程中均处于已启动状态直至熄火。应在每次打火时观察主燃烧器的引燃。火焰不得在燃料电池发电系统外部发生闪燃，并且不得对燃料电池发电系统造成任何损坏。延迟点火试验也用来确认制造商提供的火焰形成阶段。

5.10.2.9 自动燃烧器控制系统部件的温度试验

应在每个自动燃烧器控制系统部件上正确连接热电偶或者等效的温度测量装置。燃料电池发电系统应在额定的燃料消耗率下工作，直至达到平衡条件。应测取各部件的温度。所测取的温度不应超过部件制造商规定的温度。

5.10.2.10 预吹扫

该试验适用于需要根据(4.6.2q)进行吹扫的系统。

根据制造商选择的选项，确定预吹扫量或者预吹扫时间的方法如下。

a) 预吹扫量

   1) 该速率在燃烧产物排放管道的出口处，于室温下进行测量(测量的是标称流量)。

   2) 燃料电池发电系统处于环境温度下且没有运行。在实际的预吹扫条件下为风扇提供电力。

3） 流量测量误差不得超过5%，且应修正到标准条件。

4） 制造商指明燃烧回路的容量。

b） 预吹扫时间

1） 燃料电池发电系统处于环境温度下且没有运行。

2） 测定风扇启动到点火装置通电之间的时间。

5.10.3 催化氧化反应器的自动控制

a） 燃料流启动到出现确认点火之间的时间不得超过4.6.3e)规定的反应点火时间。

试验方法：燃料电池发电系统应根据制造商的规定进行操作，直至获得点火反应的条件。然后，应进行富空气运行下供应燃料或者富燃料运行下供应空气的操作。系统的响应时间应自此时计起，到反应器监控装置发出制造商规定的表明反应过程已经成功启动的信号为止。反应启动时间不得超过4.6.3e)规定的数值。

b） 在反应停止或者反应速率降低或者升高到不安全水平的情况下，主安全控制装置应在4.6.3g)规定的反应熄火中断时间内切断富空气运转的燃料安全截止阀、或者富燃料运转的空气安全截止阀（并随后切断燃料安全截止阀）。

试验方法：燃料电池发电系统应根据5.3的规定进行工作，直至达到平衡条件。然后应切断富空气运转的燃料供应，或者富燃料运转的空气供应。在催化反应器点燃的情况下，通过断开反应温度监控装置来模拟反应熄火。此时刻和系统控制装置切断富空气运转的燃料供应或者切断富燃料运转的空气供应时刻之间的时间不得超过4.6.3中规定的反应熄火中断时间。

5.11 排气温度试验

当燃料电池发电系统装有通风系统时，该通风系统所输送的排放气体的最高温度不得超过构成该通风系统的材料可承受的温度。

试验方法：排气温度应使用热电偶或者类似的装置进行测量。在考虑通风系统的尺寸以及对称性的基础上，应使用能够足够数量的测量设备，以便确定排气管线中的最大温度。

燃料电池发电系统应根据5.3的相应要求进行安装和操作。当达到平衡条件时，应根据以上描述测量排放气体的最高温度。所获得的温度不得超过构成该通风系统的材料可承受的温度。

5.12 表面和部件的温度

a） 燃料电池发电系统应根据5.3的相应要求进行安装和操作。当达到平衡条件时，应使用合适的温度测量装置对温度进行测量。

1） 燃料电池发电系统工作时，进行常规和日常工作的人员可能接触到的任何表面的最高温度不得超过4.4.11规定的限值。

2） 任何其他可能暴露于可燃气体或者蒸气中的表面的最高温度应满足4.6.1e)规定的要求。

3） 系统部件的最高温度不得超过部件的额定温度。

b） 墙壁、地面和天花板的温度

1） 本试验仅适用于箱体表面温度、或一种设计允许热量辐射到外表面超过4.1.11中的规定、拟安装在易燃表面上或其附近的燃料电池发电系统。

2） 应将燃料电池发电系统放置在木质的试验台上。

3） 制造商应规定出燃料电池发电系统和试验台的后面墙壁、侧面墙壁、天花板（以及门面板）之间的距离。

4） 燃料电池发电系统放置在符合以下要求的试验台上。

5） 试验台使用 20 mm 厚的涂有暗黑色漆的胶合板制成。

6） 利用热电偶来确定温升。

7） 用来测量墙壁表面、天花板以及试验角落地板上温升的热电偶连接到涂成黑色的小铜盘或黄铜盘的背面。铜盘的前面应与试验台平齐。

8） 燃料电池发电系统的安装位置应尽可能使热电偶测量到最高温度。

9） 燃料电池发电系统应于最大功率输出下运行。在达到平衡温度后，应依据 4.4.11 的要求测量和检验试验台的温度。

5.13 抗风试验

5.13.1 概述

抗风试验仅用于室外安装或者具有与室外连通的水平空气入口和排气口的燃料电池发电系统。

这些测试在最小和最大通风口长度或者由于通风口长度导致的最低和最大背压下进行。

5.13.2 对于风向垂直于墙壁的风源的标定步骤

风源的标定布置应包括垂直于试验墙壁中心的风源的中心，在该试验墙壁上通风端子周围有 4 个孔，根据制造商的安装说明，该通风端子安装在试验墙的中心，如图 2 所示。

图 2 中展示出给定静态压力入口位于水平和垂直方向距通风终端边缘 305 mm 的位置。

通风终端位于试验墙的中心并且符合制造商的安装要求。

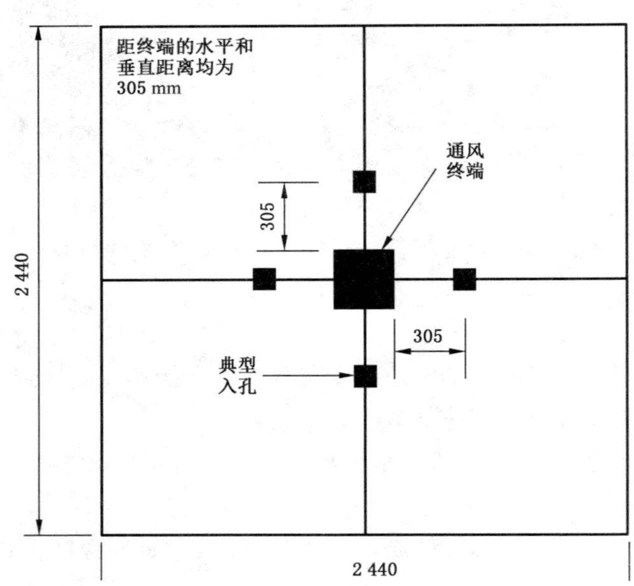

图 2 带静态压力入孔和通风终端位置的试验墙

这些孔应共用通道，以获得一个单独的平均静态压力读数。让风源对准墙壁，由布置在燃料电池发电系统输入空气开口处的压力表测量平均静态压力读数，以此为基础利用表 4 中的数据标定风源。

表 4 风的标定

标称值 km/h	平均静态压力 Pa
16	10
54	116

除此以外，在 54 km/h 标定风源在垂直于试验墙壁 305 mm 的距离处、对准这些孔的方向，不得产生超过 12 Pa(16 km/h)的动压力。

5.13.3 在有风条件下对室外燃料电池发电系统的运转进行验证

本子条款的步骤仅适用于拟安装在室外的燃料电池发电系统或者拟安装在室外的燃料电池发电系统部件。

拟安装在室外的燃料电池发电系统机柜，或者拟安装在室外的燃料电池发电系统部件的外壳，应根据以下方法进行并且通过抗风试验。

试验方法：燃料电池发电系统应正常启动和运转，且在暴露于标称风速从 9 km/h 至不大于 54 km/h 时，任何部件不得损坏或者异常，也不得造成危险或者不安全情况。

利用具有足够功率的风扇/鼓风机，在试验机构认为最关键的位置、朝向燃料电池发电系统外表面施加一个速度从 9 km/h 至不大于 54 km/h 的风力。风扇/鼓风机的位置应能够产生一个覆盖整个外表面投影面积的、以规定速度平行吹向燃料电池发电系统的均匀的风力。该风速在距离燃料电池发电系统的迎风表面 50 cm 的一个垂直表面上测量。

当燃料电池发电系统承受标称速度为 16 km/h 的风力时，引燃火焰(如果提供的话)应能够被点燃。

当燃料电池发电系统承受公称逗度为 54 km/h 的风力时，燃烧器气体应无延迟地从点火装置引燃，并且燃烧器和引燃火焰不会熄灭。如果提供了引燃火焰，该引燃火焰应能够单独工作，也能够与燃烧器同时工作。

当氢燃料电池发电系统承受公称速度为 54 km/h 的风力时，阳极废气在燃烧室中应能够立即被氧化，并且燃烧室不应停止氧化反应。

根据合格评定组织的要求，可在其他方向进行规定风速和未规定风速的附件测试。

5.13.4 通过外墙进行水平通风的室内燃料电池发电系统工作的验证

试验方法：这些试验应该在正常入口试验压力下进行。

a) 当在垂直于墙壁以外的风向下进行试验时，燃料电池发电系统应符合 4.5.3j)的要求，除非风源产生的风力具有 54 km/h 的速度(134.5Pa 自由流动速度压力)，该数值在风向平行于墙壁时，利用皮托管在垂直于墙壁的一个平面上的平分通风系统的 3 个位置进行测量。这 3 个位置与通风系统边缘的水平和垂直距离均应为 305 mm(见图 3)。

单位为毫米

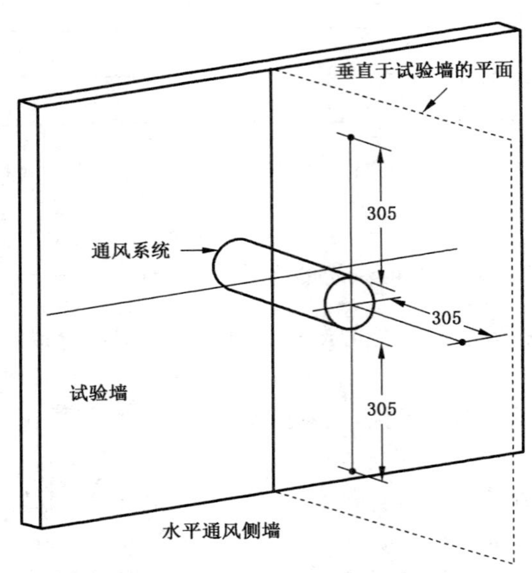

图 3 通风试验墙

在对平行于墙壁的风源进行标定后，应将风源或者试验墙进行旋转，使风向指向试验机构确定的其他角度。

b) 燃料电池发电系统应符合 4.5.3j)的要求。对于垂直于墙壁的风向，可以使用以下任一种试验方法：

 1) 以下试验方法应该在规定的最大通风长度下进行，仅将通风端子从水平通风管上拆除(若使用通风端子)。在距离水平通风管 305 mm 的出口处在通风管上安装一个压电环(见图 4)。

单位为毫米

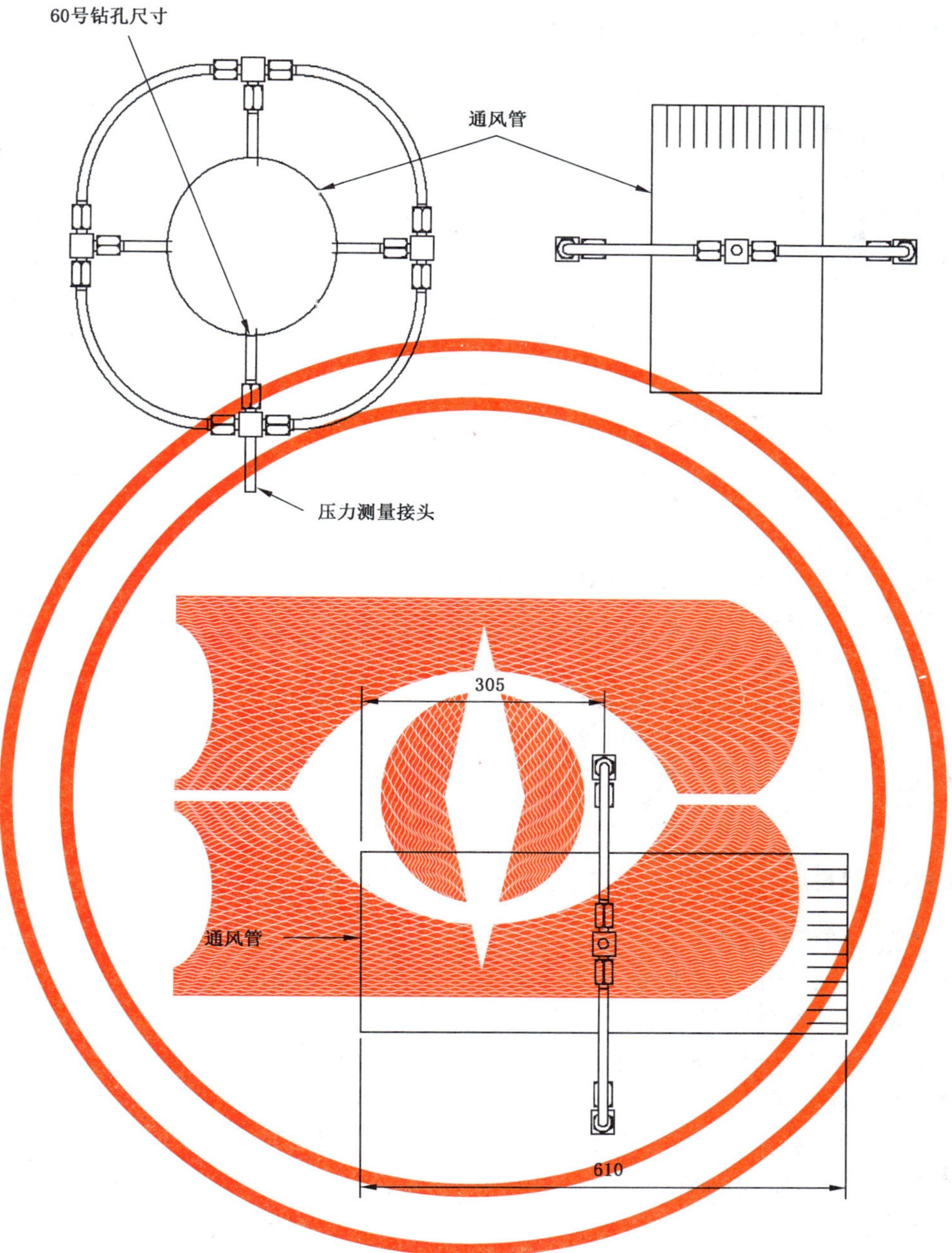

图 4　压电环和典型结构详图

将该压电环连接到一个可以直接读取 1.24 Pa 以下压力值的压差计。压力计基准压力接头应延长至燃料电池燃烧空气供应口附近的一个点。

启动燃料电池发电系统并运转，在通风管的端部安装一个节流阀施加阻尼，直至压电环的压力达到 116 Pa。然后，停止燃料电池发电系统的运转。启动对燃料电池发电系统的燃气供应。仍然保留节流阀，冷启动燃料电池发电系统。在上述条件下，燃料电池发电系统不得停机。在达到稳定条件后，重新调节节流阀以保持 116 Pa 的压力。在上述条件下运转时，燃料电池发电系统至少在 10 min 内不得停机。在保持 116 Pa 的通风压力的情况下，应利用自动控制装置打开和关闭燃料电池发电系统，燃料电池发电系统应能够无延迟地启动。

2）　当风速为 9 km/h 至不大于 54 km/h 时，燃料电池发电系统应能够启动成功。

3) 当风速为 9 km/h 至不大于 54 km/h 时,燃料电池发电系统应能够继续运行。

5.13.5 在风中 CO 和易燃气体混合物的排放量——室内装置

对于安装在室内并且使用墙外空气通风的燃料电池发电系统,当在空气通风入口端子处施加 9 km/h～54 km/h 的风力时,应对 CO 和易燃气体的排放量进行检测。风可以从相对通风端子的任何平行方向施加。通风系统吸入口暴露于 54 km/h 的风速中(134.5 Pa 自由流动速度压头,该数值在风向平行于墙壁时,利用皮托管在垂直于墙壁的一个平面上的平分通风空气吸入系统的 3 个位置进行测量),这 3 个位置与通风空气吸入系统边缘的水平和垂直距离均应为 305 mm。燃料电池发电系统应该在标称输入速率下运行,直至达到恒定的排气温度。在施加该风速范围的风力过程中,应在 15 min 测量排放量至少 3 次,平均值视为该试验得到的浓度,分析并确认 CO 的浓度符合 4.4.13 的要求,易燃气体的浓度在 25%LFL 以下。

在对平行于墙壁的风源进行标定后,应将风源或者试验墙进行旋转,使风向指向合格评定组织确定的其他角度。

对于风向垂直于墙壁的风力,燃料电池发电系统应运转直至达到恒定的排气温度。可以使用 5.13.4b)中规定的任一种试验方法。

当使用 5.13.4b)1)的试验方法时,通风压力应在 0 Pa～116 Pa 范围内变化。在施加该范围内的通风压力的过程中,应选取足够数量的废气样品并进行分析以确定 CO 的浓度符合 4.4.13 的要求,易燃气体的浓度在 25%LFL 以下。

当使用 5.13.4b)2)的试验方法时,风源产生的风在根据 5.13.2 标定的 9 km/h～54 km/h 的标称速度之间变化。通风压力应在 0 Pa～116 Pa 范围内变化。在施加该风速范围内的风力的过程中,应选取足够数量的废气样品并进行分析以确定 CO 的浓度符合 4.4.13 的要求,易燃气体的浓度在 25%LFL 以下。

5.13.6 在风中 CO 和易燃气体混合物的排放量——室外装置

对于安装在室外的燃料电池发电系统,当该装置暴露于 9 km/h～54 km/h 的风力中时,应对 CO 和易燃气体的排放量进行检测。使用功率足够大的鼓风机产生的风来制造速度不大于 54 km/h 的风力,朝向燃料电池发电系统外表面、施加在合格评定组织认为最危险的点上。该鼓风机的位置应能够产生一个覆盖整个外表面迎风面积的、以规定速度平行吹向燃料电池发电系统的均匀风力,该风速在距离燃料电池发电系统的迎风表面 0.5 m 的一个垂直面上测量。燃料电池发电系统应于标称输入速率下运行,直至达到恒定的排气温度。在施加该风速范围内的风力过程中,应在 15 min 测量排放量至少 3 次,平均值视为该试验得到的浓度,分析并确认 CO 的浓度符合 4.4.13 的要求,易燃气体的浓度在 25% LFL 以下。

5.14 淋雨试验

5.14.1 对于室外单元:应按照 IEC 60529 中的规定进行一个等价于 IP 等级为 3(第二特征数字为 3)的模拟淋雨试验,或者制造商规定的更高 IP 等级试验,试验结果符合 5.14.3。

5.14.2 对于使用水平通风设备的室内单元:淋雨试验适用于通风口的端口。使用 GB/T 4208:1993 中 14.2.3 规定的试验方法开展试验,试验结果符合 5.14.3。

5.14.3 当进行淋雨试验时,燃料电池发电系统应在没有损坏或者任何部件故障导致的危险情况下启动和运行。

当完成模拟淋雨试验后,燃料电池发电系统的任何部件不应有损坏或故障的迹象,也不应出现水在燃料电池发电系统任何部件中的有害聚集。试验不应导致水进入最低带电部分上方的电器盒中或者湿润带电部分,除可以通过介电耐压试验来判断电极绕组外,该电机需要通过结构设计、位置或者防护罩避免绕组直接暴露在水中。

5.15 排放量

5.15.1 概述

这些试验在由于通风口长度导致的最大背压下进行。

5.15.2 CO和易燃气体的排放量

5.15.2.1 概述

依据5.15.2.2和5.15.2.3中的试验，燃料电池发电系统中测量CO的排放量，在无空气排出物样品中CO的量不应超过0.03%体积浓度。依据5.15.2.2和5.15.2.3中的试验，排出物易燃气体的浓度低于25%LFL。

5.15.2.2 阻塞的排气口

将燃料电池发电系统排气口阻塞至一定程度、包括完全关闭时检测CO和易燃气体的排放量。燃料电池发电系统应于标称燃料输入速率条件下运行至少15 min。当燃料电池发电系统有在排气口堵塞的情况下，自动切断主燃料供应的控制装置时，应逐渐减小排气口的面积至控制装置可维持主燃料供应处于打开位置的最低点。

在上述阻塞情况下，一旦达到热平衡，应测量排放量。应在15 min内测量排放量至少3次，平均值视为该试验得到的浓度。

5.15.2.3 阻塞的空气供应

本条款适用于使用非常规通风设备的室内系统。空气从室外经过一个输送管道，之后进入燃料电池发电系统，用于输入空气。

将燃料电池发电系统空气供应阻塞至一定程度、包括完全关闭时检测CO和易燃气体的排放量。燃料电池发电系统应于标称燃料输入速率条件下运行至少15 min。当燃料电池发电系统有在排气口堵塞的情况下，自动切断主燃料供应的控制装置时，应逐渐减小排气口的面积至控制装置可维持主燃料供应处于打开位置的最低点。

在上述阻塞情况下，一旦达到热平衡，应测量排放量。应在15 min内测量排放量至少3次，平均值视为该试验得到的浓度。

5.15.3 正常条件

该测试适用于室内和室外单元。

燃料电池发电系统排气口不受限制的情况下测量CO的排放量。燃料电池发电系统应于标称电压和标称燃料输入速率下运行至少15 min，之后对排放物进行分析。

如果在该条件下能够实现点火，则应在控制系统允许的最小热输入条件下重复该测试。

5.16 阻塞冷凝管试验

对于有冷凝处理系统的燃料电池发电系统，在一个冷凝物排出管线受阻碍的条件下，发电系统应继续妥善运行或者在以下测试进行期间关闭。

应按照制造商给出的说明安装冷凝物排放系统。冷凝物排出管线应在系统最窄处或其上游被阻塞。当冷凝物排出系统提供一个溢出口时，阻塞应被应用于溢出口的上游，或者堵住溢出口。

燃料电池发电系统应处于标称输入速率和标称入口测试压力下运行，冷凝物排出系统应被填充至水可达到的最大水平或者刚好处于导致燃料电池关闭的点之前(填充的方法由检测机构自由裁决)。在填充过程中,应监测排放量。当在大气环境下有正常的氧气供应时,在任何时候都不允许无空气样品的排出物中 CO 的浓度超过 0.03%体积浓度,或者导致关闭燃料电池发电系统。易燃气体排放在任何时候也不应进入燃料电池发电系统内部隔间或者进入废气。

按照 5.18 中电气安全试验的规定,燃料电池发电系统不应存在触电的危险。

在冷凝物排出管线受阻碍条件下,燃料电池系统不能置于运行状态,则应被视为符合本测试。

5.17 冷凝水排放试验

许多技术收集冷凝水溢出,只有部分与可燃气体一起被加压。该规定是为了适用于冷凝水从易燃气体流中除去。对于需要一个冷凝水排放口的燃料电池系统,应设计有自吸式冷凝水捕集器,且在以下测试中排放水和/或易燃气体不应从冷凝水捕集器后端的管线中排出。

本测试应在设备制造商规定的最短通风口下进行。通风口的材料应是燃料电池制造商指定的,该材料能够最少量的将通风口气体的热量传导至空气中。

如果冷凝水捕集器被单独提供或者作为燃料电池的一部分被提供,又或者安装说明中规定安装者应提供冷凝水捕集器,应按照制造商给出的安装说明进行安装。在进行本试验前,不要将水填充到捕集器中。

本试验进行直至包含烟道被最大程度阻塞的条件,燃料电池发电系统可以继续运行。

如果排放水和/或易燃气体不从冷凝水排出管线排出,则应被视为符合本条款。

5.18 电气安全试验

燃料电池发电系统的电气安全应针对 4.7 中给出的应用标准进行验证。

连接到电气线路中的部件,若未经过国际电气标准型式验证的,应服从 4.7 的规定。

5.19 EMC 试验

应根据 4.8 给出的相关标准测试燃料电池发电系统。

5.20 通风系统泄漏试验

本测试适用于天然气燃料电池发电系统。

通风系统所有的接头和连接件应牢固。当系统泄漏不超过以下规定的限值时,被视为符合该条款。

在内部负压条件下运行的通风系统不需要服从本条款规定的程序。

为了达到本试验的目的,除去通风端口外,整个通风系统应通过简易的方法同燃料电池发电系统其他部分隔离开。如果适用,应按照制造商说明将整个通风系统密封。通风系统的出口应采用简易的方法密封。

制造商应提供一个合适的测试装置,该测试装置应被连接到通风系统的入口并良好密封。该测试设备应具备一个入口接头,连接至压缩空气源和一个测量系统内部压力的压力测试设备。该设备的精度应为 2.0%,运行压力达到满量程的二分之一。

洁净空气流通过一个测量仪表和空气供应设备进入通风系统。

通风系统内空气的压力应保持在 0.5 kPa 或者两倍于制造商规定的设计压力,用较大的值。泄漏速率用立方米每小时表示。

当通风系统的泄漏量不超过整个排放物总量的 2%时,应视为符合本条款的要求。泄漏量按照如下公式计算:

$$L = 0.02 \times I \times V$$

式中：

L ——通风系统允许的泄漏速率，立方米每小时(m^3/h)；

I ——燃料气体消耗量，兆焦耳每小时(MJ/h)；和

V ——0.402 6 m^3/MJ 消耗的气体。该值基于排放物中增加过量 50%的空气。

注：对于瓦级系统(W)，允许泄漏速率(立方厘米每秒，cm^3/s)可以通过燃料消耗(千瓦，kW)乘以 0.85 得到。

5.21 泄漏试验(重复)

燃料电池发电系统应在与 5.4 规定的相同试验条件下重新进行泄漏试验。

6 例行试验

6.1 所有产品均应进行例行试验。例行试验环境应模拟燃料电池发电系统设计应用环境，以获得所需的运行条件。特别是，例行试验的试验环境应提供一个接口，该接口应位于燃料电池制造商设计应用所限定的边界上。建议应按照以下顺序进行例行试验。

若例行试验直接与燃料电池系统的初始启动和活化过程一起进行，则应将燃料电池系统连接到调试设备并使其处于制造商规定的运行条件下。若例行试验直接与燃料电池系统的初始启动和活化步骤一起进行，则应将燃料电池系统连接到活化设备并使其处于制造商规定的运行条件下。

所有的燃料电池发电系统均应进行如下例行试验：

测试燃料电池发电系统确定承压部分和零部件(包括接头和连接件)的紧固性。本条款适用于含有有毒流体的系统。

气体泄漏试验应根据第 5.4 的要求进行，并应满足或者超过 5.4 规定的可接受准则，或者应利用合适的干燥气体(例如空气或者氮气)加压至规定压力，然后进行密封并保持 10 min 以上。利用以下公式，根据这段时间前后的压力差值计算出的泄漏不得超过规定数值。

$$L_1 = V \times T_0/P_0 \times [(p_1 + p_{a1})/(T_0 + T_1 - 15) + (p_2 + p_{a2})/(T_0 + T_2 - 15)] \times 60/t \quad \cdots\cdots(7)$$

式中：

L_1 ——燃料电池系统的气体泄漏量，单位为立方米每小时(m^3/h)；

V ——加压范围内的内部空间体积，单位为立方米(m^3)(除内部结构体积之外的气体体积)；

T_0 ——参考温度，288.15 K (15 ℃)；

T_1 ——测量开始时的内部空间温度，单位为摄氏度(℃)；

T_2 ——测量结束时的内部空间温度，单位为摄氏度(℃)；

p_0 ——参考压力，101.325 kPa(1 atm)；

p_1 ——测量开始时的压力，单位为千帕(kPa)；

p_2 ——测量结束时的压力，单位为千帕(kPa)；

p_{a1} ——测量开始时的大气压力，单位为千帕(kPa)；

p_{a2} ——测量结束时的大气压力，单位为千帕(kPa)；

t ——测量时间，单位为分钟(min)。

如果制造商和测试机构协商同意，对于安装有泄压阀的系统，可将测试的压力从 5.4 规定的水平修订至泄压阀设置压力的 85%。

6.2 正常运行试验：见 5.6。

6.3 绝缘强度试验：见 4.7 中给出的相关产品应用领域的标准。

6.4 以下试验应在抽样计划的基础上进行：

——5.9.1 所述的燃烧器运转试验；

——5.9.1 所述燃烧器运行试验过程中对 CO 排放量的测量。其限值应符合 4.4.13 的规定。

7 标识、标签和包装

7.1 一般要求

燃料电池发电系统应根据 ISO 3864-2 中的相应条款进行标识。标识和安装方法应牢固，并且符合应用需求。

7.2 燃料电池发电系统的标识

每个燃料电池发电系统都应配备有数据铭牌或组合标签，以便于将系统安装至正确位置时容易读取。

标识中应清楚地说明使用限制，尤其应说明燃料电池发电系统必须安装在具有足够通风条件的区域。

数据铭牌/标签应包括以下内容：

a) 制造商的名称（带商标）与地址；

b) 制造商的型号或者商品名称；

c) 燃料电池发电系统的序列号和生产年份；

d) 电输入，如有条件（电压/电流类型/频率/相/功率消耗）；

e) 电输出（电压/电流类型/频率/相/额定功率/功率因数）单位：kVA；

f) 燃料电池发电系统所使用的燃料类型；

g) 燃料供应压力范围；

h) 额定功率（kW）下的燃料消耗；

i) 燃料电池发电系统预期工作的环境温度范围（最低和最高），单位℃；

j) 室外或室内使用；

k) 提醒工作人员潜在人身伤害或设备损坏的警示标志，以及安装操作指示。

若燃料电池发电系统根据 IEC 60079-10 评定为危险区域类别，则应对其进行相应标识。

7.3 部件的标识

应确认所有用户使用部件与用户手册中的燃料电池发动系统图纸一致。警示标识应放置在合适的位置，对电气危险、排放阀、高热部件和机械危害进行“警示”标识。应优先选择使用 ISO 3864-2 中给出的标准符号。

人机界面中使用的控制装置、视觉指示器以及显示器（特别是安全相关），必须将其功能清楚地标识在旁边或者邻近。应优先选择使用 IEC 60417 和 ISO 7000 中给出的标准符号。

7.4 技术资料

7.4.1 总则

对于每个燃料电池发电系统，制造商应提供安全安装、操作和维护保养所必须的信息，并应特别提醒注意其使用限制方面的内容。这些信息应以技术文件、示意图、图表、表格以及说明书等形式、并应以合适的数据媒介和语言提供。

部分技术内容可仅提供给有资质的人员，此种情况下制造商应规定资质人员的标准。

随燃料电池发电系统提供的信息应包括以下内容：

a) 关于设备、安装、装配以及与电源和其他界面连接方面的清楚及全面的描述；

b) 根据4.1要求的物理环境和操作条件(燃料和水供应特性等)；

c) 电路图；

d) 有关以下方面的内容(如有条件)：

——装卸、运输和存储；

——软件编程方式；

——操作顺序；

——检验频率；

——功能测试的频率和方法；

——防护装置和电路的调整、保养以及维修方面的指南；

——部件表以及推荐的备件清单；

e) 关于防护设施、连锁功能以及潜在危险情况所用防护设施的连锁方面的描述；

f) 关于安全防护以及有必要暂停安全防护时所提供的措施说明(例如手动编程、程序验证)。

7.4.2 安装手册

安装手册应为安装人员提供燃料电池发电系统安装准备工作的所有内容。

尤其应提供接线图或表格。该线路图或者表格应给出所有外部连接(例如电力供应、燃料供应、水供应、控制信号、排气孔、通风接口等)的全部信息。

这些安装说明应给出关于燃料电池发电系统地基的位置和设计的指导意见、通风要求、气候危害防护、相对基底标高的推荐高度、安全防护罩、与可燃材料的可接受距离、绿地、公用道路以及车辆碰撞防护等方面的指南。

除了上述以外，安装手册还应规定出：

——制造商或者经销商的名称和地址，以及燃料电池发电系统的型号；

——燃料供应的最低和最高压力以及确定这些压力的方法；

——空气供应、通风和排气口周围的足够空间；

——维护保养以及正确操作所需的足够空间；

——可燃材料所需的足够空间；

——如有要求时，应在燃料控制的上游提供一个沉淀物收集器或者过滤器；

——如有要求时，延长停机期间的特别说明；

——说明应涵盖通风系统要求，包括空气进气口管道(如果使用)。

7.4.3 用户信息手册

对于住宅用燃料电池发电系统，系统供应商应向业主提供用户信息手册和适当的便于维护保养的附加信息(例如进口商地址、维修商等)。

用户信息手册应为打印出的、经过排版和格式整理的文件，步骤简单易行。应使用图解来标识燃料电池的部件、尺寸和间隙，装配好的部件，以及为了更清楚说明所需的连接点。还应使用图解来标识出可用部件的位置并说明进行维修作业的正确方法。

对引号中给出的文本，应在用户信息手册中原样出现。

用户信息手册应装在袋内附在燃料电池上并或者用燃料电池上的卡子别住，或者应装在信封中并标记说明：

a） 请安装人员将其附燃料电池上或其附近，和/或

b） 请消费者保留该手册，以期未来参考之用。

每个用户信息手册应分为相应章或节，并应包括目录表以及清楚的页码。

用户信息手册应包括以下相应的安全信息：

1） 封面

封面应仅为用户提供最重要的安全说明。手册封面或无封面时的第一页上应具有如图5、图6和图7所述的用线框框住的下述安全注意事项：

警告：

火灾或爆炸危险

如果不严格遵守安全警告，可能会导致严重的人身伤害、人员死亡或者财产损失。

——不要在本产品或任何其他用具附近存放或者使用汽油或者其他可燃气体。

——如果闻到气体气味应该：

不要试图开启任何电器。

不要触碰任何电气开关；不要在该区域内使用任何电话。

立即离开该区域。

立即打电话给您的气体供应商。按照气体供应商的指导行事。

如果联系不到您的气体供应商，请打电话给消防部门。

——必须由有资质的安装人员、维修机构或者气体供应商进行安装和维修。

图5 添味燃气系统的安全注意事项

警告：

火灾或爆炸危险

如果不严格遵守安全警告，可能会导致严重的人身伤害、人员死亡或者财产损失。

——不要在本产品或任何其他用具附近存放或者使用汽油或者其他可燃气体。

——必须由有资质的安装人员、维修机构或者气体供应商进行安装和维修。

图6 未添味气体燃料系统的安全注意事项

警告：

火灾或爆炸危险

如果不严格遵守安全警告，可能会导致严重的人身伤害、人员死亡或者财产损失。

——不要在本产品或任何其他用具附近存放或者使用汽油或者其他可燃气体和液体（除了燃料电池发电系统所使用的相关液体燃料）。

——如果发现液体渗漏应该：

不要试图开启任何电器。

不要触碰任何电气开关；不要使用该区域内的任何电话。

立即离开该区域。

立即打电话给您的燃料供应商。按照燃料供应商的指导行事。

如果联系不到您的燃料供应商，请打电话给消防部门。

——必须由有资质的安装人员、维修机构或者燃料供应商进行安装和维修。

图7 液体燃料系统的安全注意事项

封面应包含提醒用户必须阅读手册中所有说明并且必须保存所有手册以备将来参考的语句。

2） 安全章节

手册前面部分应含有安全章节，为燃料电池用户提供潜在危险的清单以及某一特定燃料电池安全相关说明。安全章节中至少应包括关于以下内容的说明，并提供在本手册中的相关章节号或者页码。

ⅰ） 说明燃料电池周围区域必须保持清洁，没有可燃材料、汽油以及其他可燃气体和液体。

ⅱ） 当需要空气进行燃烧或通风时，应说明禁止堵塞或阻隔燃料电池上空气孔、与燃料电池安全区域连通的空气孔以及燃料电池周围提供的用来锁住和排放所需空气的空间。

ⅲ） 关于燃料电池启动和停止的指导说明。这些指导说明应利用插图说明所有用户接口部件的位置。

ⅳ） 提供以下语句：“如果任何部件浸在水中，不要使用该燃料电池。经水浸泡损坏的燃料电池具有潜在的危险。如果试图使用这种燃料电池可能会导致火灾或者爆炸。”应联系具有资质的服务机构对该燃料电池进行维修或者更换所有被浸湿的气体控制、控制系统部件、电气部件。

ⅴ） 关于过滤器更换或吹扫频次、更换过滤器尺寸和型号的规格说明。这些指导说明应包括过滤器拆卸和更换的说明，并利用图解说明过滤器拆卸和更换指导说明中所涉及到的制造商所提供的所有部件的位置。

ⅵ） 必要部件定期吹扫的推荐方法。

ⅶ） 关于检测燃料电池安装的指导说明，以确定：

- 4.5.2 和 4.5.3 中述及的零部件的任何吸入口和排放口畅通无阻；
- 燃料电池的物理支撑结构完好无损，在底座周围没有沉降裂纹、间隙等，以在支撑结构和底座之间安装密封件；
- 没有燃料电池变质的明显迹象。

ⅷ） 该手册指出有用户进行的 7.4.3 2）ⅶ）中的检测的必要性以及最小频次，还应规定由有资质的维修机构进行的燃料电池的定期检验。

ⅸ） 注明燃料电池发电系统过多暴露于污染空气中，可能会导致安全和性能相关的问题。说明应还有常见污染物列表。

3） 正文中的安全信息

正文中的安全说明应参照并包括封面的安全注意事项以及手册的安全章节中的内容。手册中描述的潜在危险情况要求利用另加安全预防性语句进行说明。

7.4.4 操作手册

操作手册应详细说明燃料电池发电系统的安装和使用的正确步骤。要特别注意强调所提供的安全措施以及预期的不正确操作方法。

该操作手册应包括与燃料电池发电系统的使用相关的危害的章节。

如果设备的操作可以编成程序，应提供关于编程方法、所需要的设备、程序验证和附加安全措施（若需要）方面的详细信息。

指导说明应提供关于燃料电池发电系统的空传噪声释放的信息（实际值或者基于相同燃料电池发电系统测量值确定的数值）。

在非专业人员可能操作燃料电池发电系统的情况下，使用说明以及上述关键要求的措词和版面编排，应考虑这种操作人员的一般教育水平和理解能力。

7.4.5 维护保养手册

维护保养手册应详细说明调整、检修、预防检验以及维修的正确步骤。有关维护保养/检修记录的推荐格式应作为维护保养手册的组成部分。如果提供正确操作的验证方法（例如软件测试程序），还应详细说明这些方法如何使用。

该手册至少应包含关于以下内容的有明确定义、简单易懂、完整充分的说明。

1） 燃料电池发电系统的启动和停止说明。可使用图解说明相关部件的位置。

2） 关于过滤器更换或吹扫次数、更换过滤器尺寸和型号的说明书。该说明书应包括过滤器拆卸和更换的指导说明，并利用图解说明制造商在说明书中提到的所有部件的位置。

3） 对于任何在停机后可能保留残余电压/能量的电气部件，应提供指导说明警示用户小心这些电气部件以及如何将电压/能量正确释放到安全等级。

4） 定期清洁有该需要部件的推荐方法。

5） 关于活动部件润滑的指导说明，包括润滑剂的型号、等级和数量。

6） 检测燃料电池发电系统安装的指导说明以确定：

  a） 所有吸入口和排放口均畅通无阻；

  b） 燃料电池发电系统或其支撑结构（如底座、支架、箱体等）无物理损坏的明显迹象。

7） 通风系统、气体探测以及相关功能部件的定期检测。

8） 更换部件清单，包括订购备品备件的信息。

9） 关于燃料电池周围区域必须保持清洁，没有可燃材料，汽油以及其他可燃气体和液体的指导说明。

10） 还应包括以下语句：若任何部件浸在水中，则不要使用该燃料电池发电系统。立即给具有资质的维修人员打电话，对该燃料电池发电系统进行检验，并更换所有被浸湿的功能部件。

11） 如适用，中和冷凝物的说明和日程。

该维护保养手册还应提供在燃料电池发电系统部件上进行的所有定期和常规维护保养活动的详细清单，并指出这些检查的必要性以及最低频次。该维护保养手册应规定出必须由有资质的维修人员进行的燃料电池发电系统的定期检验。

附　录　A
（资料性附录）
本标准讨论的重要危险、危险情况及事件

表 A.1 给出了本标准中讨论的重要危险因素、危险情况及事件，包括相关的章节号。

表 A.1　危险情况及事件

重要危险因素、危险情况及事件	章节号
由于以下原因造成的机械危险：	
形状（尖锐表面）	4.4
相对位置（倾翻/碰撞危险）	4.4
质量和稳定性（元件的势能可能会使元件在重力的作用下发生移动）	4.4
质量和速度（元件在受控或非受控运动中产生的动能）	4.4，4.12
机械强度不足（材料或几何尺寸不符合规范）	4.4，4.5，4.13
压力下的流体（压力过大，流体在压力下的喷射，真空）	4.4，4.5
由于以下原因造成的电气危险：	
人与带电部件的接触（直接接触）	4.7
人员与故障条件下会带电的部件接触（间接接触）	4.7
在高电压下接近带电部件	4.7
静电现象	4.6，4.7
电磁现象	4.8
由于短路、过载造成的热/化学作用	4.7
熔融颗粒的喷射	4.7
由于以下原因造成的热危险：	
人员与高温表面的接触	4.4
高温流体的释放	4.5
热疲劳	4.3，4.5
设备温度过高导致不安全运行	4.9
材料和物质产生的危险：	
由于接触、吸入流体、气体、烟雾、烟气以及粉尘造成的危害	4.4
由于可燃流体泄露造成的火灾或者爆炸危害	4.6
内部可燃混合物聚集造成的火灾或者爆炸危害	4.6
由于材料变质（例如腐蚀）或者累积（例如结垢）造成的危险情况	4.3
窒息	4.4
能反应物质（自燃性）	4.4
由故障造成的危害：	
由故障或者软件或者控制逻辑不适宜造成的不安全运转	4.9

表 A.1（续）

重要危险因素、危险情况及事件	章节号
因控制电路或防护/安全部件故障造成的不安全运转	4.9
因停电造成的不安全运转	4.9
因忽略人机工程理论原则而导致的危害：	
因手动控制装置的设计、位置或者标识不当造成的危害	4.9
因图像显示单元和警告标志的不当设计和位置造成的危害	4.9
噪声	4.4
因错误的人为干预造成的危害：	
因偏离正确操作造成的危害	4.9,7.4
因制造/装配/安装失误造成的危害	4.4,7.4
因维护失误造成的危害	7.4
故意破坏行为	
环境危害：	
在极热/极冷环境下的不安全运转	4.13
雨,洪水	4.13
风	4.13
地震	4.4
外部火灾	
烟雾	
雪,冰负载	4.13
害虫攻击	
污染	
大气污染	4.4
水污染	4.4,4.5
土壤污染	4.4

附 录 B
(资料性附录)
氢环境下渗碳和材料兼容性

B.1 渗碳

在蒸气重整炉中,常规渗碳是高温合金很常见的问题。它是由碳向其内部迁移造成的,碳的来源是烃裂解,导致金属基质内碳化物的形成。该过程在高温下进行,通常在800 ℃以上,从而导致延展性的下降。

通常,一种合金的渗碳作用导致常温下韧性降低。碳的获得将增大金属的体积以及膨胀系数,导致很强的内部应力,引起设备的过早毁损。毁损通常由蠕变断裂和低循环疲劳导致。如果渗碳作用足够严重,它还会影响高温蠕变和断裂特性。各种合金似乎在这方面的耐受性各有差异。

一般情况下,渗碳速率随以下因素发生变化:

a) 温度——温度每升高55 ℃,速率增加1倍。
b) 反应动力学受气体中的CO/CO_2的比率以及温度控制。
c) 强烈渗碳条件为中等温度下(通常450 ℃~850 ℃)具有较低的蒸汽/碳比率的$CO/CH_4/H_2$流量下,以及带有缺陷的氧化物层。
d) 镍和硅的含量——含量值较高比较含量高不容易渗碳。
e) 保护性和再生性氧化物膜——合金中的Cr、Si和Al元素是有利的。

这些规则是一般性的,由于金属反应的不规则性,这些规则不一定在所有材料/环境的综合情况下都正确。

B.2 氢环境下的材料兼容性

B.2.1 概述

对内部盛有气态氢或者含氢流体的部件,以及用来密封或者连同上述相同介质的所有部件,在工作条件下应具有足够的氢化学和物理反应抵抗力。

B.2.2 金属和金属材料

本标准的使用者应该明白,暴露在氢环境中的工程材料,其对氢致腐蚀的敏感性可能会通过不同的机制,诸如氢脆和氢侵蚀而提高。

氢脆定义为由于原子氢的渗透而造成金属韧性或延展性下降的过程。

氢脆已经被划分为两种类型。第一种,被称为内部氢脆,在氢通过材料处理技术进入金属基质并使金属中的氢过饱和。第二种类型,为环境氢脆,由固态金属从服役环境中吸收的氢造成。

金属中溶解的原子氢与金属的内部缺陷相互作用,通常加强裂纹扩展的敏感性,从而降低金属的基本性能,诸如延性和断裂韧性。重要材料和环境变数也同时都对金属内的氢致断裂有影响。在第二阶段材料的微观结构也是一个重要的考虑因素,由于化学成分以及处理工艺的变化,这种因素可能存在,也可能不存在,会影响金属的断裂抗性。第二阶段,奥氏体不锈钢中的铁素体也可能会对材料中的各向异性产生特定的导向作用。通常可以对金属进行处理,使其具有较宽的强度范围。众所周知,当合金的强度增加时,材料的氢致断裂抗力加强。

影响氢致断裂的环境变量包括氢的压力、温度、化学环境以及应变速率。通常情况下，当氢的压力上升时，氢致断裂的敏感性增加。温度的影响却并没有规律。有些金属，诸如奥氏体不锈钢呈现局部最大氢致断裂敏感性，是温度的函数。虽然还不是很清楚，但是混合有氢气的痕量气体也会影响氢致断裂。举例说明，水分对铝合金是有害的，因为湿式氧化会产生高逸性氢，但是在某些钢材中，水分可通过产生表面膜作为氢吸收的动态障碍来提高氢致开裂的抗力。在氢存在时，通常会观察到所谓的反向应变率效应；换言之，在高应变速率下，金属的氢致开裂敏感性会降低。

当温度接近环境温度时，这种现象可通过体心立方晶格结构影响金属，例如铁素体钢。在没有残余应力或者外部载荷的情况下，环境氢脆以各种形式体现，诸如起泡、内部裂纹、形成氢化物、以及韧性降低等。当拉伸应力或者应力－强度因子超出某一特定限值时，原子氢和金属反应导致亚临界裂纹扩展，从而产生断裂。

氢脆可以在高温热处理过程中以及电镀过程中、与维护保养化学物质接触时、发生腐蚀反应时、阴极保护、以及在高压高温氢中工作时发生。

当温度超过 473 ℃，许多低合金结构钢可能会发生氢侵蚀。这是由钢中扩散氢和碳化物颗粒发生化学反应造成的一种不可逆的钢材微观结构退化现象，导致成核作用和沿晶界的甲烷起泡的长大和合并，形成裂缝。

氢化物脆化发生在诸如钛和锆等金属中，是在结构中形成热力稳定和相对较脆氢化物相的一个过程。

覆层焊以及异质材料间的焊缝通常用到高合金材料。在超过 250 ℃的工作条件下，氢在高合金焊缝和非合金/低合金母材之间的熔合线中扩散。在停机过程中，材料温度下降。氢的溶解度和扩散率的下降会导致焊缝开裂。

以下是控制氢脆风险的一些通用建议：

——通过控制化学成分(例如使用碳化物稳定剂)、微观结构(例如使用奥氏体不锈钢)、以及机械性能(例如限制硬度，最好低于 225 HV，通过热处理将残余应力降至最低)等来选择具有较低氢脆敏感性的原材料。使用 ISO 11114-4 中规定的试验方法来选择具有氢脆抗力的金属材料。API 出版物 941 给出各种类型钢材的限值和氢的压力和温度的关系。有些常用金属的氢脆敏感性在 ISO/TR 15916 中列出。

——应用于氢环境中的覆层焊缝以及异质材料之间的焊缝应定期进行超声波检测，在设备非受控条件下停机、设备可能迅速冷却的情况下也要进行超声波检测。

——尽可能降低所施加应力的水平，尽可能少地暴露在疲劳环境下。

——在对部件进行电镀时，控制阳极/阴极的表面积和效率，以正确控制所施加电流的密度。大电流密度会加剧氢的释放。

——在非阴极碱性溶液和受抑制的酸性溶液中清洗金属。

——对硬度为 40 HRC 或者更高的材料使用擦洗剂。

——必要时，利用过程控制检查，来减轻制造过程中的氢脆风险。

B.2.3 聚合物，橡胶以及其他非金属材料

大部分聚合物可认为适合于气态氢环境。应适当注意氢气在这些材料中的扩散比在金属中容易得多。聚四氟乙烯(PTFE 或称特氟隆®)以及聚氯三氟乙烯(PCTFE or Kel-F®)通常适用于氢环境。其他材料的适用性应进行验证。可以在 ISO/TR 15916 以及 NASA 国家航空和航天管理局文件 NSS1740.16 中找到指导说明。关于密封垫、隔膜以及其他非金属部件也可以参考 ANSI/AGA 3.1-1995。

关于氢致腐蚀和控制技术方面的进一步指南可以在以下标准和组织中找到。

B.2.4 参考文件

B.2.4.1 美国材料试验协会标准(ASTM)

ASTM B577-93 1993年4月01日 探测铜的氢脆敏感度的标准试验方法

ASTM B839-94 1994年11月01日 金属镀覆的外螺纹制品、紧固件和棒的残余脆性的标准试验方法、倾斜楔入法

ASTM B849-94 1994年11月01日 钢铁预处理减小氢脆变危险的标准规范

ASTM B850-98 1998年11月01日 对钢铁镀层后处理以减小氢脆变危险的标准规范

ASTM E1681-99 1999年4月10日 恒定载荷下金属材料环境促使裂纹的阈应力强度系数测定标准试验方法

ASTM F1459-93 1993年11月01日 测定金属材料对气体氢脆灵敏度的方法

ASTM F1624-00 2000年8月01日 用增长载荷技术测量钢中氢脆性的标准试验方法

ASTM F1940-01 2000年11月01日 电镀或涂层防护的紧固件防氢脆工艺控制检验试验方法

ASTM F2078-01 2000年11月01日 氢脆试验的相关标准术语

ASTM F326-96 1996年11月01日 镀镉工艺用电子氢脆试验方法

ASTM F519-97 1997年11月01日 电镀处理和飞机保养用化学药品的机械氢脆试验方法

ASTM G129-00 2000年8月01日 评定金属材料对电磁促成裂纹的灵敏性的慢应变速率试验的标准规程

ASTM G142-98 1998年11月01日 测定金属在氢气中(包括高压、高温或高压高温条件下)脆性敏感度的标准试验方法

ASTM G146-01 2001年2月01日 高压、高温精炼氢设备中使用的不锈合金/钢双层板材非连接性评定标准做法

ASTM G148-97 1997年11月01日 用电化学技术评价金属中氢吸取、渗透和转移惯例

B.2.4.2 国家腐蚀工程师协会标准

NACE TM0177-96 1996年12月23日 金属材料在硫化氢(H_2S)环境下的抗硫化应力开裂能力的试验室试验

NACE TM0284-96 1996年3月30日 标准试验方法 管线和压力容器用钢抗氢致开裂能力的评价

B.2.4.3 美国石油学会标准

API RP 941 1997年1月01日 炼油与石化高温临氢选材方法

API 934 2000年12月01日 高温高压临氢 2-1/4Cr-1Mo & 3Cr-1Mo 钢大壁厚压力容器的材料及制造要求

B.2.4.4 美国焊接学会标准

ANSI/AWS A4.3-93 1993年1月01日 测定马氏体、贝氏体和铁素体钢电弧焊接金属中可扩散氢含量的标准方法

ANSI/AGA NGV3.1—1995 天然气机动车辆的燃料系统部件

B.2.4.5 美国机械工程协会标准

ASME 锅炉和压力容器规范

ASME/ANSI B31.3　化工与石油炼油管线

ASME/ANSI B31.1　动力管线

B.2.4.6　汽车工程师学会标准

SAE/AMS 2451/4　1998 年 7 月 01 日　电刷镀,镉-腐蚀防护,低氢脆

SAE/AMS 2759/9　1996 年 11 月 01 日　钢质部件的氢脆释放(烘焙)

SAE/USCAR 5　1998 年 11 月 01 日　避免钢的氢脆

B.2.4.7　国际标准化组织标准

ISO 2626:1973　铜　氢脆测试

ISO 3690:2000　焊接及相关工艺　铁素体钢电弧焊接金属中氢含量的测定

ISO 7539-6:1989

金属和合金的腐蚀　应力腐蚀试验　第 6 部分:恒定载荷和恒定位移试验用预裂纹试样的制备和使用

ISO 9587:1999

金属和其他无机覆层　减少氢脆风险的铁或钢的预处理

ISO 9588:1999

金属和其他无机涂层　为减轻氢脆危险的铁和钢的后包覆处理

ISO 11114-4:2004

移动气瓶-气瓶和瓶阀材料与盛装气体的相容性　第 4 部分:选择耐氢脆的金属材料的试验方法

ISO 15330:1999

紧固件　氢脆性检测的预荷载试验　平行承载表面法

ISO 15724:2001

金属和其他无机涂层　钢中可扩散氢的电化学测量　电极法

B.2.4.8　欧洲标准

BS 7886　1997 年 1 月 01 日　用电化学技术对氢在金属中吸收和传输的测定和氢渗透的测量方法

DIN 8572-1　1981 年 3 月 01 日　在焊缝金属中扩散氢的确定　手工电弧焊

DIN 8572-2　1981 年 3 月 01 日　在焊缝金属中扩散氢的确定　埋弧焊

附　录　NA
（资料性附录）
与本部分中规范引用的国际文件有一致性对应关系的我国文件

GB/T 3766—2015　液压传动　系统及其元件的通用规则和安全要求(ISO 4413:2010,MOD)

GB 3836.1—2010　爆炸性环境　第1部分:设备　通用要求(IEC 60079-0:2007,MOD)

GB 3836.5—2004　爆炸性气体环境用电气设备　第5部分:正压外壳型"p"(IEC 60079-2:2001,MOD)

GB 3836.14—2014　爆炸性环境　第14部分:场所分类　爆炸性气体环境(IEC 60079-10-1:2008,IDT)

GB 4706.1—2005　家用和类似用途电器的安全　第1部分:通用要求(IEC 60335-1:2001,IDT)

GB 4706.71—2008　家用和类似用途电器的安全　供热和供水装置固定循环泵的特殊要求(IEC 60335-2-51:2005,ITD)

GB 4943.1—2011　信息技术设备　安全　第1部分:通用要求(IEC 60950-1:2005,MOD)

GB 5226.1—2008　机械电气安全　机械电气设备　第1部分:通用技术条件(IEC 60204-1:2005,IDT)

GB/T 5465.1—2009　电气设备用图形符号　第1部分:概述与分类(IEC 60417 DB:2007,MOD)

GB/T 5465.2—2008　电气设备用图形符号　第2部分:图形符号(IEC 60417 DB:2007,IDT)

GB/T 7260.1—2008　不间断电源设备　第1-1部分:操作人员触及区使用的UPS的一般规定和安全要求(IEC 62040-1-1:2002,MOD)

GB/T 7260.4—2008　不间断电源设备　第1-2部分:限制触及区使用的UPS的一般规定和安全要求(IEC 62040-1-2:2002,MOD)

GB/T 7932—2003　气动系统通用技术条件(ISO 4414:1998,IDT)

GB/T 10892—2005　固定的空气压缩机　安全规则和操作规程(ISO 5388:1981,MOD)

GB/T 14536.1—2008　家用和类似用途电自动控制器　第1部分:通用要求(IEC 60730-1:2003,IDT)

GB/T 14536.6—2008　家用和类似用途电自动控制器　燃烧器电自动控制系统的特殊要求(IEC 60730-2-5:2004,IDT)

GB/T 14536.7—2010　家用和类似用途电自动控制器　压力敏感电自动控制器的特殊要求,包括机械要求(IEC 60730-2-6:2007,IDT)

GB/T 14536.10—2008　家用和类似用途电自动控制器　温度敏感控制器的特殊要求(IEC 60730-2-9:2004,IDT)

GB/T 16273.1—2008　设备用图形符号　第1部分:通用符号(ISO 7000:2004,NEQ)

GB/T 16754—2008　机械安全　急停　设计原则(ISO 13850:2006,IDT)

GB/T 16855.1—2008　机械安全　控制系统有关安全部件　第1部分:设计通则(ISO 13849-1:2006,IDT)

GB 17625.1—2012　电磁兼容　限值　谐波电流发射限值(设备每相输入电流≤16 A)(IEC 61000-3-2:2009,IDT)

GB/T 17625.2—2007　电磁兼容　限值　对每相额定电流≤16 A且无条件接入的设备在公用低压供电系统中产生的电压变化、电压波动和闪烁的限制(IEC 61000-3-3:2005,IDT)

GB/Z 17625.3—2000　电磁兼容　限值　对额定电流大于16 A的设备在低压供电系统中产生的电压波动和闪烁的限制(idt IEC 61000-3-5:1994)

GB/Z 17625.6—2003 电磁兼容 限值 对额定电流大于16 A的设备在低压供电系统中产生的谐波电流的限制(IEC TR 61000-3-4:1998,IDT)

GB/T 17625.7—2013 电磁兼容 限值 对额定电流≤75 A且有条件接入的设备在公用低压供电系统中产生的电压变化、电压波动和闪烁的限制(IEC 61000-3-11:2000,IDT)

GB/T 17799.1—1999 电磁兼容 通用标准 居住、商业和轻工业环境中的抗扰度试验(idt IEC 61000-6-1:1997)

GB/T 17799.2—2003 电磁兼容 通用标准 工业环境中的抗扰度试验(IEC 61000-6-2:1999,IDT)

GB 17799.3—2012 电磁兼容 通用标准 居住、商业和轻工业环境中的发射(IEC 61000-6-3:2011,IDT)

GB 17799.4—2012 电磁兼容 通用标准 工业环境中的发射(IEC 61000-6-4:2011,IDT)

GB/T 19074—2003 工业通风机 通风机的机械安全装置 护罩(ISO 12499:1999,IDT)

GB/T 19840—2005 回转容积泵 技术要求(ISO 14847:1999,MOD)

GB/T 20322—2006 石油及天然气工业用往复压缩机(ISO 13707:2000,MOD)

GB/T 20438(所有部分) 电气/电子/可编程电子安全相关系统的功能安全(IEC 61508(所有部分))

GB/T 20801(所有部分) 压力管道规范 工业管道(eqv ISO 15649:2001)

GB/T 25357—2010 石油、石化及天然气工业流程用容积式回转压缩机(ISO 10440-1:2007,MOD)

GB/T 25358—2010 石油及天然气工业用集装型回转无油空气压缩机(ISO 10440-2:2001,MOD)

GB/T 25359—2010 石油及天然气工业用集成撬装往复压缩机(ISO 13631:2002,MOD)

GB/T 27748.2—2013 固定式燃料电池发电系统 第2部分:性能试验方法(IEC 62282-3-200:2011,IDT)

GB 28526—2012 机械电气安全 安全相关电气、电子和可编程电子控制系统的功能安全(IEC 62061:2005,IDT)

GB/T 28816—2012 燃料电池:术语(IEC/TS 62282-1:2010,IDT)

GB/T 2893.2—2008 图形符号 安全色和安全标志 第2部分:产品安全标签的设计原则(ISO 3864-2:2004,MOD)

GB/T 30597—2014 燃气燃烧器和燃烧器具用安全和控制装置通用要求(ISO 23550:2004,MOD)

参考文献

[1] ASME B31.12 Hydrogen piping and pipelines

[2] IEC 60079-20-1 Explosive atmospheres—Part 20-1: Material characteristics for gas and vapour classification—Test methods and data

[3] IEC 60812 Analysis techniques for system reliability—Procedure for failure mode and effects analysis (FMEA)

[4] IEC 61025 Fault tree analysis (FTA)

[5] IEC 61511-1 Functional safety—Safety instrumented systems for the process industry sector—Part 1: Framework, definitions, system, hardware and software requirements

[6] ISO/TR 15916 Basic considerations for the safety of hydrogen systems

[7] SAE J1739 Potential Failure Mode and Effects Analysis in Design (Design FMEA), Potential Failure Mode and Effects Analysis in Manufacturing and Assembly Processes (Process FMEA) and Effects Analysis for Machinery (Machinery FMEA)

ICS 27.070
K 82

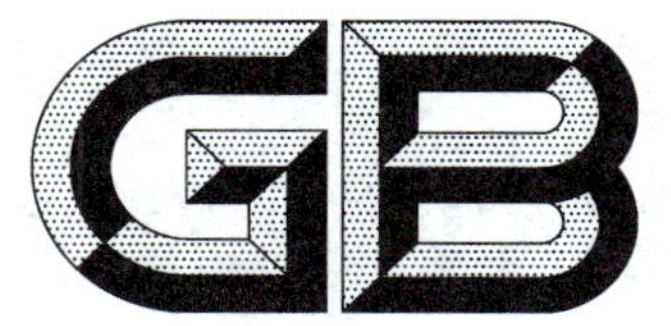

中华人民共和国国家标准

GB/T 27748.3—2017/IEC 62282-3-300:2012
代替 GB/T 27748.3—2011

固定式燃料电池发电系统 第3部分:安装

Stationary fuel cell power system—Part 3:Installation

(IEC 62282-3-300:2012,Fuel cell technologies—
Part 3-300:Stationary fuel cell powersystems—Installation,IDT)

2017-09-07 发布 2018-04-01 实施

中华人民共和国国家质量监督检验检疫总局
中国国家标准化管理委员会 发布

前　言

GB/T 27748《固定式燃料电池发电系统》分以下4个部分：

——第1部分：安全；

——第2部分：性能试验方法；

——第3部分：安装；

——第4部分：小型燃料电池发电系统性能试验方法。

本部分为GB/T 27748的第3部分。

本部分按照GB/T 1.1—2009给出的规则起草。

本部分代替GB/T 27748.3—2011《固定式燃料电池发电系统　第3部分：安装》。与GB/T 27748.3—2011相比，主要技术变化如下：

——增加标准适用范围，避免IEC 62282-3-100与IEC 62282-3-300在涉及安全的相关条款方面出现重叠；

——更新引用文件和定义；

——删除针对固定式燃料电池发电系统的要求，使本标准的目标集中在“安装风险”；

——针对小型燃料电池发电系统直接排放废气到已安装并可靠安全的简易棚中的情况，简化CO水平的要求；

——修改使用可燃气体探测系统的要求；

——增加对气体阀门标准ISO 23551-1的引用。

本部分使用翻译法等同采用IEC 62282-3-300:2012《燃料电池技术　第3-300部分：固定式燃料电池发电系统　安装》。

与本部分中规范引用的国际文件有一致性对应关系的我国文件如下：

——GB 3836.14—2014　爆炸性环境　第14部分：场所分类　爆炸性气体环境(IEC 60079-10-1:2008,IDT)

——GB/T 5464—2010　建筑材料不燃性试验方法(ISO 1182:2002,IDT)

——GB/T 16856—2015　机械安全　风险评估　实施指南和方法举例(ISO/TR 14121-2:2012,MOD)

本部分由中国电器工业协会提出。

本部分由全国燃料电池及液流电池标准化技术委员会(SAC/TC 342)归口。

本部分起草单位：上海神力科技有限公司、武汉众宇动力系统科技有限公司、机械工业北京电工技术经济研究所、中国科学院大连化学物理研究所、武汉理工大学、深圳市标准技术研究院、南京大学昆山创新研究院、苏州弗尔赛能源科技股份有限公司、苏州UL美华认证有限公司、北京亿华通科技有限公司。

本部分主要起草人：张若谷、齐志刚、胡少博、田超贺、侯明、李赏、陈展展、潘牧、刘建国、胡里清、顾荣鑫、周斌、张禾、俞红梅、徐加忠、王益群、刘淑芬。

本部分所代替标准历次版本发布情况如下：

——GB/T 27748.3—2011。

固定式燃料电池发电系统 第3部分:安装

1 范围

GB/T 27748的本部分规定了室内和室外安装的固定式燃料电池发电系统的最低安全要求,符合国家标准GB/T 27748.1—2017,适用于下述系统的安装:

预期直接或通过易操作(快速)手动开关、断路器使电气联接至主设备;

预期独立配电系统;

预期提供交流电或直流电;

有或没有回收可用热能力。

本标准仅适用于在安装过程中可能造成人身伤害或导致燃料电池发电系统设备以外的设备、财产损害的情况。

GB/T 27748.1—2017所涉及的固定式燃料电池发电系统安全不包括在本标准之内。

而且,本标准不包括:

——燃料供应和/或燃料贮存系统;

——辅助介质供应及处理;

——开关或断路器;

——便携式燃料电池发电系统;

——驱动式燃料电池发电系统;

——辅助发电系统(APU)。

典型的固定式燃料电池发电系统方框图见图1。

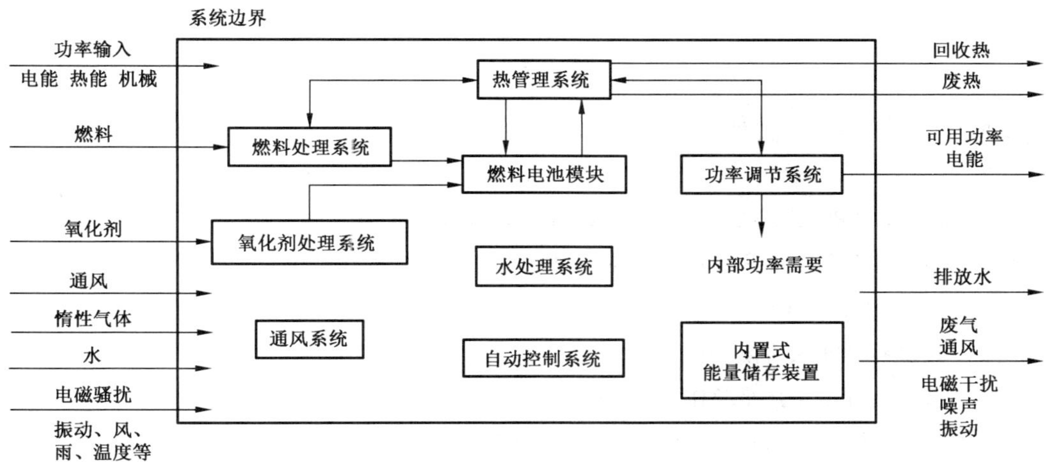

说明:

EMD——电磁骚扰(electromagnetic disturbance);

EMI——电磁干扰(electromagnetic interference)。

图1 燃料电池发电系统

燃料电池发电系统分为两类:

——小型系统；

——大型系统。

定义见第3章。

2 规范性引用文件

下列文件对于本文件的应用是必不可少的。凡是注日期的引用文件，仅注日期的版本适用于本文件。凡是不注日期的引用文件，其最新版本(包括所有的修改单)适用于本文件。

GB/T 27748.1—2017 固定式燃料电池发电系统 第1部分：安全(IEC 62282-3-100:2012,IDT)

IEC 60079-10(所有部分) 爆炸性气体环境 第10部分：区域分类(Explosive atmospheres—Part 10:Classification of areas)

IEC 60079-29-1 爆炸性气体环境 第29-1部分：气体探测器 可燃气体探测器性能要求(Explosive atmospheres—Part 29-1:Gas detectors—Performance requirements of detectors for flammable gases)

IEC 60079-29-2 爆炸气体环境 第29-2部分：气体探测器 可燃气体探测器的选择、安装、使用和维护(Explosive atmospheres—Part 29-2:Gas detectors—Selection,installation,use and maintenance of detectors for flammable gases and oxygen)

ISO 1182 建筑物和运输产品的对火反应试验 不燃性试验(Reaction to fire tests for building and transport products—Non-combustibility test)

ISO 14121 机械安全 风险评估(Safety of machinery—Risk assessment)

ISO 23551-1 气体燃烧器和燃气设备用安全和控制装置 特殊要求 第1部分：自动阀门(Safety and control devices for gas burners and gas-burning appliances—Particular requirements—Part 1:Automatic valves)

3 术语和定义

下列术语和定义适用于本文件。

3.1

可进入的(操作人员进入区域) accessible (operator access area)

在正常操作条件下，符合如下因素之一的区域：

——不使用工具的情况下允许进入；

——为操作人员提供的专用通道；

——无论是否需要工具，引导操作人员进入。

注：如无特指，关于条款“进入”和“可进入的”操作人员进入区域，定义如上。

3.2

认证 approved

经专业认证机构认可。

3.3

专业认证机构 authority having jurisdiction;AHJ

实施规定或标准，或负责审批设备、材料、装置、或程序的组织、单位或个人。

3.4

废气　exhaust

从燃料电池发电系统中排出并不再使用的气体。

3.5

排气系统　exhaust system

将气体从源头传输至排放点的气体传输系统。

3.6

防火　fire prevention

用于避免发生火险的措施。

3.7

消防　fire protection

控制火势或灭火的方法。

3.8

火险评估　fire risk evaluation

对工厂的结构特点和运行程序进行详细的工程评估，以确保适当的防火和消防要求，满足对人员和有形财产的保护。

3.9

强制通风　forced ventilation

通过机械方式实现空气流动及空气更新。

3.10

室内安装　indoor installation

燃料电池发电系统完全被墙体、屋顶和地面包围和封闭。

3.11

安装　installation

——燃料电池发电系统作为单元或组件安装的地点；

——安装燃料电池发电系统的行为。

3.12

大型燃料电池发电系统　large fuel cell power systems

净电力输出大于 10 kW 的燃料电池发电系统。

3.13

可燃下限　lower flammability limit；LFL

可使火焰蔓延的空气中可燃气体/蒸气的最低浓度。

3.14

自然通风　natural ventilation

通过风和/或温度梯度作用造成空气流动并被新鲜空气置换。

3.15

非可燃的　non-combustible

根据 GB/T 5464 或等效方法，不能支持燃烧的。

3.16

外部或室外安装　outside or outdoor installation

非室内安装的发电系统的安装，如果当地或国家法规允许，带局部屋顶和/或墙体的露天结构可以视为室外安装。

3.17

便携式燃料电池发电系统　portable fuel cell power system

不被永久紧固或其他形式固定在一个特定位置的燃料电池发电系统。

3.18

屋顶安装　rooftop installation

发电系统安装在建筑物屋顶。

3.19

房间通风　room ventilation

空气输入房间内，用于冷却、加热、补充空气、安全通风。

注：空气可以从室内或室外取得。

3.20

小型燃料电池发电系统　small fuel cell power system

净电输出不大于10 kW的燃料电池发电系统。

3.21

固定式的　stationary

永久地联接并固定在位置上的。

4　通用安全要求和策略

燃料电池发电系统及其相关设备、元器件和控制器应按照制造商的规定进行安装。根据燃料电池发电系统内部储存的燃料数量和其他能量（例如：易燃材料、加压介质、电能和机械能等），应尽可能合理避免人身危险或对燃料电池发电系统之外的设备或财产的危害。燃料电池发电系统安装通用安全策略应按以下条款顺序进行制定：

——避免易燃和/或有毒气体、以及会造成污染的气体、液体和固体释放的可能性；

——在上述能量或气体突然释放时，尽可能合理地避免人身危险或对燃料电池发电系统及其安装之外的设备或财产的危害；

——关于其他危害的风险，提供恰当的安全标识。

应特别关注以下方面：

——机械危险：锋利的表面、绊倒的危险、移动的质量和不稳性、材料强度、加压的液体和气体；

——电气危险：身体与带电部件的接触、短路、高压；

——热危险：热表面、高温液体或气体的释放、热疲劳；

——着火和爆炸危险：可燃气体或液体，在正常或非正常运行条件下可能产生爆炸混合物；在故障条件下，可能产生爆炸混合物；

——故障危险：由于软件、控制电路、保护/保险组件的失效，或制造缺陷或误操作造成的相关设备安装中的不安全操作；

——材料和物质危险：材料的磨损、腐蚀和脆化，有毒物质的释放、窒息的危险（比如用惰性吹扫气体代替氧气）；

——废弃物处置的危险：有毒材料的处置，再循环，易燃液体和气体的处置；

——环境危险：在冷/热环境中、雨、洪水、风、地震、外部着火、烟雾条件下的不安全操作。

5　选址考虑因素

5.1　通用选址

燃料电池发电系统应符合GB/T 27748.1—2017的要求。

应按照制造商的规定对燃料电池发电系统及其相关设备、元器件和控制器进行选址，并符合以下要求：

——系统应置放到位并紧固，使其不易被移动、摇晃或移位；
——选址应考虑必要的安全因素，使系统和设备免受风和地震的不利影响。应保护系统免受雨、雪、冰、水和/或低温的不利影响，除非系统和安装设备就是针对这些条件而设计的；
——大型发电设备的安装现场如果由于位置和安装环境需要防止非授权人进入，应提供消防通道；
——系统应位于 IEC 60079-10-1 中定义的潜在的危险性环境之外，除非是得到认证的特殊设备；
——发电系统和设备的安装点不应对建筑物的出口造成不利影响；
——发电系统和燃料电池发电系统的组件以及它们各自的通风孔或排气装置末端应与门、窗、室外的通风口和进入建筑物的其他通道分开，以防止排放出的废气进入建筑物；
——朝向人行道或其他行人过道的排气口不能带来危险；
——系统的选址应考虑服务、维护和紧急通道；
——系统的选址应远离易燃材料、高的堆积物和其他易燃物品。间距和间隔应符合专业认证机构的相关规定；
——系统选址或采取保护措施，应能避免移动车辆或设备的物理性损坏；
——多台发电系统的安置或采取保护措施，应能保证发生火灾或其中一个系统失效时，不会引起邻近发电系统出现安全隐患；
——若工程分析显示，达到相同的安全等级，本条款的要求是不必要的，应提供由专业认证机构认可的替代方案；
——排放出的液体和蒸气应按照专业认证机构的要求进行处理；
——安装需要排水的燃料电池发电系统时，应进行地板防水、排水管安装及采取其他合适的措施。

5.2 室外安装

5.2.1 空气进气口和出风口

燃料电池发电系统的空气进气口和出风口应置于不使系统受到其他废弃物、气体和污染物损害的位置。燃料电池发电系统的空气进气口应保持畅通，避免固体、灰尘、水、冰或雪的结块影响其通风能力。

5.2.2 空气进气和排气

燃料电池发电系统的空气进气和排气不能影响行人在步行道或其他人行过道上通行。

5.2.3 排气口

燃料电池发电系统的燃料处理区域或含燃料部件的排气口，包括安全阀出口，其安置方式应不影响建筑物的采暖、通风、空调进气口、窗户、门和其他建筑物开口。

5.2.4 出口周围区域

燃料处理出口或含燃料部件的出口以及安全阀出口的周围区域，应根据 IEC 60079-10-1 进行评估。

5.2.5 屏障围栏

安全屏障、栅栏、景观美化和其他围栏不应影响燃料电池发电系统及其部件的空气进入或废气的排出。

5.3 室内安装

5.3.1 通则

室内燃料电池发电系统及其相关部件应安装在满足相关国家标准规定的房间内。

5.3.2 小型燃料电池发电系统

对于小型燃料电池发电系统，不要求有耐火隔断。

5.4 屋顶安装

5.4.1 安装在屋顶的燃料电池发电系统及其组件应符合5.2的要求。

5.4.2 燃料电池发电系统及其组件水平线下方30 cm以内的材料应为不可燃材料，或是经认证的符合国家规定的屋顶防火等级的材料。符合GB/T 27748.1—2017中5.12b)的燃料电池发电系统除外。

6 通风和排气

6.1 通则

所有室内燃料电池发电系统都应配有充足的通风和排气系统。

通风和排气系统的进口和出口应满足5.2.1、5.2.2和5.2.3的要求。

6.2 通风

供给燃料电池所在房间的空气(无论是来自燃料电池系统的附近、相邻的房间或户外)可以用于通风用空气、系统工作用空气或同时用于两者。这些空气应按制造商的安装指南由机械通风系统或自然通风供应。

如果在正常运行条件下出于安全考虑需要强制通风，则应提供一个控制联锁装置，在通风失效的情况下，该装置可发出警告及/或关闭燃料电池发电系统。

6.3 排气系统

6.3.1 通则

燃料电池发电系统应按GB/T 27748.1—2017要求设有一个专门的排气系统把尾气排到户外。

6.3.2 小型燃料电池系统

小型燃料电池发电系统可以直接排气到所在的工作间里，只要工作间：

a) 不与建筑物接触，或者与建筑物有连接但没有直接的通道通往建筑物人员工作区域。

b) 有一个联锁的通风系统或自然通风，以保证在任何情况下有足够的通风量，避免：

   1) 在正常工作条件下，空气中CO的体积浓度超过50×10^{-6}；

   2) 可燃气体超过相应LFL的25%，以及

   3) 氧气浓度低于18%。

6.4 吹扫和排气程序

6.4.1 来自压力瓶、预期被吹扫的管道、压力调整器、泄压阀和其他可能的易燃气体源的气体应按5.2.3的规定排放至建筑物外部。对于小型燃料电池发电系统，允许吹扫进室内空气中，只要保证室内相应的

LFL 不超过 25%,并且室内空气中 CO 体积浓度不超过 50×10^{-6}。

6.4.2 排气口的设计应能防止水或其他外部物体的进入。

7 防火和气体探测

7.1 防火和探测

7.1.1 现场防火

贮存有可燃或易燃液体燃料的现场应按照国家规定进行防火保护。

7.1.2 易燃气体探测(仅限室内安装)

7.1.2.1 可燃气体探测系统应安装在燃料电池发电系统外壳内,或者燃料电池发电系统排气系统内,或者在该系统所在的房间内。室内气体探测系统在房间中的位置应选在当可燃气体出现时能最先提供预警的地方。

气体探测器的位置应遵循 IEC 60079-29-2 的要求。

气体传感器的要求在 IEC 60079-29-1 中进行了规定。

下列情况可以不为燃料电池发电系统安装可燃气体探测系统:

——燃料是添味气体,或者

——燃料是未添味气体,如氢气,源自容积有限的气瓶,按国家相关规定这些气瓶可以储存在不需要特别通风的室内。

7.1.2.2 可燃气体探测系统应符合以下准则:

a) 可燃气体探测系统应设定在 25%可燃下限(LFL)时报警,并且在 50%LFL 时能联锁关闭燃料电池发电系统的燃料供应。

b) 所使用的 LFL 应为气体或气体混合物的最低可燃下限。

7.1.2.3 对所有室内或者独立封闭的气体压缩机,应提供满足 7.1.2.2 要求的可燃气体探测器。对于独立封闭的气体压缩机,如室内通风可保证可燃气体的浓度低于 25%LFL,上述要求可以例外。

7.1.2.4 如果是未添味气体,比如氢气,从室外通过管道进入室内或者设备安装地,燃料电池发电系统安装的房间或者区域应安装符合 7.1.2.1 要求的可燃气体探测器。可燃气体探测系统应根据 7.1.2.2 的规定分别进行报警或者关闭燃料供应。

7.2 防火和应急方案

对于大型燃料电池发电系统的安装,应有一个书面的防火和应急方案。对于小型燃料电池发电系统则不作要求。

8 现场端口连接

8.1 通则

场地端口与燃料电池发电系统之间的所有连接,包括管道、电线、断开和导管,应符合相关的国家标准。

8.2 燃料供应的连接——通则

燃料供应系统下游界面点处设备的安装和选位及相关的燃料管道,包括必要的组件及其与固定式燃料电池发电系统的连接,应满足下条款。

8.3 燃料切断和输送

8.3.1 对于室内安装，可触及的手动关闭阀应位于室内或在燃料电池发电系统上游1.8 m之内，除非该发电系统安装在防火房间内；在后者情况下，关闭阀应安置于室外。可在房间内安装第二关闭阀，用于维护。如果不能提供第二关闭阀，而关闭阀又位于室外，则该关闭阀应能够被锁定。

8.3.2 对于室外安装，应有一个手动操作的关闭阀。

8.3.3 管道、阀、减压阀或其他设备应安置在免受物理损害的地方。

8.3.4 对以未添味气体混合物做燃料的发电系统进行室内安装时，与气体探测器联锁、符合ISO 23551-1标准的自动关闭阀应按第7章的要求安装于发电系统所在的建筑物外。气体探测系统应设定成在25％LFL时报警，在50％LFL时联锁关闭燃料电池发电系统的燃料供应。

8.4 与辅助介质供应装置的连接和介质处置

8.4.1 通则

不同的燃料电池发电系统需要一些辅助介质的供应和处置，比如正常操作、安全原因、启动或关闭过程、吹扫或免受内部损害。水、氮气、二氧化碳和氢气是燃料电池发电系统典型的辅助介质。由于这些介质的储存不属于本标准的范畴，所以只定义界面。

8.4.2 可燃性辅助气体

每个使用可燃气体的系统都应有冗余安全系统，包括由燃料电池发电系统的自动控制系统控制的快速关闭阀和位于供给管路上易接触且有附加手动操作功能的第二阀。

8.4.3 非可燃或惰性辅助气体

连接符合相关国家标准。

8.4.4 水

自来水、循环水：连接符合相关国家标准。

8.4.5 废水及冷凝物处置

连接符合相关国家标准。

8.4.6 排出管

连接符合相关国家标准。

9 环境要求

正常运行、非正常运行和失效模式下运行时的排放物、污染物和其他环境影响物在GB/T 27748.1—2017中进行了定义。

安装和最初调试时的要求：

在安装和最初调试时，下列排放不应超过相关国家标准的限值：

——噪声；

——有毒和/或有污染的排放物；

——建筑垃圾；

——辅助材料；

——粘合剂烧除时产生的气体。

如果相关国家法规有要求，燃料电池发电系统在安装和调试时要提供和运行合适的处理设备来减少排放。

10 验收测试

10.1 气体泄漏

只有现场安装的管道需要做气体泄漏试验。气体泄漏试验应依据相关的国家标准。

10.2 现场特定关闭装置

下述章节所要求的关闭装置应验证其功能有效：

——6.2(强制通风)；

——6.3(强制排放)；

——7.1.2.1 和 7.1.2.4(可燃气体传感器)；

——8.3.4(未添味气体关闭阀)。

11 维护测试

按制造商的说明书和国家规定编制的现场安装项目的维护测试用文件需放置到位，供常规定期维护使用。

维护测试期间发现的问题应由有资质人员快速予以解决。

12 文件

12.1 标识和说明

界面标识：燃料电池系统的所有界面，应该至少用一种当地语言或清晰的符号清楚地标识。任何应急设备应根据当地或国家规定进行标识。

本标准中涉及的所有燃料管道应根据相关国家标准进行标识或鉴定。

12.2 检验清单

12.2.1 检验清单应包含在文件包或安装手册中。检验清单应由设备的所有者或操作者保管。

12.2.2 安装清单应包含以下信息：

——安装者的公司名称；

——安装者的姓名；

——安装日期；

——燃料电池发电系统安装的位置。

12.2.3 安装清单应包括安装方对下述各项正确安装的签名确认：

——8.2 要求的燃料供应连接；

——10.1 所述气体泄漏测试结果；

——8.4 所述与辅助设备的连接；

——6.2 所述通风连接、安装和通风联锁的测试；

——6.3 所述排气连接、安装和排气联锁的测试；

——按照国家相关规定的电路连接及接地；

——7.1.2 的外部安全传感器；

——6.4 要求的吹扫连接。

12.3 安装手册

安装手册应符合 GB/T 27748.1—2017，安装手册应和燃料电池发电系统一起提供，用当地通用语言书写或者用包括当地通用语言的几种语言书写。安装手册应由设备所有者或操作者保管。

12.4 用户信息手册

用户信息手册应符合 GB/T 27748.1—2017，用户信息手册应和燃料电池发电系统一起提供，用当地通用语言书写或者用包括当地通用语言的几种语言书写。用户信息手册应由设备所有者或操作者保管。

12.5 维护手册

12.5.1 维护手册应符合 GB/T 27748.1—2017，维护手册应和燃料电池发电系统一起提供，用当地通用语言书写或者用包括当地通用语言的几种语言书写。维护手册应该由设备所有者或操作者保管。

12.5.2 维护手册应该有详尽的维护信息，尤其是现场特殊设备。

ICS 27.070
K 82

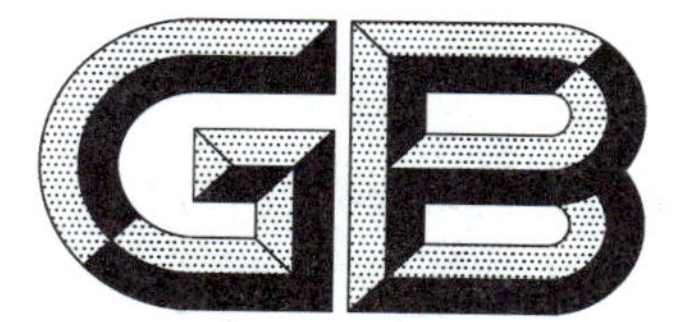

中华人民共和国国家标准

GB/T 27748.4—2017/IEC 62282-3-201:2013

固定式燃料电池发电系统　第4部分：小型燃料电池发电系统性能试验方法

Stationary fuel cell power systems—Part 4: Performance test methods for small fuel cell power systems

(IEC 62282-3-201:2013 Fuel cell technologies—Part 3-201: Stationary fuel cell power systems—Performance test methods for small fuel cell power systems, IDT)

2017-07-12 发布　　　　2018-02-01 实施

中华人民共和国国家质量监督检验检疫总局
中国国家标准化管理委员会　发布

前　言

GB/T 27748《固定式燃料电池发电系统》分为以下4个部分：

——第1部分：安全；

——第2部分：性能试验方法；

——第3部分：安装；

——第4部分：小型燃料电池发电系统性能试验方法。

本部分为GB/T 27748的第4部分。

本部分按照GB/T 1.1—2009给出的规则起草。

本部分使用翻译法等同采用IEC 62282-3-201:2013《燃料电池技术　第3-201部分：固定式燃料电池发电系统　小型燃料电池发电系统性能试验方法》。

与本部分中规范引用的国际文件有一致性对应关系的我国文件如下：

——GB/T 1859—2000　往复式内燃机　辐射的空气噪声测量　工程法及简易法(ISO 6798:1995,IDT)

——GB/T 3785.1—2010　电声学　声级计　第1部分：规范(IEC 61672-1:2002,IDT)

——GB/T 7488—1987　水质　五日生化需氧量(BOD_5)的测定　稀释与接种法(ISO 5815:1983,NEQ)

——GB/T 19000—2008　质量管理体系　基础和术语(ISO 9000:2005,IDT)

——GB/T 22592—2008　水处理剂　pH值测定方法通则(ISO 10523:1994,NEQ)

——GB/T 27748.2—2013　固定式燃料电池发电系统　第2部分：性能试验方法(IEC 62282-3-200:2011,IDT)

本部分做了下列编辑性修改：

——对IEC 62282-3-201:2013中式(21)、式(22)、式(32)、式(33)、式(35)、式(36)、式(37)中的符号进行了编辑性更正。

本部分由中国电器工业协会提出。

本部分由全国燃料电池及液流电池标准化技术委员会(SAC/TC 342)归口。

本部分起草单位：上海神力科技有限公司、武汉众宇动力系统科技有限公司、机械工业北京电工技术经济研究所、中国科学院大连化学物理研究所、南京大学昆山创新研究院、深圳市标准技术研究院、北京群菱能源科技有限公司、苏州UL美华认证有限公司、苏州弗尔赛能源科技股份有限公司、新源动力股份有限公司、航天新长征电动汽车技术有限公司、宁波拜特测控技术有限公司。

本部分主要起草人：张若谷、胡少博、齐志刚、卢琛钰、侯明、刘建国、王益群、胡里清、林永清、周斌、俞红梅、顾荣鑫、靳殷实、黄平、陈展展、徐加忠、季良俊、王仁芳、陈晨。

固定式燃料电池发电系统　第4部分：小型燃料电池发电系统性能试验方法

1　范围

GB/T 27748的本部分本标准提供了符合以下条件的小型固定式燃料电池发电系统的电/热及环境影响的试验方法：

- 输出功率：额定电输出功率小于10 kW；
- 输出模式：并网连接/独立运行，或单机运行且不超过1 000 V的单相交流输出或三相交流输出，或不超过1 500 V的直流输出；

注：1 000 V的限定条件源于IEV 601-01-26中对于"低电压"的定义。

- 运行压力：燃料及氧化剂管道的最大容许工作压力小于0.1 MPa(表压)；
- 燃料：气态燃料(天然气，液化石油气，丙烷，丁烷，氢气等)或液体燃料(煤油，甲醇等)；
- 氧化剂：空气。

本部分包括的燃料电池发电系统，首要目的为产生电能、次要目的可能为副产品热能的利用。相应地，首要目的为热利用、次要目的为副产品电能的燃料电池发电系统不属于本标准范围。

本部分包括所有集成蓄电池系统，包括蓄电池从内部再充电或从外部电源再充电。

本部分不包括用以产生热能的外加辅助热发生器。

2　规范性引用文件

下列文件对于本文件的应用是必不可少的。凡是注日期的引用文件，仅注日期的版本适用于本文件。凡是不注日期的引用文件，其最新版本(包括所有的修改单)适用于本文件。

IEC 61672-1　电声学　声级计　第1部分：规格(Electroacoustics—Sound level meters—Part 1: Specifications)

IEC 62282-3-200　燃料电池技术　第3-200部分：固定式燃料电池发电系统　性能测试方法(Fuel cell technologies—Part 3-200: Stationary fuel cell power systems—Performance test methods)

ISO 5815(所有部分)，水质　N天后生化物需氧量的测定(BODn)[(all parts), Water quality—Determination of biochemical oxygen demand after n days (BODn)]

ISO 6060　水质　化学需氧量的测定(water quality—Determination of the chemical oxygen demand)

ISO 6798　往复式内燃机　空气噪声传播的测量　工程方法与调查方法(Reciprocating internal combustion engines—Measurement of emitted airborne noise—Engineering method and survey method)

ISO 9000　质量管理体系　基础和词汇(Quality management systems—Fundamentals and vocabulary)

ISO 10523　水质　pH值的测定(Water quality—Determination of pH)

ASTM F2602　尺寸排除色谱法联合多角光散射检测(SEC MALS)测定壳聚糖、壳聚糖盐分子量的标准测试方法[Standard Test Method for Determining the Molar Mass of Chitosan and Chitosan Salts by Size Exclusion Chromatography with Multi-angle Light Scattering Detection (SEC MALS)]

3 术语和定义

下列术语和定义适用于本文件。

3.1

噪声等级　noise level

在某一特定距离处，所测的燃料电池发电系统在所有运行模式下所产生的声压级。

注：表述单位为分贝(dB)，测量方法见15.2。

3.2

背景噪声等级　background noise level

在测量点处环境噪声的声压级。

注：15.2 冷态下的燃料电池发电系统采用并描述了此测量方法。

3.3

蓄电池　battery

电化学能量储存装置，用来提供能量输入以支持寄生负载及/或提供电能输出。

注：不包括用于控制软件内存及相似应用的备用电池。

3.4

冷态　cold state

燃料电池发电系统在环境温度下，无功率输入或输出的状态，可随时启动。

[来源：IEC/TS 62282-1:2010，定义3.110.1，修改——添加“可随时启动”。]

3.5

排气率　discharge rate

单位时间内排出的尾气组分的质量。

3.6

排放水　discharge water

从燃料电池发电系统中排放出的水。

注：排放水不构成热回收系统的一部分。

3.7

电效率　electric efficiency

在某一给定的时间段内，燃料电池发电系统平均净电功率输出，与在同一时间段内，供给同一燃料电池发电系统的平均燃料功率的比率。

[来源：IEC/TS 62282-1:2010，定义3.30.1，修改——原定义已修改，且备注已删除。]

3.8

电能输入　electric energy input

电输入端的电功率输入积分值。

3.9

电能输出　electric energy output

电输出端的电功率输出积分值。

3.10

电功率输入　electric power input

燃料电池发电系统电输入端的电功率输入。

3.11

电功率输出　electric power output

燃料电池发电系统电输出端的电功率输出。

3.12

燃料电池发电系统　fuel cell power system

用燃料电池模块来产生电能及热的系统。

3.13

燃料输入　fuel input

在特定运行条件下工作时，燃料电池发电系统消耗的天然气、氢气、甲醇、液化石油气、丙烷、丁烷或其他含有化学能的原料的总量。

3.14

燃料功率输入　fuel power input

单位时间内的燃料能量输入。

3.15

热回收效率　heat recovery efficiency

在某一给定的时间段内，燃料电池发电系统平均回收热能，与在同一时间段内，供给同一燃料电池发电系统的平均燃料能量的比率。

[来源：IEC/TS 62282-1:2010，定义 3.30.3，修改——原定义已修正，且备注已删除。]

3.16

热回收流体　heat recovery fluid

在燃料电池发电系统与集热器之间循环的用以回收输出热能的流体。

3.17

惰性吹扫气体　inert purge gas

在特定条件下，为预备燃料电池发电系统运行或停机而提供的不含化学能的惰性气体或稀释气体。

注：含化学能的稀释气体应被视为燃料。

3.18

累计燃料输入　integrated fuel input

燃料电池发电系统在特定运行条件下所消耗燃料的体积或质量。

3.19

边界点　interface point

在燃料电池发电系统边界上原料及/或能量进出边界的测量点。

注：特意选出此边界点是为了精确地测量系统的性能。如果必要时，待评估的燃料电池发电系统边界或边界点(图 2)应由参与方协商确定。

[来源：IEC/TS 62282-1:2010，定义 3.65。]

3.20

质量浓度　mass concentration

单位体积尾气组分的质量的浓度。

3.21

最小电功率输出　minimum electric power output

燃料电池发电系统能够持续稳定运行的最小净电功率输出。

3.22

净电功率　net electric power

电功率输出减去电功率输入后计算所得值。

3.23

额定电功率　nominal electric power

制造商规定的在正常运行条件下，燃料电池发电系统电输出端的电功率输出。

[来源：IEC/TS 62282-1:2010，定义 3.85.4，修改——原术语与定义已修正，且备注已删除。]

3.24

总能量效率　overall energy efficiency

电效率与热回收效率的总和。

3.25

寄生负载　parasitic load

运行燃料电池发电系统所必需的辅助机械、设备，如配套设备(BOP)所耗的功率。

3.26

(燃料电池发电系统的)回收热　recovered heat (of a fuel cell power system)

从燃料电池发电系统中回收的热能。

注：通过测量位于燃料电池发电系统边界点进、出热回收子系统的热回收流体(水、蒸汽、空气或油等)的温度及流量，计算回收热的值。

3.27

回收热功率　recovered thermal power

单位时间内回收的热能。

3.28

关机耗能　shutdown energy

在关机过程时间段内所需消耗的电及/或化学(燃料)能总和。

3.29

关机时间　shutdown time

从在额定电输出功率下开始关机操作起，至达到制造商规定的冷态或储存状态的时刻之间的时间段。

[来源：IEC/TS 62282-1:2010，定义 3.115.4，修改——原定义已修正。]

3.30

待机状态　standby state

燃料电池发电系统具有足够的运行温度、电输出功率为零、且能够迅速转换至大电功率输出的一种状态。

[来源：IEC/TS 62282-1:2010，定义 3.110.4。]

3.31

启动能耗　start-up energy

a) 对于无蓄电池的燃料电池发电系统，从冷态或储存状态转换到净电功率输出所需的电及/或化学(燃料)能。

b) 对于有蓄电池的燃料电池发电系统，把蓄电池从启动时提供额定电能输出的放电后状态，充电至其标称载荷状态所需的电及/或化学(燃料)能。

3.32

启动时间　start-up time

a) 对于无需外部能源以维持储存状态的燃料电池发电系统，从冷态转换至正净电功率输出所需的时长。

b) 对于需要外部能源以维持储存状态的燃料电池发电系统，从储存状态转换至正净电输出所需的时长。

[来源：IEC/TS 62282-1:2010，定义 3.115.5，修改——原定义已修正。]

3.33

固定式燃料电池发电系统　stationary fuel cell power system

连接及固定在某一位置上的燃料电池发电系统。

[来源:IEC/TS 62282-1:2010，定义 3.49.3。]

3.34

储存状态　storage state

燃料电池发电系统的非运行状态。根据制造商规定的条件，可能需要输入热或电能以防止部件性能的衰减及/或为控制系统与其他组件供能以随时准备启动。

[来源：IEC/TS 62282-1:2010，定义 3.110.6，修改——原定义已修正。]

3.35

测试运行时段　test run

记录的测试结果计算所需数据点间的时间。

注：记录的结果根据这些数据点计算。

3.36

热储存单元　thermal storage unit

从燃料电池发电系统回收的热，储存在该单元部件的热储存介质中，并根据需要通过热载体为外部供热。

注 1：该单元部件由热储存罐，热交换器及热载体供应系统构成。

注 2：典型的热储存介质为水。

3.37

废热　waste heat

排放出且未回收的热能。

3.38

水耗　water consumption

除了初次蓄水外，(从试验边界之外)供给燃料电池发电系统的水。

4　符号

本标准中所用的符号及其定义列于表 1 及表 2 中，包括相应的单位。表 1 为电/热性能的符号，表 2 为环境性能的符号。

表 1　电/热性能的符号及其含义

符号	定义	单位
Q_{vf}	试验条件下的燃料平均体积流速	m^3/s
q_{vf0}	标准条件下的燃料平均体积流速	m^3/s
Q_{iv}	试验持续期间的累计体积流量	m^3
Q_{vr}	热回收流体的平均体积流速	m^3/s
Q_{ivHR}	热回收流体的累计体积流量	m^3
Q_{vHR}	试验期间热回收流体在出口的平均体积流速	m^3/s
M_0	理想气体的标准摩尔体积 ($2.364\ 5\times10^{-2}\ m^3/mol$) (在该标准的标准温度下，$t_0=288.15$ K)	m^3/mol
Q_{mf}	试验条件下的燃料平均质量流速	kg/s
q_{mHR}	试验期间热回收流体在出口的平均质量流速	kg/s
q_{imf}	试验期间燃料累计质量沉量	kg

表 1（续）

符号	定义	单位
q_{imHR}	热回收流体的累计质量流量	kg
M_{mf}	燃料的摩尔质量	g/mol
M	修正后水的质量	kg
P_{n}	平均净电功率输出	kW
P_{nom}	额定电功率输出	kW
$P_{instore}$	储存状态下的平均电功率输入	kW
P_{min}	最小电功率输出	kW
PV_{d}	电功率输出的下降速率	W /s
PV_{u}	电功率输出的增加速率	W /s
P_{d}	额定电功率输出(P_{nom})与最小电功率输出(P_{min})之间的电功率输出变化范围	W
p_{0}	标准压力[101.325 kPa(绝对)]	kPa (绝对)
p_{f}	试验期间的平均燃料压力	kPa (绝对)
t_{0}	标准温度(288.15 K)	K
t_{f}	试验期间的平均燃料温度	K
t_{HR1}	试验期间热回收流体出口的平均温度	K
t_{HR2}	试验期间热回收流体进口的平均温度	K
ρ_{HR}	在 t_{HR1} 温度下热回收流体的密度	kg/m^3
Q_{fo}	标准条件下燃料的摩尔热值	kJ/mol
Q_{fl}	燃料在液态时的热值	kJ/kg
Q_{f0j}	在标准温度 t_0 时组分 j 的热值	kJ/mol
S_{HR}	温度在 t_{HR1} 和 t_{HR2} 之间时热回收流体的比热	kJ K^{-1} kg^{-1}
Q_{HR}	试验期间平均回收的热功率	kJ/s
E_{fv}	单位体积燃料的能量输入	kJ/m^3
E_{fm}	单位质量燃料的能量输入	kJ/kg
Q_{inf}	平均燃料功率输入	kJ/s
E_{in}	总燃料能量输入	kJ
$E_{instartupbat}$	含有蓄电池的系统启动时所需的燃料能量输入	kJ
W_{out}	试验期间的电能输出	kWh
W_{in}	试验期间的电能输入	kWh
$W_{inshutdown}$	关机时的电能输入	kWh
$W_{instartup}$	启动时的电能输入	kWh
$W_{instartupbat}$	从启动初始时间 TS_1 到蓄电池再充电完成时间 TS_{3bat} 期间系统所需的电能	kWh

表 1（续）

符号	定义	单位
W_{inbat}	从启动初始时间 TS_1 到蓄电池再充电完成时间 TS_{3bat} 期间的电能输入	kWh
W_{outbat}	从启动初始时间 TS_1 到蓄电池再充电完成时间 TS_{3bat} 期间的电能输出	kWh
$W_{instore}$	试验初始到结束期间的电能输入	kWh
η_e	电效率	%
η_{th}	热回收效率	%
η_{total}	总能量效率	%
ΔT	试验持续时长	s
ΔTE	关机时长	s
TE_1	关机初始时间点	
TE_2	关机完成时间点	
ΔT_{lcdwn}	电功率输出下降持续的时间 T_{lc1} 到 T_{lc2}	s
ΔT_{lcup}	电功率输出上升持续的时间 T_{lc1} 到 T_{lc2}	s
T_{lc1}	电功率输出下降操作的起始时间点	
T_{lc2}	电功率输出降至最小电功率(±2%)输出的时间	
T_{lc3}	电功率输出上升操作的起始时间点	
T_{lc4}	电功率输出升至额定电功率(±2%)输出的时间	
ΔTS	启动时长	s
TS_1	启动初始时间点	
TS_2	启动完成时间点	
TS_{3bat}	蓄电池再充电完成时间点	s
ΔTS_{bat}	从启动初始到蓄电池再充电完成的时间间隔	s
注：燃料电池发电系统中的主要符号与图 1 相对应。		

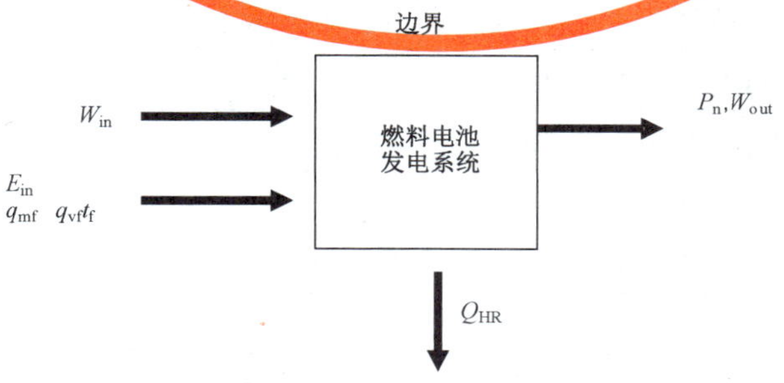

图 1　符号图

表 2 环境性能的符号及其含义

符号	定义	单位
X_c	组分的修正浓度	vol%，mL/m^3 (ppm)
X_m	组分的测量浓度	vol%，mL/m^3 (ppm)
O_{2t}	干燥状态下空气进口处大气里氧气(O_2)浓度的测量值(对于新鲜空气,O_{2t}= 21%)	vol%
O_{2a}	干燥的排放尾气中氧气(O_2)浓度的测量值	vol%
v_{f0}	标准条件下的燃料体积流速	m^3/s
V_f	试验条件下的燃料体积流速	m^3/s
t_0	标准温度(288.15 K)	K
T_f	试验条件下的燃料温度	K
p_0	标准压力[101.325 kPa(绝对)]	kPa(绝对)
p_f	试验条件下的燃料压力(绝对压力)	kPa(绝对)
q_f	燃料质量流速	g/h
M_0	理想气体的标准摩尔体积 (2.364 5×10^{-2} m^3/mol) (在该标准的标准温度下，t_0= 288.15 K)	m^3/mol
M_{mf}	燃料的摩尔质量	g/mol
$CH_{\alpha f}$	燃料组分的相对分子量	
α_f	燃料的氢碳原子比	
CO_{2dr}	干燥的排放尾气中二氧化碳(CO_2)的体积浓度	vol%
CO_{2M}	44.01 (CO_2 的相对分子量)	
CO_{2mass}	二氧化碳(CO_2)质量排放率	g/h
CO_{dr}	干燥的排放尾气中一氧化碳(CO)的体积浓度	mL/m^3(ppm)
CO_M	28.01 (CO 的相对分子量)	
CO_{mass}	一氧化碳(CO)质量排放率	g/h
CO_{conc}	干燥的排放废气中一氧化碳(CO)的质量浓度	g/m^3
THC_{dr}	干燥的排放尾气中总碳氢化合物(THC)的体积浓度(碳当量)	mL/m^3(ppm)
THC_M	总碳氢化合物(THC)组分的相对分子量	
α_e	排放尾气中总碳氢化合物(THC)的氢碳原子比	
THC_{mass}	总碳氢化合物(THC)质量排放率	g/h
THC_{conc}	干燥的排放尾气中总碳氢化合物(THC)的质量浓度	g/m^3
NO_{xdr}	干燥的排放尾气中氮氧化物(NO_x)的体积浓度	mL/m^3(ppm)
NO_{xM}	46.61 [假设所有的氮氧化物都为二氧化氮(NO_2)时氮氧化物(NO_x)的相对分子量]	
NO_{xmass}	氮氧化物(NO_x)质量排放率	g/h
NO_{xconc}	干燥的排放尾气中氮氧化物(NO_x)的质量浓度	g/m^3
SO_{2dr}	干燥的排放尾气中二氧化硫(SO_2)的体积浓度	mL/m^3(ppm)

表 2（续）

符号	定义	单位
SO_{2M}	64.06［二氧化硫（SO_2）的相对分子量］	
SO_{2mass}	二氧化硫（SO_2）质量排放率	g/h
SO_{2conc}	干燥的排放尾气中二氧化硫（SO_2）的质量浓度	g/m^3

5 小型固定式燃料电池发电系统结构配置及试验边界

图 2 示意了本标准中的小型固定式燃料电池发电系统的通用结构框图，展示了试验边界及进出燃料电池系统的物理量。

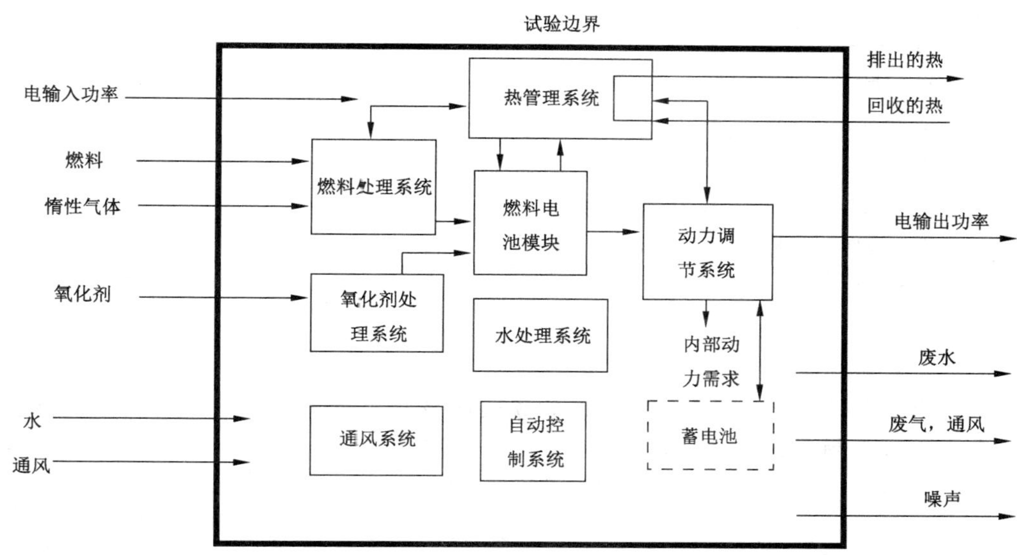

图 2　小型固定式燃料电池发电系统通用结构框图

6 标准条件

标准条件的具体内容如下：

——标准温度：t_0＝ 288.15 K（15 ℃）；

——标准压力：p_0＝ 101.325 kPa（绝对）。

7 热值基础

原则上，燃料热值基于低热值（LHV）。

若低热值用于能量效率计算，无需加“LHV”符号，如下所示：

$$\eta_e, \eta_{th}, \eta_{total} = XX\%$$

若用高热值（HHV），“HHV”这一缩写应加到能量效率值的后面，如下所示：

$$\eta_e, \eta_{th}, \eta_{total} = XX\%(\text{HHV})$$

注：表 A.1 中已列出燃料热值的低热值(LHV)与高热值(HHV)。

8 试验准备

8.1 通则

本通则描述了试验实施之前应考虑的典型事项。对每个试验，应尽可能地选择高精度的仪器，并仔细做好试验规划，关注细节，以便将不确定度降到最小。详细的试验计划应由试验相关方以本标准(IEC 62282-300-200)为基础做准备。应准备书面的试验计划。

试验计划应考虑下列事项：

a) 目的；

b) 试验规范；

c) 试验操作人员的资质；

d) 质量保证标准(ISO 9000 或其他等效标准)；

e) 目标不确定度；

f) 选定测量仪器(参考第 10 章)；

g) 试验参数范围的估计；

h) 数据采集计划。

8.2 不确定度分析

应对以下 3 个试验项目进行不确定度分析，以说明试验结果的可靠性以及满足客户的要求。对下述试验结果进行分析以判断绝对和相对不确定度。应制定试验计划以便于评估下述试验结果的可靠性。

——电效率；

——热回收效率；

——总能量效率。

注：请同时参见 IEC 62282-3-200:2011 中的附录 A。

8.3 数据采集计划

为满足目标不确定度，需确定适当的数据采集时长和采集频率，且应在性能试验之前准备好相应的数据记录设备。

最好用个人电脑或类似设备自动采集数据。

9 试验装置

作为例子，图 3 展示了测试使用本标准所描述的气态燃料的小型固定式燃料电池发电系统的试验装置。一个电负载和一个热负载与燃料电池发电系统相连。图 3 测量了系统的电特性，图 4 测量了系统的热回收特性。一个把从燃料电池发电系统回收的热储存在热储存介质中的热储存单元，可作为热负载使用。

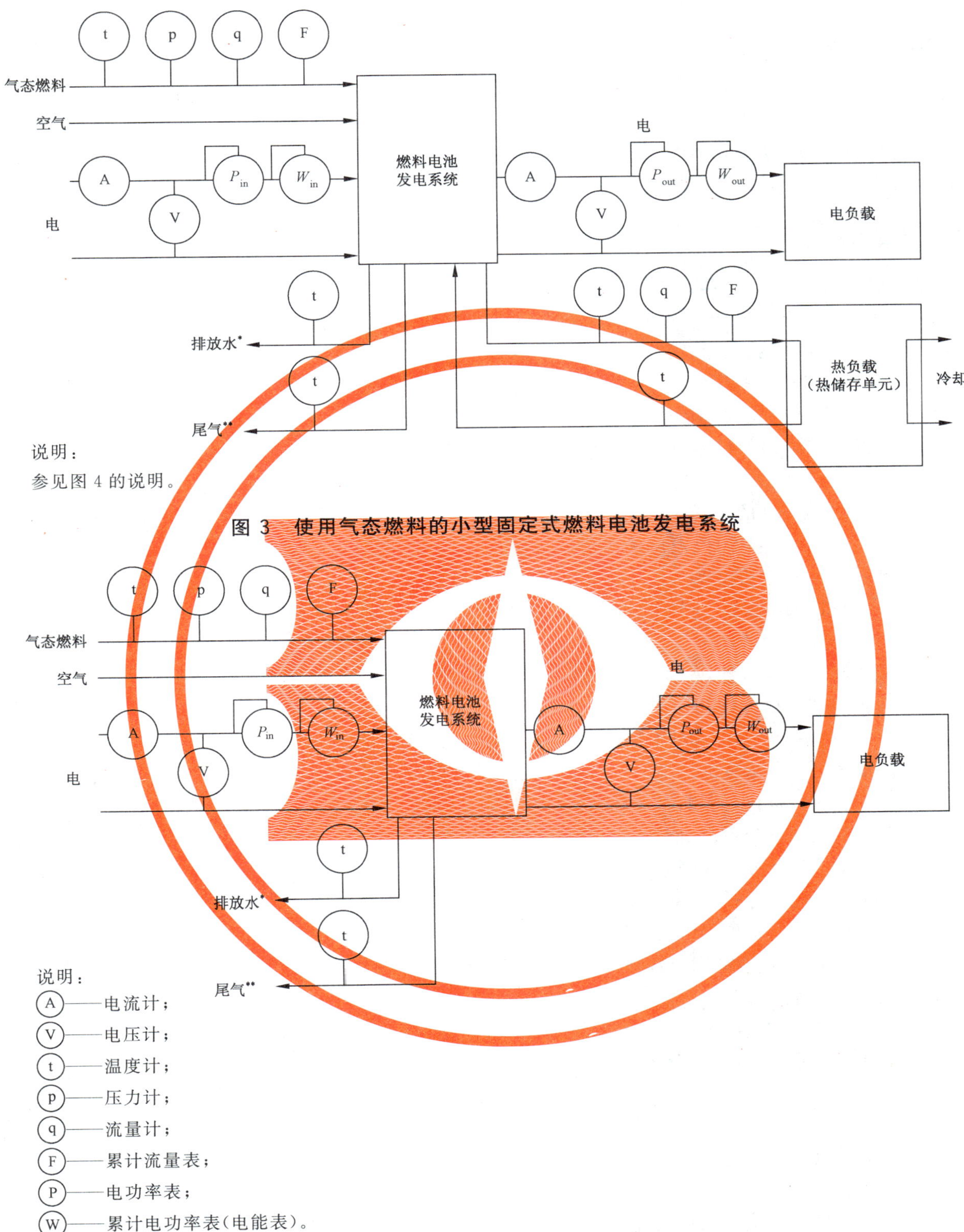

说明：

参见图 4 的说明。

图 3 使用气态燃料的小型固定式燃料电池发电系统

说明：

(A)——电流计；

(V)——电压计；

(t)——温度计；

(p)——压力计；

(q)——流量计；

(F)——累计流量表；

(P)——电功率表；

(W)——累计电功率表(电能表)。

* 连接到用于测量体积（或重量）、pH 值、生化需氧量、化学需氧量的采集装置；

** 连接到组分分析仪。

图 4 使用气态燃料、空冷、不收集副产热的小型固定式燃料电池系统

10 测量仪器和测量方法

10.1 概述

测量仪器及测量方法应符合相关的国际标准。测量仪器的选择应符合制造商规定的量程范围与要求的测量精度。

10.2 测量仪器

按其预期用途，测量仪器列举如下：

a) 测量电功率输出、电功率输入、电能输入与电能输出的仪器：
——电功率表、电能表、电压表、电流表；

b) 测量燃料输入的仪器：
——流量计、累计流量计、称重计、压力传感器、温度传感器；

c) 测量热能输出的仪器(仅限于收集副产热的情况)：
——流量计、累计流量计、温度传感器；

d) 测量环境条件的仪器：
——气压计、湿度计、温度传感器；

e) 测量噪声等级的仪器：
——IEC 61672-1 中所规范的声压计，或等效或更精确的其他测量仪器；
测量仪器的设置如下：
——频率加权特性：A；
——时间加权特性：S；
——单位：分贝(dB)(对于特性 A 来说，"频率加权特性"可不必显示)；

f) 测量尾气组分浓度的仪器：
——氧气分析仪(例如：基于顺磁性、电化学或氧化锆的传感器)；
——二氧化碳分析仪[例如：气相色谱-质谱联用仪(GC-MS)或基于红外吸收的传感器]；
——一氧化碳分析仪(例如：基于非分散红外或电化学传感器)；
——氮氧化物分析仪(例如：基于非分散红外或电化学传感器)；
——氧化硫分析仪[例如：傅里叶变换红外光谱仪(FTIR)或基于电化学的传感器]；
——总碳氢化合物分析仪[例如：火焰离子化检测器(FID)]；

g) 测定排放水的仪器：
——量筒(测量体积用)、温度传感器、酸度计、生化需氧量(BOD)探测器。

注：BOD 指生化需氧量，COD 指化学需氧量，THC 指总碳氢化合物。

10.3 测量点

不同参数的测量点描述如下：

a) 气态燃料流速：

在燃料电池发电系统的燃料供应线路上放置一个流量计，以测量燃料流速。

b) 累计气态燃料输入：

在燃料电池发电系统的燃料供应线路上放置一个累计流量计，以测量燃料的输入。累计流量计可与测量燃料流速的流量计联用。

c) 液体燃料输入重量：

在燃料储罐下面放置一个称重计以测量燃料与储罐的总重量。试验前的重量减去试验后的重量即为液体燃料输入重量。

d） 燃料温度：

在燃料流量计下游紧接着连接一个温度计。

e） 燃料压力：

在燃料流量计下游紧接着连接一个压力表以测量燃料的表压。

f） 电功率输出：

在燃料电池发电系统的电功率输出端且近系统边界处连接一个电功率表。

g） 电功率输入：

在燃料电池发电系统的电功率输入端且近系统边界处连接一个电功率表。

h） 电能输出：

在燃料电池发电系统的电功率输出端且近系统边界处连接一个电能表。电能表可与显示电功率输出的电功率表联用。

i） 电能输入：

在燃料电池发电系统的电功率输入端且近系统边界处连接一个电能表。电能表可与显示电功率输入的电功率表联用。

j） 燃料组分：

试验中所用的燃料应取样分析其组分。

k） 热回收流体流速(仅限收集副产热的情形)：

在燃料电池发电系统与热负载之间的热回收流体循环线路(出路或回路)上且近系统边界处放置一个液体流量计。循环线路应隔热以便把热损失减到最小。

l） 热回收流体的累计流量(仅限收集副产热的情形)：

在燃料电池发电系统与热负载之间的热回收流体循环线路(出路或回路)上且近系统边界处放置一个累计流量表。累计流量表可与显示热回收流体流速的流量计联用。

m） 出路上的热回收流体温度(仅限收集副产热的情形)：

在热回收流体循环线路的出路上且近系统边界处放置一个温度计。

n） 回路上的热回收流体温度(仅限收集副产热的情形)：

在热回收流体循环线路的回路上且近系统边界处放置一个温度计。

o） 热回收流体的成分(仅限收集副产热的情形)：

从热回收系统中取热回收流体的样本，分析其成分，以计算其比热。如果用水作为热回收流体，成分分析可省略，比热为 4.186 $kJ\ K^{-1}\ kg^{-1}$。

p） 大气压：

在燃料电池发电系统附近、不被燃料电池发电系统的通风影响的地方放置一个绝对压力表。

q） 大气温度：

在燃料电池发电系统附近、不被燃料电池发电系统的空气进风或尾气影响的地方放置一个温度计。

r） 大气湿度：

在燃料电池发电系统附近、不被燃料电池发电系统的空气进风或尾气影响的地方放置一个湿度计。

s） 噪声等级：

参见 15.2.2.2。

t） 尾气：

在尾气出口的尾气气流中放置一个或多个尾气采集探针和一个温度传感器。

见图 3。

u） 排放水：

在排放水出口放置一个排放水储罐和一个温度传感器。

10.4 测量系统不确定度的最低要求

选择试验设备时，对于总效率及热效率而言，测量系统的不确定度应低于3%，对于电效率而言，应低于2%。

为了达到要求的效率不确定度，设备的系统测量不确定度推荐如下，以测量/计算值的百分比形式给出。

——电功率：±1%；

——电能：±1%；

——气态燃料流速：±1%；

——累计气体流量：±1%；

——液体流速：±1%；

——时间：±0.5%；

——重量：±1%；

——热回收流体温度：Δt：±2%，$\Delta t = t_{HR1} - t_{HR2}$；

——相对湿度：±5%；

——绝对压力：±1%；

——燃料气和排放水温度：±1 K；

——尾气温度：±4 K。

11 试验条件

11.1 实验室条件

除非另有说明，应在如下规定的环境中进行性能试验。

——温度：20 ℃ ±15 ℃；

——湿度：65% ±20% 相对湿度；

——气压：在 91 kPa（绝对）和 106 kPa（绝对）之间。

在每一轮试验中都应测量实验室环境条件。因为空气质量可能会影响燃料电池发电系统性能，实验室空气组分（CO_2、CO、SO_2 等）应与试验结果一起报告。

11.2 系统的安装与运行条件

除非另有规定，燃料电池发电系统的安装和运行条件应为制造商所规定的条件（如说明书或以其他方式提供）。任何不会受这些条件影响的测试，无需遵循制造商规定的条件或其他给定条件。

11.3 电源条件

a) 不含蓄电池系统的条件：

除非另有规定，任何无蓄电池且使用居民供电的系统，应在标称电压和频率下进行测试。任何不被这些条件所影响的试验可以不按这一规定进行。

b) 使用蓄电池系统的条件：

含有蓄电池的系统可能配备确认蓄电池已达到标称充电状态、包括制造商规定的满充状态的方式方法（如：显示方法或输出信号）。

注：若没有这样一种指示，能量消耗及效率计算的结果的精确度将减少。参照 14.5.1。

11.4 试验燃料

试验燃料应由燃料电池发电系统的制造商规定。天然气和丙烷气的典型组分分别列于附录B的表 B.1 和表 B.2 中。燃料的组分应填写在报告中。

12 运行过程

图 5 与图 6 分别展示了不含蓄电池和含有蓄电池的固定式燃料电池发电系统的典型运行状态。这些图展示了从启动、发电、到关机的运行状态的时序变化,并提供了与不同的运行状态相对应的术语的定义。

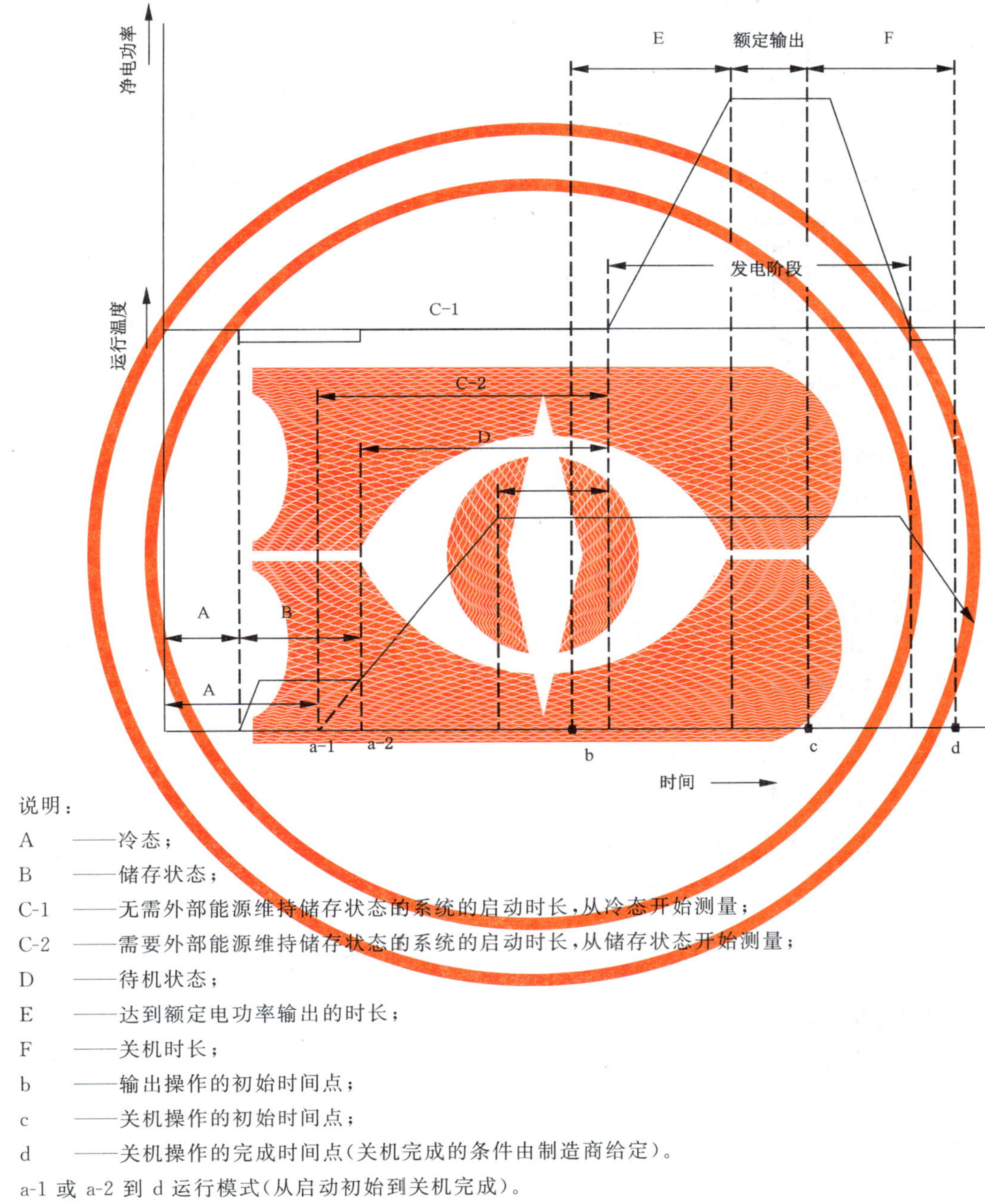

说明:

A ——冷态;

B ——储存状态;

C-1 ——无需外部能源维持储存状态的系统的启动时长,从冷态开始测量;

C-2 ——需要外部能源维持储存状态的系统的启动时长,从储存状态开始测量;

D ——待机状态;

E ——达到额定电功率输出的时长;

F ——关机时长;

b ——输出操作的初始时间点;

c ——关机操作的初始时间点;

d ——关机操作的完成时间点(关机完成的条件由制造商给定)。

a-1 或 a-2 到 d 运行模式(从启动初始到关机完成)。

图 5 不含蓄电池的固定式燃料电池发电系统的运行状态

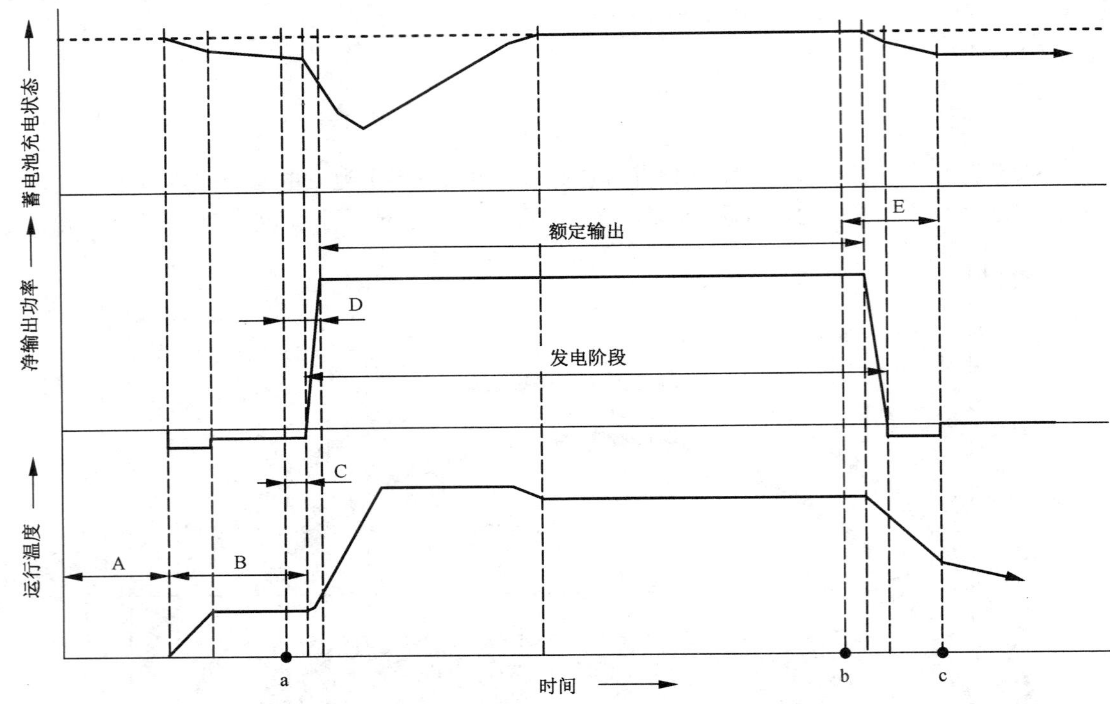

说明：

A ——冷态；

B ——储存状态；

C ——启动时长；

D ——达到额定电功率的时长；

E ——关机时长；

a ——输出操作(启动操作)初始时间点；

b ——关机操作的初始时间点；

c ——关机操作完成时间点(关机完成的条件由制造商给定)。

a～c 运行模式(从启动初始到关机完成)。

图 6　含有蓄电池的固定式燃料电池发电系统的运行状态

13　试验计划

以下条款所规定的型式试验部分可以同时进行。为了优化试验程序和型式试验规划，附录 C 中介绍了一个示范性试验操作时间表。

14　电/热性能的型式试验

14.1　概述

电/热性能的型式试验包括：

——燃料消耗试验 (14.2)；

——电功率输出试验(14.3)；

——热回收试验(14.4)；

——启动试验(14.5);

——储存状态试验(14.6);

——电功率输出变化试验(14.7);和

——关机试验(14.8)。

燃料消耗试验(14.2),电功率输出试验(14.3),以及热回收试验(14.4)应同时进行。这三个试验的结果应用来计算效率(14.9),包括电效率(14.9.2),热回收效率(14.9.3)以及总能量效率(14.9.4)。

14.2 燃料消耗试验

14.2.1 气态燃料消耗试验

14.2.1.1 概述

此试验测量额定电功率输出下的气态燃料输入。如果制造商规定有在50%、75%部分负载及/或最小电功率输出下的运行,这些运行点也该测量。

此试验应与电功率输出试验(14.3)和热回收试验(14.4)同时进行。

14.2.1.2 试验方法

a) 试验开始前,系统以额定电功率输出运行30 min以上。

b) 对于含有蓄电池的系统,试验开始前,系统以额定电功率输出运行30 min以上,直至达到标称充电状态。

c) 保持系统以额定电功率输出运行,开始试验。如果制造商有规定,在额定输出的50%,75%的部分负载下及/或最小输出下重复此试验。

d) 测量燃料温度,燃料压力及累计燃料输入流量(体积或质量)。每次测量持续时间应不少于3 h,采样时间间隔60 s或更短。如果燃料是间歇性供应的,数据采集的时长应为燃料供应间歇的20倍,或3 h,以较长时间为准。

14.2.1.3 试验结果的计算

14.2.1.3.1 平均气态燃料输入流量的计算

平均气态燃料输入流量可表述为标准条件下的体积流速 q_{vf0},单位为 m^3/s,或质量流速 q_{mf},单位为kg/s。应按以下步骤计算:

a) 体积流速

1) 试验条件下的燃料平均体积流速 q_{vf},单位为 m^3/s,计算方法应为:将试验持续期间的总体积流量除以试验持续时间。

$$q_{vf}=q_{iv}/\Delta T \qquad \cdots\cdots(1)$$

式中:

q_{vf} ——试验条件下的燃料平均体积流速(m^3/s);

q_{iv} ——试验持续期间的总体积流量(m^3);

ΔT ——试验持续时长(s)。

2) 标准条件下的燃料平均体积流速 q_{vf0},单位为 m^3/s,应以下式计算,应采用试验持续期间获得的燃料温度及燃料压力的平均值。

$$q_{vf0}=q_{vf}\times(t_0/t_f)\times(p_f/p_0) \qquad \cdots\cdots(2)$$

式中：

q_{vf0}——标准条件下的燃料平均体积流速（m^3/s）；

q_{vf}——试验条件下的燃料平均体积流速（m^3/s）；

t_0——标准温度（288.15 K）；

p_0——标准压力[101.325 kPa（绝对）]；

t_f——试验持续期间的平均燃料温度（K）；

p_f——试验持续期间的平均燃料压力[kPa（绝对）]。

注：压力为绝对压力。

b） 质量流速

试验条件下的燃料平均质量流速 q_{mf}，单位为 kg/s，应用试验持续期间的累计质量流量除以试验持续时间来获得。

$$q_{mf}=q_{imf}/\Delta T \qquad \cdots\cdots(3)$$

式中：

q_{mf}——试验条件下的燃料平均质量流速（kg/s）；

q_{imf}——试验持续期间的燃料累计质量流量（kg）；

ΔT——试验持续时长。

14.2.1.3.2 气态燃料平均输入功率计算

气态燃料平均输入功率 Q_{inf}，单位为 kJ/s，应按照如下体积流速或质量流速步骤计算。应使用试验持续期间所得的燃料温度与燃料压力的平均值。

a） 体积流速

1） 标准条件下，单位体积的燃料能量 E_{fv}，单位为 kJ/m^3，应按下式计算：

$$E_{fv}=Q_{fo}/M_0 \qquad \cdots\cdots(4)$$

式中：

E_{fv}——单位体积燃料的能量输入（kJ/m^3）；

Q_{fo}——基于标准条件下的燃料摩尔热值（kJ/mol）；

M_0——理想气体的标准摩尔体积（$2.364\ 5\times10^{-2}$ m^3/mol）（在该标准的标准温度下，$t_0=$ 288.15 K）（m^3/mol）。

式中：

燃料热值 Q_{f0}，单位为 kJ/mol，在标准条件下应按下式计算：

$$Q_{f0}=\sum_{j=1}^{N}x_jQ_{f0j} \qquad \cdots\cdots(5)$$

式中：

Q_{f0j}——标准温度 t_0 下组分 j 的热值（kJ/mol）；

x_j——组分 j 的摩尔比；

j——燃料的一种组分；

N——气体燃料成分的数量。

注1：Q_{f0j} 的数值已在 ISO 6974、ISO 6975 及表 A.1 中列出。

注2：通常，燃料耗能与热值以低热值为基准（LHV）。如果标注中展示的是高热值（HHV），则在测量中使用 HHV。

2） 燃料平均输入功率 Q_{inf}，单位为 kJ/s，应按下式计算：

$$Q_{inf}=q_{vf0}\times E_{fv} \qquad \cdots\cdots(6)$$

式中：

Q_{inf}——燃料平均输入功率(kJ/s)；

q_{vf0}——标准条件下燃料的平均体积流量(m^3/s)；

E_{fv}——单位体积燃料的能量输入(kJ/m^3)。

注 3：气态燃料的比热焓与压力能，在 IEC 62282-3-200 里的燃料耗能计算中予以了考虑，但在上述的燃料耗能计算中没有考虑，因为对于在低温与低压状态下运行的小型燃料电池发电系统而言，这些因素可以忽略。

b) 质量流速

1) 单位质量燃料的能量输入 E_{fm}，单位为 kJ/kg，应按下式计算：

$$E_{fm}=Q_{f0}/M_{mf} \tag{7}$$

式中：

E_{fm}——单位质量燃料的能量输入(kJ/kg)；

Q_{f0}——在标准条件下燃料的热值(kJ/mol)；

M_{mf}——燃料的摩尔质量(g/mol)，根据 ASTM F2602 中具体方法测量。

注：Q_{f0} 的计算参见 14.2.1.3.2.中的"a) 体积流速"里的描述。

2) 燃料平均输入功率 Q_{inf}，单位为 kJ/s，应按下式计算：

$$Q_{inf}=q_{mf}\times E_{fm} \tag{8}$$

式中：

Q_{inf}——燃料平均输入功率(kJ/s)；

E_{fm}——单位质量燃料的能量输入(kJ/kg)；

q_{mf}——燃料的平均质量流速(kg/s)。

14.2.2 液体燃料消耗试验

14.2.2.1 概述

此试验测量额定电功率输出下的液体燃料输入。如果制造商有在额定功率输出的 50%、75%的部分负载及/或最小功率电输出下运行的规定，在这些运行点下也应测量。

此试验应与电功率输出试验(14.3)和热回收试验(14.4)同时进行。

14.2.2.2 试验方法

a) 试验开始前，系统以额定电输出功率运行 30 min 以上。

b) 对于含有蓄电池的系统，试验开始前，系统以额定电功率输出运行 30 min 以上，直至达到已知的标称充电状态。

c) 保持系统在额定电输出功率运行下开始试验。如果制造商有规定，在额定输出的 50%、75%的部分负载下及/或最小输出下重复此试验。

d) 试验之初，测量燃料储罐的质量，或测量含燃料储罐在内的整个系统的质量。

e) 试验持续至少 3 h。如果燃料是间歇性供应的，总试验时长应为燃料供应间歇的 20 倍，或 3 h，以较长时间为准。

f) 试验结束时，测量燃料储罐的质量，或测量含燃料储罐在内的整个系统的质量。

14.2.2.3 平均液体燃料输入功率计算

试验持续期间总液体燃料的能量输入 E_{in}，单位为 kJ，应按下式计算：

$$E_{in}=(A-B)\times Q_{fl} \quad \cdots\cdots(9)$$

式中：

E_{in}——总燃料能量输入(kJ)；

A ——试验开始时的质量(kg)；

B ——试验结束时的质量(kg)；

Q_{fl}——燃料的热值(kJ/kg)。

平均燃料输入功率 Q_{inf}，单位为 kJ/s，应按下式计算：

$$Q_{int}=\frac{E_{in}}{\Delta T} \quad \cdots\cdots(10)$$

式中：

Q_{inf}——平均燃料输入功率(kJ/s)；

E_{in} ——总燃料能量输入(kJ)；

ΔT——试验持续时长(s)。

注1：通常，燃料能量输入与热值以低热值为基准(LHV)。如果标注中显示的是高热值(HHV)，则在测量中使用高热值(HHV)。

注2：热值按照 ASTM D4809-09 中具体方法测量。

14.3 电功率输出试验

14.3.1 概述

此试验测量额定电功率输出下的平均净电输出。如果制造商有在50%、75%的部分负载及/或最小功率电输出下运行的规定，在这些运行点下也应测量。

此试验应与燃料消耗试验(14.2)和热回收试验(14.4)同时进行。

14.3.2 试验方法

a) 试验开始前，系统以额定电输出功率运行 30 min 以上。
b) 对于含有蓄电池的系统，试验开始前，系统以额定电输出功率运行 30 min 以上，直至达到已知的标称充电状态。
c) 保持系统在额定电输出功率运行下开始试验。如果制造商有规定，在额定输出的50%、75%的部分负载下及/或最小输出下重复此试验。
d) 在试验期间，测量电能输出与电能输入。试验应持续至少 3 h。如果燃料是间歇性供应的，总的试验时长应为燃料供应间歇的20倍，或 3 h，以较长时间为准。

14.3.3 平均净电功率输出计算

平均净电功率输出应按下式计算：

$$P_{n}=\frac{W_{out}-W_{in}}{\Delta T} \quad \cdots\cdots(11)$$

式中：

P_{n} ——平均净电功率输出(kW)；

W_{out}——试验期间的电能输出(kWh)；

W_{in} ——试验期间的电能输入(kWh)；

ΔT ——试验持续时长(s)。

14.4 热回收试验

14.4.1 概述

此试验测量额定电功率输出下平均回收的热功率输出。如果制造商有在50%、75%的部分负载及/或最小功率电输出下运行的规定，在这些运行点下也应测量。

此试验应与燃料消耗试验(14.2)和电功率输出试验(14.3)同时进行。

对于不收集副产热的系统，可省略热回收试验。

14.4.2 试验方法

a) 试验开始前，系统以额定电输出功率运行 30 min 以上。

b) 对于含有蓄电池的系统，试验开始前，系统以额定电功率输出运行 30 min 以上，直至达到已知的标称充电状态。

c) 设置回流流体的温度于适合废热利用的水平。在整个试验中，控制进入热负载的冷却流体的量以维持该条件。

d) 保持系统在额定电输出功率运行下开始试验。如果制造商有规定，在额定输出的50%、75%的部分负载下及/或最小输出下重复此试验。

e) 测量在出口处流出的热回收流体的温度、在进口处流回的热回收流体的温度和进口或出口处的累计流体体积或质量。每次测量持续时间应不少于 3 h，采样时间间隔 60 s 或更短。如果燃料是间歇性供应，数据采集时长应为燃料供应间歇时间的 20 倍，或 3 h，以较长时间为准。流出热回收流体的温度，流回的热回收流体的温度，以及二者间的温度差应填写在报告中。

14.4.3 平均回收热功率计算

平均回收热功率，单位为 kJ/s，应按以下步骤计算：

a) 体积测量

1) 热回收流体的平均体积流速 q_{vr}，单位为 m^3/s，应用累计流体体积除以试验持续时长来计算。

$$q_{vr} = q_{ivHR}/\Delta T \qquad \cdots\cdots(12)$$

式中：

q_{vr} ——热回收流体的平均体积流速(m^3/s)；

q_{ivHR} ——热回收流体的累计流动体积(m^3)；

ΔT ——试验持续时长(s)。

2) 平均回收热功率 Q_{HR}，单位为 kJ/s，应按下式计算。应用试验期间的回收流体温度的平均值。

$$Q_{HR} = (t_{HR1} - t_{HR2}) \times q_{vr} \times \rho_{HR} \times S_{HR} \qquad \cdots\cdots(13)$$

式中：

Q_{HR} ——试验期间的平均回收热功率(kJ/s)；

t_{HR1} ——试验期间出口的热回收流体的平均温度(K)；

t_{HR2} ——试验期间进口的热回收流体的平均温度(K)；

q_{vr} ——试验期间出口的热回收流体的平均体积流速(m^3/s)；

ρ_{HR} ——在温度 t_{HR1} 时热回收流体的密度(kg/m^3)；

S_{HR} ——热回收流体在温度 t_{HR1} 与温度 t_{HR2} 中间值时的比热。如果热回收流体用的是水，比热应采用 4.186 kJ K^{-1} kg^{-1}。

b) 质量测量

1) 平均质量流速 q_{mHR}，单位为 kg/s，应用累计质量流量除以试验持续时长。

$$q_{mHR} = q_{imHR}/\Delta T \qquad \cdots\cdots(14)$$

式中：

q_{mHR}——平均质量流速(kg/s)；

q_{imHR}——累计质量流量(kg)；

ΔT ——试验持续时长(s)。

2) 试验期间的平均回收热功率 Q_{HR}，单位为 kJ/s，应按以下公式计算。应用试验持续期间回收流体温度的平均值。

$$Q_{HR} = (t_{HR1} - t_{HR2}) \times q_{mHR} \times S_{HR} \qquad \cdots\cdots(15)$$

式中：

Q_{HR} ——试验期间的平均回收热功率(kJ/s)；

t_{HR1} ——试验期间出口的热回收流体的平均温度(K)；

t_{HR2} ——试验期间进口的热回收流体的平均温度(K)；

q_{mHR}——试验期间出口的热回收流体的平均质量流速(kg/s)；

S_{HR} ——热回收流体在温度 t_{HR1} 与温度 t_{HR2} 中间值时的比热。如果热回收流体用的是水，比热应采用 4.186 kJ K^{-1} kg^{-1}。

14.5 启动试验

14.5.1 概述

此试验测量燃料电池发电系统启动时的启动时间、需要的燃料及/或电能。

对于含有蓄电池的系统，如果系统没有装配确认蓄电池已达到已知标称充电状态的相关方式方法，不强制进行测量启动燃料能耗的试验[参见 11.3 b)]。

14.5.2 蓄电池充电状态的测定

可用如下两种方法中任何一种测定蓄电池已达到已知标称充电状态的时间点：

a) 对于有能确认蓄电池达到已知标称充电状态方式方法(例如：显示方法或输出信号)的系统，充电完毕时间点由此方式方法确定[参见 11.3 b)]。

b) 对于没有能确认蓄电池已达到已知标称充电状态方式方法的系统，达到标称充电状态(SOC)的充电完毕时间点是在因给蓄电池充电而燃料流速增加以后，输入燃料流速开始稳定在额定燃料流速±2%范围内的时间点(参见图 8)。此测量不是强制性的。

14.5.3 试验方法

a) 试验开始之前，系统在冷态或储存状态下保持至少 48 h。

b) 对于含有蓄电池的系统，试验开始之前，把蓄电池充电至已知标称充电状态，然后系统在冷态或储存状态下保持至少 48 h。

c) 开始试验。以 15 s 或更短的时间间隔，测量电能输出、电能输入、累计燃料流量(液体燃料也可是质量)、燃料温度、燃料压力与大气压。

d) 开始额定电功率输出的启动操作。记录启动操作开始的时间点。

e) 对于不含蓄电池的系统，记录启动操作完成的时间点。

f) 对于含有蓄电池的系统，记录启动操作完成的时间点和蓄电池再充电至已知标称充电状态的时间点。

注 1：启动初始时间点是指按下启动按钮的时间点，或正常启动信号发出的时间点。

注 2：启动完成时间点是指净电功率开始输出的时间点。

对于含有蓄电池的系统，可能需要像示波器这样的高速电压记录仪来测量启动时间，因为通常来说，启动时长极其短暂(毫秒级)。

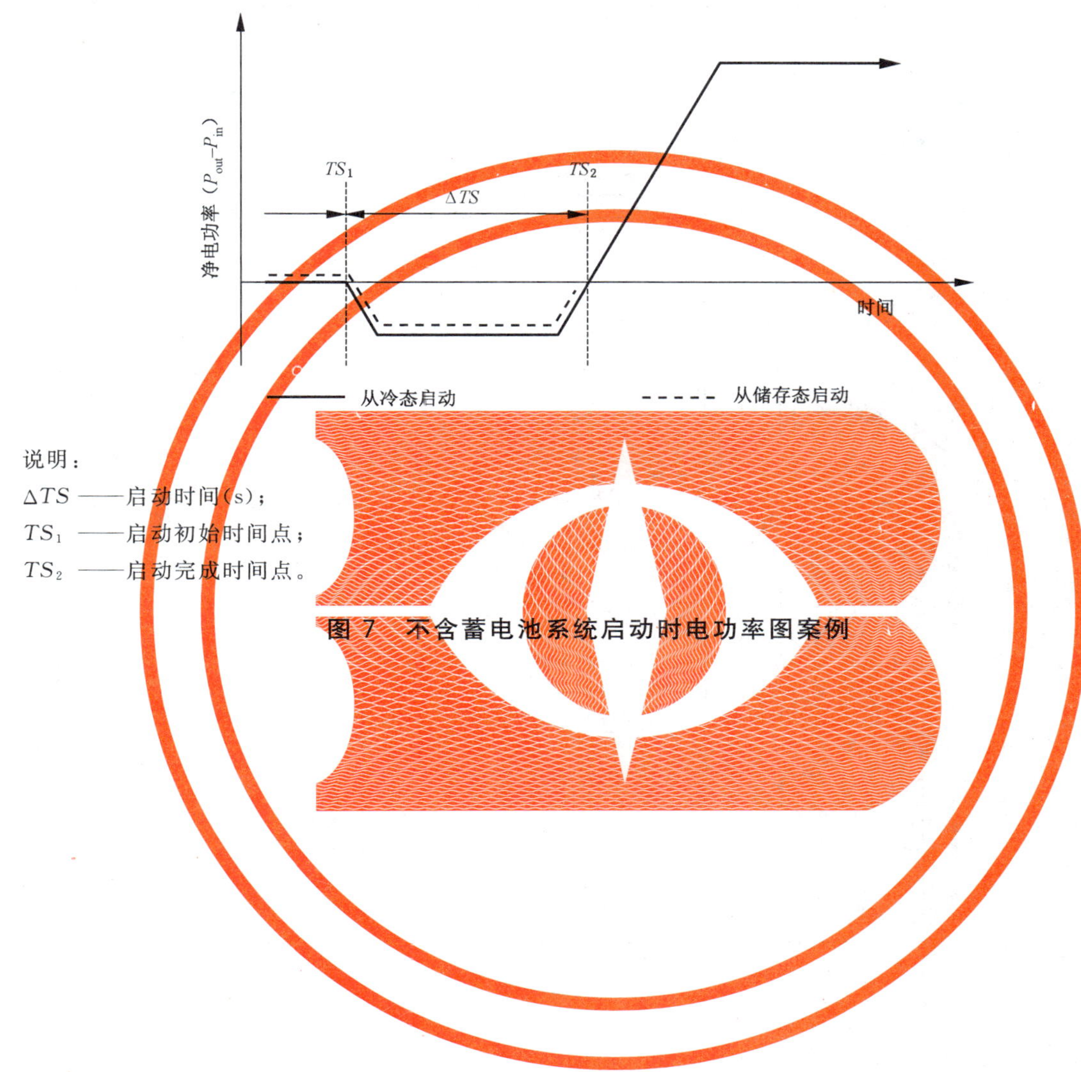

说明：

ΔTS ——启动时间(s)；

TS_1 ——启动初始时间点；

TS_2 ——启动完成时间点。

图 7 不含蓄电池系统启动时电功率图案例

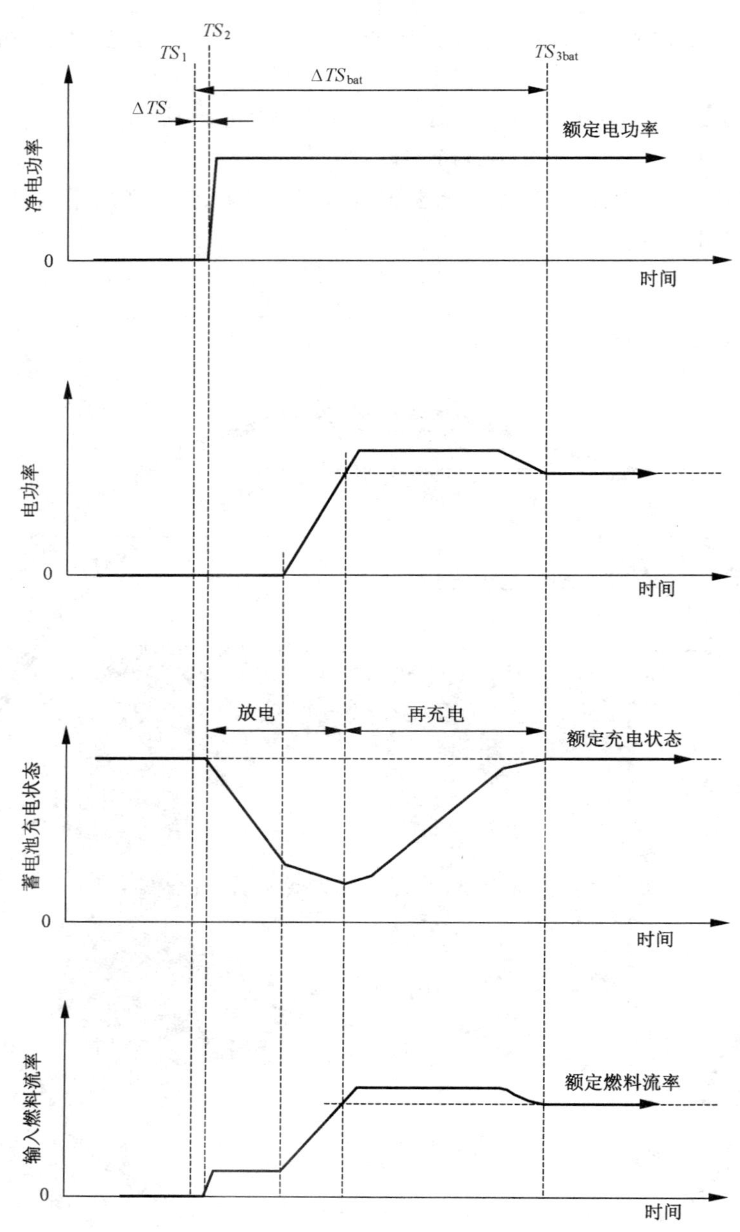

说明：

TS_1 ——启动初始时间点；

TS_2 ——启动完成时间点；

TS_{3bat} ——蓄电池再充电完成时间点；

ΔTS ——启动时长(s)；

ΔTS_{bat} ——从启动初始点到蓄电池再充电完成点的持续时长。

图 8 含有蓄电池系统启动时电功率图案例

14.5.4 试验结果的计算

14.5.4.1 启动时间的计算

应以下式计算启动时间(参见图 7 与图 8)：

$$\Delta TS = TS_2 - TS_1 \quad \cdots\cdots(16)$$

式中：

ΔTS ——启动时长(s)；

TS_1 ——启动初始时间点；

TS_2 ——启动完成时间点。

14.5.4.2 启动能量的计算

14.5.4.2.1 启动所需燃料能量的计算

a) 对于不含蓄电池的系统

对于使用气态燃料且不含蓄电池的燃料电池系统，启动所需燃料能量应用启动期间测量到的累计燃料输入体积或质量、燃料温度与燃料压力来计算。计算过程与 14.2.1.3 里描述的体积流量、质量流量的计算相同，只是燃料消耗的体积或质量应用累计流量而非 14.2.1.3 里式(1)到式(8)中的平均流量。

如果在启动期间，非惰性吹扫气或含有化学能的稀释气体被输入系统内，吹扫气体应被视为额外燃料，所含能量应计入能量输入之中，运用 14.2.1.3 中的计算方法。

对于使用液体燃料且不含蓄电池的燃料电池系统，启动所需的燃料能量的计算应用启动初始时间测量的燃料储罐或整个系统的质量，与启动完成时测量的燃料储罐的质量或整个系统的质量。计算过程与 14.2.2.3 中描述的一样。

对于系统中含有燃料储存罐的情况，如图 9 中所示的例子，通过绕过燃料储存罐或把燃料储存罐安置于系统外来精确地测量消耗掉的燃料质量。

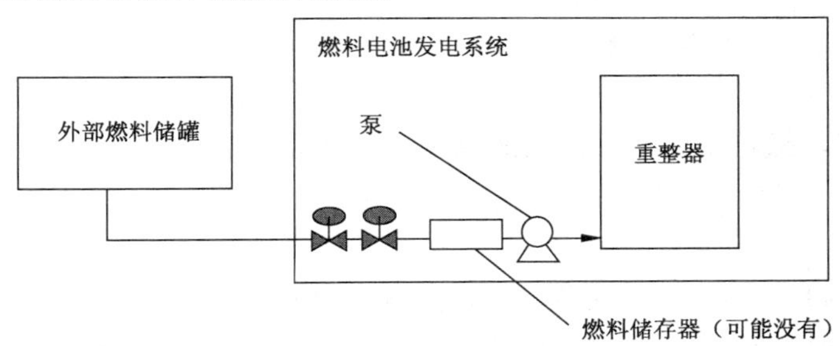

a) 重力给料的燃料供应

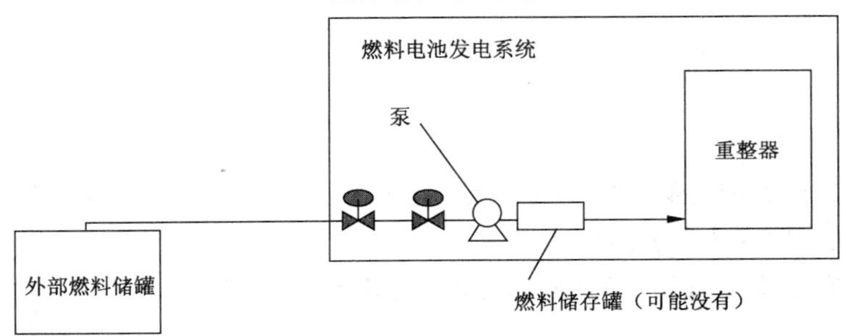

b) 液体燃料供应系统案例

图 9 液体燃料供应

b） 含有蓄电池的系统

对于含有蓄电池的燃料电池系统(装配有充电状态指示器)，启动时所需的燃料能量，即为蓄电池充电的燃料能量，应按下式计算：

$$E_{\text{instartupbat}} = E_{\text{in}} - 3\ 600 \times W_{\text{outbat}} \times 100/\eta_{\text{e}} \qquad \cdots\cdots(17)$$

式中：

$E_{\text{instartupbat}}$——含有蓄电池的系统启动时所需的燃料能量(kJ)；

E_{in}——从启动初始时间点 TS_1 到蓄电池再充电完成时间点 $TS_{3\text{bat}}$ 时间段内的燃料能量输入(kJ)；

W_{outbat}——从启动初始时间点 TS_1 到蓄电池再充电完成时间点 $TS_{3\text{bat}}$ 时间段内的电能输出(kWh)；

η_{e}——电效率(%)(参见 14.9.2)。

$3\ 600 \times W_{\text{outbat}} \times 100/\eta_{\text{e}}$ 是生成 W_{outbat} 消耗的燃料能量(kJ)。对于使用液体燃料的系统，启动时输入的燃料能量 E_{in} 的计算应用启动初始时间点及蓄电池再充电完成时间点测量的燃料储罐或整个系统的质量。

注：未采用直接测量系统里蓄电池充电电路中流动的电能，因为本标准中的性能试验是通过进出燃料电池系统的物理量来实行。

14.5.4.2.2 启动所需电能的计算

a） 对于不含蓄电池的系统

不含蓄电池的系统在启动操作期间所需的电能应按如下公式计算：

$$W_{\text{instartup}} = W_{\text{in}} - W_{\text{out}} \qquad \cdots\cdots(18)$$

式中：

$W_{\text{instartup}}$——不含蓄电池系统启动时所需的电能(kWh)；

W_{in}——启动期间 ΔTS 的输入电能(kWh)；

W_{out}——启动期间 ΔTS 的输出电能(kWh)。

b） 对于含有蓄电池的系统

含有蓄电池的系统在启动操作期间所需的电能应按下式计算：

$$W_{\text{instartupbat}} = W_{\text{inbat}} - W_{\text{outbat}} \qquad \cdots\cdots(19)$$

式中：

$W_{\text{instartupbat}}$——从启动初始时间点 TS_1 到蓄电池再充电完成时间点 $TS_{3\text{bat}}$ 系统所需的电能(kWh)；

W_{inbat}——从启动初始时间点 TS_1 到蓄电池再充电完成时间点 $TS_{3\text{bat}}$ 的输入电能(kWh)；

W_{outbat}——从启动初始时间点 TS_1 到蓄电池再充电完成时间 $TS_{3\text{bat}}$ 的输出电能(kWh)。

14.6 储存状态试验

14.6.1 概述

此试验针对配有加热器或类似装置以保持催化剂性能及/或配有控制系统用以监控和保持储存状态条件的系统，测量其在储存状态下的电功率输入。

如果电能由集成在系统中的蓄电池提供，此电能忽略不计，因为其无法在系统外部测量。

14.6.2 试验方法

a） 保持系统在储存状态。

b） 测量电能输入和从试验初始到试验结束之间的持续时间。试验持续时间至少 3 h。

14.6.3 储存状态下的平均电功率输入的计算

储存状态下的平均电功率输入应按下式计算：

$$P_{\text{instore}}=\frac{W_{\text{instore}}}{\Delta T} \qquad \cdots\cdots(20)$$

式中：

P_{instore}——储存状态下的平均电功率输入(kW)；

W_{instore}——从试验初始到试验结束的电能输入(kWh)；

ΔT ——从试验初始到试验结束的持续时间(s)。

14.7 电功率输出变化试验

14.7.1 概述

本试验是评价燃料电池发电系统电功率输出的可变性。电功率输出将在额定输出与最小输出之间变动。额定与最小电功率输出由制造商规定。

14.7.2 试验方法

a) 在试验开始前，系统在额定电功率输出下运行 30 min 以上。

对于含有蓄电池的系统，试验开始前，系统以额定电功率输出运行 30 min 以上，直至达到已知标称充电状态。

b) 开始试验，在额定电功率输出下连续运行系统 1 h 以上。

c) 以 1 s 或更短的时间间隔测量电功率输出，直至试验完成。

注 1：对于含有蓄电池的系统，测量电功率的增长率时需用像示波器这样的高速电压记录器，因为通常来说该增长率极快(毫秒级)。

d) 设置电功率输出的目标变化值为最小电功率输出，开始降低电功率输出的操作，并记录此操作开始的时间。

e) 记录电功率输出达到最小电功率输出(浮动范围在额定功率输出的±2%)的时间。

f) 保持电功率输出在最小电功率输出下至少 1 h。

g) 设置电功率输出的目标变化值为额定电功率输出，开始提高电功率输出的操作，并记录此操作开始的时间。

h) 记录电功率输出达到额定电功率输出(浮动范围在额定功率输出的±2%)的时间。

i) 保持电功率输出在额定电功率输出至少 1 h。

j) 重复 d) 至 i)，至少 3 个循环。

注 2：此试验可能以增加电输出功率的操作开始。

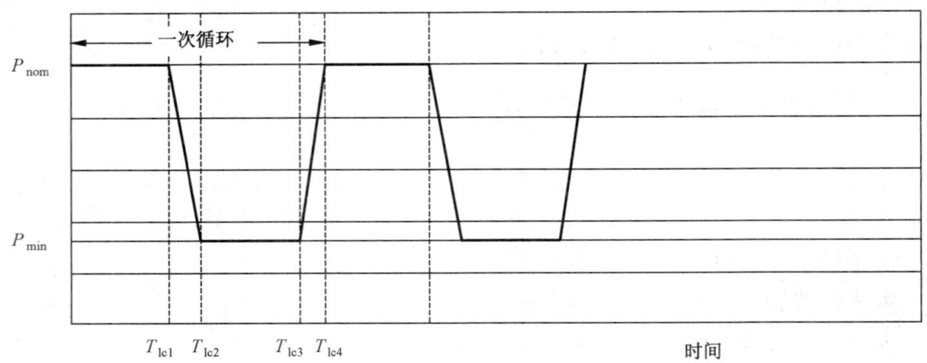

说明:(图10与图11)

P_{nom}——额定电功率输出;

P_{min}——最小电功率输出;

T_{lc1}——降低电功率输出操作开始的时间点;

T_{lc2}——电功率输出达到最小电功率输出的时间点(浮动范围在额定功率输出的±2%)(参见图12);

T_{lc3}——增加电功率输出操作开始的时间点;

T_{lc4}——电功率输出达到额定电功率输出(浮动范围在额定功率输出的±2%)的时间点(参见图12)。

图10 不含蓄电池系统电功率输出变化模式

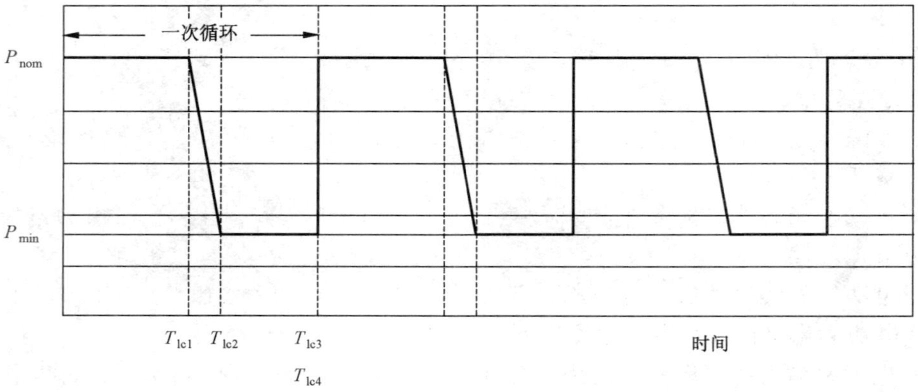

图11 含有蓄电池系统电功率输出变化模式

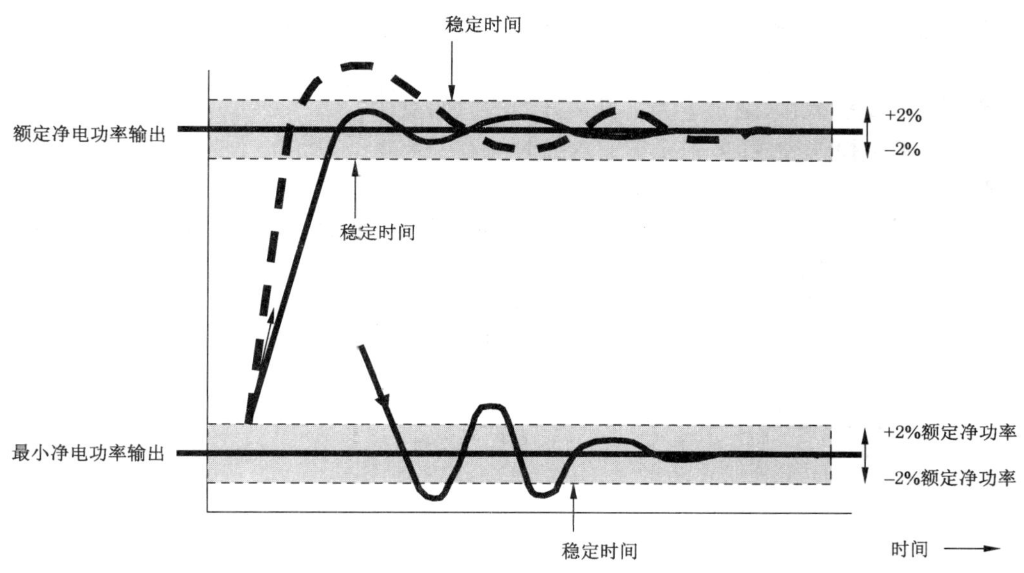

图 12 电功率变化稳定标准案例

14.7.3 电输出功率变化率的计算

电输出功率的下降率与增长率应按下式计算：

$$PV_d = P_d / \Delta T_{lcdwn} \qquad (21)$$

$$PV_u = P_d / \Delta T_{lcup} \qquad (22)$$

式中：

PV_d ——电功率输出的下降率(W/s)；

PV_u ——电功率输出的增长率(W/s)；

P_d ——额定电功率输出 P_{nom} 与最小电功率输出 P_{min} 之间的电功率输出变化范围(W)；

ΔT_{lcdwn} ——从时间点 T_{lc1} 到时间点 T_{lc2} 的电功率输出下降持续时间(s)；

ΔT_{lcup} ——从时间点 T_{lc3} 到时间点 T_{lc4} 的电功率输出上升持续时间(s)。

电输出功率的下降率与增长率应取 3 个循环的平均值。

14.8 关机试验

14.8.1 概述

此试验测量关机时间及燃料电池发电系统关机所需的燃料及/或电能。

不论系统是否含有蓄电池，关机时间的定义一样。关机时间的定义为：从额定电功率输出转换至储存状态所需的持续时长。

不论系统是否含有蓄电池，关机能耗的定义一样。关机能耗是指在关机时间内，从系统外部为关机所提供的能量。集成在系统中的蓄电池提供的关机电能被忽略不计，因为通常无法在系统外部对其进行测量(参见图 2)。

14.8.2 试验方法

a) 试验开始前，系统在额定电功率输出下运行 30 min 以上。

b) 对于含有蓄电池的系统，系统以额定电功率输出运行 30 min 以上，直至达到已知标称充电状态。

c) 开始试验。以 15 s 或更短的时间间隔测量电功率输出、电功率输入、电能输出、电能输入、累计燃料输入(体积或质量)、燃料温度、燃料压力与大气压,直至试验完成。对于使用液体燃料的系统,燃料压力与大气压力无需测量。

d) 开始正常的关机操作,记录下关机操作开始的时间点。

e) 当正常的关机操作完成时,记录下完成的时间点。

注 1:关机操作开始的时间点是指关机按钮按下去、或正常的关机信号发出的时间点。

注 2:关机操作完成的时间点是指系统的净电功率返回至储存状态下系统的净电功率的时间点(上限至 150%储存状态下系统的净电功率)。

储存状态下系统的净电功率是指即将启动操作前的净电功率。如果需要的话,试验开始前,关掉加热器(如果系统使用加热器),检查储存状态下系统的净电功率值。

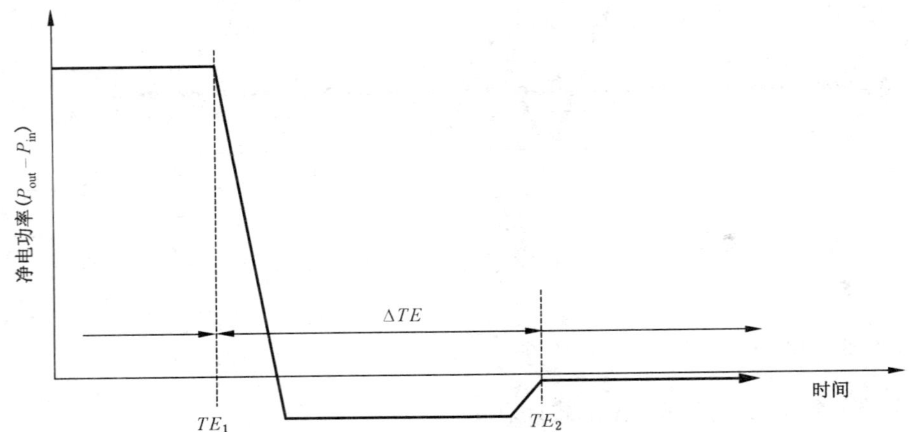

说明:

ΔTE ——关机时长;

TE_1 ——关机初始时间点;

TE_2 ——关机完成时间点。

图 13 关机时的电功率图

14.8.3 结果计算

14.8.3.1 关机时间的计算

正常关机时间应按下式计算(参见图 13):

$$\Delta TE = TE_2 - TE_1 \qquad (23)$$

式中:

ΔTE ——关机时间(s);

TE_1 ——关机初始时间点;

TE_2 ——关机完成时间点。

14.8.3.2 关机能耗的计算

14.8.3.2.1 关机时所需的燃料能量

对于使用气态燃料的系统,关机时燃料能量输入的计算,应使用所测得的累计燃料输入(体积或质量),燃料温度与燃料压力。计算过程与 14.2.1.3 里描述的体积流量、质量流量的计算相同,只是燃料消耗的体积或质量应用累计流量而非 14.2.1.3 里式(1)到式(8)中的平均流量。

对于使用液体燃料的系统,关机时燃料能量输入应使用试验开始时的质量与试验结束时的质量按式(9)与式(10)进行计算。

对于系统中含有燃料储蓄池的情况，如图 9 中所示的例子，通过绕过燃料储存罐或把燃料储存罐安置于系统外，来精确测量消耗掉的燃料质量。

14.8.3.2.2 关机时的电能输入

关机时的电能输入应按下式计算：

$$W_{inshutdown} = W_{in} - W_{out} \qquad (24)$$

式中：

$W_{inshutdown}$ ——关机时的电能输入(kWh)；

W_{out} ——从关机操作开始到完成这段时间内的电能输出(kWh)；

W_{in} ——从关机操作开始到完成这段时间内的电能输入(kWh)。

14.9 效率计算

14.9.1 概述

电效率、热回收效率及总效率基于 14.2、14.3 与第 14 章中的计算所得值来计算。

在 IEC 62282-3-200 中，效率的计算考虑到了提供给系统的燃料与反应气体的比焓与压力能。在本标准的效率计算中，不考虑这些值，因为对于小型固定式燃料电池发电系统而言，燃料与反应气体在低温与低压的条件下供给，这些值可以忽略不计。如果除燃料热值外还有其他能量输入，参考 IEC 62282-3-200 中的计算方法。

对于不收集副产热的系统，可省略热回收效率的计算，总效率等于电效率。

14.9.2 电效率

电效率 η_e，用%表示，应按下式计算：

$$\eta_e = \frac{P_n}{Q_{inf}} \times 100 \qquad (25)$$

式中：

η_e ——电效率，%；

P_n ——平均净电功率输出(kW)(参见 14.3.3)；

Q_{inf} ——平均燃料能量输入(kJ/s)(参见 14.2.1.3.2 及 14.2.2.3)。

14.9.3 热回收效率

热回收效率 η_{th}，用%表示，应按下式计算：

$$\eta_{th} = \frac{Q_{HR}}{Q_{inf}} \times 100 \qquad (26)$$

式中：

η_{th} ——热回收效率(%)；

Q_{HR} ——平均回收热能(kJ/s)(参见 14.4.3)；

Q_{inf} ——平均燃料能量输入(kJ/s)(参见 14.2.1.3.2 与 14.2.2.3)。

热效率应与效率试验期间所测得的平均热回收流体温度 t_{HR1} 和 t_{HR2} 一起填入报告中。

14.9.4 总能量效率

总能量效率 η_{total}，用%表示，计算方法如下：

$$\eta_{total} = \eta_e + \eta_{th} \qquad (27)$$

式中：

η_{total}——总能量效率(%)；

η_e ——电效率(%)(参见 14.9.2)；

η_{th} ——热回收效率(%)(参见 14.9.3)。

15 环境性能的型式试验

15.1 概述

环境影响的型式试验包括：

——噪声试验(15.2)；

——尾气试验(15.3)；以及

——排放水试验(15.4)。

15.2 噪声试验

15.2.1 概述

此试验测量系统在每个运行阶段产生的噪声级，从启动、额定电功率输出、最小电功率输出(如果制造商规定了此运行模式且用户有此需求)到关机。额定电功率输出由制造商规定。

15.2.2 试验条件

15.2.2.1 基准面

基准面应设置在距离燃料电池发电系统四个侧面(前、后、左、右)1 m 远的地方。如果不可行，应调整为 50 cm，试验报告中应明确说明这一点。

应忽略燃料电池发电系统表面上的任何突出物，只要它们被视为对表面噪声无显著影响，且应按照 ISO 6798 对燃料电池发电系统表面进行概念上的简化。

15.2.2.2 测量点

应在 4 个点上进行测量，即燃料电池发电系统前后中心线上的 2 个方向及左右中心线上的 2 个方向。测量点应位于距离发电系统的底部 1.2 m 高的基准面上。

噪声计麦克风应相对于基准面进行垂直取向。

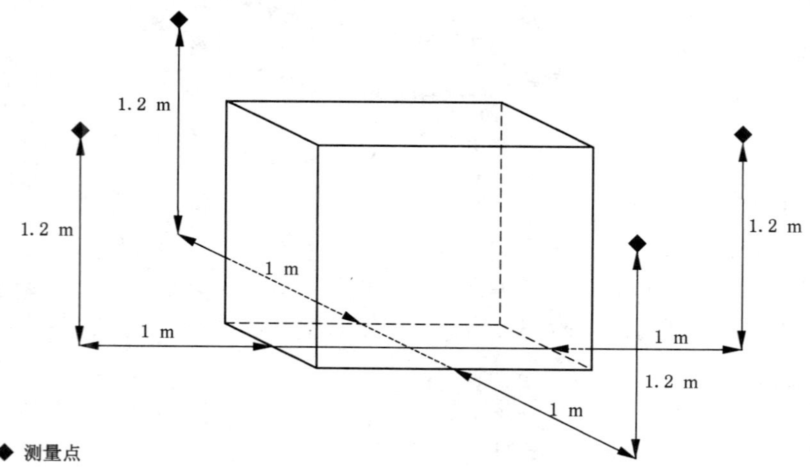

图 14 小型固定式燃料电池发电系统的噪声测量点

15.2.2.3 背景噪声的影响

噪声计在有待测噪声与无待测噪声时的读数差应在 10 dB 或 10 dB 以上。如果燃料电池发电系统是唯一的噪声源，在读数差为 3 dB 或 3 dB 以上、10 dB 以下时，读数可根据表 3 来调整，确定噪声级。

表 3 背景噪声影响的读数补偿

有主噪声与无主噪声间的读数差	3	4	5	6	7	8	9
补偿值	−3	−2		−1			

15.2.2.4 回声的影响

当麦克风或声源附近有大反射体时，从反射体反射的声音加入声源的噪声会导致测量误差出现。测量之前，尽可能地移开任何可能反射声音的物体；如果在测量条件做不到这一点，应在试验报告中对此进行说明。

15.2.3 试验方法

a) 测量被测系统冷态的背景噪声级。

b) 从冷态或储存状态下启动系统。

c) 把输出升至额定电功率输出，且在达到额定电输出功率后等待至少 30 min。继续在额定电功率输出下运行系统 1 h 或更长时间。

d) 如果制造商规定了最小电功率输出运行，且用户需要测量，设置系统为最小电功率输出，且在达到此条件下运行至少 30 min。系统继续在最小电输出功率下运行 1 h 或更长时间。

e) 系统关机。

f) 测量从启动到关机的噪声级。测量频率应以 1 s 为间隔。读数应以整数计。（例如：45.7 应计为 46）。

g) 关机完成后，测量背景噪声级，并核实所测的背景噪声级无变化。

15.2.4 数据处理

a) 应按照 15.2.2.3 所述修正背景噪声的影响。

b) 以下代表性噪声级的数值应填入报告中：

——所有运行阶段的最大噪声级，与产生最大值的运行阶段；

——额定输出运行 1 h 的噪声级均值。

15.3 废气测试

15.3.1 概述

此试验测量小型固定式燃料电池发电系统尾气温度及其各种组分的浓度。此试验计算在启动、额定电功率输出和关机各个运行阶段各种组分的排放率及对人体有害组分的质量浓度。

根据燃料的不同，对于明显不包含在尾气中的组分，其测量可以省略（例如：纯氢气或天然气中的总碳氢化合物）。

可参考附录 D 中部分燃料的典型尾气组分。

15.3.2 待测组分

待测的组分如下：

——一氧化碳(CO)；
——二氧化碳(CO_2)；
——氧气(O_2)；
——氮氧化物(NO_x)；
——二氧化硫(SO_2)；
——总碳氢化合物(THC)。

使用替代燃料可能造成特殊有害污染物的排放。这些污染物应按照相关标准识别并测量。

15.3.3 试验方法

a) 小心地把取样探头(一个或多个)完全放进尾气气流中。确保取样探头(一个或多个)不会阻塞排气管道。取样探头应放置在靠近燃料电池系统的尾气出口的位置:对于封闭式排气通风系统,置于尾气排放管道内部;对于开放式排气通风系统,直接置于尾气出口处。如果排气管道的外形尺寸太大,则在排气管道的中心及排气管横截面以网格选代表性的点上取读数,算出平均数。
b) 对于开放式排气通风系统,小心地放置取样探头以防取样的气体与周围空气混合。
c) 测量期间,确保避免在温度传感器上产生冷凝,冷凝将导致读数无效。
d) 在冷态或储存状态下启动系统,把输出提升至额定电功率输出,达到额定电功率输出后保持至少 30 min。
e) 继续在额定电功率输出下运行系统 1 h 或以上,然后关闭系统。
f) 测量从启动到关机尾气中每种组分的浓度[以体积%或 mL/m³(ppm)为单位]、燃料流量(体积或质量流量)、燃料压力与温度、室温和湿度。数据采集频率应为 15 s 或更短。

15.3.4 数据处理

15.3.4.1 浓度校正

测量的尾气中每种组分的浓度应用下面干燥尾气中测量的氧气浓度校正为非稀释条件下的浓度:

$$X_c = X_m \times O_{2t}/(O_{2t} - O_{2a}) \qquad \cdots\cdots(28)$$

式中:

X_c ——校正后的组分浓度;
X_m ——测量的组分浓度;
O_{2t} ——空气进口处测量的干燥状态下氧气浓度值(vol%)(如果是新鲜空气,O_{2t} = 21%);
O_{2a} ——干燥尾气中测量的氧气浓度值(vol%)。

15.3.4.2 从体积流速到质量流速的换算

如果燃料流速是以体积测量的,则体积流速 v_f,应按照以下 a)与 b)换算成质量流速 q_f:

a) 将试验状态下的体积流速 v_f 应按以下公式换算成标准状态下的体积流速 v_{f0}。

$$v_{f0} = v_f \times (t_0/t_f) \times (p_f/p_0) \qquad \cdots\cdots(29)$$

式中:

v_{f0}——标准条件下的燃料体积流速(m^3/s);
v_f ——试验条件下的燃料体积流速;
t_0 ——标准温度(288.15 K);
p_0——标准压力[101.325 kPa(绝对值)];
t_f ——试验条件下的燃料温度(K);

p_f——试验条件下的燃料压力(绝对压力)[kPa(绝对值)]。

b) 应按下式计算燃料质量流量 q_f：

$$q_f = (v_{f0}/M_0) \times M_{mf} \qquad \cdots\cdots(30)$$

式中：

q_f ——燃料质量流速(g/h)；

v_{f0} ——标准条件下的燃料体积流速(m^3/h)；

M_0 ——理想气体的标准摩尔体积($2.364\ 5 \times 10^{-2}\ m^3/mol$)(在此标准标准温度下，$t_0$ = 288.15 K)(m^3/mol)；

M_{mf}——燃料的摩尔质量(g/mol)。

15.3.4.3 燃料组分相对分子量计算

应按以下公式计算燃料组分相对分子量：

$$CH_{\alpha f} = 12.011 + 1.007\ 94 \times \alpha_f \qquad \cdots\cdots(31)$$

式中：

$CH_{\alpha f}$ ——燃料组分相对分子量；

α_f ——燃料的碳氢原子比；

12.011 ——碳原子(C)的相对原子量；

1.007 94——氢原子(H)的相对原子量。

对于汽油燃料与煤油燃料来说，$CH_{\alpha f}$ 可采用以下值：

汽油：13.88(其中 α_f 是 1.85)；

煤油：13.97(其中 α_f 是 1.94)。

15.3.4.4 每种组分排放率的计算

15.3.4.4.1 概述

在每种组分排放率的计算中，应运用 15.3.4.1、15.3.4.2、与 15.3.4.3 中计算出来的值。

15.3.4.4.2 一氧化碳排放率

一氧化碳的质量排放率 CO_{mass}，应按下式计算：

$$CO_{mass} = \frac{CO_M}{CH_{\alpha f}} \times \frac{CO_{dr} \times 10^{-4}}{CO_{2dr} + CO_{dr} \times 10^{-4} + THC_{dr} \times 10^{-4}} \times q_f \qquad \cdots\cdots(32)$$

式中：

CO_{mass} ——单位时间内一氧化碳的质量排放率(g/h)；

CO_M ——28.01(一氧化碳的相对分子量)；

$CH_{\alpha f}$ ——燃料组分的相对分子量；

CO_{2dr} ——干燥尾气中二氧化碳的体积浓度[体积分数(%)]；

CO_{dr} ——干燥尾气中一氧化碳的体积浓度[mL/m^3(ppm)]；

THC_{dr}——干燥尾气中总碳氢化合物的体积浓度(碳当量)[mL/m^3(ppm)]；

q_f ——燃料质量流速(g/h)。

15.3.4.4.3 总碳氢化合物排放率

总碳氢化合物的质量排放率 THC_{mass}，应按下式计算：

$$THC_{mass}=\frac{THC_{M}}{CH_{\alpha f}}\times\frac{THC_{dr}\times 10^{-4}}{CO_{2dr}+CO_{dr}\times 10^{-4}+THC_{dr}\times 10^{-4}}\times q_{f}$$

…………………………(33)

式中：

THC_{mass}——单位时间内总碳氢化合物的质量排放率(g/h)；

THC_{M} ——总碳氢化合物组分的相对分子量；

$CH_{\alpha f}$ ——燃料组分的相对分子量；

CO_{2dr} ——干燥尾气中二氧化碳的体积浓度[体积分数(%)]；

CO_{dr} ——干燥尾气中一氧化碳的体积浓度[mL/m³(ppm)]；

THC_{dr} ——干燥尾气中总碳氢化合物的体积浓度(碳当量)[mL/m³(ppm)]；

q_{f} ——燃料质量流速(g/h)。

其中，组分相对分子量 THC_{M} 应按下式计算：

$$THC_{M}=12.011+1.007\ 94\times\alpha_{e}$$

…………………………(34)

式中：

THC_{M} ——总碳氢化合物组分的相对分子量；

α_{e} ——尾气中总碳氢化合物的氢碳原子比；

12.011 ——碳原子(C)的相对原子量；

1.007 94——氢原子(H)的相对原子量。

对于汽油燃料与煤油燃料来说，$CH_{\alpha f}$可采用以下值：

汽油：13.88(其中 α_{e}是 1.85)；

煤油：13.97(其中 α_{e}是 1.94)。

15.3.4.4.4 氮氧化物的排放率

氮氧化物 NO_{x} 的质量排放率，应按下式计算。

由于氮氧化物的排放率随着输入空气的温度和湿度而变，测量期间应仔细保持环境条件的一致性。

$$NO_{x mass}=\frac{NO_{xM}}{CH_{\alpha f}}\times\frac{NO_{xdr}\times 10^{-4}}{CO_{2dr}+CO_{dr}\times 10^{-4}+THC_{dr}\times 10^{-4}}\times q_{f}$$

…………………………(35)

式中：

$NO_{x mass}$——单位时间内氮氧化物的质量排放率(g/h)；

NO_{xM} ——46.61(假设全部氮氧化物都为二氧化氮时氮氧化物的相对分子量)；

$CH_{\alpha f}$ ——燃料组分的相对分子量；

CO_{2dr} ——干燥尾气中二氧化碳的体积浓度[体积分数(%)]；

CO_{dr} ——干燥尾气中一氧化碳的体积浓度[mL/m³(ppm)]；

NO_{xdr} ——干燥尾气中氮氧化物的体积浓度[mL/m³(ppm)]；

THC_{dr} ——干燥尾气中总碳氢化合物的体积浓度(碳当量)[mL/m³(ppm)]；

q_{f} ——燃料质量流速(g/h)。

15.3.4.4.5 二氧化硫的排放率

二氧化硫的质量排放率 SO_{2mass}应按下式计算：

$$SO_{2mass}=\frac{SO_{2M}}{CH_{\alpha f}}\times\frac{SO_{2dr}\times 10^{-4}}{CO_{2dr}+CO_{dr}\times 10^{-4}+THC_{dr}\times 10^{-4}}\times q_{f}$$

…………………………(36)

式中：

SO_{2mass}——单位时间内二氧化硫的质量排放率(g/h)；

SO_{2M} ——64.06(二氧化硫的相对分子量)；

$CH_{\alpha f}$ ——燃料组分的相对分子量；

CO_{2dr} ——干燥尾气中二氧化碳的体积浓度[体积分数(%)]；

CO_{dr} ——干燥尾气中一氧化碳的体积浓度[mL/m³(ppm)]；

SO_{2dr} ——干燥尾气中二氧化硫的体积浓度[mL/m³(ppm)]；

THC_{dr}——干燥尾气中总碳氢化合物的体积浓度(碳当量)[mL/m³(ppm)]；

q_f ——燃料质量流速(g/h)。

15.3.4.4.6 二氧化碳排放率

二氧化碳的质量排放率 CO_{2mass} 应按下式计算：

$$CO_{2mass}=\frac{CO_{2M}}{CH_{\alpha f}}\times\frac{CO_{2dr}\times 10^{-4}}{CO_{2dr}+CO_{dr}\times 10^{-4}+THC_{dr}\times 10^{-4}}\times q_f \qquad \cdots\cdots(37)$$

式中：

CO_{2mass}——单位时间内二氧化碳的质量排放率(g/h)；

CO_{2M} ——44.01(二氧化碳的相对分子量)；

$CH_{\alpha f}$ ——燃料组分的相对分子量；

CO_{2dr} ——干燥尾气中二氧化碳的体积浓度[体积分数(%)]；

CO_{dr} ——干燥尾气中一氧化碳的体积浓度[mL/m³(ppm)]；

THC_{dr}——干燥尾气中总碳氢化合物的体积浓度(碳当量)[mL/m³(ppm)]；

q_f ——燃料质量流速(g/h)。

15.3.4.5 每种组分质量浓度的计算

15.3.4.5.1 概述

在有害组分质量浓度的计算中，应运用15.3.4.1中计算所得的值。

15.3.4.5.2 一氧化碳质量浓度

一氧化碳的质量浓度应按下式计算：

$$CO_{conc}=CO_{dr}\times 1.252\times 10^{-3} \qquad \cdots\cdots(38)$$

式中：

CO_{conc}——一氧化碳的质量浓度(g/m³)；

CO_{dr} ——干燥尾气中一氧化碳的体积浓度(mL/m³)。

15.3.4.5.3 总碳氢化合物的质量浓度

应按下式计算总碳氢化合物的质量浓度：

$$THC_{conc}=THC_{dr}\times(0.537+0.045\times\alpha_e)\times 10^{-3} \qquad \cdots\cdots(39)$$

式中：

THC_{conc}——总碳氢化合物的质量浓度(g/m³)；

THC_{dr} ——干燥尾气中总碳氢化合物的体积浓度(mL/m³，C当量)；

α_e ——尾气中的总碳氢化合物的氢碳原子比。

对于汽油燃料与煤油燃料来说，α_e 可采用以下的值：

汽油燃料：1.85；

煤油燃料：1.94。

15.3.4.5.4 氮氧化物的质量浓度

假设所有的氮氧化物都是二氧化氮，氮氧化物的质量浓度应按下式计算：

$$NO_{x\mathrm{conc}} = NO_{x\mathrm{dr}} \times 2.056 \times 10^{-3} \quad \cdots\cdots(40)$$

式中：

$NO_{x\mathrm{conc}}$——干燥尾气中氮氧化物的质量浓度($\mathrm{g/m^3}$)；

$NO_{x\mathrm{dr}}$ ——干燥尾气中氮氧化物的体积浓度[$\mathrm{mL/m^3}$(ppm)]。

15.3.4.5.5 二氧化硫的质量浓度

二氧化硫的质量浓度应按下式计算：

$$SO_{2\mathrm{conc}} = SO_{2\mathrm{dr}} \times 2.863 \times 10^{-3} \quad \cdots\cdots(41)$$

式中：

$SO_{2\mathrm{conc}}$——干燥尾气中二氧化硫的质量浓度($\mathrm{g/m^3}$)；

$SO_{2\mathrm{dr}}$ ——干燥尾气中二氧化硫的体积浓度[$\mathrm{mL/m^3}$(ppm)]。

15.3.4.6 每种组分的平均排放率与平均质量浓度

以下每一个运行阶段，都应计算每种测量的组分的平均排放率和每种测量的有害组分的平均质量浓度。

a) 启动

启动期间，每种组分的平均排放率、平均质量浓度的计算，应取排放率的平均数、质量浓度的平均数。

在报告中填写平均排放率、平均质量浓度时，应附加平均室温和湿度的信息。

b) 额定电输出功率

额定电功率输出运行(达到额定电功率输出 30 min 后的 1 h 的运行)期间，每种组分的平均排放率、平均质量浓度的计算，应取排放率的平均数、质量浓度的平均数。

在报告中填写平均排放率、平均质量浓度时，应附加平均电功率输出、平均室温和湿度的信息。

c) 关机

关机期间，每种组分的平均排放率、平均质量浓度的计算，应取排放率的平均数、质量浓度的平均数。

在报告中填写平均排放率、平均质量浓度时，应附加平均室温和湿度的信息。

15.3.4.7 每种组分的最大排放率

每个运行阶段每种组分的最大平均排放率为最大排放率，应写在报告的附件中。

15.3.4.8 有害组分的最大质量浓度

每个运行阶段每种经测量的有害组分的最大平均排放率和最大平均质量浓度分别为最大排放率和最大质量浓度，应写在报告的附件中。

15.3.4.9 尾气温度

在额定电功率输出下测量的平均尾气温度，应与相关平均热回收流体在进口、出口的温度一起填写在报告中。

15.4 排放水试验

15.4.1 概述

此试验测量从启动、额定电功率输出到关机的所有运行模式下，从小型固定式燃料电池发电系统中排出的水的质量。额定电输出功率由制造商规定。

待测排放水不包含被做为热输出的热水。

15.4.2 试验方法

a) 安装收集排放水的装置后，启动燃料电池发电系统。

b) 从启动到关机，额定电功率输出阶段要运行 3.5 h 或以上，期间排放水应收集、汇集在一起。

c) 测量以下项目：

——排放水总量(应记录运行的持续时间)；

——排放水温度；

——pH 值；

——生化需氧量(BOD)(视情况而定)；

——化学需氧量(COD)(视情况而定)。

对于 pH 值的测量，建议参考 ISO 10523，对于生化需氧量的测量，建议参考 ISO 5815，对于化学需氧量的测量，建议参考 ISO 6060。

16 试验报告

16.1 概述

试验报告应精确、清楚、客观地展现充足的信息，用以表明所有的试验目的都已达到。试验报告的最低要求包括标题页、目录和总结报告。对于遵照 IEC 62282 进行试验的燃料电池系统，应对相关各方呈交总结报告。

用于内部的用途，在第 14 章、第 15 章所得的更多信息可以写在详细报告与(或)完整报告中。附录 E 中提供了详细报告与完整报告的内容指南。

16.2 标题页

标题页应展现以下信息：

a) 报告编号(可选)；

b) 报告类型(总结，详细或完整)；

c) 报告作者；

d) 试验操作人员，测试单位；

e) 报告日期；

f) 试验地点；

g) 试验标题；

h) 试验日期与时间；

i) 燃料电池发电系统的编号与制造商的名称。

16.3 目录

目录应按照顺序展现报告中每章的标题、副标题等及其页码。

16.4 总结报告

总结报告应包含以下的信息：

a) 试验目的；

b) 试验、仪器和设备的描述；

c) 所有的试验结果；

d) 每个试验结果的不确定性；

e) 每个试验结果的可信度；

f) 适当的结果；

g) 试验及其结果的讨论(例如：评价与观察)；

h) 燃料分析的结果。

附　录　A
（资料性附录）
天然气组分的热值

表 A.1 列出了天然气组分的热值。

表 A.1　理想气体在各种燃烧标准条件下天然气组分的热值

序号	组分	单位摩尔的低热值 kJ/mol	单位摩尔的高热值 kJ/mol	单位质量的低热值 MJ/kg	单位质量的高热值 MJ/kg
1	甲烷	802.69	891.56	50.035	55.574
2	乙烷	1 428.84	1 562.14	47.52	51.95
3	丙烷	2 043.37	2 221.1	46.34	50.37
4	正丁烷	2 657.6	2 879.76	45.72	49.55
5	2-甲基丙烷	2 648.42	2 870.58	45.57	49.39
6	正戊烷	3 272.00	3 538.6	45.35	49.04
7	2-甲基丁烷	3 265.08	3 531.68	45.25	48.95
8	2,2-二甲基丙烷	3 250.83	3 517.43	45.06	48.75
9	正己烷	3 887.21	4 198.24	45.11	48.72
10	2-甲基戊烷	3 879.59	4 190.62	45.02	48.43
11	3-甲基戊烷	3 882.19	4 193.22	45.05	48.66
12	2,2-二甲基丁烷	3 869.8	4 180.83	44.91	48.51
13	2,3-二甲基丁烷	3 877.57	4 188.6	45.00	48.6
14	正庚烷	4 501.72	4 857.18	44.93	48.47
15	正辛烷	5 116.11	5 516.01	44.79	48.29
16	正壬烷	5 731.49	6 175.82	44.69	48.15
17	正癸烷	6 346.14	6 834.9	44.6	48.04
18	乙烯	1 323.24	1 412.11	47.17	50.34
19	丙烯	1 926.13	2 059.43	45.77	48.94
20	1-丁烯	2 540.97	2 718.7	45.29	48.46
21	顺-2-丁烯	2 534.2	2 711.9	45.17	48.33
22	反-2-丁烯	2 530.5	2 708.3	45.1	48.27
23	2-甲基丙烷	2 524.3	2 702.00	44.99	48.16
24	1-戊烯	3 155.59	3 377.75	44.99	48.16
25	丙二烯	1 855.09	1 943.96	46.3	48.52
26	1,2-丁二烯	2 461.82	2 595.12	45.51	47.98
27	1,3-丁二烯	2 408.8	2 542.1	44.53	47.00
28	乙炔	1 256.94	1 301.37	48.27	49.98

表 A.1（续）

序号	组分	单位摩尔的低热值 kJ/mol	单位摩尔的高热值 kJ/mol	单位质量的低热值 MJ/kg	单位质量的高热值 MJ/kg
29	环戊烷	3 100.03	3 322.19	44.2	47.37
30	甲基环戊烷	3 705.86	3 912.46	44.03	47.2
31	乙基环戊烷	4 320.92	4 631.95	44.01	47.17
32	环己烷	3 689.42	3 956.02	43.84	47.01
33	甲基环己烷	4 293.06	4 604.09	43.72	46.89
34	乙基环己烷	4 911.49	5 266.95	43.77	46.94
35	苯	3 169.56	3 302.86	40.58	42.28
36	甲苯	3 772.08	3 949.81	40.94	42.87
37	乙苯	4 387.37	4 609.53	41.33	43.42
38	邻二甲苯	4 376.48	4 598.64	41.22	43.31
39	甲醇	676.22	765.09	21.1	23.88
40	甲硫醇	1 151.41	1 240.28	23.93	25.78
41	氢气	241.72	286.15	119.91	141.95
42	水	0	44.433	0	2.47
43	硫化氢	517.95	562.38	15.2	16.5
44	氨	316.86	383.51	18.61	22.52
45	氢氰酸	649.5	671.7	24.03	24.85
46	一氧化碳	282.91	282.91	10.1	10.1
47	氧硫化碳	548.15	548.15	9.12	9.12
48	二硫化碳	1 104.32	1 104.32	14.5	14.5
注：以上这些值摘自 ISO 6976:1995 的表 3 与表 4。					

附 录 B
（资料性附录）
天然气组分案例

表 B.1 中列出了天然气组分的例子。

表 B.1 天然气组分案例

%

	A1	A2	G25	B1	B2	G20	C1	C2	D1	D2	E1	E2	F1	F2	N1	N2	N4	N5	K4	J1	J2	J3	J4	G1	G2
CH_4	66.2	67.2	86.0	63.0	82.4	100.0	65.1	74.9	75.6	97.2	88.9	71.7	92.0	85.70	90.65	90.50	90.35	89.57	90.00	89.6	88.9	87.5	89.2	83.4	72.0
C_2H_6	5.0	1.7	0.0	11.7	0.0	0.0	8.3	3.3	11.7	0.0	10.0	15.0	1.7	13.30	4.0	4.0	4.0	5.0	6.0	5.6	6.8	5.9	4.6	6.7	13.3
C_3H_8	0.7	3.3	0.0	2.0	0.0	0.0	4.0	3.3	0.7	1.3	0.0	2.7	6.0	0.7	1.0	1.0	1.0	1.0	1.0	3.4	3.1	5.3	2.7	4.7	5.3
C_4H_{10}	0.2	0.0	0.0	0.0	1.0	0.0	0.7	1.0	0.5	0.2	0.0	0.3	0.2	0.2	n−0.3 i−0.3 neo−0.0	n−0.3 i−0.3 neo−0.0	n−0.15 i−0.3 neo−0.15	n−0.3 i−0.3 neo−0.1	n−0.2 i−0.2 neo−0.0	1.4	1.2	1.2	3.4	1.5	1.3
C_5H_{12}	0.1	0.0	0.0	0.0	0.7	0.0	0.6	0.4	0.3	0.1	0.0	0.2	0.1	0.1	n−0.1 i−0.1	n−0.15 i−0.15	n−0.15 i−0.15	n−0.1 i−0.1	n−0.2 i−0.2	0.0	0.0	0.0	0.0	1.0	0.9
C_{6+}	0.1	0.0	0.0	0.0	0.3	0.0	0.3	0.3	0.2	0.1	0.0	0.1	0.1	0.1	0.05	0.1	0.1	0.03	0.2	0.0	0.0	0.0	0.0	0.5	0.4
CO_2	7.8	10.0	0.0	5.6	2.2	0.0	5.6	1.1	8.9	1.1	1.1	3.3	0.0	0.0	1.0	1.0	1.0	1.0	0.8	0.0	0.0	0.0	0.0	0.0	2.2
N_2	20.0	17.8	14.0	17.8	13.3	0.0	15.6	15.6	2.2	0.0	0.0	6.7	0.0	0.0	2.5	2.5	2.5	2.5	1.2	0.0	0.0	0.1	0.1	2.2	4.4
LHV(kWh/m^3)	7.84	7.86	8.13	8.89	9.01	9.45	9.66	9.58	10.19	10.21	10.65	10.77	11.19	11.26	10.28	10.33	10.33	10.38	10.66	11.29	11.29	11.56	11.58	11.92	11.96
LHV(MJ/m^3)	28.21	28.30	29.25	32.01	32.43	34.02	34.77	34.48	36.76	36.68	38.34	38.77	40.30	40.55	37.01	37.19	37.18	37.37	38.37	40.64	40.66	41.63	41.69	42.93	43.07
HHV(kWh/m^3)	8.69	8.71	9.03	9.84	9.99	10.49	10.67	10.59	11.30	11.31	11.81	11.90	12.39	12.47	11.15	11.20	11.07	11.25	11.56	12.51	12.51	12.80	12.82	13.17	13.20
HHV(MJ/m^3)	31.27	31.36	32.49	35.41	35.96	37.78	38.40	38.14	40.67	40.72	42.51	42.85	44.90	44.90	40.12	40.32	39.85	40.52	41.60	45.02	45.03	46.07	46.15	47.42	47.50

表 B.2 中列出了丙烷气组分的案例。

表 B.2 丙烷气组分案例

%

	JP1	1A	1B	1C	1D	1E	2A	2B	2C	2D	3A	3B	3C	3D	3E	3F	3G	3H	G30
C_2H_6	0.8	0.0	5.0	0.0	5.0	0.0	5.0	0.0	5.0	0.0	5.0	0.0	5.0	0.0	5.0	0.0	5.0	0.0	0.0
C_3H_8	98.0	100.0	90.0	90.0	80.0	80.0	70.0	70.0	60.0	60.0	50.0	50.0	40.0	40.0	20.0	20.0	0.0	0.0	0.0
																			n−50
LHV(kWh/m^3) LHV(MJ/m^3)	25.37	25.94	25.96	26.80	26.82	27.65	27.68	28.51	28.53	29.36	29.38	30.22	30.24	31.07	31.95	32.78	33.66	34.49	32.25
HHV(kWh/m^3) HHV(MJ/m^3)	27.56	28.22	28.25	29.14	29.14	30.06	30.09	30.98	31.00	31.90	31.92	32.82	32.84	33.73	34.68	35.57	36.52	37.41	34.94

附 录 C
（资料性附录）
典型示范试验操作表

表 C.1 列举了典型示范试验的操作表。

表 C.1 典型示范试验操作表

编号	试验类型	操作程序	章节	预计持续时间
1	储存状态试验	在储存状态下运行系统	14.6	3 h
2	启动试验	启动系统至额定电功率输出	14.5	视系统而定
3	燃料消耗试验 电功率输出试验 热回收试验	在额定电输出功率下运行系统	14.2 14.3 14.4	3 h
4	燃料消耗试验 电功率输出试验 热回收试验	在 75%额定电输出功率下运行系统	14.2 14.3 14.4	3 h
5	燃料消耗试验 电功率输出试验 热回收试验	在 50%额定电输出功率下运行系统	14.2 14.3 14.4	3 h
6	燃料消耗试验 电功率输出试验 热回收试验	在最小电输出功率下运行系统	14.2 14.3 14.4	3 h
7	关机试验	在额定电输出功率下运行系统， 关闭系统	14.8	视系统而定
8	电功率输出变化试验	启动系统， 在不同的输出下运行系统， 关闭系统	14.7	8 h
9	噪声试验	冷态下的系统	15.2	30 min
10	尾气试验 噪声试验 排放水试验	启动系统至额定电功率输出	15.2 15.3 15.4	视系统而定
11	尾气试验 噪声试验 排放水试验	在额定电输出功率下运行系统	15.2 15.3 15.4	1 h
12	尾气试验 噪声试验 排放水试验	关闭系统	15.2 15.3 15.4	视系统而定

附　录　D
（资料性附录）
典型尾气组分

表 D.1 列出了源自典型燃料的预期典型尾气组分。

图 D.1　典型燃料的预期典型尾气组分

气体组分	一氧化碳	氮氧化物	二氧化硫	总碳氢化合物
氢气	无	无	无	无
天然气	有	有	无	无
丙烷	有	有	无	有
煤油	有	有	有	有
汽油	有	有	有	有

附　录　E
（资料性附录）
详细和完整报告的内容指南

E.1　概述

建议创建详细报告及/或完整报告时，应记录下充足的信息，以表明所有试验目的均已达到。

各类报告都应添加标题页及目录页，标题页应包含16.2中所描述的相同信息。

E.2　详细报告

除了总结报告所包含的信息之外，详细报告应包含以下信息：

a)　类型，规格，燃料电池发电系统的运行结构及展现试验边界的流程图；

b)　计划安排、仪器设备的地点与运行条件的说明；

c)　仪器的校准结果；

d)　计算方法的参考依据；

e)　结果的表格化、图形化展现。

E.3　完整报告

除了详细报告中包含的信息外，完整报告还应包含以下信息：

a)　原始数据表的复印件；

b)　除了测量数据外，原始数据表应包含以下信息：

　1)　试验运行的日期和时间；

　2)　试验所用仪器的型号、序列号及测量准确度；

　3)　试验环境条件；

　4)　试验操作人员的姓名与资质；

　5)　完整详细的不确定度分析。

参 考 文 献

[1] IEC 60050-601:1985 International Electrotechnical Vocabulary — Part 601: Generation, transmission and distribution of electricity—General

[2] IEC 61672-2 Electroacoustics—Sound level meters—Part 2: Pattern evaluation tests

[3] IEC/TS 62282-1:2010 Fuel cell technologies—Part 1: Terminology

[4] ISO 6326 (all parts) Natural gas-Determination of sulfur compounds

[5] ISO 6974 (all parts) Natural gas-Determination of composition with defined uncertainty by gas chromatography

[6] ISO 6975 (all parts) Natural gas-Extended analysis—Gas-chromatographic method

[7] ISO 6976 Natural gas-Calculation of calorific values, density, relative density and Wobbe index from composition

[8] ISO 7934 Stationary source emissions—Determination of the mass concentration of sulfur dioxide—Hydrogen peroxide/barium perchlorate/Thorin method

[9] ISO 7935 Stationary source emissions—Determination of the mass concentration of sulfur dioxide—Performance characteristics of automated measuring methods

[10] ISO 7941 Commercial propane and butane—Analysis by gas chromatography

[11] ISO 10396 Stationary source emissions—Sampling for the automated determination of gas emission concentrations for permanently-installed monitoring systems

[12] ISO 10849 Stationary source emissions—Determination of the mass concentration of nitrogen oxides—Performance characteristics of automated measuring systems

[13] ISO 11042-1 Gas turbines—Exhaust gas emission—Part 1: Measurement and evaluation

[14] ISO 11042-2 Gas turbines—Exhaust gas emission—Part 2: Automated emission monitoring

[15] ISO 11541 Natural gas—Determination of water content at high pressure

[16] ISO 11564 Stationary source emissions—Determination of the mass concentration of nitrogen oxides—Naphthylethylenediamine photometric method

[17] ISO/TR 15916 Basic considerations for the safety of hydrogen systems

[18] SAE ARP 1533A-2004 Procedure for the Analysis and Evaluation of Gaseous Emissions from Aircraft Engines

[19] EN 50465 Gas appliances—Fuel cell gas heating appliances—Fuel cell gas heating appliance of nominal heat input inferior or equal to 70 kW

[20] ASTM D4809-09 Standard Test Method for Heat of Combustion of Liquid Hydrocarbon Fuels by Bomb Calorimeter (Precision Method)

ICS 25.040.40
N 10

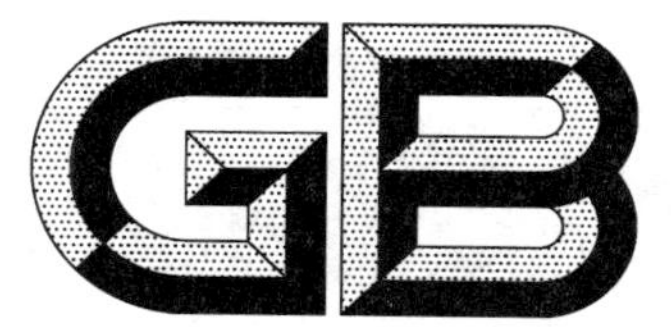

中华人民共和国国家标准

GB/T 27758.3—2017/ISO 18435-3:2015

工业自动化系统与集成 诊断、能力评估以及维护应用集成 第3部分:应用集成描述方法

Industrial automation systems and integration—Diagnostics, capability assessment and maintenance applications integration—Part 3: Applications integration description method

(ISO 18435-3:2015,IDT)

2017-12-29 发布　　　　2018-07-01 实施

中华人民共和国国家质量监督检验检疫总局
中国国家标准化管理委员会　发布

前　言

GB/T 27758《工业自动化系统与集成　诊断、能力评估以及维护应用集成》分为三个部分：

——第1部分：综述与通用要求；

——第2部分：应用领域矩阵元素描述与定义；

——第3部分：应用集成描述方法。

本部分为 GB/T 27758 的第3部分。

本部分按照 GB/T 1.1—2009 给出的规则起草。

本部分使用翻译法等同采用 ISO 18435-3:2015《工业自动化系统与集成　诊断、能力评估以及维护应用集成　第3部分：应用集成描述方法》。

与本部分中规范性引用的国际文件有一致性对应关系的我国文件如下：

——GB/T 19659.1—2005 工业自动化系统与集成　开放系统应用集成框架　第1部分：通用的参考描述(ISO 15745-1:2003,IDT)

本部分由中国机械工业联合会提出。

本部分由全国自动化系统与集成标准化技术委员会(SAC/TC 159)归口。

本部分起草单位：北京机械工业自动化研究所。

本部分主要起草人：高雪芹、黎晓东。

引　言

GB/T 27758 定义了一套集成方法，用于将诊断、能力评估和维护应用与生产、控制以及其他制造业务应用进行集成。

GB/T 27758.1 给出了自动化应用集成需求描述方法的规则和元素综述，如图 1 所示。这些元素包括自动化应用与其他应用集成的关键因素，以及这些关键因素之间的关系。这些规则包括支持一项应用内部以及多个应用之间互操作的信息交换。

GB/T 27758.2 给出了应用交互矩阵元素（AIME）和应用领域矩阵元素（ADME）结构的详细定义，以及它们之间的关系。特别描述了从一组 AIME 中构建 ADME 的步骤。

GB/T 27758 的本部分定义了一个推荐方法，该方法基于模板来描述企业内两个或多个自动化领域应用之间的互操作，这些应用可位于企业任意一个功能层和资源层。主要关注生产作业和维护作业领域。

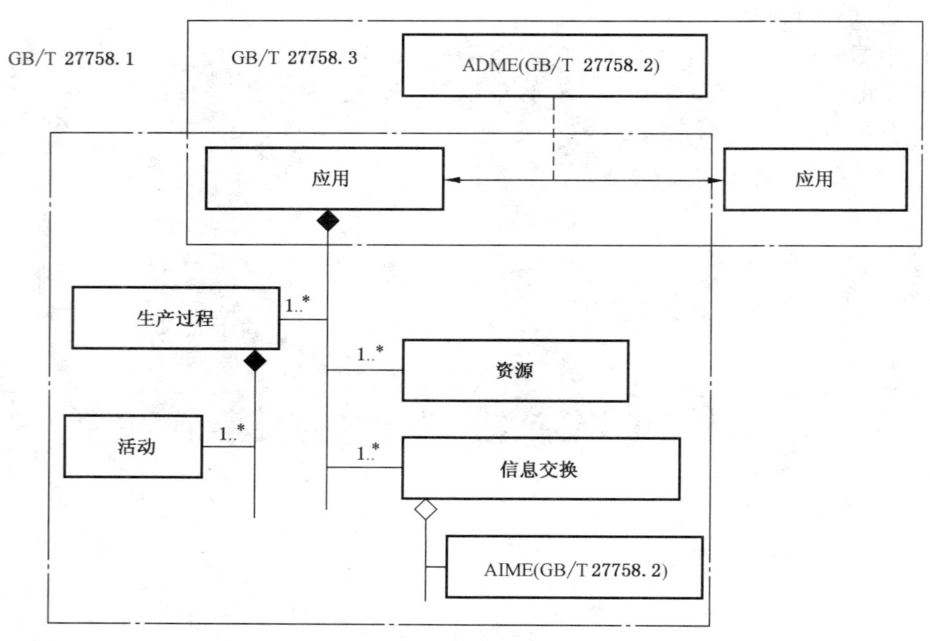

图 1　GB/T 27758 各部分之间的关系

统一建模语言（UML）用来描述与现场应用互操作性和集成有关的信息交换需求，尤指诊断、控制、维护和生产方面。

目的集中在：

——怎样表达与过程、设备、操作者、材料以及其他自动化资产有关的信息交换；

——怎样表述从控制和生产系统到各种诊断和维护系统所进行的信息交换，以实施资产管理。

描述信息交换的预期优势在于：

——有利于指定和获取开放系统，以支持诊断应用与维护应用之间的互操作性；

——减少开发诊断和维护解决方案的时间，这些方案直接处理定义明确的集成需求；

——提供了一套对工具分类的方法，工具用以实现和验证应用间的互操作性和集成。

工业自动化系统与集成 诊断、能力评估以及维护应用集成 第3部分:应用集成描述方法

1 范围

GB/T 27758 的本部分定义了 GB/T 27758.2 互操作性模板的使用方法。这些方法描述了如何构建和使用应用领域矩阵元素(ADME)、应用交互矩阵元素(AIME)和开放技术字典(OTD),以支持信息交换。

本部分还特别给出了有关两个应用之间信息交换的描述导则,通过 GB/T 27758.2 定义的语境、传递和内容对信息交换进行描述。

本部分与 GB/T 27758.1 和 GB/T 27758.2 结合使用。

2 规范性引用文件

下列文件对于本文件的应用是必不可少的。凡是注日期的引用文件,仅注日期的版本适用于本文件。凡是不注日期的引用文件,其最新版本(包括所有的修改单)适用于本文件。

GB/T 27758.1—2011 工业自动化系统与集成 诊断、能力评估以及维护应用集成 第1部分:综述与通用要求(ISO 18435-1:2009,IDT)

GB/T 27758.2—2015 工业自动化系统与集成 诊断、能力评估以及维护应用集成 第2部分:应用领域矩阵元素描述与定义(ISO 18435-2:2012,IDT)

ISO 8000(所有部分) 数据质量(Data quality)

ISO/IEC 10646 信息技术 通用编码字符集(UCS)(Information technology—Universal coded character set)

ISO 15745-1 工业自动化系统与集成 开放系统应用集成框架 第1部分:通用的参考描述(Industrial automation systems and integration—Open systems application integration framework—Part 1:Generic reference description)

ISO/TS 29002(所有部分) 工业自动化系统与集成 特性数据交换(Industrial automation systems and integration—Exchange of characteristic data)

ISO/TS 29002-5:2009 工业自动化系统与集成 特性数据交换 第5部分:识别方案(Industrial automation systems and integration—Exchange of characteristic data—Part 5:Identification scheme)

3 术语和定义

GB/T 27758.1 和 GB/T 27758.2 界定的以及下列术语和定义适用于本文件。

3.1

本体 ontology

应用领域概念的明确且一致的详细规定,不涉及概念的使用。

[ISO 13584-511:2006,定义 3.1.20]

4 缩略语

下列缩略语适用于本文件。

ADME:应用领域矩阵元素(Application Domain Matrix Element)

AIME:应用交互矩阵元素(Application Interaction Matrix Element)

CBM:基于状态的维护(Condition-Based Maintenance)

OTD:开放技术字典(Open Technical Dictionary)

UML:统一建模语言(Unified Modelling Language)

XML:可扩展标记语言(eXtensible Markup Language)

5 应用集成描述方法

5.1 应用集成概念介绍

5.1.1 通则

用户的应用集成需求决定着支持应用互操作性需求的信息交换专规。为了开发有关应用信息交换专规,应决定现有相关客户领域范围。

第5章描述了根据信息交换需求、借助 GB/T 27758.2 定义的模板指定 AIME 和 ADME 包含信息的方法。通过使用此方法,提供定义语境中应用的互操作性。由于这个方法被用来集成不同领域的附加应用,因此该方法能够用来决定信息交换专规(使用 AIME 结构)是否具有用户需要的互操作性。图2显示了一个迭代过程,以验证应用程序集成的预期的互操作性。

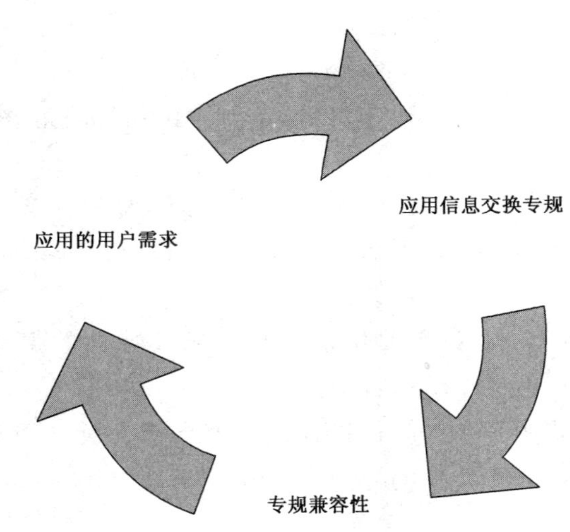

图2 互操作性系统设计循环

应用信息交换专规通用结构如图3所示。评估 AIME 专规兼容性(以支持信息交换)的方法取决于所关注的语境及领域。

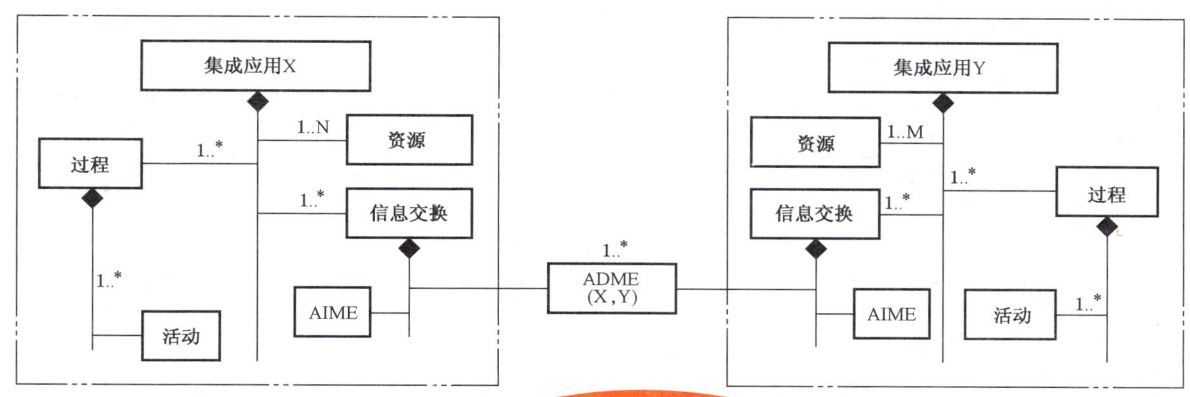

图 3　专规元素

诊断和维护任务取决于不同应用领域之间的集成目标，如图 4 所示。技术任务描述应该包括对相关资产的识别，根据这些相关资产定义技术任务并划取所涉及的应用领域。

信息交换专规描述方法取决于依照领域间或领域内信息交换建立的语境。支持信息交换的资源能力专规通过 AIME 描述。

注：根据 GB/T 27758.2—2015 中 5.2，可以对分配的资源和定义资源之间的信息交换以序列图的方式进行描述。

应用领域类别在 GB/T 27758.1 中定义，如图 4 所示。本部分描述了互操作性模板，用以满足 GB/T 27758.1 所述的应用互操作性的集成需求。

以诊断和控制应用领域为例，说明了使用互操作性模板的方法，如图 4 所示。

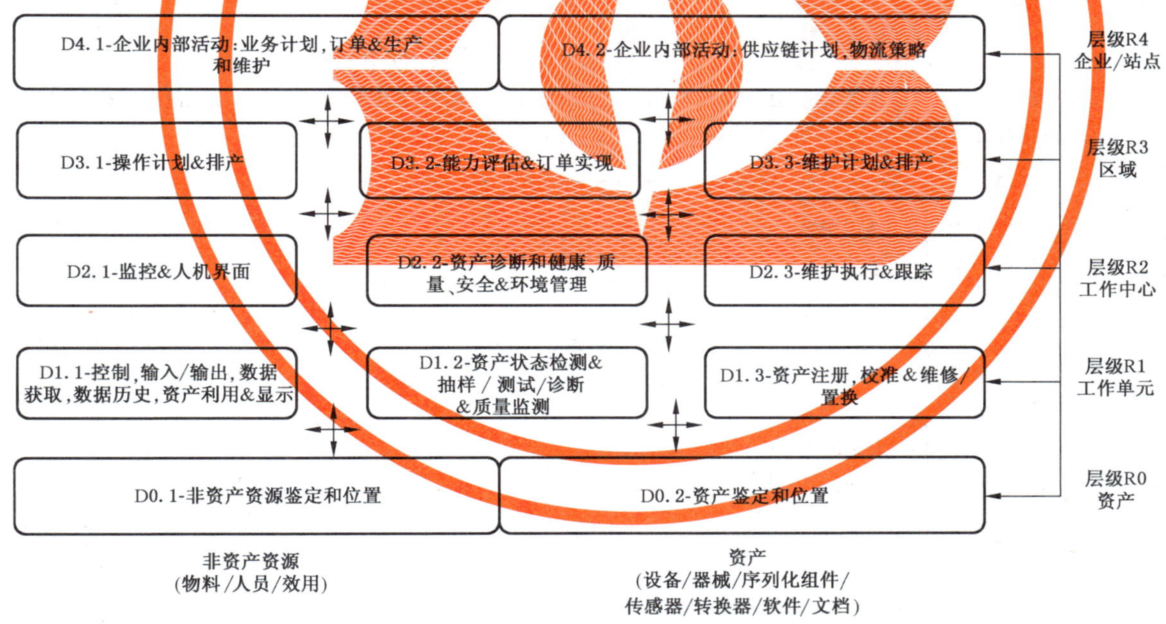

图 4　应用领域类别

5.1.2　领域间需求

领域间应用互操作性模板应该根据 ISO 15745，参考特定领域标准或其专规，来规定集成模型语境。

示例 1：如图 5 所示，控制应用领域中的各应用可以使用 IEC 61512 的参考模型，以描述 ADME 互操作性模板的模型构建、术语和定义。诊断应用领域中的各应用可以使用 ISO 13374-2 的参考模型，来描述相应的诊断 ADME。

因而，当不同应用领域之间交换信息时，应标明领域参考模型的语境，并且应描述由传递机制处理的内容信息。语境、传递和内容信息包含在采用专规规范的ADME中。信息交换的实际内容应由专规规范定义。

示例2:ISO 13374诊断信息报文“建议生成”从诊断应用发出,这与“事件”从IEC 61512批控制应用发出情形一致。

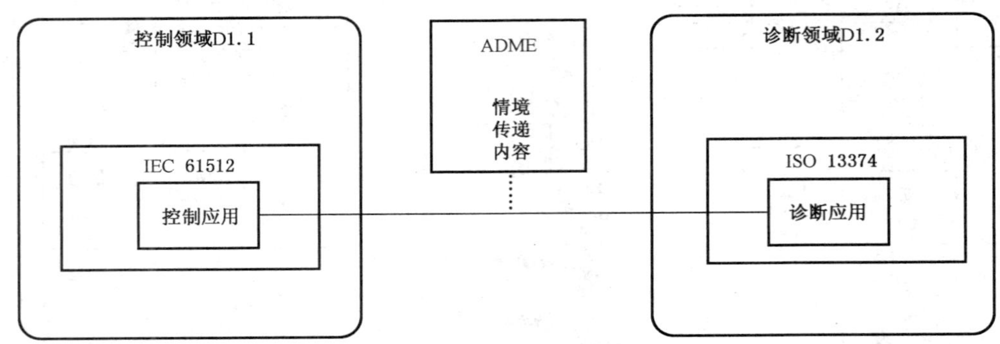

图5 领域间应用互操作性

信息模型的术语和定义应该参照标准。标准的术语和模型应该利用开放技术字典(OTD)概念进行识别和引用。本部分中,信息模型和术语使用ISO/TS 29002(见附录A)定义的开放技术字典的概念。不同领域的应用使用共同的模型与术语通用集,该通用集构成了信息交换的基础。

此应用集成方法可以使得领域间互操作性需求映射到每个目标应用AIME和应用间ADME。

5.1.3 领域内需求

领域内应用互操作性模板应该使用应用信息交换参考模型的通用语境。

示例:如图6所示,控制应用和诊断应用具有相同的信息交换语境,因而表达、术语和定义具有相同结构和意义。传递和内容部分遵照IEC 61512的语法和语义给出。

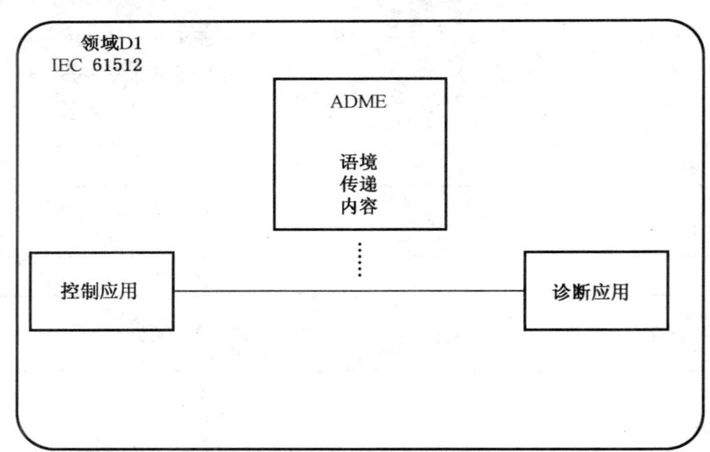

图6 领域内应用互操作性

5.2 建规概念

5.2.1 通则

图7描述了通用建规概念。GB/T 27758.2规定了语境、传递和内容的通用模板。领域内信息交换专规的模板信息直接来自参考领域标准。对于领域间专规,需要参照开放技术字典(OTD),以确保信息交换的术语和定义的兼容性。OTD应包含采用ISO 15745-1方法论的参考领域建规信息;领域间信

息交换可能需要获得两个技术字典间的概念映射。

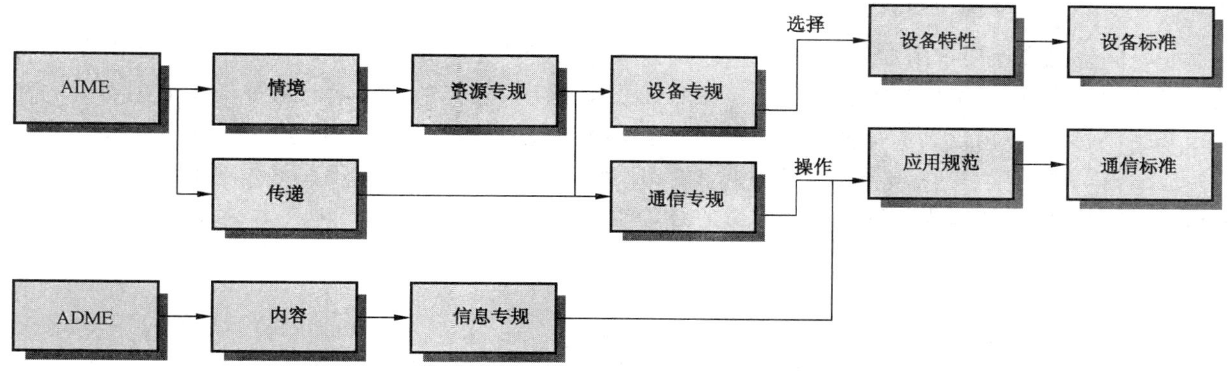

图 7　专规聚集

AIME 定义能力专规，以支持 ADME 信息交换需求。领域内应用的能力专规在定义上是兼容的。例如设备专规和通信专规遵循规范通用集。

设备能够选择，并且其相关特性能通过使用组件数据词典如 IEC 61360(统一数据词典 CDD)来识别和引用。设备类识别代码和特性识别代码能够用来指代通用组件特征。

注：开关设备和控制设备类描述由 IEC 62683 提供，过程设备描述由 IEC 61987 提供。

领域间应用的能力专规能够符合不同设备和信息专规。为支持信息交换，应用信息交换专规定义了优先语境和传递专规。应检查 AIME 中定义的能力专规，以验证兼容性。由于将语境指定为参照了一项专规的专规，因而要求进行多层级专规检查。

5.2.2　领域内信息交换兼容性

领域内信息交换应使用图 8 所示的相同语境和传递专规。对于领域内信息交换，这降低了资源专规在选择过程中的复杂性。

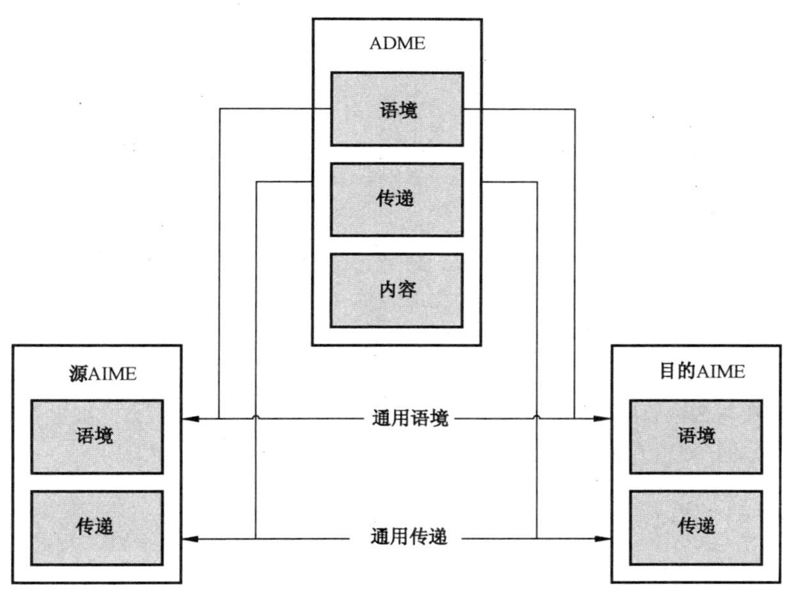

图 8　领域内信息交换

5.2.3 领域间信息交换兼容性

领域间信息交换要求附加兼容性检查，以选择适当的信息交换资源专规。应该根据 GB/T 27758.1 通过参考领域，对语境加以区别。语境应该参照开放技术字典规定的定义集。如果语境使用不同的开放技术字典，那么应该识别从每个开放技术词典中选择适当词条的过程，并且应该设立通用语境。

应检查每个领域中选定的资源，以提供 ADME 要求的传递，如图 9 所示。每一项资源(例如设备、通信、装置、软件)应该提供传递规范所定义的必备能力。

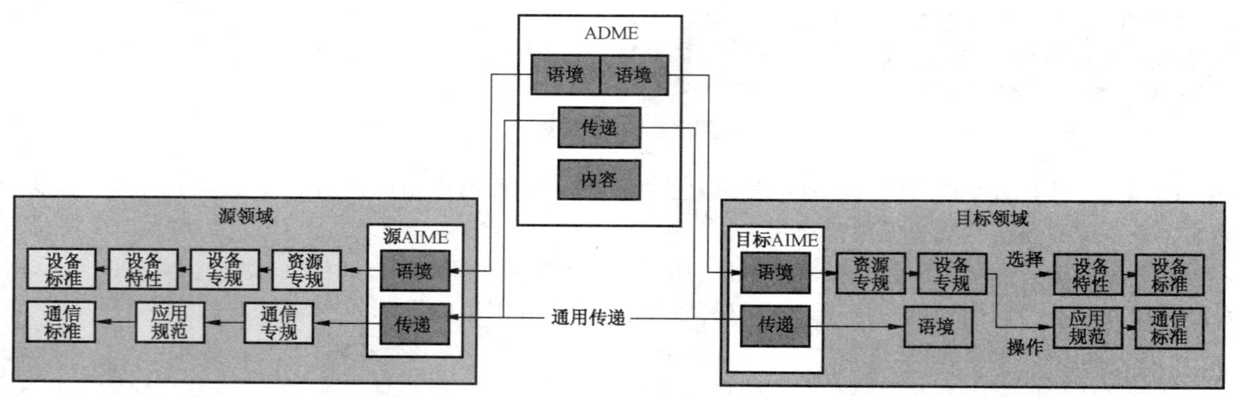

图 9 领域间交换

5.3 信息交换的基本互操作要求

对将要交换的信息应：

——根据开放技术字典进行定义。

——所有信息应使用在开放技术字典中定义的概念。开放技术字典应符合 ISO/TS 29002 的要求。

注 1：ISO/TS 29002 提供开放技术字典要求的基本集合。通过使用 ISO/TS 29002，不同语境之间的映射是可能的。

——通过参照应用领域集成图表，与语境相关。

示例：领域分类如图 4 所示。

——基于一个公众可获得的信息模型。

注 2：可以使用信息模型对信息进行简要描述，也就是信息交换中的特征数据可以参考公众可获得的标准。

注 3：信息模型建议标明信息交换的目的和用途，例如信息交换是否出于设计、操作和/或维护的目的。

——基于 ISO 8000 数据质量标准，应指定相关部分。

注 4：将要交换的信息具有形式规范，其语义能够通过计算机检查，以验证是否符合主数据规范。

注 5：ISO 8000-120 提供数据起源要求和起源记录要求；也就是数据历史和有关信息拥有者的信息(如时间和位置的可追溯性)。通过利用 ADME 传递部分能够实现可追溯性。

5.4 AIME 和 ADME 建构过程

5.4.1 通则

建构 AIME 和 ADME 的通用概念和过程如图 10 所示。任务命令仅为示例。

示例 1：建构 AIME 和 ADME 的过程如图 10 所示。

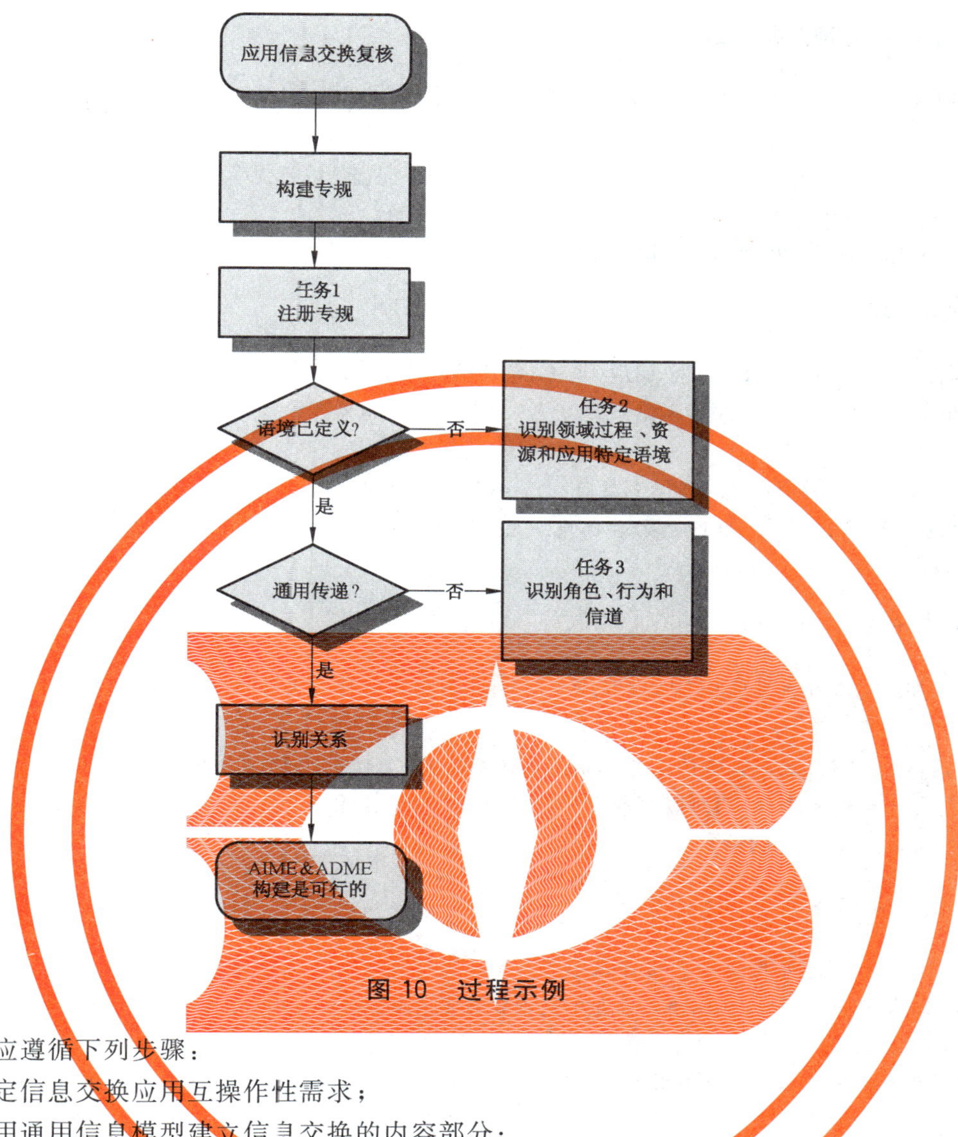

图 10 过程示例

该过程应遵循下列步骤：

——决定信息交换应用互操作性需求；

——使用通用信息模型建立信息交换的内容部分；

——使用选定的应用集成框架定义资源应用并建立传递部分；

——定义 AIME 和 ADME 参考标识符，见附录 A。

注：源应用和目的应用之间的传递机制必须利用相同的通信服务。例如当那些应用具有内容通用信息模型而并非传递通用信息模型时，那么一项应用需要进行调整以发送信息。

示例 4：如果传递以 WSDL 描述并使用网络服务，那么源应用需要开发必要能力集合，以满足目的要求。或者供应商能够建议使用“现场总线”标准，以交换信息。传递机制建议为现场总线服务之一。

5.4.2 应用互操作性要求

5.4.2.1 通则

互操作性的最低标准在 GB/T 27758.1—2011 的 5.3 给出。

根据客户/供应商的观点或需求，使用例如特定现场总线标准（IEC 61784）、特定设备模型（ISO 15745-3）、特定应用标准（IEC 61512）或者使用特定接口（ISO 13374-2）对通用语境下的互操作性要求进行定义。目的在于使用已经定义的词汇通用集。

互操作性将通过完成以下章节所述的步骤来实现。

5.4.2.2 识别候选应用及其领域

应根据 GB/T 27758.1—2011 的 5.4 识别候选应用,并将其分配给相应的领域。应确定涉及信息交换的领域。

示例:利用 GB/T 27758.2—2015 的附录 B,机器人监测应用分配至领域类别标识符 D1.2,机器人控制应用分配至 D1.1。

注:领域类别标识符,例如 D1.2,(见 GB/T 27758.1—2011 的 5.4.8)用来建构 AIME。

5.4.2.3 识别过程

应识别候选应用的 AIME 过程专规(见 GB/T 27758.2—2015 的 6.2.3)。

示例 1:根据 GB/T 27758.2—2015 的附录 B,机器人监测应用和机器人状态监测过程有关,机器人控制应用和运动控制过程有关。

应识别 AIME 通用资源专规(见 GB/T 27758.2—2015 的 6.2.3)。

示例 2:根据 GB/T 27758.2—2015 的附录 B,机器人监测应用和资源 PLC 有关,机器人控制应用和资源 PLC、伺服驱动和振动监视器有关。

5.4.2.4 选择/创建信息模型

信息模型的术语和定义应引用标准。对于不同领域的应用使用一套通用的模型和术语集,可以建立信息交换的基础

示例:根据 GB/T 27758.2—2015 的附录 B,机器人监测应用和工业特定标准状态监测标准 ISO 13374 有关。

应使用开放技术字典(OTD)概念来识别和引用标准术语和模型。本部分中,信息模型和术语应使用开放技术字典的概念,如 ISO 29002 所定义(见附录 A)。

5.4.2.5 定义集成标准

应制定用于信息交换的应用集成框架。

注 1:ISO 15745-1 规定了构成应用集成框架的规则集与元素集。构建应用、系统和组件的元素集和规则集在应用框架内始终如一。

示例:根据 GB/T 27758.2—2015 的附录 B,MEidentification(如 ADME)与其 MESource(ISO)共同描述参考应用集成框架。

如果信息交换发生在使用不同应用集成框架的应用之间,应建立两个框架通用的规则和元素集。

注 2:为两个框架开发通用规则集不在本部分范围内。

5.4.3 规定内容部分

信息交换的 ADME 内容部分应由通用信息模型来规定。

示例 1:根据 GB/T 27758.2—2015 的附录 B,内容部分描述信息交换名称、交换中的变量和为信息交换进行的交互活动。

示例 2:附录 C 和附录 D 描述了使用领域类别标识符(D1.1~D1.2)交换的内容示例。

5.4.4 规定资源和传递要求

应在应用需求和资源能力的基础上,使用选定的应用集成框架来规定语境和传递部分。

AIME 资源部分规定了提供应用所需能力的资源专规。

示例 1:根据 GB/T 27758.2—2015 的附录 B,资源部分简要描述了支持信息交换的必备资源,如 PLC。

AIME 传递部分规定了应用所需的特定通信要求。应在两个 AIME 中识别通用信息类型(informationType)。应根据 GB/T 27758.2—2015 的 6.2.4 识别信道类型(channelType)、角色类型

(roleType)和参与者类型(participantType)集合。

示例 2:根据 GB/T 27758.2—2015 的附录 B,传递部分简要描述了特定应用集成框架支持的信道类型。

注 1:传递部分能简要描述特定应用集成框架支持的不同信道类型。如果应用集成框架支持多信道类型,信息类型将具有整个信道类型的通用语义。

注 2:角色类型识别资源服务(例如,WSDL 中的服务描述)。

5.5 AIME 要求

5.5.1 通则

根据资源需求构建 AIME,资源需求根据应用互操作性需求建立。在涉及装置/设备/软件的诊断应用中,操作信息交换发生之前需要实施一系列步骤。

5.5.2 AIME 详细要求

AIME 应支持下列几个方面:

——选择:第一步是选择适合的装置/设备/软件专规以支持信息交换。选择装置/设备/软件专规,以满足根据 5.4.4 资源和传递要求而设定的要求。得到支持的典型应用需要选择适当的专规来支持信息交换。

示例 1:附录 D 描述了用于构建 AIME 并符合 5.4.4 要求的装置/设备/软件专规示例。

示例 2:ISO 16100 描述了制造软件能力专规。

——配置:这一步骤规定了装置/设备/软件的配置参数,以满足信息交换需求。特定配置集合的步骤需要根据 5.4.4 建立的传递和语境要求来实施。

——操作:这一步骤规定了应用之间信息交换的操作场景。操作场景定义了信息类型和交互活动,以支持应用互操作性。由特定技术字典进行变量类型定义。

示例 13:附录 B 描述了符合 5.4.4 要求的将要交换的操作信息示例。

附录 A 描述了变量类型和实例定义的规范要求。

5.6 ADME 的构建

5.6.1 通则

ADME 通过 AIME 构建,用以描述应用之间的关系。

任何制造资源都应该有一个唯一的标识,该标识使用一个标准化的方法得到,如 ISO/TS 29002。

如果根据 GB/T 27758.2 的规则定义了完全 ADME 和 AIME,并满足 GB/T 27758.1—2011 的 5.3,那么应认为这些应用具有互操作性。

5.6.2 技术字典选择

应用中使用的技术字典应该在 ADME 内容部分选择并指定。

示例:附录 A 描述了在 ADME 内容部分选择技术字典的示例。

5.6.3 应用框架选择

应用中使用的应用框架应该在 ADME 内容部分选择并指定。

示例:附录 A 描述了在 ADME 内容部分选择应用框架的示例。

5.6.4 内容部分

内容部分的每一项应根据附录 A 中 A.6 进行描述。

6 一致性

应用可以通过记录 GB/T 27758.2 规定的语境、传递和内容模板宣布与本部分保持一致,并符合本部分所述的要求。

注：本部分给出了运用开放技术字典概念的模板使用导则,如附录 A 所示;该模板在 GB/T 27758.2 中进行了定义。

附 录 A
（规范性附录）
AIME/ADME 本体

A.1 OTD 通用概念

GB/T 27758.2 中定义了一些术语。这些术语的定义能够进入开放技术字典(OTD)。使用 OTD 能够使概念标识符和术语有关系。由于在特定领域可以偏重于不同的术语集，只要概念相同，不同领域的映射是可能的。一个领域的特定术语集及其使用可以称为该领域的本体。“识别指南”提供 OTD 和特定领域本体之间的映射。

注：ISO/TS 22745-30 描述了构建识别指南(或数据要求)的方法。ISO/TS 22745-40 描述了构建分类的方法。领域本体方面的要求能够进行规定；(通过类别描述)特定应用规定了对特定数据要求的支持。

GB/T 27758.2 定义的术语在表 A.2～表 A.5 中定义。每个术语能够根据 ISO/TS 29002-5 与 OTD 映射。

A.2 符合 ISO 29002-5 的概念标识格式

概念标识符应该按照 ISO/TS 29002-5:2009 中第 7 章进行规定;参考信息如表 A.1 所示。

A.2.1 概述

图 A.1 为标识符格式。

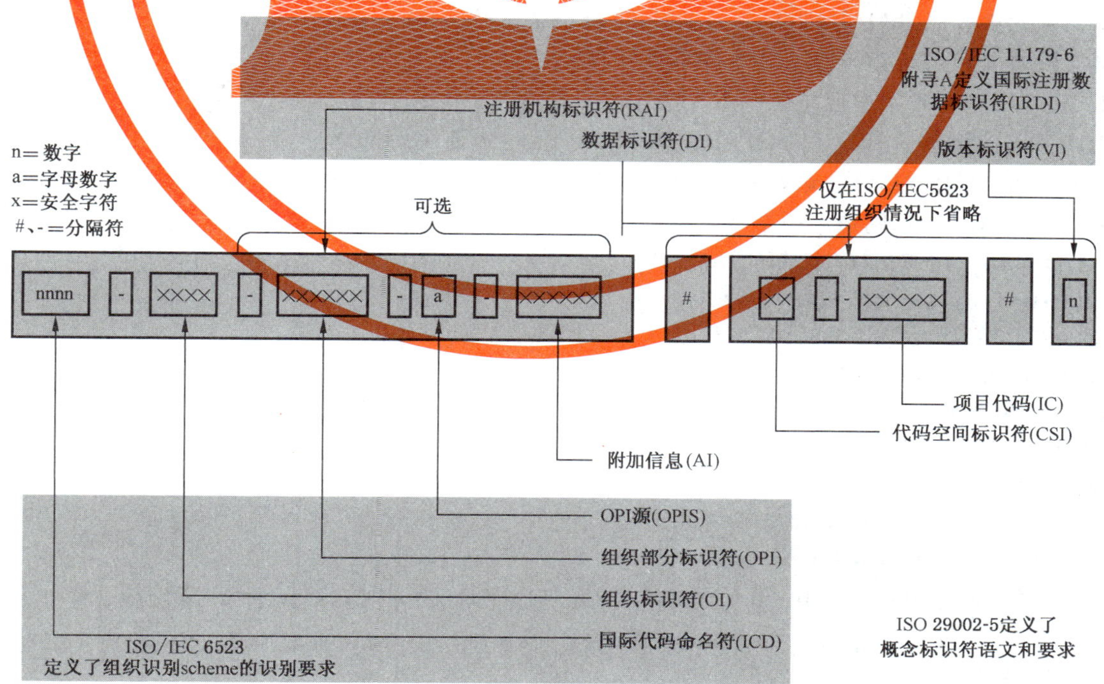

图 A.1 标识符格式

A.2.2 字符集

标识符应该只使用表 A.1 所列的字符。

表 A.1 字符集

名　　称	ISO/IEC 10646 代码(十六进制)	描述
数字	0030～0039	‘0’～‘9’
大写字母	0041～005A	‘A’～‘Z’
连字符	002D	‘—’
井号	0023	‘#’
句号	002E	‘.’
冒号	003A	‘:’
下划线	005F	‘_’

本部分中,术语“大写字母数字”指大写的字母或者数字。

本部分中,术语“安全字符”指大写的字母、数字、冒号、句号或者下划线。

A.2.3 属性最小长度

除非另有规定,本部分规定的每个属性的最小长度为 1。

A.2.4 标识符最大长度

标识符的最大长度是 290 个字符。

标识符元素按照 ISO/TS 29002-5:2009 的第 8 章规定。

语法按照 ISO/TS 29002-5:2009 的第 9 章规定。

正规标识符 IRDI 字串应该包括 RAI 字串、DI 字串和 VI 字串,由井号(#)隔开。

RAI 字串应该包括 ICD、OI、OPI、OPIS 和 AI 字串,由连字符隔开(—)。OPI、OPIS 和 AI 为任选项。如果 OPI、OPIS 和 AI 省略,则后三个连字符应该省略。如果 OPIS 和 AI 省略,则后两个连字符应该省略。如果 AI 省略,则最后一个连字符应该省略。

示例:以下是一些正确的和不正确的 RAI。

正确的:RAI=“0123—45—678—9—abc”

ICD =“0123”,OI = “45”,OPI = “678”,OPIS = “9”,AI = “abc”

正确的: RAI = “0161—1”

ICD =“0161”,OI = “1”,OPI = (null),OPIS= (null),AI = (null)

不正确的: RAI = “0161—1———”

不允许出现拖尾连字符。

正确的:RAI = “0112—1—18435—AAA001”

ICD =“0112”,OI = “1”,OPI = (null),OPIS = (null),AI = “18435_3”

按照 ISO/TS 29002-5:2009 第 6 章的定义,概念类型是:类、特性、数据类型、文件和本体。

A.3 首部部分

AIME 和 ADME 首部部分由表 A.2 所示的下列术语集定义。

表 A.2 首部部分

术语	ICID 术语标识符（OTD=0112—1—18435）		定义	示例	变量 ICID 标识符 ISO/IEC 11578	概念类型文本 1	注释
	标识符	强制性——M 可选择性——O			强制性——M 可选择性——O		
MEIdentification（矩阵元素识别）	AAA001	M	AIME/ADME 的识别	SmartPump-ControlAIME	M	P	ICID 参考技术字典标识符
MErevision（矩阵元素修订）	AAA002	M	AIME/ADME 修订	1a	M	P	
MEname（矩阵元素名称）	AAA003	M	AIME/ADME 名称	D.1.2.Ay_D.1.1.Az	M	P	ADID 类别描述名称
MEsource（矩阵元素源）	AAA004	M	AIME/ADME 来源	ISO	M	P	
MEclassID（矩阵元素类 ID）	AAA005	M	AIME/ADME 类的识别	AIP	M	C	专规识别（ISO 15745 示例）
MEdate（矩阵元素日期）	AAA006	M	AIME/ADME 发布日期	2012—12—30	M	P	
MEregistry（矩阵元素注册）	AAA007	M	AIME/ADME 注册名	Industry_specific_registry_name_ISO_13774	M	P	工业标准注册名称——已在 ICID 字典中注册
文本 1 C=类、P=特性、DT=数据类型、D=文件、O=本体。							

A.4 "语境"本体

AIME 和 ADME 语境部分由表 A.3 所示的术语集定义。

表 A.3 语境部分

术语	ICID 术语标识符（OTD=0112—1—18435）		定义	示例	变量 ICID 标识符 ISO/IEC 11578	概念类型文本 1	注释
	标识符	强制性——M 可选择性——O			强制性——M 可选择性——O		
domainSource-Handle（领域源句柄）	AAB001	M	来自 ADID 的此 AIME 的源领域 ID	D1.1	M	C	控制、I/O、操作数据编使者和面板显示领域

表 A.3（续）

术语	ICID 术语标识符（OTD=0112—1—18435）		定义	示例	变量 ICID 标识符 ISO/IEC 11578	概念类型文本 1	注释
	标识符	强制性——M 可选择性——O			强制性——M 可选择性——O		
domainDestinationHandle（领域目标句柄）	AAB002	M	来自 ADID 的此 AIME 的目标领域 ID	D1.2	M	C	资产利用、状态监测和质量监测领域
applicationSourceHandle（应用源句柄）	AAB003	M	信息交换源应用 ID	PumpControl	M	C	
applicationDestinationHandle（应用目标句柄）	AAB004	M	信息交换目的应用 ID	PumpDiagnostics	M	C	
applicationRelationshipSection（应用关系部分）	AAB005	O	应用语境列表		M	C	
applicationDomainRelationshipName（应用领域关系名称）	AAB006	O	应用领域特定语境规范	Pump_Control_Context、Pump_Diagnostics_Context	M	C	名称列表
processSourceHandle（过程源句柄）	AAB007	O	源过程相关 ID	FlowPIDControl	O	C	过程包括活动集。每一项活动与功能集有关。功能通过资源集实施
processDestinationHandle（过程目标句柄）	AAB008	O	目的过程相关 ID	CurrentHealthEvaluation	O	C	
resourcePack（资源包）	AAB009	O	涉及信息交换的资源列表	PLC、MMD	O	C	列表中每一项资源具有相应的与 ISO 15745 兼容的资源专规

表 A.3（续）

术语	ICID 术语标识符（OTD=0112—1—18435）		定义	示例	变量 ICID 标识符 ISO/IEC 11578	概念类型文本 1	注释
	标识符	强制性——M 可选择性——O			强制性——M 可选择性——O		
resourceName（资源名称）	AAB010	O	资源示例名称	PLC02 MMD00	O	C	
resourceProfile（资源专规）	AAB011	M	资源专规信息	PLCiso 15745profile MMDiso 15745profile	M	C	
文本 1 C=类、P=特性、DT=数据类型、D=文件、O=本体。							

A.5 "传递"本体

AIME 和 ADME 传递由表 A.4 所列的术语集进行定义，并且示例是领域之间信息交换本体的使用。

表 A.4 传递部分

术语	ICID 术语标识符（OTD=0112—1—18435）		定义	示例	变量 ICID 标识符 ISO/IEC 11578	概念类型文本 1	注释
	标识符	强制性——M 可选择性——O			强制性——M 可选择性——O		
informationType（信息类型）	AAC001	M	已交换信息的类型	CavInfoRe-questType	O	C	信息类型定义
roleType（角色类型）	AAC002	O	特定信息交换参与者展示的能力列举	PumpDiagnos-ticsRole PumpControlRole	O	C	角色类型定义
behavior（行为）	AAC003	O	指定角色类型的行为	PumpCavitation-DetectionPump-Control	O	C	
relationshipType（关系类型）	AAC004	O	识别应用角色类型和行为	PumpControl 2PumpDiagnos-tics	O	C	
participationType（参与类型）	AAC005	O	信息交换合作方的类型	PumpFlowCon-trolCavitation-Detection	O	C	

表 A.4（续）

术语	ICID 术语标识符（OTD=0112—1—18435）		定义	示例	变量 ICID 标识符 ISO/IEC 11578	概念类型文本 1	注释
	标识符	强制性——M 可选择性——O			强制性——M 可选择性——O		
channelType(信道类型)	AAC006	O	参与者之间的信息项目交换点	PumpControl2PumpMonitor	O	C	描述角色类型之间的通信链接
文本 1 C=类、P=特性、DT=数据类型、D=文件、O=本体。							

A.6 “内容”本体

ADME 内容由表 A.5 所列的术语集进行定义。

表 A.5 内容部分

术语	ICID 术语标识符（OTD=0112—1—18435）		定义	示例	变量 ICID 标识符 ISO/IEC 11578	概念类型文本 1	注释
	标识符	强制性——M 可选择性——O			强制性——M 可选择性——O		
informationExchange（信息交换）	AAD001	M	信息交换名称	smartPumpInformationExchange	M	C	
relationship（关系）	AAD002	O	关系类型	Tns:PumpControl2PumpDiagnostics	O	C	
variable（变量）	AAD003	O	用在信息交换中的个体变量定义	PumpCtrl2CavDetectionC CavInfoRequest CavInfoResponse	O	C	信道名称
interaction（交互）	AAD004	O	实现角色之间信息交换	CavInfoElicitation	O	C	
participate（参与）	AAD005	O	定义交互关系	tns:PumpControl2PumpDiagnostics	O	C	描述关系名称、源角色类型和目标角色类型

表 A.5(续)

术语	ICID 术语标识符(OTD=0112—1—18435)		定义	示例	变量 ICID 标识符 ISO/IEC 11578	概念类型文本 1	注释
	标识符	强制性——M 可选择性——O			强制性——M 可选择性——O		
exchange(交换)	AAD006	O	信息交换交互基本单元	CavInfoRequestEx	O	C	
send/receive(发送/接收)	AAD007	O	交换中使用变量定义的每一项行动发送/收到信息	CavInfoRequest	O	C	
文本 1 C=类、P=特性、DT=数据类型、D=文件、O=本体。							

附 录 B
（资料性附录）
智能泵信息交换示例

B.1 诊断策略

为提升现有过程，建议给现有泵控制应用增加新的泵诊断应用。根据图 B.1，诊断应用规范能够在相关诊断措施基础上进行开发，相关诊断措施由过程评估而来。

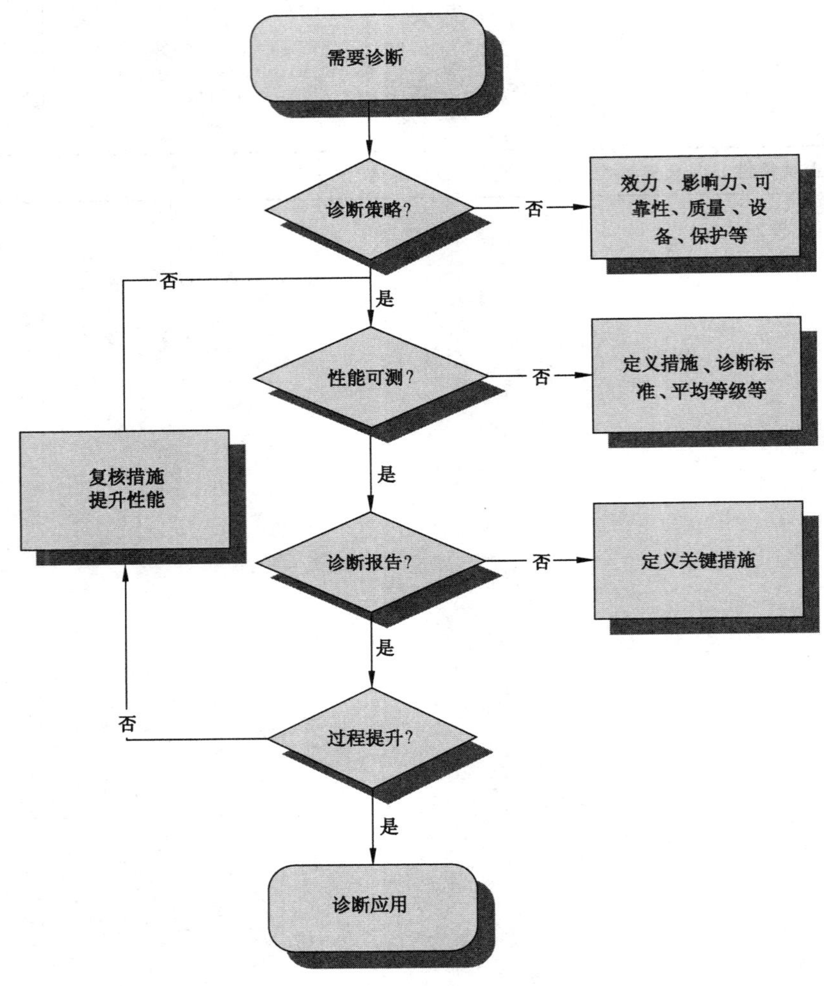

图 B.1 诊断策略

B.2 诊断与泵应用集成的示例

图 B.2 所示是泵控制应用和泵诊断应用之间的简单要求/响应交互。ADME 支持在资源能力基础上应用之间的信息交换，资源能力在每一应用的 AIME 中识别。在此场景中，泵控制应用要求来自泵诊断应用的诊断信息。之后，泵控制应用可以相应调整泵操作专规，专规不包括在本附录的信息交换示例中。

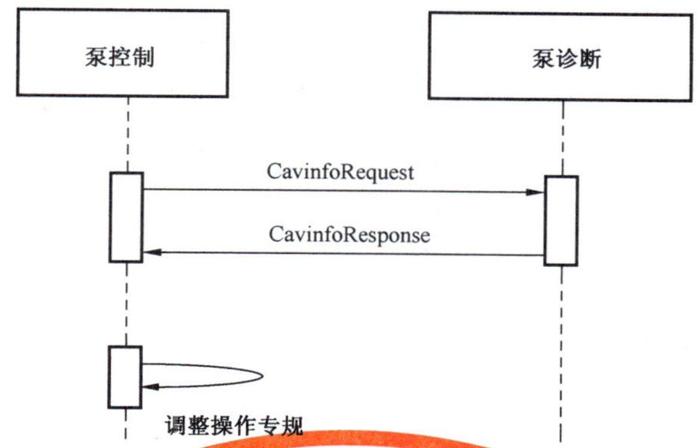

图 B.2 应用之间的简单信息交换

B.3 和 B.4 所示为泵控制资源和泵诊断资源 AIME 集合示例。B.5 所示为集成智能泵应用的 ADME 示例。B.6 所示为信息交换 Web 服务描述示例。

B.3 泵控制 AIME

此示例描述了泵控制 AIME。

```
〈? xml version = "1.0" encoding = "utf - 8"?〉
〈ISO_AIME xmlns = http://www.iso.org/aime xmlns:xsd = "http://www.w3.org/2001/XMLSchema
instance"〉
    〈MatrixElementHeader〉
        〈MEidentification〉SmartPumpControlAIME〈/MEidentification〉
        〈MErevision〉1a〈/MErevision〉
        〈MEname〉D.1.2.Ay_D.1.1Az〈/MEname〉
        〈MEsource〉ISO〈/MEsource〉
        〈MEclassID〉AIP〈/MEclassID〉
        〈MEdate〉2013 - 12 - 30〈/MEdate〉
        〈MEregistry〉Industry_specific_registry_name_ISO_13774〈/MEregistry〉〈/
MatrixElementHeader〉
    〈MatrixElementBody〉
        〈Context_Section〉
            〈domainSection〉
                〈domainSourceHandle〉D1.1〈/domainSourceHandle〉
                〈domainDestinationHandle〉
                〈/domainDestinationHandle〉
            〈/domainSection〉
            〈applicationSection〉
                〈applicationSourceHandle〉PumpControl〈/applicationSourceHandle〉
                〈applicationDestinationHandle〉
                〈/applicationDestinationHandle〉
            〈/applicationSection〉
            〈applicationRelationshipSection〉
```

```
                〈applicationDomainRelationshipName〉
                    Pump_Control_Context
                〈/applicationDomainRelationshipName〉
            〈/applicationRelationshipSection〉
            〈processSection〉
                〈processSourceHandle〉FlowPIDControl〈/processSourceHandle〉
                〈processDestinationHandle〉
                〈/processDestinationHandle〉
            〈/processSection〉
            〈resourceSection〉
                〈resourcePack name = "PLC"〉
                    〈resourceName〉PLC02〈/resourceName〉
                    〈resourceProfile〉PLCiso15745profile〈/resourceProfile〉
                〈/resourcePack〉
                〈resourcePack name = "VFD"〉
                    〈resourceName〉VFD00〈/resourceName〉
                    〈resourceProfile〉VFDiso15745profile〈/resourceProfile〉
                〈/resourcePack〉
            〈/resourceSection〉
        〈/Context_Section〉
        〈Conveyance_Section〉
            〈description〉 PumpControl to Diagnostics (Cavitation Detection) Example〈/de-
scription〉
            〈informationType name = "CavInfoRequestType" type = "tCavInfoRequest"〉
              〈description〉
                  Diagnostics Request Message - AIME XML schema type
                  CavInfoRequestMsg will have sensor values for flow,pressure and
temperature
                〈/description〉
            〈/informationType〉
            〈informationType name = "CavInfoResponseType" type = "tCavInfoResponse"〉
                〈description〉
                    Diagnostics Response Message - AIME XML schema type
                    CavInfoResponseMsg will have degree of cavitation
              〈/description〉
            〈/informationType〉
            〈roleType name = "PumpControlRole"〉
                〈description〉Role for Pump Control〈/description〉
                〈behaviour name = "PumpControl" interface = "PumpControlInterface"〉
                    〈description〉Behaviour for PumpControl - use CIP for VFD control〈/de-
scription〉
                〈/behaviour〉
            〈/roleType〉
```

```
            〈participantType name = "PumpFlowControl"〉
                〈description〉Pump Control Participant〈/description〉
                〈roleType typeRef = "tns:PumpControlRole"/〉
            〈/participantType〉
            〈channelType name = "PumpControl2PumpMonitor" type = "ISO15745_ENet_CommNet_Profile"〉
                〈description〉
                    Pump Control to Diagnostics Channel Type
                    Ethernet/IP channel based on ISO15745 - 2 Comm Profile
                〈/description〉
            〈/channelType〉
        〈/Conveyance_Section〉
    〈/MatrixElementBody〉
〈/ISO_AIME〉
```

B.4 泵诊断 AIME

本示例为泵诊断 AIME。

```
〈? xml version = "1.0" encoding = "utf - 8"?〉
〈ISO_AIME xmlns = http://www.iso.org/aime xmlns:xsd = "http://www.w3.org/2001/XMLSchemainstance"〉
    〈MatrixElementHeader〉
            〈MEidentification〉SmartPumpMonitorAIME〈/MEidentification〉
            〈MErevision〉1a〈/MErevision〉
            〈MEname〉D.1.2.Ay_D.1.1Az〈/MEname〉
            〈MEsource〉ISO〈/MEsource〉
            〈MEclassID〉AIP〈/MEclassID〉
            〈MEdate〉2013 - 12 - 30〈/MEdate〉
            〈MEregistry〉Industry_specific_registry_name_ISO_13774_DM〈/MEregistry〉〈/
MatrixElementHeader〉
    〈MatrixElementBody〉
        〈Context_Section〉
            〈domainSection〉
                〈domainSourceHandle〉〈/domainSourceHandle〉
                〈domainDestinationHandle〉D1.2〈/domainDestinationHandle〉〈/domainSection〉
            〈applicationSection〉
                〈applicationSourceHandle〉〈/applicationSourceHandle〉
                〈applicationDestinationHandle〉PumpDiagnostics〈/
applicationDestinationHandle〉
            〈/applicationSection〉
            〈applicationRelationshipSection〉
                〈applicationDomainRelationshipName〉
                        Pump_Diagnostics_Context
                〈/applicationDomainRelationshipName〉
            〈/applicationRelationshipSection〉
```

```
            〈processSection〉
                    〈processSourceHandle〉〈/processSourceHandle〉
                    〈processDestinationHandle〉CurrentHealthEvaluation〈/
processDestinationHandle〉
            〈/processSection〉
            〈resourceSection〉
                〈resourcePack name = "PLC"〉
                    〈resourceName〉PLC01〈/resourceName〉
                    〈resourceProfile〉PLCiso15745profile〈/resourceProfile〉
                〈/resourcePack〉
            〈/resourceSection〉
        〈/Context_Section〉
        〈Conveyance_Section〉
            〈description〉PumpControl to Diagnostics (Cavitation Detection) Example〈/de-
scription〉
            〈informationType name = "CavInfoRequestType" type = "tCavInfoRequest"〉
                〈description〉
                    Diagnostics Request Message - AIME XML schema type
                    CavInfoRequestMsg will have sensor values for flow,pressure and
temperature
                〈/description〉
            〈/informationType〉
            〈informationType name = "CavInfoResponseType" type = "tCavInfoResponse"〉
                〈description〉
                    Diagnostics Response Message - AIME XML schema type
                    CavInfoResponseMsg will have degree of cavitation
                〈/description〉
            〈/informationType〉
            〈roleType name = "PumpDiagnosticsRole"〉
                〈description〉Role for Diagnostics - Cavitation Detection〈/description〉
                〈behaviour name = "PumpCavitationDetection"
interface = "PumpMonitorInterface"〉
                    〈description〉Behaviour for Diagnostics Role - Cavitation Detection〈/
description〉
                〈/behaviour〉
            〈/roleType〉
            〈participantType name = "CavitatinDetection"〉
                    〈description〉Diagnostics Participant〈/description〉
                 〈roleType typeRef = "tns:PumpDiagnosticsRole"/〉
            〈/participantType〉
            〈channelType name = "PumpControl2PumpMonitor" type = "ISO15745_ENet_CommNet_
Profile"〉
                   〈description〉Pump Control to Diagnostics Channel Type
```

```
                    Ethernet/IP channel based on ISO15745 - 2 Comm Profile
                〈/description〉
            〈/channelType〉
        〈/Conveyance_Section〉
    〈/MatrixElementBody〉
〈/ISO_AIME〉
```

B.5 集成智能泵 ADME

此示例为整合了的智能泵应用,该应用包含了泵控制应用和泵诊断应用。

```
〈? xml version = "1.0" encoding = "utf-8"?〉
〈ISO_ADME xmlns = "http://www.iso.org/adme" xmlns:xsd = "http://www.w3.org/2001/XMLSchemainstance"〉
    〈MatrixElementHeader〉
        〈MEidentification〉SmartPumpOPCADME〈/MEidentification〉
        〈MErevision〉1a〈/MErevisicn〉
        〈MEname〉D.1.2.Ay_D.1.1Az〈/MEname〉
        〈MEsource〉ISO〈/MEsource〉
        〈MEclassID〉AIP〈/MEclassID〉
        〈MEdate〉2013-12-30〈/MEdate〉
        〈MEregistry〉Industry_specific_registry_name_ISO_13774_DM_SD〈/MEregistry〉〈/
MatrixElementHeader〉
    〈MatrixElementBody〉
        〈Context_Section〉
            〈domainSection〉
                〈domainSourceHandle〉D1.1〈/domainSourceHandle〉
                〈domainDestinationHandle〉D1.2〈/domainDestinationHandle〉
            〈/domainSection〉
            〈applicationSection〉
                〈applicationSourceHandle〉PumpControl〈/applicationSourceHandle〉
                〈applicationDestinationHandle〉PumpDiagnostics〈/
applicationDestinationHandle〉
            〈/applicationSection〉
            〈applicationRelationshipSection〉
                〈applicationDomainRelationshipName〉
                    Pump_Control_Context
                〈/applicationDomainRelationshipName〉
                〈applicationDomainRelationshipName〉
                    Pump_Diagnostics_Context
                〈/applicationDomainRelationshipName〉
            〈/applicationRelationshipSection〉
            〈processSection〉
                〈processSourceHandle〉FlowPIDControl〈/processSourceHandle〉
                〈processDestinationHandle〉CurrentHealthEvaluation〈/
```

```
processDestinationHandle〉
            〈/processSection〉
            〈resourceSection〉
                〈resourcePack name = "PLC"〉
                    〈resourceName〉PLC02〈/resourceName〉
                    〈resourceProfile〉PLCiso15745profile〈/resourceProfile〉
                〈/resourcePack〉
                〈resourcePack name = "MMD"〉
                    〈resourceName〉MMD00〈/resourceName〉
                    〈resourceProfile〉MMDiso15745profile〈/resourceProfile〉
                〈/resourcePack〉
                〈resourcePack name = "PLC"〉
                    〈resourceName〉PLC01〈/resourceName〉
                    〈resourceProfile〉PLCiso15745profile〈/resourceProfile〉
                〈/resourcePack〉
            〈/resourceSection〉
        〈/Context_Section〉
        〈Conveyance_Section〉
          〈description〉PumpControl to Diagnostics (Cavitation Detection) Example〈/
description〉
          〈informationType name = "CavInfoRequestType" type = "tns:tCavInfoRequest"〉
              〈description〉
                  Diagnostics Request Message - AIME XML schema type
                  CavInfoRequestMsg will have sensor values for flow,pressure and
temperature
              〈/description〉
          〈/informationType〉
          〈informationType name = "CavInfoResponseType" type = "tns:tCavInfoResponse"〉
              〈description〉
                  Diagnostics Response Message - AIME XML schema type
                  CavInfoResponseMsg will have degree of cavitation
              〈/description〉
          〈/informationType〉
          〈roleType name = "PumpDiagnosticsRole"〉
              〈description〉Role for Diagnostics - Cavitation Detection〈/description〉
              〈behaviour name = "PumpCavitationDetection"
interface = "PumpMonitorInterface"〉
                  〈description〉
                      Behaviour for Diagnostics Role - Cavitation Detection
                      DiagCIPInterface is based on ISO15745-2 Comm Profile
                  〈/description〉
              〈/behaviour〉
          〈/roleType〉
```

```
        〈roleType name = "PumpControlRole"〉
            〈description〉Role for Pump Control〈/description〉
            〈behaviour name = "PumpControl"  interface = "PumpControlInterface"〉
                〈description〉
                    Behaviour for PumpControl - use CIP for VFD control
                    PumpCtrlCIPInterface is based on ISO15745-2 Comm Profile
                〈/description〉
            〈/behaviour〉
        〈/roleType〉
        〈relationshipType name = "PumpControl2PumpDiagnostics"〉
            〈description〉Pump Control to Cavitation Detection Relationship〈/
description〉
            roleType typeRef = "tns:PumpControlRole"/〉
            〈roleType typeRef = "tns:PumpDiagnosticsRole"/〉
        〈/relationshipType〉
        〈participantType name = "PumpFlowControl"〉
            〈description〉Pump Control Participant〈/description〉
            〈roleType typeRef = "tns:PumpControlRole"/〉
        〈/participantType〉
        〈participantType name = "CavitationDetection"〉
            〈description〉Diagnostics Participant〈/description〉
            〈roleType typeRef = "tns:PumpDiagnosticsRole"/〉
        〈/participantType〉
        〈channelType name = "PunpControl2PumpMonitor" type = "ISO15745_ENet_CommNet_
Profile"〉
            〈description〉
                Pump Control to Diagnostics Channel Type
                Ethernet/IP channel based on ISO15745-2 Comm Profile
            〈/description〉
        〈/channelType〉
    〈/Conveyance_Section〉
    〈Content_Section〉
        〈informationExchange name = "smartPumpInformationExchange"〉
            〈description〉Smart Pump Information Exchange〈/description〉
            〈relationship type = "tns:PumpControl2PumpDiagnostics"/〉
            〈variableDefinitions〉
                〈variable name = "PumpCtrl2CavDetectionC"
channelType = "tns:PumpControl2PumpMonitor"
                    roleTypes = "tns:PumpControlRoletns:PumpDiagnosticsRole"〉
                    〈description〉Channel Variable〈/description〉
                〈/variable〉
                〈variable name = "CavInfoRequest"
informationType = "tns:CavInfoRequestType"
```

```
                    roleTypes = "tns:PumpControlRoletns:PumpDiagnosticsRole"〉
                    〈description〉Cavitation Information Request Message〈/description〉
                〈/variable〉
            〈variable name = "CavInfoResponse"
informationType = "tns:CavInfoResponseType"
                    roleTypes = "tns:PumpCtrlRoletns:PumpDiagnositcsRole"〉
                    〈description〉Cavitation Information Response Message〈/description〉
                〈/variable〉
            〈/variableDefinitions〉
            〈interaction name = "CavInfoElicitation" operation = "getCavitationInfo"
                channelVariable = "tns:PumpCtrl2CavDetectionC"〉
                〈description〉Cavitation Information Elicitation
                    (This could be mapped to WSDL operation or topic in
Publish/Subscribe)
                〈/description〉
                〈participate relationshipType = "tns:PumpControl2PumpDiagnostics"
                fromRoleTypeRef = "tns:PumpControlRole"
toRoleTypeRef = "tns:PumpDiagnosticsRole"
                /〉
            〈exchange name = "CavInfoRequestEx"
informationType = "tns:CavInfoRequestType"
                action = "request"〉
                〈description〉Cavitation Detection Request Message Exchange〈/
description〉
                〈send variable = "CavInfoRequest"/〉
                〈receive variable = "CavInfoRequest"/〉
            〈/exchange〉
            〈exchange name = "CavInfoResponseEx"
informationType = "tns:CavInfoResponseType"
                action = "respond"〉
                〈description〉Cavitation Detection Response Message Exchange〈/
description〉
                〈send variable = "CavInfoResponse"/〉
                〈receive variable = "CavInfoResponse"/〉
            〈/exchange〉
        〈/interaction〉
    〈/informationExchange〉
  〈/Content_Section〉
 〈/MatrixElementBody〉
〈/ISO_ADME〉
```

B.6 信息交换的 Web 服务描述

本示例为泵诊断的信息交换 Web 服务描述，泵诊断提供了泵监测服务。

```
<? xml version = "1.0" encoding = "utf - 8" ?>
<description
      xmlns = "http://www.w3.org/ns/wsdl"
      targetNamespace = http://www.iso.org/2011/wsdl/pumpMonitorSvc
      xmlns:tns = "http://www.iso.org/2011/wsdl/pumpMonitorSvc"
      xmlns:rms  =  http://www.iso.org/2011/schemas/pumpMonitorSvc
      xmlns:wsoap = "http://www.w3.org/ns/wsdl/soap"
      xmlns:soap = http://www.w3.org/2003/05/soap - envelope
      xmlns:wsdlx = "http://www.w3.org/ns/wsdl - extensions">
   <documentation>
     This document describes the sample pump monitor service
   </documentation>

   <types>
       <xs:schema
             xmlns:xs = "http://www.w3.org/2001/XMLSchema"
             targetNamespace = "http://www.iso.org/2011/schemas/pumpMonitorSvc"
             xmlns = "http://www.iso.org/2011/schemas/pumpMonitorSvc">

          <xs:element name = "CavInfoRequest" type = "CavInfoRequestType"/>
          <xs:complexType name = "CavInfoRequestType">
             <xs:sequence>
                <xs:element name = "pumpType" type = "xs:string"/>
                <xs:element name = "pumpLocation" type = "xs:string"/>
                <xs:element  name = "checkTime" type = "xs:time"/>
             </xs:sequence>
          </xs:complexType>

          <xs:element name = "CavInfoResponse" type = "CavInfoResponseType"/>
          <xs:complexType name = "CavInfoResponseType">
             <xs:sequence>
                <xs:element name = "pumpType" type = "xs:string"/>
                <xs:element name = "cavitationDegree" type = "xs:integer"/>
             </xs:sequence>
          </xs:complexType>
       </xs:schema>
   </types>

   <interface  name  =  "pumpMonitorInterface" >
```

```
    〈operation name = "getCavitationInfo"

            pattern = http://www.w3.org/ns/wsdl/in-out
            style = "http://www.w3.org/ns/wsdl/style/iri"
            wsdlx:safe  =  "true"〉
        〈input messageLabel = "In"
                element = "rms:CavInfoRequest"/〉
        〈output messageLabel = "Out"
                element = "rms:CavInfoResponse"/〉
    〈/operation〉
〈/interface〉
〈binding name = "pumpMonitorSOAPBinding"
        interface = "tns:pumpMonitorInterface"
        type = "http://www.w3.org/ns/wsdl/soap"
        wsoap:protocol = "http://www.w3.org/2003/05/soap/bindings/HTTP/"〉
    〈operation ref = "tns:opVibInfoRequest"
                wsoap:mep = "http://www.w3.org/2003/05/soap/mep/soap-response"/〉
〈/binding〉
〈service name = "pumpMonitorService"
        interface = "tns:pumpMonitorInterface"〉
〈endpoint name = "pumpMonitorEndpoint"
            binding = "tns:pumpMonitorSOAPBinding"
            address  = "http://www.iso.org/2011/pumpMonitorService"/〉
〈/service〉

〈/description〉
```

附 录 C
（资料性附录）
卡滞检测示例

电机电流大于额定值能够表明高度过载或失速状态，例如超载传送或传动卡滞。这些状态能导致电机过热和设备损毁。C.1 和 C.2 所示为泵控制资源和泵诊断资源 AIME 集合示例。C.1 中 AIME 示例描述了泵控制能力。C.2 中 AIME 示例描述了卡滞检测能力。C.3 为使用以太网/IP 的两个应用程序之间卡滞检测信息交换的 ADME 示例。

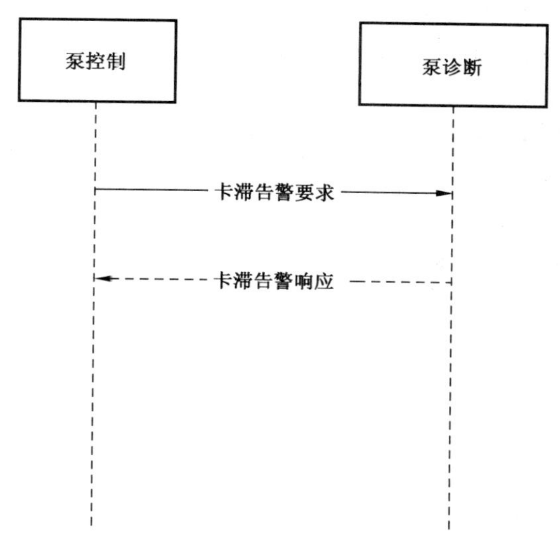

图 C.1 卡滞检测信息交换

C.1 泵控制 AIME

此示例为泵控制 AIME。

```
〈? xml version = "1.0" encoding = "utf-8"?〉
〈ISO_AIME xmlns = "http://www.iso.org/aime" xmlns:xsd = "http://www.w3.org/2001/XMLSchema
instance"〉
    〈MatrixElementHeader〉
        〈MEidentification〉SmartPumpControlAIME〈/MEidentification〉
        〈MErevision〉1a〈/MErevision〉
        〈MEname〉D.1.2.Ay_D.1.1Az〈/MEname〉
        〈MEsource〉ISO〈/MEsource〉
        〈MEclassID〉AIP〈/MEclassID〉
        〈MEdate〉2013-12-30〈/MEdate〉
        〈MEregistry〉Industry_specific_registry_name_ISO_13774〈/MEregistry〉
    〈/MatrixElementHeader〉
    〈MatrixElementBody〉
        〈Context_Section〉
    〈domainSection〉
```

```
                〈domainSourceHandle〉D1.1〈/domainSourceHandle〉
                〈domainDestinationHandle〉
                〈/domainDestinationHandle〉
            〈/domainSection〉
            〈applicationSection〉
                〈applicationSourceHandle〉PumpControl〈/applicationSourceHandle〉
                〈applicationDestinationHandle〉
                〈/applicationDestinationHandle〉
            〈/applicationSection〉
            〈applicationRelationshipSection〉
                〈applicationDomainRelationshipName〉
                    Pump_Control_Context
                〈/applicationDomainRelationshipName〉
            〈/applicationRelationshipSection〉
            〈processSection〉
                〈processSourceHandle〉FlowControl〈/processSourceHandle〉
                〈processDestinationHandle〉
                〈/processDestinationHandle〉
            〈/processSection〉
            〈resourceSection〉
                〈resourcePack name = "PLC"〉
                    〈resourceName〉PLC02〈/resourceName〉
                    〈resourceProfile〉PLCiso15745profile〈/resourceProfile〉
                〈/resourcePack〉
                〈resourcePack name = "Contactor"〉
                    〈resourceName〉I-000〈/resourceName〉
                    〈resourceProfile〉I-0iso15745profile〈/resourceProfile〉
                〈/resourcePack〉
            〈/resourceSection〉
〈/Context_Section〉
〈Conveyance_Section〉
    〈description〉PumpControl to Diagnostics (Jam Detection) Example〈/description〉
    〈informationType name = "JamWarnLevelType" type = "tJamWarnLevel"〉
        〈description〉Jam Warn Level data type〈/description〉
    〈/informationType〉
    〈informationType name = "WarningStatusType" type = "tWarningStatus"〉
        〈description〉Warning Status〈/description〉
    〈/informationType〉
    〈roleType name = "PumpControlRole"〉
        〈description〉Role for Pump Control〈/description〉
        〈behaviour name = "MotorStatus" interface = "MotorProtectCIPInterface"〉
            〈description〉Behaviour for PumpControl - use CIP for Motor Status〈/
    description〉
```

```
                〈/behaviour〉
            〈/roleType〉
            〈participantType name = "MotorProtection"〉
                〈description〉Pump Control Participant〈/description〉
                〈roleType typeRef = "tns:PumpControlRole"/〉
            〈/participantType〉
            〈channelType name = "PumpControl2PumpMonitor" type = "ISO15745_ENet_CommNet_ Profile"〉
                〈description〉
                  Pump Control to Diagnostics Channel Type
                  Ethernet/IP channel based on ISO15745-2 Comm Profile
                〈/description〉
            〈/channelType〉
        〈/Conveyance_Section〉
    〈/MatrixElementBody〉
〈/ISO_AIME〉
```

C.2 泵监测 AIME

本示例描述泵监测 AIME。

```
〈? xml version = "1.0" encoding = "utf-8"?〉
〈ISO_AIME xmlns = "http://www.iso.org/aime" xmlns:xsd = "http://www.w3.org/2001/XMLSchema-in-
stance"〉
    〈MatrixElementHeader〉
        〈MEidentification〉SmartPumpMonitorAIME〈/MEidentification〉
        〈MErevision〉1a〈/MErevision〉
        〈MEname〉D.1.2.Ay_D.1.1Az〈/MEname〉
        〈MEsource〉ISO〈/MEsource〉
        〈MEclassID〉AIP〈/MEclassID〉
        〈MEdate〉2013-12-30〈/MEdate〉
        〈MEregistry〉Industry_specific_registry_name_ISO_13774_DM〈/MEregistry〉
    〈/MatrixElementHeader〉
    〈MatrixElementBody〉
        〈Context_Section〉
            〈domainSection〉
                〈domainSourceHandle〉〈/domainSourceHandle〉
                〈domainDestinationHandle〉D1.2〈/domainDestinationHandle〉
            〈/domainSection〉
            〈applicationSection〉
                〈applicationSourceHandle〉〈/applicationSourceHandle〉
                〈applicationDestinationHandle〉PumpDiagnostics〈/
applicationDestinationHandle〉
                〈/applicationSection〉
                〈applicationRelationshipSection〉
```

```
                〈applicationDomainRelationshipName〉
                    Pump_Diagnostics_Context
                〈/applicationDomainRelationshipName〉
            〈/applicationRelationshipSection〉
            〈processSection〉
                〈processSourceHandle〉〈/processSourceHandle〉
                〈processDestinationHandle〉CurrentHealthEvaluation〈/
processDestinationHandle〉
            〈/processSection〉
            〈resourceSection〉
                〈resourcePack name = "PLC"〉
                    〈resourceName〉PLC01〈/resourceName〉
                    〈resourceProfile〉PLCiso15745profile〈/resourceProfile〉
                〈/resourcePack〉
                〈resourcePack name = "MotorManagementDevice"〉
                    〈resourceName〉OL-R01〈/resourceName〉
                    〈resourceProfile〉OL-REtherNetIPprofile〈/resourceProfile〉
                〈/resourcePack〉
            〈/resourceSection〉
        〈/Context_Section〉
        〈Conveyance_Section〉
            〈description〉PumpControl to Diagnostics (Jam Detection) Example〈/description〉
            〈informationType name = "JamWarnLevelType" type = "tJamWarnLevel"〉
                〈description〉Jam Warn Level data type〈/description〉
            〈/informationType〉
            〈informationType name = "WarningStatusType" type = "tWarningStatus"〉
                〈description〉Warning Status〈/description〉
            〈/informationType〉
            〈roleType name = "PumpDiagnosticsRole"〉
                〈description〉Role for Jam Detection〈/description〉
                〈behaviour name = "OL-RMotorProtect" interface = "MotorProtectCIPInterface"〉
                    〈description〉Behaviour for Jam Detection〈/description〉
                〈/behaviour〉
            〈/roleType〉
            〈participantType name = "JamDetection"〉
                〈description〉Diagnostics Participant〈/description〉
                〈roleType typeRef = "tns:PumpDiagnosticsRole"/〉
            〈/participantType〉
            〈channelType name = "PumpControl2PumpMonitor" type = "ISO15745_ENet_CommNet
_Profile"〉
                〈description〉Pump Control to Diagnostics Channel Type
                Ethernet/IP channel based on ISO15745-2 Comm Profile
            〈/description〉
```

```
            〈/channelType〉
        〈/Conveyance_Section〉
    〈/MatrixElementBody〉
〈/ISO_AIME〉
```

C.3 卡滞检测 ADME

本示例描述了卡滞检测信息交换。


```
〈? xml version = "1.0" encoding = "utf-8"?〉
〈ISO_AIME xmlns = "http://www.iso.org/aime" xmlns:xsd = "http://www.w3.org/2001/XMLSchema-in-
stance"〉
    〈MatrixElementHeader〉
        〈MEidentification〉SmartPumpADME〈/MEidentification〉
        〈MErevision〉1a〈/MErevision〉
        〈MEname〉D.1.2.Ay_D.1.1Az〈/MEname〉
        〈MEsource〉ISO〈/MEsource〉
        〈MEclassID〉AIP〈/MEclassID〉
        〈MEdate〉2013-12-30〈/MEdate〉
        〈MEregistry〉Industry_specific_registry_name_ISO_13774_DM_SD〈/MEregistry〉
    〈/MatrixElementHeader〉
    〈MatrixElementBody〉
        〈Context_Section〉
            〈domainSection〉
                〈domainSourceHandle〉D1.1〈/domainSourceHandle〉
                〈domainDestinationHandle〉D1.2〈/domainDestinationHandle〉
            〈/domainSection〉
            〈applicationSection〉
                〈applicationSourceHandle〉PumpControl〈/applicationSourceHandle〉
                〈applicationDestinationHandle〉PumpDiagnostics〈/
applicationDestinationHandle〉
            〈/applicationSection〉
            〈applicationRelationshipSection〉
                〈applicationDomainRelationshipName〉
                    Pump_Control_Context
                〈/applicationDomainRelationshipName〉
                〈applicationDomainRelationshipName〉
                    Pump_Diagnostics_Context
                〈/applicationDomainRelationshipName〉
            〈/applicationRelationshipSection〉
            〈processSection〉
                〈processSourceHandle〉FlowControl〈/processSourceHandle〉
                〈processDestinationHandle〉CurrentHealthEvaluation〈/processDestination Handle〉
            〈/processSection〉
```

```
        〈resourceSection〉
            〈resourcePack name = "PLC"〉
                〈resourceName〉PLC02〈/resourceName〉
                〈resourceProfile〉PLCiso15745profile〈/resourceProfile〉
            〈/resourcePack〉
            〈resourcePack name = "CONTACTOR"〉
                〈resourceName〉I-O00〈/resourceName〉
                〈resourceProfile〉I-Oiso15745profile〈/resourceProfile〉
            〈/resourcePack〉
            〈resourcePack name = "PLC"〉
                〈resourceName〉PLC01〈/resourceName〉
                〈resourceProfile〉PLCiso15745profile〈/resourceProfile〉
            〈/resourcePack〉
            〈resourcePack name = "MotorManagementDevice"〉
                〈resourceName〉OL-R01〈/resourceName〉
                〈resourceProfile〉OL-REtherNetIPprofile〈/resourceProfile〉
            〈/resourcePack〉
        〈/resourceSection〉
    〈/Context_Section〉
    〈Conveyance_Section〉
        〈description〉PumpControl to Diagnostics (Jam Detection) Example〈/description〉
        〈informationType name = "JamWarnLevelType" type = "tJamWarnLevel"〉
            〈description〉Jam Warn Level data type〈/description〉
        〈/informationType〉
        〈informationType name = "WarningStatusType" type = "tWarningStatus"〉
            〈description〉Warning Status〈/description〉
        〈/informationType〉
        〈roleType name = "PumpControlRole"〉
            〈description〉Role for Pump Control〈/description〉
            〈behaviour name = "MotorStatus" interface = "MotorProtectCIPInterface"〉
                〈description〉Behaviour for PumpControl - use CIP for Motor
                    Status〈/description〉
            〈/behaviour〉
        〈/roleType〉
        〈roleType name = "PumpDiagnosticsRole"〉
            〈description〉Role for Jam Detection〈/description〉
            〈behaviour name = "OL-RMotorProtect" interface = "MotorProtectCI PInterface"〉
                〈description〉Behaviour for Jam Detection〈/description〉
            〈/behaviour〉
        〈/roleType〉
        〈relationshipType name = "PumpControl2PumpDiagnostics"〉
            〈description〉Pump Control to Cavitation Detection Relationship〈/
description〉
```

```
        <roleType typeRef = "tns:PumpControlRole"/>
        <roleType typeRef = "tns:PumpDiagnosticsRole"/>
    </relationshipType>
    <participantType name = "MotorProtection">
        <description>Pump Control Participant</description>
        <roleType typeRef = "tns:PumpControlRole"/>
    </participantType>
    <participantType name = "JamDetection">
        <description>Diagnostics Participant</description>
        <roleType typeRef = "tns:PumpDiagnosticsRole"/>
    </participantType>
    <channelType name = "PumpControl2PumpMonitor" type = "ISO15745_ENet_CommNet_ Profile">
        <description>
            Pump Control to Diagnostics Channel Type
            Ethernet/IP channel based on ISO15745-2 Comm Profile
        </description>
    </channelType>
</Conveyance_Section>
<Content_Section>
    <informationExchange name = "JamDetectionInformationExchange">
        <description>Jam Detection Information Exchange</description>
        <relationship type = "tns:PumpControl2PumpDiagnostics"/>
        <variableDefinitions>
            <variable name = "PumpCtrl2JamDetectionC"
channelType = "tns:PumpControl2PumpMonitor"
                roleTypes = "tns:PumpControlRoletns:PumpDiagnosticsRole">
                <description>Channel Variable</description>
            </variable>
            <variable name = "WarningCode" informationType = "tns:WarningStatusType"
                roleTypes = "tns:PumpControlRoletns:PumpDiagnosticsRole">
                <description>Cavitation Information Request Message</description>
            </variable>
        </variableDefinitions>
        <interaction name = "ControlSupervisorObject" operation = "GetAttributeSingle"
            channelVariable = "tns:PumpCtrl2JamDetectionC">
            <participate relationshipType = "tns:PumpControl2PumpDiagnostics"
                fromRoleTypeRef = "tns:PumpControlRole"
                toRoleTypeRef = "tns:PumpDiagnosticsRole"/>
            <exchange name = "getWarningCode"
informationType = "tns:WarningStatusType"
                action = "get">
                <description>Get Warning Code</description>
                <send variable = "WarningCode"/>
```

```
            〈receive variable = "WarningCode"/〉
         〈/exchange〉
      〈/interaction〉
   〈/informationExchange〉
〈/Content_Section〉
〈/MatrixElementBody〉
〈/ISO_ADME〉
```

附　录　D
（资料性附录）
以太网/IP 至 OPC 信息交换

D.1 和 D.2 所示为泵控制资源和泵诊断资源的 AIME 集合示例。D.1 中 AIME 示例描述了泵控制能力。D.2 中 AIME 示例描述了卡滞检测能力。D.3 所示为使用以太网/IP 至 OPC 信道进行交换卡滞检测信息的 ADME 示例。图 D.1 为通过 OPC 进行卡滞检测信息交换的图示。

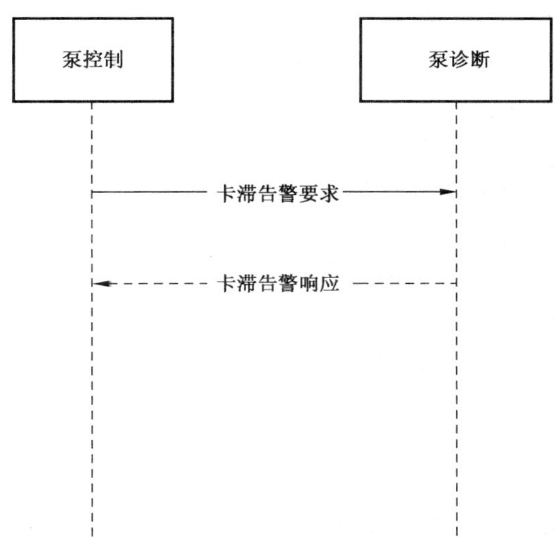

图 D.1　通过 OPC 进行卡滞检测信息交换

D.1　泵控制 AIME


```
〈? xml version = "1.0" encoding = "utf-8"?〉
〈ISO_AIME xmlns = "http://www.iso.org/aime" xmlns:xsd = "http://www.w3.org/2001/XMLSchema-instance"〉
    〈MatrixElementHeader〉
        〈MEidentification〉SmartPumpControlAIME〈/MEidentification〉
        〈MErevision〉1a〈/MErevision〉
        〈MEname〉D.1.2.Ay_D.1.1Az〈/MEname〉
        〈MEsource〉ISO〈/MEsource〉
        〈MEclassID〉AIP〈/MEclassID〉
        〈MEdate〉2013-12-30〈/MEdate〉
        〈MEregistry〉Industry_specific_registry_name_ISO_13774〈/MEregistry〉
    〈/MatrixElementHeader〉
    〈MatrixElementBody〉
        〈Context_Section〉
        〈domainSection〉
            〈domainSourceHandle〉D1.1〈/domainSourceHandle〉
```

```
            〈domainDestinationHandle〉
            〈/domainDestinationHandle〉
        〈/domainSection〉
        〈applicationSection〉
            〈applicationSourceHandle〉PumpControl〈/applicationSourceHandle〉
            〈applicationDestinationHandle〉
            〈/applicationDestinationHandle〉
        〈/applicationSection〉
        〈applicationRelationshipSection〉
            〈applicationDomainRelationshipName〉
                Pump_Control_Context
            〈/applicationDomainRelationshipName〉
        〈/applicationRelationshipSection〉
        〈processSection〉
            〈processSourceHandle〉FlowControl〈/processSourceHandle〉
            〈processDestinationHandle〉
            〈/processDestinationHandle〉
        〈/processSection〉
        〈resourceSection〉
            〈resourcePack name = "PLC"〉
                〈resourceName〉PLC02〈/resourceName〉
                〈resourceProfile〉PLCiso15745profile〈/resourceProfile〉
            〈/resourcePack〉
            〈resourcePack name = "CONTACTOR"〉
                〈resourceName〉I-000〈/resourceName〉
                〈resourceProfile〉I-0iso15745profile〈/resourceProfile〉
        〈/resourcePack〉
    〈/resourceSection〉
〈/Context_Section〉
〈Conveyance_Section〉
    〈description〉PumpControl to Diagnostics Example〈/description〉
    〈informationType name = "WarningCodeType" type = "tWarningCode"〉
        〈description〉Warning Code Type〈/description〉
    〈/informationType〉
    〈roleType name = "PumpControlRole"〉
        〈description〉Role for Pump Control〈/description〉
        〈behaviour name = "MotorStatus" interface = "MotorProtectCIPInterface"〉
        〈/behaviour〉
    〈/roleType〉
    〈participantType name = "MotorProtection"〉
        〈description〉Pump Control Participant〈/description〉
        〈roleType typeRef = "tns:PumpControlRole"/〉
    〈/participantType〉
```

```
    〈channelType name = "PumpControl2PumpMonitor" type = "OPC_2_EtherNetIP_Profile"〉
        〈description〉
            Pump Control to Diagnostics Channel Type
        〈/description〉
      〈/channelType〉
    〈/Conveyance_Section〉
  〈/MatrixElementBody〉
〈/ISO_AIME〉
```

D.2 泵诊断 AIME

```
〈? xml version = "1.0" encoding = "utf-8"?〉
〈ISO_AIME xmlns = "http://www.iso.org/aime" xmlns:xsd = "http://www.w3.org/2001/XMLSchema
instance"〉
    〈MatrixElementHeader〉
        〈MEidentification〉SmartPumpMonitorAIME〈/MEidentification〉
        〈MErevision〉1a〈/MErevision〉
        〈MEname〉D.1.2.Ay_D.1.1Az〈/MEname〉
        〈MEsource〉ISO〈/MEsource〉
        〈MEclassID〉AIP〈/MEclassID〉
        〈MEdate〉2013-12-30〈/MEdate〉
        〈MEregistry〉Industry_specific_registry_name_ISO_13774_DM〈/MEregistry〉
    〈/MatrixElementHeader〉
    〈MatrixElementBody〉
        〈Context_Section〉
            〈domainSection〉
                〈domainSourceHandle〉〈/domainSourceHandle〉
                〈domainDestinationHandle〉D1.2〈/domainDestinationHandle〉
            〈/domainSection〉
            〈applicationSection〉
                〈applicationSourceHandle〉〈/applicationSourceHandle〉
                〈applicationDestinationHandle〉PumpDiagnostics〈/
applicationDestinationHandle〉
            〈/applicationSection〉
            〈applicationRelationshipSection〉
                〈applicationDomainRelationshipName〉
                    Pump_Diagnostics_Context
                〈/applicationDomainRelationshipName〉
            〈/applicationRelationshipSection〉
            〈processSection〉
                〈processSourceHandle〉〈/processSourceHandle〉
                〈processDestinationHandle〉CurrentHealthEvaluation〈/
processDestinationHandle〉
```

```
            〈/processSection〉
            〈resourceSection〉
                〈resourcePack name = "PLC"〉
                    〈resourceName〉PLC01〈/resourceName〉
                    〈resourceProfile〉PLCiso15745profile〈/resourceProfile〉
                〈/resourcePack〉
                〈resourcePack name = "MotorManagementDevice"〉
                    〈resourceName〉OL-R01〈/resourceName〉
                    〈resourceProfile〉OL-REtherNetIPprofile〈/resourceProfile〉
                〈/resourcePack〉
            〈/resourceSection〉
        〈/Context_Section〉
        〈Conveyance_Section〉
            〈description〉PumpControl to Diagnostics (Jam Detection) Example〈/description〉
            〈informationType name = "WarningStatusType" type = "tWarningStatus"〉
                〈description〉Warning Status〈/description〉
            〈/informationType〉
            〈roleType name = "PumpDiagnosticsRole"〉
                〈description〉Role for Jam Detection〈/description〉
                〈behaviour name = "OL-RMotorProtect" interface = "MotorProtectCI PInterface"〉
                    〈description〉Behaviour for Jam Detection〈/description〉
                〈/behaviour〉
            〈/roleType〉
            〈participantType name = "JamDetection"〉
                〈description〉Diagnostics Participant〈/description〉
                〈roleType typeRef = "tns:PumpDiagnosticsRole"/〉
            〈/participantType〉
            〈channelType name = "PumpControl2PumpMonitor" type = "OPC_2_EtherNetIP_Profile"〉
                〈description〉
                    Pump Control to Diagnostics Channel Type
                〈/description〉
            〈/channelType〉
        〈/Conveyance_Section〉
    〈/MatrixElementBody〉
〈/ISO_AIME〉
```

D.3 使用以太网/IP 至 OPC 网桥进行信息交换的 ADME

```
〈? xml version = "1.0" encoding = "utf-8"?〉
〈ISO_AIME xmlns = "http://www.iso.org/aime" xmlns:xsd = "http://www.w3.org/2001/XMLSchemain-
stance"〉
    〈MatrixElementHeader〉
        〈MEidentification〉SmartPumpADME〈/MEidentification〉
```

```
        〈MErevision〉1a〈/MErevision〉
        〈MEname〉D.1.2.Ay_D.1.1Az〈/MEname〉
        〈MEsource〉ISO〈/MEsource〉
        〈MEclassID〉AIP〈/MEclassID〉
        〈MEdate〉2013-12-30〈/MEdate〉
        〈MEregistry〉Industry_specific_registry_name_ISO_13774_DM_SD〈/MEregistry〉
〈/MatrixElementHeader〉
〈MatrixElementBody〉
        〈Context_Section〉
            〈domainSection〉
                〈domainSourceHandle〉D1.1〈/domainSourceHandle〉
                〈domainDestinationHandle〉D1.2〈/domainDestinationHandle〉
            〈/domainSection〉
            〈applicationSection〉
                〈applicationSourceHandle〉PumpControl〈/applicationSourceHandle〉
                〈applicationDestinationHandle〉PumpDiagnostics〈/
applicationDestinationHandle〉
            〈/applicationSection〉
            〈applicationRelationshipSection〉
                〈applicationDomainRelationshipName〉
                    Pump_Control_Context
                〈/applicationDomainRelationshipName〉
                〈applicationDomainRelationshipName〉
                    Pump_Diagnostics_Context
                〈/applicationDomainRelationshipName〉
            〈/applicationRelationshipSection〉
            〈processSection〉
                〈processSourceHandle〉FlowControl〈/processSourceHandle〉
                〈processDestinationHandle〉CurrentHealthEvaluation〈/
processDestinationHandle〉
            〈/processSection〉
            〈resourceSection〉
                〈resourcePack name = "PLC"〉
                    〈resourceName〉PLC02〈/resourceName〉
                    〈resourceProfile〉PLCiso15745profile〈/resourceProfile〉
                〈/resourcePack〉
                〈resourcePack name = "Contactor"〉
                    〈resourceName〉I-000〈/resourceName〉
                    〈resourceProfile〉I-0iso15745profile〈/resourceProfile〉
                〈/resourcePack〉
                〈resourcePack name = "PLC"〉
                    〈resourceName〉PLC01〈/resourceName〉
                    〈resourceProfile〉PLCiso15745profile〈/resourceProfile〉
```

```
        〈/resourcePack〉
        〈resourcePack name = "MotorManagementDevice"〉
            〈resourceName〉OL-R01〈/resourceName〉
            〈resourceProfile〉OL-REtherNetIPprofile〈/resourceProfile〉
        〈/resourcePack〉
    〈/resourceSection〉
〈/Context_Section〉
〈Conveyance_Section〉
    〈description〉PumpControl to Diagnostics (Jam Detection) Example〈/description〉
    〈informationType name = "WarningCodeType" type = "tWarningCode"〉
        〈description〉Warning Code Type〈/description〉
    〈/informationType〉
    〈informationType name = "WarningStatusType" type = "tWarningStatus"〉
        〈description〉Warning Status〈/description〉
    〈/informationType〉
    〈roleType name = "PumpControlRole"〉
        〈description〉Role for Pump Control〈/description〉
        〈behaviour name = "MotorStatus" interface = "MotorProtectCIPInterface"〉
        〈/behaviour〉
    〈/roleType〉
    〈roleType name = "PumpDiagnosticsRole"〉
        〈description〉Role for Jam Detection〈/description〉
        〈behaviour name = "OL-RMotorProtect" interface = "MotorProtectCIP Interface"〉
            〈description〉Behaviour for Jam Detection〈/description〉
        〈/behaviour〉
    〈/roleType〉
    〈relationshipType name = "PumpControl2PumpDiagnostics"〉
        〈description〉Pump Control to Cavitation Detection Relationship〈/
description〉
        〈roleType typeRef = "tns:PumpControlRole"/〉
        〈roleType typeRef = "tns:PumpDiagnosticsRole"/〉
    〈/relationshipType〉
    〈participantType name = "MotorProtection"〉
        〈description〉Pump Control Participant〈/description〉
        〈roleType typeRef = "tns:PumpControlRole"/〉
    〈/participantType〉
    〈participantType name = "JamDetection"〉
        〈description〉Diagnostics Participant〈/description〉
        〈roleType typeRef = "tns:PumpDiagnosticsRole"/〉
    〈/participantType〉
    〈channelType name = "PumpControl2PumpMonitor" type = "OPC_2_EtherNetIP_Profile"〉
        〈description〉
            Pump Control to Diagnostics Channel Type
```

```
                〈/description〉
            〈/channelType〉
        〈/Conveyance_Section〉
        〈Content_Section〉
            〈informationExchange name = "JamDetectionInformationExchange"〉
                〈relationship type = "tns:PumpControl2PumpDiagnostics"/〉
                〈variableDefinitions〉
                    〈variable name = "PumpHMI2MotorMonitorC"
channelType = "tns:PumpControl2PumpMonitor"
                        roleTypes = "tns:PumpControlRole tns:PumpDiagnosticsRole"〉
                    〈/variable〉
                    〈variable name = "WarningCode" informationType = "tns:WarningStatusType"
                        roleTypes = "tns:PumpControlRoletns:PumpDiagnosticsRole"〉
                    〈/variable〉
                    〈variable name = "OPCServer1:PumpControl1:Motor1:WarningCode"
                        informationType = "tns:WarningStatusType"
roleTypes = "tns:PumpControlRole
                        tns:PumpDiagnosticsRole"〉
                    〈/variable〉
                〈/variableDefinitions〉
                〈interaction name = "ControlSupervisorObject" operation = "GetAttributeSingle"
                    channelVariable = "tns:PumpCtrl2JamDetectionC"〉
                    〈exchange name = "getWarningCode"
informationType = "tns:WarningStatusType"
                        action = "get"〉
                        〈description〉Get Warning Code using EtherNet/IP〈/description〉
                        〈send variable = "WarningCode"/〉
                        〈receive variable = "WarningCode"/〉
                    〈/exchange〉
                〈/interaction〉
                〈interaction name = "PumpStationControl" operation = "getMotorStatus"
                    channelVariable = "tns:PumpHMI2MotorMonitorC"〉
                    〈participate relationshipType = "tns:PumpControl2PumpDiagnostics"
                        fromRoleTypeRef = "tns:PumpControlRole"
toRoleTypeRef = "tns:PumpDiagnosticsRole"
                        /〉
                      〈exchange name = "getWarningCode" informationType = "tns:WarningCodeType"
action = "get"〉
                        〈description〉Get Warning Code using OPC〈/description〉
                        〈send variable = "WarningCode"/〉
                        〈receive variable = "OPCServer1:PumpControl1:Motor1:WarningCode"/〉
                    〈/exchange〉
                〈/interaction〉
```

</informationExchange>
</Content_Section>
</MatrixElementBody>
</ISO_ADME>

参 考 文 献

[1] ISO 8000-120 Data quality—Part 120:Master data:Exchange of characteristic data:Provenance

[2] ISO/IEC 10746-2 Information technology—Open distributed processing—Reference model—Part 2:Foundations

[3] ISO/IEC 11179-6 Information technology—Metadata registries (MDR)—Part 6:Registration

[4] ISO/IEC 11578 Information technology—Open systems interconnection—Remote procedure call (RPC)

[5] ISO 13374(all parts) Condition monitoring and diagnostics of machines—Data processing, communication and presentation

[6] ISO 13584-511:2006 Industrial automation systems and integration—Parts library—Part 511:Mechanical systems and components for general use—Reference dictionary for fasteners

[7] ISO/IEC 15459(all parts) Information technology—Item management—Unique identification of transport units

[8] ISO 15745-2 Industrial automation systems and integration—Open systems application integration framework—Part 2:Reference description for ISO 11898-based control systems

[9] ISO 15745-3 Industrial automation systems and integration—Open systems application integration framework—Part 3:Reference description for IEC 61158-based control systems

[10] ISO 16100(all parts) Industrial automation systems and integration—Manufacturing software capability profiling for interoperability

[11] ISO/TS 22745-30 Industrial automation systems and integration—Open technical dictionaries and their application to master data—Part 30:Identification guide representation

[12] ISO/TS 22745-40 Industrial automation systems and integration—Open technical dictionaries and their application to master data—Part 40:Master data representation

[13] IEC 61360(all parts) Standard data element types with associated classification scheme for electric components

[14] IEC 61512(all parts) Batch control

[15] IEC 61784(all parts) Industrial communication networks—Profiles

[16] IEC 61987(all parts) Industrial-process measurement and control—Data structures and elements in process equipment catalogues

[17] IEC 62264-2 Enterprise-control system integration—Part 2:Object and attributes for enterprisecontrol system integration

[18] IEC 62683 Low-voltage switchgear and controlgear—Product data and properties for information exchange

ICS 53.020.20
J 80

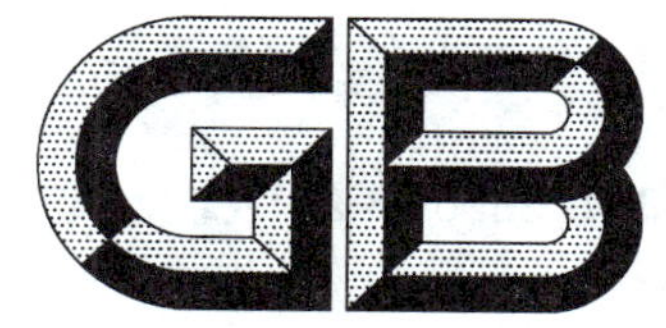

中华人民共和国国家标准

GB/T 28264—2017
代替 GB/T 28264—2012

起重机械　安全监控管理系统

Lifting appliances—Safety monitoring system

2017-10-14 发布　　2018-05-01 实施

中华人民共和国国家质量监督检验检疫总局
中国国家标准化管理委员会　发布

前　言

本标准按照GB/T 1.1—2009给出的规则起草。

本标准代替GB/T 28264—2012《起重机械　安全监控管理系统》。与GB/T 28264—2012相比，主要技术变化如下：

——修改了累计工作时间和工作循环的顺序(见3.11和3.12,2012年版的3.11和3.12)；

——修改了起重机械安全监控管理系统结构模式示意图部分内容(见4.2中图1,2012年版的4.2中图1)；

——将起重机械信息采集源部分描述移动到5.2.2中(见5.2中表1,2012年版的4.3中表1)；

——修改了起重机械监控参数部分描述(见5.2中表2,2012年版的5.2中表2)；

——修改了起重机械监控状态部分描述(见5.2中表3,2012年版的5.2中表3)；

——增加了表4视频系统(见5.2中表4)；

——修改了系统抗干扰能力的内容(见6.4,2012年版的6.4)；

——修改了对断电之后的要求(见6.8.3,2012年版的6.8.3)；

——修改了对硬件采集部分描述(6.8.5,2012年版的6.8.5)；

——增加了对系统存储时间的要求(见6.8.6)；

——修改了对视频存储时间的要求(见6.8.7,2012年版的6.8.6)；

——将对误差判断的要求移动到7.3(见7.3,2012年版的7.1、7.2和7.3)；

——充实了系统验证部分，增加了监控参数验证、监控状态验证、视频系统验证、存储要求、断电信息保存、存储时间、显示信息的清晰度、文字表达形式、报警装置、通信协议的开放性、管理权限的设定、采样周期(见7.3、7.4、7.5、7.10、7.11、7.12、7.13、7.14、7.15、7.16、7.17和7.18)。

本标准由中国机械工业联合会提出。

本标准由全国起重机械标准化技术委员会(SAC/TC 227)归口。

本标准负责起草单位：北京起重运输机械设计研究院、中船第九设计研究院工程有限公司。

本标准参加起草单位：国家起重运输机械质量监督检验中心、中铁工程机械研究设计院有限公司、上海振华重工(集团)股份有限公司、大连华锐重工集团股份有限公司、徐工集团徐州重型机械有限公司、石家庄铁道大学国防交通研究所、山东丰汇设备技术有限公司、广州特种机电设备检测研究院、宜昌市微特电子设备有限责任公司、杭州国电大力机电工程有限公司、深圳市益尔智控技术有限公司、大连美恒电气有限公司、上海共久电气有限公司、扬戈科技股份有限公司、常州市常欣电子衡器有限公司、江西飞达科技有限公司。

本标准主要起草人：岳文翀、尚洪、赵春晖、朱云龙、常中龙、张军、唐超、周佳妮、钱尚溢、俞静华、李会勤、朱长建、鲍林栋、仉健康、黄国健、高钰敏、傅明君、傅丹平、王成杰、王照岳、范大山、王益丰、罗鹤飞。

本标准所代替标准的历次版本发布情况为：

——GB/T 28264—2012。

起重机械　安全监控管理系统

1　范围

本标准规定了起重机械安全监控管理系统(以下简称“系统”)的构成、系统的监控、系统的性能要求和系统的检验。

本标准适用于GB/T 20776规定的桥式起重机、门式起重机、流动式起重机、塔式起重机、门座起重机、缆索起重机、桅杆起重机、架桥机及升船机,其他类型起重机械可参照使用。

2　规范性引用文件

下列文件对于本文件的应用是必不可少的。凡是注日期的引用文件,仅注日期的版本适用于本文件。凡是不注日期的引用文件,其最新版本(包括所有的修改单)适用于本文件。

GB 5226.2　机械安全　机械电气设备　第32部分:起重机械技术条件

GB/T 6067.1　起重机械安全规程　第1部分:总则

GB/T 20776　起重机械分类

3　术语和定义

下列术语和定义适用于本文件。

3.1

安全监控管理系统　safety monitoring system

对起重机械工作过程进行监控,能够对重要运行参数和安全状态进行记录并管理的系统。

3.2

信息采集单元　information collection unit

读取信息源数据的装置。

3.3

信息处理单元　information processing unit

对读取的数据进行计算和处理的装置。

3.4

控制输出单元　output control unit

向起重机械执行机构输出控制信号的装置。

3.5

信息显示单元　information display unit

以图形、图像、文字、声光等方式输出信息的装置。

3.6

信息输出接口单元　data output interface unit

向上级或下级单元输出数据的装置。

3.7

远程传输单元　remote data transfer unit

信息传送到远程服务器的装置。

3.8

系统综合误差 comprehensive system error

系统测量值和实际数值的最大相对误差。

3.9

远程监测中心 remote monitoring centre

由远程服务器接收起重机械作业区和非作业区传输来的信息，并对该信息进行监测管理的装置。

3.10

工作时间 working time

每个工作状态所对应的具体时间点，即为记录一个工作状态时的时钟时间（年/月/日/时/分/秒）。

3.11

工作循环 working cycle

起重机从起吊一个物品起，到能开始起吊下一个物品止，包括起重机运行及正常的停歇在内的一个完整的过程。

3.12

累计工作时间 cumulative working time

已完成的工作循环的累计时间总和。

4 系统的构成

4.1 起重机械安全监控管理系统由硬件和软件组成，其功能单元构成如下：信息采集单元、信息处理单元、控制输出单元、信息存储单元、信息显示单元、信息输出接口单元等。

当有远程监测要求时，应增加远程传输单元。

当起重机械集群作业时，系统应留有相应接口，用于与远程监测中心的信息交换。

注：本系统是起重机械电气控制系统的一部分，非独立产品。

4.2 起重机械安全监控管理系统结构模式如图1所示。

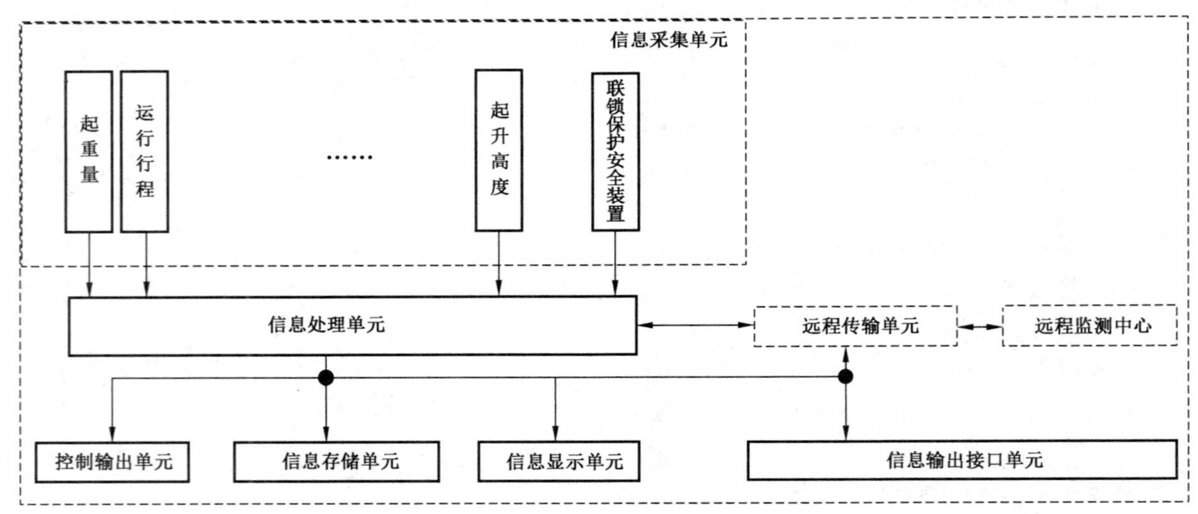

图1 起重机械安全监控管理系统结构模式

5 系统的监控

5.1 总则

系统应具有满足本标准要求的安全监控管理功能。

5.2 监控内容

5.2.1 起重机械安全保护装置的设置应满足 GB/T 6067.1 及相关标准的要求，系统信息采集要求见表 1，系统中的主要监控内容应满足表 2、表 3 和表 4 的要求。

5.2.2 系统的输出控制要求应满足 GB/T 6067.1 及相关标准的规定。

表 1 起重机械信息采集源

序号	信息采集源		桥式起重机	门式起重机	流动式起重机	塔式起重机	门座起重机	缆索起重机	桅杆起重机	架桥机	升船机
1	起重量限制器		应采集	应采集	应采集	应采集	应采集	应采集	应采集	应采集	应采集
2	起重力矩限制器				应采集	宜采集	应采集		应采集		应采集
3	起升高度限位器/下降深度限位器		应采集	应采集	应采集	应采集	应采集	应采集	应采集	应/宜采集	应采集
4	运行行程限位器		应采集	应采集		应采集	应采集	应采集		应采集	应采集
5	幅度限位器(幅度指示器)				应采集	应采集	应采集		宜采集		
6	偏斜限位器			应采集				应采集			
7	联锁保护安全装置	门限位	应采集	应采集			应采集	应采集			应采集
		机构之间的运行联锁	应采集	应采集			应采集	应采集	应采集	应采集	应采集
8	水平传感器				宜采集					宜采集	应采集
9	抗风防滑装置			应采集		宜采集	应采集	应采集			应采集
10	风速仪装置			应采集	宜采集	应采集	应采集	应采集	应采集	应采集	应采集
11	回转限制器				宜采集	应采集	应采集				
12	同一或不同一轨道运行机构防碰撞装置		应采集	应采集			应采集	应采集		宜采集	
13	垂直传感器									宜采集	
14	超速保护装置		应采集	应采集			应采集	应采集		应采集	应采集
15	供电电缆卷筒安全限位			应采集			应采集	应采集			
16	起升机构制动器		应采集	应采集			应采集	应采集		应采集	应采集
17	过孔									应采集	
18	防后倾装置				宜采集						

表 2 起重机械监控参数

序号	监控项目	桥式起重机	门式起重机	流动式起重机	塔式起重机	门座起重机	缆索起重机	桅杆起重机	架桥机	升船机
1	起重量	应监控	应监控	应监控	应监控	应监控	应监控	应监控	应监控	应监控
2	起重力矩			应监控	应监控	应监控		应监控		应监控
3	起升高度/下降深度	应监控	应监控		应监控	应监控	应监控	应监控	应/宜监控	应监控
4	运行行程	宜监控	宜监控[a]		宜监控	宜监控	应监控		宜监控	宜监控

表 2（续）

序号	监控项目	桥式起重机	门式起重机	流动式起重机	塔式起重机	门座起重机	缆索起重机	桅杆起重机	架桥机	升船机
5	幅度			应监控	应监控	应监控		宜监控		
6	大车运行偏斜		应监控				宜监控			
7	水平度			宜监控					宜监控	应监控
8	风速		应监控	宜监控	应监控	应监控	应监控	应监控	应监控	应监控
9	回转角度			宜监控	应监控	应监控				
10	操作指令	应监控	应监控	应监控	应监控	应监控	应监控	应监控	应监控	应监控
11	支腿垂直度								宜监控	
12	工作时间	应监控	应监控	应监控	应监控	应监控	应监控	应监控	应监控	应监控
13	累计工作时间	应监控	应监控	应监控	应监控	应监控	应监控	应监控	应监控	应监控
14	工作循环	应监控	应监控	应监控	应监控	应监控	应监控	应监控	应监控	应监控
[a] 对于造船门式起重机需采集运行行程的具体数值。										

表 3　起重机械监控状态

序号	监控项目		桥式起重机	门式起重机	流动式起重机	塔式起重机	门座起重机	缆索起重机	桅杆起重机	架桥机	升船机
1	起升机构制动器的开闭		应监控	应监控			应监控	应监控		应监控	应监控
2	抗风防滑			应监控		宜监控	应监控	应监控			应监控
3	联锁保护	门限位	应监控	应监控			应监控	应监控			应监控
		机构之间的运行联锁	应监控	应监控			应监控	应监控	应监控	应监控	应监控
4	同一或不同一轨道运行机构安全信号		应监控	应监控			应监控	应监控		宜监控	
5	工况设置				应监控						
6	供电电缆卷筒			应监控			应监控	应监控			
7	过孔									应监控	
8	超速保护		应监控	应监控			应监控	应监控		应监控	应监控
9	防后倾				宜监控						

表 4　视频系统

序号	视频监视点	桥式起重机	门式起重机	流动式起重机	塔式起重机	门座起重机	缆索起重机	桅杆起重机	架桥机	升船机
1	吊点	应监视	应监视	宜监视	宜监视	应监视	应监视	应监视		
2	吊点初始位置和最终位置			应监视	应监视					
3	行走区域		应监视			应监视				
4	过孔状态、架梁状态、运梁车同步状态								应监视	
5	机房、承船箱									应监视

6 系统的性能要求

6.1 总则

系统的性能除应满足 GB 5226.2 的相关要求外，还应满足 6.2～6.11 的要求。

6.2 使用环境条件

系统应满足起重机械的实际使用环境条件要求。

6.3 系统综合误差

在起重机械实际使用工况下，系统综合误差不应大于 5%。

6.4 系统抗干扰能力

系统应具备抗电磁干扰能力且不应干扰其他设备。

6.5 系统的连续作业要求

系统的基本组成单元应符合其本身的技术规范。工作循环次数不应低于 20 次或连续作业试验时间不应少于 16 h。

6.6 系统信号接口要求

信号的常用接口形式如下：

a) 无源开关量信号接口；

b) 模拟量信号接口；

c) 脉冲量信号接口；

d) 总线数据信号接口。

6.7 系统的功能要求

6.7.1 系统应具有对表 1 所列的信息进行处理及控制的功能。

6.7.2 系统应具有对起重机械运行状态及故障信息进行实时记录的功能。

6.7.3 系统应具有对起重机械运行状态及故障信息进行历史追溯的功能。

6.7.4 系统应具有故障自诊断功能。系统通电时应有自检程序，对警报、显示等功能进行验证；在系统自身发生故障而影响正常使用时，能立即发出报警信号。

6.7.5 系统检出起重机械发生故障时，除发出报警外还应具备按要求预设的止停控制功能。

6.8 系统的信息采集和信息储存要求

6.8.1 系统信息的采集应满足实时性要求，储存应满足原始完整性要求。

6.8.2 系统储存的数据信息或图像信息应包含数据或图像的编号和工作时间。

6.8.3 在关闭电源或供电中断时，系统的信息存储单元应保留已采集的所有信息。

6.8.4 系统能在存储容量达到设定的存储时间前提示管理人员提前备份保存。

6.8.5 在运行周期内系统的硬件采样周期不应大于 100 ms。

6.8.6 对于开关量数据，运行周期内至少对于变化的数据系统需顺序存储，对于其他数据，运行周期内系统的存储周期不应大于 2 s。

6.8.7 系统应能存储不少于 30 个连续工作日的监控数据，应能存储不少于连续 72 h 的视频数据。

6.9 系统的显示要求

6.9.1 系统应保证显示信息在各种环境下清晰可辨，不干扰司机视线，不刺目。

6.9.2 系统应具有起重机械作业状态的实时显示功能，能以图形、图像、图表和文字的方式显示起重机械的工作状态和工作参数。

6.9.3 系统显示的文字应有简体中文。

6.9.4 系统的报警装置应能向起重机械操作者和处于危险区域内的人员发出清晰的声光报警。

6.10 系统的通信协议要求

6.10.1 系统的通信协议应符合国家现行标准的规定。

6.10.2 系统的用户通信协议应是对外开放的。

6.11 系统管理权限要求

系统的管理权限应分级并由经授权的人员进行。

7 系统的检验

7.1 总则

系统的检验应验证其是否能真实、有效、实时地反映起重机械工作时的运行状况，并能对这些状况和司机的操作指令进行实时监控、记录及历史回放。

本系统的检验不包含对系统所选元器件及安全保护装置的合格性检验。系统所选元器件及安全保护装置应有合格证和相应的资质证明。

7.2 检验项目

7.2.1 设计文件

检查起重机械设计文件中有关安全监控管理系统的内容是否符合要求。

7.2.2 安全监控管理功能要求的硬件配备

检查系统是否有信号采集单元、信号处理单元、控制输出单元、信息存储单元、信息显示单元、信息输出接口单元等硬件设施。

系统的检验项目见表 5。

表 5 检验项目

序号	检验项目	技术要求	试验方法
1	监控参数	表 2	7.3
2	监控状态	表 3、表 4	7.4 7.5
3	系统综合误差	6.3	7.3.1～7.3.9、7.3.11
4	连续作业	6.5	7.6
5	实时性	6.7.2	7.7、7.18
6	历史追溯性	6.7.3	7.3.10、7.3.12～7.3.14、7.8

表 5（续）

序号	检验项目	技术要求	试验方法
7	故障自诊断	6.7.4	7.9
8	储存要求	6.8.2	7.10
9	断电信息保存	6.8.3	7.11
10	存储时间	6.8.7	7.12
11	显示信息的清晰度	6.9.1	7.13
12	文字表达形式	6.9.3	7.14
13	报警装置	6.9.4	7.15
14	通信协议的开放性	6.10.2	7.16
15	管理权限的设定	6.11	7.17
16	采样周期	6.8.5	7.18

7.3 监控参数验证

7.3.1 起重量综合误差试验

载荷试验不少于三次，且试验载荷不低于80%的额定起重量。100%额定起重量作为必测点，其他两点在80%额定起重量与100%额定起重量之间任意选取。综合误差按式(1)计算：

$$E_Q=\frac{|Q_a-Q_b|}{Q_b}\times 100\% \qquad \cdots\cdots(1)$$

式中：

E_Q——起重量综合误差；

Q_a——系统测量值，单位为千克(kg)；

Q_b——试验载荷的实际数值，单位为千克(kg)。

注：对于架桥机，载荷误差试验可根据实际情况选做。

7.3.2 起重力矩的综合误差试验

在力矩曲线范围内选能代表机种力矩变化特性的三点作为检测点，综合误差按式(2)计算：

$$E_M=\frac{|M_a-M_b|}{M_b}\times 100\% \qquad \cdots\cdots(2)$$

式中：

E_M——力矩的综合误差；

M_a——系统测量值，单位为千牛米(kN·m)；

M_b——力矩的实际数值，单位为千牛米(kN·m)。

7.3.3 起升高度/下降深度

检查系统实时记录并显示吊具起升高度和下降深度，并验证数值。

7.3.4 运行行程

检查系统实时记录并显示小车运行、大车运行等运行行程，并验证数值。

7.3.5 幅度综合误差试验

空载状态下，取最大工作幅度的30%(R0.3)、60%(R0.6)、90%(R0.9)，变幅机构在取点附近测定实际幅度$R0.3a$、$R0.6a$、$R0.9a$，读取显示器相应显示幅度$R0.3b$、$R0.6b$、$R0.9b$，分别计算它们的绝对偏差Ra和Rb，综合误差按式(3)计算：

$$E_R=\frac{|R_{ai}-R_{bi}|}{R_{bi}}\times 100\% \qquad (3)$$

式中：

E_R ——幅度的综合误差；

R_{ai} ——系统测量值，单位为米(m)；

R_{bi} ——试验幅度的实际数值，单位为米(m)。

i ——取1,2,3。

对于超大型流动式起重机，应增加额定载荷状态下的试验。

7.3.6 大车运行偏斜

检查系统实时记录并显示的大车运行偏斜参数，并验证数值。

7.3.7 水平度

检查系统实时记录并显示整体水平度的数值，用水平传感器等方式验证起重机的整体水平度。

7.3.8 风速

检查系统实时记录并显示风速值，并验证数值。

7.3.9 回转角度

检查系统实时记录并显示起重机械的回转角度，并验证数值。

7.3.10 操作指令

在空载的条件下，根据现场实际情况，对起重机械的动作进行操作验证，各种动作在显示器上应实时显示。试验后，查看相关的记录，信息能保存和回放。

7.3.11 支腿垂直度

检查系统实时记录并显示支腿垂直度的数据，采用水平传感器等方式测量纵向垂直度并记录。验证起重机械的支腿垂直度。

7.3.12 工作时间

检查系统实时记录并显示起重机械各机构动作时间点。

7.3.13 累计工作时间

完成一个工作循环后，调取试验过程中存储的时间数据，现场验证对已完成的工作循环的时间系统应全部累加、记录和存储的功能。

7.3.14 工作循环

调取试验过程中存储的时间数据，系统已完成的工作循环应全部记录和存储。

7.4 监控状态验证

7.4.1 起升机构制动器的开闭

在空载的条件下，进行起升机构动作的操作，检查系统有实时记录并显示制动状态开闭的信号。

7.4.2 抗风防滑

对抗风防滑装置进行开闭操作，检查系统实时记录并显示的防风装置状态是否一致。

7.4.3 联锁保护

联锁保护验证方法如下：

a) 门限位

进行门限位开关闭合试验，检查系统显示与门限位状态是否一致，并实时记录和显示该项目。

b) 机构之间的运行联锁

在空载条件下，分别进行两机构的动作，其联锁应满足规定要求，系统应实时记录并显示联锁状态。

7.4.4 同一或不同一轨道运行机构安全信号

检查系统实时记录并显示起重机械的同一或不同一轨道安全信号，起重机械同一或不同一轨道存在碰撞危险时，系统应有正确响应。

7.4.5 工况设置

检查系统对所有工况进行监控设置、显示和存储功能，现场查看显示、调阅工况资料，验证其有效性。

7.4.6 供电电缆卷筒

供电电缆卷筒应按照以下方法验证：

a) 系统应当能够监测供电电缆卷筒状态保护开关(过紧或过松)的动作状态；现场操作供电电缆卷筒状态保护开关断开或闭合，观察系统是否能识别供电电缆卷筒的状态；

b) 系统应当能够监测供电电缆卷筒状态保护开关和起重机械大车运行机构的联锁状态。

7.4.7 过孔

按照架桥机的过孔走行方式进行过孔走行试验，系统应实时记录并显示过孔的状态，试验后查看相关的过孔状态记录，系统应该记录过孔时的操作命令和状态。

7.4.8 超速保护

验证超速保护装置是否输出信号，并实时记录和显示该项目。

7.4.9 防后倾

验证防后倾装置是否输出信号，并实时记录和显示该项目。

7.5 视频系统验证

现场检查安装摄像头数量、安装位置、所监控的范围。在一个工作循环的时间内，在视频系统的屏幕上应至少观察到起重机械依据表 4 设置的实时工作的监控画面。

依据表 4，整个视频系统应能做到实时监控。一个工作循环后，调取相关视频的信息，查看这些状态的信息是否完整保存。

7.6 连续作业试验验证

确认系统可按照其工作循环次数不少于 20 次或工作循环能连续作业 16 h，并能实时记录。可通过调取试验后的记录，查看相关的记录，验证系统的连续作业能力。系统的连续作业试验应按其工作循环进行连续性作业，中途因故停机，重新计算试验时间或循环次数。

7.7 实时性

在做空载实验时，现场验证系统是否具有起重机械作业状态的实时显示功能，是否能以图形或图像或图标或文字的方式显示起重机械的工作状态和工作参数。

7.8 历史追溯性

调取连续工作一个工作循环过程中存储的所有信息，检查系统存储的数据信息或图像信息应包含数据或图像的编号，工作时间与试验的数据应一致。能追溯到起重机械的运行状态及故障报警信息。

7.9 故障自诊断

系统通电后，现场检查系统是否有运行自检的程序，是否能够显示自检结果，系统是否具有故障自诊断功能。发生故障而影响正常使用时，是否能立即发出报警信号。

7.10 存储要求

调取试验过程中存储的数据，检查系统存储的数据信息或视频系统的图像信息的日期应按照年/月/日/时/分/秒的格式进行存储。

7.11 断电信息保存

现场验证，当起重机械主机和安全监控管理系统电源断电重新启动后监控数据是否完整保存。

7.12 存储时间

根据设备的使用情况，对于系统工作时间超过 30 天的起重机械，现场调取之前存储的文件，查看文件的原始完整性和存储情况；存储时间不应少于 30 个连续工作日。对于系统工作时间不超过 30 天的起重机械，现场查阅存储的文件，计算一个工作循环的时间内储存文件大小，推算出是否能达到标准中所规定的要求，数据存储时间不少于 30 个连续工作日，视频存储时间不少于连续 72 h。

7.13 显示信息的清晰度

在操作位置处是否可清晰完整地观察到人机界面，显示信息是否刺目、是否干扰视线，是否清晰可辨。

7.14 文字表达形式

现场目测系统显示界面文字是否有简体中文。

7.15 报警装置

在空载的条件下，通过按急停或系统设计的报警信号现场验证起重机械的各种报警装置的功能。

7.16 通信协议的开放性

应检验如下项目：

a） 现场检查系统有对外开放的接口，查阅相关通信协议的内容，应符合国家现行标准规定的对外开放的协议；

b） 现场验证系统可将记录数据寻出。

7.17 管理权限的设定

现场验证系统的管理权限是否分级，是否由经授权的人员进行。

7.18 采样周期

查看系统控制程序设定的采样周期不应大于 100 ms。

ICS 17.160
J 04

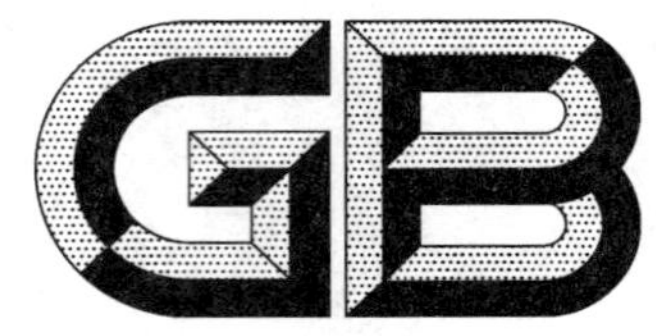

中华人民共和国国家标准

GB/T 28784.4—2017/ISO 20283-4:2012

机械振动　船舶振动测量
第4部分:船舶推进装置振动的测量和评价

Mechanical vibration—Measurement of vibration on ships—Part 4: Measurement and evaluation of vibration of the ship propulsion machinery

(ISO 20283-4:2012,IDT)

2017-02-28 发布　　　　2017-09-01 实施

中华人民共和国国家质量监督检验检疫总局
中国国家标准化管理委员会　发布

前　言

GB/T 28784《机械振动　船舶振动测量》分为四个部分：

——第1部分：一般指南；

——第2部分：结构振动测量；

——第3部分：船上设备安装前的振动测量；

——第4部分：船舶推进装置振动的测量和评价。

本部分是GB/T 28784的第4部分。

本部分按照GB/T 1.1—2009给出的规则起草。

本部分使用翻译法等同采用ISO 20283-4:2012《机械振动　船舶振动测量　第4部分：船舶推进装置振动的测量和评价》(英文版)。

本部分由全国机械振动、冲击与状态监测标准化技术委员会(SAC/TC 53)提出并归口。

本部分起草单位：中国船舶重工集团公司第七〇三研究所、中国船舶重工集团公司第七一一研究所、武汉理工大学、上海交通大学、中国船舶重工集团公司第七〇二研究所、中国船级社上海规范研究所。

本部分主要起草人：尹逊民、戴光昊、沈建平、袁成清、饶柱石、郭列、张建军、付昆昆。

引　言

一般而言，船级社在设计阶段会要求对海船推进系统的扭转振动特性进行数值研究作为设计批准的依据。为了验证具体问题，根据数值研究结果和设备类型可进行进一步的扭转振动研究。按国际船级社规范和国际船级社协会统一要求评估扭转载荷标准，尤其是 IACS UR M68[10]，该标准主要针对扭矩传递部件，如轴、齿轮、联轴器和连接件等。当系统因采用某些特殊设计而需要进行一些额外的分析研究时，船级社可要求对轴的回旋振动特性以及推进系统或曲轴的纵向振动进行研究。

推进系统可能暴露在主要由发动机和（或）螺旋桨引起的高幅值振动中。除了扭转振动的数值评价准则外，也许会提出一些比如在传递链中避免出现载荷反向等的特殊要求。一般而言，机械部件的设计都能较好的承受反向载荷，然而，某些军舰或游艇这些类特殊船舶的船东或管理者还会对设备在反向运行的平稳性提出一些特殊要求。

本部分的使用者在对船舶推进装置的测量数据进行评价时，应考虑入级船级社的最新规范和有效的国际船级社协会统一要求。

本部分所涉内容均直接或间接地与船级社规范或其他国际公认规则相关联，如国际海事组织（IMO）规则、国际海上人命安全公约、相关国家的海事与海警部门的相关规定。无论在本部分中是否有特殊规定，测量方法均应满足这些规则或规范的要求。

机械振动　船舶振动测量
第4部分:船舶推进装置振动的测量和评价

1　范围

GB/T 28784的本部分给出了获得船舶推进系统可靠振动数据所需要的仪器、测量和数据处理程序的指南。本部分也给出了特定测量技术应用的指南,该指南对于海船和内河船舶推进装置机械振动测量是较为常用且合适的。这些测量技术适用于柴油机、汽轮机或电力推进设备,在应用时要考虑每个测量程序的特定限制。

本部分所规定的程序适用于往复式机械振动(稳态或者类似扫描的准稳态情况),本部分所规定的程序不适用于瞬态、快速变化或冲击信号的测量和评价。

本部分主要规定了试航时主推进装置机械振动的测量技术。相同或相似的测量原则也适用于其他目的,如性能监测、运行中异常振动的分析以及已修复部件的状态评估等。在这些情况下,测量程序应适应一些特定的要求。

2　规范性引用文件

下列文件对于本文件的应用是必不可少的。凡是注日期的引用文件,仅注日期的版本适用于本文件。凡是不注日期的引用文件,其最新版本(包括所有的修改单)适用于本文件。

GB/T 2298—2010　机械振动、冲击与状态监测　词汇(ISO 2041:2009,IDT)

3　术语和定义

GB/T 2298界定的以及下列术语和定义适用于本文件。

3.1

自由航行　free route

船舶保持稳定航速直线航行,操舵次数尽可能少,且操舵角不超过±2°的状态。

[GB/T 28784.2—2014,定义3.3]

3.2

振动烈度　vibration severity

诸如最大值、平均值、均方根值或其他描述振动参数的一个或一组数值,涉及多个瞬态值或多个平均值。

[GB/T 2298—2010,定义3.51]

注:振动烈度是一种通称,过去在涉及振动速度时经常使用。然而现在更多地用于位移、加速度等其他测量量。

3.3

峰值　peak value

给定时间区间内振动最大值。

[GB/T 2298—2010,定义3.44]

注1:振动峰值通常取为该振动量相对其平均值的最大偏移。正峰值为最大正偏差,负峰值为最大负偏差,见图1。

注2:由于振动的正峰值和负峰值可以不同,因此峰值通常被认为是峰-峰值的二分之一,同见3.4。

3.4

(振动的)峰-峰值　peak-to-peak value

给定时间区间内振动最大正值与最大负值之间的差值。

[GB/T 2298—2010,定义 3.45]

注:见图 1。

3.5

均方根值　r.m.s. value

给定带宽内快速傅里叶谱的均方根值(幅值平方和的平方根)或给定时间区间(如基频对应的周期)内时间信号的均方根值。

例 1 在 t_1 到 t_2 区间的均方根值为:

$$\sqrt{\frac{1}{t_2-t_1}\int_{t_1}^{t_2}u^2(t)dt}$$

例 2 带有 N 个谱线的快速傅里叶谱得到的均方根值为

$$\sqrt{\frac{1}{2}\sum_{n=1}^{N}x_n^2}$$

见图 1。

注 1:本部分定义的谱均方根值是来自于 GB/T 2298—2010 中 5.11 一个更加普遍的谱均方根的定义形式,在振动方面经常使用。

注 2:对于正弦波,均方根值等于峰值除以 $\sqrt{2}$ 。

注 3:对于混合激励源应作加窗处理。需要引入额外的参数得到如下形式的均方根值:

$$\sqrt{\frac{1}{2B}\sum_{n=1}^{N}x_n^2}$$

其中,B 是取决于防泄露窗的加窗噪声带宽系数

对于汉宁窗,$B=1.5$

对于平顶窗,$B=3.77$

对于不加窗情况,$B=1$

X_n 是通过快速傅里叶变换得到的窄带幅值

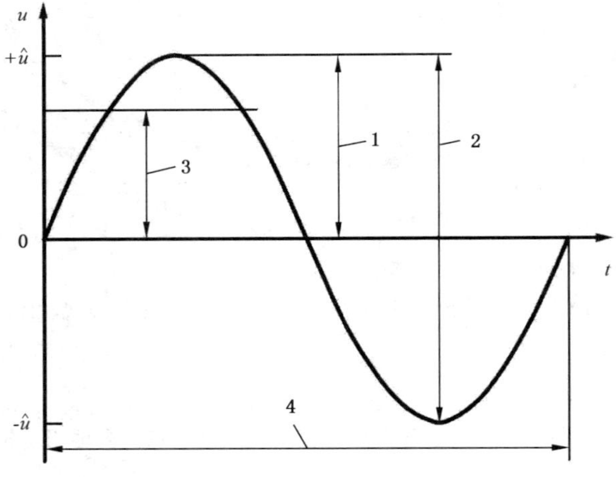

说明:

1——峰值,$\hat{u}$;

2——从 $-\hat{u}$ 到 $+\hat{u}$ 的峰-峰值;

3——均方根值;

4——周期时间。

图 1 振动值 $u(t)$(简化为正弦波)

4 振动测试

4.1 测量仪器

传感器、信号调理和数据存储设备应具有在一定频率范围内进行准确测量的能力，该频率范围对于振动量的测量是足够的，应用的测量技术应保证测量精度在±10%以内。涉及的各方，即船厂、船东、船级社和供应商，应根据被测机械量确定一个合适的测量频率范围。对于线性振动测量，常采用1 000 Hz作为频率的上限。采用应变仪测量推进系统旋转部件载荷、扭矩或其他量时，低速两冲程发动机采用100 Hz作为频率上限；四冲程发动机采用400 Hz作为频率上限（四冲程发动机，频率上限值应不小于最大转速乘以缸数）。对于齿轮箱加速度的测量，应根据激励力（齿轮啮合频率）选取较高的频率作为上限。

原始数据或经过处理的数据应以电子文件的形式永久保存。在某些情况下也可使用纸制印刷文件，但为了复制的目的，仍然首选电子（模拟或数字形式）数据存储方式。操作者应熟悉从传感器到存储和回放设备（或回放数字数据）这个测量链的完整传递关系，并在现场或实验室进行验证。

推荐根据激励源来记录被测振动的相位，即应提供指示主激励源绝对位置的标识。这个标识常常采用发动机曲轴的旋转角度（例如，TDC1 为 1 号缸上死点），然而对于一些特殊情况，螺旋桨的相位也非常重要。

4.2 测试条件

为了满足测试的可重复性，与推进系统有关的一系列测量需要在稳定的状态下进行，并且应考虑船舶特定的装载工况，例如：

a) 船舶的装载工况应尽可能与约定的额定工况一致。这个装载工况至少是试航时较常见的船舶压载工况，且螺旋桨完全没入水中。

b) 水深应不小于 5 倍的船舶吃水。偏差由合约方约定，并在报告中说明。

c) 在自由航行测试时，应尽量保持直线航行，舵角左右变化应限制在 2°以内。

d) 在没有砰击或严重海浪冲击的情况下，最大的海况应如下，具体为：

   小艇：1 级海况；

   小船（<100 m）：2 级海况；

   大船（≥100 m）：3 级海况。

e) 发动机应在正常工况下运行。对于某些种类的测量和特定设备，可约定和正常工况有一定偏差的补充测量（对于扭转振动，典型的情况如一缸熄火）。

f) 对于包括多发动机、轴和离合器的较复杂系统，应在性能测试前，由涉及的各方约定待研究的工作模式类型。在这种情况，必须满足船级社的要求（例如，若两个发动机通过离合器在一个轴上运行时，单发动机和双发动机运行的扭转振动，或带有冗余推进附加标志船舶正常和紧急运行）。

4.3 测试程序

4.3.1 总则

应充分检查每一个测试通道以保证其可靠、可重复和准确的工作。应变仪安装在现场后通常进行校准。

如果约定需评价机械振动类型（扭转、弯曲、回旋、纵向、横向）之间的关系（而不是仅估计每种振动类型的幅值),推荐使用同步多通道存储技术,或额外存储各自通道的相位。

4.3.2 稳态测量

在 4.2 规定的条件下,采用如下程序之一获得"稳态振动数据":

a) 在最小和额定(或最大)转速之间的整个有效的转速范围内,应均匀分档进行测量记录稳态值。转速分档的数目应能准确地记录以描述出整个转速范围内的振动特性。[供参考:转速分档间隔约为额定转速的 5%,在共振区域附近,按照 b)规定采取连续缓慢的升速或降速,或采用更小的转速分档间隔]。

b) 从最小转速缓慢而稳定的升至额定(或最大)转速。升速应足够缓慢以保证被测振动量级能充分体现。特殊情况下,可考虑降速测量,然而,最大激励通常在升速过程中发生(供参考:对于直接传动的两冲程发动机,施加每分钟小于 2%额定转速的速度变化率,整个升速或降速过程持续 30 分钟左右;对于中高速发动机,施加每分钟小于 15%额定转速的速度变化率,整个升速或降速过程持续 10 min 左右)。

建议发动机和船在加速过程中的功率吸收曲线与其额定功率-速度曲线相匹配。

特殊情况下,参见附录 A 提供的操纵或瞬态方式进行测量。

4.4 数据处理

4.4.1 总则

推荐采用幅值-频率曲线或者幅值-谐波阶次谱曲线的形式。通常使用至少 400 谱线的分辨率和汉宁窗,但为了得到更好的振幅或频率分辨率,可以使用不同的参数(例如,1 600 谱线分辨率、平顶窗、1 kHz 频率区间)。谱应在整个记录数据的时间长度上取平均。测量谱用于生成所有主要轴旋转谐次(主要发动机激励谐次、轴频、叶频)的振幅图,更多情况是轴转速与合成值(见 4.4.2)的曲线图。

第二种方法是,如果激励主要是以轴或发动机转速为周期,应使用阶次跟踪。阶次跟踪是一个以一定时间帧作为测量周期的过程,该时间帧连续调整以适应基础激励周期(即两冲程发动机为一转,或四冲程往复发动机为两转)。然后,相应的阶次谱或者阶次图和轴速的关系一般不需要加窗或者采用高的谱分辨率。

4.4.2 振动烈度

根据被测参数(见 4.4.3),振动烈度的每个值(也常常叫合成值)应以峰值或者均方根值的形式表示。

恒速测量通常使用平均傅里叶变换,变速测量通常使用单傅里叶变换。

对于每个测量参数,评估的频率或者阶次应在合适的范围内。如果由于多余的噪声信号或其他高低频的信号扰动采用了类似滤波的后处理,则应予以说明。振动烈度可直接由滤波后的信号评估或者通过缩减的频率或阶次进行计算来评估,并考虑峰值相位。

4.4.3 关注的量

对于机械旋转部件的测量(例如,交变扭矩或推力和交变的扭转或弯曲应力),每个周期的峰值是值得关注的,并应以图表的形式表示。这些值可以以绝对值或以额定(或设计)推力和扭矩百分比的形式进行比例缩放。为了能看出可能出现的反向扭矩或推力,测量的(或理论的)扭矩和推力的平均值的曲线应添加在图表中。

注:如果交变推力大于平均推力,随着叠加的动态推力频率的变化,推力方向从船头向船尾改变。同样的,如果齿

轮装置的交变扭矩超过平均扭矩，则发生可听见的轮齿敲击。在设计审核时计算或评估这些状况。在极低速范围内，载荷的换向是允许运行的。

对于线性振动测量，从傅里叶变换得到的均方根值常常被认为是相应的振动烈度。这适用4.5.5列出的推进装置非旋转部件的线性加速度或速度的测量。并且，最大的谱幅值也是一个重要的指标。

除此之外，可以包括相关轴旋转阶次的单振幅（发动机激励谐次、轴频、叶频）和轴转速的曲线图，从而了解推进装置的共振情况。

4.5 测量

4.5.1 总则

测量范围由涉及的各方协商确定。

一些测量方法得到的值不能直接用于评估；因此，需要利用数学模型对这些值重新计算，这应由涉及的各方约定并在报告中说明。

4.5.2 轴系的扭振测量

在测量之前，通常需要进行扭振计算，并且该计算应由涉及的各方约定（如船级社、制造厂、咨询师、船东）。

采用合适的测量技术进行测量（见如下基本的供选方案）。测量应尽可能和实际情况一致，测量量可代表所有涉及到的振动模态。

为了评估，通过可接受的扭振计算模型将测量量转换成合适的量（例如对扭矩或应力的评估，转换成系统其他部件的交变扭矩或应力）。这样的典型部件包括弹性联轴器、啮合齿轮、连接件（交变扭矩）和轴（交变剪应力）。

测量技术应采用下列方法之一：

——使用应变仪做动态应力测量；

——使用编码器或其他角度测量方法测量扭转振动角或扭转幅值。

4.5.3 轴的纵向振动测量

如涉及各方（如船级社、制造厂、咨询师、船东）约定，可进行纵向振动的测量。

采用合适的测量技术进行测量（见如下基本的供选方案）。测量应尽可能和实际情况一致，测量量可代表所有涉及到的振动模态。

若没有直接测量相关参数，将测量量通过接受的计算模型转换为合适的参数进行评估。

测量技术应采用下列方法之一：

a) 轴的纵向窜动或振动

——法兰相对轴承座或基础的运动

b) 推力的测量（见注3）

——在轴上通过应变仪测量纵向动态应力

——推力环测量

——推力轴承的移动以及利用轴承刚度模型对推力的重新计算

——推力轴承非旋转件上的弯曲应力和利用轴承模型的推力的重新计算

注1：常常仅在必须采用特定技术时才进行纵向振动的测量。

注2：对于大型两冲程柴油机，通常在曲轴自由端进行测量。

注3：在推力轴承上进行推力测量仅适用于特殊情况（比如特殊船只或者在研究损伤时），即他们不适用于大型两冲

程柴油机和推力轴承集成在箱体上的齿轮推进装置。

4.5.4 轴的回旋(弯曲)振动测量

如涉及各方(如船级社、制造厂、咨询师、船东)约定,可进行回旋(弯曲)振动的测量。

采用合适的测量技术进行测量(见如下基本的供选方案)。测量应尽可能和实际情况一致,测量量可代表所有关心的振动模态。

若没有直接测量相关参数,将测量量通过接受的计算模型转换为合适的参数进行评估。

测量技术应是以下中的一种:

——由应变仪测量弯曲应力;

——通过 90°(正交)横向探头测量轴的位移量。

注:回旋(弯曲)振动测量仅适用于特殊情况(例如当计算表明固有频率和振动主激励频率接近时)。弯曲振动测量具有重要的技术意义,尤其是小轴径高转速轴、大跨距轴承、以及可引起较大弯曲振动的轴系,典型的如大倾斜高速万向轴。

对于回旋(弯曲)振动测量,需要采用两个 90°的全桥测量来评价真实的动态弯曲应力。

4.5.5 机器的非旋转部件和组件的直线或横向振动测量

4.5.5.1 总则

线性(结构)振动测量通常采用加速度传感器或速度传感器。

对于船上振动的测量,内部激励振动和外部激励振动均应进行测量。

测试条件见 4.2,测试大纲由涉及的各方确定。

测量位置取决于安装形式,应在测量前由涉及的各方约定。

这些测量可能包括在 4.5.5.2～4.5.5.8 中提到的组件。

4.5.5.2 柴油机

4.5.5.2.1 总则

对于测点的定义和测试数据的评价,应考虑发动机的安装形式(弹性安装或刚性安装)。

一般来说,船用柴油机是定型设备。他们本身被设计成可承受一定等级的振动。振动测量的相关评估准则由发动机制造厂给出,最大值通常发生在第 3 层(见图 2 中的机架顶端)。有时,制造厂还会给出某种类型和应用的柴油机典型值的一个范围。

然而,由发动机制造厂提供的许用值,通常其主要目的是为了保证长时间不损坏发动机的完整性和功能性。因为这个原因,刚性安装的发动机可接受的振动等级在第 1 层(见图 2 中的机器安装端面)时应考虑船体的要求(传递的动态力、振动和噪声)。因此,他们应该大大的低于通常在第 3 层可接受的值(根据安装的方向和方法,一般小于二分之一)。这不仅适用于绝大多数低速两冲程发动机(见 4.5.5.2.2),也适用于刚性安装的四冲程发动机。

弹性安装一般适用在中速和高速发动机。在这类发动机框架和悬挂件上的测量数据是发动机直接的载荷和弹性基础上发动机的运动而共同引起的。通常,应将这些影响分开评估。船体较低的动态力、振动和噪声的要求常常是由设计合适的弹性安装系统来满足的。这样,在弹性安装下的振动等级一般低于相应的发动机的振动等级,见 4.5.5.2.3。

典型的振动测点和术语的定义在 GB/T 6075.1 和 GB/T 6075.6 中给出,见图 2。如果发动机制造厂没有标出测点时,可以采用这些测点。

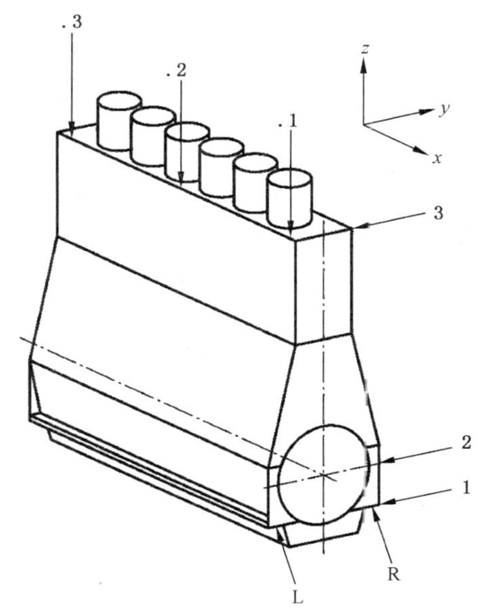

a） 低速两冲程发动机

b） 四冲程发动机

说明：

测量面：	L 面向输出端的左手
	R 面向输出端的右手
测量高度：	1 机器的安装端面
	2 曲轴高度
	3 机架顶端
机器长度方向的测点：	.1 输出端
	.2 机器中部
	.3 机器的自由端
方向：	x 纵向
	y 横向
	z 垂向

图 2 柴油机上典型测点

4.5.5.2.2 针对两冲程柴油机直线振动的考虑

直接传动船用柴油机是典型的两冲程发动机，其额定转速范围在 70 r/min～250 r/min。这样的发动机大多利用钢制螺栓刚性地连接在船体结构或基础上。因此，特别是在基础附近，振动等级很大程度上取决于基础的设计和复合结构的固有频率，这个复合结构包括利用金属垫块或树脂浇注连接在基础和船体结构上的发动机。

如果发动机制造厂没有给出特定的评价准则，可采用 GB/T 6075.6—2002 中表 A.1 及相应的说明作为评估准则。

为了确定振动幅值的均方根值，频率范围应限制在 1 Hz～100 Hz 之间，局部的共振效果应采用合适的滤波技术排除，这与 GB/T 6075.6—2002 中 4.1 和第 5 章不同。

对于发动机机架的振动（测点见 GB/T 6075.6—2002 中 4.2，第三层），最大值（机器的振动分类数）等于 5（振动烈度 28 级）作为初始准则是合适的。如果发动机制造厂没有给出特定的评价准则，可采用 GB/T 6075.6—2002 中表 A.1 及相应的说明作为评估准则。

为了确定振动幅值的均方根值，频率范围应限制在 1 Hz～100 Hz 之间，局部的共振效果应采用合适的滤波技术排除,这与 GB/T 6075.6—2002 中 4.1 和第 5 章不同。

对于发动机机架的振动(测点见 GB/T 6075.6—2002 中 4.2,第三层),最大值(机器的振动分类数)等于 5(振动烈度 28 级)作为初始准则是合适的。根据发动机制造厂或组件供应商的规格书,也可接受更高的振动值。

对于附属部件(增压器,空气冷却器,发动机控制部件)的振动,采用部件制造厂和柴油机制造厂约定允许的振动限制值,同样包括特定的频率范围和测量位置。

主要附属组件(平台,排气集管等)的振动应认为是局部振动,因此不能利用这些准则提供的值来评估。一般地,作为组件设计方的发动机制造厂给出这些组件振动的评估准则。次要的附属结构(例如平台地板、栏杆、管等)振动通常更多地表现为局部共振的特征,因此应分开考虑。

根据应用情况,如涡轮增压器和空气冷却器这些附属部件(常常为分包商)通常被设计成和型式认可为可承受特定的振动等级。总的来说,因为设计是满足要求的,并且已经满足对特定的振动等级的条件,因此这些限制值适用于评估的目的。

注 1:因为 GB/T 6075.6 仅适用于额定旋转速度大于 250 r/min 的机器,对于其他情况,限制值没有约束力。

注 2:GB/T 6075.6—2002 中图 C1 不适用于大型两冲程发动机,因为 10 Hz～250 Hz 的频率范围不能反映大部分发动机低转速的影响和相应的低频影响。因此,此图不适用于这些发动机。

4.5.5.2.3 针对四冲程中高速发动机直线振动的考虑

船用四冲程发动机覆盖的转速范围在 300 r/min 和 2 500 r/min 之间;低速适用于大型中速发动机,高速适用于紧凑的高速发动机。这样的发动机一般是通过齿轮箱连接至螺旋桨轴,且大部分采用弹性安装。

对于刚性安装的四冲程发动机,除 4.5.5.2.1 中关于第 1 层可接受的振动外,发动机、基础和船的相互作用与 4.5.5.2.2 所描述的两冲程发动机是类似的。也就是说,不仅应考虑发动机允许值,还应注意传递到船体的动态载荷在一个可接受的范围内。

对于弹性安装发动机一般其振动等级更高。这是因为弹性安装的振动包含了附加的低频分量,传递到船体上的动态力被弹性元件很大程度地衰减了。因此,发动机第 1 层(机器的安装端面,见图 2)的允许值也较高,可接受值和制造厂给出的第 3 层的值相类似(机架顶端)。

如果发动机制造厂没有给出特定的评估准则,GB/T 6075.6—2002 及相关的说明可以作为准则应用。

根据以上考虑,对于发动机机架的振动(测点见 GB/T 6075.6—2002 中 4.2,第 3 层),弹性安装的中高速四冲程发动机最大值(机器振动分类数)等于 6(振动烈度等级 45)以及刚性安装的四冲程发动机最大值等于 5(振动烈度等级 28)作为首要准则。四冲程发动机第 3 层的测量(机架顶端)在实际中很难,这主要是由于其接近限制值或是缺乏合适的位置,以及测量缸顶部时振动常常包含高频分量导致的。

根据发动机制造厂的规定,更高的振动值是可接受的。特别是弹性安装的大功率高速柴油机可以承受更大的振动。

参见 GB/T 6075.6—2002 中表 A.1。

附属部件(例如涡轮增压器,空气冷却器,发动机控制组件)的振动应视为局部振动,不能采用指导值评估。可采用安装组件制造厂和柴油机制造厂约定允许的振动限制值,同样包括特定的频率范围和测量位置。

根据应用情况,如涡轮增压器和空气冷却器这些安装的组件(常常为分包商)通常被设计成和型式认可为可承受特定的振动等级。总的来说,因为设计是满足要求的,并且已经满足对特定的振动等级的条件,因此这些限制值适用于评估的目的。

4.5.5.3 燃气轮机

作为船用燃气轮机一般原则，如果燃气轮机制造厂没有给出测点位置和评估准则，可采用GB/T 6075.3和GB/T 6075.4作为船用燃气轮机的准则。

当燃气轮机作为原动机进行测量时，应明确区分由燃气轮机本身产生的振动和由于船用环境导致各种振动（例如由于螺旋桨激励产生的振动）。典型情况下，设计值适用于由燃气轮机本身产生的振动，并且，测量应满足类似于燃气轮机本身的"在线监测"的目的。典型的测量是转子不平衡（径向1阶和2阶）和轴的窜动。为了正确评估这些测量，应将从认证过程得到的设计值作为参考。

注：对于由于船用环境引起的燃气轮机的振动，大部分制造厂考虑速度均方根值不超过14 mm/s。然而，一些商用的燃气轮机被设计成可以抵抗冲击，总体上振动值更高。

排气涡轮增压器也属于一种特殊类型的燃气轮机。因为涡轮增压器安装在发动机上，他们可被认为是"附属部件"。然而，通常，这样设计的歧管可以在高振动条件下可靠的工作，应将型式认可时考虑的振动幅值作为参考。制造厂对于涡轮增压器给出了典型的可允许值作为"总的可允许振动加速度"，即$\pm 25\ m/s^2$。该值与发动机引起的气体力和惯性力有关，由发动机上的涡轮增压器的安装支架放大，应与涡轮增压器"内部不平衡"明确地区分开。一般，涡轮增压器的监控系统主要关注"内部不平衡"，并采用专用的过滤技术，该信号不足以评估涡轮增压器的整体振动。

4.5.5.4 蒸汽轮机

作为船用蒸汽轮机一般原则，如果蒸汽轮机制造厂没有给出测点位置和评估准则，可采用GB/T 6075.2和GB/T 6075.3作为船用蒸汽轮机的测量准则。

当蒸汽轮机作为原动机进行测量时，应明确区分由蒸汽轮机本身产生的振动和由于船用环境导致管路产生的振动（例如由于螺旋桨激励产生的振动）。典型地，设计值适用于由蒸汽轮机本身产生的振动上，并且，测量应满足和"在线监控"蒸汽轮机本身相似的目的。这些测量的典型值是转子不平衡（1阶和2阶径向）和轴的窜动。为了正确评估这些测量，应将从鉴定过程中推导出的设计值作为参考值。

注1：对于由于船用环境引起的蒸汽轮机的振动，大部分制造厂考虑速度均方根值不超过14 mm/s的情况。然而，一些商用的蒸汽轮机被设计成可以抵抗冲击，总体上振动值更高。

注2：小的蒸汽轮机也同样应用在电气能源产品上，使用主发动机排气。这样的管路安装在一个单独的框架上，一般而言，应根据GB/T 6075.1—1999对区域A进行限制。对于一些特殊的应用，例如汽轮机的管路直接安装在发动机上，制造厂需要使设备在合适的高振动值下合格。

对于推进装置，两个蒸汽轮机通过两输入轴齿轮箱传递功率。齿轮箱本身及其辅助设备需要通过合格的限制值单独评估。在这种情况下，他们不作为蒸汽轮机一部分进行评估。

4.5.5.5 电力推进电机

作为船用电力推进电机一般原则，如果电力推进电机制造厂没有给出测点位置和评估准则，可采用GB/T 6075.3作为船用电力推进电机的准则。

电力推动电机作为主要原动机进行测量时，应明确区分由电力推进电机本身产生的振动和由于船用环境产生的振动（例如由于螺旋桨激励产生的振动）。对于由电机本身产生的振动，需要采用典型的设计值。那些由转子不平衡和磁场不均匀引起的振动，可在不受船用环境影响的试验台上测量，典型的速度均方根值远小于5 mm/s（允许值）。电力推进电机相连到船体系统和直接连接至螺旋桨轴上，会产生其他的振动谱。

注：对于由于船用环境引起的电力推进电机的振动，大部分制造厂考虑速度均方根值不超过14 mm/s。然而，一些商用的电力推进电机被设计成可以抵抗冲击，总体上振动值更高。

一阶振动（旋转）不仅由电机内部不平衡引起（见前面的内容），还主要由连接轴和对中不良导致。需要区分这两种振动：对于前者应保证在设计规定的速度均方根值内（一般小于5 mm/s）；对于后者应保证电机内部的设计和限定条件满足。一般地,在 GB/T 6075.1—1999 中定义的区域 B 适用于后者产生的一阶振动。

对于其他电气设备,例如轴带发电机,应用轴承的适应性是主要的限制准则。这样的话,应考虑高振动水平下轴承的设计和适应性。

4.5.5.6 齿轮箱

齿轮箱直线振动测量是一个间接的确定齿轮箱载荷的方法,这些振动是由外部或内部的激励引起的。

典型的内部激励产生的振动包括齿轮接触啮合、滚动轴承和输入、输出以及中间轴不平衡量引起的振动。

典型的外部产生的振动包括来自发动机、螺旋桨和对中不良产生的振动。

应明确区分以上提到的振动激励源。特别是在铸造齿轮箱上测量得到的由于齿轮啮合产生的加速度,和整体分析值相比,在高频范围振幅较小,这代表船用环境产生的振动占主导作用。对于振动的评估,滤波技术是不可缺少的。

测量应扩展至整个装置工作转速范围内。应考虑在工作转速范围内,隶属于齿轮箱的组件转速不应落入由柴油机或螺旋桨的主谐次引起的共振转速范围内。

应从 2 Hz~1 000 Hz 的频率范围内测量振动幅值。

如果根据振动数据很难推算出齿轮箱的载荷,振动等级应该保持较低水平。允许的振动等级取决于多种因素,如齿轮箱的类型和大小、发动机类型、应用、箱体材料、基础船体类型、测量位置和振动源。这样,不可能有一个普遍适用的振动限制值。

应遵守齿轮箱制造厂的振动规格书。涉及的各方可约定特殊的振动规格书。对于单独安装的由柴油机驱动的齿轮箱,这些规格书的典型范围由下述信息描述。典型的规格书适用于工作条件下的三个主运动方向-垂向、横向和纵向方向。规定的典型测点如图 3 所示。齿轮箱制造厂标出振动限制值对应的不同测点。

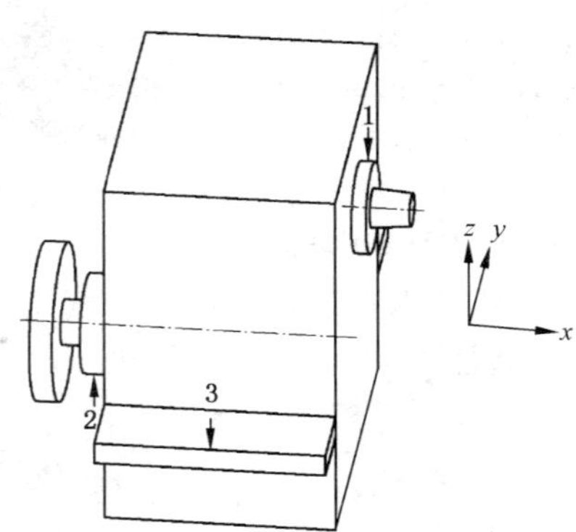

说明:

1——齿轮箱动力输入轴轴承盖;

2——齿轮箱动力输出轴轴承盖;

3——齿轮箱支座。

图 3 典型的船用齿轮箱测点

振动规格书的主要目的是确保齿轮箱的机械可靠性。舒适性方面和船级社需求在本部分的范围外,但可认为是单独的准则。

另外,应注意的是齿轮箱制造厂或相关各方的振动推荐值或要求不能任意指定,而是一个特定的烈度等级,其取决于之前提到的各因素。若没有可行的规范,应采用最低的值。

根据规格书，对于可长期工作(区域A和B)的典型可接受值，不仅包括振动烈度7级还包括11级或18级(见GB/T 6075.6—2002)。

根据规格书，对于不适宜长期工作区域(区域C)的典型可接受值，不仅包括振动烈度11级还包括18或28级(见GB/T 6075.6—2002)。这个等级对于在短时间工作的船也许是可接受的(例如游艇)。

为了确定是否存在某一阶次的幅值占主导地位，应检查FFT谱的最大峰值。根据规格书，对于这样单峰值的典型可接受值，不仅包括7 mm/s，还包括11 mm/s和18 mm/s。

如果超过了振动限制值，应告知制造商。特殊情况下，齿轮箱制造厂必须提供详细的分析报告才可以允许更高的限制值。

以轴承弹性支撑为特点的外伸箱体(即轻型燃气轮机齿轮箱的第一轴承)，根据制造厂的考虑可以有更高的允许值。

附属组件(冷却器、控制板、管和罩壳等)的振动可认为是局部振动，在本部分没有明确提及。

注：在特定情况下，要仔细考虑齿轮箱在扭转和横向运动之间的联轴器。

4.5.5.7 轴承

因为轴的横向振动较难测量，并且在轴承测点上高的振动位移、速度或加速度使得振动问题(轴或轴线部分在共振状态下运行)变得相当明显，因此，在轴承上的振动测量总是有意义的。

对于在轴承上应用合适的测量技术，建议参考GB/T 6075.1，测点见图4。

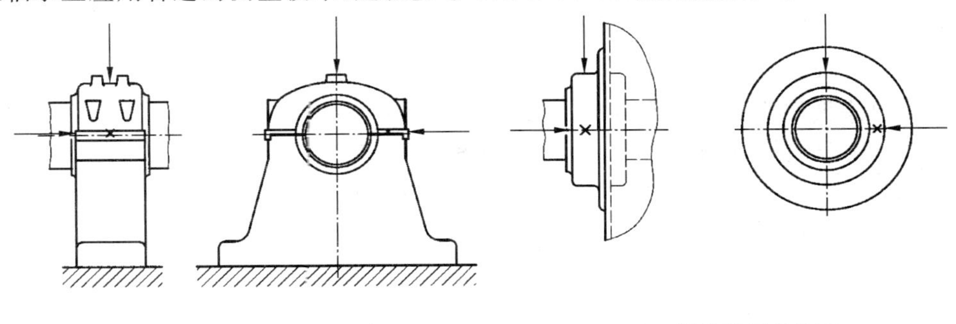

a) 支座轴承的测点　　b) 端盖轴承的测点

图4 轴承上的测点

独立式支座轴承一般用于两冲程和四冲程发动机设备。因为轴承被动的产生振动，测量侧重于记录通过轴(弯曲振动)或者基础(典型的为螺旋桨或者发动机产生的振动)产生的振动位移、速度或加速度。然而，发动机或螺旋桨激励的振动也可能通过轴的轴向和径向运动产生。因此，为了分析的目的，如果数学模型预测的共振频率接近主要的激励频率，应区分主要激励源和振动路径。为了进行合适的评估，对于这种轴承推荐至少在两层位置(箱体和基础)上进行测量并采用模态分析技术。

GB/T 6075.1也涉及端盖轴承，它们一般集成在四冲程发动机齿轮箱上。

注1：滚动轴承也可用于中间轴轴承上。滚动轴承容易受到振动(主要由不平衡引起)、对中不良和万向节轴力的影响。设计这样的轴承需要在实际使用中满足足够的振动级。轴承制造厂为高振动条件下特殊类型轴承的应用提供准则。

注2：特别在轻载的时候，与轻轴(例如碳加强轴)相连的滚动轴承容易受振动的影响。这种情况下，产生预紧力(不对中)或应用特殊设计的轴承等是有利的。

4.5.5.8 集成推进装置

集成推进装置，例如机械和电力全回转推进装置(也叫吊舱和Z型驱动)、Voith-Schneider装置和泵喷主要包括之前提到的典型传动组件。

一般而言，类似的电力推进电机准则也适用于电力全回转推进装置，齿轮、轴承和轴的准则也适用于机械全回转推进装置。

对于吊舱螺旋桨和泵喷，建议采用下面的一般过程：

a) 振动测量位置应该位于：

——轴承座(功率输入)三轴方向；

——轴承三轴方向，见4.5.5.7；

——船体。

b) 对于评估来说，以下的考虑是有意义的；

——对于每个测点和测量方向，将加速度变换成速度量；

——根据评估准则，窄带分析高达1 kHz，Δf 近似为1 Hz；

——将各个结果和评估准则相比较，参见附录B；

——所有的测试数据和信息应可进行后处理。

注1：对于吊舱螺旋桨(特别是全回转推进装置)和泵喷测量结果的评价，见附录B。

上述评估程序不适用于直接驱动的螺旋桨。

对于非常特别的装置，像喷水器，Voith-Schneider螺旋桨和侧推装置，制造厂的指导值适用。为了提取和监测到重要的结果，喷水器特别要求使用先进的测量技术。一般而言，这主要是由水流引起的高的总振动级要比由不平衡量或其他机械因素引起的振动级高很多，这也意味着机械组件要承受高载荷。

注2：对于Voith-Schneider螺旋桨的测量，参见附录C。

对于侧推装置，推荐采用如下步骤。测点应布置在：

——齿轮腔法兰连接件，三轴方向；

——和船体垂直框架相连接的腔体(仅供参考)；

——电机上部，三轴方向(如果电机直接连接在法兰上)。

测量应该在整个工作转速范围内进行。对于恒速推进器(调距桨)的情况，在额定转速下和80%到100%的功率范围内测量是足够的。

5 评价准则

验收标准应由合同有关各方约定。特别是对于扭转振动，可以强制执行入级船级社的已有条款、船用组件(例如齿轮、轴和连接件)的设计常识和国际公认标准。在任何情况下都应满足由相关组件制造厂提供的设计准则或限制。

若没有其他可行的准则，对不同组件应参考4.5给出的说明。只要可行，应以组件制造厂的特定评估准则优先。

6 测量报告

应提供推进系统的振动测量报告，报告中至少包含以下信息：

a) 测量目的描述；

b) 测量设备的描述，包括系统测试中使用的方法(如有)；

c) 若在现场进行校准，提供校准数据(如应变仪的校准)；

d) 测点描述(优先采用绘图形式)：传感器的位置和方向；

e) 测量程序(试运工况)，包括试验工况和运行工况或每次测试的配置(见4.2)；

f) 以适当的表格和图表形式的测试数据：这些数据可包括与轴转速或载荷相关的随时间变化数据(波形)、频谱和图表，以及识别的固有频率表；

g) 评论、评价(如果可行)和结论；

h) 测试日期、地点和测试单位的名字和地址；

i) 根据表1提供被测船舶的参数。

表1 被测船舶的参数

船名：	IMO号：
船厂：	船台号：
船体数据：	
船型(游轮、货运船、滚装船和散装货船)：	
船级：	
垂线间长，L_{pp}/m：	
吃水，T(满载)/m：	
螺旋桨：	
桨数：	
类型(定距桨，调距桨)：	
桨叶数：	
直径，D_p/m：	
额定转速/(r/min)：	
发动机：	
制造厂：	
类型：	
输出，最大连续功率(MCR)/(kW)：	
额定工况(MCR)下转速/(r/min)：	
缸数：	
两冲程或四冲程发动机：	

附 录 A
（资料性附录）
操纵、瞬态测量

在某些特殊条件下，替代4.3规定的“测量峰值的测试”或是作为其补充，合约相关各方可约定如下附加条款：

a） 船舶在合同约定的航速下，向左和向右急转舵；

b） 系泊试验（尤其适用于拖船、护卫舰和渔船）；

c） 倒车；

d） 多桨船舶的拖轴试验；

e） 离合器结合过程；

f） 启动或停止设备；

g） 当轴带发电机运行时，大型耗电装置（如船艏侧推）的开启和关闭。

在本附录中描述的测量和评估是为了实现特殊的目的。因此，应选择能实现此特定目标的测量和数据处理设备。

附 录 B
（资料性附录）
在非旋转部件上测量机械全回转推进装置（如肖特尔舵桨）和轴线振动的评价

表 B.1 给出的评价准则适用于功率范围在 100 kW～4 MW 的推进装置。在确定振动均方根幅值时，应考虑使用 5 Hz～1 000 Hz 的频率范围。

根据测量的振动速度值，可以分为三个区域：

区域 A：低振动级

可不受限制的连续使用

区域 B：中振动级，可接受的工作范围

应检查对中、基础、轴承以及装置可能出现的损伤或偏差

区域 C：高振动级，不可接受的工作范围

需要检查对中、基础、轴承以及装置可能出现的损伤或偏差，并且需要通过具有资质的技术服务来降低振动级。

表 B.1 评估区域

区域	A	B	C
振动速度均方根值/(mm/s)	≤4.5	≤11.2	>11.2

附 录 C
（资料性附录）
在非旋转部件上测量评价 Voith-Schneider 推进器振动

C.1 测量

C.1.1 推荐的测量条件

为了正确地评价螺旋桨的振动，舰船应以额定速度在100%的最大连续额定功率下直线航行。

C.1.2 测点位置

振动测试的测量位置应如图C.1所示：

——M1：输入齿轮顶部振动的测量

——M2：第一个壳臂边缘刚性区域的振动测量

——M3：第二个壳臂边缘刚性区域的振动测量

所有的测点应在垂直方向上进行单轴测量。

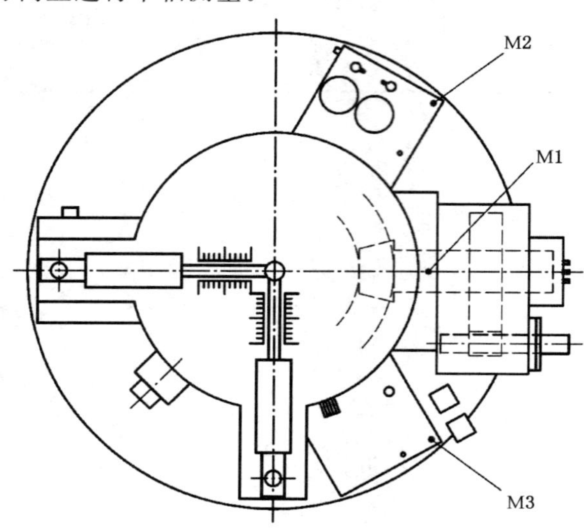

图 C.1 测量位置

C.1.3 测量设置

所有的测量应采用窄带谱分析，设置如下：

——频率范围：1 Hz～1 000 Hz；

——测量量：振动速度均方根值，毫米/秒（mm/s）。

C.2 评价

所有的测试数据或信息应可用于后处理，最好采用电子格式。窄带谱分析应和评价原则比较。亦可参见GB/T 6075.1。

根据测量的振动值，分为三个区域：

区域A：低振动均方根值（≤4.5 mm/s）

可不受限制的连续使用。

区域B：中振动均方根值（>4.5 mm/s，并且≤7.1 mm/s）

可接受的工作条件，但需要借助频谱分析，识别最重要的峰值及对应的频率。

区域C：高振动均方根值（>7.1 mm/s）

不可以接受的工作条件。应更加仔细的检查振动，并采取措施来降低振动等级。这必须由具有资质的技术服务来完成。

注：一般而言，应排除船体的共振现象。

参 考 文 献

[1] GB/T 6075.1—2012 机械振动 在非旋转部件上测量和评价机器的机械振动 第1部分：总则

[2] GB/T 6075.6—2002 在非旋转部件上测量和评价机器的机械振动 第6部分:功率大于100 MW的往复式机器

[3] ISO 3046-5 Reciprocating internal combustion engines—Performance—Part 5:Torsional vibrations

[4] ISO 7919-3 Mechanical vibration—Evaluation of machine vibration by measurements on rotating shafts—Part 3: Coupled industrial machines

[5] ISO 8528-9 Reciprocating internal combustion engine driven alternating current generating sets—Part 9: Measurement and evaluation of mechanical vibrations

[6] ISO 8579-2 Acceptance code for gears—Part 2: Determination of mechanical vibrations of gear units during acceptance testing

[7] ISO 10816-2 Mechanical vibration—Evaluation of machine vibration by measurements on rotating shafts—Part 2: Mechanical vibration—Evaluation of machine vibration by measurements on non-rotating parts—Part 2: Land-based steam turbines and generators in excess of 50 MW with normal operating speeds of 1 500 r/min, 1 800 r/min, 3 000 r/min and 3 600 r/min

[8] ISO 10816-3 Mechanical vibration—Evaluation of machine vibration by measurements on non-rotating parts—Part 3: Industrial machines with nominal power above 15 kW and nominal speeds between 120 r/min and 15 000 r/min when measured in situ

[9] ISO 10816-4 Mechanical vibration—Evaluation of machine vibration by measurements on non-rotating parts—Part 4: Gas turbine sets with fluid-film bearings

[10] IACS UR M68 Dimensions of propulsion shafts and their permissible torsional vibration stresses. Available (viewed 2012-04-11) from: http://www.iacs.org.uk. Follow "Documents", "Unified requirements", "UR M"

[11] VDI 3838 Measurement and evaluation of mechanical vibration of reciprocating piston engines and piston compressors with power ratings above 100 kW—Addition to ISO 10816-6

ICS 45.060
S 04

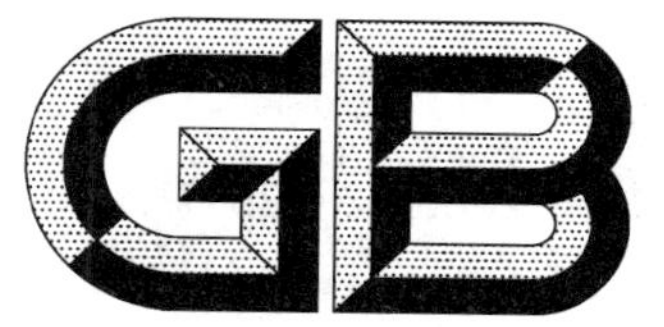

中华人民共和国国家标准

GB/T 28807.2—2017

轨道交通　机车车辆和列车检测系统的兼容性　第2部分：与轨道电路的兼容性

Railway applications—Compatibility between rolling stock and train detection systems—Part 2: Compatibility with track circuits

2017-09-29 发布　　2018-04-01 实施

中华人民共和国国家质量监督检验检疫总局
中国国家标准化管理委员会　发布

前　言

GB/T 28807《轨道交通　机车车辆和列车检测系统的兼容性》分为三个部分：

——轨道交通　机车车辆和列车检测系统的兼容性；(总则)

——第 2 部分：与轨道电路的兼容性；

——第 3 部分：与计轴器的兼容性。

本部分为 GB/T 28807 的第 2 部分。

本部分按照 GB/T 1.1—2009 给出的规则起草。

请注意本文件的某些内容可能涉及专利。本文件的发布机构不承担识别这些专利的责任。

本部分由国家铁路局提出。

本部分由全国牵引电气设备与系统标准化技术委员会(SAC/TC 278)归口。

本部分负责起草单位：株洲中车时代电气股份有限公司。

本部分参加起草单位：北京全路通信信号研究设计院集团有限公司、中车青岛四方机车车辆股份有限公司。

本部分主要起草人：王奇、罗永升、张志学、史宏飞、胡学永、戴笑丰。

轨道交通　机车车辆和列车检测系统的兼容性　第2部分：与轨道电路的兼容性

1　范围

GB/T 28807 的本部分规定了机车车辆产生的传导干扰电流的限值要求和验证机车车辆满足这些限值要求的测量方法。

本部分的限值要求仅适用于与本部分给出的轨道电路配套使用的机车车辆，本部分规定的评估方法可用于评估机车车辆与其他类型轨道电路的兼容性。本部分对机车车辆的干扰电流限值的推导给出指导说明，并规定了干扰电流限值的测量和评估方法。

注：本部分不包括与机车车辆干扰电流限值有关的轨道电路基本参数。

2　规范性引用文件

下列文件对于本文件的应用是必不可少的。凡是注日期的引用文件，仅注日期的版本适用于本文件。凡是不注日期的引用文件，其最新版本(包括所有的修改单)适用于本文件。

GB/T 1402　轨道交通　牵引供电系统电压(GB/T 1402—2010，IEC 60850:2007，MOD)

GB/T 21562　轨道交通　可靠性、可用性、可维修性和安全性规范及示例(GB/T 21562—2008，IEC 62278:2002，IDT)

GB/T 28027　轨道交通　供电系统和机车车辆运行匹配(GB/T 28027—2011，IEC 62313:2009，MOD)

GB/T 28807　轨道交通　机车车辆和列车检测系统的兼容性(GB/T 28807—2012，IEC 62427:2007，IDT)

GB/T 28808　轨道交通　通信、信号和处理系统　控制和系统防护软件(GB/T 28808—2012，IEC 62279:2002，IDT)

GB/T 28809　轨道交通　通信、信号和处理系统　信号用安全相关电子系统(GB/T 28809—2012，IEC 62425:2007，IDT)

UIC 550　客车供电装置(Power supply installations for passenger stock)

3　术语、定义、符号和缩略语

3.1　术语和定义

GB/T 28807 界定的以及下列术语和定义适用于本文件。

3.1.1

影响单元　influencing unit

对列车检测系统造成影响的机车车辆。

注：一个影响单元(示例见图1)包含各种类型的连挂或者连接车辆，比如单节牵引或多节牵引的列车、单节车辆、多节组合(连挂)的车辆、多达16节车厢的单节牵引或多节牵引的整列客运列车。

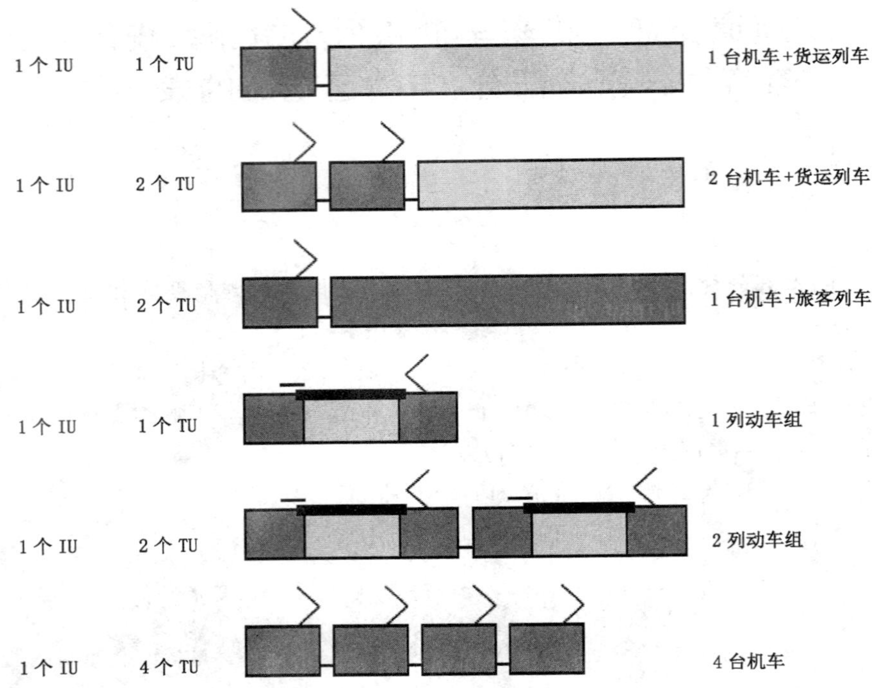

说明：
IU ——影响单元；
TU——牵引单元。

图 1 影响单元示例

3.1.2

连挂车辆 coupled vehicles

不同于牵引子系统(示例见图 1)、可视为独立干扰源的影响单元的一部分。

注：由于影响单元可能是多个影响源组成的，通常要求影响单元对供电网产生的干扰电流不超出机车车辆干扰电流的限值。

3.1.3

积分时间 integration time

$\boldsymbol{T}_{\mathrm{i}}$

对带通滤波器的输出进行 RMS 计算的窗口时间。

3.1.4

干扰源 interference source

从自身供电接口处(受电弓或受电靴)获得供电的牵引单元。

3.1.5

动力系统 propulsion system

产生动力推动列车运行的电气/机械系统。

3.1.6

源 sources

能独立产生谐波的干扰源。

3.1.7

列车检测系统　train detection system

由列车占用检查设备构成的系统。

3.1.8

牵引动力单元　traction power unit

列车中装备变换/逆变及相关控制设备以驱动动力系统的单元。

3.1.9

牵引子系统　traction subsystem

产生牵引力和电制动力的部分牵引单元。

3.1.10

被试列车　train under test

用于测试的影响单元。

3.1.11

传输干扰　transmitter breakthrough

由于共用横向连接和/或轨道电路电气不平衡，邻近线路上机车车辆和变电站的谐波在轨道电路接收器上产生的背景干扰。

3.1.12

重叠率　overlap

两次相邻处理间的数据重复度，用于评估带通滤波器输出信号的参数。

3.2　符号

下列符号适用于本文件。

dB：20 lg(系数)(例如 20 dB 对应系数 10)。

f_0：轨道电路工作频率或者移频键控(FSK)条件下工作信道的中心频率。

Δf^{**}：FSK 带宽[例如对于 UM71，FSK±20 Hz(Δf 取值 90 Hz)]。

$\Delta f_{3\ \mathrm{dB}}$：滤波曲线上 3 dB 点对应的高频点和低频点之间的频率间隔。

$\Delta f_{20\ \mathrm{dB}}$：滤波曲线上 20 dB 点对应的高频点和低频点之间的频率间隔。

G_{Int}：轨道电路接收器接收到的干扰信号与评估的干扰信号的比值。

I_0RMS：频率为 f_0(或 Δf 范围内)的干扰电流限值(方均根值)。

I_{Other}：在其他列车受电弓上测量到的电流。

I_{Return}：在被试列车的受电弓上测量到的电流。

S_{Eval}：用规定的评估方法所得的干扰信号。

S_{Trc}：由轨道电路上的被试列车形成并在轨道电路接收器接收到的干扰信号。

T：干扰电流超出限值的最长时间，根据轨道电路接收器的响应时间而定。

T_{p}：两个允许超出限值的干扰之间的最短时间。

U_{Panto}：列车受电弓上测量到的电压。

U_{Source}：变电所或变流器上测量到的电压(某些铁路系统存在多边供电配置)。

U_{Trc}：列车占用时轨道电路接收器测量到的电压。

U_{4qc}：列车四象限变流器输出的电压。

Z_{Int}：从列车角度确定的阻抗，表示机车车辆干扰信号与轨道电路之间的传递函数(耦合系数)。

3.3 缩略语

下列缩略语适用于本文件。

A/D:模数转换(Analogue to Digital)

FFT:快速傅里叶变换(Fast Fourier Transforms)

FSK:移频键控(Frequency Shift Keying)

PWM:脉宽调制(Pluse Width Modulation)

RMS:方均根值(Root Mean Square)

RSF:安全侧失效(Right Side Failure)

WSF:危险侧失效(Wrong Side Failure)

注:RSF 指故障导向安全,WSF 指故障导向危险。

4 机车车辆干扰电流限值

4.1 机车车辆干扰电流限值的确定

干扰电流限值根据轨道电路类型确定,轨道电路类型由基础设施主管部门根据线路信号系统确定。如果列车运行的线路存在旧型或特殊类型的轨道电路,应按相关主管部门认可的技术标准执行。本部分没有强制规定轨道电路类型,但是给出了适用的轨道电路类型及其兼容性性能指标。

附录 A 给出了部分轨道电路的最高频率范围内、与轨道电路兼容所允许的干扰电流限值。这些限值基于轨道电路最恶劣的失效状态(例如根据主管部门规定的电流不平衡、轨道或接续线的断裂)。

4.2 干扰电流限值在机车车辆设计中的应用

机车车辆的干扰电流限值和相关测试方法适用于单个影响单元。

机车车辆干扰电流限值取决于轨道电路可承受的最大稳态干扰信号。机车车辆干扰电流限值包含了针对相关轨道电路的限值裕量,限值裕量考虑了邻近线路上机车车辆已经产生的干扰电流。评估应考虑受影响单元阻抗影响的牵引供电谐波。

对运行线路上的单个牵引单元进行测试时,可通过累加方法(见第 7 章和 8.1)将机车车辆干扰电流限值用于影响单元。机车车辆干扰电流限值基于具体频率设置,不考虑频率偏差。

车辆满足其所在牵引系统的机车车辆干扰电流限值要求即可。

4.3 系统定义

4.3.1 结构

一个完整系统主要分为四个部分,图 2 给出了完整系统的示例,附录 B 给出了对铁路网络进行测试获得的部分系统特性的示例。

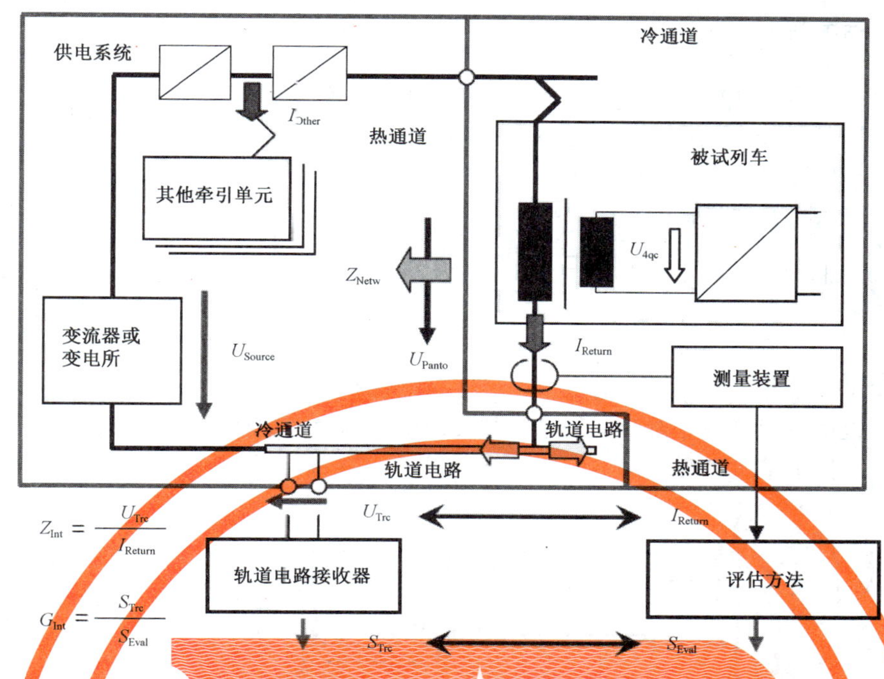

说明：

冷通道——牵引单元和电源间经轨道形成的回流通道；

热通道——电源与牵引单元之间牵引电流通道。

图 2　用于评估干扰的系统配置[1)]

4.3.2　被试列车

被试列车是产生干扰电流的干扰源，可以是部分或完整的影响单元，可包括一个或多个(可以是不同类型)牵引单元以及辅助设备(在牵引单元中和独立车厢中)。由于牵引变流器和辅助变流器的运行等作用，列车产生干扰电流流经基础设施。

列车和基础设施的接口为受电点(受电弓或受电靴)和轮-轨接触点，适用于各种类型的列车。

4.3.3　供电系统

供电系统包含电气系统中所有带电的部件，如发电机和输电线、变电所和架空网线。其他列车干扰也可流经电网并且影响被试列车的电流测量值。在干扰电流评估中，供电系统称为“热通道”。

4.3.4　回流通道

钢轨是评估系统中回流通道的重要部分，也是轨道电路的组成部分，因此钢轨对于保持轨道电路完整性以避免回流的干扰影响很重要。在干扰电流评估中，回流通道称为“冷通道”。

“传递函数”描述了列车回流与轨道电路接收器的输入电压之间的关联关系。

4.3.5　轨道电路接收器

轨道电路接收器以钢轨间的电压差作为输入信号，检查轨道是否空闲。

1)　对于直流系统，直流变换器通常视为热通道。

4.3.6 测量和评估方法

测量和评估方法用于分析影响单元在整条线路的电流(或回流),并确认被试列车产生的干扰是否超出允许的规定限值。

测量和评估方法应根据轨道电路的实际情况确定。

5 评估方法

5.1 总则

轨道电路通过发送并接收轨道上的一定带宽频率信号检查轨道是否被列车占用,因此超出所用频段的传导干扰对轨道占用检查相对影响较小。频段内信号频率或幅值随时间的变化取决于轨道的占用与否(合/开),图 3 给出了时域分析示例。

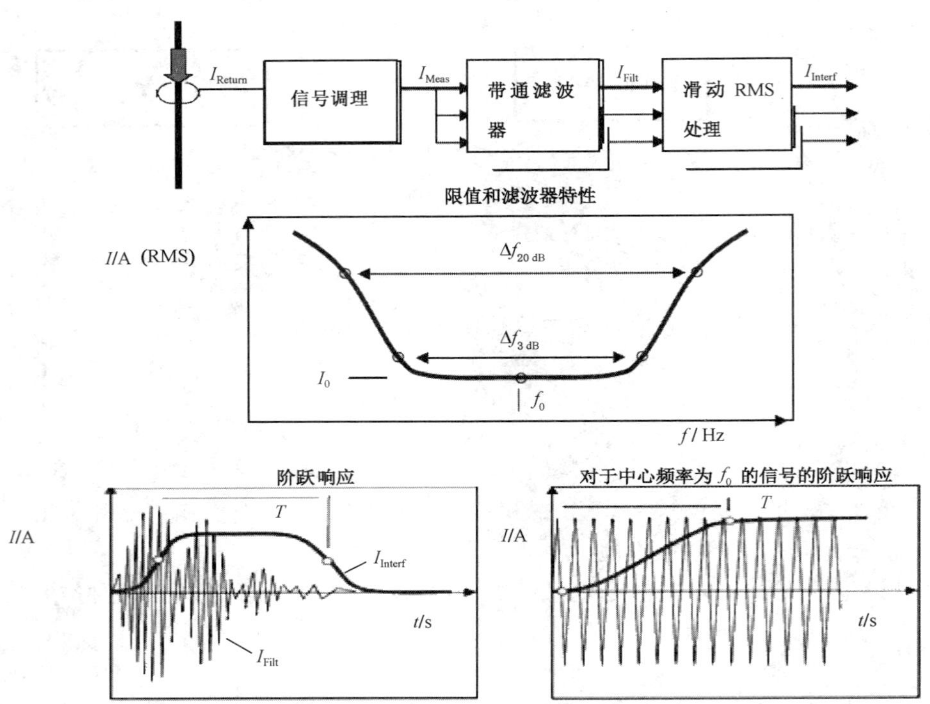

注 1：滑动 RMS 处理是在时间长度为 T_i 的移动时间窗口内,进行实际 RMS 计算。

注 2：阶跃响应时间是针对测量电流从 0 瞬时上升到 1 A 的反应(响应)时间。

图 3 时域测量

5.2 选择的评估方案

用于验证机车车辆干扰强度的轨道电路特性参数包括运行的中心频率、运行的中心频率对应频段的干扰电流 RMS 限值和轨道电路接收器的反应时间。

附录 A 对某些特定的轨道电路选择的评估方案还规定了其他参数。

5.3 机车车辆干扰电流限值和裕量的确定

5.3.1 干扰电流限值

机车车辆干扰电流限值应根据轨道电路可承受电流限值(见附录 A)确定,适用于影响单元。

轨道电路可承受限值应根据预期的最恶劣失效条件(例如轨道电流不平衡、轨道或接续线的损坏)来确定。

5.3.2 安全侧和危险侧裕量

危险侧分析和安全侧分析应根据最常见的失效原因来进行,其裕量确定见图 4。

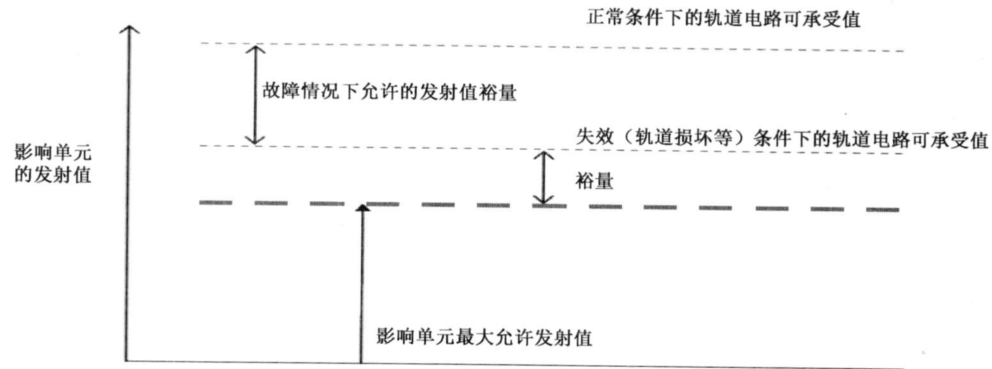

图 4 轨道电路干扰电流限值的裕量

以上过程适用于轨道电路的安全侧分析和危险侧分析。轨道电路干扰电流限值见附录 A 中相关的轨道电路信息表。

如果单频轨道电路没有对干扰电流引发失效配置防护措施,通常预留 6 dB～10 dB 的裕量(相应的 RSF 等效系数为 2、WSF 等效系数为 3),可根据传递函数的精确模型和关键因素缩小裕量。如果轨道电路采取多种技术手段应对 WSF,并具备更高的安全完整性,则干扰通常仅引发 RSF,裕量可缩小至 10%～50%。不同的裕量适用于不同的轨道电路,评估过程不涉及裕量的选取。

5.4 兼容性准则

5.4.1 位置

应选择适当的测量位置,尽可能测量影响单元的整体回流,如果无法测量或不便于测量,应对牵引单元逐个测量并按 8.1.2 的累加原则计算。

5.4.2 准则

干扰电流不应超出第 6 章规定的限值,针对每个轨道电路信道,该限值应满足附录 A 中所列的要求。

对于个别非重复性超出限值的现象,如能证明是由突发事件引起的并且不影响附录 A 中规定的轨道电路设计特性,则可不考虑该事件。典型的突变事件有电流冲击、电流跌落以及断路器的投切等。

5.4.3 安全性和可用性

兼容性证明应在最恶劣的运行条件(正常模式和降级模式)下,验证列车是否满足规定的干扰电流限值要求。

列车的干扰电流限值是根据最恶劣条件下轨道电路能够承受的干扰电流来定义的,列车应满足本部分中所有工作模式(正常模式和降级模式)下的机车车辆干扰电流限值要求。如果机车车辆干扰电流超出限值,按照第 8 章规定处理。

应在受控的条件下,基于 50 Hz 进行测试。对于直流供电网络,基础设施管理部门应保证试验期间供电网络频率稳定。

6 基于互通线路的机车车辆干扰电流限值

轨道电路的机车车辆干扰电流限值适用于不同运营区域。附录 A 给出了针对特定轨道电路工作频段的机车车辆干扰电流限值，这些干扰电流限值对应于不同中心频率的轨道电路信道。

7 机车车辆干扰测量

7.1 总则

互通线路上机车车辆与轨道电路的兼容性试验方法应符合 GB/T 28807 的规定。

互通线路上机车车辆发射干扰的测量和评估方法应区分稳态干扰和突发干扰。评估列车的干扰特性时，如果牵引供电系统扰动导致机车车辆干扰电流超出限值，应与基础设施管理部门协商处理；对于其他超出附录 A 规定的情况，应开展进一步的研究并尽可能从设计部门获得更多信息。

7.2 兼容性试验

7.2.1 总则

兼容性试验用于确认在不同配置情况(见 7.2.2)下的列车干扰满足干扰电流限值要求。列车试验运行条件见 7.2.3，基础设施条件见 7.2.4。

7.2.2 测量中被试列车的配置

被试列车应配置如下：

——全部设备关闭(基准测量)；

——仅运行辅助设备(如可行)；

——正常配置下的牵引(包括辅助设备)；

——正常配置下的牵引(不包括不必要的辅助设备)；

——运行过程中所有可能发生的降级模式(如一个或多个变流器停止工作，包括主牵引变流器和辅助变流器)；

——测试过程中被试列车出现故障并且不考虑故障后果；

——如需验证多个牵引单元与轨道电路的兼容性，则被试列车编组应具备多个牵引单元。

注：本部分不考虑乘客车厢，除非乘客车厢作为影响单元的一部分考虑。

7.2.3 测量条件

应在下列运行条件下进行测量：

——车辆静止时启机再关机(非正式试验，不作为通过依据)，应记录测量结果。

——基于干扰的特点，选择不同的速度运行。宜至少选取可能导致最恶劣干扰电流的三个条件：

- 电流最大时的正常速度；
- 允许的最高速度 V_{max}；
- 被试车辆预期电流曲线中任意一点。

注 1：每轮试验包括运行的标准阶段(加速、恒速和制动)。

——通过交流或直流供电系统的无电区。在不满足无电区条件的情况下，可通过开、合主断路器模拟无电区效果。

——按可用牵引力或最大功率的 100%和 50%进行加速和减速。这些循环试验应覆盖可能产生最恶劣干扰的条件并尽量产生最恶劣干扰。

注 2：可通过合适的负载或以制动来实现，以便在不同情况下测量干扰电流并确定其关系。

——通过人工操作和自动控制（如果可行）引入牵引和制动的突变。

——在弱黏着情况下进行最大加速和最大减速操作（100%）：

- 测量应包括机车车辆控制系统的空转和滑行工作状态，当试验期间没有发生自然空转或滑行时，宜在下列条件下进行比较。如果不便于控制整个影响单元进入空转或滑行状态，可针对组成影响单元的单个部分进行测量，并按 8.1 的累加原则计算。
- 用于降低黏着力的液体应使用含脂肪酸或十碳基非环状脂肪酸（活性成分的总和）的水解清洁剂且不含矿物杂质，其脂肪酸浓度在 10%～15%之间。清洁剂应是可分解的、可溶于水并且对轨道无害。
- 稀释剂应能模拟初始制动期 $0.05 \leqslant \tau_a \leqslant 0.08$ 的黏着系数，不考虑黏着系数可能存在的首个峰值。混合剂中应含有 1%的活性成分，但为实现可用黏着的功能，可改变活性成分浓度且不应低于 0.1%。溶液应喷涂在先导轮对中各车轮的前方，并且在 10 kPa～20 kPa 的压力下采用 8 mm 直径的喷嘴沿轨道纵向在轨道及车轮上喷涂数厘米。

——应清晰识别以上各种机车车辆运营条件，这些运营条件影响轨道电路上出现的最大干扰电流。

应在不改变基础设施的条件下，重复多次试验，证明试验结果是可再现的。

7.2.4 测量对基础设施的要求

7.2.4.1 概述

线路供电电压应符合 GB/T 1402 的规定。

测量应满足 7.2.4.2 或 7.2.4.3 的要求，可在正式运行的轨道交通网络（互连或者独立）或试验轨道（独立）上进行。独立的网络或试验轨道的谐振条件通常是固定的，但为适应试验要求可改变这些谐振条件，例如转换或调整附加的高压电缆。

7.2.4.2 （25 kV，50 Hz）交流电网的设施要求

应在下列设施条件下进行干扰测量：

——测量应尽量靠近所处变电所并远离其他变电所；

——测量应在开放的线路上并且大容量集中供电的区域（例如大型车站或者敷设电缆的隧道）内进行；

——供电网络的最低供电谐振频率 f_{Res}（计算参见附录 C 中的 C.4）不应超出音频轨道电路最低中心频率 f_{TC} 的 80%，即 $f_{Res} \leqslant 0.8 f_{TC}$；

——供电网络应覆盖具有不同谐振值的多个区段，对于 50 Hz 的网络，应覆盖三个不同长度的相区；

——同一供电网络内可共存其他车辆；

——独立的供电网络不应通过变频器供电（通常情况下这类干扰并不明显，但可能混淆机车车辆和变频器的技术要求并且令干扰结果复杂化）；

——对于带容性输入阻抗（例如车顶有供电长电缆）的机车车辆，还应满足 7.2.5 的要求。

7.2.4.3 （750 V、1 500 V 和 3 kV）直流电网的设施要求

应在下列设施条件下进行干扰测量：

——测量应靠近所处变电所，并远离其他变电所；

——测量应在开放的线路上以及大容量集中供电的区域（例如大型车站或者可供电的隧道）内

进行；

——无谐振情况；

——供电网络应包含至少三段不同的供电区，不同的供电区之间配有隔离设备，能在列车通过供电区时形成不同的电网电压；

——应通过无任何输出滤波器的变电所供电；

——同一供电网络内可共存其他车辆。

7.2.5 对带输入电容的交流列车的特殊要求

本条规定带直接容性输入阻抗(例如车顶存在较长供电电缆)的机车车辆应进一步满足的要求。如果直接容性输入阻抗得到有效抑制，则列车不再属于“带直接容性输入阻抗”的类别。

列车输入端的直接电容(从供电角度考虑)可能与电网电感形成谐振回路，在电路中产生高次谐波电流，并且高次谐波电流会流经与架空网接触的受电弓以及轮轨接触点。电网和其他车辆产生的电容影响电路的谐振。

这种谐振影响通常发生在网络的局部，且频率与网络内的基础设施和机车车辆的电气参数有关，因此不可能规定出令各类列车都产生最恶劣干扰的试验条件。可采用下列两种方法证明机车车辆和轨道电路的兼容性：

——按照 GB/T 28807(信号兼容性)和 GB/T 28027(牵引供电系统影响)进行完整的兼容性研究(理论分析和测量)；

——或者简化评估，用附录 A 中的允许干扰电流 I_0 除以表 1 中的缩减系数 K_{Res}。

表 1 容性输入阻抗缩减系数

与最近变电所的距离	≤2 km	>2 km
K_{Res}	$1+(C_{in}/50)\times(f_0/16)$	1

注 1：C_{in}是从供电侧考虑的影响单元输入阻抗。C_{in}可根据列车技术数据中的实际电缆长度乘以电缆的单位长度电容值来计算。f_0 是 RST 干扰电流限值的中心频率。缩减仅针对音频轨道电路(f_0>1 000 Hz)和输入电容大于 10 nF 的情况。

注 2：C_{in}的单位为 nF；f_0 的单位为 kHz。

如果没有发生剧烈谐振，且在变电所邻近范围内干扰单元满足缩减的限值(I_0/K_{Res})要求，则在各种网络中运行(不是兼容性试验)时产生的各种谐振条件下，列车产生的干扰电流不会超过允许的限值 I_0。附录 C 给出了相关特性和简化方法。

7.3 试验设备要求(硬件)

试验设备应满足下列要求：

——单个影响单元的每个受流点(例如受电弓)应配置单独的电流传感器。应根据 8.1 考虑相应频率范围内独立电流测量的相位叠加。

——抗混叠滤波器。

——测量数据的记录方式应便于选择性地提取部分试验结果，可采用广泛使用的数据格式(例如 ASCII 或 Matlab)将测量数据转换为数据文件。

——整体测量的精度(考虑到个别限制)在覆盖系数 $k=2$ 时不应低于 10%，并应满足下列要求：

- A/D 转换分辨率不应低于 16 位，宜采用 24 位(根据干扰电流限值与基础电流值的比值而定)；
- 记录的频率带宽不应低于 20 kHz，采样频率不应低于 48 kHz。

——用适合的分辨率(可能比电流信号分辨率低)记录车辆状态(速度、牵引力、网压)和位置等。应在测试中确定电流信号的基准值以便于后续处理和评估。

——应在测量开始前检验被试列车上的测量系统,因为任何的背景干扰(杂散场等)都可能影响测量结果的准确性。

8 列车干扰分析和评估方法

8.1 评估方法

8.1.1 总则

测量评估有两种基本方法,应根据附录A中的轨道电路列表选择具体方法和参数:

——频域分析:例如快速傅立叶变换。针对线电流宽带频谱分析所用的汉宁窗(或其他类型窗函数)、窗口大小(由 T_i 确定)及重叠比例(75%或80%)的选择见附录A中的各表。采样频率的选取应保证电流频谱涵盖轨道电路的最高运行频率。

——时域分析:对轨道电路的各频率信道分别采用带通滤波器滤波,并对滤波输出进行实际RMS测量。滤波器的类型、阶数及其他参数见附录A。

以上方法分别侧重不同的方面:

——频域分析侧重于通过观察试验频谱,快速识别被试列车功能正常与否,并与干扰电流限值实时比对;

——时域分析侧重于评估与具体轨道电路频率信道的兼容性。

如果在规定的时间内未超过干扰电流限值,则满足兼容性要求。

在未满足兼容性要求的情况下,对超出限值的时间段应进行频谱分析(FFT),确定超出限值的状况和可能的原因。仅采用带通滤波器进行分析,难以确定超出限值的原因。应证明单一瞬态事件(例如断路、受电弓弹跳等)引起的 I_{Interf}(见图3)在事件过后不影响轨道电路工作。

所有评估应采用数字化形式。

如果可行,应对瞬态和稳态情形进行同样的评估。应根据轨道电路类型选用积分时间和响应时间,最终的兼容性证明材料应证明系统的可靠性与安全性不受影响。

应在新机车车辆的设计阶段提供相关轨道电路的完整信息,以便在机车车辆干扰分析中采用统一的参数进行分析,并且采用统一的方法和评估工具对仿真结果和实际测量数据进行比较。

8.1.2 累加原则

列车可由一个或多个点(受电弓或受电靴)受流的多个干扰源组成。由于多个电流传感器的信号应根据实际相位进行累加,因此测量列车整体干扰电流的难度较大。变电所的功率可能会限制一个区段内列车的数量,因此干扰电流限值可能存在差别。应提前与业主或客户就试验和评估进行协商并取得一致。

宜采用下列规则简化评估:

——仅测量一个牵引单元的干扰电流,再乘以系数 K 来得出 N 个牵引单元产生的总干扰电流。应根据评估频率带宽范围内的谐波类型选用不同的系数 K。表2给出了三类列车的谐波,与其对应的系数 K 的数值见表3。

——应针对各评估的频段进行谐波分类,具体划分应根据牵引单元的总体设计和频段内主要干扰机理而定。干扰频率取决于逆变器技术状况、部件及其控制的变化,无法给出通用的限值。注1和注2对累加系数 K 给出更清晰的说明。

表 2 累加分类

与公共基准同步	与独立时钟同步	完全无关联
$K_S=N$(见图 5 的曲线 A)	$K_I=f(N)$(见图 5 的曲线 B)	$K_U=\sqrt{N}$(见图 5 的曲线 C)
与公共内部时钟或交流电网电压同步	与独立时钟和电机角位移同步	完全不同步
示例： ——变电所产生的谐波； ——电网电压的跳变； ——与交流电压同步的非分隔 PWM 谐波	示例： ——固定频率的 PWM 产生的谐波； ——相位由电机角位移决定的电机逆变器谐波	示例： ——与变流器特性相关的高次谐波； ——受电弓弹跳、无电区、断电间歇产生的谐波

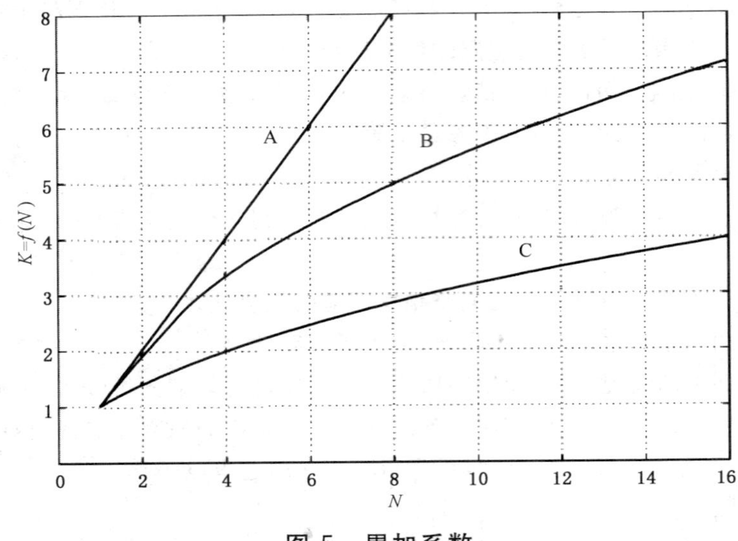

图 5 累加系数

表 3 系数 *K* 的数值

N	1	2	3	4	5	6	7	8	9	10	11	12	13	14	15	16
K_S	1	2	3	4	5	6	7	8	9	10	11	12	13	14	15	16
K_I	1.00	1.95	2.76	3.38	3.86	4.27	4.63	4.98	5.30	5.60	5.90	6.17	6.44	6.68	6.91	7.12
K_U	1.00	1.41	1.73	2.00	2.23	2.45	2.65	2.82	3.00	3.16	3.32	3.46	3.61	3.74	3.87	4.00

——对于含有两个或更多的牵引单元的组合单元，可通过 PWM 波形之间的系统性分配(基于交流供电网压或某个时钟)来消除谐波(全部或部分)，但系数 K 不应小于 1。如果设计中采取了消除谐波的措施，应通过测量证明措施效果。应考虑降级运行时，由于一个或多个牵引单元关闭，谐波干扰的消除效果不会完全体现。如果轨道电路一个特定频段内的干扰电流包含无法区分的所有谐波成分，列车制造商应根据采用的技术以及表 2 中的定义，对正常工作条件和降级条件提出累加原则的建议。

——对于二极管和相控型变流器产生的谐波的累加原则，按 UIC 550 执行。

注 1：完全无关联谐波的 K_U 值等于单元数量 N 的平方根值。从数值上看，该值不大于 $K_U[K_U=f(N)]$，这种方法等同于轨道交通行业广泛使用的 RSS(平方和的平方根)方法。

注 2：与独立时钟同步谐波的 K_1 值通过类似蒙特卡罗仿真的方法进行计算。尽管与独立时钟同步的谐波可能会有相同的幅值，但不随数值 N 的增大而线性累加。

8.1.3 直流牵引的特殊要求

直流牵引中整流引起的谐波通常是 50 Hz 的 6 倍、12 倍或 18 倍频率的典型谐波，但也可能出现其他谐波，例如 50 Hz 或 100 Hz 其他整数倍频率的电源谐波；直流变电所在轻负荷工作条件时，整流器二极管工作等同于调节器，会产生其他频率的组合波。评估时应考虑到这些干扰。

8.2 对车载干扰的监控要求

在已知的故障及降级运行模式下，如果机车车辆的干扰超出轨道电路限值要求，则列车应配备干扰电流监控设备来确保轨道电路的安全工作。

安全性证明应满足 GB/T 21562、GB/T 28808 和 GB/T 28809 的要求。

机车车辆设计单位应在系统投入使用前提供安全完整性材料证明系统满足规定的可用性和安全性要求。

8.3 文件要求

证明机车车辆和轨道电路兼容性的文件应满足下列要求：

——以易于处理的数据格式存储测量结果。

——被试列车的特性应记录在影响单元的相关文件中，以便能分别确定累加原则。内容包括：

- 完整的电气原理图(包括牵引和辅助设备)以便于确定变流器的数量，以及车辆是否装备无源滤波器等；
- 牵引用和辅助供电用变流器的开关频率；
- 干扰源的模型以及特性的描述，例如近似一次谐波、速度和/或功率的影响。

——应记录在报告中的测量内容包括：

- 试验设备和准确度说明；
- 试验涉及的基础设施说明；
- 试验条件(负载、行驶方向和天气等)；
- 针对各种配置的典型稳态频谱，并指示相应的工作点；
- 各试验周期中的峰值分布(排除主要的瞬态干扰)，先通过时域分析识别瞬态干扰，然后对没有瞬态干扰的干扰时段进行频谱分布分析；
- 速度、牵引力、供电电压以及对各试验周期内每个轨道电路信道进行时域分析的结果(根据上述评估方法得到的结果)。

附　录　A
（规范性附录）
机车车辆干扰电流限值

A.1　概述

在表 A.1～表 A.3 中，对于 f_0 和 $\Delta f_{20\ dB}$ 对应频点所定义的所有频率，采用表中的滤波器分析得到的线电流应低于对应的 I_0RMS，此要求适用于表中的所有频段。在大多数情况下，可认为 3 dB 和 20 dB 频点足以反映轨道电路特性。

线电流指从架空网经受电弓流过机车车辆并流入牵引回流电路的全部电流。

应确认在不同地区同一类型线路测量结果的可再现性，以保证测量方法的有效性。

A.2　FTGS 46/FTGS 917

FTGS 46/FTGS 917 轨道电路采用的滤波器特性和对应干扰电流限值见表 A.1。

表 A.1　FTGS 46/FTGS 917 滤波器特性和干扰电流限值

类型	f_0 Hz	Δf^{**} Hz	I_0RMS A	$\Delta f_{3\ dB}$ Hz	$\Delta f_{20\ dB}$ Hz	T_i s	T_p s	备注
FTGS 46	4 750	128	1	200	560	0.04	0.08	
FTGS 46	5 250	128	1	206	570	0.04	0.08	
FTGS 46	5 750	128	1	214	580	0.04	0.08	
FTGS 46	6 750	128	1	220	590	0.04	0.08	
FTGS 917	9 750	128	0.33	360	900	0.04	0.08	
FTGS 917	10 500	128	0.33	380	920	0.04	0.08	
FTGS 917	11 500	128	0.33	400	950	0.04	0.08	
FTGS 917	12 500	128	0.33	425	1 015	0.04	0.08	
FTGS 917	14 500	128	0.33	470	1 160	0.04	0.08	
FTGS 917	15 500	128	0.33	490	1 195	0.04	0.08	
FTGS 917	16 500	128	0.33	510	1 230	0.04	0.08	

A.3　UM71/ZPW-2000

可采用 FFT 进行评估，参数定义如下：

——1 s 的汉宁窗；

——80%的最小重叠率；

——16 kHz 的最低采样频率。

在 1 500 Hz～3 000 Hz 频率范围内，超出规定工作信道带宽范围电流的 I_0RMS 不大于 3 A。

UM71/ZPW-2000 轨道电路采用的滤波器特性和对应干扰电流限值见表 A.2。

表 A.2 UM71/ZPW-2000 滤波器特性和干扰电流限值

系统/类型	f_0 Hz	Δf Hz	I_0 RMS A	T s	备注
UM71、ZPW-2000	1 700	90	0.3	0.3	
UM71、ZPW-2000	2 000	90	0.3	0.3	
UM71、ZPW-2000	2 300	90	0.3	0.3	
UM71、ZPW-2000	2 600	90	0.3	0.3	

A.4 FS2500

直流 3 kV 线路中，该系列 FSK 轨道电路采用的滤波器特性和干扰电流限值见表 A.3。

表 A.3 直流 3 kV 线路中 FS2500 滤波器特性和干扰电流限值

系统/类型	f_0 Hz	Δf Hz	I_0 RMS A	$\Delta f_{3\,\mathrm{dB}}$ Hz	$\Delta f_{20\,\mathrm{dB}}$ Hz	T s	T_i s	T_p s	备注
FS2500	1 669	34	3.7	50	—	—	0.21	—	适用 1% 的不平衡轨道牵引电流 $\Delta f_{35\,\mathrm{dB}}=600$ Hz
	2 001	34	3.2	50	—	—	0.21	—	
	2 299	34	3.3	50	—	—	0.21	—	
	2 601	34	2.8	50	—	—	0.21	—	
FS2500	4 080	80	0.5	160	480	0.04	0.40	0.88	$\Delta f_{35\,\mathrm{dB}}=960$ Hz
	4 320	80	0.5	160	480	0.04	0.40	0.88	
	4 560	80	0.5	160	480	0.04	0.40	0.88	
	5 040	80	0.5	160	480	0.04	0.40	0.88	
	5 280	80	0.5	160	480	0.04	0.40	0.88	
	5 520	80	0.5	160	480	0.04	0.40	0.88	
	6 000	80	0.5	160	480	0.04	0.40	0.88	

附 录 B
（资料性附录）
典型的电压谐振图

B.1 接口电压和电流的测量

所有数据采用相同计算方法，带通滤波器的参数及 RMS 计算所用的参数见表 B.1，测量频率见表 B.2。

表 B.1 测量参数

滤波器类型	巴特沃斯
阶数	2×3
中心频率	见表 B.2
20 dB 带宽	中心频率的 5%
积分时间	0.5 s

表 B.2 测量频率

起始频率 Hz	截止频率 Hz	分辨率 Hz
50	200	3.333
200	300	4.166
300	500	5.555
500	1 000	8.333
1 000	2 000	33.33
2 000	3 000	41.66
3 000	5 000	55.55
5 000	10 000	83.33
10 000	12 000	333.3

B.2 （25 kV，50 Hz）网络的电压谐振图

在 SNCF 网络上运行单个 TGV DASYE 机车的条件下测得以下特性（详见图 B.1）：

——基波频率的奇次谐波可超过 2 kHz；

——常规线路的最低谐振频率在 700 Hz～1 000 Hz 之间，高速线路的最低谐振频率在 1.2 Hz～2 kHz 之间；

——2 Hz～3 kHz 之间的频率，谐振作用明显。

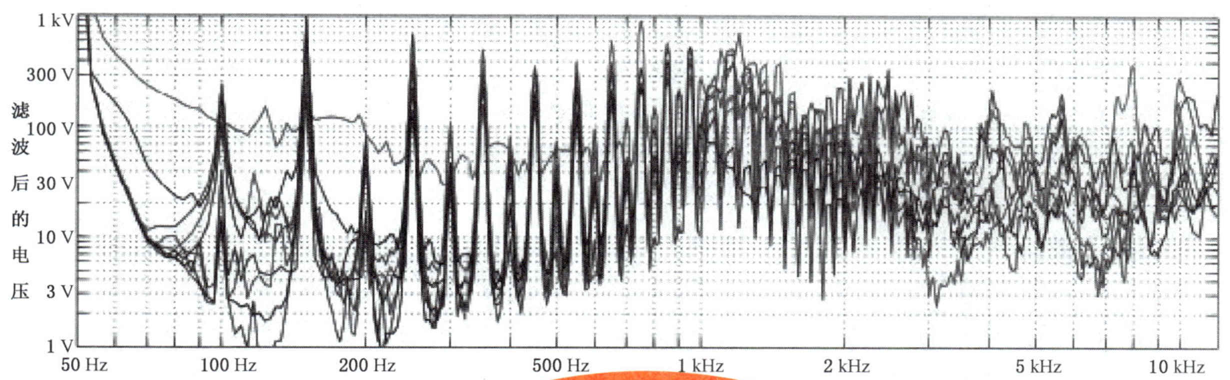

图 B.1 (25 kV,50 Hz)网络的电压谐振图

B.3 直流 1 500 V 网络的电压谐振图

在 SNCF 网络上运行单个 TGV DASYE 机车的条件下测得以下特性(详见图 B.2):

——供电电源频率的 6*N* 次谐波(例如 300 Hz 的整数倍)占主要成分(6 脉冲二极管整流桥的特性谐波);

——2*N* 次谐波可见但幅值很小(相比 50 Hz 供电网络);

——单一频率(例如 220 Hz)可能来自于网络上的其他设备。这些频率超出轨道电路的频段范围,因而与干扰分析无关;

——未见其他车辆的影响;

——1.5 Hz~2 kHz 频率的谐振作用不存在;

——4 kHz 或更高频率的谐振作用不明显。

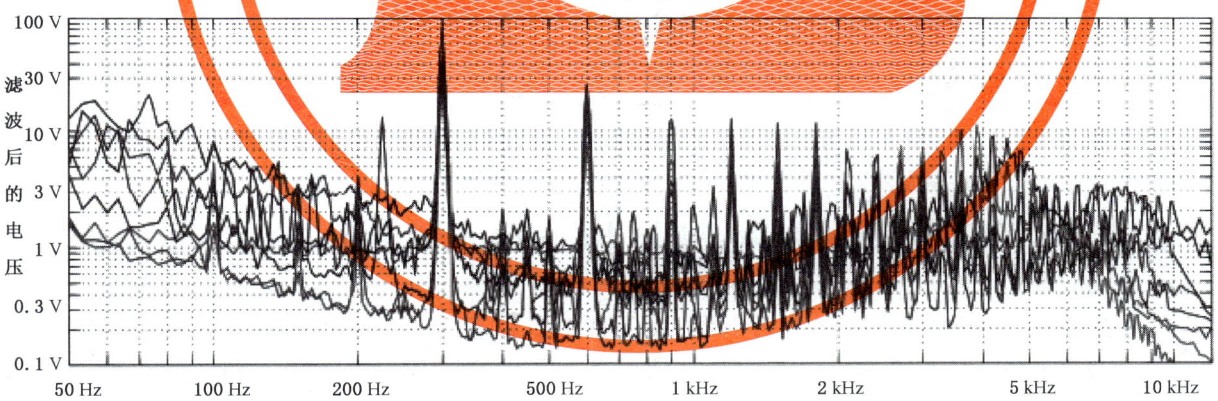

图 B.2 直流 1 500 V 网络的电压谐振图

注:图 B.1 和图 B.2 源于在欧盟进行的研究性项目“RAILCOM”中,对列车和基础设施之间电气接口特性所进行的测量。这些谐振图仅作为不同牵引供电系统典型条件下的参考数据,也可用于初步确认基础设施条件。

附 录 C
（资料性附录）
基 础 数 据

C.1 供电频率

供电频率要求见GB/T 1402，其中允许的频率偏差范围比较大，而实际的供电频率偏差比较小。为避免对系统要求过高，检查轨道电路和机车车辆兼容性时可采用表C.1给出的供电频率偏差值。

表 C.1 供电频率

系统/标称频率	偏差限制	备注
50 Hz	±0.1%	同样适用于由50 Hz交流电网供电的直流牵引系统

在兼容性评估中，宜采用实际偏差值。

C.2 基础设施特性

图C.1是对系统最简化的等效电路图。但这种电气简化仅适用于在系统具备充分线性化特性（列车产生谐波干扰电流较小）条件。

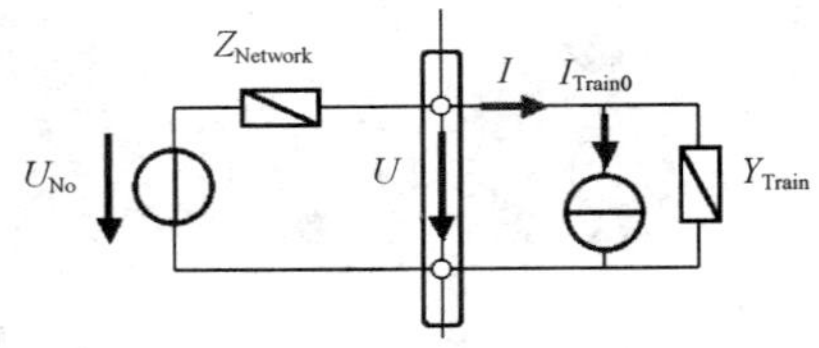

图 C.1 基础设施特性图

为了描述基础设施（图中左侧部分）的特性，需获取电源电压 U_{N0} 和阻抗 $Z_{Network}$ 的值。本部分试图采用下列方式获得：

——电压值：对于大部分系统，电源电压 U_{N0} 不能直接获得，而是通过综合考虑得到。本部分采用接口处的电压 U 作为电源电压，U 在轨道交通系统正常工作过程中是可测量的。牵引单元干扰电流的测量对此电压并无明确的要求。

——供电电源阻抗/谐振：从接口处分析，这些特性是受系统许多参数影响的复杂问题，有必要进行准确的测量。后文给出了如何按本部分要求的准确度去计算轨道交通网络最低谐振频率的指导，同时也给出了从特定线路上获得的测量结果。

C.3 供电电源阻抗

轨道交通供电电源系统的阻抗在50 Hz频率上具备电阻电感特性，对于更高的频率，还需考虑接触网和传输导线的分布电容与导线和变压器的电感所产生的谐振。

网络阻抗的具体频率响应特性取决于网络的结构和许多参数。图C.2给出的示例来源于对某线路

(2×25 kV,50 Hz)的针对性测量。试验中采用一列被试列车形成单频试验电流,随时间改变电流并测量对应的电压。试验包括列车处在线路的不同位置以及正常与降级供电状态下获得的结果,测量时不存在其他列车。从试验结果可知:

——在一定频率之下,供电电源仅呈现电阻电感特性;

——150 Hz 频点处出现的轻微阻尼谐振(150 kV 公共电网产生)对 50 Hz 的铁路电网无影响;

——最低谐振频率随供电状态而变化,例如在降级模式下最低谐振频率为 500 Hz,在短供电区段进行大功率供电时可升高至 2 kHz;

——在各个状态的最低谐振频率之上,所有频点都可能发生谐振。谐振发生点与列车位置有关。图中的空白部分是由于受测量技术限制所致(被试列车的变流器开关频率)。

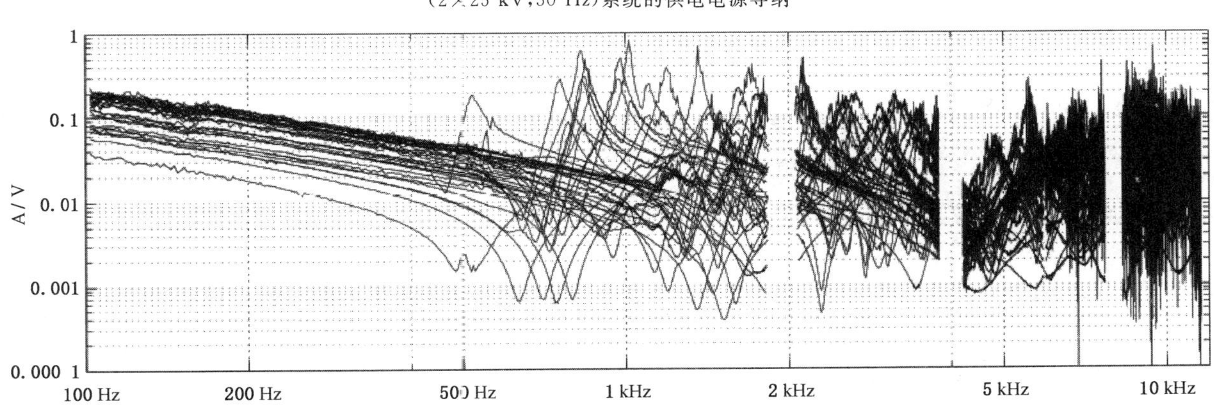

图 C.2 供电电源导纳图

直流供电系统的谐振作用影响没有交流供电系统重要。

C.4 供电电源最低谐振频率的近似计算

在交流供电系统中,电网最低谐振频率的近似值计算根据下列参数计算:

——包括侧线轨道在内的电气化轨道总长度 l_{Lines};

——供电电缆总长度 l_{Cables};

——不考虑电缆的电气化轨道单位电容 C_{Line} 的典型值见表 C.2;

表 C.2 电气化线路的电容参数

C_{Line}		
C_{Line}	1×15 kV 或 1×25 kV	2×15 kV 或 2×25 kV(AT 系统)
单线	10 nF/km~12 nF/km	12 nF/km~18 nF/km(正相区) 10 nF/km~15 nF/km(负相区)
复线	17 nF/km~20 nF/km	20 nF/km~24 nF/km(正相区) 15 nF/km~18 nF/km(负相区)

——供电电缆的单位电容值 C_{Cable},典型取值范围为:C_{Cable} = [150 nF/km~240 nF/km]或[150 nF/km~330 nF/km];

——无负载供电电压 U_0,见表 C.3;

表 C.3 无负载供电电压值

f_N	50 Hz
$U_{nominal}$	25 kV
U_0	27.5 kV

——总短路电流 I_{Shc}，即在试验进行时所有变电所连接的全部变压器的短路电流总和，这些值可从变电所变压器数据中获得。

最低谐振频率 f_{Res} 按式(C.1)计算：

$$f_{Res}=\frac{1}{2\pi\sqrt{L_{Shc}\times C_{Tot}}} \qquad \text{(C.1)}$$

变电所总短路电感 L_{Shc} 按式(C.2)计算：

$$L_{Shc}=\frac{U_0}{2\pi f_N\times I_{Shc}} \qquad \text{(C.2)}$$

试验区域线路和电缆的总电容 C_{Tot} 按式(C.3)计算：

$$C_{Tot}=C_{Lines}\times l_{Lines}+C_{Cable}\times l_{Cable} \qquad \text{(C.3)}$$

对于一阶近似计算，I_{Shc} 和 C_{Tot} 的值可分别通过短路电流的累加和正负相区电容的累加获得。

C.5 车顶电缆谐振影响的简化处理

如 7.2.5 所述，仅当具有容性输入阻抗的交流车辆、基础设施和机车车辆高度匹配时，谐波最恶劣，并且不便于测量最大干扰电流。可通过相关的理论分析获得简化的结果。

C.6 回流传递函数

回流传递函数与具体产品相关，不存在通用的函数，因此无法给出相关说明。

轨道电路中心频率、回流方案、相关的几何参数以及大地阻抗特性等都影响测量数据。

ICS 45.060
S 04

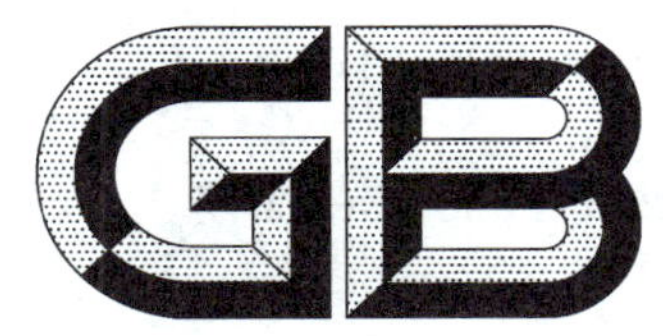

中华人民共和国国家标准

GB/T 28807.3—2017

轨道交通　机车车辆和列车检测系统的兼容性　第3部分：与计轴器的兼容性

Railway applications—Compatibility between rolling stock and train detection systems—Part 3: Compatibility with axle counters

2017-09-29 发布　　　　2018-04-01 实施

中华人民共和国国家质量监督检验检疫总局
中国国家标准化管理委员会　发布

前　言

GB/T 28807《轨道交通　机车车辆和列车检测系统的兼容性》分为三个部分：

——轨道交通 机车车辆和列车检测系统的兼容性；(总则)

——第2部分：与轨道电路的兼容性；

——第3部分：与计轴器的兼容性。

本部分为GB/T 28807的第3部分。

本部分按照GB/T 1.1—2009给出的规则起草。

请注意本文件的某些内容可能涉及专利。本文件的发布机构不承担识别这些专利的责任。

本部分由国家铁路局提出。

本部分由全国牵引电气设备与系统标准化技术委员会(SAC/TC 278)归口。

本部分负责起草单位：株洲中车时代电气股份有限公司。

本部分参加起草单位：北京全路通信信号研究设计院集团有限公司、成都铁路通信设备有限责任公司、中车青岛四方机车车辆股份有限公司。

本部分主要起草人：王奇、付军、胡树宣、胡学永、戴笑丰。

轨道交通　机车车辆和列车检测系统的兼容性　第3部分:与计轴器的兼容性

1　范围

GB/T 28807的本部分规定了机车车辆发射干扰的现场测量方法与评估方法,及对应的计轴器抗扰度测量。

本部分适用于机车车辆与计轴器之间兼容性的验证。

本部分没有规定列车检测设备的类型。

注1:本部分不考虑车辆上感性耦合谐振电路或金属部件的影响,也不考虑涡流制动或磁轨制动的影响。

注2:本部分不涉及车轮感应器和交叉环线。

2　规范性引用文件

下列文件对于本文件的应用是必不可少的。凡是注日期的引用文件,仅注日期的版本适用于本文件。凡是不注日期的引用文件,其最新版本(包括所有的修改单)适用于本文件。

GB/T 28807　轨道交通　机车车辆和列车检测系统的兼容性(GB/T 28807—2012,IEC 62427:2007,IDT)

3　术语和定义、缩略语

3.1　术语和定义

GB/T 28807界定的以及下列术语和定义适用于本文件。

3.1.1

车轴计数检测器　axle counter detector

计轴器的一部分,由传感器和配有滤波器、整流电路的检测电路组成。

3.1.2

拐点　inflection point

计轴器静态(连续)和动态(短时)抗扰度的转折点,处于稳态阀值105%处。

注:拐点左侧的时间短于积分时间,稳态阀值是通过正弦脉冲群试验来确定,相应的脉冲群持续时间等同于评估用的积分时间。

3.1.3

积分时间　integration time

T_i

对带通滤波器的输出进行RMS计算的窗口时间。

3.1.4

测量天线(MA)　measurement antenna(MA)

安装在轨道上测量磁场的感应天线,测量覆盖X轴、Y轴和Z轴,见图1。

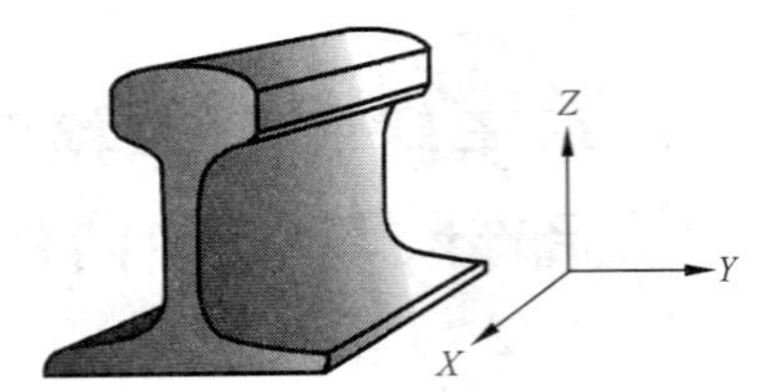

图 1 坐标轴

3.2 缩略语

下列缩略语适用于本文件。

A/D:模/数转换(Analogue to Digital)

EUT:被测设备(Equipment Under Test)

FGA:磁场发射天线(Field Generation Antenna)

HFR:高频范围(Higher Frequency Range)

LFR:低频范围(Lower Frequency Range)

RBW:分辨带宽(Resolution Band Width)

RMS:方均根值(Root Mean Square)

SSS:微型传感器(Small Size Sensor)

4 概要说明

4.1 干扰原理

4.1.1 概述

计轴器会受到各类干扰,例如磁场或与车轮、车架相邻且接近传感器的金属部件。在计轴器工作频率范围内的磁场干扰对计轴器影响最大,干扰信号的持续时间、重复率和磁场强度也影响计轴器工作。

4.1.2 车轴计数检测器

机车车辆与计轴器的兼容性取决于计轴器的抗扰度,本部分仅适用于如图 2 所示、在钢轨上配有传感器和在轨旁配有检测电路的车轴计数检测器。

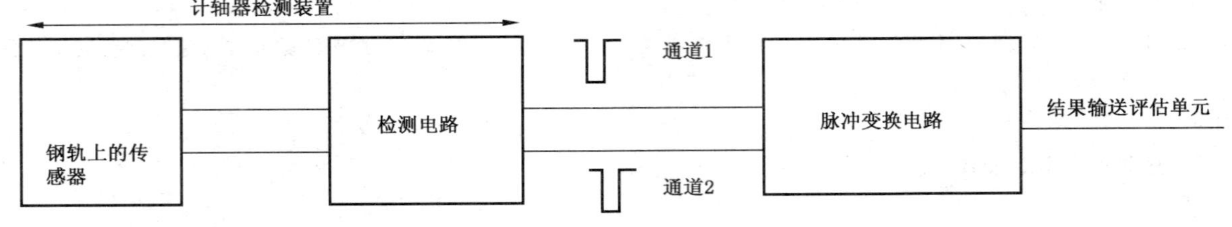

说明:

检测电路 ——包括控制电路、线性模拟或数字滤波电路和脉冲检测电路;

脉冲变换电路——调制/解调电路。

图 2 车轴计数检测器电气原理示意图

计轴器采用各种滤波技术和算法处理干扰脉冲，在保障安全性前提下最大程度地提高可靠性。

示例：

——非线性脉冲滤波器过滤脉冲宽度小于车轮检测最小宽度的脉冲；

——当计轴器处于占用状态时拒绝接受单个通道的车轮检测脉冲。

4.1.3 轨道上检测装置的灵敏度

灵敏度的精确范围为产品技术参数，而 MA 位置的选择与相关的传感器有关。

抗扰度(灵敏度限值)指能导致干扰脉冲或破坏车轴计数检测器一路或多路检测脉冲的磁场强度。

计轴器传感器的发射和接收单元之间的磁场耦合能力取决于轨道的诸多参数。对于干线轨道，接收电压的衰减效果更大，应对灵敏度提出更严格的要求。

4.1.4 干扰源

影响计轴器工作的干扰源如下：

——车载电气装置产生并通过自由空间藕合到计轴器的磁感应(称为磁场)；

——计轴器工作灵敏度范围内的轨道电流(称为轨道电流场)。

以上两种干扰源产生的干扰叠加作用于计轴器传感器，其中轨道电流场矢量可预估，但磁场矢量受制于车载干扰源和轨道类型而不可预估。

4.2 可靠性裕量

如果过大干扰导致计轴器的错误计数为安全侧失效，则不要求安全性裕量，但应设置可靠性裕量以保障计数的可靠性。对于一般线路，可接受的错误计数概率为 10^{-7}。

如果超出车轴计数检测器限值的干扰可能导致危险侧失效，则配套运行的机车车辆应满足基于持续时间的限值(如图 3 所示)，裕量为 9 dB。9 dB 裕量分为：

——6 dB 信噪比，基于装置运行允许的计数错误；

——3 dB 基于：

- 测量链中的不确定性；
- MA 位置；
- 叠加作用(分析方法)；
- 其他导致干扰的环境因素(如雨和温度)。

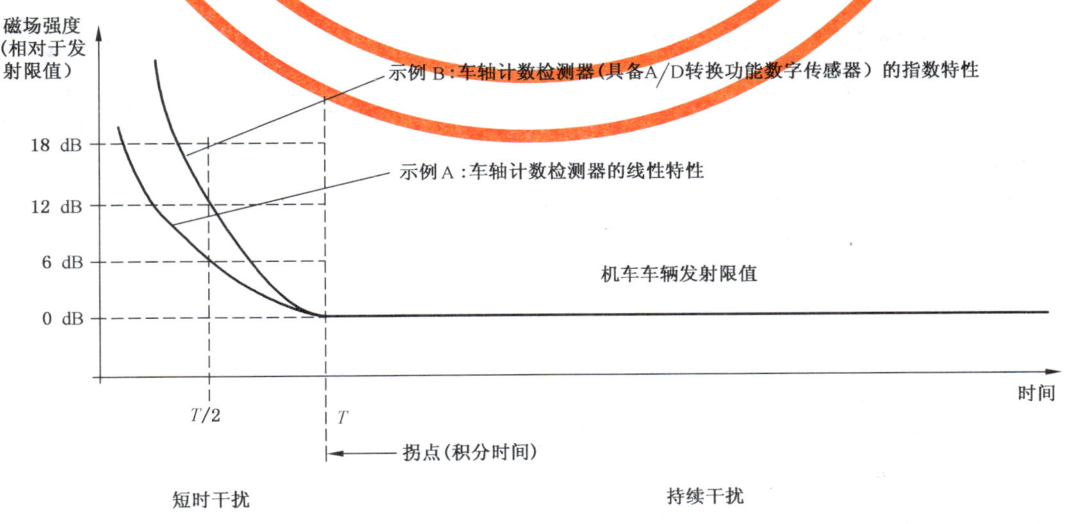

图 3 与持续时间相关的限值

4.3 计轴器参数

干扰敏感度主要取决于车轴计数检测器对干扰磁场的幅值与持续时间的响应,持续干扰限值低于瞬时干扰限值。

对计轴器短时干扰敏感度的分析包括:

——拐点(典型值在 1 ms~2.5 ms 之间)决定了评估机车车辆的积分时间窗口。积分时间 T_i 和对应的限值为产品技术参数。

——对于评估短时持续时间(图 3 中拐点的左侧),可缩短积分时间窗口,提高发射限值。如果计轴器产品具有线性性能(模拟传感器),则抗扰限值通常可线性增加而时间窗口可相应减少。对于可能不是线性变化的数字滤波器,应另行考虑。

5 机车车辆发射干扰测量方法

5.1 机车车辆发射限值

发射限值应覆盖大型轨道所产生的最恶劣情况。这些限值应由基础设施管理部门组织利益相关方协商确定。

5.2 机车车辆兼容性验证方法

5.2.1 一般步骤

为保证机车车辆和计轴器的兼容性,应验证线路上机车车辆的磁场发射和计轴器抗扰度的兼容性。为实现这一目标,应在规定的机车车辆运行条件下采用规定的 MA 进行测量,计轴器抗扰度测量见附录 A。

车辆兼容性试验适用于各种轨道,对大型轨道的限值要求应全部执行。

应在 X 轴、Y 轴和 Z 轴上测量车辆发射的磁场。如果干扰超出了相关的车辆发射限值,应识别超出限值的干扰源并设法削弱干扰。

轨道电流干扰与车辆所处位置无关,也可能发生在轮对下方的敏感区。磁场通常在沿车辆或列车轴可预期的位置产生。

为保持与计轴器的兼容性,机车车辆最大发射值的测量应在机车车辆管理部门确定的速度下进行,且在该速度下机车车辆能够在兼容性要求的频率范围内产生最大发射干扰,通常可选择低速条件。机车车辆(例如装备四象限牵引变流器和辅助变流器的机车车辆)的干扰频度不完全取决于车辆速度,对于装备牵引逆变器的机车车辆,高速条件下干扰频度甚至会更低。对于高性能机车车辆,干扰频度通常为几百次每秒。

应考虑仅在较高速度条件或降级状态下才产生的特殊干扰。在较高速度条件下,应增加测量次数或补充 MA,以保证通过 MA 检测到干扰。

5.2.2 MA

5.2.2.1 频率范围

由于计轴器工作频率处于 10 kHz~1.3 MHz 的范围,使用一种 MA 不能保证测量效果。宜采用以下频段的两种 MA:

——低频段(LFR):10 kHz~100 kHz;

——高频段(HFR):100 kHz~1.3 MHz。

5.2.2.2 电气边界

应采用具有共同中心点并具有如下几何尺寸的三维矩形磁场环型 MA(见图 4):

——X 轴上 50 mm×50 mm;

——Y 轴和 Z 轴上 50 mm×150 mm,长轴方向为 X 轴。

150 mm 的臂长为推荐值,兼顾了平均磁场和捕捉较低频度干扰。

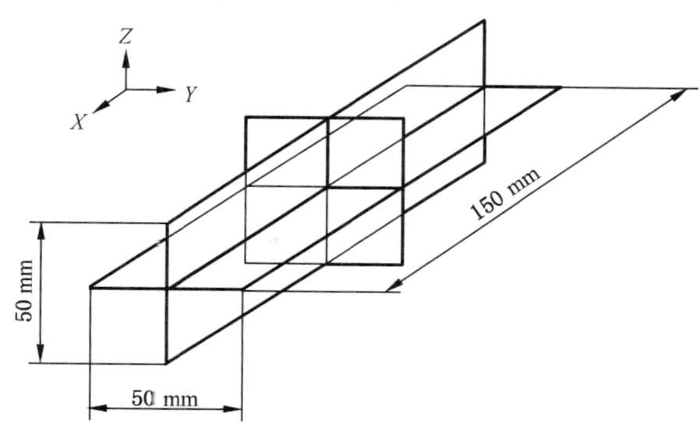

图 4 MA 结构示意图

注:MA 外形尺寸的更多信息参见附录 B。

5.2.2.3 安装位置

适用于 LFR 和 HFR 的 MA 中心点位置示意图见图 5,并应满足表 1 的要求。

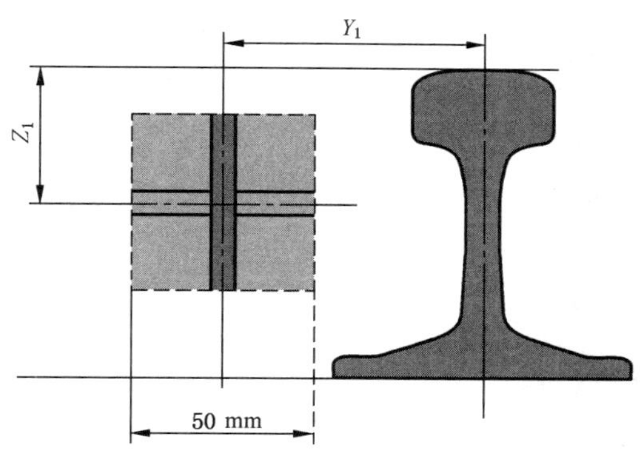

图 5 MA 中心点坐标示意图

表 1 MA 中心点的坐标位置

MA 的类型	Y_1 mm	Z_1 mm
LFR(10 kHz~100 kHz)	98	73
HFR(100 kHz~1.3 MHz)	94	68
注:MA 的中心点(Y_1,Z_1)根据所有类型传感器在每个频率范围(LFR,HFR)的平均值得出。		

安装位置的精确度要求见 5.2.4。

注：为减少测量次数，宜在两条轨道旁边安装能同时进行 LFR 和 HFR 测量的 MA。

5.2.2.4 无金属区

为减小大地电流和其他因素的干扰，MA 应安装在两条轨枕之间(见图 6)。如果安装两个 MA，它们之间的距离不应小于 400 mm。MA 不宜安装在金属桥上。

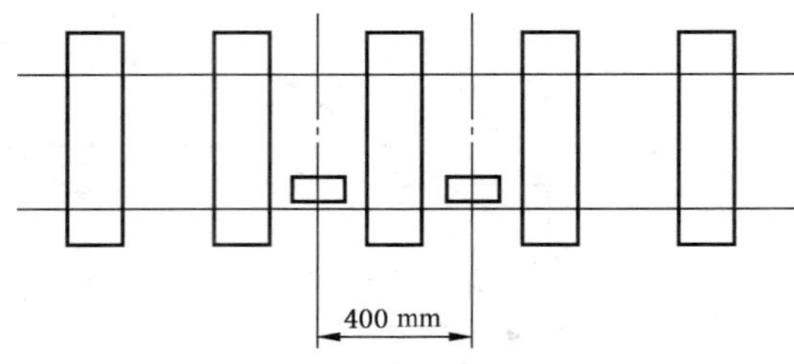

图 6 两轨枕间安装的 MA

5.2.3 试验条件

5.2.3.1 机车车辆运行试验条件

机车车辆兼容性试验的运行要求取决于机车车辆设计。本部分内容适用于由直流供电的机车车辆，采用其他技术的轨道车辆应根据制造商要求单独考虑[见本条的 c)]。

任何含半导体器件的电气部件(牵引逆变器、辅助变流器、制动斩波器、充电机、供热变流器等)都是潜在的干扰源。通常由直流供电并采用四象限牵引变流器的车辆所产生磁场的幅值与直流供电电压成正比，具有高频度的尖脉冲或脉冲叠加将对计轴器造成严重的干扰。轨道电流电磁场幅值取决于从电机到齿轮箱以及轴承等部件的接地回路，当这些部件静止时传导耦合阻抗最小。牵引供电的基波电流对干扰磁场的幅值影响较低。

应在以下运行条件下测试机车车辆：

a) 按最大牵引力运行(加速模式)和最大电制动力运行，至少分为以下四种速度(见图 7)：

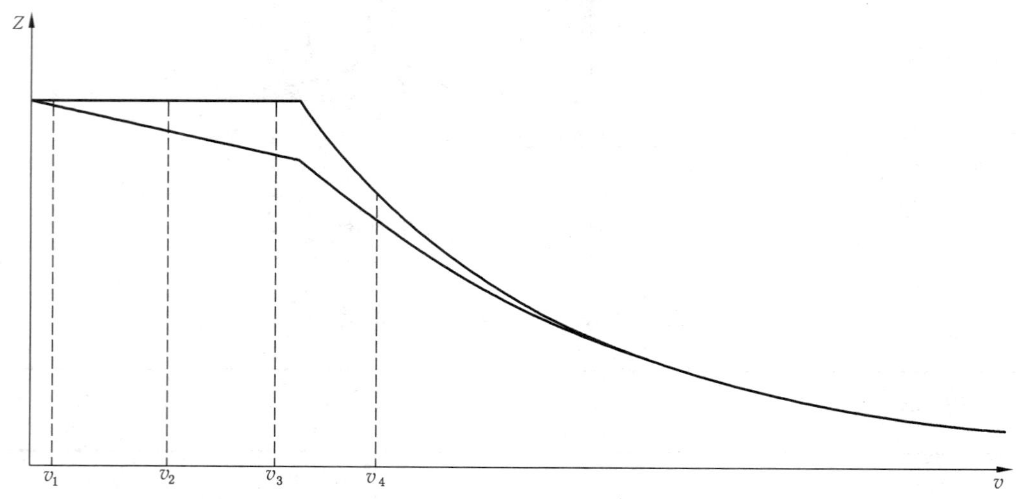

图 7 速度条件示意图[牵引力(Z)－速度(v)]

——速度 v_1：超低速，5 km/h～10 km/h；

——速度 v_2：异步转为同步(最大脉冲频度)变换时速度值的 70%～90%；

——速度 v_3：转换至功率双曲线(最大直流供电电压)速度值的 70%～90%；

——速度 v_4：转换至功率双曲线(最大直流供电电压)速度值超出 20%～30%。

注：运行试验条件只适用于直流牵引车辆。

b) 旅客车厢测量条件如下：

——供热电路全部正常供电且车辆以 5 km/h～20 km/h 的速度运行；

——试验时所有车厢中的车载干扰发射源都应工作；

——测量磁场干扰时不考虑牵引动力车辆的影响，至少在分析时可排除其影响。

c) 其他通用要求如下：

——车辆制造商应提供必要的技术信息。

——各种试验中，所有的潜在的发射源(牵引变流器、辅助变流器、供热变流器、列车控制/安全相关装置、照明、供热、空调等)都应处于工作状态，不应在降级工作模式下试验。对于具备专用供热电路的试验车辆(电力机车、电传动内燃机车)，应使用功率不低于 80 kW 的阻性负载，并在交流供电下试验。

——试验没有考虑开关器件和接触器引发的瞬时干扰。

——如有必要，应增加额外车辆(机车、货车)以获取所需的被测车辆参数(例如最大牵引力、最大电制动力等)。测量磁场干扰时应排除其他车辆的影响，至少在分析时可排除其影响。

5.2.3.2 测量方案

应考虑在车辆的两侧进行试验，宜在两条轨道上安装 MA 且同时进行测量。如有可能，机车车辆应在不掉头的条件下前进和后退。试验基础设施环境(单轨回流或双轨回流)应能模拟真实的轨道电流。

应维持运行条件不变，多次试验直至确认试验结果。在选定的试验方案中，同一运行条件下的试验应至少进行两次。

应模拟实际运行中可能发生的主要降级模式进行试验。在这些试验中，5.2.3.1 规定的参数应在相应降级模式(关闭牵引电机和/或牵引单元)和不同速度的条件下分别试验。如果关闭牵引电机和/或牵引单元能够影响动力和/或牵引力的增加、导致脉冲频率的变化等，则应试验这些降级模式。

当不存在轨道电流时，干扰磁场仅在高速条件下或者频率较低时产生，因此应增加试验次数或 MA 数量以保证 MA 能够检测到干扰信号。

5.2.4 发射测量精确度

整个测量系统的不确定度不应超过规定磁场限值±1.75 dB，MA 位置误差不应超过±2 mm(见4.2 和 5.2.2.3)。

5.2.5 测量步骤

测量可采用模拟测量或数字化测量，这两种方式的测量步骤见图 8，图中第 1 步和第 2 步可顺序进行，也可并列进行。数字化测量采用包含数据存储系统的模/数转换器。采样变换器输出信号经宽带滤波(数字滤波)器滤波后，通过方均根算法处理得到结果。

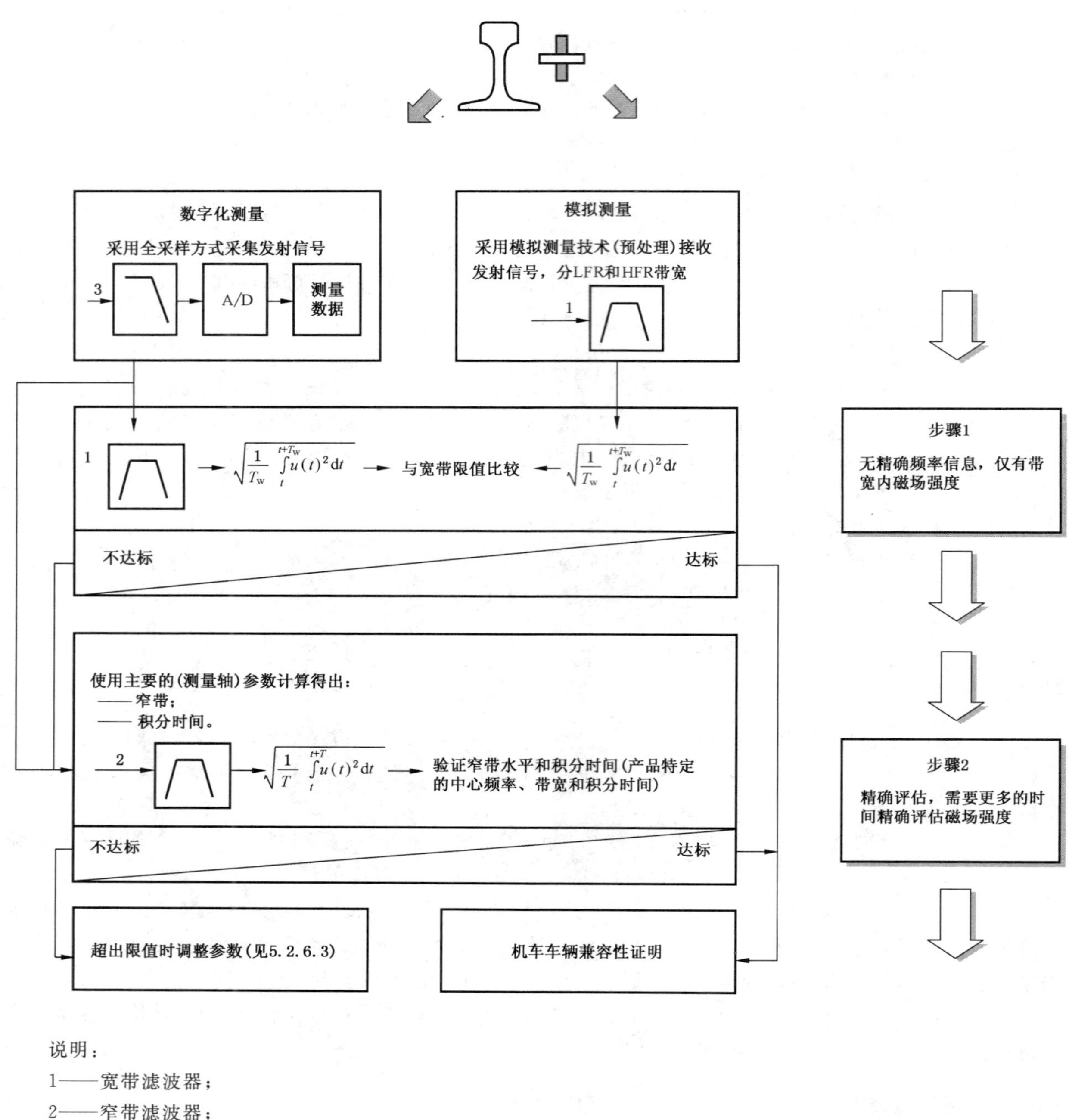

说明：

1——宽带滤波器；

2——窄带滤波器；

3——抗混叠滤波器。

图 8　测量步骤

5.2.6　测量数据的评估方法

5.2.6.1　概述

应在规定的机车车辆运行条件下通过同一 MA 测量磁场和轨道电流磁场。5.2.6.2 规定的限值(宽带发射)和 5.2.6.3 规定的限值(窄带发射)为评估的依据。

为简化评估(测量)，宜采用以下三个步骤：

——第 1 步：根据宽带发射限值评估；

——第 2 步：根据窄带发射限值评估；

——第 3 步：超过发射限值时的调整措施。

如果车辆满足宽带发射限值(见 5.2.6.2)要求，可结束评估；也可不经第 1 步直接进入第 2 步(见 5.2.6.3)评估。评估可使用模拟或数字化测量系统。

5.2.6.2 基于宽带发射限值的评估方法(第 1 步)

5.2.6.2.1 概述

应按以下步骤进行测量和评估(见图 8)：

——使用模拟测量或数字采样方法采集(*X* 轴、*Y* 轴和 *Z* 轴)宽带发射信号；

——分析和验证发射等级和持续时间。

如果没有超出限值要求，车辆通过检验，试验结果记录在兼容性证明文件中。如果超出限值，进入第 2 步(5.2.6.3)。

应根据计轴器产品参数确定 LHR 和 HFR 的最短积分时间。

图 9 给出了一个宽带信号的测量记录和分析示例。

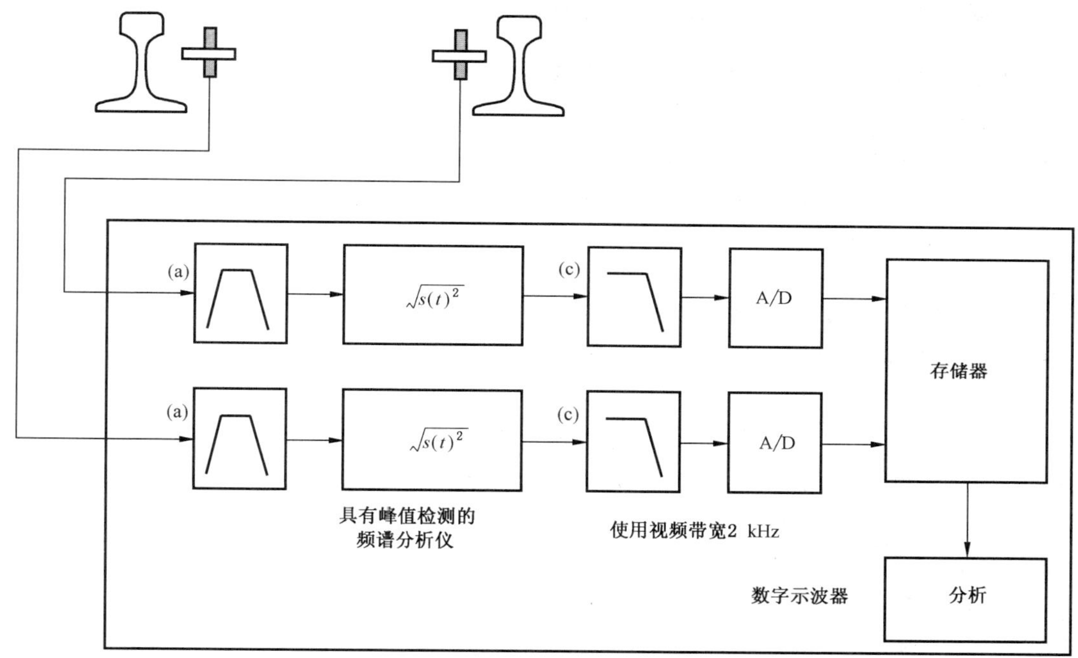

说明：

(a)——宽带滤波器；

(c)——低通滤波器。

图 9 宽带发射限值的评估示例

5.2.6.2.2 (*X* 轴、*Y* 轴和 *Z* 轴)宽带发射场的模拟测量

高低频段的模拟测量通道见图 10。实现该测量的最直接方法是使用频谱分析仪。应使用零挡模式(关闭扫描算法)通过带通滤波器测量时间函数曲线。测量频段的频率带宽设为 1 kHz 以实现输出信号的低通滤波。频谱分析仪的垂直轴输出(称为“Y”，代表输出幅值)可连接到配有示波器的记录装置。

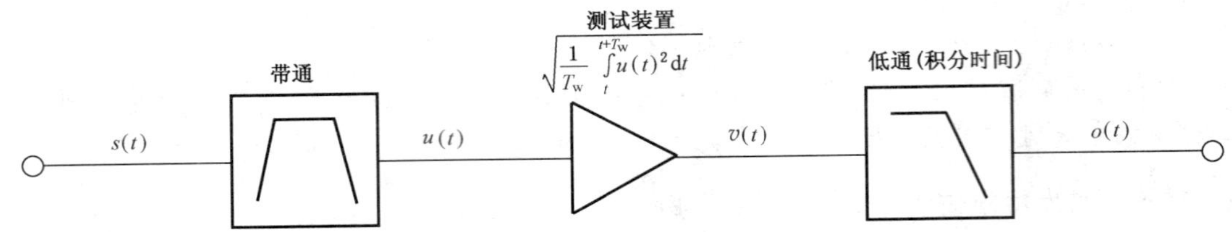

图 10 典型模拟测量

各个轴上的模拟测量通道包含下列内容和参数：

——对于 LFR 频段，分辨带宽(RBW，3 dB)90 kHz，中心频率为 55 kHz；

——对于 HFR 频段，分辨带宽(RBW，3 dB)1.2 MHz，中心频率为 700 kHz；

——方均根值测量装置；

——1 kHz 频率衰减 3 dB 的 1 阶低通滤波通道；

——设定零挡模式。

5.2.6.2.3 (*X* 轴、*Y* 轴和 *Z* 轴)宽带发射场的数字化测量

数字化测量通道见图 11。各个轴上的数字测量通道包含下列内容和参数：

——采样率：

- 对于 LFR 频段，300 kHz 或三倍于计轴器的最高工作频率；
- 对于 HFR 频段，3 MHz 或三倍于计轴器的最高工作频率。

——数字带通滤波器：

- 对于 LFR 频段，分辨带宽(RBW，3 dB)10 kHz～100 kHz；
- 对于 HFR 频段，分辨带宽(RBW，3 dB)100 kHz～1.3 MHz；
- 两种频段均采用 40 dB/十倍频程的滤波衰减。

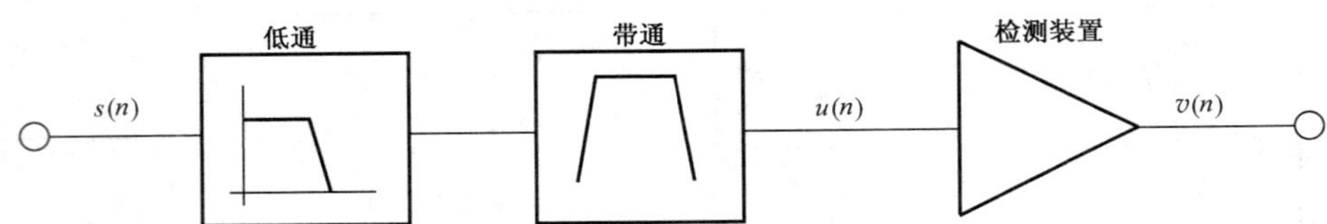

说明：

$v=\sqrt{\frac{1}{N}\sum_{i=1}^{N}u_i^2}$；

N 为积分时间与采样频率的乘积。

图 11 典型数字化测量

方均根值测量装置应具有连续的量化方均根功能，积分时间根据产品参数确定，下降沿采样取 75%重叠角。

注：对于积分时间为 1 ms 的检测，75%的重叠角指新采样时间为 0.25 ms。

5.2.6.3 窄带发射限值的评估方法(第 2 步)

5.2.6.3.1 概述

应根据计轴器类型和利益相关方协商结果确定发射限值，发射限值以窄带磁场强度的形式定义。

带通滤波曲线的特性和积分时间为产品技术参数，应与计轴接收器的实际特性一致。

应综合考虑中心频率的偏差范围和滤波器曲线带宽，协商确定进一步评估用带通滤波器的带宽。

应首先评估各计轴器的整个窄带频段(中心频率的偏差范围是在中心频率的两侧加 3 dB 带宽)，以保证评估的有效性。

如果结果不超出限值，计轴器达标。如果结果超出限值(第 2 种情况)，应在整个窄带频段上对计轴器进行 3 dB 带宽扫描。在计轴器整个窄带频段内的波动小于 1 dB 的条件下，对单个的带通进行叠加。

5.2.6.3.2 (*X* 轴、*Y* 轴和 *Z* 轴)窄带发射场的模拟测量

应按产品技术规格中的滤波带宽分析窄带频段内信号的发射，在 *X* 轴、*Y* 轴和 *Z* 轴上针对 HFR 和 LHR 进行测量，并分析和验证发射等级是否符合规定。

如果结果不超出限值，车辆达标。如果结果超出限值，可按 5.2.6.4 规定调整计轴器系统。调整后，应按 GB/T 28807 验证所有的兼容特性。

5.2.6.3.3 (*X* 轴、*Y* 轴和 *Z* 轴)窄带发射场的数字化测量

应在 *X* 轴、*Y* 轴和 *Z* 轴上采用全采样方法对计轴器的关键窄带发射区进行记录，筛选和分析在 *X* 轴、*Y* 轴和 *Z* 轴上的相关结果并考虑下列参数：

——频率偏差为 3 dB 的数字带通滤波器和符合规定阶数的巴特沃斯滤波器。

——方均根值检测装置：连续的量化方均根功能，积分时间根据产品确定，75%的重叠(下降沿采样)。

注：对于积分时间为 1 ms 的检测，75%的重叠角指新采样时间为 0.25 ms。

——分析和验证发射等级是否满足要求。

如果结果不超出限值，车辆达标。如果结果超出限值，可按 5.2.6.4 规定调整计轴器系统。调整后，应按 GB/T 28807 验证所有的兼容特性。

5.2.6.3.4 短时干扰评估

对于短时干扰的评估，可缩短积分时间窗口并提高发射限值。

短时干扰分为下列类型：

——单个离散短时干扰(也称为瞬时干扰)，这类干扰的扰动时间应小于装置规定的积分时间，在提高发射限值的条件下，扰动时间应小于缩短的积分时间；

——重复短时干扰：

- 时间间隔应大于积分时间；
- 干扰的扰动时间小于装置规定的积分时间，在提高发射限值的条件下，扰动时间应小于缩短的积分时间。

对于开关和接触器引发的瞬时冲击见 5.2.3.1 的 c)。

5.2.6.4 超出限值的调整措施(第 3 步)

如果干扰超过发射限值，应采取调整措施以满足兼容性要求。兼容性证明应符合 GB/T 28807 的要求，机车车辆发射值超出限值应小于 25 dB。

附　录　A
（规范性附录）
计轴器抗扰度测试

A.1　敏感性试验

A.1.1　试验装置

A.1.1.1　FGA

宜采用一个正方环形 FGA 测量工作在 10 kHz～1.3 MHz 频率范围内的计轴器。应在特定计轴器的试验技术文件中规定 FGA 的频率响应特性。

为避免寄生效应，宜按下列条件进行试验：

——试验频率范围内磁场强度基本不变（保障 FGA 的线性度）；

——FGA 与信号放大器/发生器输出之间良好匹配，即确定 FGA 最低阻抗（对于输出阻抗为 50 Ω 的放大器系统，FGA 阻抗大于 15 Ω）。

FGA 的长度和宽度均大于 550 mm，以保证良好的磁场均匀性。

试验带宽范围内频率响应小于 4 dB（不宜高于 1 dB）。

如图 A.1 所示，距 FGA 中点 300 mm 范围内，磁场均匀性良好（±1.5 dB）。

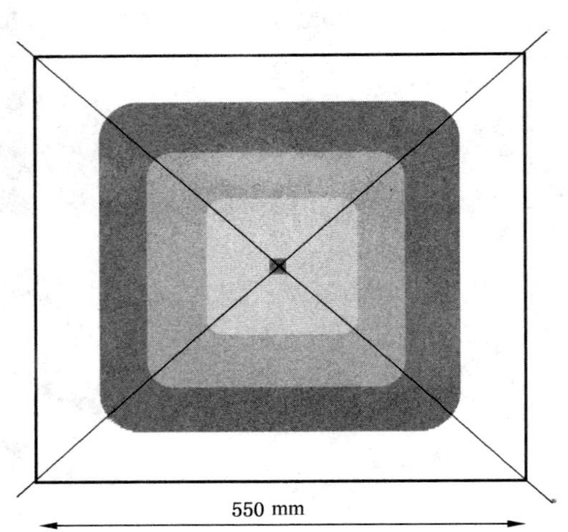

说明：

——100 mm×100 mm（0.3 dB 范围）；

——200 mm×200 mm（1 dB 范围）；

——300 mm×300 mm（1.6 dB 范围）。

图 A.1　FGA 磁场均匀性示意图

A.1.1.2 监测系统(磁场强度测量设备)

A.1.1.2.1 SSS

要求抗扰度试验所用测量传感器最大横截面不超过 30 mm。

A.1.1.2.2 MA

MA 要求见 5.2.2。

A.1.1.3 试验信号发生器

配置一个产生连续和脉冲式正弦波信号的信号发生器测量抗扰度,以便在计轴器工作带宽范围内产生干扰波形。对于 50 Ω 系统宜采用能输出峰峰值为 10 V 的标准任意波发生器。

可采用独立的功率放大器驱动 FGA。

A.1.1.4 试验对象(EUT)

试验对象是车轴计数检测器。为了排除金属支架引起试验磁场畸变以及轨道末端对测量的影响,车轴计数检测器应通过木质件安装在长度不小于 1 m 的轨道上。如果可行,检测装置连接至独立的轨旁电子单元。

试验对象与任何导电部件(金属结构)的距离宜不小于 0.5 m。

试验对象的技术参数包括:

——检测装置和电子单元的型号;

——轨道类型;

——轨道长度。

A.1.2 功能试验准则

抗扰度(敏感度限值)是指不致于产生干扰脉冲或破坏车轴计数检测器一个或多个通道上轮对检测脉冲的最大磁场强度。

A.1.3 确定均匀磁场抗扰度的试验方法

A.1.3.1 概述

轨道会影响计轴器检测探头处的感应磁场。本试验进行时轨道上不应存在轮对。

试验时计轴器(EUT)处于正常工作模式。

如果不能确定最恶劣轨道,则按准均匀磁场进行抗扰度试验。

MA 的阈值对于确定机车车辆干扰限值起到决定性作用。为实现兼容性,考虑最恶劣轨道的影响。

A.1.3.2 *X* 轴、*Y* 轴和 *Z* 轴上磁场敏感度的测定

FGA 应能在与计轴器对应的坐标面(例如 *Y*—*Z* 面或 *X*—*Z* 面)上旋转。

测量并记录以 FGA 产生磁场的角度(每 10°递增)为变量的抗扰度函数。根据计轴器最敏感情况确定 FGA 最敏感角度 $\alpha_{m,s}$(在此角度下 *Y* 与 *Z* 轴或者 *X* 与 *Z* 轴上的几何求和绝对值最小)。采用与机车车辆测量相同的 MA(位置和电气边界要求见 5.2.2),且在现场计轴器传感器实际安装的位置使用微型传感器测量 *X* 轴、*Y* 轴和 *Z* 轴上的等效磁场。

A.1.3.3 *Y*—*Z* 轴的试验

FGA 和计轴器传感器之间的距离为 150 mm。测量时以计轴器传感器为中心的 800 mm 范围内应无金属导体。

Y—*Z* 平面上的试验配置见图 A.2。

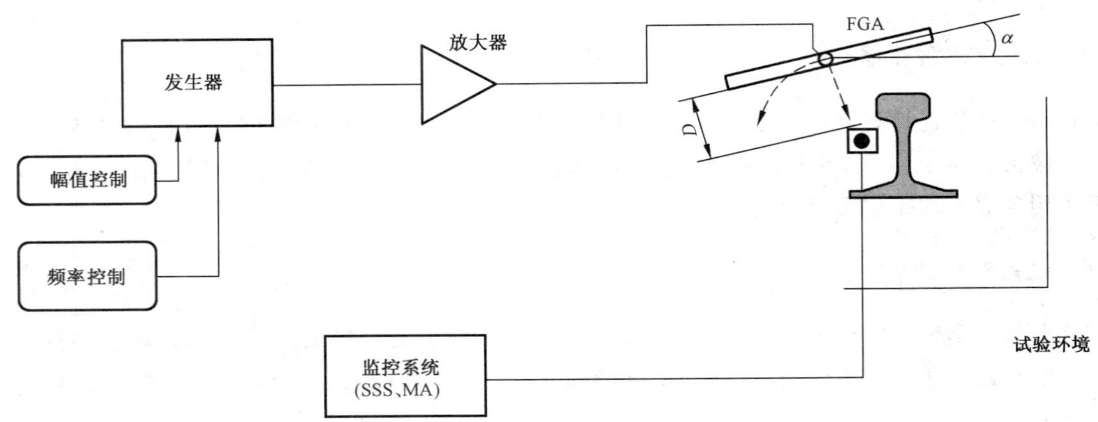

图 A.2 *Y*—*Z* 平面上的试验配置

A.1.3.4 *X*—*Z* 轴的试验

FGA 的安装应以轨道作为中心。测量时以计轴器传感器为中心的 800 mm 范围内应无金属导体。最大角度 α(0°至大约 45°)受轨道限制。

X—*Z* 平面上的试验配置见图 A.3 和图 A.4。

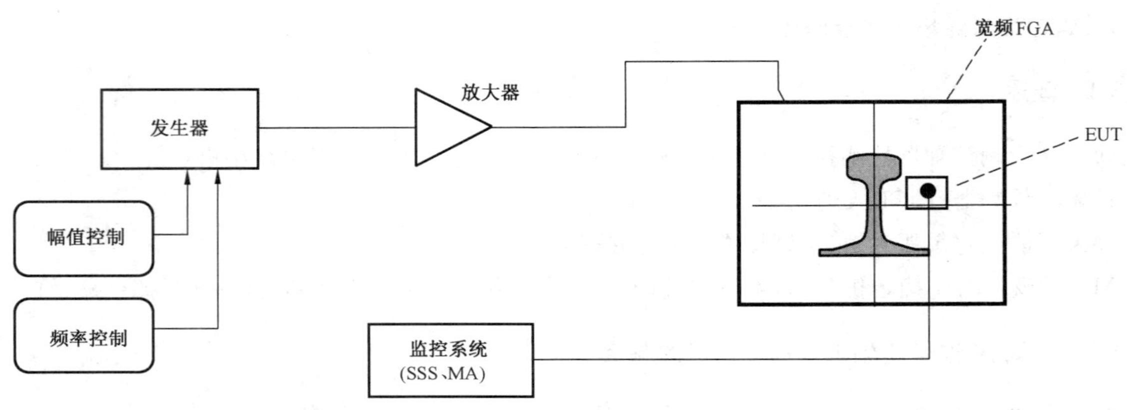

图 A.3 *X*—*Z* 平面上的均匀磁场试验配置(正视图)

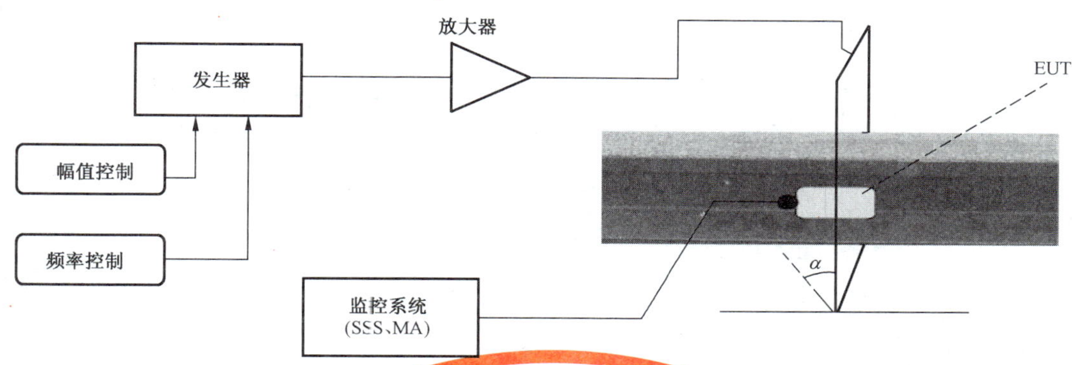

图 A.4 X—Z 平面上的均匀磁场试验配置(侧视图)

A.1.3.5 试验信号

注：试验信号用于确定和证明基于计轴器稳态和瞬态响应性能的机车车辆限值的符合性。

A.1.3.5.1 稳态敏感性试验

稳态敏感性试验采用连续的正弦波信号作为试验信号。在计轴器传感器的工作频率范围内调整信号频率，以确定实际感应频率范围。应确定中心频率的完整滤波曲线(0 dB、−3 dB 和−20 dB 等)，并包含在本部分的正文中。

应按照以下步骤确定 X—Z 平面和 Y—Z 平面的稳态敏感性：

a) 将信号发生器的频率设定为传感器的中心频率(标称)。

b) 按图 A.5 将 FGA 安装在基于 X—Z 平面角度 $\alpha=50°$ 的位置。

c) 逐步提高干扰强度(增大信号发生器的输出幅值)直至超过设备额定阈值(发生状态变化)。记录对应的角度以及 X 轴、Y 轴和 Z 轴上的干扰(SSS、MA)阈值。

d) 以 10°为增量，逐步改变 FGA 角度。记录引起计轴器状态变化角度以及各角度的最大干扰阈值。

e) 在 Y—Z 平面上重复步骤 a)～d)。

f) 对于在最敏感 FGA 角度、最恶劣轨道以及最不理想 FGA 角度条件下 X 轴、Y 轴和 Z 轴上的干扰 (SSS、MA)阈值[通过步骤 d)获取]，应至少确定 0 dB、−3 dB 和−20 dB 处频率以完成滤波曲线。

注：根据 A.1.3.5.1 和 A.1.3.5.2 的结果且按 4.2 考虑预留 9 dB 裕量，即可形成与持续时间相关的限值曲线(见图 3)。

A.1.3.5.2 动态敏感性试验

对于动态敏感性，应采用开关正弦波信号作为试验信号，并确定瞬时干扰对车轴计数检测器的影响。

车轴计数检测器的正弦波脉冲响应原理见图 A.5。

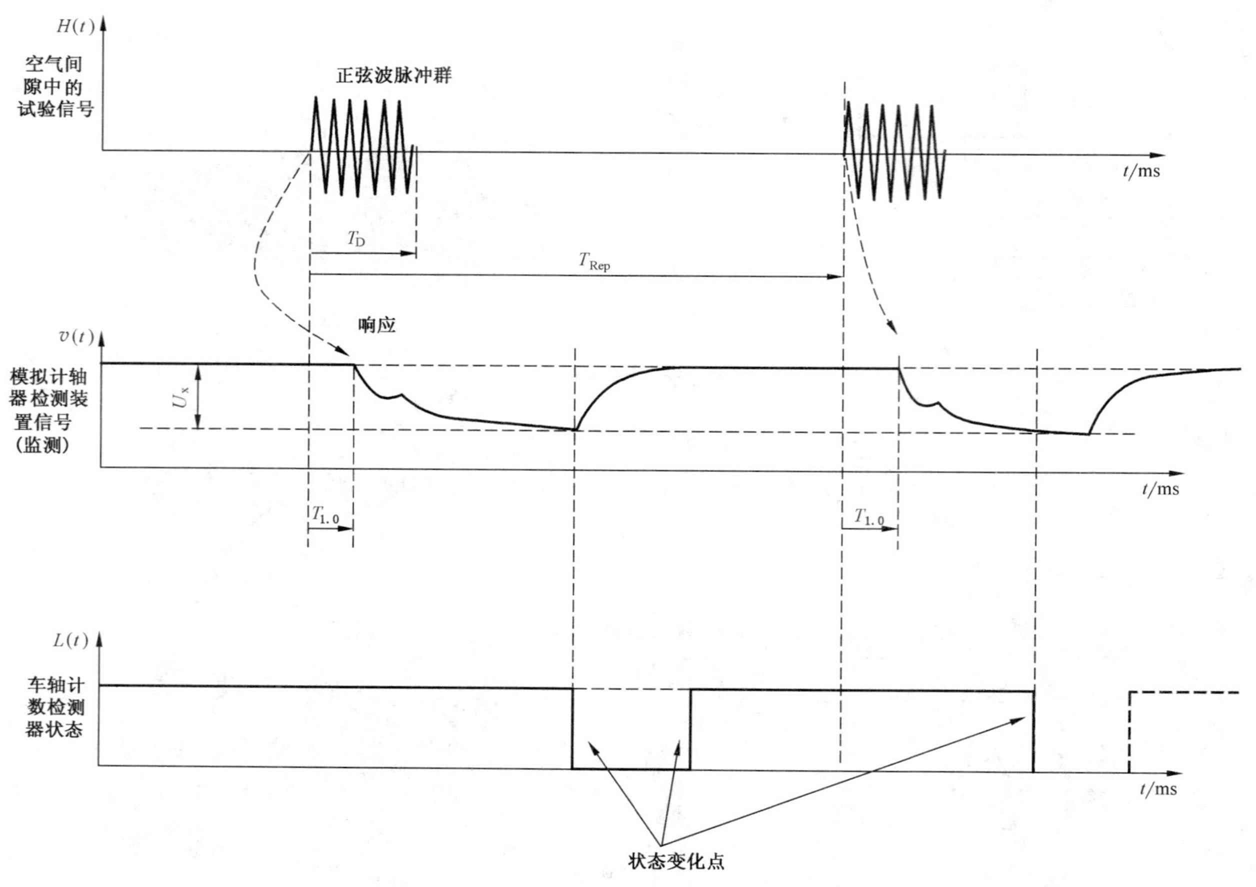

说明：

$H(t)$——试验信号，单位为微安每米（μA/m）；

$v(t)$——检测信号，单位为毫伏（mV）；

$L(t)$——计轴器状态（正常或故障）；

T_{Rep}——重复间隔，单位为毫秒（ms）；

T_D——干扰持续时间，单位为毫秒（ms）；

$T_{1.0}$——系统响应时间，负半波，单位为毫秒（ms）；

U_x——设备门槛值，单位为毫伏（mV）。

图 A.5　车轴计数检测器的正弦波脉冲响应

可按以下步骤确定动态敏感性：

a)　选择 FGA 感应平面（X—Z 平面或 Y—Z 平面）和最恶劣轨道；

b)　将信号发生器频率设定为传感器最敏感的频率（见 A.1.3.5.1）；

c)　按最敏感角度 $\alpha_{m.s}$ 设置 FGA 角度；

d)　设置 T_{Rep} 不小于 0.5 s（除非系统从瞬时信号状态恢复的时间是确定的）；

e)　逐步提高干扰强度（增大信号发生器的输出幅值）直至超过设备额定阈值（发生状态变化）；

f)　记录此时 X 轴、Y 轴和 Z 轴上的干扰阈值和 T_D，确定 X 轴、Y 轴和 Z 轴的最敏感轴上的曲线（阈值-时间）；

g)　缩短 T_D 后返回至步骤 d)。

重复步骤 d)～f)，直至 T_D 小到能够估计瞬时干扰下的计轴器性能（T_D 最小量宜取 100 μs）。

注：对非模拟处理的监测系统，宜规定响应阈值，并采用适当方法记录响应阈值。

机车车辆发射干扰测量中的积分时间，宜根据“敏感度阈值-干扰持续时间”曲线上的拐点确定。积分时间还应考虑计轴器制造商提供的计轴器可承受的干扰重复间隔限值。拐点是车轴计数检测器工作的稳态(连续波形)和动态(短时)抗扰性能的变化点。在拐点的左侧，干扰信号持续时间小于积分时间。拐点是稳态阈值的105%。

A.1.4 对轨道电流磁场的敏感性试验

轨道电流产生的磁场会影响计轴器传感器的敏感性，磁场在 X 轴、Y 轴和 Z 轴上的分布受轨道外型影响而各不相同。

MA 阈值对于机车车辆限值的确定极为重要，应考虑最恶劣轨道的影响。

应在计轴器正常工作条件下进行试验，轨道电流试验布置见图 A.6。

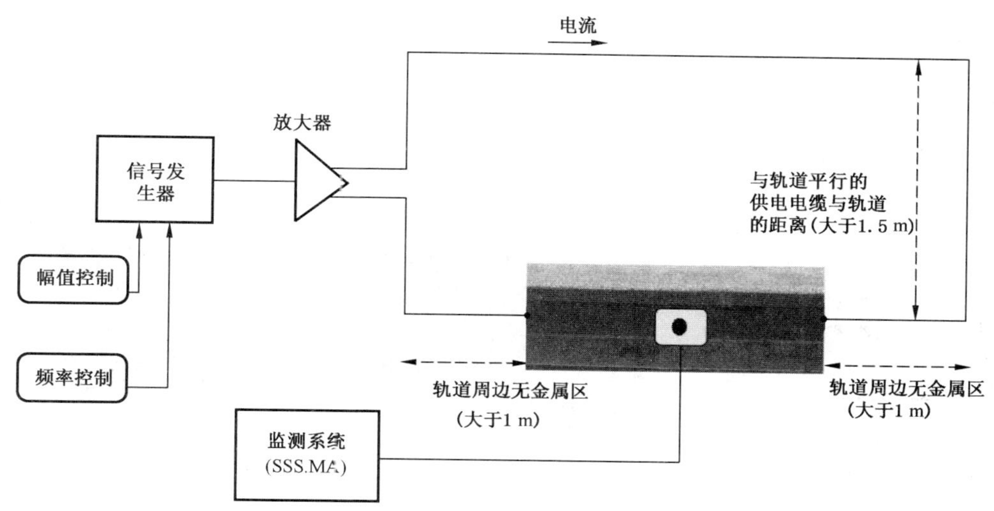

图 A.6 轨道电流试验布置

可认为磁场限值试验包涵了轨道电流感应限值。车轮通过计轴器传感器时流经轮轨接触点的电流产生的干扰最严重。由于干扰涉及的因素很多，本部分未提出试验规范，宜在试验中确认总的影响。

本试验用于确定影响磁场的一般干扰源在各个轴上的具体影响，可用于评估被测车辆发射的磁场。

无车轮通过条件下轨道电流产生磁场的敏感性试验过程基本不变，但此时信号发生器产生的电流流经计轴器所在的轨道终端。在以下条件下测量轨道电流产生的磁场：

——轨道长度大于 1 m；

——与轨道平行的供电电缆与轨道的距离大于 1.5 m；

——轨道三维空间任意轴上 1 m 内不存在金属体。

可仅采用适用于稳态干扰的试验程序[A.1.3.5.1 中步骤 a)～c)]。

A.1.5 确定非均匀磁场抗扰度的试验方法

A.1.5.1 概述

宜对所有计轴器检测其对非均匀磁场的抗扰度，即使预计非均匀磁场影响小于均匀磁场影响。如果确认计轴器不受某个磁场部件影响，则不进行该磁场部件的非均匀磁场试验(仅试验有影响的磁场部件)。

仅当试验中非均匀磁场源(传感器、建筑、结构件)产生的磁场因为与轨旁计轴器相连的轨道影响而发生畸变或场强变化，才可降低被测磁场源的阈值。

MA 的阈值对于确定机车车辆干扰限值起到决定性作用，应考虑全部轨道类型中最恶劣轨道的影响。

应在计轴器正常工作条件下进行试验，根据有关计轴器的实验室试验结果确定是否进行非均匀磁场试验。

A.1.5.2 一般试验布置

应采用与均匀性试验相同的 FGA，试验布置见图 A.7。FGA 以计轴器传感器的中心点为中心，沿 X 轴和 Y 轴移动。FGA 沿 X 轴移动时测量 X 轴和 Z 轴上的磁场分布，FGA 沿 Y 轴移动时测量 Y 轴和 Z 轴上的磁场分布。最恶劣轨道顶端和 FGA 的距离为 150 mm（车载磁场干扰源的最小间距）。

FGA 沿 Y 轴移动时的试验步骤与 FGA 沿 X 轴移动时类似，FGA 与轨道顶端距离不变，沿 Y 轴移动。

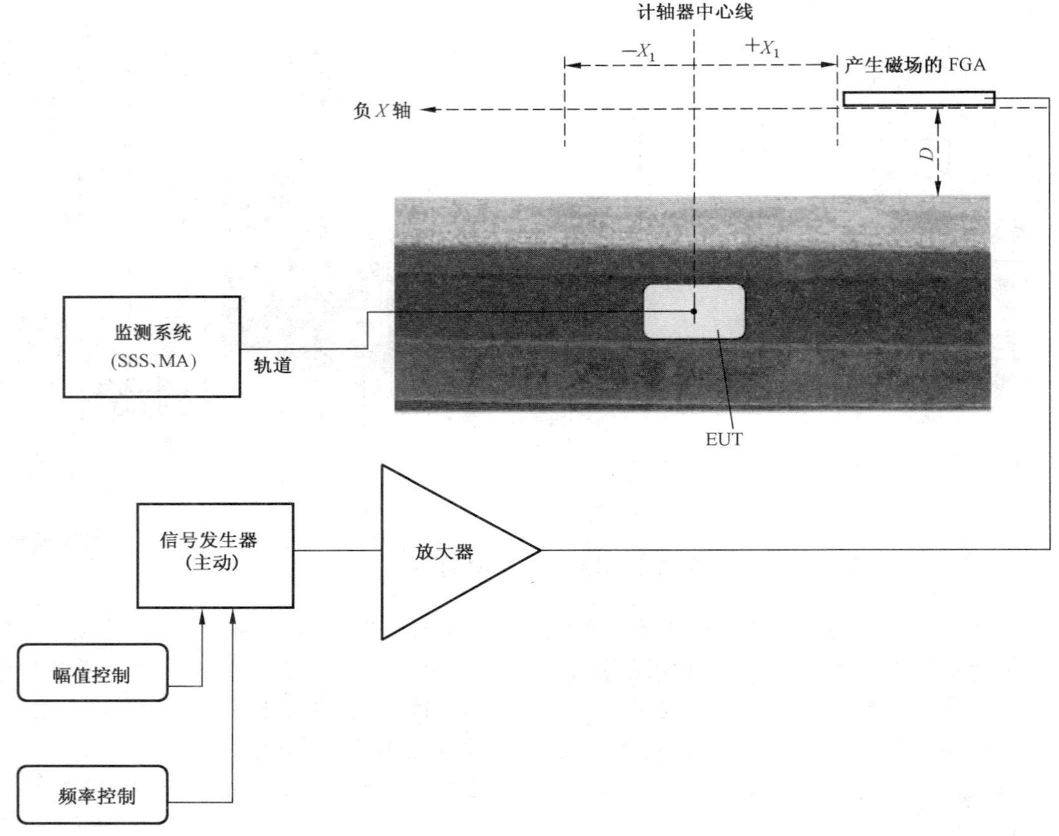

说明：

D ——轨道顶端和 FGA 的间距，为 150 mm；

X_1 ——X 轴上的 FGA 最大范围，是 EUT 长度的 2 倍（示例：EUT 长 150 mm 则 $X_1=300$ mm）；

Y_1 ——Y 轴上的 FGA 最大范围，$Y_1=X_1$（±150 mm）。

图 A.7 非均匀性磁场试验的布置

A.1.5.3 试验信号

选用正弦波作为试验信号，且采用均匀性试验效果最明显的频率值。

A.1.5.4 试验程序

试验前应确认试验布置的所有部分（包括干扰源、监测系统和 EUT）工作正常。

按下列步骤进行试验：

a) 将信号发生器的频率设定为均匀性磁场试验中计轴器最敏感的频率。

b) 将 FGA 向右移动至起点：$+X_1$ 位置。

c) 提高干扰信号强度(不宜大于均匀性磁场试验阈值)。

d) 5 s 内缓慢地将 FGA 左移 X_1 长度，检查计轴器探头是否产生一路或两路干扰脉冲(功能试验)。如果功能试验未出现干扰脉冲，继续执行 c)步骤。

e) 功能试验通过后，测量沿 X 轴分布的磁场强度 $B_X(X)$ 和 $B_Z(X)$ 以确定 FGA 在 X 坐标中的敏感位置。通过监测系统(MA，SSS)测量这些磁场分量，再计算相关分量的最大值 $B_{X,\max}(X)$ 和 $B_{Z,\max}(X)$。测量时应排除 EUT。

f) 计轴器抗扰度文件中应以图表形式记录相关参数：试验频率、沿 X 轴分布的磁场强度 $B_X(X)$ 和 $B_Z(X)$[包括 $B_{X,\max}(X)$ 和 $B_{Z,\max}(X)$]。

对于 FGA 沿 Y 轴(在轨道平面与 X 轴垂直的轴)移动，相应地执行类似程序[$B_X(X)$ 变为 $B_Y(Y)$，$B_Z(X)$ 变为 $B_X(Y)$，FGA 的感应 X 坐标变为感应 Y 坐标]。

沿 X 轴分布的磁场强度 $B_X(X)$ 和 $B_Z(X)$ 见图 A.8。FGA 尺寸为 550 mm×550 mm，与轨道顶端间距为 150 mm，X 轴上 EUT 长度 150 mm。

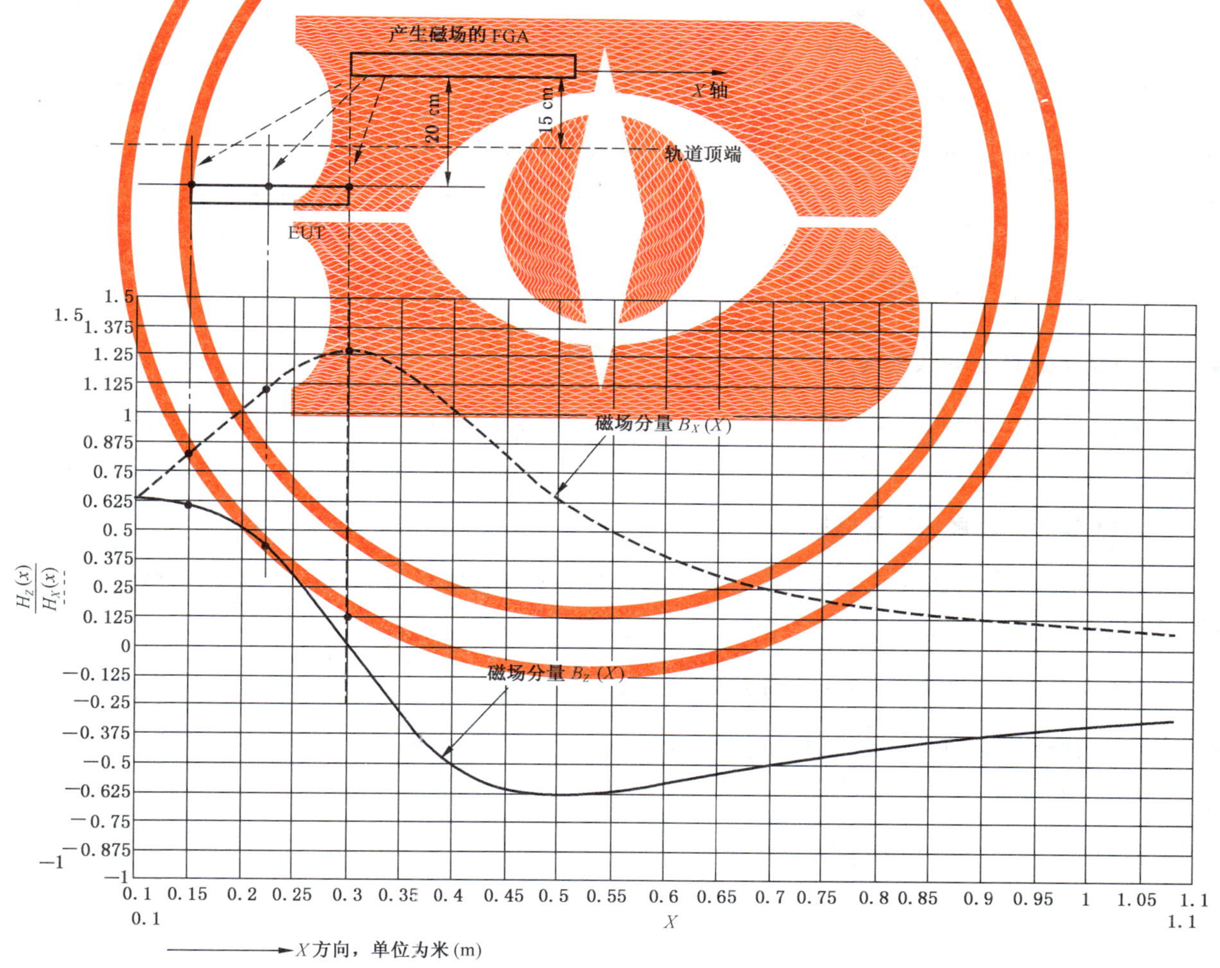

说明：

曲线上的三组实心点从左至右依次对应 $X=150$ mm、$X=225$ mm 和 $X=300$ mm。

图 A.8 非均匀性磁场试验中与 FGA 移动对应的磁场分布

A.1.6 试验结果

下列试验结果以图表形式(参见表 A.1)进行记录,且作为被测计轴器文件的主要内容:

——对于准均匀磁场,敏感度磁场限值与 FGA 角度的对应关系(根据 A.1.3.3 和 A.1.3.4 测试结果);

——在最敏感角度以及 X 轴、Y 轴和 Z 轴 0 dB、−3 dB 和 −20 dB 三处,敏感度与频率的对应关系(根据 A.1.3.5.1 测试结果);

——在最敏感频率以及 X 轴、Y 轴和 Z 轴上,敏感度与干扰持续时间的对应关系(根据 A.1.3.5.2 测试结果);

——在最敏感频率下稳态轨道电流产生的感应磁场限值(根据 A.1.4 测试结果);

——如果 A.1.5 中的内容得到确定与认可,提供非均匀磁场在最敏感频率下的感应限值(根据 A.1.5测试结果);

——每个试验结果注明准确度。

表 A.1 试验结果记录

计轴器传感器型号	X 轴上的磁场强度(MA,SSS)方均根值(RMS) dBμA/m	Y 轴上的磁场强度(MA,SSS)方均根值(RMS) dBμA/m	Z 轴上的磁场强度(MA,SSS)方均根值(RMS) dBμA/m	角度 α_{ms} 下的最敏感感应值及对应的 FGA 角	
				感应值 dBμA/m	FGA 角 α (°)

A.2 标准发布前的确认试验

A.2.1 抗扰度限值的确认试验

应通过试验模拟真实的工作条件以保证计轴器抗扰度限值的有效性,且试验结果应反映计轴器实际性能。

A.2.2 MA 参考点的确认试验(见 5.2.2)

应根据各种计轴器的实际工作条件确认车辆试验技术规范给出的干扰点,且试验结果应反映计轴器实际性能。

A.2.3 MA(见 5.2.2)几何尺寸(大小与方向)的确认试验

应通过试验确认 MA 尺寸足以捕获车辆的实际发射源,且试验结果应反映计轴器实际性能。

附　录　B
（资料性附录）
机车车辆用 MA 的设计指南

B.1　MA 性能

MA 的灵敏度与环的面积和环内线圈匝数成正比，与信号的波长成反比。

环形绕组本身形成的电感使 MA 对频率具有敏感性。因此 MA 很难覆盖较大的频率范围。在低频段，使用多匝线圈以增强环的灵敏度，但与电感共存的分布电容会降低环的频率响应特性（有时可利用这种特性）。环形绕组的频率选择特性可用于抑制带宽外的信号。

MA 设计宜考虑以下内容：

——根据本部分确定 MA 在 X 轴、Y 轴和 Z 轴的界面。

——MA 宜满足以下要求：

- 低频段采用 0.15 mm 的粗铜线绕 30 匝至 50 匝；
- 高频段（100 kHz 以上）采用 0.15 mm 的粗铜线绕 15 匝至 30 匝。

注：匝数越多，每匝的耦合能力越强。

——为降低匝间电容宜使用两层重叠。

MA 绕组测视结构见图 B.1。

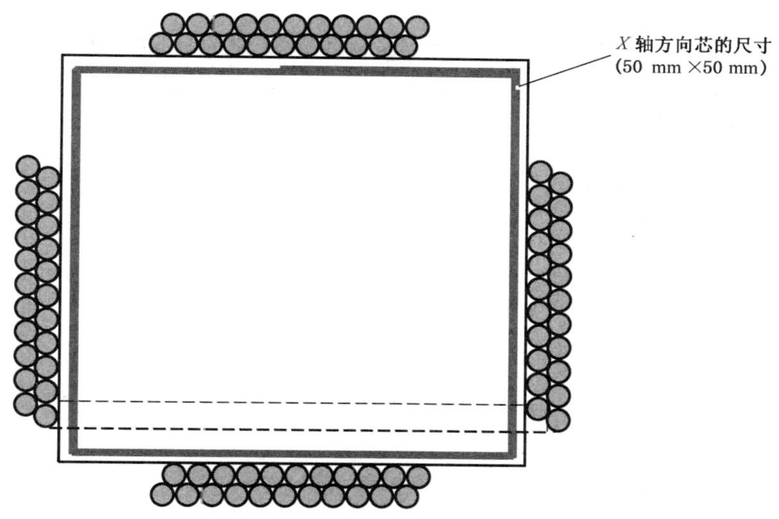

说明：

Y 轴和 Z 轴线圈，尺寸为 50 mm～150 mm。

图 B.1　MA 绕组侧视示意图

B.2　终端电阻

根据工程经验，终端电阻取值 50 Ω，也可考虑其他阻值。

ICS 19.120
A 28

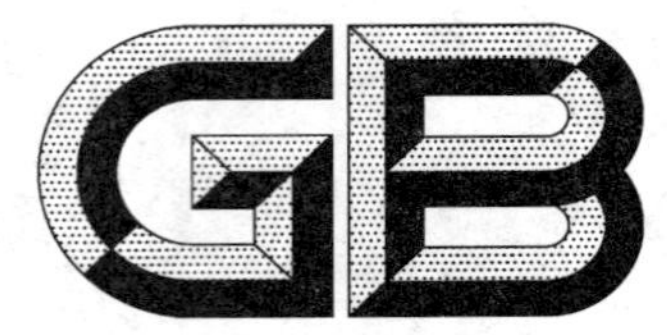

中华人民共和国国家标准

GB/T 29024.4—2017/ISO 21501-4:2007

粒度分析　单颗粒的光学测量方法 第4部分:洁净间光散射尘埃粒子计数器

Determination of particle size distribution—Single particle light interaction methods—Part 4:Light scattering airborne particle counter for clean spaces

(ISO 21501-4:2007,IDT)

2017-09-29 发布　　2018-04-01 实施

中华人民共和国国家质量监督检验检疫总局
中国国家标准化管理委员会　发布

前 言

GB/T 29024《粒度分析 单颗粒的光学测量方法》共分为 4 个部分:

——第 1 部分:光散射气溶胶谱仪;

——第 2 部分:液体颗粒计数器光散射法;

——第 3 部分:液体颗粒计数器光阻法;

——第 4 部分:洁净间光散射尘埃粒子计数器。

本部分是 GB/T 29024 的第 4 部分。

本部分按照 GB/T 1.1—2009 给出的规则起草。

本部分使用翻译法等同采用 ISO 21501-4:2007《粒度分析 单颗粒的光学测量方法 第 4 部分:洁净间光散射尘埃粒子计数器》。

本部分做了下列编辑性修改:

——为与第 3 章条款内容一致,将第 1 章列项中"取样体积"改为"响应能力"。

本部分由全国颗粒表征与分检及筛网标准化技术委员会(SAC/TC 168)提出并归口。

本部分起草单位:中国计量科学研究院、中机生产力促进中心、北京海岸鸿蒙标准物质技术有限公司、苏州苏净仪器自控设备有限公司、北京九州鹏跃科技有限公司、北京市理化分析测试中心、北京粉体技术协会、北京瑞曼博(北京)环保科技有限公司。

本部分主要起草人:刘俊杰、周素红、余方、侯长革、张文阁、陈建、高原、张涛、李力、杨子斌。

引　言

在电子工业、制药业、精密仪器制造及医学诊疗等众多领域内都需要监控颗粒污染，而尘埃粒子计数器则是监测空气中颗粒污染的有效仪器。本部分为光散射尘埃粒子计数器提供了一种校准程序和验证方法，从而最大程度地降低仪器测量结果的误差以及不同仪器间测量结果的差异。

粒度分析　单颗粒的光学测量方法 第4部分:洁净间光散射尘埃粒子计数器

1　范围

GB/T 29024的本部分规定了洁净间光散射尘埃粒子计数器(英文缩写为LSAPC,以下简称计数器)的校准及验证方法,该仪器用于测量悬浮于空气中颗粒的大小和数量浓度。本部分中的光散射法基于单颗粒测量,该方法的典型粒径测量范围为0.1 μm~10 μm。

符合本部分的仪器主要用于对洁净间及受控洁净区域内空气清洁度的分级,见参考文献[2],也可用于其他环境空气中颗粒数量和粒径分布的测量。

本部分包含下述内容:

——粒径校准;

——粒径设定值验证;

——计数效率;

——粒径分辨力;

——假计数率;

——最大颗粒数量浓度;

——取样流量;

——取样时间;

——响应能力;

——校准周期;

——测试报告。

2　术语和定义

下列术语和定义适用于本文件。

2.1

校准颗粒　calibration particles

平均粒径已知的单分散球形颗粒。其平均粒径的量值可溯源至国际长度标准,且标准不确定度应不大于2.5%(如聚苯乙烯乳胶球颗粒PSL)。

注:在589 nm(钠光谱中的D线)波长处,PSL校准颗粒的折射率近似为1.59。

2.2

计数效率　counting efficiency

测量同一样品时,被校准计数器与标准仪器测量结果的比值。

2.3

粒子计数器　particle counter

采用光散射法或消光法(光阻法)进行颗粒计数和粒径测量的仪器。

2.4

脉冲高度分析器　pulse height analyser;PHA

分析脉冲高度分布的分析器。

2.5

粒径分辨力　size resolution

仪器区分不同粒径大小的能力。

3　要求

3.1　粒径校准

粒径校准过程见4.1。

3.2　粒径设定值验证

依据4.2所述方法对计数器厂商标明的粒径测量下限和其他粒径测量时,误差应不超过±10%。

3.3　计数效率

当校准颗粒粒径接近计数器粒径测量下限时,计数器的计数效率应为(50±20)%,当校准颗粒粒径为粒径测量下限的1.5～2倍时,计数器的计数效率应为(100±10)%。

3.4　粒径分辨力

对于计数器厂商指定粒径的校准颗粒,分辨力应不大于15%。

3.5　假计数率

以洁净空气为样品,通过测量计数器粒径下限处的颗粒数量浓度获得仪器的假计数率,用每立方米的颗粒个数表示。

3.6　最大颗粒数量浓度

厂商需标明计数器的颗粒数量浓度测量上限。在最大颗粒数量浓度处,计数器的重合损失应不大于10%。

注:当颗粒数量浓度大于计数器最大数量浓度时,由于在检测区内多个颗粒同时出现的概率增加(重合误差),且/或电子系统的饱和化,导致未被计数的颗粒数量增加。

3.7　取样流量

体积流量的示值误差应不超过±5%。

注:若计数器没有流量控制系统,则本条款不适用。但是厂商应标明计数器的流量允许范围。

3.8　取样时间

在某一时段内,取样时间的示值误差应不超过设定值的±1%。

注:若计数器没有取样时间控制系统,本条款不适用。

3.9　响应能力

依据4.9所述方法,计数器的响应能力应不大于0.5%。

3.10 校准周期

计数器的校准周期宜不超过一年。

3.11 测试报告

报告中应包含但不限于以下信息：

a) 校准日期；

b) 校准颗粒粒径；

c) 流量；

d) 粒径分辨力(同时标明颗粒粒径)；

e) 计数效率；

f) 假计数率；

g) 电压阈值或内置脉冲高度分析器(PHA)的通道。

4 测试方法

4.1 粒径校准

用粒径已知的校准颗粒校准计数器时，中值电压(或内置 PHA 通道)应与颗粒粒径相对应(如图 1)。中值电压(或内置 PHA 通道)即为脉冲总计数的等分电压，可使用一台可调电压阈值(或内置 PHA 通道)的计数器来确定。若无法获得可调电压阈值的计数器，可用一台 PHA 代替。

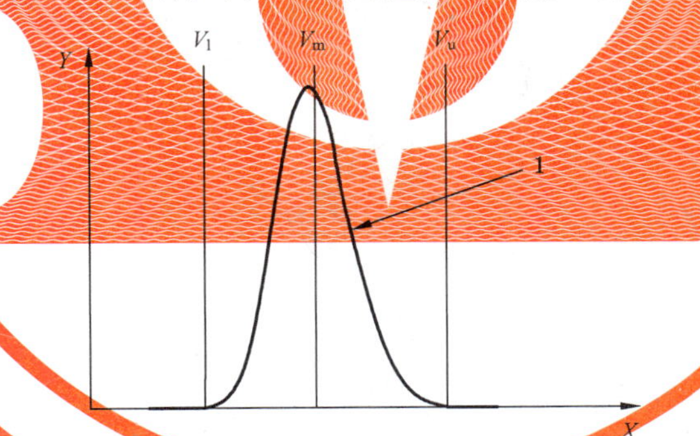

说明：

X ——脉冲高度电压(或通道)；

Y ——颗粒百分比；

1 ——校准颗粒的脉冲高度分布；

V_l ——下限电压；

V_m——中值电压；

V_u——上限电压。

图 1 校准颗粒信号的脉冲高度分布

当干扰信号出现，看似样品中有许多小颗粒时，应先去除“假颗粒”的脉冲信号后再确定中值电压[如图 2a)]。且只有当峰值处颗粒百分比(由真实颗粒产生)是谷底处颗粒百分比(将假颗粒的脉冲区分开来)的 2 倍以上时，才能将它作为“假颗粒”脉冲信号而去除[如图 2b)]。在这种情况下，V_u 应为与 V_l 具有相同颗粒百分比、且大于中值电压 V_m 的电压值，而中值电压 V_m 应为 V_l 和 V_u 间的中位值。

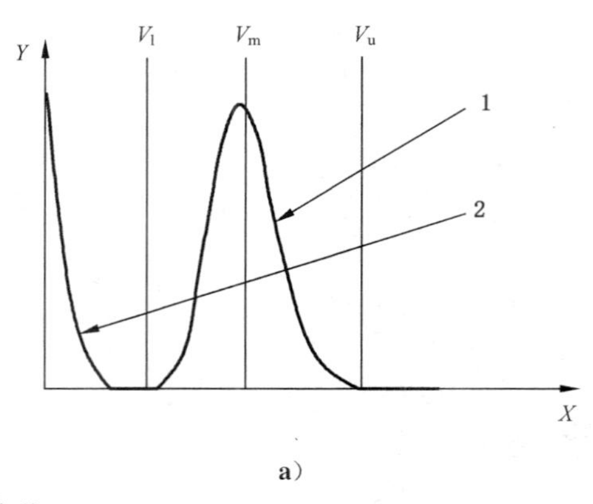

a)

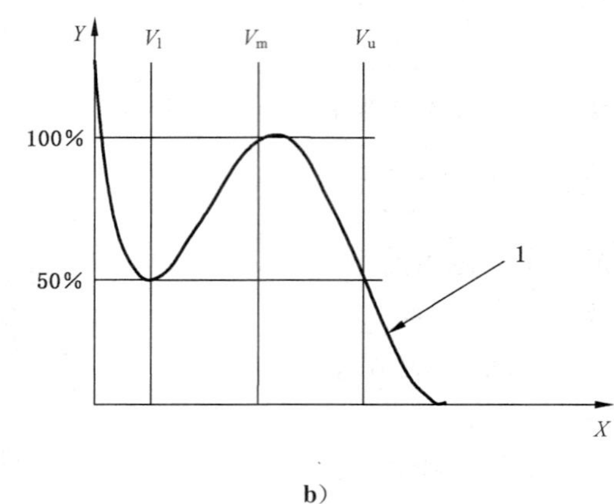

b)

说明：

X ——脉冲高度电压(或通道)；

Y ——颗粒百分比；

1 ——校准颗粒的脉冲高度分布；

2 ——干扰(假颗粒、小颗粒和/或光学电子干扰)；

V_l ——下限电压；

V_m——中值电压；

V_u——上限电压。

图 2 带有干扰的校准颗粒信号的脉冲高度分布

与粒径相对应的通道电压应按照厂商提供的校准曲线来确定(见图 3)。

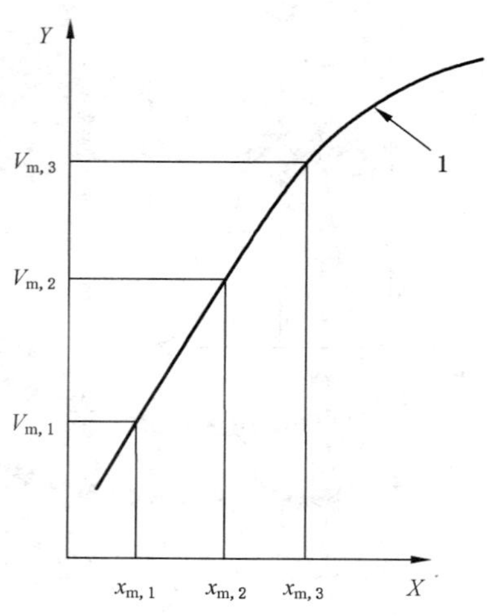

说明：

X ——粒径；

Y ——中值电压；

1 ——校准曲线；

$V_{m,1}$——粒径 $x_{m,1}$ 对应的中值电压；

$V_{m,2}$——粒径 $x_{m,2}$ 对应的中值电压；

$V_{m,3}$——粒径 $x_{m,3}$ 对应的中值电压。

图 3 校准曲线

注：使用外置 PHA 测量中值电压时，计数器电压阈值的设置包括了 PHA 电压的不确定度和计数器的电压不确定度(参见附录 A)。

4.2 粒径设定值的验证

至少使用 3 种不同粒径(x_r)且涵盖计数器大部分粒径测量范围的校准颗粒，按照 4.1 的方法测量响应电压(或内置 PHA 通道)。根据校准颗粒粒径与响应电压(或内置 PHA 通道)得到校准曲线。利用校准曲线，计算计数器设定电压(或内置 PHA 通道)对应的颗粒粒径(x_s)，根据式(1)计算粒径设置的误差(ε)，并确认是否满足 3.2 中要求。

注：计数器厂商最好给出校准曲线的绘制方法。

$$\varepsilon = \frac{x_s - x_r}{x_r} \times 100\% \qquad \cdots\cdots(1)$$

式中：

ε ——粒径设置误差，%；

x_r ——校准颗粒的粒径标准值，单位为微米(μm)；

x_s ——颗粒粒径计算值，单位为微米(μm)。

4.3 计数效率

计数器计数效率的检测需使用两种不同粒径的校准颗粒，其中一种颗粒粒径应与计数器检测下限相近，另一种颗粒粒径应在检测下限值的 1.5～2 倍。

使用被校准计数器和标准仪器(凝结核粒子计数器 CPC 或已校准的计数器)测量颗粒数量浓度(参见附录 B)。

注：凝结核粒子计数器 CPC 也被称为凝聚核计数器 CNC。

计数效率是指被校准计数器与标准仪器所得的颗粒数量浓度值之比(参见附录 B)。

在上述测量中，样品的颗粒数量浓度应不大于被校准计数器和标准仪器最大颗粒数量浓度的 25%。

4.4 粒径分辨力

使用仪器厂商推荐、粒径分布标准偏差 σ_P 已知的校准颗粒，测定中值电压(或通道)V_m，如图 4。

将颗粒百分数为 61%时所对应的电压定义为下限电压 V_l 和上限电压 V_u，利用校准曲线确定 V_l 和 V_u 对应的粒径。分别计算校准颗粒粒径与 V_l、V_u 对应粒径的差值，取绝对值较大值为标准偏差 σ。用式(2)计算计数器的粒径分辨力 R，以百分数表示(参见附录 C)。

$$R = \frac{\sqrt{\sigma^2 - \sigma_P^2}}{x_P} \times 100\% \qquad \cdots\cdots(2)$$

式中：

R ——粒径分辨力，%；

σ ——计数器实测的标准偏差，单位为微米(μm)；

σ_P ——标准颗粒标准偏差，单位为微米(μm)；

x_P ——标准颗粒粒径，单位为微米(μm)。

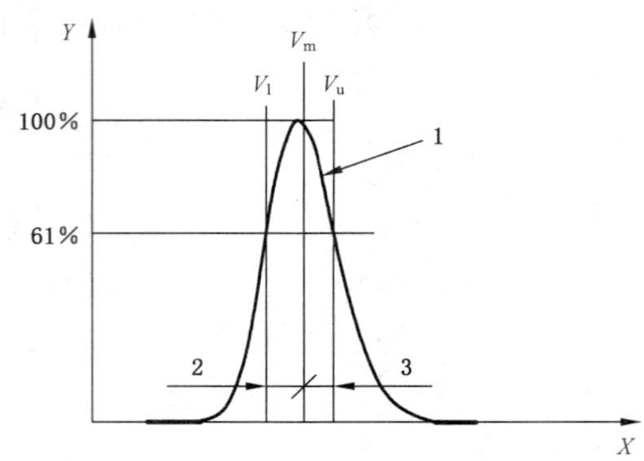

说明：

X ——脉冲高度电压(或通道)；

Y ——颗粒百分比；

1 ——校准颗粒的脉冲高度分布；

2 ——下侧分辨力；

3 ——上侧分辨力；

V_l ——下限电压；

V_m——中值电压；

V_u——上限电压。

图 4 粒径分辨力

4.5 假计数率

当不含颗粒的气体进入计数器时，在粒径测量下限处所测得的颗粒数量浓度(每立方米中颗粒数)为假计数率，用颗粒数量浓度表示(每立方米中颗粒数)。数据应该用95%置信区间的泊松分布进行统计处理(参见附录D)。

4.6 最大颗粒数量浓度

计数器的重合损失主要由流速、颗粒通过检测区所需要时间和电信号处理时间决定，这些值取决于计数器的设计。重合损失可由式(3)计算得到。

$$L=[1-\exp(-q\cdot t\cdot C_{\max})]\times 100\% \quad \cdots\cdots(3)$$

式中：

L ——重合损失，%；

q ——流量，单位为立方米每秒(m^3/s)；

t ——颗粒通过检测区所需要时间和电信号处理时间总和，单位为秒(s)；

$C_{\max}$——颗粒数浓度的最大值，用每立方米的颗粒个数表示。

注：若颗粒数量浓度过高，重合误差则会增大，即多个小颗粒会被认作为一个大颗粒。

4.7 取样流量

使用已校准的皂膜流量计、湿式气体流量计或其他低压差的流量计测量仪器的体积流量。所测仪器流量为体积流量，流量的示值误差应满足3.7中要求。若使用质量流量计，需将流量转换为体积流量。若计数器没有流量控制功能，本条款不适用。

4.8 取样时间

取样时间是指计数器测试一个样品的时间(从开始计数到计数结束)。

取样时间允许误差为:1 减去测试样品时间 t 与仪器设定测试时间 t_0 的比值,即 $1-\frac{t}{t_0}$。

取样时间误差应满足 3.8 中的要求,需使用已校准的仪器来测量取样时间。

若计数器没有取样时间的控制功能,本条款不适用。

4.9 响应能力

将计数器的检测粒径范围设置到仪器粒径测量的下限。检测样品气体 10 min,样品气体含校准颗粒,其粒径接近计数器粒径测量下限,同时浓度接近计数器最高颗粒数量浓度。

测量 T 秒内的颗粒数量浓度,之后换为洁净空气,10 s 后测量 T 秒内的颗粒数量浓度。计算测量洁净空气与校准颗粒的数量浓度比,并检验是否满足 3.9 中的要求。测量时间 T 应不大于 60 s,且应至少测量 1 000 个颗粒(参见附录 E)。

4.10 校准

在校准周期内(见 3.10),校准项目应至少包括粒径校准、粒径分辨力、计数效率和取样体积的示值误差,若计数器无流量控制功能,取样流量的示值误差不适用。

附　录　A
（资料性附录）
粒径校准的不确定度评定

A.1　使用内置和外置脉冲高度分析器(PHA)进行粒径校准

使用外置脉冲高度分析器(PHA)和电压表进行粒径校准，如图 A.1 所示。在该条件下，有以下四种不确定来源：

——校准颗粒；

——PHA；

——电压表；

——粒径设置电路中的偏置电压。

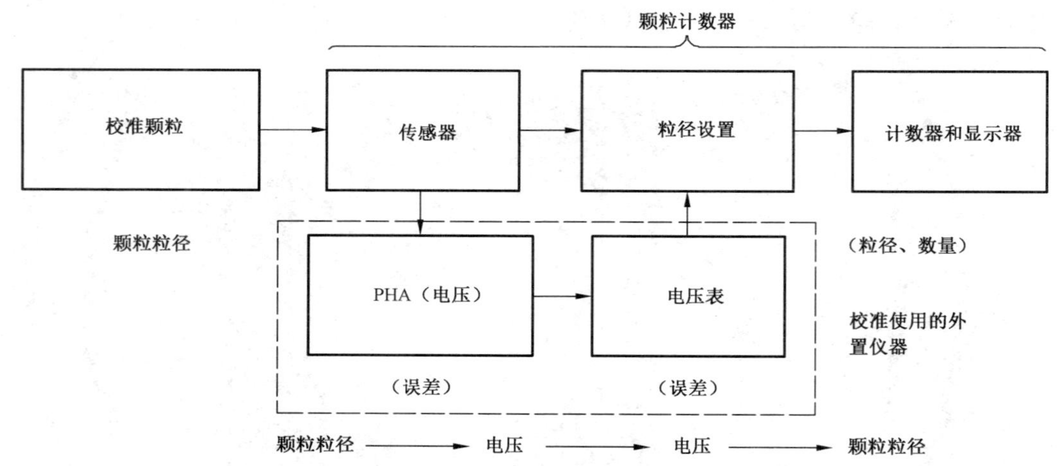

图 A.1　使用外置仪器(脉冲高度分析器 PHA 和电压表)校准粒径

然而，在图 A.2 中粒径校准的不确定度仅与校准颗粒粒径的不确定度有关。

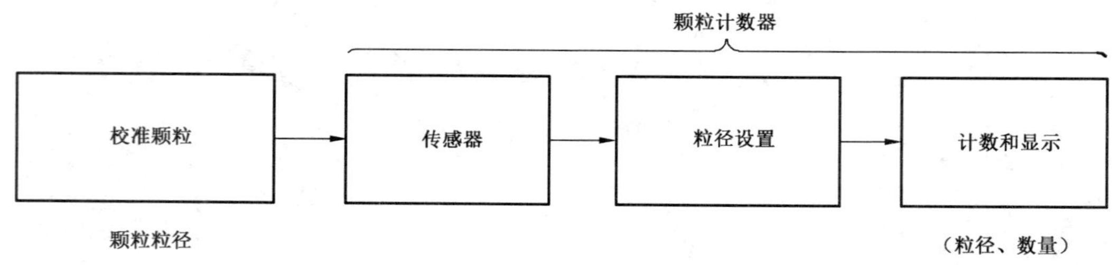

图 A.2　使用内置 PHA(脉冲高度分析器)校准粒径

A.2　粒径校准的不确定度

表 A.1 和表 A.2 为粒径校准的不确定度实例。其中，表 A.1 为使用外置 PHA 和电压表进行粒径校准的标准不确定度实例。表 A.2 为使用内置 PHA 进行粒径校准的标准不确定度实例。使用内置 PHA 的合成标准不确定度小于使用外置 PHA 的合成标准不确定度。

表 A.1　使用外置 PHA 进行粒径校准的不确定度评定实例

名称	标准不确定度/%
校准颗粒	2.5
脉冲高度分析器	2.5
电压表	0.1
偏置电压	0.5
校准曲线	1.5
合成标准不确定度	3.9
扩展不确定度($k=2$)	7.8

注：校准曲线的标准不确定度与下面两个量有关：校准颗粒的不确定度、电压阈值的不确定度(或内置 PHA 通道的不确定度)。

表 A.2　使用内置 PHA 进行粒径校准的不确定度评定实例

名称	标准不确定度/%
校准颗粒	2.5
校准曲线	1.5
合成校准不确定度	2.9
扩展不确定度($k=2$)	5.8

注：校准曲线的标准不确定度与下面两个量有关：校准颗粒的不确定度、电压阈值的不确定度(或内置 PHA 通道的不确定度)。

附　录　B
（资料性附录）
计 数 效 率

计数效率的测试系统如图 B.1 所示。图中粒子发生器可产生悬浮于洁净空气的校准颗粒。标准计数器在粒径测量下限处的计数效率已知。通过与凝结核粒子计数器 CPC 的比对，标准计数器的计数效率应为 100%或为已知值。

通过计算被校准计数器与标准计数器的比值获得仪器的计数效率。样品的颗粒数量浓度应均低于标准计数器和被测计数器最大颗粒数量浓度的 25%。

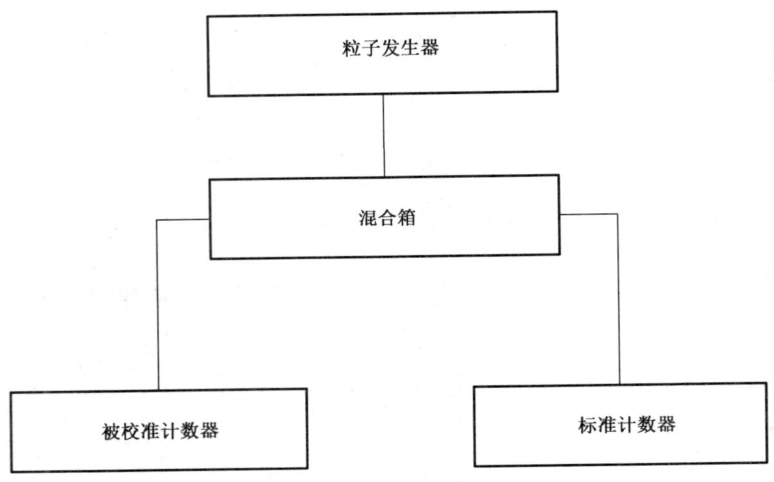

图 B.1　计数效率测试系统实例

计数准确性 η 按式(B.1)计算：

$$\eta = \frac{C_1}{C_0} \times 100\% \quad \cdots\cdots(\text{B.1})$$

式中：

η ——计数效率，%；

C_0——标准计数器的颗粒数量浓度，用每立方米的颗粒个数表示；

C_1——被校准计数器的颗粒数量浓度，用每立方米的颗粒个数表示。

附 录 C
（资料性附录）
粒径分辨力

粒径分辨力定义为单分散校准颗粒粒径分布的一个标准偏差，用相对于单分散校准颗粒平均粒径的百分比表示。

假设校准颗粒的分布为高斯分布，如式(C.1)：

$$f(x)=\frac{1}{\sqrt{2\pi}\sigma}\exp\left\{-\frac{1}{2}\left(\frac{x-\mu}{\sigma}\right)^{2}\right\} \qquad \cdots\cdots(C.1)$$

式中：

$f(x)$——高斯函数；

x ——颗粒粒径；

μ ——平均值；

σ ——标准偏差。

当$(x-\mu)=\pm\sigma$时，颗粒百分比和最大颗粒百分比的比值为$\exp\left(-\frac{1}{2}\right)\approx0.61$。此为粒径分辨力测量中使用61%的依据。

附 录 D
（资料性附录）
假计数率

是否出现假计数可以用泊松分布来确定，泊松分布的公式如式(D.1)：

$$P(X;\lambda)=\frac{e^{-\lambda}\lambda^{X}}{X!} \qquad \text{(D.1)}$$

式中：

X ——假计数的次数；

λ ——颗粒总数的平均值；

$P(X;\lambda)$——在颗粒总数平均值 λ 时观测到的假计数 X 的概率。

置信下限 λ_l 由式(D.2)计算：

$$\sum_{X=X}^{\infty}P(X;\lambda_l)=\frac{\varepsilon}{2} \qquad \text{(D.2)}$$

式中：

ε——粒径设置误差。

置信上限 λ_u 按式(D.3)计算：

$$\sum_{X=0}^{X}P(X;\lambda_u)=\frac{\varepsilon}{2} \qquad \text{(D.3)}$$

当置信概率为95%时，ε 为0.05。

表D.1列出了计数实测值和当置信概率为95%时计算出的假计数上下限。若计数实测值为0时，假计数为3的概率为5%。例如：当取样流量28.3 L/min，在15 min内颗粒计数为0，那么当置信概率为95%时，假计数率则为3。也就是说，每立方米的假计数率为7个。

表 D.1 观察个数和95%的置信概率

计数实测值	置信概率下限 λ_l	置信概率上限 λ_u
0	0	3
1	0.05	4.7
2	0.36	6.3
3	0.82	7.8
4	1.37	9.2
5	1.97	10.5
6	2.61	11.8
7	3.28	13.1
8	3.98	14.4
9	4.70	15.7
10	5.43	17.0

附　录　E
（资料性附录）
响 应 能 力

响应能力测试是样品由高浓度颗粒转换为洁净空气时对计数器响应的评价。若检测区内的气流较弱，残余颗粒会造成低响应能力。当计数器使用时间较长后，颗粒仍可能沉积在检测区内。

在响应能力测试中，将高浓度颗粒样品通入计数器中 10 min 后，测量时间 T（小于或等于 60 s）内颗粒浓度，然后将样品换为洁净空气。10 s 后再测量 T 秒内颗粒浓度。这两个时段内颗粒浓度的比值即为响应能力，如图 E.1 所示。

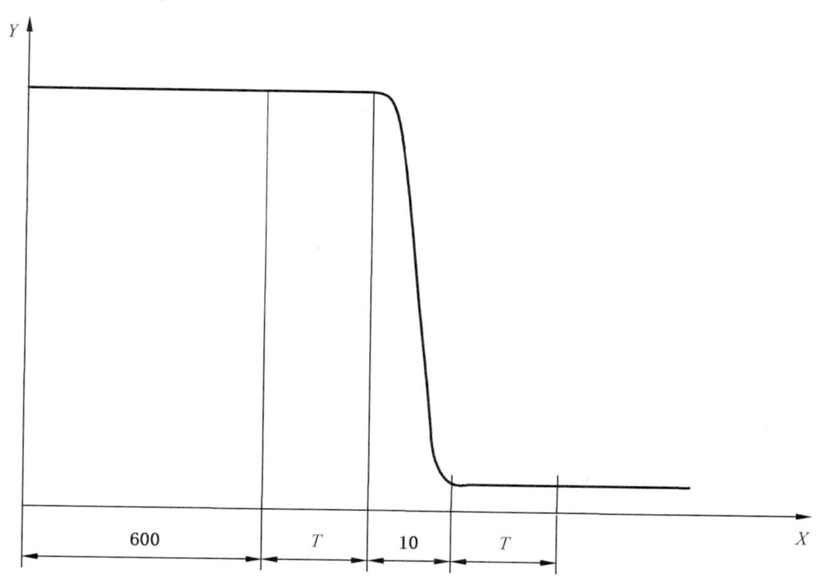

说明：

X ——测量时间，单位为秒(s)；

Y ——颗粒数量浓度，用每立方米的颗粒个数表示；

T ——颗粒物测量时间，单位为秒(s)。

图 E.1　响应能力

参 考 文 献

[1] ISO 9276-1 Representation of results of particle size analysis—Part 1:Graphical representation

[2] ISO 14644-1 Cleanrooms and associated controlled environments—Part 1:Classification of air cleanliness

[3] ASTM F50-92(2003) Standard Practice for Continuous Sizing and Counting of Airborne Particles in Dust-Controlled Area and Clean Rooms Using Instruments Capable of Detecting Single Sub-Micrometre and Larger Particles

[4] ASTM F328-98(2003) Standard Practice for Calibration of and Airborne Particle Counter Using Monodisperse Spherical Particles

[5] ASTM F649-01 Standard Practice for Secondary Calibration of Airborne Particle Counter Using Comparison Procedures

[6] JIS B 9921:1997 Light Scattering automatic particle counter

ICS 35.040
L 80

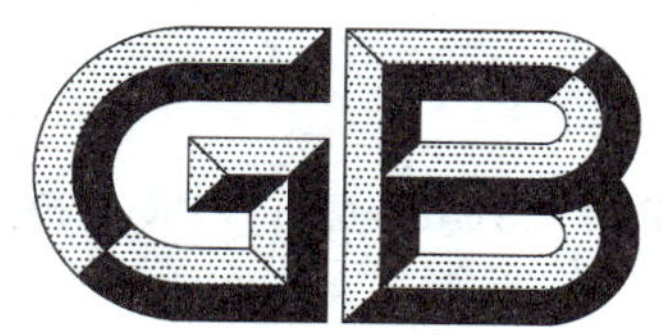

中华人民共和国国家标准

GB/T 29246—2017/ISO/IEC 27000:2016
代替 GB/T 29246—2012

信息技术 安全技术 信息安全管理体系 概述和词汇

Information technology—Security techniques—Information security management systems—Overview and vocabulary

(ISO/IEC 27000:2016,IDT)

2017-12-29 发布 2018-07-01 实施

中华人民共和国国家质量监督检验检疫总局
中国国家标准化管理委员会 发布

前　言

本标准按照 GB/T 1.1—2009 给出的规则起草。

本标准代替 GB/T 29246—2012《信息技术　安全技术　信息安全管理体系　概述和词汇》，与 GB/T 29246—2012 相比主要技术变化如下：

——ISMS 标准族的组成标准由 10 项增加至 19 项(见 0.2 和 4.1～4.5，2012 年版的 0.2 和 4.1～4.5)；

——术语和定义由 46 条增加至 89 条(见 2.1～2.89，2012 年版的 2.1～2.46)；

——将附录“术语分类”改为“术语和术语归属”(见附录 B，2012 年版的附录 B)。

本标准使用翻译法等同采用 ISO/IEC 27000:2016《信息技术　安全技术　信息安全管理体系　概述和词汇》。

本标准由全国信息安全标准化技术委员会(SAC/TC 260)提出并归口。

本标准起草单位：中电长城网际系统应用有限公司、中国电子技术标准化研究院、中国信息安全研究院有限公司。

本标准主要起草人：闵京华、上官晓丽、许玉娜、王惠莅、罗锋盈、左晓栋、周亚超、马洪军、廖飞鸣、黄凯峰、马文荷。

本标准所代替的历次版本发布情况为：

——GB/T 29246—2012。

引　言

0.1 概述

管理体系标准提供一个在建立和运行管理体系时可遵循的模型。专门为信息安全开发的管理体系标准称为信息安全管理体系(Information Security Management System,简称 ISMS)标准族。

通过使用 ISMS 标准族,组织能够开发和实施管理其信息资产安全的框架,包括财务信息、知识产权和员工详细资料,或者受客户或第三方委托的信息。这些标准还可用于对组织应用 ISMS 保护其信息做独立评估准备。

0.2 信息安全管理体系标准族

信息安全管理体系(ISMS)标准族(见第 4 章)旨在帮助所有类型和规模的组织实施和运行 ISMS。在《信息技术　安全技术》通用标题下,ISMS 标准族由下列标准组成(按标准号排序):

——ISO/IEC 27000　信息安全管理体系　概述和词汇(Information security management systems—Overview and vocabulary)

——ISO/IEC 27001　信息安全管理体系　要求(Information security management systems—Requirements)

——ISO/IEC 27002　信息安全控制实践指南(Code of practice for information security controls)

——ISO/IEC 27003　信息安全管理体系实施指南(Information security management system implementation guidance)

——ISO/IEC 27004　信息安全管理　测量(Information security management—Measurement)

——ISO/IEC 27005　信息安全风险管理(Information security risk management)

——ISO/IEC 27006　信息安全管理体系审核认证机构的要求(Requirements for bodies providing audit and certification of information security management systems)

——ISO/IEC 27007　信息安全管理体系审核指南(Guidelines for information security management systems auditing)

——ISO/IEC TR 27008　信息安全控制措施审核员指南(Guidelines for auditors on information security controls)

——ISO/IEC 27009　ISO/IEC 27001 的行业特定应用　要求(Sector-specific application of ISO/IEC 27001—Requirements)

——ISO/IEC 27010　行业间和组织间通信的信息安全管理(Information security management for inter-sector and inter-organizational communications)

——ISO/IEC 27011　基于 ISO/IEC 27002 的电信组织信息安全管理指南(Information security management guidelines for telecommunications organizations based on ISO/IEC 27002)

——ISO/IEC 27013　ISO/IEC 27001 和 ISO/IEC 20000-1 综合实施指南(Guidance on the integrated implementation of ISO/IEC 27001 and ISO/IEC 20000-1)

——ISO/IEC 27014　信息安全治理(Governance of information security)

——ISO/IEC TR 27015　金融服务信息安全管理指南(Information security management guidelines for financial services)

——ISO/IEC TR 27016　信息安全管理　组织经济学(Information security management—Organizational economics)

——ISO/IEC 27017　基于 ISO/IEC 27002 的云服务信息安全控制实践指南(Code of practice for information security controls based on ISO/IEC 27002 for cloud services)

——ISO/IEC 27018　可识别个人信息(PII)处理者在公有云中保护 PII 的实践指南(Code of practice for protection of personally identifiable information (PII) in public clouds acting as PII processors)

——ISO/IEC 27019　基于 ISO/IEC 27002 的能源供给行业过程控制系统信息安全管理指南(Information security management guidelines based on ISO/IEC 27002 for process control systems specific to the energy utility industry)

注：通用标题《信息技术　安全技术》是指这些标准是由 ISO/IEC 的信息技术委员会(JTC 1)下属的安全技术分委员会(SC 27)制定的。

不在通用标题《信息技术　安全技术》之下，但也属于 ISMS 标准族的标准如下：

——ISO 27799　健康信息学　使用 ISO/IEC 27002 的健康信息安全管理(Health informatics—Information security management in health using ISO/IEC 27002)

0.3　本标准的目的

本标准提供信息安全管理体系概述，并定义相关术语。

注：附录 A 阐明在 ISMS 标准族中表达要求和(或)指南的措辞形式。

ISMS 标准族包括的标准：

a)　定义 ISMS 及其认证机构的要求；

b)　为建立、实施、维护和改进 ISMS 的整个过程提供直接支持、详细指南和(或)解释；

c)　提出行业特定的 ISMS 指南；

d)　提出 ISMS 的符合性评估。

本标准提供的术语和定义：

——包含 ISMS 标准族中的通用术语和定义；

——不包含 ISMS 标准族中的所有术语和定义；

——不限制 ISMS 标准族定义所需的新术语。

信息技术　安全技术
信息安全管理体系　概述和词汇

1　范围

本标准概述了信息安全管理体系(ISMS),提供了 ISMS 标准族中常用的术语及其定义。本标准适用于所有类型和规模的组织(例如,商业企业、政府机构、非盈利组织)。

2　术语和定义

下列术语和定义适用于本文件。

2.1

访问控制　access control

确保对资产的访问是基于业务和安全**要求**(2.63)进行授权和限制的手段。

2.2

分析模型　analytical model

将一个或多个**基本测度**(2.10)和(或)**导出测度**(2.22)关联到**决策准则**(2.21)的算法或计算。

2.3

攻击　attack

企图破坏、泄露、篡改、损伤、窃取、未授权访问或未授权使用资产的行为。

2.4

属性　attribute

可由人工或自动化手段定量或定性辨别的**对象**(2.55)特性或特征。

[ISO/IEC 15939:2007,定义 2.2,做了修改:将原定义中的"实体"替换为"对象"]

2.5

审核　audit

获取审核证据并客观地对其评价以确定满足审核准则程度的,系统的、独立的和文档化的**过程**(2.61)。

注 1:审核可以是内部审核(第一方)或外部审核(第二方或第三方),可以是结合审核(结合两个或两个以上学科)。

注 2:"审核证据"和"审核准则"在 ISO 19011 中被定义。

2.6

审核范围　audit scope

审核(2.5)的程度和边界。

[ISO 19011:2011,定义 3.14,做了修改:删除注 1]

2.7

鉴别　authentication

为一个实体声称的特征是正确的而提供的保障措施。

2.8

真实性　authenticity

一个实体是其所声称实体的这种特性。

2.9

可用性　availability

根据授权实体的要求可访问和可使用的特性。

2.10

基本测度　base measure

用某个**属性**(2.4)及其量化方法定义的**测度**(2.47)。

[ISO/IEC 15939:2007,定义 2.3,做了修改:删除注 2]

注:基本测度在功能上独立于其他**测度**(2.47)。

2.11

能力　competence

应用知识和技能实现预期结果的才能。

2.12

保密性　confidentiality

信息对未授权的个人、实体或**过程**(2.61)不可用或不泄露的特性。

2.13

符合性　conformity

对**要求**(2.63)的满足。

注:术语"一致性"是被弃用的同义词。

2.14

后果　consequence

事态(2.25)影响**目标**(2.56)的结果。

[ISO Guide 73:2009,定义 3.6.1.3,做了修改]

注 1:一个**事态**(2.25)可能导致一系列后果。

注 2:一个后果可以是确定的或不确定的,在**信息安全**(2.33)的语境下通常是负面的。

注 3:后果可以被定性或定量地表示。

注 4:初始后果可能因连锁效应升级。

2.15

持续改进　continual improvement

为提高**性能**(2.59)的反复活动。

2.16

控制　control

改变**风险**(2.68)的措施。

[ISO Guide 73:2009,定义 3.8.1.1]

注 1:控制包括任何改变**风险**(2.68)的**过程**(2.61)、**策略**(2.60)、设备、实践或其他措施。

注 2:控制不一定总是达到预期或假定的风险改变效果。

2.17

控制目标　control objective

描述**控制**(2.16)的实施结果所要达到目标的声明。

2.18

纠正　correction

消除已查明的**不符合**(2.53)的措施。

2.19

整改措施　corrective action

消除**不符合**(2.53)成因以防再次发生的措施。

2.20

数据 data

基本测度(2.10)、**导出测度**(2.22)和(或)**指标**(2.30)所赋值的集合。

[ISO/IEC 15939:2007,定义 2.4,做了修改:增加注 1]

注:这个定义只适用于 ISO/IEC 27004 的语境。

2.21

决策准则 decision criteria

用于确定行动或进一步需要调查或者描述给定结果置信度的阈值、目标或模式。

[ISO/IEC 15939:2007,定义 2.7]

2.22

导出测度 derived measure

定义为两个或两个以上**基本测度**(2.10)值的函数的**测度**(2.10)。

[ISO/IEC 15939:2007,定义 2.8,做了修改:删除注 1]

2.23

文档化信息 documented information

组织(2.57)需要控制和维护的信息及其载体。

注 1:文档化信息可以采用任何格式,在任何载体中,出自任何来源。

注 2:文档化信息可能涉及

——**管理体系**(2.46),包括相关**过程**(2.61);

——为**组织**(2.57)运作所创建的信息(文档);

——结果实现的证据(记录)。

2.24

有效性 effectiveness

实现所计划活动和达成所计划结果的程度。

2.25

事态 event

一组特定情形的发生或改变。

[ISO Guide 73:2009,定义 3.5.1.3,做了修改:删除注 4]

注 1:一个事态可能是一个或多个发生,并可能有多种原因。

注 2:一个事态可能由一些未发生的事情组成。

注 3:一个事态可能有时被称为"事件"或"事故"。

2.26

执行管理者 executive management

为达成**组织**(2.57)意图,承担由组织**治理者**(2.29)委派的战略和策略实现责任的人或一组人。

注:执行管理者有时称为**最高管理者**(2.84),可以包括首席执行官、首席财务官、首席信息官和类似的角色。

2.27

外部语境 external context

组织(2.57)寻求实现其**目标**(2.56)的外部环境。

[ISO Guide 73:2009,定义 3.3.1.1]

注:外部语境可以包括如下方面:

——文化、社会、政治、法律、法规、金融、技术、经济、自然和竞争环境,无论是国际的、国家的、地区的或地方的;

——影响**组织**(2.57)**目标**(2.56)的关键驱动力和趋势;

——与外部**利益相关方**(2.82)的关系及其认知和价值观。

2.28

信息安全治理　governance of information security

指导和控制**组织**(2.57)**信息安全**(2.33)活动的体系。

2.29

治理者　governing body

对**组织**(2.57)的**性能**(2.59)和合规负有责任的人或一组人。

注：治理者在某些司法管辖区可以是董事会。

2.30

指标　indicator

针对定义的**信息需求**(2.31)，为**分析模型**(2.2)导出的**属性**(2.4)提供估算或评价的**测度**(2.47)。

2.31

信息需求　information need

对**目标**(2.56)、目的、风险和问题进行管理所必需的洞察。

[ISO/IEC 15939:2007，定义 2.12]

2.32

信息处理设施　information processing facilities

任何的信息处理系统、服务或基础设施，或者其安置的物理位置。

2.33

信息安全　information security

对信息的**保密性**(2.12)、**完整性**(2.40)和**可用性**(2.9)的保持。

注：另外，也可包括诸如**真实性**(2.8)、可核查性、**抗抵赖**(2.54)和**可靠性**(2.62)等其他特性。

2.34

信息安全持续性　information security continuity

确保**信息安全**(2.33)持续作用的**过程**(2.61)和规程。

2.35

信息安全事态　information security event

识别到的一种系统、服务或网络状态的发生，表明可能违反**信息安全**(2.33)**策略**(2.60)或**控制**(2.16)失效，或者一种可能与信息安全相关但还不为人知的情况。

2.36

信息安全事件　information security incident

单一或一系列不希望或意外的，极有可能损害业务运行和威胁**信息安全**(2.33)的**信息安全事态**(2.35)。

2.37

信息安全事件管理　information security incident management

发现、报告、评估、响应、处理和总结**信息安全事件**(2.36)的**过程**(2.61)。

2.38

信息共享社区　information sharing community

同意共享信息的**组织**(2.57)群体。

注：组织(2.57)可以是一个人。

2.39

信息系统　information system

应用、服务、信息技术资产或其他信息处理组件。

2.40

完整性　integrity

准确和完备的特性。

2.41

受益相关方　interested party

对于一项决策或活动，可能对其产生影响，或被其影响，或认为自己受到其影响的人或**组织**(2.57)。

2.42

内部语境　internal context

组织(2.57)寻求实现其目标的内部环境。

[ISO Guide 73:2009，定义 3.3.1.2]

注：内部语境可以包括如下方面：

——治理、组织结构、角色和职责；

——**策略**(2.60)、**目标**(2.56)和要实现它们的战略；

——在资源和知识方面的能力[如资本、时间、人员、**过程**(2.61)、系统和技术]；

——**信息系统**(2.39)、信息流和决策**过程**(2.61)(正式的和非正式的)；

——与内部**利益相关方**(2.82)的关系及其认知和价值观；

——**组织**(2.57)的文化；

——**组织**(2.57)采用的标准、指南和模型；

——契约关系的形式和程度。

2.43

信息安全管理体系项目　ISMS project

组织(2.57)为实施 ISMS 所开展的结构化活动。

2.44

风险程度　level of risk

以**后果**(2.14)和其**可能性**(2.45)的组合来表示的**风险**(2.68)大小。

[ISO Guide 73:2009，定义 3.6.1.8，做了修改：删除定义中的"或风险组合"]

2.45

可能性　likelihood

某事发生的概率。

[ISO Guide 73:2009，定义 3.6.1.1，做了修改：删除注 1 和注 2]

2.46

管理体系　management system

组织中相互关联或相互作用的要素集，用来建立**策略**(2.60)和**目标**(2.56)以及达到这些目标的**过程**(2.61)。

注 1：一个管理体系可能专注于单一学科或多个学科。

注 2：体系要素包括组织结构、角色和责任、规划、运行。

注 3：一个管理体系范围可能包括**组织**(2.57)的整体、**组织**(2.57)的特定且确定的功能、**组织**(2.57)的特定且确定的部门，或者跨一组**组织**(2.57)的一个或多个功能。

2.47

测度　measure

作为**测量**(2.48)结果赋值的变量。

[ISO/IEC 15939:2007，定义 2.15，做了修改]

注：术语"测度"是**基本测度**(2.10)、**导出测度**(2.22)和**指标**(2.30)的统称。

2.48

测量 **measurement**

确定一个值的**过程**(2.61)。

注：在**信息安全**(2.33)的语境下，确定一个值的**过程**(2.61)需要使用**测量方法**(2.50)、**测量函数**(2.49)、**分析模型**(2.2)和**决策准则**(2.21)，获得关于**信息安全**(2.33)**管理体系**(2.46)及其相关**控制**(2.16)**有效性**(2.24)的信息。

2.49

测量函数 **measurement function**

组合两个或两个以上**基本测度**(2.10)的算法或计算。

[ISO/IEC 15939:2007，定义 2.20]

2.50

测量方法 **measurement method**

用于按规定的**尺度**(2.80)量化**属性**(2.4)的通用逻辑操作序列。

[ISO/IEC 15939:2007，定义 2.22，做了修改：删除注 2]

注：测量方法的类型取决于**属性**(2.4)量化操作的性质。可区分为以下两种类型：

——主观的：包含人为判断的量化；

——客观的：基于数字规则的量化。

2.51

测量结果 **measurement results**

对**信息需要**(2.31)的一个或多个**指标**(2.30)及其相关解释。

2.52

监视 **monitoring**

确定系统、**过程**(2.61)或活动状态的行为。

注：为确定状态可能需要检查、监督或严密观察。

2.53

不符合 **nonconformity**

对**要求**(2.63)的不满足。

2.54

抗抵赖 **non-repudiation**

证明所声称**事态**(2.25)或行为的发生及其源头的能力。

2.55

对象 **object**

通过**测量**(2.48)其**属性**(2.4)来描述其特性的事项。

2.56

目标 **objective**

要实现的结果。

注 1：目标可以是战略性的、战术性的或操作性的。

注 2：目标可以涉及不同学科(诸如金融、健康与安全以及环境目标)，可以适用于不同层次[诸如战略、组织、项目、产品和**过程**(2.61)]。

注 3：目标可以以其他方式表示，例如，作为预期结果、意图、操作准则，作为**信息安全**(2.33)目标，或者使用具有类似含义的其他词(例如，目的或标靶)。

注 4：在**信息安全**(2.33)**管理体系**(2.46)的语境下，**组织**(2.57)制定与**信息安全**(2.33)**策略**(2.60)一致的**信息安全**(2.33)目标以实现特定结果。

2.57

组织 **organization**

具有自身的功能、责任、权威和关系来实现其**目标**(2.56)的人或一组人。

注：组织的概念包括但不限于个体经营者、公司、法人、商行、企业、机关、合伙关系、慈善机构或院校，或部分或其组合，不论注册与否，公共的还是私营的。

2.58

外包　outsource

做出由外部**组织**(2.57)执行部分的**组织**(2.57)功能或**过程**(2.61)的安排。

注：外部组织在**管理体系**(2.46)的范围之外，尽管外包的功能或**过程**(2.61)在范围之内。

2.59

性能　performance

可测量的结果。

注1：性能可以涉及定量或定性的调查结果。

注2：性能可以涉及活动、**过程**(2.61)、产品(包括服务)、系统或**组织**(2.57)的管理。

2.60

策略　policy

由**最高管理者**(2.84)正式表达的**组织**(2.57)的意图和方向。

2.61

过程　process

将输入转换成输出的相互关联或相关作用的活动集。

2.62

可靠性　reliability

与预期行为和结果一致的特性。

2.63

要求　requirement

明示的、默认的或强制性的需要或期望。

注1："默认的"意指所考虑的需要或期望是不言而喻的，对于**组织**(2.57)或**受益相关方**(2.41)是惯例或常见做法。

注2：指定要求是在例如**文档化信息**(2.23)中明示的。

2.64

残余风险　residual risk

风险处置(2.79)后余下的**风险**(2.68)。

注1：残余风险可能包含未识别的**风险**(2.68)。

注2：残余风险也可以被称为"保留风险"。

2.65

评审　review

针对实现所设立**目标**(2.54)的主题，为确定其适宜性、充分性和**有效性**(2.24)而采取的活动。

[ISO Guide 73:2009，定义3.8.2.2，做了修改：删除注1]

2.66

评审对象　review object

被评审的特定事项。

2.67

评审目标　review objective

描述**评审**(2.65)结果要达到什么的陈述。

2.68

风险　risk

对目标的不确定性影响。

[ISO Guide 73:2009，定义1.1，做了修改]

注 1：影响是指与期望的偏离(正向的或反向的)。

注 2：不确定性是对**事态**(2.25)及其**结果**(2.14)或**可能性**(2.45)的相关信息、理解或知识缺乏的状态(即使是部分的)。

注 3：风险常被表征为潜在的**事态**(2.25)和**后果**(2.14),或者它们的组合。

注 4：风险常被表示为**事态**(2.25)的**后果**(2.14)(包括情形的改变)和其发生**可能性**(2.45)的组合。

注 5：在**信息安全**(2.33)**管理体系**(2.46)的语境下,**信息安全**(2.33)风险可被表示为对**信息安全**(2.33)**目标**(2.56)的不确定性影响。

注 6：**信息安全**(2.33)风险与**威胁**(2.83)利用信息资产或信息资产组的**脆弱性**(2.89)对**组织**(2.57)造成危害的潜力相关。

2.69

风险接受　risk acceptance

接纳特定**风险**(2.68)的有根据的决定。

[ISO Guide 73:2009,定义 3.7.1.6]

注 1：可不经**风险处置**(2.79)或在**风险处置**(2.79)**过程**(2.61)中做出风险接受。

注 2：接受的**风险**(2.68)要受到**监视**(2.52)和**评审**(2.65)。

2.70

风险分析　risk analysis

理解**风险**(2.68)本质和确定**风险等级**(2.44)的**过程**(2.61)。

[ISO Guide 73:2009,定义 3.6.1]

注 1：风险分析提供**风险评价**(2.74)和**风险处置**(2.79)决策的基础。

注 2：风险分析包括风险估算。

2.71

风险评估　risk assessment

风险识别(2.75)、**风险分析**(2.70)和**风险评价**(2.74)的整个**过程**(2.61)。

[ISO Guide 73:2009,定义 3.4.1]

2.72

风险沟通与咨询　risk communication and consultation

组织(2.57)就**风险**(2.68)管理所进行的,提供、共享或获取信息以及与**利益相关方**(2.82)对话的持续和迭代**过程**(2.61)。

注 1：这些信息可能涉及到**风险**(2.68)的存在、性质、形式、**可能性**(2.45)、重要性、评价、可接受性和处置。

注 2：咨询是对问题进行决策或确定方向之前,在**组织**(2.57)和其**利益相关方**(2.82)之间进行知情沟通的双向**过程**(2.51)。

咨询是:

——通过影响力而不是权力来影响决策的**过程**(2.61);

——决策的输入,而非联合决策。

2.73

风险准则　risk criteria

评价**风险**(2.68)重要性的参照条款。

[ISO Guide 73:2009,定义 3.3.1.3]

注 1：风险准则是基于组织的目标以及**外部语境**(2.27)和**内部语境**(2.42)。

注 2：风险准则可来自标准、法律、**策略**(2.60)和其他**要求**(2.63)。

2.74

风险评价　risk evaluation

将**风险分析**(2.70)的结果与**风险准则**(2.73)比较以确定**风险**(2.68)和(或)其大小是否可接受或可容忍的**过程**(2.61)。

[ISO Guide 73:2009,定义 3.7.1]

注：风险评价辅助**风险处置**(2.79)的决策。

2.75

风险识别　risk identification

发现、识别和描述**风险**(2.61)的**过程**(2.61)。

[ISO Guide 73:2009,定义 3.5.1]

注 1：风险识别涉及风险源、**事态**(2.25)及其原因和潜在**后果**(2.14)的识别。

注 2：风险识别可能涉及历史数据、理论分析、知情者和专家的意见以及**利益相关方**(2.82)的需要。

2.76

风险管理　risk management

指导和控制**组织**(2.57)相关**风险**(2.57)的协调活动。

[ISO Guide 73:2009,定义 2.1]

2.77

风险管理过程　risk management process

管理**策略**(2.60)、规程和实践在沟通、咨询、语境建立以及识别、分析、评价、处置、监视和评审**风险**(2.68)活动上的系统性应用。

[ISO Guide 73:2009,定义 3.1,做了修改:增加注 1]

注：ISO/IEC 27005 使用术语"**过程**"(2.61)来描述全面风险管理。在**风险管理**(2.76)**过程**(2.61)中的要素被称为"活动"。

2.78

风险责任者　risk owner

具有责任和权威来管理**风险**(2.68)的人或实体。

[ISO Guide 73:2009,定义 3.5.1.5]

2.79

风险处置　risk treatment

改变**风险**(2.68)的**过程**(2.61)。

[ISO Guide 73:2009,定义 3.8.1,做了修改:将注 1 中的"决策"替换为"选择"]

注 1：风险处置可能涉及如下方面：

——通过决定不启动或不继续进行产生**风险**(2.68)的活动来规避**风险**(2.68)；

——承担或增加**风险**(2.68)以追求机会；

——消除**风险**(2.68)源；

——改变**可能性**(2.45)；

——改变**后果**(2.14)；

——与另外一方或多方共担**风险**(2.68)(包括合同和风险融资)；

——有根据地选择保留**风险**(2.68)。

注 2：处理负面**后果**(2.14)的风险处置有时被称为"风险缓解""风险消除""风险防范"和"风险降低"。

注 3：风险处置可能产生新的**风险**(2.68)或改变现有**风险**(2.68)。

2.80

尺度　scale

连续的或离散的值的有序集合,或者对应**属性**(2.4)的类集合。

[ISO/IEC 15939:2007,定义 2.35,做了修改]

注：尺度的类型取决于尺度上值之间关系的性质。通常定义如下四种尺度类型：

——名义的:**测量**(2.48)值是类别化的；

——顺序的:**测量**(2.48)值是序列化的；

——间距的:**测量**(2.48)值对应于**属性**(2.4)的等同量是等距离的；

——比率的:**测量**(2.48)值对应于**属性**(2.4)的等同量是等距离的,其中零值对应于属性的空。

这些只是尺度类型的示例。

2.81

安全实施标准　security implementation standard

规定授权的安全实现方式的文件。

2.82

利益相关方　stakeholder

对于一项决策或活动,可能对其产生影响,或被其影响,或认为自己受到其影响的人或**组织**(2.57)。

[ISO Guide 73:2009,定义 3.2.1.1,做了修改:删除注 1]

2.83

威胁　threat

可能对系统或**组织**(2.57)造成危害的不期望事件的潜在原由。

2.84

最高管理者　top management

最高层指导和控制**组织**(2.57)的人或一组人。

注 1:最高管理者具有在**组织**(2.57)内授权和提供资源的权力。

注 2:如果**管理体系**(2.46)的范围只涵盖**组织**(2.57)的一部分,则最高管理者就是指指导和控制**组织**(2.57)这部分的人或一组人。

2.85

可信信息通信实体　trusted information communication entity

支持在**信息共享社区**(2.38)内进行信息交换的自主**组织**(2.57)。

2.86

测量单位　unit of measurement

按惯例被定义和被采纳的特定量,用于其他同类量与其比较以表示它们相对于这个量的大小。

[ISO/IEC 15939:2007,定义 2.40,做了修改]

2.87

确认　validation

通过提供客观证据,证实满足特定预期使用或应用**要求**(2.63)的行为。

[ISO 9000:2015,定义 3.8.12,做了修改]

2.88

验证　verification

通过提供客观证据,证实满足规定**要求**(2.63)的行为。

[ISO 9000:2015,定义 3.8.4]

注:这也可被称为符合性测试。

2.89

脆弱性　vulnerability

可能被一个或多个**威胁**(2.83)利用的资产或**控制**(2.16)的弱点。

3　信息安全管理体系

3.1　概要

各种类型和规模的组织:

a)　收集、处理、存储和传输信息;

b） 认识到信息及其相关过程、系统、网络和人是实现组织目标的重要资产；

c） 面临可能影响资产运作的一系列风险；

d） 通过实施信息安全控制应对其感知的风险。

组织持有和处理的所有信息在使用中易受到攻击、过失、自然灾害（例如，洪水或火灾）等威胁以及内在脆弱性的影响。术语“信息安全”一般是建立在被认为有价值的信息资产的基础上，这些信息需要适当的保护，例如，防止可用性、保密性和完整性的丧失。使准确和完整的信息对已授权的需要者及时可用，可促进提升业务效率。

通过有效地定义、实现、维护和改进信息安全来保护信息资产，对于组织实现其目标并保持和增强其合法及形象，必不可少。指导适当控制的实施和处置不可接受的信息安全风险这些协调活动，通常被认为是信息安全管理的要素。

由于信息安全风险和控制的有效性随着环境的变化而改变，组织需要：

a） 监视和评价已实施的控制和规程的有效性；

b） 识别待处置的新出现的风险；

c） 视需要选择、实施和改进适当的控制。

为了关联和协调这类信息安全活动，每个组织需要建立其信息安全策略和目标，并通过使用管理体系有效地实现这些目标。

3.2 什么是 ISMS

3.2.1 概述和原则

信息安全管理体系（ISMS）由策略、规程、指南和相关资源及活动组成，由组织集中管理，目的在于保护其信息资产。ISMS 是建立、实施、运行、监视、评审、维护和改进组织信息安全来实现业务目标的系统方法。它是基于风险评估和组织的风险接受程度，为有效地处置和管理风险而设计。分析信息资产保护要求，并按要求应用适当的控制来切实保护这些信息资产，有助于 ISMS 的成功实施。下列基本原则也有助于 ISMS 的成功实施：

a） 意识到信息安全的需要；

b） 分配信息安全的责任；

c） 包含管理者的承诺和利益相关方的利益；

d） 提升社会价值；

e） 进行风险评估来确定适当的控制，以达到可接受的风险程度；

f） 将安全作为信息网络和系统的基本要素；

g） 主动防范和发现信息安全事件；

h） 确保信息安全管理方法的全面性；

i） 持续对信息安全进行再评估并在适当时进行修正。

3.2.2 信息

信息是一种资产，像其他重要的业务资产一样，对组织业务来说必不可少，因此需要得到适当保护。信息可以以多种形式存储，包括：数字形式（例如，存储在电子或光介质上的数据文件）、物质形式（例如，在纸上），以及以员工知识形式存在、未被表现的信息。信息可以采用各种手段进行传输，包括：信使、电子通信或口头交流。不管信息采用什么形式存在或什么手段传输，它总是需要适当的保护。

在许多组织中，信息依赖于信息和通信技术。这种技术往往是组织的基本要素，协助信息的创建、处理、存储、传输、保护和销毁。

3.2.3 信息安全

信息安全确保信息的保密性、可用性和完整性。信息安全包含应用和管理适当的控制，这些控制广泛地考虑到各种威胁，目标是确保业务的持续成功和连续性，并最大限度地减少信息安全事件的后果。

信息安全是通过实施一套适用的控制来实现，这套控制通过所采用的风险管理过程选出，并使用ISMS来管理，包括策略、过程、规程、组织结构、软件和硬件，用以保护已识别的信息资产。这些控制需要得到详细说明、实施、监视、评审和必要时的改进，以确保满足组织的特定信息安全和业务目标。相关信息安全控制宜与组织业务过程无缝集成。

3.2.4 管理

管理包含在适当的结构中指导、控制和持续改进组织的活动。管理活动包括组织、处理、指导、监督和控制资源的行为、方式或实践。管理结构从小规模组织中的一个人扩展到大规模组织中由许多人组成的管理层次结构。

就ISMS而言，管理包含通过保护组织的信息资产来实现业务目标所必要的监督和决策。信息安全的管理通过信息安全策略、规程和指南的制定与采用来表达，然后应用到整个组织中所有与组织相关的个人。

3.2.5 管理体系

管理体系采用一种资源框架来实现组织的目标。管理体系包括组织结构、策略、规划、责任、实践、规程、过程和资源。

就信息安全而言，管理体系使组织：

a) 满足客户和其他利益相关方的信息安全要求；
b) 改进组织的计划和活动；
c) 满足组织的信息安全目标；
d) 遵从法律法规、规章制度和行业规定；
e) 以有组织的方式管理信息资产，来促进持续改进和调整当前的组织目标。

3.3 过程方法

组织需要识别和管理众多活动来有效果和有效率地运作。任何使用资源的活动都需要被管理，以便能够使用一组相互关联或相互作用的活动完成输入到输出的转换，这也被称为过程。一个过程的输出可以直接形成另一个过程的输入，通常这个转换是在计划和受控的条件下完成。过程系统在组织中的应用，连同这些过程的识别和交互及其管理，可被称为"过程方法"。

3.4 为什么ISMS重要

与组织的信息资产相关的风险需要加以解决。实现信息安全需要管理风险，包括与组织内部或组织使用的所有形式的信息相关，来自物理、人类和技术相关威胁的风险。

采用ISMS宜是一个组织的战略决策，并且有必要根据组织的需要进行无缝集成、规模调整和更新。

设计和实施组织的ISMS受组织的需要和目标、安全要求、采用的业务过程以及组织的规模和结构影响。设计和运行ISMS需要反映组织的利益相关方(包括客户、供应商、业务伙伴、股东和其他相关第三方)的利益和信息安全要求。

在相互连接的世界中，信息和相关的过程、系统和网络组成关键业务资产。组织及其信息系统和网络面临来源广泛的安全威胁，包括计算机辅助欺诈、间谍活动、蓄意破坏、火灾和洪水。由恶意代码、计算机黑客和拒绝服务攻击造成的信息系统和网络的损害已变得更加普遍、更有野心和日益复杂。

ISMS 对于公共和私营部门业务都是重要的。在任何行业，ISMS 是使电子商务成为可能，是风险管理活动所必需的。公共和私营网络的互联以及信息资产的共享增加了信息访问控制和处理的难度。另外，含有信息资产的移动存储设备的分布能够消弱传统控制的有效性。当组织采用了 ISMS 标准族，便可以向业务伙伴和其他受益相关方证明其运用一致的和互认的信息安全原则的能力。

在信息系统的设计和开发中，信息安全有时并没被考虑到的。而且，信息安全常被认为是技术解决方案。然而，能够通过技术手段实现的信息安全是有限的，并且若没有 ISMS 语境下适当的管理和规程支持，可能是无效的。将安全集成到已经功能完备的信息系统中可能是困难和昂贵的。ISMS 包含识别哪些控制已经就位，并且要求仔细规划和注意细节。举例来说，访问控制，可能是技术的(逻辑的)、物理的、行政的(管理的)或某种组合，提供一种手段来确保对信息资产的访问是基于业务和信息安全要求得到授权和受限制的。

成功采用 ISMS 对于保护信息资产是重要的，它使组织能够：

a) 更好地保障其信息资产得到持续的充分保护免受威胁；

b) 保持一个结构化和全面的框架，来识别和评估信息安全风险，选择和应用适用的控制，并测量和改进其有效性；

c) 持续改进其控制环境；

d) 有效地实现法律法规的合规性。

3.5 建立、监视、保持和改进 ISMS

3.5.1 概述

组织在建立、监视、保持和改进其 ISMS 时，需要采取如下步骤：

a) 识别信息资产及其相关的信息安全要求(见 3.5.2)；

b) 评估信息安全风险(见 3.5.3)和处置信息安全风险(见 3.5.4)；

c) 选择和实施相关控制来管理不可接受的风险(见 3.5.5)；

d) 监视、保持和改进组织信息资产相关控制的有效性(见 3.5.6)。

为确保 ISMS 持续有效地保护组织的信息资产，有必要不断重复步骤 a)～d)来识别风险的变化，或者组织战略或业务目标的变化。

3.5.2 识别信息安全要求

在组织的整体战略和业务目标及其规模和地理分布的范围内，信息安全要求可以通过了解如下方面来识别：

a) 已识别的信息资产及其价值；

b) 信息处理、存储和通信的业务需求；

c) 法律法规、规章制度和合同要求。

对组织信息资产的相关风险进行的系统化评估将包含分析信息资产面临的威胁、信息资产存在的脆弱性、威胁实现的可能性，以及任何信息安全事件对信息资产的潜在影响。相关控制的支出宜与感知的风险成为现实时所造成的业务影响相称。

3.5.3 评估信息安全风险

管理信息安全需要一种适合的风险评估和风险处置方法，该方法可能包括成本和效益的估算、法律要求、利益相关方的关切和其他适合的输入和变量。

风险评估宜识别、量化并依据风险接受准则和组织目标排序风险。评估结果宜指导和确定适当的管理行动及其优先级,以管理信息安全风险和实施所选择的控制来抵御这些风险。

风险评估宜包括估算风险大小(风险分析)的系统性方法和将估算的风险与风险准则比较来确定风险重要性(风险评价)的过程。

风险评估宜定期以及当发生重大变化时进行,以便应对信息安全要求和风险状况的变化,例如,资产、威胁、脆弱性、影响、风险评价等方面的变化。这些风险评估宜以系统化方式进行,从而能够产生可比较和可重现的结果。

信息安全风险评估为了有效宜有一个明确界定的范围,还宜包括与其他区域风险评估的关系(如果合适)。

ISO/IEC 27005 提供信息安全风险管理指南,包括对风险评估、风险处置、风险接受、风险报告、风险监视和风险评审的建议,还包括风险评估方法的示例。

3.5.4 处置信息安全风险

在考虑风险处置前,组织宜确定决定风险是否可接受的准则。如果评估结果是,例如,风险低或处置成本不符合成本效益,风险可能也会被接受。这样的决定宜被记录。

对于经过风险评估后识别的每个风险,需要做出风险处置决定。可能的风险处置选项包括如下:

a) 采用适当的控制来降低风险;

b) 在明显满足组织策略和风险接受准则的条件下,有意并客观地接受风险;

c) 通过不允许导致风险发生的行动来规避风险;

d) 与其他方共担相关风险,例如,保险公司或供应商。

对于那些已决定采用适当控制来处置的风险,宜选择和实施相应控制。

3.5.5 选择和实施控制

一旦识别了信息安全要求,明确和评估了所识别信息资产的信息安全风险(见 3.5.3),并做出了信息安全风险处置的决定,则选择和实施风险降低的控制。

控制宜确保将风险降低至可接受程度,并考虑到以下方面:

a) 国家法律法规的要求和约束;

b) 组织目标;

c) 运行要求和约束;

d) 风险降低的相关实施和运行成本,保持与组织要求和约束相称;

e) 监视、评价和改进信息安全控制的效果和效率,以支持组织的目标;

f) 控制的实施和运行投入与信息安全事件可能导致的损失之间平衡的需要。

ISO/IEC 27002 中规范的控制是公认的适用于多数组织的最佳实践,并易于裁剪来适应各种规模和复杂度的组织。ISMS 标准族中的其他标准为选择和应用 ISO/IEC 27002 控制来建立信息安全管理体系提供指南。

信息安全控制宜在系统和项目要求的规范与设计阶段就加以考虑。否则,可能导致额外成本和低效解决方案,最坏情况下,可能无法实现足够的安全。控制可以选自 ISO/IEC 27002 或其他控制集,或者设计新的控制来满足组织的特定需要。需要承认,一些控制可能不适用于每个信息系统或环境,可能不适用于所有组织。

有时需要时间来实施所选择的一组控制,但在这期间的风险程度可能不可长期承受。风险准则宜涵盖在实施控制期间风险的短期承受性。在分步实施控制时,宜告知受益相关方不同时间点上估算或预计的风险程度。

宜记住没有一套控制能够实现完全的信息安全。宜实施额外的管理行动来监视、评价和改进信息安全控制的效果和效率以支持组织目标。

宜在适用性声明中记录控制的选择和实施来辅助合规要求。

3.5.6 监视、保持和改进 ISMS 有效性

组织需要通过对照组织的策略和目标监视和评估执行情况，并将结果报告给管理者进行评审，来保持和改进 ISMS。这种 ISMS 评审将检查 ISMS 是否包含了适合处置 ISMS 范围内风险的控制。此外，基于所监视区域的记录，提供对纠正、预防和改进措施进行确认和追溯的证据。

3.5.7 持续改进

ISMS 持续改进的目标是增加对保持信息保密性、可用性和完整性目标实现的可能性。持续改进的关注点是寻求改进的机会，没有现有管理活动已经足够好或已尽力而为的假设。

改进措施包括如下：

a) 分析和评价现有状况来识别改进的地方；

b) 建立改进的目标；

c) 寻找实现目标的可能解决方案；

d) 评价这些解决方案并做出决策；

e) 实施所选择的解决方案；

f) 测量、验证、分析和评价改进结果，以确定目标已被满足；

g) 正式确认改进带来的变化。

必要时，对结果进行评审结果，以确定进一步的改进机会。如此，改进就是一个持续活动，即经常地重复行动。

3.6 ISMS 关键成功因素

很多因素对于一个组织成功实施 ISMS 来满足其业务目标都是关键的。关键成功因素的例子包括：

a) 信息安全策略、目标和与目标一致的活动；

b) 与组织文化一致的，信息安全设计、实施、监视、保持和改进的方法与框架；

c) 来自所有管理层级，特别是最高管理者的可见支持和承诺；

d) 对应用信息安全风险管理（见 ISO/IEC 27005）实现信息资产保护的理解；

e) 有效的信息安全意识、培训和教育计划，以使所有员工和其他相关方知悉在信息安全策略、标准等当中他们的信息安全义务，并激励他们做出相应的行动；

f) 有效的信息安全事件管理过程；

g) 有效的业务持续性管理方法；

h) 评价信息安全管理性能的测量系统和反馈的改进建议。

ISMS 将增加组织持续实现其信息资产所需关键成功因素的可能性。

3.7 ISMS 标准族的益处

实施 ISMS 的益处主要体现在信息安全风险的降低[即降低信息安全事件发生的可能性和（或）造成的影响]。特别是，通过采用 ISMS 标准族为组织实现持续成功带来如下益处：

a) 一个结构化框架来支持规范、实施、运行和保持一个全面的、经济有效的、创造价值的、集成和一致的 ISMS 这一过程，以满足组织跨不同运行和场所的需要。

b) 在企业风险管理和治理的语境下，协助管理者以负责任的方式始终如一地管理和运用其信息安全管理方法，包括对业务和系统责任者进行整体信息安全管理的教育和培训。

c) 以非定型的方式推广全球公认的良好信息安全实践，给组织一定的自由度来采纳和改进适合

其特定环境的相关控制,并在面临内部和外部变化的情况下保持这些控制。

d) 为信息安全提供共同语言和概念基础,使得在业务伙伴中利用合规的 ISMS 建立信心更为容易,尤其是当他们需要由一个认可的认证机构进行 ISO/IEC 27001 认证时。

e) 增加利益相关方对组织的信任。

f) 满足社会的需要和期望。

g) 更有效、经济的信息安全投资管理。

4 信息安全管理体系标准族

4.1 一般信息

信息安全管理体系(ISMS)标准族由一系列已发布的或制定中的相互关联的标准组成,并包含许多重要的结构组件。这些组件着重于对 ISMS 要求(ISO/IEC 27001)、对进行 ISO/IEC 27001 符合性认证的认证机构的要求(ISO/IEC 27006)和对行业特定 ISMS 实施的附加要求框架(ISO/IEC 27009)进行描述的规范性标准。其他标准提供 ISMS 实施的各方面指南,包括通用过程以及行业特定指南。

ISMS 标准族中各标准之间的关系如图 1 所示。

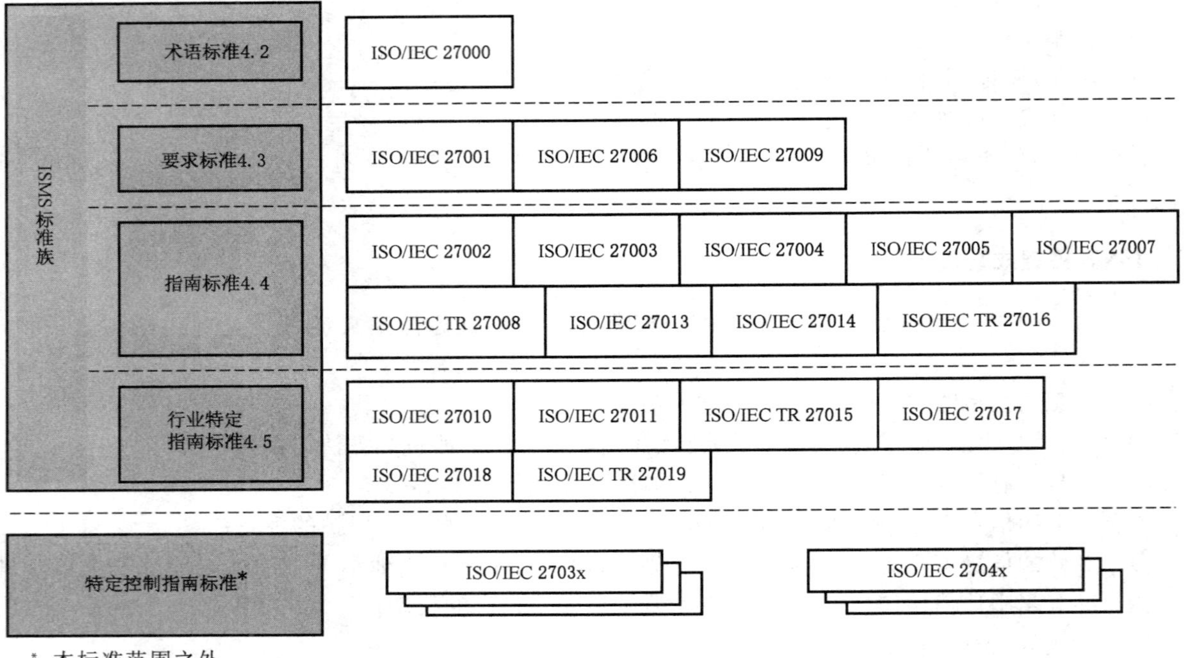

* 本标准范围之外。

图 1 ISMS 标准族关系

ISMS 标准族的每一个标准按照其在 ISMS 标准族中的类型(或角色)和编号分别在下面描述。相应的条款为:

a) 给出概述和术语的标准(见 4.2);

b) 规范要求的标准(见 4.3);

c) 给出一般指南的标准(见 4.4);

d) 给出行业特定指南的标准(见 4.5)。

4.2 给出概述和术语的标准

4.2.1 ISO/IEC 27000

信息技术 安全技术 信息安全管理体系 概述和词汇

范围:该标准为组织和个人提供:

a) ISMS 标准族的概述;

b) 信息安全管理体系的介绍;

c) ISMS 标准族中使用的术语和定义。

目的:该标准描述信息安全管理体系的基础,形成 ISMS 标准族的主题,并定义相关术语。

4.3 规范要求的标准

4.3.1 ISO/IEC 27001

信息技术 安全技术 信息安全管理体系 要求

范围:该标准规范在组织整体业务风险的语境下建立、实施、运行、监视、评审、保持和改进正式信息安全管理体系(ISMS)的要求。它规范可被用来定制以满足单个组织或其部门需要的信息安全控制的实现要求。该标准可被用于所有类型、规模和性质的组织。

目的:ISO/IEC 27001 为 ISMS 的开发和运行提供规范性要求,包括一套控制和降低信息资产相关风险的控制。组织通过运行 ISMS 寻求对其信息资产的保护。组织可以对其运行的 ISMS 的符合性进行审核和认证。作为 ISMS 过程的一部分,应从 ISO/IEC 27001 附录 A 中选择对所识别要求适合的控制目标和控制。ISO/IEC 27001 附录 A.1 中列出的控制目标和控制是直接来自 ISO/IEC 27002 第 5 章~第 18 章并与其一致。

4.3.2 ISO/IEC 27006

信息技术 安全技术 信息安全管理体系审核认证机构的要求

范围:该标准在 ISO/IEC 17021 所含要求的基础上,为依据 ISO/IEC 27001 提供审核和 ISMS 认证的机构,规范要求并提供指南。它主要为依据 ISO/IEC 27001 提供 ISMS 认证的认证机构的认可提供支持。

目的:ISO/IEC 27006 是对 ISO/IEC 17021 的补充,提供对认证组织进行认可的要求,以此许可这些组织一贯地提供对 ISO/IEC 27001 要求的符合性认证。

4.4 给出一般指南的标准

4.4.1 ISO/IEC 27002

信息技术 安全技术 信息安全控制实践指南

范围:该标准提供一套被广泛接受的控制目标和最佳实践的控制,为选择和实施实现信息安全的控制提供指南。

目的:ISO/IEC 27002 提供关于信息安全控制实施的指南。特别是第 5 章~第 18 章为支持 ISO/IEC 27001 中所规范的控制提供最佳实践方面的具体实施建议和指南。

4.4.2 ISO/IEC 27003

信息技术 安全技术 信息安全管理体系实施指南

范围:该标准为依据 ISO/IEC 27001 建立、实施、运行、监视、评审、保持和改进 ISMS 提供实用的实施指南和进一步信息。

目的:ISO/IEC 27003 为依据 ISO/IEC 27001 成功实施 ISMS 提供面向过程的方法。

4.4.3 ISO/IEC 27004

信息技术 安全技术 信息安全管理 测量

范围:该标准为了对 ISO/IEC 27001 所规范的,用于实施和管理信息安全的,ISMS、控制目标和控制的有效性进行评估,提供测量的开发和使用指南及建议。

目的:ISO/IEC 27004 提供一种测量框架,以便能够依据 ISO/IEC 27001 对 ISMS 的有效性进行测量。

4.4.4 ISO/IEC 27005

信息技术 安全技术 信息安全风险管理

范围:该标准为信息安全风险管理提供指南。该标准给出的方法支持 ISO/IEC 27001 中所规范的一般概念。

目的:ISO/IEC 27005 为实施面向过程的风险管理方法提供指南,有助于圆满实施和兑现 ISO/IEC 27001 中的信息安全风险管理要求。

4.4.5 ISO/IEC 27007

信息技术 安全技术 信息安全管理体系审核指南

范围:该标准在适用于一般管理体系的 ISO 19011 指南的基础上,为 ISMS 审核实施以及信息安全管理体系审核员能力提供指南。

目的:ISO/IEC 27007 为需要依据 ISO/IEC 27001 中所规范的要求,进行 ISMS 内部或外部审核或者管理 ISMS 审核方案的组织提供指南。

4.4.6 ISO/IEC TR 27008

信息技术 安全技术 信息安全控制措施审核员指南

范围:该指导性技术文件为评审控制措施的实施和运行符合组织建立的信息安全标准提供指南,包括信息系统控制措施的技术符合性检查。

目的:该指导性技术文件重点在于评审信息安全控制措施,包括对照组织建立的信息安全实施标准检查技术符合性。它不是为分别在 ISO/IEC 27004、ISO/IEC 27005 或 ISO/IEC 27007 中规范的测量、风险评估或 ISMS 审核,提供任何具体的符合性检查指南。该指导性技术文件不用于管理体系审核。

4.4.7 ISO/IEC 27013

信息技术 安全技术 ISO/IEC 27001 和 ISO/IEC 20000-1 综合实施指南

范围:该标准为组织进行如下任何一种 ISO/IEC 27001 和 ISO/IEC 20000-1 的综合实施提供指南:

a) 在已经实施了 ISO/IEC 20000-1 的情况下实施 ISO/IEC 27001,或者反之;

b) 同时实施 ISO/IEC 27001 和 ISO/IEC 20000-1;

c) 集成现有的 ISO/IEC 27001 和 ISO/IEC 20000-1 管理体系。

该标准专门聚焦在综合实施 ISO/IEC 27001 中所规范的信息安全管理系统(ISMS)和 ISO/IEC 20000-1 中所规范的服务管理体系(SMS)。

目的:为组织提供对 ISO/IEC 27001 和 ISO/IEC 20000-1 的特征和异同的更好理解,有助于规划同时符合两个标准的综合管理体系。

4.4.8 ISO/IEC 27014

信息技术 安全技术 信息安全治理

范围:该标准就信息安全治理的原则和过程提供指南,组织依此可以评价、指导和监视信息安全管理。

目的:信息安全已成为组织的一个关键问题。不仅法律法规要求日益增加,而且组织的信息安全措施失效会直接影响其声誉。因此,治理者越来越需要承担起治理责任中的信息安全监督职责,来确保组织目标的实现。

4.4.9 ISO/IEC TR 27016

信息技术 安全技术 信息安全管理 组织经济学

范围:该指导性技术文件提供一种方法学,以使组织能够更好地从经济上理解如何准确估价其所识别的信息资产,评价这些信息资产面临的潜在风险,认识对这些信息资产进行保护控制的价值,并确定用于保护这些信息资产的资源最佳配置程度。

目的:该指导性技术文件在组织所处的更广泛社会环境的语境下,在组织信息资产的保护中叠加经济视角,并通过模型和例子提供如何应用信息安全组织经济学的指南,是对 ISMS 标准族的补充。

4.5 给出行业特定指南的标准

4.5.1 ISO/IEC 27010

信息技术 安全技术 行业间和组织间通信的信息安全管理

范围:该标准在 ISMS 标准族已有指南的基础上,为在信息共享社区中实施信息安全管理提供指南,特别是为在组织间和行业间启动、实施、保持和改进信息安全另外提供控制和指南。

目的:该标准适用于所有形式的敏感信息交换与共享,不论公共的还是私人的、国内的还是国际的、同行业或市场的还是行业间的。特别是,它可适用于与组织或国家关键基础设施的供给、维护和保护相关的信息交换与共享。

4.5.2 ISO/IEC 27011

信息技术 安全技术 基于 ISO/IEC 27002 的电信组织信息安全管理指南

范围:该标准为支持在电信组织中实施信息安全控制提供指南。

目的:ISO/IEC 27011 能使电信组织满足保密性、完整性、可用性和任何其他相关安全属性的信息安全管理基线要求。

4.5.3 ISO/IEC TR 27015

信息技术 安全技术 金融服务信息安全管理指南

范围:该指导性技术文件在 ISMS 标准族已有指南的基础上,为在提供金融服务的组织中启动、实施、保持和改进信息安全提供指南。

目的:该指导性技术文件是对 ISO/IEC 27001 和 ISO/IEC 27002 的专业补充,为提供金融服务的组织所用,以提供如下方面的支持:

a) 启动、实施、保持和改进基于 ISO/IEC 27001 的信息安全管理体系。

b) 设计和实施 ISO/IEC 27002 或该标准中定义的控制。

4.5.4 ISO/IEC 27017

信息技术 安全技术 基于 ISO/IEC 27002 的云服务信息安全控制实践指南

范围:ISO/IEC 27017 通过提供如下指南给出适用于云服务供给和使用的信息安全控制指南:

——ISO/IEC 27002 中规范的相关控制的额外实施指南;

——与云服务特别相关的额外控制及其实施指南。

目的:该标准为云服务提供者和云服务客户提供控制和实施指南。

4.5.5 ISO/IEC 27018

信息技术　安全技术　可识别个人信息(PII)处理者在公有云中保护PII的实践指南

范围:ISO/IEC 27018按照ISO/IEC 29100中公有云计算环境下的隐私保护原则,为保护可识别个人信息(PII)建立被广泛接受的控制目标和控制,并提供措施的实施指南。

目的:该标准适用于通过与其他组织签约的云计算提供信息处理服务,作为PII处理者的组织,不论公共企业还是私营企业、政府机构还是非营利组织。该标准中的指南可能与作为PII控制者的组织也有关,但PII控制者可能受制于额外的,不适用于PII处理者的且不在该标准范围内的,保护PII的法律法规、规章制度和义务。

4.5.6 ISO/IEC TR 27019

信息技术　安全技术　基于ISO/IEC 27002的能源供给行业过程控制系统信息安全管理指南

范围:ISO/IEC TR 27019就能源供给行业过程控制系统中实施的信息安全控制提供指南。能源供给行业的过程控制系统,与支持过程的控制相结合,对电力、燃气和供热的产生、传输、存储和分配进行控制和监视。特别是包括如下系统、应用和组件:

——全面信息技术(IT)支持的集中式和分布式过程控制、监视和自动化技术以及用于其运行的IT系统,诸如编程和参数化设备;

——数字控制器和自动化组件,诸如控制和现场设备或可编程逻辑控制器(PLC),包括数字传感器和执行器元件;

——过程控制领域中用到的所有进一步的IT系统支持,例如对补充的数据可视化任务的支持,对控制、监控、数据归档和文档化的支持;

——过程控制领域中用到的全部通信技术,例如,网络、遥测、远程控制应用和远程控制技术;

——数字计量和测量装置,例如,对能量消耗、产生和释放的测量;

——数字保护和安全系统,例如,继电保护或安全PLC;

——未来智能电网环境下的分布式组件;

——上述系统中安装的所有软件、固件和应用。

目的:在ISO/IEC 27002所规范的安全目标和措施的基础上,该指导性技术文件为能源供给行业和能源供应商使用的系统提供满足其进一步特定要求的信息安全控制的指南。

4.5.7 ISO 27799

健康信息学　使用ISO/IEC 27002的健康信息安全管理

范围:该标准为支持信息安全管理在健康组织中实施提供指南。

目的:ISO 27799基于ISO/IEC 27002,除了那些满足ISO/IEC 27001附录A要求的指南外,为健康组织提供其行业独特的指南。

附　录　A
（资料性附录）
条款表达的措辞形式

ISMS 标准族的每个标准文件本身没有对任何人施加遵从的义务。但是，这种义务可以通过，例如，法律或合同被施加。为了能够声明符合一个标准文件，用户需要能够识别要满足的要求。用户还需要能够将这些要求与其他可选的建议进行区分。

下表阐明 ISMS 标准族文件如何在措辞上区分要求和建议。

该表是基于《ISO/IEC 导则　第 2 部分：国际标准结构和起草规则》（2011 版）的附录 H。

表明	解释
要求	助动词“应”和“不应”表明要严格遵循的要求，以符合标准文件，且不允许偏离
建议	助动词“宜”和“不宜”表明在许多可能性中建议一个特别适合的，但不提及或不排除其他的，也就是说，某种做法是优选的但不是必需的，或者反过来讲，某种做法是不提倡的但不是禁止的
允许	助动词“可”和“不必”表明在标准文件的限制范围内某做法是许可的
可能	助动词“能”和“不能”表明某事发生的可能

附　录　B
（资料性附录）
术语和术语归属

B.1　术语归属

ISMS标准族的术语归属者是指最初定义该术语的标准。术语归属者还要负责对定义进行维护，即提供、评审、更新和删除。

注1：ISO/IEC 27000本身不定义任何术语。

注2：ISO/IEC 27001和ISO/IEC 27006作为规范性标准(即包含要求)总是始终作为各自术语的归属者。

B.2　ISMS标准族中使用的术语

B.2.1　ISO/IEC 27001

审核　audit　2.5
可用性　availability　2.9
能力　competence　2.11
保密性　confidentiality　2.12
符合性　conformity　2.13
持续改进　continual improvement　2.15
控制　control　2.16
纠正　correction　2.18
整改措施　corrective action　2.19
文档化信息　documented information　2.23
有效性　effectiveness　2.24
信息安全　information security　2.33
完整性　integrity　2.40
受益相关方　interested party　2.41
管理体系　management system　2.46
测量　measurement　2.48
监视　monitoring　2.52
不符合　nonconformity　2.53
目标　objective　2.56
组织　organization　2.57
外包(动词)　outsource (verb)　2.58
性能　performance　2.59
策略　policy　2.60
过程　process　2.61
要求　requirement　2.63
评审　review　2.65
风险　risk　2.68
风险责任者　risk owner　2.78
最高管理者　top management　2.84

B.2.2　ISO/IEC 27002

访问控制　access control　2.1
攻击　attack　2.3
鉴别　authentication　2.7
真实性　authenticity　2.8
控制目标　control objective　2.17
信息处理设施　information processing facilities　2.32
信息安全事态　information security event　2.35
信息安全事件　information security incident　2.36
信息安全事件管理　information security incident management　2.37
信息系统　information system　2.39
抗抵赖　non-repudiation　2.54
可靠性　reliability　2.62

信息安全持续性　information security continuity　2.34

B.2.3　ISO/IEC 27003

ISMS 项目　ISMS project　2.43

B.2.4　ISO/IEC 27004

分析模型　analytical model　2.2

属性　attribute　2.4

基本测度　base measure　2.10

数据　data　2.20

决策准则　decision criteria　2.21

导出测度　derived measure　2.22

指标　indicator　2.30

信息需求　information need　2.31

测度　measure　2.47

测量函数　measurement function　2.49

测量方法　measurement method　2.50

测量结果　measurement results　2.51

对象　object　2.55

尺度　scale　2.80

测量单位　unit of measurement　2.86

确认　validation　2.87

验证　verification　2.88

B.2.5　ISO/IEC 27005

后果　consequence　2.14

事态　event　2.25

外部语境　external context　2.27

内部语境　internal context　2.42

风险程度　level of risk　2.44

可能性　likelihood　2.45

残余风险　residual risk　2.64

风险接受　risk acceptance　2.69

风险分析　risk analysis　2.70

风险评估　risk assessment　2.71

风险沟通与咨询　risk communication and consultation　2.72

风险准则　risk criteria　2.73

风险评价　risk evaluation　2.74

风险识别　risk identification　2.75

风险管理　risk management　2.76

风险管理过程　risk management process　2.77

风险处置　risk treatment　2.79

威胁　threat　2.83

脆弱性　vulnerability　2.89

B.2.6　ISO/IEC 27006

认证文件标志　certification documents mark

B.2.7　ISO/IEC 27007

审核范围　audit scope　2.6

B.2.8　ISO/IEC TR 27008

评审对象　review object　2.66

评审目标　review objective　2.67

安全实现标准　security implementation standard　2.81

B.2.9 ISO/IEC 27010

信息共享社区 information sharing community 2.38

可信信息通信实体 trusted information communication entity 2.85

B.2.10 ISO/IEC 27011

搭配 collocation
通信中心 communication centre
基本通信 essential communications
通信保密 non-disclosure of communications
个人信息 personal information
优先呼叫 priority call
电信应用 telecommunications applications
电信业务 telecommunications business
电信设备间 telecommunications equipment room
电信设施 telecommunications facilities
电信组织 telecommunications organizations
电信记录 telecommunication records
电信服务 telecommunications services
电信客户 telecommunications service customer
电信用户 telecommunications service user
终端设施 terminal facilities
用户 user

B.2.11 ISO/IEC 27014

执行管理者 executive management 2.26

信息安全治理 governance of information security 2.28

治理者 governing body 2.29

利益相关方 stakeholder 2.82

B.2.12 ISO/IEC TR 27015

金融服务 financial services

B.2.13 ISO/IEC TR 27016

年预期损失 annualized loss expectancy,ALE
直接价值 direct value
经济比较 economic comparison
经济因素 economic factor
经济合理性 economic justification
经济增加值 economic value added
经济学 economics
预期值 expected value
扩充值 extended value
间接价值 indirect value
信息安全经济学 information security economics
信息安全管理 information security management, ISM
损失 loss
市场价值 market value
净现值 net present value
非经济效益 non economic benefit
现值 present value
机会成本 opportunity cost
机会价值 opportunity value
法规要求 regulatory requirements
投资回报 return on investment
社会价值 societal value
价值 value
风险值 value-at-risk

B.2.14 ISO/IEC TR 27017

能力 capability
数据受侵 data breach
安全的多租户 secure multi-tenancy
虚拟机 virtual machine

B.2.15 ISO/IEC TR 27018

数据受侵 data breach
可识别个人信息 personally identifiable information,PII
PII 控制者 PII controller
PPI 主体 PII principal
PII 处理者 PII processor
PII 处理 processing of PII
共有云提供者 public cloud service provider

B.2.16 ISO/IEC TR 27019

停电 blackout
计算机安全应急响应组 Computer Emergency Response Team,CERT
关键基础设施 critical infrastructure
调试 debugging
分布 distribution
能源设备装置 energy equipment installation
能源供给 energy supply
能源供应者 energy utility
人机接口 human-machine interface,HMI
维护 maintenance
可编程逻辑控制器 PLC
过程控制系统 process control system
安全性 safety
安全系统 safety systems
智能电网 smart grid
适用性声明 statement of applicability,SOA
传输系统 transmission system

参 考 文 献

[1] ISO/IEC 17021 合格评定 管理体系审核认证机构的要求(Conformity assessment—Requirements for bodies providing audit and certification of management systems)(GB/T 27021—2007, IDT)

[2] ISO 9000:2015 Quality management systems—Fundamentals and vocabulary

[3] ISO 19011:2011 管理体系审核指南(Guidelines for auditing management systems)(GB/T 19011—2013,IDT)

[4] ISO/IEC 27001 信息技术 安全技术 信息安全管理体系 要求(Information technology—Security techniques—Information security management systems—Requirements)(GB/T 22080—2016,IDT)

[5] ISO/IEC 27002 信息技术 安全技术 信息安全控制实践指南(Information technology—Security techniques—Code of practice for information security controls)(GB/T 22081—2016,IDT)

[6] ISO/IEC 27003 信息技术 安全技术 信息安全管理体系实施指南(Information technology—Security techniques—Information security management system implementation guidance)(GB/T 31496—2015,IDT)

[7] ISO/IEC 27004 信息技术 安全技术 信息安全管理 测量(Information technology—Security techniques—Information security management—Measurement)(GB/T 31497—2015,IDT)

[8] ISO/IEC 27005 信息技术 安全技术 信息安全风险管理(Information technology—Security techniques—Information security risk management)(GB/T 31722—2015,IDT)

[9] ISO/IEC 27006 信息技术 安全技术 信息安全管理体系审核认证机构的要求(Information technology—Security techniques—Requirements for bodies providing audit and certification of information security management systems)(GB/T 25067—2016,IDT)

[10] ISO/IEC 27007 Information technology—Security techniques—Guidelines for information security management systems auditing

[11] ISO/IEC TR 27008 信息技术 安全技术 信息安全控制措施审核员指南(Information technology—Security techniques—Guidelines for auditors on information security controls)(GB/Z 32916—2016,IDT)

[12] ISO/IEC 27009 Information technology—Security techniques—Sector-specific application of ISO/IEC 27001—Requirements

[13] ISO/IEC 27010 信息技术 安全技术 行业间和组织间通信的信息安全管理(Information technology—Security techniques—Information security management for inter-sector and inter-organizational communications)(GB/T 32920—2016,IDT)

[14] ISO/IEC 27011 Information technology—Security techniques—Information security management guidelines for telecommunications organizations based on ISO/IEC 27002

[15] ISO/IEC 27013 Information technology—Security techniques—Guidance on the integrated implementation of ISO/IEC 27001 and ISO/IEC 20000-1

[16] ISO/IEC 27014 信息技术 安全技术 信息安全治理(Information technology—Security techniques—Governance of information security)(GB/T 32923—2016,IDT)

[17] ISO/IEC TR 27015 Information technology—Security techniques—Information security management guidelines for financial services

[18] ISO/IEC TR 27016 Information technology—Security techniques—Information security management—Organizational economics

[19] ISO/IEC 27017 Information technology—Security techniques—Code of practice for information security controls based on ISO/IEC 27002 for cloud services

[20] ISO/IEC 27018 Information technology—Security techniques—Code of practice for protection of personally identifiable information (PII) in public clouds acting as PII processors

[21] ISO/IEC 27019 Information technology—Security techniques—Information security management guidelines based on ISO/IEC 27002 for process control systems specific to the energy utility industry

[22] ISO 27799 Health informatics—Information security management in health using ISO/IEC 27002

[23] ISO Guide 73:2009 Risk management—Vocabulary

[24] ISO/IEC 15939:2007 Systems and software engineering—Measurement process

[25] ISO/IEC 20000-1:2011 Information technology—Service management—Part 1:Service management system requirements

---